U0223644

国家出版基金资助项目

现代数学中的著名定理纵横谈丛书

丛书主编　王梓坤

FIXED POINT THEOREM

Fixed point 定理

刘培杰数学工作室　编

哈尔滨工业大学出版社

HARBIN INSTITUTE OF TECHNOLOGY PRESS

内容简介

本书主要介绍了数论中的不动点、泛函分析中的不动点、各类集合中的不动点、拓扑学中的不动点、算子与不动点、复分析中的不动点以及其他一些形形色色的不动点等内容.

本书适合大中师生及数学爱好者阅读使用.

图书在版编目(CIP)数据

Fixed point 定理/刘培杰数学工作室编. —哈尔滨:哈尔滨工业大学出版社,2024.3
(现代数学中的著名定理纵横谈丛书)
ISBN 978 - 7 - 5767 - 0148 - 7

Ⅰ.①F… Ⅱ.①刘… Ⅲ.①不动点定理 Ⅳ.①O189.2

中国版本图书馆 CIP 数据核字(2022)第 152317 号

FIXED POINT DINGLI

策划编辑 刘培杰 张永芹
责任编辑 李广鑫 李 欣
封面设计 孙茜艾
出版发行 哈尔滨工业大学出版社
社 址 哈尔滨市南岗区复华四道街 10 号 邮编 150006
传 真 0451 - 86414749
网 址 http://hitpress.hit.edu.cn
印 刷 辽宁新华印务有限公司
开 本 787 mm×960 mm 1/16 印张 47.75 字数 524 千字
版 次 2024 年 3 月第 1 版 2024 年 3 月第 1 次印刷
书 号 ISBN 978 - 7 - 5767 - 0148 - 7
定 价 298.00 元

代 序

读书的乐趣

你最喜爱什么——书籍.

你经常去哪里——书店.

你最大的乐趣是什么——读书.

这是友人提出的问题和我的回答. 真的,我这一辈子算是和书籍,特别是好书结下了不解之缘. 有人说,读书要费那么大的劲,又发不了财,读它做什么? 我却至今不悔,不仅不悔,反而情趣越来越浓. 想当年,我也曾爱打球,也曾爱下棋,对操琴也有兴趣,还登台伴奏过. 但后来却都一一断交,"终身不复鼓琴". 那原因便是怕花费时间,玩物丧志,误了我的大事——求学. 这当然过激了一些. 剩下来唯有读书一事,自幼至今,无日少废,谓之书痴也可,谓之书橱也可,管它呢,人各有志,不可相强. 我的一生大志,便是教书,而当教师,不多读书是不行的.

读好书是一种乐趣,一种情操;一种向全世界古往今来的伟人和名人求

1

教的方法，一种和他们展开讨论的方式；一封出席各种活动、体验各种生活、结识各种人物的邀请信；一张迈进科学宫殿和未知世界的入场券；一股改造自己、丰富自己的强大力量.书籍是全人类有史以来共同创造的财富，是永不枯竭的智慧的源泉.失意时读书，可以使人重整旗鼓；得意时读书，可以使人头脑清醒；疑难时读书，可以得到解答或启示；年轻人读书，可明奋进之道；年老人读书，能知健神之理.浩浩乎！洋洋乎！如临大海，或波涛汹涌，或清风微拂，取之不尽，用之不竭.吾于读书，无疑义矣，三日不读，则头脑麻木，心摇摇无主.

潜能需要激发

我和书籍结缘，开始于一次非常偶然的机会.大概是八九岁吧，家里穷得揭不开锅，我每天从早到晚都要去田园里帮工.一天，偶然从旧木柜阴湿的角落里，找到一本蜡光纸的小书，自然很破了.屋内光线暗淡，又是黄昏时分，只好拿到大门外去看.封面已经脱落，扉页上写的是《薛仁贵征东》.管它呢，且往下看.第一回的标题已忘记，只是那首开卷诗不知为什么至今仍记忆犹新：

日出遥遥一点红，飘飘四海影无踪.

三岁孩童千两价，保主跨海去征东.

第一句指山东，二、三两句分别点出薛仁贵(雪、人贵).那时识字很少，半看半猜，居然引起了我极大的兴趣，同时也教我认识了许多生字.这是我有生以来独立看的第一本书.尝到甜头以后，我便千方百计去找书，向小朋友借，到亲友家找，居然断断续续看了《薛丁山征西》《彭公案》《二度梅》等，樊梨花便成了我心

2

中的女英雄.我真入迷了.从此,放牛也罢,车水也罢,我总要带一本书,还练出了边走田间小路边读书的本领,读得津津有味,不知人间别有他事.

当我们安静下来回想往事时,往往会发现一些偶然的小事却影响了自己的一生.如果不是找到那本《薛仁贵征东》,我的好学心也许激发不起来.我这一生,也许会走另一条路.人的潜能,好比一座汽油库,星星之火,可以使它雷声隆隆、光照天地;但若少了这粒火星,它便会成为一潭死水,永归沉寂.

抄,总抄得起

好不容易上了中学,做完功课还有点时间,便常光顾图书馆.好书借了实在舍不得还,但买不到也买不起,便下决心动手抄书.抄,总抄得起.我抄过林语堂写的《高级英文法》,抄过英文的《英文典大全》,还抄过《孙子兵法》,这本书实在爱得狠了,竟一口气抄了两份.人们虽知抄书之苦,未知抄书之益,抄完毫末俱见,一览无余,胜读十遍.

始于精于一,返于精于博

关于康有为的教学法,他的弟子梁启超说:"康先生之教,专标专精、涉猎二条,无专精则不能成,无涉猎则不能通也."可见康有为强烈要求学生把专精和广博(即"涉猎")相结合.

在先后次序上,我认为要从精于一开始.首先应集中精力学好专业,并在专业的科研中做出成绩,然后逐步扩大领域,力求多方面的精.年轻时,我曾精读杜布(J. L. Doob)的《随机过程论》,哈尔莫斯(P. R. Halmos)的《测度论》等世界数学名著,使我终身受益.简言之,即"始于精于一,返于精于博".正如中国革命一样,必须先有一块根据地,站稳后再开创几块,最后连成一片.

丰富我文采,澡雪我精神

辛苦了一周,人相当疲劳了,每到星期六,我便到旧书店走走,这已成为生活中的一部分,多年如此.一次,偶然看到一套《纲鉴易知录》,编者之一便是选编《古文观止》的吴楚材.这部书提纲挈领地讲中国历史,上自盘古氏,直到明末,记事简明,文字古雅,又富于故事性,便把这部书从头到尾读了一遍.从此启发了我读史书的兴趣.

我爱读中国的古典小说,例如《三国演义》和《东周列国志》.我常对人说,这两部书简直是世界上政治阴谋诡计大全.即以近年来极时髦的人质问题(伊朗人质、劫机人质等),这些书中早就有了,秦始皇的父亲便是受害者,堪称"人质之父".

《庄子》超尘绝俗,不屑于名利.其中"秋水""解牛"诸篇,诚绝唱也.《论语》束身严谨,勇于面世,"己所不欲,勿施于人",有长者之风.司马迁的《报任少卿书》,读之我心两伤,既伤少卿,又伤司马;我不知道少卿是否收到这封信,希望有人做点研究.我也爱读鲁迅的杂文,果戈理、梅里美的小说.我非常敬重文天祥、秋瑾的人品,常记他们的诗句:"人生自古谁无死,留取丹心照汗青""休言女子非英物,夜夜龙泉壁上鸣".唐诗、宋词、《西厢记》《牡丹亭》,丰富我文采,澡雪我精神,其中精粹,实是人间神品.

读了邓拓的《燕山夜话》,既叹服其广博,也使我动了写《科学发现纵横谈》的心.不料这本小册子竟给我招来了上千封鼓励信.以后人们便写出了许许多多的"纵横谈".

从学生时代起,我就喜读方法论方面的论著.我想,做什么事情都要讲究方法,追求效率、效果和效益,方法好能事半而功倍.我很留心一些著名科学家、文学家写的心得体会和经验.我曾惊讶为什么巴尔扎克在51年短短的一生中能写出上百本书,并从他的传记中去寻找答案.文史哲和科学的海洋无边无际,先哲们的明智之光沐浴着人们的心灵,我衷心感谢他们的恩惠.

读书的另一面

以上我谈了读书的好处,现在要回过头来说说事情的另一面.

读书要选择.世上有各种各样的书:有的不值一看,有的只值看20分钟,有的可看5年,有的可保存一辈子,有的将永远不朽.即使是不朽的超级名著,由于我们的精力与时间有限,也必须加以选择.决不要看坏书,对一般书,要学会速读.

读书要多思考.应该想想,作者说得对吗?完全吗?适合今天的情况吗?从书本中迅速获得效果的好办法是有的放矢地读书,带着问题去读,或偏重某一方面去读.这时我们的思维处于主动寻找的地位,就像猎人追找猎物一样主动,很快就能找到答案,或者发现书中的问题.

有的书浏览即止,有的要读出声来,有的要心头记住,有的要笔头记录.对重要的专业书或名著,要勤做笔记,"不动笔墨不读书".动脑加动手,手脑并用,既可加深理解,又可避忘备查,特别是自己的灵感,更要及时抓住.清代章学诚在《文史通义》中说:"札记之功必不可少,如不札记,则无穷妙绪如雨珠落大海矣."

许多大事业、大作品,都是长期积累和短期突击相结合的产物.涓涓不息,将成江河;无此涓涓,何来江河?

爱好读书是许多伟人的共同特性,不仅学者专家如此,一些大政治家、大军事家也如此.曹操、康熙、拿破仑、毛泽东都是手不释卷,嗜书如命的人.他们的巨大成就与毕生刻苦自学密切相关.

王梓坤

目

⊙

录

1

第三编 泛函分析中的不动点

3

5

第七编 复分析中的不动点

9

第九编 不动点定理的应用

11

第一编

引　言

数学奥林匹克中的不动点问题

第
1
章

1.1　组合不动点

世界著名数学家 E. R. Stabler 曾指出:"数学的问题、概念和定理的有用性,取决于它们对数学或其他领域的有成效的或统一的发展所做出贡献的程度,而与所涉及的题材属于纯数学还是应用数学无关."我们以一道IMO试题为例.

在哈瓦那举行的第 28 届国际数学奥林匹克竞赛(IMO)中的第一题是:

问题1　设$P_n(k)$是集合$\{1,2,\cdots,$

3

n} 上具有 k 个不动点的排列的个数. 求证

$$\sum_{k=0}^{n} k P_n(k) = n!$$

这是一道关于组合不动点的问题, 我们先给出组合不动点的定义以及三个简单的性质, 再来解决几道与此有关的数学竞赛题.

定义 1 设集合 $\{\pi(1), \pi(2), \cdots, \pi(n)\}$ 是集合 $\{1, 2, \cdots, n\}$ 的一个排列, 如果 $\pi(i) = i$, 则称 i 是变换 π 下的一个组合不动点. 我们用 $P_n(k)$ 表示其不动点的个数为 k 的排列的个数, 用 $D_n(k)$ 表示其中有 k 个动点的排列的个数.

性质 1 $P_n(k) = \binom{n}{k} D_n(n-k)$.

证 恰有 k 个不动点的排列可以由以下两个步骤产生: (1) 先从 n 个元素中选出 k 个让它不动, 即令 $\pi(i) = i (i = i_1, i_2, \cdots, i_k)$; (2) 再让其余 $n-k$ 个全动, 即令

$$\pi(j) \neq j \quad (j = j_1, \cdots, j_{n-k})$$

则由乘法原理可知

$$P_n(k) = \binom{n}{k} D_n(n-k)$$

性质 2 $\sum_{k=0}^{n} nk D_n(n-k) = n!$.

证 因为 n 个元素的全排列可分成恰有零个不动点的排列, 恰有一个不动点的排列, ……, 恰有 n 个不动点的排列, 故由加法原理可知

$$P_n(0) + P_n(1) + \cdots + P_n(n) = n!$$

由性质 1 可得, $\sum_{k=0}^{n} \binom{n}{k} D_n(n-k) = n!$.

性质3 $P_n(0) = D_n(n) = n! \sum_{k=0}^{n-1} (-1)^k \frac{1}{k!}$.

证 我们先来介绍一个组合数学中非常重要的公式,包含排除原理:

设有 N 个事物,其中有些事物具有性质 P_1, $P_2, \cdots, P_s$ 中的某些性质.令 N_i 表示具有 P_i 性质的事物的个数,N_{ji} 表示兼有 P_j 及 P_i 性质的事物的个数,此处 $i \neq j (1 \leqslant i, j \leqslant s)$.由此定义,$N_{ji}$ 及 N_{ij} 应代表同一数值,并且凡兼具 P_j 及 P_i 性质的事物也认为具有性质 P_j 或 P_i.一般地,设 $N_{i_1, i_2, \cdots, i_k}$ 等于具有性质 $P_{i_1}, P_{i_2}, \cdots, P_{i_k}$ 的事物的个数.

那么 N 中不具有任何性质的事物的个数即等于

$$N_0 = N - \sum_i N_i + \sum_{i<j} N_{ij} - \sum_{i<j<k} N_{ijk} + \cdots +$$
$$(-1)^k \sum N_{i_1} N_{i_2} \cdots N_{i_k} + \cdots +$$
$$(-1)^s N_{12\cdots s}$$

(此定理的证明可以在任何一本初等的组合数学书中找到.)

令 P_i 是表示 i 为一个不动点的性质,则易知

$$N_{i_1 i_2 \cdots i_r} = (n-r)!$$

$$\sum_{i_1 < i_2 < \cdots < i_r} N_{i_1 i_2 \cdots i_r} = \binom{n}{k} (n-r)! = \frac{n!}{r!}$$

则由包含排除原理得

$$P_n(0) = D_n(n) = n! \sum_{r=0}^{n-1} (-1)^r \frac{1}{r!}$$

下面我们先证明前面提到的 IMO 试题.

证

$$\sum_{k=0}^{n} kP_n(k) = \sum_{k=0}^{n} k\binom{n}{k} D_n(n-k) \quad （性质 1）$$

$$= \sum_{k=0}^{n} k\frac{n!}{k!\,(n-k)!} D_n(n-k)$$

$$= \sum_{k=0}^{n} \frac{n\cdot(n-1)!}{(k-1)!\,[(n-1)-(k-1)]!}\cdot D_n[(n-1)-(k-1)]$$

$$= n\sum_{k=0}^{n} \frac{(n-1)!}{(k-1)!\,[(n-1)-(k-1)]!}\cdot D_n[(n-1)-(k-1)]$$

$$= n\sum_{k=0}^{n-1}\binom{n-1}{k-1} D_{n-1}[(n-1)-(k-1)]$$

$$= n\cdot(n-1)! = n!$$

证毕.

问题 2 P 为集合 $S_n = \{1,2,\cdots,n\}$ 的一个排列，令 f_n 为 S_n 的无不动点的排列的个数，g_n 为恰好有一个不动点的排列的个数，证明

$$| f_n - g_n | = 1$$

（加拿大第十四届中学生数学竞赛试题）

证 由性质 3 得

$$f_n = n!\,\sum_{r=0}^{n} (-1)^r \frac{1}{r!}$$

又由性质 1 得

$$g_n = \binom{n}{1} f_{n-1} = n\cdot(n-1)!\,\sum_{r=0}^{n-1} (-1)^r \frac{1}{r!}$$

$$= n!\,\sum_{r=0}^{n-1} (-1)^r \frac{1}{r!}$$

所以

$$|f_n - g_n|$$

$$= \left| n! \left(\sum_{r=0}^{n} (-1)^r \frac{1}{r!} - \sum_{r=0}^{n-1} (-1)^r \frac{1}{r!} \right) \right|$$

$$= \left| n! (-1)^n \frac{1}{n!} \right| = |(-1)^n| = 1$$

问题 3 设 n 阶行列式主对角线上的元素全为零,其余元素全不为零,求证:它的展开式中不为零的项数等于

$$n! \sum_{r=0}^{n} (-1)^r \frac{1}{r!}$$

(第十九届普特南数学竞赛试题)

证 由定义知,$n \times n$ 矩阵 $\boldsymbol{M} = (m_{ij})$ 的行列式的展开式为

$$\sum_n \varepsilon(\pi) m_{1j_1} \cdot m_{2j_2} \cdots \cdot m_{nj_n}$$

其中 $\pi \begin{pmatrix} 1 & 2 & \cdots & n \\ j_1 & j_2 & \cdots & j_n \end{pmatrix}$ 表示 $\{1, 2, \cdots, n\}$ 的所有排列,$\varepsilon(\pi)$ 为 $+1$ 或 -1.

由题意知,当且仅当 π 的排列中有不动点时,行列式的展开式中的对应项才为零,于是本题化为求 π 的排列中没有不动点的排列的个数问题.

由性质 3 知,其个数为

$$n! \sum_{r=0}^{n} (-1)^r \frac{1}{r!}$$

1.2 拓扑不动点

问题 4 在一张大地图上放着一张表示同一地区但比例关系不同的小地图,试证明可以用一根针同时刺穿这两张地图,使针孔在两张地图上表示这个地区的同一地点.

证 考察从大地图 k_0 到小地图 k_1 的映射 f,它把大地图 k_0($k_0 \supset k_1$,表示某一地点的点)映射到小地图 k_1 上表示同一地点的点,以 k_2 表示地图 k_1 在同一映射的像,一般地,我们令 $f(k_{n-1}) = k_n$,$n = 1, 2, \cdots$,矩形 $k_0, k_1, k_2, \cdots, k_n, \cdots$ 恰有一个公共点 x,因为这些矩形的大小趋于 0.

点 x 即是我们要刺的点,实际上,由 $x \in k_{n-1}$ 可得 $x \in k_n$(对于任意的 x). 故点 $f(x)$ 本身应属于所有的矩形,而这样的点只有一个,故 $x = f(x)$.

注 1 我们有如下一般的定理:

任何将矩形映入其自身的映射必有不动点,所以,即使一张扭曲变形了的地图放在另一张地图上时,结论也成立.

问题 5 把区间 $[0,1]$ 分成不相交的两个集合 A 和 B. 在 $[0,1]$ 上定义一个连续函数 $f(x)$,使对属于集合 A 的 x,函数值 $f(x)$ 属于集合 B,而对属于集合 B 的 x,函数值 $f(x)$ 属于集合 A,问能作出这样的函数吗?

(选自波兰数学家斯坦因豪斯的《一百个数学问题》)

解　不能作出这样的函数,为此我们只需证明:假设这样的 $f(x)$ 存在,则 $f(x)$ 必在[0,1]中存在一个不动点即可.

因为若 $\exists x_0 \in [0,1]$,使 $f(x_0)=x_0$,则有如下与已知矛盾的结论

$$x_0 \in A \Rightarrow f(x_0) \in A$$
$$x_0 \in B \Rightarrow f(x_0) \in B$$

下面我们证明 $f(x)$ 存在不动点,由已知

$$0 \leqslant f(x) \leqslant 1 \Rightarrow 0 \leqslant f(0) \leqslant 1, 0 \leqslant f(1) \leqslant 1$$

但 $f(0) \neq 0, f(1) \neq 1$, 故 $0 < f(0) \leqslant 1, 0 \leqslant f(1) < 1$.

引进 $\varphi(x) = f(x) - x$,则有

$$\varphi(0) = f(0) > 0$$
$$\varphi(1) = f(1) - 1 < 0$$

因为 $x, f(x)$ 在区间[0,1]上连续,所以 $\varphi(x)$ 在区间[0,1]上连续,由于 $\varphi(x)$ 在区间[0,1]的端点有相反符号的值,所以由中值定理知,$\exists x_0 \in [0,1]$,使得 $f(x_0) = x_0$.

背景　这实质是 Brouwer(布劳威尔)不动点定理在 $n=1$ 时的特例.

Brouwer **不动点定理**　由 $\mathbf{R}^n$ 中的球 $x_1^2 + x_2^2 + \cdots + x_n^2 \leqslant 1$ 到它本身的任何连续映射 f,都至少有一个不动点,也就是说,存在这样一点 P,使得 $f(P) = P$.

1912 年,荷兰数学家 Brouwer 在拓扑学的基础上,运用度数理论,首先证明了 Brouwer 不动点定理,它是现代数学中最优秀的结果之一. 在纯粹数学和应用数学中有许多问题可以归结为不动点问题,它是常

微分方程理论的基本工具之一. 在非线性偏微分方程和积分方程理论中,应用不动点定理可以得到以前无法得到的结果;在数理经济中,应用它来证明多人对策平衡解的存在性. 正如代数基本定理在代数中的作用一样,Brouwer 不动点定理在不动点理论中是一个重要的基本定理.

要叙述 Brouwer 不动点定理是很容易的,但要证明它却并不容易,许多数学家都试图通过各种途径来证明此定理,因此有许多证明方法. 比较出色的证明,如 Adriano Garisa 利用微积分中的格林定理的证明,又如 1978 年,John Milnor 利用微积分中茸毛球定理和投影,给出了一个令人惊异的证明. 也可以利用组合数学中 Sperner(施佩纳)引理和 K-K-M 引理来证明 Brouwer 不动点定理,而且这一方法比较初等,特别是这一证明方法与不动点的给出算法紧密相关.

我们先通俗地介绍 Brouwer 不动点定理,然后再给出一般形式的 Brouwer 不动点定理.

Brouwer 本人曾经用下述通俗例子形象地叙述此定理:拿一杯咖啡来,在杯子中渐渐连续地旋转搅拌咖啡,然后放下杯子,并让运动渐渐平息下来,当咖啡最终静止时,在咖啡中至少有一点咖啡恢复到开始时在杯子中的位置.

Brouwer 不动点定理用数学语言可以叙述如下:如果一个球(或者它的拓扑等价者)被连续地映射到它自身,则至少有一点被映射到它自身. 具体来讲,设 $f(x)$ 是定义在 n 维单位球 $\|x\| \leqslant 1$ 上的连续映射, $f(x)$ 映射此球到它自身: $\|x\| \leqslant 1, \|f(x)\| \leqslant 1$,则此单位球中至少有一点 x_0 被映射到它自身: $f(x_0) =$

10

x_0.

对于 $n=1$ 时,此定理为:设 $f(x)$ 是连续的,如果对 $-1 \leqslant x \leqslant 1$,有 $-1 \leqslant f(x) \leqslant 1$,则在 $[-1,1]$ 上存在某个 x_0,使 $f(x_0)=x_0$.

从几何图形上来讲,这等价于曲线 $y=f(x)$ 与直线 $y=x$ 在 $[-1,1]$ 上必相交于某点 x_0(图1).

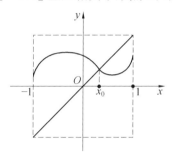

图1 $n=1$ 时的 Brouwer 定理

1.3 不动点与方程

许多竞赛中方程的问题都是以不动点为背景的.我们可以先求不动点再解方程.因为显然有如下结论:设 $M_1 = \{x \mid f(x)=0\}, M_n = \{x \mid f^{[n]}(x)=0\}$,则 $M_1 \subset M_n$.

问题 6 解方程

$$\cfrac{x}{2+\cfrac{x}{2+\cfrac{}{\ddots \quad 2+\cfrac{x}{1+\sqrt{1+x}}}}}=1$$

方程左边的式子中有 1 985 个 2.

（1985 年全苏数学奥林匹克试题）

解 因为 $\dfrac{x}{\sqrt{x+1}+1}=\sqrt{x+1}-1$，设 $f(x)=2+\sqrt{x+1}-1=\sqrt{x+1}+1$，则原方程显然是迭代方程

$$f^{[n]}(x)=2+\frac{f^{[n-1]}(x)}{\sqrt{f^{[n-1]}(x)+1}+1}$$

即 $f^{[n]}(x)=\sqrt{f^{[n-1]}(x)+1}+1$. $f(x)$ 的不动点为 $\sqrt{x+1}+1=x$ 的根，解得 $x_1=0$，$x_2=3$. 因 $x_1=0$ 显然不是解，故 $x=3$.

问题 7 解方程

$$1+\cfrac{1}{1+\cfrac{1}{1+\cfrac{\cdots}{1+\cfrac{1}{x}}}}=x \quad (n \text{ 层})$$

解 构造函数

$$f^{[n]}(x)=1+\cfrac{1}{1+\cfrac{1}{1+\cfrac{\cdots}{1+\cfrac{1}{x}}}}$$

规定

$$f^{[0]}(x)=x$$

$$f^{[n]}(x)=1+\frac{1}{f^{[n-1]}(x)}$$

则 $f(x)$ 的不动点为

$$1+\frac{1}{x}=x \Rightarrow x_1=\frac{1+\sqrt{5}}{2}, x_2=\frac{1-\sqrt{5}}{2}$$

由于 $M_1 \subset M_n$，即 $\{x \mid f(x)=x\} \subset$

$\{x \mid f^{[n]}(x) = x\}$，所以 $\dfrac{1 \pm \sqrt{5}}{2}$ 是 $f^{[n]}(x) = x$ 的两个根.

再证：$f^{[n]}(x) = x$ 仅有两个根，即 $\mid M_n \mid = 2$. 由

$$1 + \frac{1}{x} = \frac{x+1}{x}$$

$$1 + \frac{1}{\dfrac{x+1}{x}} = \frac{2x+1}{x+1}$$

$$1 + \frac{1}{\dfrac{2x+1}{x+1}} = \frac{3x+2}{2x+1}$$

$$\vdots$$

知，原方程化简后形如 $\dfrac{ax+b}{Ax+B} = x$，这说明原方程最多

有两个实根，故原方程的根只能是 $\dfrac{1 \pm \sqrt{5}}{2}$.

问题 8 求 A^2，这里 A 是方程

$$x = \sqrt{19} + \cfrac{91}{\sqrt{19} + \cfrac{91}{\sqrt{19} + \cfrac{91}{\sqrt{19} + \cfrac{91}{\sqrt{19} + \cfrac{91}{x}}}}} \qquad (1)$$

所有根的绝对值之和.

（AIME9－9）

解 要解这个方程，采用"序列化"方法，记

$$x_1 = \sqrt{19} + \frac{91}{x}$$

$$x_2 = \sqrt{19} + \frac{91}{x_1}$$

$$x_3 = \sqrt{19} + \frac{91}{x_2}$$

$$x_4 = \sqrt{19} + \frac{91}{x_3}$$

$$x = \sqrt{19} + \frac{91}{x_4} \qquad (2)$$

（由方程（1）得）由于 x_1, x_2, x_3, x_4, x 地位平等（轮换对称），所以我们猜想：它们都相等.

事实上，（比如，若 $x_1 < 0$，则 $x < 0, x_4 < 0, \cdots$）

$$x_1 - x_2 = 91\left(\frac{1}{x} - \frac{1}{x_1}\right) \qquad (3)$$

$$x_2 - x_3 = 91\left(\frac{1}{x_1} - \frac{1}{x_2}\right) \qquad (4)$$

$$x_3 - x_4 = 91\left(\frac{1}{x_2} - \frac{1}{x_3}\right) \qquad (5)$$

$$x_4 - x = 91\left(\frac{1}{x_3} - \frac{1}{x_4}\right) \qquad (6)$$

$$x - x_1 = 91\left(\frac{1}{x_4} - \frac{1}{x}\right) \qquad (7)$$

于是，由 $x_1 > x_2 \overset{(3)}{\Rightarrow} x < x_1 \overset{(7)}{\Rightarrow} x_4 > x \overset{(6)}{\Rightarrow} x_3 < x_4 \overset{(5)}{\Rightarrow} x_2 > x_3 \overset{(4)}{\Rightarrow} x_1 < x_2$，但这是不可能的.

由于 $x = \sqrt{19} + \frac{91}{x} \Rightarrow x^2 - \sqrt{19}\,x - 91 = 0$ 的两个根 x_1, x_2 一正一负，所以

$$A^2 = (|x_1| + |x_2|)^2 = (x_1 - x_2)^2$$

$$= (\sqrt{19})^2 - 4 \times (-91) = 383$$

即 $\qquad (x_1 - x_2)^2 = (\sqrt{b^2 - 4ac})^2$

问题 9 二次三项式 $f(x) = ax^2 + bx + c$ 使方程 $f(x) = x$ 没有实根，证明：方程 $f(f(x)) = x$ 也没有实

根.

（1973 年苏联中学生奥林匹克试题）

证　如果方程 $f(x)=x$ 没有实根,那么,或者对于一切 x 有 $f(x)>x$(若 $a>0$),或者对于一切 x 有 $f(x)<x$(若 $a<0$),于是就有 $f(f(x))>f(x)>x$,或者 $f(f(x))<f(x)<x$,这就说明方程 $f(f(x))=x$ 没有实根.

注 2　以上结论对任意连续函数都成立.

问题 10　$f(x)$ 是 $(-\infty,+\infty)$ 上的连续函数,证明:若方程 $f(f(f(x)))=x$ 有解,则方程 $f(x)=x$ 也有解.

（1982 年基辅数学奥林匹克试题）

证　我们先解一个更一般的问题.设 $f(x)$ 为数轴上的连续函数且对某个 $n\in\mathbf{N}$,$\exists x_i$,使得

$$x_1=f(f(\cdots f(x_1)))\quad(n\text{ 个 }f)$$

下面证明:方程 $f(x)=x$ 必有解,为此首先用反证法.

连续函数 $g(x)=f(x)-x$ 不可能总是取正,倘若对所有的 x,$g(x)>0$,则对所有的 x,$f(x)>x$,在点 $y_n=f^{[n]}(x_1)$ 处连续使用上述不等式,则有

$$\begin{aligned}f^{[n]}(x_1)=y_n=f(y_{n-1})&>y_{n-1}\\&=f(y_{n-2})>\cdots>y_1\\&=f(x_1)>x_1\end{aligned}$$

这与已知等式 $x_1=f^{[n]}(x_1)$ 相矛盾,故 $g(x)$ 不可能总是取正值.同理可证,$g(x)$ 不可能总是取负值,故存在 x_2 和 x_3,使得 $g(x_2)<0<g(x_3)$,从而由 $g(x)$ 的连续性推得 $\exists x_0\in(x_2,x_3)$,使得 $g(x_0)=0$,即 $f(x_0)=x_0$.

问题 11　设 $f(x)=x^2-x+1$,证明:方程

$f(f(f(x)))=x$ 仅有唯一的根 $x=1$.

证 （1）首先，对一切 $x \leqslant 0$，都有 $f(f(f(x))) > 0 \geqslant x$.

（2）其次，对 $0 < x < 1$，有 $x < f(x) < 1$ 及 $f(x) \geqslant \dfrac{3}{4}$，因此有 $x < f(x) < f(f(f(x)))$，最后，当 $x > 1$ 时，有 $x = 1$ 是方程的根，则

$$f(x) > x > 1$$

$$f(f(f(x))) > f(f(x)) > f(x) > x > 1$$

（i）对 $\forall x \in \mathbf{R}, f(x) > 0 \Rightarrow f(f(f(x))) > 0$.

（ii）当 $x > \dfrac{1}{2}$ 时

$$f(x) \text{ 递增} \Rightarrow f(f(x)) > f(x) \Rightarrow f(f(f(x))) > x$$

问题 12 设 $f(x) = \sqrt{x^2+1} - 1$，求方程 $\underbrace{f(\cdots(f(f(x)))\cdots)1)}_{200\text{个}} = x$ 的全部实数解.

解 （1）$f(x) = x$ 的解一定是 $f^{[200]}(x) = x$ 的解，则 $M_1 \subseteq M_{200}$.

（2）假设 $\exists x_0 \in M_{200}$，但 $x_0 \overline{\in} M_1$.

因为对 $\forall x_1, x_2$ 有

$$f(x_1) - f(x_2) = \sqrt{x_1^2 + 1} - \sqrt{x_2^2 + 1}$$

$$= \frac{(x_1 - x_2)(x_1 + x_2)}{\sqrt{x_1^2 + 1} + \sqrt{x_2^2 + 1}}$$

故当 $x_1 > x_2 \geqslant 0$ 时，$f(x_1) > f(x_2)$，即在区间 $[0, +\infty)$ 上 $f(x)$ 递增，又因为当 $x > 0$ 时

$$f(x) - x = \sqrt{x^2 + 1} - (x+1) < 0$$

即 $x > f(x) > 0$，从而，当 $x > 0$ 时，有

$$x > f(x) > f(f(x)) > \cdots > f^{[200]}(x) > 0$$

而当 $x < 0$ 时，$f(x) > 0$，故
$$f(x) > f(f(x)) > \cdots > f^{[200]}(x) > 0 > x$$
即 $M_{200} = M_1$，而 $\sqrt{x^2 + 1} - 1 = x \Rightarrow x = 0$，故
$$M_{200} = \{0\}$$

问题 13 求方程组
$$\begin{cases} x_2 = \dfrac{1}{2}\left(x_1 + \dfrac{a}{x_1}\right) \\[2mm] x_3 = \dfrac{1}{2}\left(x_2 + \dfrac{a}{x_2}\right) \\[2mm] \qquad\vdots \\[2mm] x_n = \dfrac{1}{2}\left(x_{n-1} + \dfrac{a}{x_{n-1}}\right) \\[2mm] x_1 = \dfrac{1}{2}\left(x_n + \dfrac{a}{x_n}\right) \end{cases}$$

的所有解（实数）.

［1961 年基辅数学奥林匹克试题（7 年级）］

解 由平均值不等式知，$x_i \geqslant \sqrt{a}\,(i = 1, \cdots, n)$，则方程组与方程 $f^{[n]}(x) = x$ 同解. 一般地，有 $M_n \supseteq M_1$，且当 $f(x)$ 为递增函数时，$M_n = M_1$.

对于 $\forall x_1, x_2 \in [\sqrt{a}, +\infty)$，且 $x_2 > x_1$，有
$$\begin{aligned} f(x_2) - f(x_1) &= \frac{1}{2}\left[(x_2 - x_1) + a\left(\frac{1}{x_2} - \frac{1}{x_1}\right)\right] \\ &= \frac{1}{2}\left[(x_2 - x_1) - a\,\frac{x_2 - x_1}{x_2 x_1}\right] \\ &= \frac{1}{2}(x_2 - x_1)\left(1 - \frac{a}{x_1 x_2}\right) \geqslant 0 \end{aligned}$$

故
$$M_n = M_1$$

由 $\quad f(x) = x \Rightarrow \dfrac{1}{2}\left(x + \dfrac{a}{x}\right) = x \Rightarrow x = \pm\sqrt{a}$

因此原方程组有两组解

$$(\sqrt{a},\sqrt{a},\cdots,\sqrt{a}),(-\sqrt{a},-\sqrt{a},\cdots,-\sqrt{a})$$

问题 14 已知 $f(x)=ax^2+b(a,b,x\in\mathbf{R})$, $A=\{x\mid f(x)=x\}$, $B=\{x\mid f(f(x))=x\}$ 且 $B\neq A\neq\varnothing$, 求 a^2+b^2 的取值范围.

解 先证明 $A\subseteq B$. 设 $t\in A$, 则 $f(t)=t$, 于是 $f(f(t))=f(t)=t$, 所以 $t\in B$, $A\subseteq B$.

A 中元素是方程 $ax^2+b=x$ 的实根, 由 $A\neq\varnothing$ 得 $1-4ab\geqslant0$, 即 $ab\leqslant\dfrac{1}{4}$.

B 中元素是方程 $a(ax^2+b)^2+b=x$ 的实根, 由于 $A\subseteq B$, 因此可将此四次方程变形为

$$(ax^2-x+b)(a^2x^2+ax+ab+1)=0$$

为使 $B\neq A$, 需使方程

$$a^2x^2+ax+ab+1=0 \tag{8}$$

有实根, 且两实根与方程

$$ax^2-x+b=0 \tag{9}$$

的实根不都相同, 所以

$$\Delta=a^2-4a^2(ab+1)\geqslant0\Rightarrow ab\leqslant-\frac{3}{4}$$

当 $ab=-\dfrac{3}{4}$ 时, 方程(8)有重根, 而 $-\dfrac{1}{2a}$ 恰是方程(9)的一个根. 因此 $ab<-\dfrac{3}{4}$, 于是

$$a^2+b^2\geqslant2\mid ab\mid>\frac{3}{2}$$

即

$$a^2+b^2\in\left(\frac{3}{2},+\infty\right)$$

问题 15 设 $P_1(x) = x^2 - 2$ 和 $P_j(x) = P_1[P_{j-1}(x)], j = 2, 3, \cdots$. 证明：对任一正整数 n，方程 $P_n(x) = x$ 的根都是不同的实根.

[1976 年 IMO 试题(芬兰)]

证 多项式 $P_n(x) = [\cdots(x^2 - 2)^2 - 2)\cdots]^2 - 2$ 是 2^n 次多项式且是偶函数，即 $P_n(-x) = P_n(x)$，我们观察到 P_1 把区间 $[-2, 2]$ 映射到区间 $[-2, 2]$，当 x 从 -2 递增到 2 时，P_1 从 2 递减到 -2，又因 P_1 是偶数，当 x 从 0 递增到 2 时，P_1 从 -2 递增到 2，然后考察 $P_2(n) = P_1[P_1(x)]$，当 x 从 -2 变到 0 时，P_1 从 2 变到 -2，$P_1[P_1(x)]$ 又得到整个区间 $[-2, 2]$. 以上所述列成表为(表 1)：

表 1

x	$-2 \nearrow 0$		$0 \nearrow 2$	
$P_1(x)$	$2 \searrow$ $0 \searrow$ -2		$-2 \nearrow$ $0 \nearrow$ 2	
$P_1[P_1(x)]$	$2 \searrow$ $-2 \nearrow$ 2		$2 \searrow$ $-2 \nearrow$ 2	

当 $0 \leqslant x \leqslant 2$ 时的图像就是镜像. 同理，P_3 的图形是从纵坐标 2 变到纵坐标 -2 来回两次，等等. 于是 $P_n(x)$ 覆盖 $(-2, 2) 2^n$ 次，$P_n(x) = x$ 的解是 P_n 的图形和 $y = x$ 的图形的交点的横坐标，这条直线在 $-2 < x < 2$ 一段恰是 4×4 正方形的对角线，其中 P_n 上下变动 2^n 次，因此有 2^n 个不同的交点提供了 $P_n(x) = x$ 的 2^n 个不同的实根. 因为 $P_n(x)$ 是 2^n 次多项式，所以 $P_n(x) = x$ 不可能有多于 2^n 个根，因此它的根都是不同的实根.

1.4　不动点与数列

数列 $\{a_n\}$ 可视为自变量取任意自然数集的函数. 故不动点的概念也可用于数列中,先看一个李政道先生提出的问题.

问题 16　五只猴子分一堆花生,第一只猴子将花生分成五堆,余一粒吃掉,带走一堆,第二只猴子又将剩余的花生平均分成五堆,恰余一粒,吃掉后又带走一堆,如此下去.直到第五只猴子来分剩余花生时,恰好也能均分五堆而余一粒,问这堆花生最少有几粒?

解　由题意知,每只猴子所分的那堆花生数都是 5 的倍数多 1. 故

$$N = 5A_1 + 1, 4A_1 = 5A_2 + 1, 4A_2 = 5A_3 + 1$$
$$4A_3 = 5A_4 + 1, 4A_4 = 5A_5 + 1$$

其中 N 表示花生总数,$A_1, \cdots, A_5$ 表示每只猴子所带走的那堆花生数,即有

$$4A_i = 5A_{i+1} + 1 \quad (i = 1, 2, 3, 4)$$
$$4(A_i + 1) = 5(A_{i+1} + 1) \quad (i = 1, 2, 3, 4)$$
$$A_5 + 1 = \frac{4}{5}(A_4 + 1) = \left(\frac{4}{5}\right)^2 (A_3 + 1)$$
$$= \cdots = \left(\frac{4}{5}\right)^4 (A_1 + 1)$$

由于 $A_5 + 1 \in \mathbf{Z}$,所以 $\min(A_1 + 1) = 5^4$,所以 $A_1 = 5^4 - 1 = 624$,因此 $N_{\min} = 5 \times 624 + 1 = 3\ 121$.

问题 17　设 $f(x) = 3x + 2$,证明:$\exists\, m \in \mathbf{N}_+$,使得 $f^{[100]}(m)$ 能被 1 988 整除.

（1988 年中国国家集训队试题）

解法 1 先求不动点，$f(x)=3x+2,f(x)=x$，$x_0=-1,f(x)+1=3(x+1),f^{[2]}(x)+1=3(f(x)+1)=3^2(x+1),\cdots,f^{[100]}(x)+1=3^{100}(x+1)$.

则所求证问题易变为：$\exists m\in\mathbf{N}_+$，使得
$$1\ 988\mid 3^{100}(m+1)-1$$
即证
$$3^{100}(x+1)-1\ 988y=1$$
对 x,y 有整数解，且 $x\in\mathbf{N}_+$. 因 $(3^{100},1\ 988)=1$，故上式有整数解.

设 (x_0,y_0) 为其一整数解，则
$$\begin{cases}x=x_0+1\ 988t\\ y=y_0+3^{100}t\end{cases}$$
也为其整数解，其中 t 为任意整数.

显然，可取 t 足够大，使 $x_0+1\ 988t\in\mathbf{N}_+$，令此时的 $x=m$，则 $1\ 988\mid f^{[100]}(m)$.

对于不定方程 $sx-ty=1$，若 (x_0,y_0) 是方程的一组解，则
$$\begin{cases}x=x_0+tk\\ y=y_0+sk\end{cases}\quad(k\in\mathbf{Z})$$
都是不定方程的解. 若 $(s,t)=1$，则一定有解.

解法 2 由解法 1 知
$$f^{[100]}(n)=3^{100}(x+1)-1$$
所以只需证，存在 $n\in\mathbf{N}_+$，使得
$$3^{100}(n+1)\equiv 1(\bmod 4\times 7\times 71)$$
取 $n+1=3^m$，考虑是否存在 m，使得
$$3^{100+m}\equiv 1(\bmod 4\times 7\times 71)$$
由费马小定理知

$$3^{6k} \equiv 1(\bmod 7)$$
$$3^{70k} = 1(\bmod 71)$$
$$3^{2k} = 1(\bmod 4)$$

所以取 $100 + m = [2k, 6k, 70k] = 210k$，故取 $m = 210k - 100$ 符合要求.

问题 18　现有一数列 $a_1, a_2, a_3, \cdots$，其中 a_1 是一自然数，而 $a_{n+1} = [1.5 \times a_n] + 1$ 对所有自然数 n 成立，问：是否可以如此选定 a，使此数列的前 100 000 项全是偶数，而第 100 001 项则为奇数？

解　我们可以选定 a，使此数列的前 100 000 项全是偶数，而第 100 001 项为奇数，例如我们可选

$$a_1 = 2^{100\,000} - 2$$

$$a_2 = \left[\frac{3}{2}a_1\right] + 1 = 3 \times 2^{99\,999} - 3 + 1$$
$$= 3 \times 2^{99\,999} - 2$$

$$a_3 = \left[\frac{3}{2}a_2\right] + 1 = 3^2 \times 2^{99\,998} - 3 + 1$$
$$= 3^2 \times 2^{99\,998} - 2$$

$$\vdots$$

$$a_{99\,999} = \left[\frac{3}{2}a_{99\,998}\right] + 1 = 3^{99\,998} \times 2^2 - 3 + 1$$
$$= 3^{99\,998} \times 2^2 - 2$$

$$a_{100\,000} = \left[\frac{3}{2}a_{99\,999}\right] + 1 = 3^{99\,999} \times 2 - 3 + 1$$
$$= 3^{99\,999} \times 2 - 2$$

$$a_{100\,001} = \left[\frac{3}{2}a_{100\,000}\right] + 1 = 3^{100\,000} - 3 + 1$$
$$= 3^{100\,000} - 2$$

因此 $a_1, a_2, \cdots, a_{99\,999}, a_{100\,000}$ 全是偶数，而 $a_{100\,001}$

22

是奇数.

注 3 此数列不唯一,有很多形式,可令 $a_1 = (2k)^{100\,000} - 2k$,则

$$a_{n+1} = \left[\frac{2k+1}{2k} a_n\right] + 1$$

利用不动点我们可以给出下列有用的定理.

定理 1 设数列 $\{z_n\}$ 满足递推公式

$$z_{n+1} = \frac{az_n + b}{cz_n + d} \quad (ad - bc \neq 0) \tag{10}$$

则

$$\begin{aligned}
\frac{z_{n+1} - \alpha}{z_{n+1} - \beta} &= \left(\frac{a - c\alpha}{a - c\beta}\right)\left(\frac{z_n - \alpha}{z_n - \beta}\right) \\
&= \left(\frac{a - c\alpha}{a - c\beta}\right)^n \left(\frac{z_1 - \alpha}{z_1 - \beta}\right)
\end{aligned} \tag{11}$$

其中 α, β 是方程 $cz^2 + (d-a)z - b = 0$ 的根.

证 递推式(10)实质上是一迭代变换,因为 α, β 适合方程

$$cz^2 + (d-a)z - b = 0$$

故 α, β 也适合

$$\alpha = \frac{a\alpha + b}{c\alpha + d}, \beta = \frac{a\beta + b}{c\beta + d} \tag{12}$$

所以 α, β 是迭代变换式(10)的不动点,而式(10)又是一个一次有理分式,这启发我们可以把式(10)所决定的关系写成如

$$\frac{z_{n+1} - \alpha}{z_{n+1} - \beta} = k\frac{z_n - \alpha}{z_n - \beta} \tag{13}$$

的形式.

现在求出待定常数 k,由式(10)得

$$z_{n+1} - \alpha = \frac{(a - \alpha c)z_n + (b - \alpha d)}{cz_n + d}$$

$$z_{n+1} - \beta = \frac{(a - \beta c)z_n + (b - \beta d)}{cz_n + d}$$

所以

$$\frac{z_{n+1} - \alpha}{z_{n+1} - \beta} = \frac{(a - \alpha c)\left(z_n + \dfrac{\alpha d - b}{\alpha c - a}\right)}{(a - \beta c)\left(z_n + \dfrac{\beta d - b}{\beta c - a}\right)} \qquad (14)$$

由式(10)可得 $z_n = -\dfrac{dz_{n+1} - b}{cz_{n+1} - a}$.

由于 α, β 是式(10)的不动点,即 α, β 适合式(12).

故将 $\dfrac{\alpha d - b}{\alpha c - a} = -\alpha, \dfrac{\beta d - b}{\beta c - a} = -\beta$ 代入式(14)立得

$$k = \frac{a - \alpha c}{a - \beta c} \Rightarrow \frac{z_{n+1} - \alpha}{z_{n+1} - \beta} = \left(\frac{a - \alpha c}{a - \beta c}\right)\frac{z_n - \alpha}{z_n - \beta}$$

$$= \cdots = \left(\frac{a - \alpha c}{a - \beta c}\right)^n \frac{z_1 - \alpha}{z_1 - \beta}$$

定理 2 函数 $f(x) = \dfrac{(x+1)^k + (x-1)^k}{(x+1)^k - (x-1)^k}(k \geqslant 1, k \in \mathbf{N}_+)$ 有不动点,$x_1 = 1, x_2 = -1$. 若由 $a_{n+1} = f(a_n)$ 确定的数列为 $\{a_n\}$,则数列 $\left\{\ln \dfrac{a_n + x_1}{a_n + x_2}\right\}$(其中 $a_1 \neq 1$)是公比为 k 的等比数列.

证 由题设 $a_{n+1} = \dfrac{(a_n + 1)^k + (a_n - 1)^k}{(a_n + 1)^k - (a_n - 1)^k}$,有

$$\frac{a_{n+1} + 1}{a_{n+1} - 1} = \frac{(a_n + 1)^k}{(a_n - 1)^k}$$

$$= \left(\frac{a_n + 1}{a_n - 1}\right)^k \quad (用合分比定理)$$

故数列 $\left\{\ln \dfrac{a_n + x_1}{a_n + x_2}\right\}$ 是公比为 k 的等比数列.

此时 $\dfrac{a_{n+1} + x_1}{a_{n+1} + x_2} = \cdots = \left(\dfrac{a_1 + x_1}{a_1 + x_2}\right)^{k^n}$. 于是

$$a_{n+1} = \frac{(a_1 + x_1)^{k^n} + (a_1 + x_2)^{k^n}}{(a_1 + x_1)^{k^n} - (a_1 + x_2)^{k^n}}$$

显然，当 $a_1 = 1$ 时，由 $a_{n+1} = f(a_n)$ 确定的数列是常数列 $\{1\}$.

由于 $f(x)$ 有不动点，故 $f(x) = x$，有

$$\frac{(x+1)^k + (x-1)^k}{(x+1)^k - (x-1)^k} = x$$

$$\Rightarrow (x+1)(x-1)[(x+1)^{k-1} - (x-1)^{k-1}] = 0$$

$$\Rightarrow 当 k \geqslant 1 时，(x+1)^{k-1} - (x-1)^{k-1} \neq 0$$

$$（除 x = 0 外）$$

所以 $x_1 = 1, x_2 = -1$.

问题 19 （1）求数列的通项，已知 $x_1 > 0, x_1 \neq 1$，且 $x_{n+1} = \dfrac{x_n(x_n^2 + 3)}{3x_n^2 + 1}(n \geqslant 1)$.

（2）试证：数列 $\{x_n\}$ 或者对任意自然数 n 都满足 $x_n < x_{n+1}$，或者对任意自然数 n 都满足 $x_n > x_{n+1}$.

解 （1）引进变换 $F(x) = \dfrac{1-x}{1+x}$，有 $F(F(x)) = x$，由

$$x_n = \frac{x_{n-1}(x_{n-1}^2 + 3)}{3x_{n-1}^2 + 1}$$

$$= \frac{(x_{n-1} + 1)^3 + (x_{n-1} - 1)^3}{(x_{n-1} + 1)^3 - (x_{n-1} - 1)^3}$$

$$= \frac{1 - \left(\dfrac{1 - x_{n-1}}{1 + x_{n-1}}\right)^3}{1 + \left(\dfrac{1 - x_{n-1}}{1 + x_{n-1}}\right)^3}$$

$$= \frac{1 - F^3(x_{n-1})}{1 + F^3(x_{n-1})} = F(F(x_{n-1}))$$

得

$$F^1(x_n) = F(F(F^3(x_{n-1}))) = F^3(x_{n-1})$$

$$= F^{3^2}(x_{n-2}) = \cdots = F^{3^{n-1}}(x_1)$$

故

$$x_n = F(F(x_n)) = F(F^{3^{n-1}}(x_1))$$

$$= \frac{1 - \left(\dfrac{1-x_1}{1+x_1}\right)^{3^{n-1}}}{1 + \left(\dfrac{1-x_1}{1+x_1}\right)^{3^{n-1}}}$$

$$= \frac{(1+x_1)^{3^{n-1}} - (1-x_1)^{3^{n-1}}}{(1+x_1)^{3^{n-1}} + (1-x_1)^{3^{n-1}}}$$

（2）证明：由题设

$$x_{n+1} = \frac{x_n^3 + 3x_n}{3x_n^2 + 1} = \frac{(x_n+1)^3 + (x_n-1)^3}{(x_n+1)^3 - (x_n-1)^3}$$

于是

$$x_{n+1} = \frac{(x_1+1)^{3^n} + (x_1-1)^{3^n}}{(x_1+1)^{3^n} - (x_1-1)^{3^n}}$$

令 $(x_1+1)^{3^{n-1}} = A, (x_1-1)^{3^{n-1}} = B$，则

$$\frac{x_{n+1}}{x_n} = \frac{A^3 + B^3}{A + B}, \frac{A-B}{A^3 - B^3} = \frac{A^2 - AB + B^2}{A^2 + AB + B^2}$$

又 $n \in \mathbf{N}_+$，有 3^{n-1} 是奇数，于是当 $0 < x_1 < 1$ 时，$x_1 + 1 > 1, x_1 - 1 < 0$，故 $A > 1, B < 0, AB < 0$. 便有

$$A^2 - AB + B^2 > A^2 + AB + B^2 \Rightarrow \frac{x_{n+1}}{x_n} > 1$$

当 $x_1 > 1$ 时，仿照上面推得 $\dfrac{x_{n+1}}{x_n} < 1$.

问题 20　茹科夫斯基机翼函数满足递推式 $x_{n+1} = \dfrac{x_n^2 + c}{2x_n}$，若 $|x_1 + \sqrt{c}| < 1$，证明：$x_n \to \sqrt{c}$（c 与 x_1 均为

正数).

　　证　由题意知,不动点为 $x = \pm\sqrt{c}$,则

$$\frac{x_n - \sqrt{c}}{x_n + \sqrt{c}} = \frac{(x_{n-1} - \sqrt{c})^2}{(x_{n-1} + \sqrt{c})^2} = \cdots$$

$$= (\frac{x_1 - \sqrt{c}}{x_1 + \sqrt{c}})^{2n-1} \rightarrow 0$$

　　茹科夫斯基 1868 年毕业于莫斯科大学,被列宁称为"俄罗斯航空之父".1947 年,苏联部长会议决定在茹科夫斯基 100 周年诞辰的纪念日里设立两项茹科夫斯基奖金.1956 年,莫斯科市内还建立了茹科夫斯基博物馆.

1.5　　不动点与函数迭代

　　A. N. Sarkorskii 在 1964 年发表了一个很深刻的定理,但长期不为西方学者所知,直到 1975 年,T. D. Li 和 J. A. Yorke 又重新发现,才引起了人们的注意.

　　设给定一个函数 $f(x)$,如果在 f 的定义域中有 m 个两两不同的点 $x_0, x_1, \cdots, x_{m-1}$,使得 $f(x_0) = x_1$, $f(x_1) = x_2, \cdots, f(x_{m-1}) = x_0$,则 $\{x_0, x_1, \cdots, x_{m-1}\}$ 叫作 f 的一个 $m-$周期轨,其中每个点 x_k 都叫作 f 的一个 $m-$周期点,不动点就是 $1-$周期点.

　　仅仅用一些初等组合知识,配合连续函数的介值定理,就可以证明一个关于周期轨的优美而深刻的定理,即沙可夫斯基定理.下面先介绍一下沙可夫斯基序,约定按下列顺序重新排列全体自然数.

　　$\triangle: 3 \triangle 5 \triangle 7 \triangle \cdots \triangle 2m-1 \triangle 2n+1 \triangle \cdots \triangle 2 \times 3 \triangle 2 \times$

$5 \Delta 2 \times 7 \Delta \cdots \Delta 2 \times (2n-1) \Delta 2 \times (2n+1) \Delta \cdots \Delta 4 \times$
$3 \Delta 4 \times 5 \Delta 4 \times 7 \Delta \cdots \Delta 4 \times (2n+1) \Delta \cdots$

$\Delta : 2^k \times 3 \Delta 2^k \times 5 \Delta \cdots \Delta 2^k \times (2n+1) \Delta \cdots \Delta 2^m \times$
$\Delta 2^{m-1} \Delta \cdots \Delta 2^5 \Delta 2^4 \Delta 2^3 \Delta 2^2 \Delta 2 \Delta 1$

沙可夫斯基定理断言,设 $f(x)$ 是在某线段上有定义的连续函数. 如果 $f(x)$ 有 m — 周期轨,而 $m \Delta n$,则 $f(x)$ 一定有 n — 周期轨.

问题 21 设 $f(x)$ 是 $[0,1]$ 上的函数,且

$$f(x) = \begin{cases} 2x + \dfrac{1}{3}, & 0 \leqslant x < \dfrac{1}{3} \\ \dfrac{3}{2}(1-x), & \dfrac{1}{3} \leqslant x \leqslant 1 \end{cases}$$

试在 $[0,1]$ 上找出 5 个不同的点 x_0, x_1, x_2, x_3, x_4 使得 $f(x_0)=x_1, f(x_1)=x_2, f(x_2)=x_3, f(x_3)=x_4, f(x_4)=x_0$.

解 若 $x \in \left[0, \dfrac{1}{3}\right)$,则 $f(x) \in \left[\dfrac{1}{3}, 1\right)$;若 $x \in \left[\dfrac{1}{3}, 1\right]$,则 $f(x) \in [0,1]$.

不妨设 $x_0 \in \left[0, \dfrac{1}{3}\right)$,$x_1, x_2, x_3, x_4 \in \left[\dfrac{1}{3}, 1\right]$,容易求出 $f(x)$ 在 $\left[\dfrac{1}{3}, 1\right]$ 上的迭代表达式

$$f^{(n)} = \left(-\dfrac{3}{2}\right)^n \left(x - \dfrac{3}{5}\right) + \dfrac{3}{5}$$

于是 x_0 与 x_1 满足关系

$$\begin{cases} 2x_0 + \dfrac{1}{3} = x_1 \\ \left(-\dfrac{3}{2}\right)^4 \left(x_1 - \dfrac{3}{5}\right) + \dfrac{3}{5} = x_0 \end{cases}$$

28

$$\Rightarrow \begin{cases} 6x_0 - 3x_1 + 1 = 0 \\ 16x_0 - 81x_1 + 39 = 0 \end{cases} \Rightarrow \begin{cases} x_0 = \dfrac{6}{73} \\ x_1 = \dfrac{109}{219} \end{cases}$$

代入原函数得

$$x_2 = \frac{3}{2}(1 - \frac{109}{219}) = \frac{55}{73}$$

$$x_3 = \frac{3}{2}(1 - \frac{55}{73}) = \frac{27}{73}$$

$$x_4 = \frac{3}{2}(1 - \frac{27}{73}) = \frac{69}{73}$$

$$x_5 = \frac{3}{2}(1 - \frac{69}{73}) = \frac{6}{73}$$

注 4 $f(0) = \dfrac{1}{3}, f(\dfrac{1}{3}) = 1, f(1) = 0$ 有 $3 -$ 周期点.

故由沙可夫斯基定理知，有任意 $n -$ 周期轨. 这可解决存在性问题.

问题 22 设 $f(x)$ 是 $[0,1]$ 上的函数

$$f(x) = \begin{cases} x + \dfrac{1}{2}, 0 \leqslant x \leqslant \dfrac{1}{2} \\ 2(1 - x), \dfrac{1}{2} < x \leqslant 1 \end{cases}$$

试在 $[0,1]$ 上找五个不同的点 x_0, x_1, x_2, x_3, x_4，使

$$f(x_0) = x_1$$
$$f(x_1) = x_2$$
$$f(x_2) = x_3$$
$$f(x_3) = x_4$$
$$f(x_4) = x_0$$

解 注意到 $f(0) = \dfrac{1}{2}, f\left(\dfrac{1}{2}\right) = 1, f(1) = 0$，所以

$f(x)$ 有 3 — 周期轨 $\left\{0,\dfrac{1}{2},1\right\}$，由沙可夫斯基定理知，$f(x)$ 有任意 n — 周期轨，当然会有 5 — 周期轨，现在的问题是如何把 5 — 周期轨找出来.

考虑到，若 $x \in \left[0,\dfrac{1}{2}\right]$，则 $f(x) \in \left[\dfrac{1}{2},1\right]$；若 $x \in \left[\dfrac{1}{2},1\right]$，则 $f(x)$ 可能落在 $[0,1]$ 上任一点，故不妨设想可使 $x_0 \in \left[0,\dfrac{1}{2}\right]$，而 x_1,x_2,x_3,x_4 均在 $\left[\dfrac{1}{2},1\right]$ 内.

把 $f(x)$ 在 $\left[\dfrac{1}{2},1\right]$ 上的表达式的 n 次迭代写出来，有

$$f^{(n)}(x) = (-2)^n\left(x - \dfrac{2}{3}\right) + \dfrac{2}{3}$$

（若 $x,f(x),\cdots,f^{(n-1)}(x)$ 在 $\left[\dfrac{1}{2},1\right]$ 上）

于是 x_0 与 x_1 之间应当满足关系

$$\begin{cases} x_0 + \dfrac{1}{2} = x_1 \\ (-2)^4\left(x_1 - \dfrac{2}{3}\right) + \dfrac{2}{3} = x_0 \end{cases}$$

解出 $x_0 = \dfrac{2}{15}$，$x_1 = \dfrac{19}{30}$，接着算出 $x_2 = f(x_1) = \dfrac{11}{15}$，$x_3 = f(x_2) = \dfrac{8}{15}$，$x_4 = \dfrac{14}{15}$，易验证确有 $f(x_4) = x_0$. 于是所求的 5 个数为 $\left\{\dfrac{2}{15},\dfrac{19}{30},\dfrac{11}{15},\dfrac{8}{15},\dfrac{14}{15}\right\}$.

注 5　$x_0 = \dfrac{1}{9}$ 也可以.

30

问题 23　给定 $0 \leqslant x_0 < 1$,对一切整数 $n > 0$,令

$$x_n = \begin{cases} 2x_{n-1}, & \text{如果 } 2x_{n-1} < 1 \\ 2x_{n-1} - 1, & \text{如果 } 2x_{n-1} \geqslant 1 \end{cases}$$

得 $x_0 = x_5$ 成立的 x_0 的个数是多少?

(A)0 个　　　(B)1 个　　　(C)5 个　　　(D)31 个

(E) 无穷多个

(1993 年第 44 届美国高中数学考试题)

解　数 $x_0 \in [0,1]$,用二进制表示时具有形式

$$x_0 = 0. d_1 d_2 d_3 d_4 d_5 d_6 d_7 \cdots$$

则

$$x_1 = 0. d_2 d_3 d_4 d_5 d_6 d_7 \cdots$$

因此,由 $x_0 = x_5$,有

$$0. d_1 d_2 d_3 d_4 d_5 d_6 d_7 \cdots = 0. d_6 d_7 d_8 d_9 \cdots$$

当且仅当 x_0 以 $d_1 d_2 d_3 d_4 d_5$ 为一个循环节扩展下去时,才共有 $2^5 = 32$ 个这样的节.

但当 $d_1 = d_2 = d_3 = d_4 = d_5 = 1$ 时有 $x_0 = 1$.因此对于 $x_0 \in [0,1)$ 中使 $x_0 = x_5$ 的共有 $32 - 1 = 31$ 个值.故选(D).

问题 24　设

$$f(n) = \begin{cases} n - 12, & n > 2\ 000 \\ f(f(n+14)), & n \leqslant 2\ 000 \end{cases} \quad (n \in \mathbf{N})$$

试求 $f(n)$ 的所有不动点.

解　易知,当 $n \leqslant 2\ 000$ 且 $n + 14 > 2\ 000$ 时

$$f(n) = f(f(n+14)) = f(n+2)$$

因此

$$f(1\ 989) = f(1\ 991) = \cdots$$
$$= f(2\ 001) = 1\ 989 \qquad (15)$$
$$f(1\ 990) = f(1\ 992) = \cdots$$

$$= f(2\,002) = 1\,990 \qquad (16)$$

故 $n = 1\,989$ 或 $1\,990$ 时为 $f(n)$ 的不动点,往证这就是 $f(n)$ 的所有不动点.

显然,当 $n > 2\,000$ 时,$f(n)$ 不存在不动点.

当 $1 \leqslant n < 1\,986$ 时,可求得 $k \in \mathbf{N}$ 使得

$$1\,986 < n + 14k \leqslant 2\,000 \qquad (17)$$

于是这时

$$f(n) = \underbrace{f(\cdots f(f(n + 14k))\cdots)}_{k+1 个 f} \qquad (18)$$

又因 $f(1\,987) = 1\,989$,$f(1\,988) = 1\,990$,所以从式(15)~(17)知,$f(n + 14k)$ 只取 $1\,989$ 或 $1\,990$.于是由式(18)知,$f(n)$ 也只取 $1\,989$ 或 $1\,990$,即当 $1 \leqslant n < 1\,986$ 时无不动点,而

$$f(1\,986) = 1\,990$$

问题 25 设 $m \geqslant 14$ 是一个整数,函数 $f: \mathbf{N} \to \mathbf{N}$,则定义

$$f(n) = \begin{cases} n - m + 14, & n > m^2 \\ f(f(n + m - 13)), & n \leqslant m^2 \end{cases}$$

求出所有的 m,使得 $f(1\,995) = 1\,995$.

[1990 年第 31 届 IMO 预选题 62(挪威)]

解 当 $m^2 < 1\,995$ 时,$f(1\,995) = 1\,995 - m + 14$,所以 $f(1\,995) = 1\,995$ 时,$m = 14$,满足 $m^2 < 1\,995$,所以 $m = 14$ 为使 $f(1\,995) = 1\,995$ 的一个值.

当 $m^2 \geqslant 1\,995$ 时,$m \geqslant \sqrt{1\,995}$,所以 $m \in \mathbf{Z}$,$m \geqslant 45$.

因为当且仅当 $n > m^2$ 时,$f(n)$ 可直接取值,所以若 $f(1\,995) = 1\,995$,则必存在 $n_0 > m^2$,使 $n_0 - m + 14 = 1\,995$.即

$$m^2 - m + 14 < 1\ 995 \Rightarrow m^2 - m - 1\ 981 < 0$$

$$\Rightarrow \frac{1 - \sqrt{1 + 4 \times 1\ 981}}{2} < m$$

$$< \frac{1 + \sqrt{1 + 4 \times 1\ 981}}{2}$$

因为 $\dfrac{1 + \sqrt{1 + 4 \times 1\ 981}}{2} < 46$，所以 $m \leqslant 45$. 由此知，$m = 45$ 时，$m^2 = 2\ 025$. 则

$$\begin{aligned}
f(1\ 995) &= f(f(1\ 995 + 45 - 13)) \\
&= f(f(2\ 027)) \\
&= f(2\ 027 - 45 + 14) = f(1\ 996) \\
&= f(f(2\ 028)) = f(1\ 997) = \cdots \\
&= f(f(2\ 057)) = f(2\ 026) = 1\ 995
\end{aligned}$$

所以使得 $f(1\ 995) = 1\ 995$ 的所有 m 值为 14 或 45.

问题 26 定义数列 $\{a_n\}$

$$a_1 = 1$$

$$a_n = \begin{cases} a_n + n, a_n \leqslant n \\ a_n - n, a_n > n \end{cases} \quad (n = 1, 2, \cdots)$$

求满足 $a_r < r \leqslant 3^{2\ 017}$ 的正整数 r 的个数.

（2017 年全国高中数学联合竞赛试题）

江苏省徐州市第 37 中学的张军、沈家书两位老师在 2018 年指出：解决本题的关键是寻找满足 $a_T = T$（这里称不动项，即项的下角标与该项值相等的项）的 T 的计算通式.

他们研究了更一般的情况：

问题 27 设 p 为常数且为正整数，定义数列 $\{a_n\}$

$$a_1 = 1$$

$$a_{n+1} = \begin{cases} a_n + pn, a_n \leqslant pn \\ a_n - pn, a_n > pn \end{cases} \quad (n = 1, 2, \cdots)$$

求该数列不动项的计算通式.

为了叙述方便,先证明两个引理.

引理 1 设 p 为常数且为正整数,定义数列 $\{a_n\}$

$$a_1 = 1$$

$$a_{n+1} = \begin{cases} a_n + pn, a_n \leqslant pn \\ a_n - pn, a_n > pn \end{cases} \quad (n = 1, 2, \cdots)$$

m 为正整数且 $a_{\frac{3^m-1}{2}} = 1$. 则对 $t = 1, 2, \cdots, \dfrac{3^m-1}{2}$,有

$$a_{\frac{3^m-1}{2}+2t-1} = \frac{p \cdot 3^m - (2t-1)p + 2}{2}$$

$$< p\left(\frac{3^m-1}{2} + 2t - 1\right) \quad (19)$$

$$a_{\frac{3^m-1}{2}+2t} = p \cdot 3^m + (t-1)p + 1$$

$$> p\left(\frac{3^m-1}{2} + 2t\right) \quad (20)$$

证 用数学归纳法证明.

当 $t = 1$ 时,由 $a_{\frac{3^m-1}{2}} = 1 \leqslant p$ 知

$$a_{\frac{3^m-1}{2}+1} = 1 + p \cdot \frac{3^m-1}{2}$$

$$= \frac{p \cdot 3^m - p + 2}{2} \leqslant p\left(\frac{3^m-1}{2} + 1\right)$$

$$a_{\frac{3^m-1}{2}+2} = \frac{p \cdot 3^m - p + 2}{2} + p\left(\frac{3^m-1}{2} + 1\right)$$

$$= p \cdot 3^m + 1 > p\left(\frac{3^m-1}{2} + 2\right)$$

因此,式(19)(20)成立.

假设对某个 $1 \leqslant t \leqslant \dfrac{3^m-1}{2}$,式(19)(20)成立.则

34

$$a_{\frac{3^m-1}{2}+2t+1}$$

$$= a_{\frac{3^m-1}{2}+2t} - p\left(\frac{3^m-1}{2}+2t\right)$$

$$= p \cdot 3^m + (t-1)p + 1 - p\left(\frac{3^m-1}{2}+2t\right)$$

$$= \frac{p \cdot 3^m - (2t+p)+2}{2}$$

$$< \frac{p \cdot 3^m + (4t+1)p}{2} = p\left(\frac{3^m-1}{2}+2t+1\right)$$

$$a_{\frac{3^m-1}{2}+2t+2}$$

$$= a_{\frac{3^m-1}{2}+2t+1} + p\left(\frac{3^m-1}{2}+2t+1\right)$$

$$= \frac{p \cdot 3^t - (2t+1)p+2}{2} + \frac{p \cdot 3^t + (4t+1)p}{2}$$

$$= p \cdot 3^t + tp + 1 > p\left(\frac{3^m-1}{2}+2t+2\right) \tag{21}$$

式(21)后半部分的不等式可用作差法证明.

由

$$p \cdot 3^m + tp + 1 - p\left(\frac{3^m-1}{2}+2t+2\right)$$

$$= \frac{p \cdot 3^m - (2t+3)p+2}{2} \tag{22}$$

又 $t < \frac{3^m-1}{2}$,即 $t \leqslant \frac{3^m-1}{2}-1$,则

$$2t+3 \leqslant 3^m \tag{23}$$

由式(22)(23)得

$$\frac{p \cdot 3^m - (2t+3)p+2}{2} \geqslant \frac{p \cdot 3^m - p \cdot 3^m + 2}{2} = 1 > 0$$

式(21)的不等式成立.

从而证得式(19)(20)对 $t+1$ 也成立.

引理 2 设 p 为常数且为正整数,定义数列 $\{a_n\}$:

$$a_1 = 1;$$

$$a_{n+1} = \begin{cases} a_n + pn, & a_n \leqslant pn \\ a_n - pn, & a_n > pn \end{cases} \quad (n = 1, 2, \cdots)$$

m 为正整数，则 $a_{\frac{3^m-1}{2}} = 1$.

证 对 m 用数学归纳法证明.

当 $m = 1$ 时, $a_{\frac{3^1-1}{2}} = 1$, 即 $a_1 = 1$, 结论成立.

当 $m = 2$ 时, 由 $a_1 = 1$ 得

$$a_2 = 1 + p \leqslant 2p$$

$$\Rightarrow a_3 = a_2 + 2p = 1 + p + 2p = 1 + 3p > 3p$$

$$\Rightarrow a_4 = a_3 - 3p = 1 + 3p - 3p = 1$$

$$\Rightarrow a_{\frac{3^2-1}{2}} = a_4 = 1$$

假设 $a_{\frac{3^m-1}{2}} = 1$ 成立, 只需证明 $a_{\frac{3^{m+1}-1}{2}} = 1$ 也成立.

由引理 1 的式 (20), 令 $t = \dfrac{3^m - 1}{2}$ 得

$$a_{\frac{3^m-1}{2} + 2 \cdot \frac{3^m-1}{2}} = p \cdot 3^m + \left(\frac{3^m - 1}{2} - 1 \right) p + 1$$

$$> p \left(\frac{3^m - 1}{2} + 2 \cdot \frac{3^m - 1}{2} \right)$$

即

$$a_{\frac{3^{m+1}-1}{2} - 1} = \frac{p \cdot 3^{m+1} - 3p + 2}{2}$$

$$> \frac{p(3^{m+1} - 3)}{2}$$

故 $a_{\frac{3^{m+1}-1}{2}} = a_{\frac{3^{m+1}-1}{2} - 1} - p \left(\frac{3^{m+1} - 1}{2} - 1 \right)$

$$= \frac{p \cdot 3^{m+1} - 3p + 2}{2} - \frac{p(3^{m+1} - 3)}{2} = 1$$

引理 1 和引理 2 得证.

命题 1 设 p 为常数且为正整数, 定义数列 $\{a_n\}$:

$$a_1 = 1;$$

$$a_{n+1} = \begin{cases} a_n + pn, a_n \leqslant pn \\ a_n - pn, a_n > pn \end{cases} \quad (n = 1, 2, \cdots)$$

若 $m \in \mathbf{N}$，使得

$$\frac{(p-1)(3^m-1)}{2(p+2)} \in \mathbf{N} \quad (24)$$

则数列 $\{a_n\}$ 不动项的计算式为

$$T_m(p) = \frac{3p \cdot 3^m - p + 4}{2(p+2)} \quad (25)$$

证 由引理 2 得，$m \in \mathbf{Z}_+$，有 $a_{\frac{3^m-1}{2}} = 1$.

由引理 1，$t = 1, 2$，数列前三项为

$$a_{\frac{3^m-1}{2}+1} = \frac{p \cdot 3^m - p + 2}{2} \quad (26)$$

$$a_{\frac{3^m-1}{2}+2} = p \cdot 3^m + 1$$

$$a_{\frac{3^m-1}{2}+3} = \frac{p \cdot 3^m - 3p + 2}{2} \quad (27)$$

观察式(26)(27)知，等式左边下角标增加 2，右边对应项的值减少 p.

为了求不动项，只需令

$$\frac{3^m-1}{2} + 1 + 2x = \frac{p \cdot 3^m - p + 2}{2} - px \quad (28)$$

x 为待定非负整数.

若 $x = 0$，则表示式(26)成立.

由此解得

$$x = \frac{(p-1)(3^m-1)}{2(p+2)} \quad (x \in \mathbf{N})$$

代入式(28)左边(或右边)得

$$\frac{3^m-1}{2} + 1 + 2 \cdot \frac{(p-1)(3^m-1)}{2(p+2)} = \frac{3p \cdot 3^m - p + 4}{2(p+2)}$$

注意到，$a_1 = 1$ 是第一个不动项，不在式(25)中，易知 $m = 0$ 时，满足式(24)，即

37

$$\frac{(p-1)(3^m-1)}{2(p+2)}=\frac{(p-1)(3^0-1)}{2(p+2)}=0\in \mathbf{N}$$

由式(25)得$\dfrac{3p\cdot 3^0-p+4}{2(p+2)}=1$,即

$$T_0(p)=1$$

于是,可约定 m 取 0,即

$$T_m(p)=\frac{p\cdot 3^m-p+4}{2(p+2)}\quad (m\in \mathbf{N})$$

综上,命题成立.

注 6　$\dfrac{(p-1)(3^m-1)}{2(p+2)}\in \mathbf{N}$ 是必要条件,由此可推出 m 应满足条件.

下面研究几个命题应用的特例.

(1) 取 $p=1$,即为题 27 的题设.

由式(24)得

$$\frac{(p-1)(3^m-1)}{2(p+2)}=0\in \mathbf{N}$$

由式(25)得

$$T_m(1)=\frac{3\times 3^m-1+4}{2\times 3}=\frac{3\times 3^m+3}{2\times 3}$$

$$=\frac{3^m+1}{2}\quad (m=0,1,\cdots)$$

也可改写成

$$T_m(1)=\frac{3^{m-1}+1}{2}\quad (m=1,2,\cdots)$$

这就是题 27 中不动项的通式.

(2) 取 $p=2$,由式(24)得

$$\frac{(p-1)(3^m-1)}{2(p+2)}=\frac{1\cdot (3^m-1)}{2\times 4}$$

$$=\frac{3^m-1}{8}\in \mathbf{N}$$

38

$$\Rightarrow 8 \mid (3^m - 1) \Rightarrow m = 2r \quad (r \in \mathbf{N})$$

由式(25) 得

$$T_m(2) = \frac{6 \times 3^m - 2 + 4}{8}$$

$$= \frac{3 \times 3^m + 1}{4} = \frac{3^{2r+1} + 1}{4}$$

$$\Rightarrow T_r(2) = \frac{3^{2r+1} + 1}{4} \quad (r = 0, 1, \cdots)$$

$$\Rightarrow T_r(2) = \frac{3^{2r-1} + 1}{4} \quad (r = 1, 2, \cdots)$$

(3) 取 $p = 3$,由式(24) 得

$$\frac{(p-1)(3^m - 1)}{2(p+2)} = \frac{2(3^m - 1)}{2 \times 5}$$

$$= \frac{3^m - 1}{5} \in \mathbf{N}$$

$$\Rightarrow 5 \mid (3^m - 1) \Rightarrow m = 4r \quad (r \in \mathbf{N})$$

由式(25) 得

$$T_m(3) = \frac{9 \times 3^m - 3 + 4}{10} = \frac{9 \times 3^{4r} + 1}{10}$$

$$= \frac{3^{4r+2} + 1}{10}$$

$$\Rightarrow T_r(3) = \frac{3^{4r+2} + 1}{10} \quad (r = 0, 1, \cdots)$$

$$\Rightarrow T_r(3) = \frac{3^{4r-2} + 1}{10} \quad (r = 1, 2, \cdots)$$

(4) 取 $p = 4$,式(24) 得

$$\frac{(p-1)(3^m - 1)}{2(p+2)} = \frac{3(3^m - 1)}{2 \times 6}$$

$$= \frac{3^m - 1}{4} \in \mathbf{N}$$

$$\Rightarrow 4 \mid (3^m - 1) \Rightarrow m = 2r \quad (r \in \mathbf{N})$$

由式(25) 得

$$T_m(4) = \frac{12 \times 3^m - 4 + 4}{2 \times 6} = 3^m = 3^{2r}$$

$$\Rightarrow T_r(4) = 3^{2r} \quad (r = 0, 1, \cdots)$$

$$\Rightarrow T_r(4) = 3^{2(r-1)} \quad (r = 1, 2, \cdots)$$

注 7 这说明考虑式(24) 为整数的必要性,如直接代入式(25) 得 $T_m(4) = 3^m$,引发错误.

(5) 取 $p = 5$,由式(24) 得

$$\frac{(p-1)(3^m-1)}{2(p+2)} = \frac{4(3^m-1)}{2 \times 7}$$

$$= \frac{2(3^m-1)}{7} \in \mathbf{N}$$

$$\Rightarrow 7 \mid (3^m - 1)$$

$m = 0$ 满足上式,$m = 1, 2, 3, 4, 5$ 不满足;$m = 6$ 时,$3^6 - 1 = 728$ 能被 7 整除,由此得

$$m = 6r$$

由式(25) 得

$$T_m(5) = \frac{15 \times 3^m - 1}{14} = \frac{15 \times 3^{6r} - 1}{14}$$

$$= \frac{5 \times 3^{6r+1} - 1}{14}$$

$$\Rightarrow T_r(5) = \frac{5 \times 3^{6r+1} - 1}{14} \quad (r = 0, 1, \cdots)$$

$$\Rightarrow T_r(5) = \frac{5 \times 3^{6r-5} - 1}{14} \quad (r = 1, 2, \cdots)$$

下面的问题 28 留给读者完成.

问题 28 设数列 $\{a_n\}$ 满足

$$a_1 = \frac{b(b+1)}{2} + c$$

其中,$b \in \mathbf{N}_+, c \in \mathbf{N}$ 且 $0 \leqslant c \leqslant b - 1$,则

$$a_{n+1} = \begin{cases} a_n + n, a_n \leqslant n \\ a_n - n, a_n > n \end{cases} \quad (n = 1, 2, \cdots)$$

则第一个不动项为 $T_1 = b + 2c$,其通式为

$$T_m = \frac{(2b + 4c - 1)3^{m-1} + 1}{2} \quad (m \in \mathbf{N}_+)$$

易知,取 $b = 1, c = 0$,即

$$a_1 = 1, T_m = \frac{3^{m-1} + 1}{2}$$

即为问题 27 中导出的不动项通式.

问题 29 设 $a, b \in \mathbf{N}, 1 \leqslant a \leqslant b, M = \left[\dfrac{a+b}{2}\right]$,

定义函数 $f : \mathbf{Z} \to \mathbf{Z}$,则

$$f(n) = \begin{cases} n + a, n < M \\ n - b, n \geqslant M \end{cases}$$

记 $f^{[1]}(n) = f(n), f^{[i+1]} = f(f^{[i]}(n)), i = 1,$ $2, \cdots$,试求最小正整数 k,使 $f^{[k]}(0) = 0$.

解 先考虑 $(a, b) = 1$ 的情况.

设集合 $S = \{n \mid M - b \leqslant n \leqslant M + a - 1, n \in \mathbf{Z}\}$, 则 $f(S) \subseteq S$,且 $0 \in S$,设 $k \geqslant 1$,且 $f^{[k]}(0) = 0$. 因为 $f(m) = m + a$ 或 $m - b, k$ 可写成 $k = r + s$ 且 $ra - sb = 0$,由 $(a, b) = 1$,得 $r \geqslant b, s \geqslant a, k \geqslant a + b$.

另外,$f^{[a+b]}(0) = ra - sb$,这里 $r + s = a + b$,因此

$$f^{[a+b]}(0) = ra - sb = (a + b)(a - s)$$

因为 $f^{[a+b]}(0) \in S$,而 S 中 $a + b$ 的倍数只有 0,所以 $f^{[a+b]}(0) = 0$.

综上所述,使 $f^{[k]}(0) = 0$ 的最小自然数 $k = a + b$. (对一般情况,令 $a = a_1(a, b), b = b_1(a, b), S_1 = \{n \mid M - b_1 \leqslant n \leqslant M + a_1 - 1, n \in \mathbf{Z}\}$,同样可得.)

问题 30 f 是自然数集合 $\mathbf{N}$ 到 $\mathbf{N}$ 的一个映射. 记

$$f^{[2]}(n) = f(f(n)), \cdots, f^{[m]}(n) = f^{[m-1]}[f(n)].$$

假设 a, b, c 是已知的自然数且 $a < b < c$.

(1)证明函数 $f: \mathbf{N} \to \mathbf{N}$ 是唯一的, f 是由下列规则定义的. 则

$$f(n) = \begin{cases} n-a, & \text{若 } n > c \\ f(f(n+b)), & \text{若 } n \leqslant c \end{cases}$$

(2)找出至少有一个不动点的充分必要条件.

(3)用 a, b, c 来表示这样一个不动点.

(1990 年中国国家集训队试题)

解 我们可以逐步求出 $f(x)$ 的表达式.

在 $n > c$ 时, $f(n) = n - a$, 在 $c \geqslant n > c-(b-a)$ 时

$$f(n) = f(f(n+b)) = f(n+b-a)$$
$$= n + (b-a) - a$$

在 $c-(b-a) \geqslant n > c-2(b-a)$ 时

$$f(n) = f(f(n+b)) = f(n+2(b-a))$$
$$= n + 2(b-a) - a$$

······

一般地, 在 $c-k(b-a) \geqslant n > c-(k+1)(b-a)$ 时, 有

$$f(n) = n + (k+1)(b-a) - a$$
$$(k = 0, 1, \cdots, q, q \in \mathbf{N})$$

满足

$$q(b-a) \leqslant c < (q+1)(b-a)$$

因此, $f(n)$ 是唯一的, 若 f 有不动点, 则 $n = n + k(b-a) - a$, 即 $(b-a) \mid a$.

上式不但是必要条件, 而且也是充分条件. 事实上, 在这一条件成立时, 设 $a = k(b-a)$, 则满足

$$c - (k-1)(b-a) \geqslant n > c - k(b-a)$$

的自然数 n 都是不动点.

下面来看一个关于分式函数的迭代的问题.

问题 31　设 $f(x) = \dfrac{x+6}{x+2}$, 试求 $f^{[n]}(x)$.

解　因为 $f^{[n+1]}(x) = f(f^{[n]}(x)) = \dfrac{f^{[n]}(x)+6}{f^{[n]}(x)+2}$.

令 $f(x) = x$, 解得不动点的值 $x_1 = 2$, $x_2 = -3$. 故

$$\frac{f^{[n]}(x) - 2}{f^{[n]}(x) + 3} = \frac{\dfrac{f^{[n-1]}(x)+6}{f^{[n-1]}(x)+2} - 2}{\dfrac{f^{[n-1]}(x)+6}{f^{[n-1]}(x)+2} + 3}$$

$$= -\frac{1}{4} \cdot \frac{f^{[n-1]}(x) - 2}{f^{[n-1]}(x) + 3} = \cdots$$

$$= \frac{f^{[0]}(x) - 2}{f^{[0]}(x) + 3} \cdot \left(-\frac{1}{4}\right)^n$$

$$= \frac{x - 2}{x + 3} \cdot \left(-\frac{1}{4}\right)^n$$

由此解得

$$f^{[n]}(x)$$

$$= \frac{[2 \cdot (-4)^n + 3]x + 6 \cdot [(-4)^n - 1]}{[(-4)^n + 1]x + [3 \cdot (-4)^n + 2]}$$

下面的问题刻画了具有不动点的函数的特征.

问题 32　证明: 如果对所有 $x, y \in \mathbf{R}$. 函数 $f: \mathbf{R} \to \mathbf{R}$ 满足

$$f(x) \leqslant x \tag{29}$$

与

$$f(x + y) \leqslant f(x) + f(y) \tag{30}$$

则 $f(x) = x$.

证　在式(30)中, 令 $x = y = 0$, 有

$$f(0) \leqslant 2f(0)$$

即 $f(0) \geqslant 0$，又由式（17）知 $f(0) \leqslant 0$，故 $f(0) = 0$，于是由式（30）又有

$$f(x) \geqslant f[(x) + (-x)] - f(-x) = -f(-x)$$
$$(31)$$

由式（29）知

$$f(-x) \leqslant -x \qquad (32)$$

由式（31）和式（32）知

$$f(x) \geqslant x$$

结合式（29）得

$$f(x) = x$$

问题 33 $f(x)$ 的定义域是 $\mathbf{R}$，若 $c \in \mathbf{R}$，使 $f(c) = c$，则称 c 是 $f(x)$ 的一个不动点，设 $f(x)$ 的不动点数目是有限多个，问所述命题是否正确？若正确，请给予证明；若不正确，请举一个例子说明.

（1）$f(x)$ 是奇函数，则 $f(x)$ 的不动点数目是奇数.

（2）$f(x)$ 是偶函数，则 $f(x)$ 的不动点数目是偶数.

（1993 年北京大学理科试验班入学试题）

解 （1）正确. 证明如下：

因为 $f(x)$ 是奇函数，且 $x \in \mathbf{R}$，所以 $f(-0) = -f(0)$，即 $f(0) = 0$，因此 0 是 $f(x)$ 的一个不动点.

假设 $c \neq 0$ 是 $f(x)$ 的不动点，则由定义知 $f(c) = c$. 又因为 $f(x)$ 是奇函数，所以

$$f(-c) = -f(c) = -c$$

因此 $-c$ 也是 $f(x)$ 的不动点，显然 $c \neq -c$，这表明 $f(x)$ 的非 0 不动点如果存在，则必成对.

44

又根据题设，$f(x)$ 只有有限个不动点，因此 $f(x)$ 的不动点数目是奇数.

（2）不正确.

例如，$f(x)=1$ 是偶函数，设 c 是 $f(x)=1$ 的不动点，则一方面 $f(c)=c$，另一方面 $f(c)=1$，由此得 $c=1$.

因此 $f(x)=1$ 有且只有一个不动点.

注 8 不动点一定在 $f(x)=x$ 上，只需判断奇函数和偶函数与 $y=x$ 的交点个数即可.

问题 34 已知函数 $\varphi:\mathbf{N}\to\mathbf{N}$，是否有 H 上的函数 f，对所有 $x\in\mathbf{N}$，有 $f(x)>f(\varphi(x))$，并且：

（1）f 的值域是 $\mathbf{N}$ 的子集？

（2）f 的值域是 $\mathbf{Z}$ 的子集？

解 （1）不存在. 如果 f 满足所说条件，那么

$$f(1)>f(\varphi(1))>f(\varphi(\varphi(1)))>\cdots$$
$$>f(\varphi^{[k]}(1))>\cdots$$

而一个严格递减的自然数的数列只能有有限多项.

（2）如果 $\varphi^{[k]}$ 有不动点，那么存在 x_0 使

$$\varphi^{[k]}(x_0)=x_0$$

则 $(\varphi^{[k]}(x_0))=f(x_0)$ 对任一函数 f 成立，所以 $\varphi^{[k]}(k=1,2,\cdots)$ 无不动点是所述函数 f 存在的必要条件. 其实，这一条件也是充分的. 事实上，$\mathbf{N}$ 可以分拆为若干条 φ 的"轨道".

当且仅当 $m=\varphi^{[k]}(n)$ 或 $n=\varphi^{[k]}(m)$ 时，m,n 属于同一轨道，这里 k 为任一自然数.

对每一条轨道，任给一个 $n_0\in\mathbf{N}$，定义 $f(n_0)=0$，则

$$f(\varphi^{[k]}(n_0))=-k \quad (k\in\mathbf{Z})$$

（这里 $\varphi^{-1}(n_0)$ 即满足 $\varphi(m) = n_0$ 的任一个 m）.

这样定义的 f 显然满足条件：对所有 x，有

$$f(x) > f(\varphi(x))(=f(x)-1)$$

1.6 不动点与更序数列

在 2000 年中国数学奥林匹克试题中有这样一道背景深刻的问题：

问题 35 数列 $\{a_n\}$ 定义如下

$$a_1 = 0, a_2 = 1$$

$$a_n = \frac{1}{2}na_{n-1} + \frac{1}{2}n(n-1)a_{n-2} +$$

$$(-1)^n(1 - \frac{n}{2}) \quad (n \geqslant 3)$$

试求 $f_n = a_n + 2C_n^1 a_{n-1} + 3C_n^2 a_{n-2} + \cdots + (n-1)C_n^{n-2} \cdot a_2 + nC_n^{n-1}a_1$ 的最简表达式.

解 先计算前 n 项得，$a_3 = 2, a_4 = 9, a_5 = 44$ 及 $a_6 = 265$.

这与著名的更序数列相符，还可以加上 $a_0 = 1$，例如，231 和 312 是更序排列，故 $a_3 = 2$.

a_n 表示 $1 \sim n$ 更序排列的数量，我们有

$$a_n + C_n^1 a_{n-1} + C_n^2 a_{n-2} + \cdots + C_n^{n-2}a_2 + C_n^{n-1}a_1 = n! - 1 \tag{33}$$

从 f_n 中去掉式（33）得

$$C_n^1 a_{n-1} + 2C_n^2 a_{n-2} + \cdots + (n-1)C_n^{n-1}a_1$$

$$= n(a_{n-1} + C_{n-1}^1 a_{n-2} + \cdots + C_{n-1}^{n-2}a_1)$$

$$= n((n-1)! - 1) \tag{34}$$

将式（33）和式（34）相加，得到

$$n! - 1 + n((n-1)! - 1) = 2n! - (n+1)$$

现在证明原题的数列即为更序数列,更序数列符合方程

$$a_n = (n-1)(a_{n-1} + a_{n-2})$$

此方程也可改写为

$$a_n - na_{n-1} = -(a_{n-1} - (n-1)a_{n-2})$$
$$= a_{n-2} - (n-2)a_{n-3} = \cdots$$
$$= (-1)^{n-1}(a_1 - a_0) = (-1)^n$$

这个更序数列在组合数学中也称偶遇问题.下面我们来介绍这一背景.

定义 1 $N(\mid N \mid = n)$ 的一个置换 σ,如果在对所有 $x \in \mathbf{N}, \sigma(x) \neq x$ 定义下,σ 没有不动点即偶遇或重合,则称之为一个错排.

例如,置换 $\sigma_1 := \begin{pmatrix} a & b & c & d & e \\ c & e & d & a & b \end{pmatrix}$ 没有重合,而

$\sigma_2 := \begin{pmatrix} a & b & c & d & e \\ d & b & a & c & e \end{pmatrix}$ 有两个重合.计算 $N(\mid N \mid = n)$

的错排数 $d(n)$ 构成了这个著名的偶遇问题.

定理 3 $N(\mid N \mid = n)$ 的错排数 $d(n)$ 等于

$$d(n) = \sum_{0 \leqslant k \leqslant n} (-1)^k \frac{n!}{k!}$$
$$= n! \left(1 - \frac{1}{1!} + \frac{1}{2!} - \cdots + \frac{(-1)^n}{n!}\right) \quad (35)$$

对 $n \geqslant 1$,这个整数接近于 $n! \ \mathrm{e}^{-1}$,则

$$d(n) = \parallel n! \ \mathrm{e}^{-1} \parallel \quad\quad\quad (36)$$

[由于式(35)的缘故,Chrystal(克里斯托尔)曾建议将 $d(n)$ 命名为 n 的反阶乘,记为 $n!.$]

证 如果把 N 视为 $[n] := \{1, 2, \cdots, n\}$,且把 $[n]$ 的置换组成的集合记为 $\delta[n]$,使得 $\sigma(i) = i, i \in [n]$ 的

置换 σ 组成的子集记为 $\delta_i = \delta_i[n]$，以及 $[n]$ 的错排的集合记为 $\mathcal{D}[n]$. 显然，$\delta[n] = \mathcal{D}(n) + \bigcup_{i=1}^{n} \delta_i$，则式(33)成立，故

$$n! \overset{(33)}{=\!=\!=} \mid \delta[n] \mid = d(n) + \mid \bigcup_{1 \leqslant i \leqslant n} \delta_i \mid \qquad (37)$$

又 $\delta_1, \delta_2, \cdots, \delta_n$ 是可交换的，因为给了一个 $\sigma \in \delta_{i_1} \delta_{i_2} \cdots \delta_{i_n}$ 就等价于给了 $[n] - \{i_1, i_2, \cdots, i_k\}$ 的一个置换，其总数为 $(n-k)!$ $(i_1 < i_2 < \cdots < i_n)$. 于是，把容斥原理应用于式(37)中的 $\mid \bigcup_{k=1}^{n} \delta_k \mid$ 得式(35). 最后，关于式(36)在式(33)中用交错级数余项与第一个省略项之间关系的著名的不等式有

$$\parallel n! \ e^{-1} - d(n) \parallel = n! \ \left| \sum_{q=n+1}^{+\infty} \frac{(-1)^q}{q!} \right|$$
$$< n! \ \frac{1}{(n+1)!}$$
$$= \frac{1}{n+1} \leqslant \frac{1}{2} \qquad (38)$$

特别地，式(35)表明 $\lim\limits_{n \to +\infty} \left\{ \dfrac{d(n)}{n!} \right\} = \dfrac{1}{e}$. 其中，数 e 进入组合问题的方式，强烈地唤起了 18 世纪几何学家的想象力. 更神奇的是，如果参加晚会的客人把他们的帽子挂在衣帽间的钩上，当他们离开时，靠运气拿一顶帽子，那么没有任何人拿到自己帽子的概率(近似地)为 $\dfrac{1}{e}$.

注意到 $[n]$ 的使 $K(\subset [n])$ 为固定点集合的置换构成的集合 $\delta_K[n]$ 具有基数 $d(n - \mid K \mid)$ 的事实，便得到 $d(n)$ 的另一种算法. 于是

48

$$\delta_{[n]} = \sum_{K \subset [n]} \delta_K[n] = \sum_{k=0}^{n} \left(\sum_{|K|=k} \delta_K[n] \right)$$

因此

$$n! = |\delta[n]| = \sum_{k=0}^{n} \binom{n}{k} d(n-k) = \sum_{h=0}^{n} \binom{0}{h} d(h)$$

由此利用反演公式可得式(35).

定理 4 $[n]$ 的错排数 $d(n)$ 具有生成函数

$$\mathscr{D}(t) := \sum_{n \geqslant 0} d(n) \frac{t^n}{n!} = \mathrm{e}^{-t}(1-t)^{-1} \qquad (39)$$

证 由式(35)得式(33),并设 $h = n - k$ 得式 (34),则

$$\sum_{n \geqslant 0} d(n) \frac{t^n}{n!} \overset{(33)}{=\!=\!=} \sum_{n \geqslant 0} t^n \left(\sum_{0 \leqslant k \leqslant n} \frac{(-1)^k}{k!} \right)$$

$$\overset{(34)}{=\!=\!=} \sum_{h,k \geqslant 0} (-1)^k \frac{t^{h+k}}{k!}$$

$$= \sum_{k \geqslant 0} t^h \cdot \sum_{k \geqslant 0} \frac{(-1)^k}{k!}$$

定理 5 $[n]$ 的错排数 $d(n)$ 满足以下递推关系 (表2)

$$d(n+1) = (n+1)d(n) + (-1)^{n+1} \qquad (40)$$

$$d(n+1) = n\{d(n) + d(n-1)\} \qquad (41)$$

证 求 $\mathrm{e}^{-t} = (1-t)\mathscr{D}(t)$ 的导数得到: $-\mathrm{e}^{-t} = -\mathscr{D} + (1-t)\mathscr{D}' = -(1-t)\mathscr{D}$,在式(33)和式(34)中比较系数分别得式(40)和式(41)(容易找到组合证明,如前面所证).

49

表 2

n	$d(n)$
0	1
1	0
2	1
3	2
4	9
5	44
6	265
7	1 854
8	14 833
9	133 496
10	1 334 961
11	14 684 570
12	176 214 841

现在我们来讨论"偶遇问题"的一个自然推广. $(k \times n)$-拉丁方 A 是一个由 $[n]$ 中整数组成的具有 k 行与 n 列的矩阵,并且使得在任何行或列内出现的整数互不相同($k \leqslant n$). 假定第一行具有 $\{1, 2, 3, \cdots, n\}$ 这种顺序(则称这个矩阵为约化了的),下面给出一个 (3×5)-拉丁方的例子

$$\begin{bmatrix} 1 & 2 & 3 & 4 & 5 \\ 3 & 1 & 4 & 5 & 2 \\ 5 & 3 & 1 & 2 & 4 \end{bmatrix}$$

$(3 \times n)$-约化拉丁方的个数 K_n 满足几个递推关系,现已知道 K_n 的一些渐近展开,其前几项的值如表 3 所示:

表 3

n	K_n
3	2
4	24
5	552
6	21 280
7	1 073 760
8	70 299 264

(摘自 Kerawala 的表,$n \leqslant 15$).

当 $k \geqslant 4$ 时,还不知道关于 $(k \times n)$ 一拉丁方的个数 $L(n,k)$ 的递推关系,但有一个较好的渐近公式. 对 $k < n^{\frac{1}{3}-\varepsilon}$ 和任意的 $\varepsilon > 0$,$L(n,k) \sim (n!)^k \exp\left(-\binom{k}{2}\right)$.

迄今为止,关于 n 阶拉丁方($(n \times n)$ 一拉丁方)的个数确切知道的只有前 8 个;如果 l_n 表示标准拉丁正方(第一列、第一行都是 $\{1,2,\cdots,n\}$ 次序)的个数,那么其关系如表 4 所示:

表 4

n	l_n
2	1
3	1
4	4
5	56
6	9 408
7	16 942 080
8	535 281 401 865

当 $n \to +\infty$ 时,估计 l_n 似乎是一个极为困难的组合问题.

由于不动点是分析、拓扑及组合数学中一个十分重要的分支,所以我们有理由相信它会越来越多地渗透于数学竞赛命题之中.

第 二 编
数论中的不动点

关于 Dickson 多项式 $g_d(x \pm 1)$ 的不动点问题

第 2 章

四川大学数学系的文荣娟教授在 1991 年完全解决了对于所有形如 $g_d(x^i - 1)$ 的多项式在有限域 F_p 上的公共不动点个数问题,还解决了对于 $2 < p < 104\ 729$ 的素数 p,所有形如 $g_d(x^i - 1)$ 的多项式在有限域 F_p 上的公共不动点个数问题. 从而,对于孙琦教授提出的猜想给予了支持性证明.

2.1 引 言

设 p 是一个素数,F_p 是含 p 元的有限域,$a \in F_p$,$d \geqslant 1$ 是一个整数,

F_p 上 d 次 Dickson 多项式定义为

$$g_d(x,a) = \sum_{i=0}^{[d/2]} \frac{d}{d-i} \binom{d-i}{i} (-a)^i x^{d-2i} \qquad (1)$$

这里，$[c]$ 表示不超过 c 的最大整数.

我们已熟知：

1. $g_d(x,a) = y_d + \dfrac{a^d}{y^i}$，当 $x = y + \dfrac{a}{y}$，$p \in F_{p^2}$ 时.

2. $a = 0$，$g_d(x,0) = x^d$ 是 F_p 上的置换多项式的充分必要条件为 $(d, p-1) = 1$.

3. $a \neq 0$，$g_d(x,a)$ 是 F_p 上的置换多项式的充分必要条件为 $(d, p^2-1) = 1$.

若设

$$P(0) = \{ g_d(x,0) \mid d \in \mathbf{Z}_+, (d, p-1) = 1 \}$$
$$P(a) = \{ g_d(x,a) \mid d \in \mathbf{Z}_+, a \neq 0, (d, p^2-1) = 1 \}$$
$$\qquad (2)$$

则知 $P(0), P(1), P(-1)$ 在关于多项式的合成运算下是封闭的，且分别组成 F_p 上置换多项式群的子群. 在密码学中，$P(0), P(1), P(-1)$ 可以构造 RSA 公开密钥码体制. 因此，研究它们的不动点个数问题，对 RSA 体制的完全性很有意义.

孙琦教授已对 $P(0)$ 在 F_p 上的公共不动点个数给出了证明. 对于 $P(-1), P(1)$ 在 F_p 上的公共不动点个数，我们分别设集合

$$S(d,p) = \{ b \mid g_d(b,-1) = b, b \in F_p, (d, p^2-1) = 1 \}$$
$$R(d,p) = \{ b \mid g_d(b,1) = b, b \in F_p, (d, p^2-1) = 1 \}$$

表示对于给定 $d, (d, p^2-1) = 1, g(x,-1), g(x,1)$ 在 F_p 上的不动点. 再设

$$S(p) = \bigcap_{\substack{d \in \mathbf{Z}_+ \\ (d, p^2-1)=1}} S(d,p), \quad R(p) = \bigcap_{\substack{d \in \mathbf{Z}_+ \\ (d, p^2-1)=1}} R(d,p)$$

表示 $P(-1),P(1)$ 在 F_p 上的公共不动点集.

2.2　主要结果和引理

定理 1　当素数 $p \equiv 3(\bmod 4)$ 时,$|S(p)|=1$.

定理 2　当素数 $p \equiv 1(\bmod 4)$ 时,$|S(p)|=1$.

定理 3　对于素数 p,$P(-1)$ 在 F_p 上的公共不动点集 $S(p)$ 的个数为 1.

定理 4　若素数 p 符合下列条件之一,则有 $|R(p)|=5$.

(1)$p \not\equiv \pm 1(\bmod 67)$,且 $p \not\equiv \pm 1(\bmod 11)$ 和 $p \not\equiv \pm 1(\bmod 17)$;

(2)$p \not\equiv \pm 1(\bmod 173)$,且 $p \not\equiv \pm 1(\bmod 29)$ 和 $p \not\equiv \pm 1(\bmod 43)$;

(3)$p \equiv 19(\bmod 30)$.

定理 5　若素数 p 符合下列条件之一,则有 $|R(p)|=5$.

(1)$p \not\equiv \pm 1(\bmod 283)$,且 $p \not\equiv \pm 1(\bmod 47)$ 和 $p \not\equiv \pm 1(\bmod 71)$;

(2)$p \not\equiv \pm 1(\bmod 787)$,且 $p \not\equiv \pm 1(\bmod 197)$ 和 $p \not\equiv \pm 1(\bmod 131)$.

定理 6　对于素数 p 符合 $2 < p < 104\ 729$ 时,$P(1)$ 在 F_p 上的公共不动点集 $R(p)$ 的个数为 5.

引理 1　若 F_p 是 p 元 Galois 素域,$p \equiv 1(\bmod 2)$,$d \equiv 1(\bmod 2)$,$d \in \mathbf{Z}_+$,设

$$\varepsilon_{-1} = \begin{cases} 2,当 d \equiv 1(\bmod 4) 且 p \equiv 1(\bmod 4) 时 \\ 0,其他 \end{cases}$$

则有

$$| S(d,p) | = \frac{1}{2}\Big[a_1 \cdot (d+1, z(p+1)) +$$

$$a_2 \cdot (d+1, p-1) +$$

$$a_3 \cdot \Big(\frac{d-1}{2}, p+1\Big) +$$

$$1 \cdot (d-1, p-1)\Big] - \varepsilon_{-1} \qquad (3)$$

其中

$$a_1 = \begin{cases} 1, 当\ v_2(d+1) = v_2(p+1)\ 时 \\ 0, 否则 \end{cases}$$

$$a_2 = \begin{cases} 1, 当\ v_2(d+1) < v_2(p-1)\ 时 \\ 0, 否则 \end{cases}$$

$$a_3 = \begin{cases} 1, 当\ v_2(d-1) > v_2(p+1)\ 时 \\ 0, 否则 \end{cases}$$

这里, $v_2(m)$ 表示 m 的标准分解式中 2 的最高幂.

引理 2   若 F_p 是 p 元 Galois 素域,则有

$$| R(d,p) | = \frac{1}{2}[(d+1, p+1) + (d+1, p-1) +$$

$$(d-1, p+1) + (d-1, p-1)] - 2$$

$$(4)$$

2. 3   定理的证明

定理 1 **的证明**   我们知道

$$g_d(x, -1) = \sum_{i=0}^{[d/2]} \frac{d}{d-i}\binom{d-i}{i} x^{l-2i}$$

有 $g_d(0, -1) = 0$,对任意 $d \in \mathbf{Z}_+, (d, p^2-1) = 1$,故

58

$$|S(p)|\geqslant 1 \quad （对任意素数 p） \qquad (5)$$

当 $p\equiv 3(\bmod 4)$ 时，设 $p=2^{l}m-1,2\nmid m,l\geqslant 2$，因而，当 $m=1,l=2$，即 $p=3$ 时，取 $d=5$，则有

$$g_{5}(x,-1)\in P(-1),a_{1}=a_{2}=a_{3}=\varepsilon_{-1}=0$$
$$|S(d,3)|=1$$

由式(5)得，$|S(3)|=1$.

现在设 $p>3$，以下分三种情形讨论：

(1) $m\equiv 0(\bmod 3)$，取 $d=2^{l}m+1$，则有

$$g_{d}(x,-1)\in P(-1),a_{1}=a_{2}=a_{3}=\varepsilon_{-1}=0$$

由引理 1 得，$|S(2^{l}m+1,p)|=1$，由式(5)知，$|S(p)|=1$.

(2) $m\equiv 1(\bmod 3)$，显然有 $2\nmid l,l\geqslant 3$，取 $d=2^{l}m-3$，则有 $g_{d}(x,-1)\in P(-1),a_{1}=a_{2}=a_{3}=\varepsilon_{-1}=0$. 由引理 1 得，$|S(2^{l}m-3,p)|=1$，由式(5)知，$|S(p)|=1$.

(3) $m\equiv -1(\bmod 3)$：

① 若 $l>2$，则取 $d=2^{l}m-3$，由与(2)相同的讨论知 $|S(p)|=1$.

② 若 $l=2$，我们分两种情况：

a. $m\equiv 3(\bmod 4)$，取 $d=2m+1$，则有 $g_{d}(x,-1)\in P(-1),a_{1}=a_{2}=a_{3}=\varepsilon_{-1}=0$. 由引理 1 得，$|S(2m+1,p)|=1$，故 $|S(p)|=1$.

b. $m\equiv 1(\bmod 4)$，取 $d=6m-1$，则有 $g_{d}(x,-1)\in P(-1),a_{1}=a_{2}=a_{3}=\varepsilon_{-1}=0$. 由引理 1 得，$|S(6m-1,p)|=1$，故 $|S(p)|=1$.

由(1)(2)(3)知，$p\equiv 3(\bmod 4)$ 时 $|S(p)|=1$. 证毕.

定理 2 的证明　这时设 $p=2^{l}m+1$，显然 $l\geqslant 2$，

$2 \nmid m.$ 取 $d=2(p^2-1)-1$，显然 $g_d(x,-1) \in P(-1).$
由引理 1 知

$$a_1 = a_2 = a_3 = \varepsilon_{-1} = 0, \mid S(2(p^2-1)-1, p) \mid = 1$$

故 $\mid S(p) \mid = 1.$ 证毕.

于是，我们由此证明了定理 2.

在《关于 Dickson 多项式的不动点问题》一文中，孙琦教授已证明，对于大于 3 的素数 p，$\mid R(p) \mid \geqslant 5$，且对于满足下列八个条件之一的素数 p，证明了 $\mid R(p) \mid = 5$[①].

(1) $p \not\equiv \pm 1 (\bmod 5)$；

(2) $p \not\equiv \pm 1 (\bmod 7)$，且 $p \not\equiv \pm 1 (\bmod 8)$；

(3) $p \not\equiv \pm 1 (\bmod 7)$，且 $p \not\equiv \pm 1 (\bmod 12)$ 和 $p \not\equiv \pm 1 (\bmod 13)$；

(4) $p \not\equiv \pm 1 (\bmod 7)$，且 $p \not\equiv \pm 1 (\bmod 11)$ 和 $p \not\equiv \pm 1 (\bmod 43)$；

(5) $p \not\equiv \pm 1 (\bmod 17)$，且 $p \not\equiv \pm 1 (\bmod 18)$ 和 $p \not\equiv \pm 1 (\bmod 8)$；

(6) $p \equiv 11 (\bmod 30)$；

(7) $p \equiv 29 (\bmod 140)$；

(8) $p \equiv 99 (\bmod 280)$.

由此，他猜想，素数 $p > 3$ 时有 $\mid R(p) \mid = 5$，因而有定理 4.

定理 4 的证明 对任意素数 p，有 $\mid R(p) \mid \geqslant 5$. 取 $d = 67$，则有 $g_d(x,1) \in P(1)$. 由引理 2 知

---

① 实际上，在文章《关于 Dickson 多项式的不动点问题》中证明了更强的结果：对于满足八个条件之一的素数 p，均存在一个 F_p 上的 d 次多项式 $g_d(x,1)$，使其不动点的个数恰为 5.

$| R(67, p) |=5$. 于是，我们有 $| R(p) |=5$，这就证明了定理 4 的(1).

取 $d=173$ 时，有 $g_d(x, 1) \in P(1)$. 由引理 2 知 $| R(173, p) |=5$. 于是，有 $| R(p) |=5$，这就证明了定理 4 的(2).

取 $d=p+4$ 时，有 $g_d(x, 1) \in P(1)$. 由引理 2 知 $| R(p+4, p) |=1$，于是，有 $| R(p) |=5$，这就证明了定理 4 的(3). 证毕.

利用 BASIC 语言设计程序，对于 $2 < p < 104\ 729$ 的素数作计算，共有下列 35 个素数均不满足《关于 Dickson 多项式的不动点问题》中的八个条件和定理 4 中的三个条件之一.

5 279	5 849	5 881	17 401	20 639	20 879
22 678	26 641	29 581	30 449	36 541	36 721
38 011	38 281	46 441	53 129	55 681	59 159
60 631	64 439	64 499	67 079	70 951	71 399
76 561	78 301	78 541	81 839	84 391	87 119
87 719	87 721	88 681	103 529	103 001	

为计算这 35 个素数 p，我们需证明定理 5.

定理 5 的证明　取 $d=283$ 时，因为 $p \not\equiv \pm 1 (\bmod 283)$，则有 $g_d(x, 1) \in P(1)$. 由引理 2 知 $| R(283 \cdot p) |=5$. 故 $| R(p) |=5$，这就证明了定理 5 的(1).

当 $d=787$ 时，因为 $p \not\equiv \pm 1 (\bmod 787)$，则有 $g_d(x, 1) \in P(1)$. 由引理 2 有 $| R(787 \cdot p) |=5$，故 $| R(p) |=5$，这就证明了定理 5 的(2). 证毕.

经计算知此 35 个素数均满足定理 5 的两个条件之一.

定理 6 的证明　因为 $2 < p < 104\,729$ 的素数 p 至少满足《关于 Dickson 多项式的不动点问题》中的八个条件和定理 4、定理 5 中的条件之一,由已证明的结果知,对 $2 < p < 104\,729$ 的素数 p 有 $|R(p)|-5$. 证毕.

关于 Dickson 多项式的
不动点问题

第 3 章

四川大学数学系的孙琦教授在 1993 年证明了,设 $p > 3$ 是素数,当 $p \not\equiv \pm 1 (\mathrm{mod}\, 5)$ 或 $p \not\equiv \pm 1 (\mathrm{mod}\, 7)$,且 $p \not\equiv \pm 1 (\mathrm{mod}\, 8)$ 或 $p \equiv 11 (\mathrm{mod}\, 30)$ 时,等等,均存在有限域 F_p 上的 d 次置换多项式 $g_d(x, 1)$,使其恰有 5 个不动点 $0, \pm 1, \pm 2$,并由此提出一个猜想. 此结果在运用置换多项式 $g_d(x, 1)$ 构造 RSA 公开密钥码体制的研究中,有重要意义.

由前文知,设 p 是一个素数,F_p 代表含 p 个元的有限域. 设 $a \in F_p$,$d > 0$ 是一个整数,F_p 上的 d 次 Dickson 多项式定义为

$$g_d(x,a) = \sum_{i=0}^{[\frac{d}{2}]} \frac{d}{d-i}\binom{d-i}{i}(-a)^i x^{d-2i} \qquad (1)$$

为方便计算,常常用到以下公式.设 $x \in F_p$,则 x 能表示为 $x = y + \dfrac{a}{y}$,这里 $y \in F_{p^2}$,F_{p^2} 表示 F_p 的一个含 p^2 个元的扩域,我们有

$$g_d(x,a) = y^d + \frac{a^d}{y^d} \qquad (2)$$

显然有 $g_d(x,0) = x^d$,x^d 是 F_p 上的置换多项式的充分必要条件是 $(d, p-1) = 1$;$a \neq 0$ 时,$g_d(x,a)$ 是 F_p 上的置换多项式的充分必要条件是 $(d, p^2-1) = 1$.

定义如下置换多项式组成的集

$$P(0) = \{g_d(x,0) \mid d \in \mathbf{Z}_+, (d, p-1) = 1\}$$

$$P(a) = \{g_d(x,a) \mid d \in \mathbf{Z}_+, (d, p^2-1) = 1\}$$

我们有以下结果:$P(a)$ 在多项式的合成运算下是封闭的,当且仅当 $a = 0, \pm 1$,且有关系式 $g_{ds}(x,a) = g_d(g_s(x,a),a)$.此时,$P(a)(a = 0, \pm 1)$ 分别组成 F_p 上置换多项式群的一个子群.

Dickson 多项式在密码学中有重要应用,运用 $P(a)(a = 0, \pm 1)$ 可以构造 RSA 公开密钥码体制.因此,研究它们的不动点问题,特别是研究其不动点数的最小值问题,对 RSA 体制的安全性很有意义.由于 $g_d(x,0)$ 和 $g_d(x,-1)$ 的不动点个数的最小值问题均不难解决,本章将研究 Dickson 多项式 $g_d(x,1)$ 的情形.

设

$$S(d,p) = \{b \mid g_d(b,1) = b, b \in F_p, (d, p^2-1) = 1\}$$

即 $S(d,p)$ 表示对于给定的 d,$(d, p^2-1) = 1$,置换多

项式 $g_d(x,1)$ 在 F_p 上的不动点的集.

定理 1　设 $p > 3$ 是一个素数,则

$$|S(d,p)| \geqslant 5 \tag{3}$$

其对应的 F_p 上的 d 次置换多项式 $g_d(x,1)$ 的不动点均为 $0,\pm 1,\pm 2$.如果 p 还满足以下诸条件之一:

(1) $p \not\equiv \pm 1 (\bmod 5)$;

(2) $p \not\equiv \pm 1 (\bmod 7)$,且 $p \not\equiv \pm 1 (\bmod 8)$;

(3) $p \not\equiv \pm 1 (\bmod 7)$,且 $p \not\equiv \pm 1 (\bmod 12)$ 和 $p \not\equiv \pm 1 (\bmod 13)$;

(4) $p \not\equiv \pm 1 (\bmod 7)$,且 $p \not\equiv \pm 1 (\bmod 11)$ 和 $p \not\equiv \pm 1 (\bmod 43)$;

(5) $p \not\equiv \pm 1 (\bmod 17)$,且 $p \not\equiv \pm 1 (\bmod 18)$ 和 $p \not\equiv \pm 1 (\bmod 8)$;

(6) $p \equiv 11 (\bmod 30)$;

(7) $p \equiv -1 (\bmod 5)$,且 $p \not\equiv -1 (\bmod 7)$ 和 $p \not\equiv -1 (\bmod 8)$;

(8) $p \equiv 1 (\bmod 5)$,且 $p \not\equiv 1 (\bmod 7)$ 和 $p \not\equiv 1 (\bmod 8)$.

则存在 F_p 上的 d 次转换多项式 $g_d(x,1)$,使得 $|S(d,p)| = 5$.

证　由式(1)可知,对任意的 $d > 0$,有 $g_d(0,1) = 0$.

取 $x = 2 \in F_p$,在式(2)中可取 $y = 1$,因此,由式(2)可得 $g_d(2,1) = 2$,这一等式对任意的 d 均成立.

因为 $(d, p^2 - 1) = 1$,故 d 是奇数,式(1)给出

$$g_d(-x, 1) = -g_d(x, 1) \tag{4}$$

故对任给的 d,$(d, p^2 - 1) = 1$,有 $g_d(-2, 1) = -2$.

因为 $p > 3$,$(d, p^2 - 1) = 1$,故 $3 \nmid d$.设 $y \in F_{p^2}$,

使 $y^2 + y + 1 = 0$,即 $-1 = y + \dfrac{1}{y}$,且 $y^3 = 1$,由式(2)可得

$$g_d(-1,1) = y^d + \frac{1}{y^d} \tag{5}$$

因为 $3 \nmid d, y^3 = 1$,式(5)给出 $g_d(-1,1) = y + \dfrac{1}{y} = -1$,等式对任给的 $d,(d, p^2 - 1) = 1$,均成立.再由式(4)可知,$g_d(1,1) = -g_d(-1,1)$.由于 $p > 3, 0$,$\pm 1, \pm 2$ 是 F_p 中不同的元,这就证明了 $p > 3$ 时,F_p 上任意一个 d 次置换多项式 $g_d(x,1)$ 在 F_p 上均有 5 个不动点:$0, \pm 1, \pm 2$.同时,也证明了式(3)成立.

当 $p \not\equiv \pm 1 (\bmod 5)$ 时,$(5, p^2 - 1) = 1, g_5(x,1)$ 是 F_p 上的置换多项式,即 $g_5(x,1) \in P(1)$.1985 年,Nöbauer 曾证明

$$\begin{aligned}
|s(d,p)| = \frac{1}{2}\big[&(d+1, p+1) + (d+1, p-1) + \\
&(d-1, p+1) + (d-1, p-1)\big] - 2
\end{aligned} \tag{6}$$

其中 (u,v) 表示整数 u 和 v 的最大公因数,故 $d = 5$ 时,式(6)给出

$$\begin{aligned}
|S(5,p)| = \frac{1}{2}\big[&(6, p+1) + (6, p-1) + \\
&(4, p+1) + (4, p-1)\big] - 2
\end{aligned}$$

当 $p > 3$ 时,有 $|S(5,p)| = \dfrac{6 + 2 + 4 + 2}{2} - 2 = 5$,这便证明了 $g_5(x,1)$ 在 F_p 上恰有 5 个不动点,即为 0,$\pm 1, \pm 2, p$ 满足条件(1)时定理成立.

当 $p \not\equiv 1 (\bmod 7)$ 时,$(7, p^2 - 1) = 1$,故 $g_7(x,1) \in P(1)$,式(6)知

$$|S(7,p)| = \frac{1}{2}|(8,p+1)+(8,p-1)+$$
$$(6,p+1)+(6,p-1)|-2$$

当 $p \not\equiv \pm 1 (\bmod 8)$ 时,有 $|S(7,p)| = \frac{4+2+6+2}{2} -$ $2 = 5$,这便证明了 p 满足条件(2)时定理成立.

当 $p \not\equiv \pm 1 (\bmod 13)$ 时,$(13,p^2-1)=1$,故 $g_{13}(x,1) \in P(1)$,由式(6)知

$$|S(13,p)| = \frac{1}{2}[(14,p+1)+(14,p-1)+$$
$$(12,p+1)+(12,p-1)]-2$$

当 $p \not\equiv \pm 1 (\bmod 7)$ 和 $p \not\equiv \pm 1 (\bmod 12)$ 时,有 $|S(13,p)| = \frac{2+2+6+4}{2}-2 = 5$,这便证明了 p 满足条件 (3)时定理成立.

当 $p \not\equiv \pm 1 (\bmod 43)$ 时,有 $(43,p^2-1)=1$,故 $g_{43}(x,1) \in P(1)$,由式(6)知

$$|S(43,p)| = \frac{1}{2}[(44,p+1)+(44,p-1)+$$
$$(42,p+1)+(42,p-1)]-2$$

当 $p \not\equiv \pm 1 (\bmod 7)$ 和 $p \not\equiv \pm 1 (\bmod 11)$ 时,有 $|S(43,p)| = \frac{4+2+6+2}{2}-2 = 5$,这便证明了 p 满足条件 (4)时定理成立.

当 $p \not\equiv \pm 1 (\bmod 17)$ 时,有 $(17,p^2-1)=1$,故 $g_{17}(x,1) \in P(1)$,由式(6)知

$$|S(17,p)| = \frac{1}{2}[(18,p+1)+(18,p-1)+$$
$$(16,p+1)+(16,p-1)]-2$$

当 $p \not\equiv \pm 1 (\bmod 18)$ 和 $p \not\equiv \pm 1 (\bmod 8)$ 时,有 $|S(17,$

$p) \mid = \dfrac{6+2+4+2}{2}-2=5$，这便证明了 p 满足条件

（5）时定理成立.

当 $p \equiv 11 (\bmod\, 30)$ 时，有 $d=p-4$，$(p-4, p^2-1)=1$，故 $g_{p-4}(x, 1) \in P(1)$，由式（6）知

$$\begin{aligned}
\mid S(p-4, p) \mid &= \frac{1}{2}\big[(p-3, p+1)+(p-3, p-1)+ \\
&\qquad (p-5, p+1)+(p-5, p-1)\big]-2 \\
&= \frac{1}{2}\big[(4, p+1)+(2, p-1)+ \\
&\qquad (6, p+1)+(4, p-1)\big]-2 \\
&= \frac{4+2+2+6}{2}-2=5
\end{aligned}$$

这便证明了 p 满足条件（6）时定理成立.

当 $p \equiv -1 (\bmod\, 5)$ 和 $p \not\equiv -1 (\bmod\, 7)$ 时，取 $d=p-6$，$(p-6, p^2-1)=1$，故 $g_{p-6}(x, 1) \in P(1)$，由式（6）知

$$\begin{aligned}
\mid S(p-6, p) \mid &= \frac{1}{2}\big[(p-5, p+1)+ \\
&\qquad (p-5, p-1)+(p-7, p+1)+ \\
&\qquad (p-7, p-1)\big]-2 \\
&= \frac{1}{2}\big[(6, p+1)+(4, p-1)+ \\
&\qquad (8, p+1)+(6, p-1)\big]-2
\end{aligned}$$

当 $p \not\equiv -1 (\bmod\, 8)$ 时，有

$$\mid S(p-6, p) \mid = \frac{6+2+2+4}{2}-2=5$$

这便证明了 p 满足条件（7）时定理成立.

当 $p \equiv 1 (\bmod\, 5)$ 和 $p \not\equiv 1 (\bmod\, 7)$ 时，取 $d=p+6$，$(p+6, p^2-1)=1$，故 $g_{p+6}(x, 1) \in P(1)$，由式（6）

知

$$|S(p+6,p)| = \frac{1}{2}\big[(p+7,p+1) +$$
$$(p+7,p-1)+(p+5,p+1) +$$
$$(p+5,p-1)\big]-2$$
$$=\frac{1}{2}\big[(6,p+1)+(8,p-1) +$$
$$(4,p+1)+(6,p-1)\big]-2$$

当 $p\not\equiv 1(\bmod 8)$ 时，有

$$|S(p+6,p)| = \frac{6+2+4+2}{2}-2=5$$

这便证明了 p 满足条件(8)时定理成立.证毕.

实际上，还可以进一步得到 p 满足的一些同余条件，使得定理成立.但是，所有这样的同余式，尚不能覆盖大于 3 的全体素数.

我们有以下的猜想：

猜想 1　设 $p>3$ 是一个素数，则存在 F_p 上的 d 次置换多项式 $g_d(x,1)$，使得 $|S(d,p)|=5$.由式(6)知，猜想 1 与下面的猜想 2 等价.

猜想 2　设 $p>3$ 是一个素数，则存在整数 $d>0$，使得 $(d,p^2-1)=1$，且 $(d+1,p+1)+(d+1, p-1)+(d-1,p+1)+(d-1,p-1)=14$.

最后，我们给出的定理，对于运用 Dickson 多项式 $g_d(x,1)$ 构造 SRA 公开密钥码体制的研究，有重要意义.用此定理，我们可以适当选取两个不同的大素数 p,q，设 $m=pq$，则能构造出环 $Z/(m)$ 上的置换多项式 $g_d(x,1)$，它在环 $Z/(m)$ 上的不动点恰为 25 个(不动点的个数最少)，且利用孙子定理，可计算出其对应的 25 个不动点为 $X\equiv 0,\pm 1,\pm 2(\bmod p)$，$X\equiv 0,\pm 1, \pm 2(\bmod q)$.

关于 Fermat 一个猜想的
不动点证法

Fermat(费马)关于任何形式为 $p = 4k + 1$ 的素数是两个整数的平方和的著名定理的一个超短("一句话")证明如下,它是 Liouville(刘维尔)和 Heath-Brown(希思—布朗)原来长得多的证明的一种"去表存真"的变体. 取 X 为集合(显然是有限的)

$$X = X(p) = \{(a,b,c) \in \mathbf{N}^3 \mid p = a^2 + 4bc\} \quad (1)$$

并且用相当复杂的公式定义 X 上的第 1 个对合

$$\alpha : (a,b,c) \rightarrow$$
$$\begin{cases} (a+2c,c,b-a-c), & \text{若 } a < b-c \\ (2b-a,b,a-b+c), & \text{若 } b-c < a < 2b \\ (a-2b,a-b+c,b), & \text{若 } a > 2b \end{cases}$$

$$(2)$$

并用简单得多的公式定义第 2 个对合

$$\beta:(a,b,c) \rightarrow (a,c,b) \tag{3}$$

那么易见 α 有唯一的不动点 $(1,1,k)$，β 也存在不动点，就是我们所要的方程 $p = a^2 + 4b^2$ 的解.

这个证明虽然就简明性而言与我们所希望的比较接近，但是有两点不足. 首先，定义式（2）复杂且来源不明. 我们对此无所作为（如上面提及，这个证明的构思是采用 Liouville 和 Heath-Brown 的较早的且更自然的构造然后人为地调整和设置一些外加的集合，使导出可用一句话表达的最终的公式）. 其次，我们所面对的这个证明是完全不可行的：我们知道对合 β 必定有一个不动点，但显然没有它位于何处的概念.（的确，在拓扑学和泛函分析中有很多不动点定理，它们是本质上非构造性数学证明的标准例子.）但实际情形并非如此. 上文可以改进，使得可以给出一个从 α 的不动点得出 β 的不动点的算法，并且将这个改进了的原理应用于对合式（2）和（3）的特殊情形，给出一个虽然不是很有效但完全可行的方法. 将素数 $p = 4k+1$ 分解为两个完全平方数之和. 我们将在下面对此加以讨论.

设我们有有限或无限集 X 上的两个对合 α 和 β，以及它们中之一的一个不动点. 那么，我们可以做些什么？在桥牌游戏中有一个有用的（并且还是完全数学的）原理，它称作"限制选择原理"，当人们面对问题做出困难抉择时，它可能是非常有助益的. 在此我们处于始终不需要选择的幸运得多的情形. 因为所有给定我们的只是一对对合以及（比如说，α 的）一个不动点 P，所有我们实际可做的是考察点 P 并且试图应用这些对合. 应用 α 是"不得分"的，因为它仅仅在我们的出发点离开我们,所以实际上我们可以做的事仅是应用 β. 我们给出一个新的点,设为 Q,并且我们又一次始终无选择地继续下去:这一次应用 β 是"不得分"的,因为它恰好将我们又带回到 P,并且除 α 外我们没有其他的对合可应用,所以我们将 α 应用于 Q 得到第 3 个点 R. 对于这个点,我们又只能应用 β,如此等等. 如果集合 X 是无限的,那么这个过程可以非常完美地延续下去(我们将在后面看到一个这样的例子);但如果它是有限的,那么"必须给出点什么". 如果我们更为理性地将序列 $(P,Q,R,\cdots)$ 编号为 $(P_0,P_1,P_2,\cdots)$,那么 X 的有限性蕴涵对于某个 n,P_n 的后继必定是我们已经列出的某个点. 这个后继不可能是 P_0(除非 $n=0$,并且有初始点 P 是 β 的也是 α 的不动点的情形发生),因为 P_n 将与 P_1 重合,且它的后继将不是第一次重复出现,所以它不可能是任何 P_m(其中 m 严格界于 0 和 n 之间),这样,在仅有两个对合作用下,P_m 将有 3 个不同的像 P_{m-1},P_{m+1} 和 P_n,因此这个后继必然就是 P_n 本身. 换而言之,我们最终必然得到一个点 P_n,它不同于 $P_0=P$(除非 P 是 α 和 β 的不动点),并且它自然是 α 或 β 的不动点(取决于哪个对合被我们用来从 P_{n-1} 得到 P_n,或等价地,n 是偶数还是奇数).

为了更为形象地叙述我们得到的结论,我们用 F 表示 $\mathrm{Fix}(\alpha)$ 和 $\mathrm{Fix}(\beta)$ 的互不相交的并.(将它们的并作为 X 的子集,这意味着 X 的任何点若是 α 和 β 两者的不动点,则在 F 中将被两次计数.)那么我们构造了一个 $\mathscr{F}$ 上的自由对合,即这样的映射 ρ:它将初始不动点 $P=P_0$ 指派为在交错应用对合 α 和 β 下 P 的逐次像所形成的链的终点 P_n.(这是一个对合,因为如果我们

从 P_n 出发,那么我们直接反向地产生同样的链并终止于点 P_0. 它是自由的,甚至在初始点 $P=P_0$ 是两个对合的不动点的极限情形也是自由的,于是 $n=0$ 且 $P_n = P_0$,点 P_0 和 P_n 作为 X 的元素重合,但作为 $\mathscr{F}$ 的不同元素被计数,第 1 次属于 Fix(α),第 2 次属于 Fix(β).)合起来,我们证明了下列原理:

原理 设 α 和 β 是有限集 X 上的两个对合,那么存在一个典范地定义在 α 和 β 的不动点集的互不相交的并上的自由对合 ρ.

如果一个有限集允许有一个自由对合,那么它的基数应是偶数,而 $\mathscr{F}$ 的基数等于 Fix(α) 和 Fix(β) 的基数之和. 如果 α 有唯一的不动点 P,那么 $\rho(P)$ 必然是另一个对合 β 的不动点. 特别地,我们现在可推出 Fermat 二平方定理的一个可行性变体,为此取 X, α 和 β 如式 (1)(2) 和 (3),并将 ρ 应用于 α 的不动点 $(1,1,k)$ 以得到 β 的一个不动点. 作为例子,我们考虑素数 $p=73=4k+1$,这里 $k=18$. 在逐次应用对合 β 和 α 时,α 的不动点 $(1,1,18)$ 的逐次像是

$$(1,1,18) \overset{\beta}{\mapsto} (1,18,1) \overset{\alpha}{\mapsto} (3,1,16) \overset{\beta}{\mapsto} (3,16,1)$$
$$\overset{\alpha}{\mapsto} (5,1,12) \overset{\beta}{\mapsto} (5,12,1) \overset{\alpha}{\mapsto} (7,1,6) \overset{\beta}{\mapsto} (7,6,1)$$
$$\overset{\alpha}{\mapsto} (5,6,2) \overset{\beta}{\mapsto} (5,2,6) \overset{\alpha}{\mapsto} (1,9,2) \overset{\beta}{\mapsto} (1,2,9)$$
$$\overset{\alpha}{\mapsto} (3,2,8) \overset{\beta}{\mapsto} (3,8,2) \overset{\alpha}{\mapsto} (7,2,3) \overset{\beta}{\mapsto} (7,3,2)$$
$$\overset{\alpha}{\mapsto} (1,6,3) \overset{\beta}{\mapsto} (1,3,6) \overset{\alpha}{\mapsto} (5,3,4) \overset{\beta}{\mapsto} (5,4,3)$$
$$\overset{\alpha}{\mapsto} (3,4,4)$$

最后到达所希望的 β 的不动点,并给出所需的分解式 $73 = 3^2 + 4 \cdot 4^2 = 3^2 + 8^2$.

让我们更深入地考察这个论证和这个例子. 我们

73

用来证明原理的推理实际上给出了在由两个对合 α 和 β 生成的 X 的置换群的作用下有限集 X 的轨道集合的完全的刻画：这些轨道或者是连接两个对合 α 和 β 的两个不动点 P 的 $\rho(P)$ 的路径（包括 $P=\rho(P)$ 是两个对合的不动点的退化情形，此时"路径"归结为单个点），或者是长度为偶数的圈，其中每对相邻元素交错地由 α 和 β 进行交换. 在刚才给出的 $p=73$ 的数值例子中，$X(p)$ 的 21 个元素形成一个单轨道，它是一条由 α 的唯一不动点 $(1,1,18)$ 通向 β 的唯一不动点 $(3,4,4)$ 的路径. 对所有小于 229 的素数 $p=4k+1$ 都发生同样的事，但对于素数 229 我们找到两条轨道，即一条连接 α 的唯一不动点 $(1,1,57)$ 和 β 的唯一不动点 $(15,1,1)$ 的长度为 15 的路径，以及一个长度为 14 的圈，其元素相对于 α 和 β 是交错的. 不再深入研究细节，但要提及这与下列事实有关（实际是等价）：二次数域 $\mathbf{Q}(\sqrt{229})$ 有大于 1 的类数，也就是说，唯一素因子分解在这个域中不成立.

最后注意，我们的论证同样可用于无限集 X 的情形，并可以给出 X 在由两个任意对合 α 和 β 生成的群作用下所有轨道可能形状的完全刻画. 这些轨道或者是连接对合之一的一个不动点 P 及另一个这样的不动点 $\rho(P)$ 的有限长度的路径（若 P 是两个对合的不动点，$\rho(P)$ 可能与 P 重合），或者是偶数个有限长度的圈（如前面所述），或者是半无限路径，其起点为 α 或 β 的不动点，然后借助交错应用两个对合而无限地向一个方向延续，或者是双无限的路径，其中所有的点是由任意初始点开始交错地应用两个对合得到的.

在此我们取 X 为集合 $\mathbf{Q} \cup \{+\infty\}$，两个 X 到自身

的映射 α 和 β 则被定义为

$$\alpha(x) = -\frac{1}{x}, \beta(x) = x - 2[x] - 1 \qquad (4)$$

(并且显然存在 $\alpha(0) = +\infty, \alpha(+\infty) = 0, \beta(+\infty) = +\infty$). 显然 α 是一个没有任何不动点的对合. 映射 β 也是一个对合,因为若 $x \in \mathbf{Q}$ 有整数部分 n,则 $\beta(x) = x - 2n - 1$ 有整数部分 $-n - 1$,所以

$$\beta(\beta(x)) = x - 2n - 1 - 2(-n - 1) - 1 = x$$

并且除了 $+\infty$ 外没有不动点(因为如果 $x \in \mathbf{Q}$,那么 x 与 $\beta(x)$ 的差是一个奇数). 映射 S 恰好是这两个对合的合成 $\alpha \circ \beta$,因而 S 显然是一一映射,其逆由 $P = S^{-1} = (\alpha \circ \beta)^{-1} = \beta^{-1} \circ \alpha^{-1} = \beta \circ \alpha$ 给出. 在此情形,集合 $\mathscr{F} = \mathrm{Fix}(\alpha) \bigcup \mathrm{Fix}(\beta)$ 由单个点 $\{+\infty\} = \mathrm{Fix}(\beta)$ 组成(这里 $\mathscr{F}$ 甚至不需要有偶基数,因为 X 不是有限的),并且本章开始给出整个分析可以综合地叙述为集合 $\mathbf{Q} \bigcup \{+\infty\}$ 由在 α 和 β 生成的群的作用下的一条单轨道组成,这条轨道是一条半无限直线,起点是 $+\infty$,并且由交错应用两个对合而延续下去,如图 1 所示.(注意,整条直线显示一条双无限轨道,α 和 β 的公共轨道是起点在 $+\infty$ 的半无限直线.)

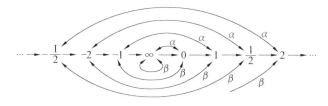

图 1

多项式不动点的进一步研究

第5章

5.1 引　　言

在《范德蒙行列式与多项式的不动点》一文中,研究了多项式的不动点,给出了如下的定义:

定义 1　设 $p(x) = \sum\limits_{i=1}^{n+1} a_i x^{i-1}$ 为实系数 n 次多项式,如果 $p(t) = t(t \in \mathbf{R})$,则 t 称为多项式 $p(x)$ 的不动点.

并得到如下结论:

定理 1　设 $t_1, t_2, \cdots, t_{n+1}, t$ 是互不相同的 $n+2$ 个实数,对 $t_1, t_2, \cdots,$

t_{n+1} 中任取的 n 个数 $t_{i_1}, t_{i_2}, \cdots, t_{i_n}$（不妨认为是 t_1, $t_2, \cdots, t_n$），则有且只有一个次数不超过 $n(\geqslant 2)$ 次的多项式 $p(x)$ 满足 $p(t_i) = t_i, i = 1, 2, \cdots, n$.

合肥师范学院数学与统计学院的王家正、金永容两位教授在 2016 年指出上述定理是有问题的，现举反例如下：

首先，取 $n = 2, t_1 = 1, t_2 = 2$，显然二次多项式 $p_2(x) = x^2 - 2x + 2$ 和 $q_2(x) = 2x^2 - 5x + 4$ 都以 t_1, t_2 为不动点. 上述定理的结论应修正为：有且只有一个首项系数为 $\alpha \in \mathbf{R}(\alpha \neq 0)$ 的次数不超过 $n(\geqslant 2)$ 次的多项式 $p(x)$ 满足 $p(t_i) = t_i, i = 1, 2, \cdots, n$.

其次，上述定理的表述是欠妥当的，实际上存在唯一的首项系数为 $\alpha \in \mathbf{R}(\alpha \neq 0)$ 的次数为 $n(\geqslant 2)$ 次的多项式.

更进一步研究对于给定的 n 次多项式 $p(x)$，它有多少个不动点？如何求出这些不动点？这都是要解决的问题.

他们对文章《范德蒙行列式与多项式的不动点》中的定理 1 做了适当的修正如下，并在 5.2 节给出了证明.

定理 2　设 $n \geqslant 2, \{t_i\}_{i=1}^n \subset \mathbf{R}$ 中 n 个不同的实数，则：

（1）对 $\forall \alpha \in \mathbf{R}(\alpha \neq 0)$，存在唯一的首项系数为 α 的 n 次多项式

$$p(x) = \alpha x^n + \sum_{i=1}^n a_i x^{i-1}$$

以 $\{t_i\}_{i=1}^n$ 为它的不动点，即 $p(t_i) = t_i, i = 1, 2, \cdots, n$.

（2）对 $\forall n \geqslant 2$ 次实系数多项式 $p(x), t_0 \in \mathbf{R}$ 是

$p(x)$ 的不动点,即 $p(t_0)=t_0$ 的充要条件是 t_0 是多项式 $p(x)-x$ 的根.因而 n 次多项式 $p(x)$ 不动点的个数为多项式 $p(x)-x$ 不同的实根数目.

在 5.3 节中,对多项式 $p(x)$ 不动点进行了进一步的研究,即若 $t_0 \in \mathbf{R}$ 满足 $p(t_0)=t_0$ 且 $p'(t_0)=t_0$,则称 t_0 是多项式的二阶不动点或者广义不动点,一般地,可定义 $r(\leqslant n)$ 阶的广义不动点,详细情况将在 5.3 节中讨论,并将给出相对于定理 1 的更为一般的结论.

5.2 定理 2 的证明

先证(1),设 $p(x)$ 是首项系数为 $\forall \alpha \in \mathbf{R}(\alpha \neq 0)$ 的 $n(\geqslant 2)$ 次多项式,满足 $p(t_i)=t_i(i=1,2,\cdots,n)$,显然一次函数 $q(x)=x$ 也满足 $q(t_i)=t_i,i=1,2,\cdots,n$,因此 $\{t_i\}_{i=1}^n$ 是多项式 $p(x)-q(x)$ 的 n 个不同实根.又因为 $n \geqslant 2$,所以 $p(x)-q(x)$ 仍然是首项系数为 α 的 n 次多项式,因而必有

$$p(x)-q(x)=\alpha(x-t_1)(x-t_2)\cdots(x-t_n) \quad (1)$$

这样就得到了唯一的以 α 为首项系数的 $\{t_i\}_{i=1}^n$ 为不动点的 n 次多项式

$$p(x)=\alpha(x-t_1)(x-t_2)\cdots(x-t_n)+x \quad (2)$$

为证明定理 2 的后一部分,从式(1)可见 $t_0 \in \mathbf{R}$ 为多项式 $p(x)$ 不动点的充要条件是 t_0 为多项式 $p(x)-x$ 的实根,因而若 $t_1,t_2,\cdots,t_r(r<n)$ 是 $p(x)-x$ 的不同实根,则必有

$$p(x)-x=\alpha(x-t_1)(x-t_2)\cdots(x-t_r)p_1(x)$$

$$(3)$$

其中 $p_1(x)$ 是 $n-r$ 次多项式,且 $p_1(x)$ 已没有异于 t_1,$t_2,\cdots,t_r$ 的实根,这表明 $t_1,t_2,\cdots,t_r$ 是多项式 $p(x)$ 的不动点,而且是 $p(x)$ 的仅有的不动点.

5.3　多项式不动点的进一步研究

在定义 1 中,给出了实数 $t\in\mathbf{R}$ 为 n 次多项式 $p(x)$ 的不动点的定义,下面将给出 t 为 $p(x)$ 的 $r(\leqslant n)$ 阶不动点的定义.

定义 2　设 $n\geqslant 2$,$p(x)=\sum\limits_{i=1}^{n+1}a_ix^{i-1}$ 是首项系数为 $a_{n+1}(\neq 0)$ 的 n 次实系数多项式,实数 $t\in\mathbf{R}$ 称为 $p(x)$ 的 $r(1\leqslant r\leqslant n)$ 阶不动点是指 $p^{(j)}(t)=t,j=0,1,\cdots,r-1$.

例如,由定义 2,$t=2$ 是二次函数 $\dfrac{1}{4}x^2+x-1$ 的二阶不动点,也是二次函数 x^2-2x+2 的二阶不动点. 为了得到关于 n 次多项式 $p(x)$ 的高阶不动点的相关定理,有必要先做一些准备工作,在高阶不动点的定义 2 中,可以看成 n 个实数 $\{t_i\}_{i=1}^n\subset\mathbf{R}$ 中有相重的情况,即若不动点 $\{t_i\}_{i=1}^n$ 相互不同,可排成 $t_1<t_2<\cdots<t_n$,这时 $p(t_i)=t_i,i=1,2,\cdots,n$. 若它们可以相等,即 $t_1\leqslant t_2\leqslant\cdots\leqslant t_n$,例如 $t_1=t_2<t_3\cdots$,那么 t_1 可看成是 $p(x)$ 的二阶不动点,即 $p(t_1)=t_1$ 且 $p'(t_1)=t_1$. 为了表明 $\{t_i\}_{i=1}^n$ 中点可以相重的最一般情况,设

$$\tau_{11}=\cdots=\tau_{1l_1}<\tau_{21}=\cdots=$$
$$\tau_{2l_2}<\cdots<\tau_{d1}=\cdots=\tau_{dl_d} \qquad (4)$$

记

$$\tau_{ij} = \tau_i \quad (i=1,2,\cdots,d; j=1,2,\cdots,l_i)$$

且 l_i 满足 $\sum\limits_{i=1}^{d} l_i - n$. 上式表明在 $\{t_i\}_{i=1}^{n}$ 这 n 个点中,仅有 d 个不同的点分别是 $\tau_1,\tau_2,\cdots,\tau_d$ 且 $t_1 = t_2 = \cdots = t_{l_1} = \tau_1, t_{l_1+1} = t_{l_1+2} = \cdots = t_{l_1+l_2} = \tau_2, \cdots$.

从多项式插值的观点来看,求多项式($\leqslant n-1$ 次)在 n 个不同的点 $\{t_i\}_{i=1}^{n}$ 插值于给定数据,这是 Lagrange 插值,在由式(4)所表示的可以相重的 n 个点上插值于给定数据,这就是广义的 Hermite 插值,这方面的研究已很成熟,这里引用如下结果:

引理 1 设给定实数 $\{t_i\}_{i=1}^{n} \subset \mathbf{R}$ 以及 $\{f_{ij} \mid i=1, 2,\cdots,d; j=1,2,\cdots,l_i\} \subset \mathbf{R}$,其中 t_i 满足 $t_1 \leqslant t_2 \leqslant \cdots \leqslant t_n$,如式(4)所示,则在空间 $A = \operatorname{span}\{x^{i-1}\}_{i=1}^{n}$ 中,存在唯一的多项式 $q(x) \in A$,使得

$$D^{j-1} q(\tau_i) = f_{ij} \quad (i=1,2,\cdots,d; j=1,2,\cdots,l_i)$$

$$(5)$$

其中 D 表示微商算子,$Df(x) = f'(x), D^2 f(x) = f''(x), \cdots$.

证 设 $q(x) = \sum\limits_{k=1}^{n} c_k x^{k-1} = \sum\limits_{k=1}^{n} c_k u_k$,其中 $u_k = x^{k-1}, k=1,2,\cdots,n$.

由插值条件式(5)得到

$$f_{ij} = D^{j-1} q(\tau_i) = \sum_{k=1}^{n} c_k D^{j-1} u_k(\tau_i)$$

$$(i=1,2,\cdots,d; j=1,2,\cdots,l_i) \quad (6)$$

令

$$C = (c_1, c_2, \cdots, c_n)^{\mathrm{T}}$$

$$F = (f_{11}, \cdots, f_{1l_1}, \cdots, f_{d1}, f_{d2}, \cdots, f_{dl_d})^{\mathrm{T}}$$

将 n 个未知数 n 个方程的线性方程组(6)写成矩阵形式得到

$$MC = F \tag{7}$$

这里 $n \times n$ 矩阵 M 的具体表示为

$$M = \begin{pmatrix} u_1(\tau_1) & u_2(\tau_1) & \cdots & u_n(\tau_1) \\ Du_1(\tau_1) & Du_2(\tau_1) & \cdots & Du_n(\tau_1) \\ \vdots & \vdots & & \vdots \\ D^{l_1-1}u_1(\tau_1) & D^{l_1-1}u_2(\tau_1) & \cdots & D^{l_1-1}u_n(\tau_1) \\ \vdots & \vdots & & \vdots \\ u_1(\tau_d) & u_2(\tau_d) & \cdots & u_n(\tau_d) \\ \vdots & \vdots & & \vdots \\ D^{l_d-1}u_1(\tau_d) & D^{l_d-1}u_2(\tau_d) & \cdots & D^{l_d-1}u_n(\tau_d) \end{pmatrix}$$

$$\tag{8}$$

因而上述在节点 $\{t_i\}_{i=1}^n$ 的广义 Hermite 插值存在唯一的充要条件是

$$\det M \neq 0 \tag{9}$$

如果节点 $\{t_i\}_{i=1}^n$ 是互不相同的,即 $t_1 < t_2 < \cdots < t_n$,这时 $d = n, l_i = 1$,又 $u_i = x^{i-1}, i = 1, 2, \cdots, n$. 这时由式(9)所定义的矩阵 M 为通常的 Lagrange 插值的范德蒙矩阵,$\det M$ 为熟知的范德蒙行列式,这是非奇异的,即 $\det M \neq 0$. 那么对于广义的 Hermite 插值 $\det M$ 非零吗?结果是肯定的,且

$$\det M = \prod_{1 \leqslant i < j \leqslant d} (\tau_j - \tau_i)^{l_j \cdot l_i} \prod_{i=1}^d \prod_{k=0}^{l_i-1} k! \tag{10}$$

特别地,当 $t_1 < t_2 < \cdots < t_n$ 时,$d = n, l_i = 1, i = 1, 2, \cdots, n$,那么

$$\det M = \prod_{1 \leqslant i < j \leqslant n} (\tau_j - \tau_i) \tag{11}$$

这正是大家所熟知的范德蒙行列式.

采用式(10)的结果,就证明了广义 Hermite 插值的存在唯一性.

在上述引理的基础上,可以得到本章的主要结果:

定理 3 设 $n \geqslant 2$ 及任意给定实数集(节点组)$\{t_i\}_{i=1}^n \subset \mathbf{R}$,如式(4)所示,则存在唯一的首项系数为 $\alpha \in \mathbf{R}(\alpha \neq 0)$ 的 n 次多项式 $p(x)$ 以 $\{t\}_{i=1}^n$ 为不动点,即满足

$$D^{j-1} p(\tau_i) = \tau_i$$

$$(i = 1, 2, \cdots, d; j = 1, 2, \cdots, l_i; \sum_{i=1}^d l_i = n) \quad (12)$$

证 首先证明存在唯一的不超过 $n-1$ 次多项式

$$q(x) = \sum_{k=1}^n c_k x^{k-1} \quad (13)$$

满足

$$D^{j-1} q(\tau_i) = \tau_i \quad (j = 1, 2, \cdots, l_i; i = 1, 2, \cdots, d) \quad (14)$$

事实上,这正是由引理所保证的,只要注意这时引理证明中的 F 为

$$F = (\tau_{11}, \cdots, \tau_{1l_1}, \tau_{21}, \cdots, \tau_{2l_2}, \cdots, \tau_{d1}, \cdots, \tau_{dl_d}) \quad (15)$$

其中

$$\tau_{11} = \cdots = \tau_{1l_1} < \tau_{21} = \cdots =$$
$$\tau_{2l_2} < \cdots < \tau_{d1} = \cdots = \tau_{dl_d}$$

由插值条件(14)所决定的关于未知量 $\boldsymbol{C} = (c_1, c_2, \cdots, c_n)^{\mathrm{T}}$ 的方程组可写为

$$\boldsymbol{MC} = \boldsymbol{F} \quad (16)$$

这里的 $\boldsymbol{M}$ 如式(8)所示,式(10)保证了 $\det \boldsymbol{M} \neq 0$,从

82

而 **C** 有唯一解.即得到唯一的 $n-1$ 次多项式 $q(x)$,满足条件式(14).为证明定理,设 $p(x)=\alpha x^n+\sum\limits_{i=1}^{n}a_i x^{i-1}$ 为首项系数为 $\alpha\in\mathbf{R}(\alpha\neq 0)$ 的 n 次多项式,且满足条件式(12),因而得到多项式 $p(x)-q(x)$ 满足

$$D^{j-1}(p-q)(\tau_i)=0$$
$$(i=1,2,\cdots,d;j=1,2,\cdots,l_i) \qquad (17)$$

式(17)表明 $\tau_i(i=1,2,\cdots,d)$ 是多项式 $(p-q)(x)$ 的 l_i 重零点,又因为 $\sum\limits_{i=1}^{d}l_i=n$ 以及 $(p-q)(x)$ 为首项系数为 α 的 n 次多项式,所以 $p(x)-q(x)=\alpha(x-\tau_1)^{l_1}\cdots(x-\tau_d)^{l_d}$.这就证明了存在唯一的首项系数为 α 的 n 次多项式

$$p(x)=\alpha(x-\tau_1)^{l_1}\cdots(x-\tau_d)^{l_d}+q(x) \qquad (18)$$

使得 $\tau_i(i=1,2,\cdots,d)$ 是它的 l_i 阶不动点.证毕.

第 三 编
泛函分析中的不动点

关于非线性压缩型映像的几个不动点定理及应用

四川大学的张石生教授在 1982 年对非线性压缩型映像证明了几个新的不动点定理,作为所得结果的应用. 他研究了 Banach 空间中非线性 Volterra 积分方程解的存在和唯一性问题,为了叙述方便,先引出下面的符号和定义.

设 (X,d) 是一完备的度量空间,设 T 是 X 的自映像,对每一 $x \in X$,我们称

$$O_T(x,O,+\infty)$$
$$= \{x, x_1 = Tx, x_2 = T^2x, \cdots,$$
$$x_n = T^nx, \cdots\}$$

为 T 在 x 处生成的轨道.

对任意的正整数 i,j 且 $j \geqslant i$,我们记
$$O_T(x,i,j) = \{x_i = T^i x, \cdots, x_j = T^j x\}$$
$$O_T(x,i,+\infty) = \{x_i = T^i x, x_{i+1} = T^{i+1} x, \cdots\}$$

对 X 中任意有限个点 $x^1, x^2, \cdots, x^n$,我们称
$$O_T(x^1, x^2, \cdots, x^n, O, +\infty) = \bigcup_{i=1}^{n} \{O_T(x^t, O, +\infty)\}$$
为 T 在 $x^1, x^2, \cdots, x^n$ 处生成的轨道.

对任意的正整数 i,j 且 $j \geqslant i$,我们记
$$O_T(x^1, x^2, \cdots, x^n, i, j) = \bigcup_{t=1}^{n} \{O_T(x^t, i, j)\}$$
$$O_T(x^1, x^2, \cdots, x^n, i, +\infty) = \bigcup_{t=1}^{n} \{O_T(x^t, i, +\infty)\}$$
设 A 是 X 的一个子集合,我们记
$$\delta(A) = \sup_{x,y \in A} d(x,p) \quad (A \text{ 的直径})$$

6.1　主要结果

在本节中,我们假定 (X,d) 是一完备的度量空间,T 是 X 的自映像,并设函数 $\Phi(t)$ 满足条件:

(1) $\Phi(t): [0, +\infty) \to [0, +\infty)$ 对 t 是不减的和右连续的,而且对一切 $t > 0$,有 $\Phi(t) < t$.

(2) $\lim\limits_{t \to +\infty}(t - \Phi(t)) = +\infty$.

引理 1　设 $\Phi(t)$ 满足条件(1),则:

(1) 对每一 $t > 0$,$\Phi^n(t) \to 0(n \to +\infty)$,这里 $\Phi^n(t)$ 表示 Φ 的第 n 次迭代函数;

(2) 对任一满足下面条件的非负实数列 $\{t_n\}$ 有
$$t_{n+1} \leqslant \Phi(t_n) \quad (n = 1, 2, \cdots)$$
且 $\lim\limits_{n \to +\infty} t_n = 0$.

88

（3）对任一实数 $t \in [0, +\infty)$，如满足 $t \leqslant \Phi(t)$，则 $t = 0$.

定理 1　设 (X, d) 是一完备的度量空间，T 是 X 的连续自映像，对每一 $x \in X$ 存在与之相应的正整数 $p(x)$，使得对任意有限的 n 元点组 $x^1, x^2, \cdots, x^n \in X$ 有

$$\delta(O_T(x^1, x^2, \cdots, x^n, \sum_{i=1}^{n} p(x^i), +\infty)) \leqslant$$
$$\Phi(\delta(O_T(x^1, x^2, \cdots, x^n, 0, +\infty))) \qquad (1)$$

其中 $\Phi(t)$ 满足条件（1）（2），则对任一 $x_0 \in X$，序列 $\{T^m x_0\}_{m=0}^{+\infty}$ 收敛于 T 的不动点.

证　由假设条件，对任一 n 元组 $x_0^1, x_0^2, \cdots, x_0^n$，存在正整数 $p(x_0^1), p(x_0^2), \cdots, p(x_0^n)$，使得

$$\delta(O_T(x_0^1, x_0^2, \cdots, x_0^n, \sum_{i=1}^{n} p(x_0^i), +\infty)) \leqslant$$
$$\Phi(\delta(O_T(x_0^1, x_0^2, \cdots, x_0^n, 0, +\infty)))$$

现定义正整数序列 $\{k(j)\}_{j=0}^{+\infty}$ 如下

$$k(0) = \sum_{i=1}^{n} p(x_0^i)$$

$$k(j+1) = k(j) + \sum_{s=1}^{n} p(\tilde{x}_j^s) \quad (j = 0, 1, 2, \cdots) (2)$$

其中 $\tilde{x}_j^s = T^{k(j)} x_0^s, s = 1, 2, \cdots, n$. 于是由式（1）得

$$\delta(O_T(x_0^1, x_0^2, \cdots, x_0^n, k(j+1), +\infty))$$

$$= \delta(O_T(x_0^1, x_0^2, \cdots, x_0^n, k(j) + \sum_{s=1}^{n} p(\tilde{x}_j^s), +\infty))$$

$$= \delta(O_T(x_{k(j)}^1, x_{k(j)}^2, \cdots, x_{k(j)}^n, \sum_{s=1}^{n} p(\tilde{x}_j^s), +\infty))$$

$$\leqslant \Phi(\delta(O_T(x_{k(j)}^1, x_{k(j)}^2, \cdots, x_{k(j)}^n, 0, +\infty)))$$

$$= \Phi(\delta(O_T(x_0^1, x_0^2, \cdots, x_0^n, k(j), +\infty)))$$

$$(j = 0, 1, 2, \cdots) \tag{3}$$

于是我们容易证明

$$\delta(O_T(x_0^1, x_0^2, \cdots, x_0^n, k(j), +\infty))$$
$$\leqslant \delta(O_T(x_0^1, x_0^2, \cdots, x_0^n, k(j), k(j+1))) +$$
$$\delta(O_T(x_0^1, x_0^2, \cdots, x_0^n, k(j+1), +\infty)) \tag{4}$$

于是由式(3)和式(4)得

$$\delta(O_T(x_0^1, x_0^2, \cdots, x_0^n, k(j), +\infty))$$
$$\leqslant \delta(O_T(x_0^1, x_0^2, \cdots, x_0^n, k(j), k(j+1))) +$$
$$\Phi(\delta(O_T(x_0^1, x_0^2, \cdots, x_0^n, k(j), +\infty)))$$
$$(j = 0, 1, 2, \cdots)$$

于上式中取 $j = 0$,得

$$\delta(O_T(x_0^1, x_0^2, \cdots, x_0^n, k(0), +\infty))$$
$$\leqslant \delta(O_T(x_0^1, x_0^2, \cdots, x_0^n, k(0), k(1))) +$$
$$\Phi(\delta(O_T(x_0^1, x_0^2, \cdots, x_0^n, k(0), +\infty))) \tag{5}$$

现证 $\delta(O_T(x_0^1, x_0^2, \cdots, x_0^n, k(0), +\infty)) < +\infty$. 设相反

$$\delta(O_T(x_0^1, x_0^2, \cdots, x_0^n, k(0), +\infty)) = +\infty$$

于是令

$$A_m = \delta(O_T(x_0^1, x_0^2, \cdots, x_0^n, k(0), k(0)+m))$$
$$(m = 1, 2, \cdots)$$

故 $\{A_m\}$ 是递增的数列,且

$$\lim_{m \to +\infty} A_m = \delta(O_T(x_0^1, x_0^2, \cdots, x_0^n, k(0), +\infty)) = +\infty$$

于是由条件(1)(2)和式(5)得

$$+\infty = \lim_{m \to +\infty} (A_m - \Phi(A_m))$$
$$= \delta(O_T(x_0^1, x_0^2, \cdots, x_0^n, k(0), +\infty)) -$$
$$\Phi(\delta(O_T(x_0^1, x_0^2, \cdots, x_0^n, k(0), +\infty)))$$
$$\leqslant \delta(O_T(x_0^1, x_0^2, \cdots, x_0^n, k(0), k(1))) < +\infty$$

这就得出矛盾,由此矛盾即知

$$\delta(O_T(x_0^1, x_0^2, \cdots, x_0^n, k(0), +\infty)) < +\infty$$

利用引理 1,由式(3) 知

$$\lim_{j \to +\infty} \delta(O_T(x_0^1, x_0^2, \cdots, x_0^n, k(j), +\infty)) = 0$$

上式表明序列 $\{x_m^s = T^m x_0^s\}_{m=1}^{+\infty}, s=1,2,3,\cdots,n$ 是 X 中的 Cauchy(柯西) 列. 设 $x_m^s \to x_*^s, s=1,2,\cdots,n$. 于是由 T 的连续性知

$$x_*^s = \lim_{m \to +\infty} T^{m+1} x_0^s = T \lim_{m \to +\infty} T^m x_0^s = T x_*^s.$$

所以 $x_*^s (s=1,2,\cdots,n)$ 是 T 的不动点.

现把 $x_*^1, x_*^2, \cdots, x_*^n$ 代入式(1),即得

$$\delta(O_T(x_*^1, \cdots, x_*^n, \sum_{i=1}^s p(x_*^i), +\infty))$$
$$\leqslant \Phi(\delta(O_T(x_*^1, \cdots, x_*^n, 0, +\infty)))$$

即

$$\delta\{x_*^1, x_*^2, \cdots, x_*^n\} \leqslant \Phi(\delta\{x_*^1, x_*^2, \cdots, x_*^n\})$$

由引理 1(3) 知 $\delta\{x_*^1, x_*^2, \cdots, x_*^n\} = 0$. 故得 $x_*^1 = x_*^2 = \cdots = x_*^n$.

因此得知对任一 $x_0 \in X$,序列 $\{T^m x_0\}$ 收敛于 T 的不动点.

定理证毕.

注 1　如果定理 1 的式(1) 中的 $n \geqslant 2$,则在定理 1 的条件下,T 存在唯一的不动点.事实上,设 x_*, y_* 是 T 的两个不动点,取 $x^1 = x_*, x^2 = x^3 = \cdots = x^n = y_*$. 于是由式(1) 有

$$\delta(O_T(x_*, y_*, \cdots, y_*, p(x_*) +$$
$$(n-1)p(y_*), +\infty))$$
$$\leqslant \Phi(\delta(O_T(x_*, y_*, \cdots, y_*, 0, +\infty)))$$

即得

$$d(x_*, y_*) \leqslant \Phi(d(x_*, y_*))$$

由引理 1(3) 知 $d(x_*, y_*) = 0$. 故 $x_* = y_*$.

由定理 1 直接可得下面的结果.

定理 2 设 (X, d) 是一完备的度量空间, T 是 X 的连续自映像, 对每一 $x \in X$, 存在与之相应的正整数 $p(x)$, 使得

$$\delta(O_T(x, p(x), +\infty)) \leqslant \Phi(\delta(O_T(x, 0, +\infty)))$$
(6)

其中 Φ 满足条件(1)(2), 则对任一 $x_0 \in X$, 迭代序列 $\{T^n x_0\}$ 收敛于 T 的不动点.

证 本定理是定理 1 在 $n = 1$ 时的特例.

定理 3 设 (X, d) 是一完备的度量空间, T 是 X 的连续自映像, 存在某一正整数 p, 使得对一切的 $x \in X$ 和一切的非负整数 k, 若下面的一个条件成立:

(1) $\delta(O_T(x, p, +\infty)) \leqslant \Phi(\delta(O_T(x, 0, +\infty)))$;

(2) $d(T^p x, T^{p+k} x) \leqslant \Phi(\delta(O_T(x, 0, +\infty)))$.

其中 Φ 满足条件(1)(2), 则定理 2 的结论成立.

证 由文章《关于非线性映像的不动点定理及其应用》中的引理 2 知, 条件(1)等价于条件(2), 故定理 3 的结论由定理 2 得之.

定理 4 设 (X, d) 是一完备的度量空间, T 是 X 的连续自映像, 存在正整数 p, q, 使得对一切的 $x, y \in X$ 有

$$d(T^p x, T^q y) \leqslant \Phi(\delta(O_T(x, y, 0, +\infty))) \quad (7)$$

其中 Φ 满足条件(1)(2), 则 T 在 X 中存在唯一的不动点, 而且对任一 $x_0 \in X$, 迭代序列 $\{T^n x_0 = x_n\}$ 收敛于这一不动点.

证 不失一般性, 可设 $p \geqslant q$, 对任一 $x \in X$ 和任意的非负整数 k, 令 $y = T^{p-q+k} x$. 于是由式(7)得

$$d(T^p x, T^{p+k} x) \leqslant \Phi(\delta(O_T(x, x_{p-q+k}, 0, +\infty)))$$
$$= \Phi(\delta(O_T(x, 0, +\infty)))$$

即条件(2)被满足,故由定理3,对任一 $x_0 \in X$,迭代序列 $\{x_n\}$ 收敛于 T 的不动点. T 的不动点的唯一性易于证明.

定理证毕.

定理 5　设 (X, d) 是一完备的度量空间,T 是 X 的自映像(不必连续),若存在正整数 p, q(其中至少有一个为 1,不妨设 $q = 1$),使得对一切 $x, y \in X$ 有

$$d(T^p x, Ty) \leqslant \Phi(\delta(O_T(x, 0, +\infty) \bigcup \{y, Ty\}))$$

$$(8)$$

其中 Φ 满足条件(1)(2),则定理4的结论仍成立.

证　因显然 $O_T(x, 0, +\infty) \bigcup \{y, Ty\} \subset O_T(x, y, 0, +\infty)$,故 $\delta(O_T(x, 0, +\infty)) \bigcup \{y, Ty\} \leqslant \delta(O_T(x, y, 0, +\infty))$,于是由式(8)得

$$d(T^p x, Ty) \leqslant \Phi(\delta(O_T(x, y, 0, +\infty))) \quad (\forall x, y \in X)$$

故式(7)被满足,因此为了证明定理5,只需指出,对任一 $x_0 \in X$,迭代序列 $\{T^n x_0\}$ 的极限 x_* 是 T 的不动点即可.

事实上,因 $x_n = T^n x_0 \rightarrow x_*$,故对任给的 $\varepsilon > 0$,存在正整数 N,当 $n \geqslant N$ 时有 $d(x_n, x_*) < \varepsilon$,于是当 $n \geqslant N + p$ 时

$$
\begin{aligned}
d(x_*, Tx_*) &\leqslant d(x_*, x_n) + d(x_n, Tx_*) \\
&\leqslant \varepsilon + d(T^p x_{n-p}, Tx_*) \\
&\leqslant \varepsilon + \Phi(\delta(O_T(x_{n-p}, 0, +\infty) \bigcup \{x_*, Tx_*\})) \\
&\leqslant \varepsilon + \Phi(\delta(O_T(x_{n-p}, 0, +\infty)) + d(x_*, Tx_*)) \\
&\leqslant \varepsilon + \Phi(2\varepsilon + d(x_*, Tx_*))
\end{aligned}
$$

于上式右端让 $\varepsilon \rightarrow 0$,由 Φ 的右连续性得

$$d(x_*, Tx_*) \leqslant \Phi(d(x_*, Tx_*))$$

由引理 1 即得 $x_* = Tx_*$.

定理证毕.

注 2 定理 3 是文章《广义压缩型映像的某些不动点定理》的定理 1 和定理 2 的推广,Fisher 的文章 *Quasi-contractions on metric spaces* 的定理 2 和定理 3 是本节定理 4 的特例. 同时本节定理 4 也是 Park,Rhoades 的文章 *Some general fixed point theorems* 的定理 2 和 Rhoades 的文章 *A comparison of various definitions of contrative mappings*,Ciric 的文章 *A generalization of Banach's contraction principle* 中主要结果的统一和发展,同时定理 2 也是文章《关于非线性映像的不动点定理及其应用》中定理 1 和定理 2 的推广.

注 3 在定理 1 到定理 5 中,若用对每一 $x \in X$,$\delta(O_T(x, 0, +\infty)) < +\infty$ 代替条件(2),则定理 1 到定理 5 的结论都成立. 作为例子,我们试就定理 1 进行证明.

事实上,因 $\delta(O_T(x, 0, +\infty)) < +\infty, \forall x \in X$,因而对任意有限的 n 元组 $x^1, x^2, \cdots, x^n \in X$,$\delta(O_T(x^1, x^2, \cdots, x^n, 0, +\infty)) < +\infty$.

仿定理 1,作正整数序列 $\{k(j)\}_{j=0}^{+\infty}$,其由式(2)定义,而且式(3)成立,于是由引理 1 知

$$\lim_{j \to +\infty} \delta(O_T(x^1, x^2, \cdots, x^n, k(j), +\infty)) = 0$$

其余的可仿定理 1 一样地进行证明,其余定理也可类似证明.

6.2　应　　用

作为前述不动点理论的应用，在本节中我们在 Banach 空间几何学的框架下，讨论下面类型的非线性 Volterra 积分方程

$$x(t) = x_0(t) + \int_0^t K(t,s,x(s))\mathrm{d}s \quad (0 \leqslant t \leqslant a < +\infty)$$

$$(9)$$

解的存在性和唯一性，为此先做如下假定.

设 $(X, \|\cdot\|_X)$ 是一 Banach 空间，$C(0,a;X)$ 是定义在 $[0,a]$，而取值于 X 的一切连续函数所组成的线性空间，在 $C(0,a;X)$ 中赋以范数 $\sup\limits_{0 \leqslant t \leqslant a} \|x(t)\|_X = \|x\|_c$，$C(0,a;X)$ 是一 Banach 空间.

以下我们同样以 $C([0,a] \times [0,a] \times X, X)$ 表示映 $[0,a] \times [0,a] \times X \to X$ 的一切连续函数所组成的线性空间，在 $C([0,a] \times [0,a] \times X, X)$ 中同样赋以极大范数.

在 $C(0,a;X)$ 中除赋以极大范数 $\|\cdot\|_c$ 外，我们还赋以次之形式的等价范数

$$\|x\|_* = \max_{0 \leqslant t \leqslant a} e^{-Lt} \|x(t)\|_X \quad (\forall x(t) \in C(0,a;X))$$

$$(10)$$

其中 $L > 0$. 事实上，显然有

$$e^{-aL} \|x\|_* \leqslant \|x\|_* \leqslant \|x\|_c \quad (\forall x(t) \in C(0,a;X))$$

$$(11)$$

故 $\|\cdot\|_c$ 与 $\|\cdot\|_*$ 是等价的范数.

引理 2　设 (X,d) 是一完备的度量空间，T 是 X

的连续自映像,存在正整数 p,使对一切 $x \in X$ 和一切非负整数 k 有

$$d(T^p x, T^{p+k} x) \leqslant \alpha \delta_d(O_T(x, 0, +\infty)) \quad (12)$$

其中 $a \in (0,1)$ 为一常数,又 $\delta_d(O_T(x, 0, +\infty))$ 表示 $O_T(x, 0, +\infty)$ 按度量 d 的直径,则对任一 $x_0 \in X$,迭代序列 $\{T^n x_0\}$ 收敛于 T 的不动点.

证 只要在定理 3 中取 $\Phi(t) = \alpha t, t \geqslant 0$,则显然 $\Phi(t)$ 满足条件(1)(2),故本引理的结论由定理 3 得之.

引理 3 设 (X, d) 是一完备的度量空间,T 是连续地映 X 到 X 的映像,存在正整数 p, q,使对一切 $x, y \in X$ 有

$$d(T^p x, T^q y) \leqslant \alpha \delta_d(O_T(x, y, 0, +\infty)) \quad (\alpha \in (0,1))$$
$$(13)$$

则 T 在 X 中存在唯一不动点,而且对任一 $x_0 \in X$,迭代序列 $\{T^n x_0\}$ 收敛于这个不动点.

证 只要在定理 4 中取 $\Phi(t) = \alpha t$,则结论即由定理 4 得之.

引理 4 设 T_1, T_2 是非空完备度量空间 (X, d) 的映像且为连续,存在正整数 p, q 及 $\alpha \in (0,1)$,使得对一切 $x, y \in X$ 有

$$d(T_1^p x, T_2^q y) \leqslant \alpha \max\{d(T_1^r x, T_2^s y):$$
$$0 \leqslant r \leqslant p; 0 \leqslant s \leqslant q\} \quad (14)$$

则 T_1, T_2 有唯一的公共不动点 x_*,而且 x_* 也是 T_1, T_2 的唯一不动点.

定理 6 设 $(X, \|\cdot\|_X)$ 是一实 Banach 空间,设方程(9)中的 $K(t, s, x)$ 满足条件:

(1) $K(t, s, x) \in C([0, a] \times [0, a] \times X, Y)$ 且

$$\|K\|_c = \sup_{\substack{t, s \in [0,1] \\ x \in X}} \|K(t, s, x)\|_X < +\infty$$

（2）存在正整数 p 和 $L>0$，使得对一切 $t,s\in[0,a]$ 和对一切 $x(t)\in C(0,a;X)$ 及一切非负整数 k，成立

$$\|K(t,s,T^{p-1}x(s))-K(t,s,T^{p+k-1}x(s))\|_X$$
$$\leqslant L\delta_{\|\cdot\|_X}(O_T(x(s),0,+\infty)) \qquad (15)$$

其中算子 T 由下式定义

$$Tx(t)=x_0(t)+\int_0^t K(t,s,x(s))\mathrm{d}s \qquad (16)$$

又

$$T^n x(t)=x_0(t)+\int_0^t K(t,s,T^{n-1}x(s))\mathrm{d}s \quad (n=1,2,\cdots)$$
$$(17)$$

则对任一 $x(t)\in C(0,a;X)$，序列 $\{T^n x(t)\}$ 在 $C(0,a;X)$ 中按范数 $\|\cdot\|_c$ 收敛于方程（9）的解 $x_*(t)\in C(0,a;X)$.

　　证　易证在条件（1）下，由式（16）定义的积分算子 T 是映 $C(0,a;X)$ 到 $C(0,a;X)$ 的按 $C(0,a;X)$ 中的极大范数 $\|\cdot\|_c$ 为连续的算子.

　　现在 $C(0,a;X)$ 中引入等价范数 $\|\cdot\|_*$，它由式（10）定义，并且其中常数 L 的选取和式（15）中的常数 L 相同，因而积分算子 T 按等价范数 $\|\cdot\|_*$ 也是 $C(0,a;X)$ 的连续自映像，又因

$$\|T^p x(t)-T^{p+k}x(t)\|_*$$
$$=\max_{t\in[0,n]}\Big\{e^{-Lt}\|\int_0^t K(t,s,T^{p-1}x(s))-$$
$$K(t,s,T^{p-1+k}x(s))\mathrm{d}s\|_X\Big\}$$
$$\leqslant\max_{t\in[0,a]}\int_0^t e^{L(s-t)}L^{-Ls}\|K(t,s,T^{p-1}x(s))-$$
$$K(t,s,T^{p-1+k}x(s))\|_X\mathrm{d}s$$

$$\leqslant \max_{t\in[0,a]}\int_0^t e^{L(s-t)}\left\{\max_{s\in[0,a]}e^{-Ls}\cdot\right.$$

$$\left. L\delta_{\|\cdot\|_X}(O_T(x(s),0,+\infty))\right\}\mathrm{d}s$$

$$\leqslant L\cdot\delta_{\|\cdot\|_*}(O_T(x(s),0,+\infty))\cdot$$

$$\max_{t\in[0,a]}\int_0^t e^{L(s-t)}\mathrm{d}s$$

$$\leqslant (1-e^{-La})\delta_{\|\cdot\|_X}(O_T(x(s),0,+\infty))$$

$$(\forall x(t)\in C(0,a;X),k=0,1,2,\cdots)\quad(18)$$

于是由引理 2 知, 对每一 $x(t)\in C(0,a;X)$, $\{T^n x(t)\}$, 按范数 $\|\cdot\|_*$ 收敛于 T 的不动点 $x_*(t)\in C(0,a;X)$, 而此 $x_*(t)$ 即为方程(9)的解, 因而 $\{T^n x(t)\}$ 亦按范数 $\|\cdot\|_d$ 收敛于 $x_*(t)$. 定理证毕.

定理 7 设 $(X,\|\cdot\|_X)$ 是一实 Banach 空间, 方程(9) 中的 $K(t,s,x)$ 满足定理 6 中的条件(1) 及下面的条件:

存在正整数 p,q 和 $L>0$, 使得对一切 $t,s\in[0, a]$ 和一切的 $x(t),y(t)\in C(0,a;X)$, 有

$$\|K(t,s,T^{p-1}x(s))-K(t,s,T^{q-1}y(s))\|_X$$

$$\leqslant L\delta_{\|\cdot\|_X}(O_T(x(s),y(s),0,+\infty))\quad(19)$$

则方程(9) 在 $C(0,a;X)$ 中存在唯一解 $x_*(t)$, 而且对任一 $x(t)\in C(0,a;X)$, 迭代序列 $\{T^n x(t)\}$ 按范数 $\|\cdot\|_c$ 收敛于 $x_*(t)$.

证 在 $C(0,a;X)$ 中考虑等价于 $\|\cdot\|_c$ 的范数 $\|\cdot\|_*$, 其中的 L 与式(19) 中的 L 取相同的值. 仿定理 6 的证明知, $T:C(0,a;X)\to C(0,a;X)$ 按两种范数 $\|\cdot\|_c,\|\cdot\|_*$ 均连续, 另由定理 7 的条件, 对一切 $x(t),y(t)\in C(0,a;X)$ 则

$$\| T^p x(t) - T^q y(t) \|_*$$

$$\leqslant \max_{t \in [0,a]} \int_0^t e^{L(s-t)} e^{-Ls} \| K(t,s,T^{p-1}x(s)) -$$

$$K(t,s,T^{q-1}y(s)) \|_X \mathrm{d}s$$

$$\leqslant L\delta_{\|\cdot\|_*} (O_T(x(s),y(s),0,+\infty)) \cdot$$

$$\max_{t \in [0,]} \int_0^t e^{L(s-t)} \mathrm{d}s$$

$$\leqslant (1 - e^{-Lq})\delta_{\|\cdot\|_*} (O_T(x(s),y(s),0,+\infty))$$

于是由引理 3 知,对每一 $x(t) \in C(0,a;X)$,$\{T^n x(t)\}$ 按范数 $\|\cdot\|_*$,也按范数 $\|\cdot\|_c$ 收敛于 T 的唯一不动点 $x_*(t) \in C(0,a;X)$,且 $x_*(t)$ 是方程(9)的唯一解.

定理证毕.

引理 5 设 (X,d) 是一完备的度量空间,T 是映 X 到 X 的映像,且满足下面的条件

$$d(Tx,Ty) \leqslant C\delta_a (O_T(x,y,0,+\infty)) \quad (\forall x,y \in X) \tag{20}$$

其中 $C \in (0,1)$,则引理 3 的结论仍成立.

证 只要在《关于非线性映像的不动点及其应用》一文中的定理 5 中取 $\Phi(t) = ct,t \geqslant 0$,即知引理的结论成立.

定理 8 设 $(X,\|\cdot\|_X)$ 是一实 Banach 空间,方程(9)中的 $K(t,s,x)$ 满足条件:

(1) $K(t,s,x) \in C([0,a] \times [0,a] \times X;X)$.

(2) 存在 $L > 0$,使得对一切 $t,s \in [0,a]$ 和对一切 $x(t),y(t) \in C(0;a;X)$ 有

$$\| K(t,s,x(s)) - K(t,s,y(s)) \|_X$$

$$\leqslant L \cdot \delta_{\|\cdot\|_X} (O_T(x(s),y(s),0,+\infty)) \tag{21}$$

则定理 7 的结论仍成立.

证 定理 7 中要求 $\sup\limits_{\substack{t,s\in[0,a]\\ x\in X}}\|K(t,s,x)\|_X<+\infty$ 在于保证 $T:C(0,a;X)\to C(0,a;X)$ 的连续性. 但由引理 5 知此时并不要求积分算子的连续性, 故结论由定理 7 得之.

定理证毕.

注 4 定理 $6,7,8$ 是丁协平的文章《关于抽象非线性 Volterra 积分方程解的存在性定理》中的定理 $1,2,3$ 的推广, 同时也是文章《关于 Banach 空间中两类抽象的非线性积分方程解的存在定理》和《关于非线性映像的不动点定理及其应用》中相应结果的推广.

定理 9 设 $K_i(t,s,x),i=1,2$, 满足条件:

$(1)K_i(t,s,x)\in C([0,a]\times[0,a]\times X;X),i=1,2$, 且

$$\sup_{\substack{t,s\in[0,a]\\ x\in X}}\|K_i(t,s,x)\|_X<+\infty \quad (i=1,2)$$

(2) 存在正整数 p,q, 使对一切 $t,s\in[0,a]$ 和一切 $x(s),y(s)\in C(0,a;X)$, 有

$$\|K_1(t,s,T_1^{p-1}x(s))-K_2(t,s,T_2^{q-1}y(s))\|_X$$
$$\leqslant L\max\{\|T_1^r x(s)-T_2^u y(s)\|_X;0\leqslant r\leqslant p,$$
$$0\leqslant u\leqslant q\} \quad (L>0) \tag{22}$$

其中

$$T_i^n x(t)=x_0(t)+\int_0^t K_i(t,s,T_i^{n-1}x(s))\mathrm{d}s$$
$$(i=1,2;n=1,2,\cdots) \tag{23}$$

则方程组

$$\begin{cases}x(t)=x_0(t)+\displaystyle\int_0^t K_1(t,s,x(s))\mathrm{d}s\\[2mm] y(t)=x_0(t)+\displaystyle\int_0^t K_2(t,s,y(s))\mathrm{d}s\end{cases} \tag{24}$$

有唯一公共解 $x_*(t)$,而且 $x_*(t)$ 是方程中的每一方程的唯一解.

证 在 $C(0,a;X)$ 中引入等价范数 $\parallel \cdot \parallel_*$,并且其中的数 L 与式(22)中的 L 取相同的值. 于是有

$$\parallel T_1^p x(t) - T_2^q y(t) \parallel_*$$

$$= \max_{t \in [0,a]} e^{-Lt} \parallel \int_0^t [K_1(t,s,T_1^{p-1}x(s)) - K_2(t,s,T_2^{q-1}y(s))]\mathrm{d}s \parallel_X$$

$$\leqslant \max_{0 \leqslant t \leqslant a} \int_0^t e^{L(s-t)} \max_{0 \leqslant s \leqslant a} \{ e^{-Ls} \cdot L \cdot$$

$$\max[\parallel T_1^r x(s) - T_2^u y(s) \parallel_X :$$

$$0 \leqslant r \leqslant p, 0 \leqslant u \leqslant q]\}\mathrm{d}s$$

$$\leqslant L \cdot \max\{ \parallel T_1^u x(t) - T_2^u y(t) \parallel_* :$$

$$0 \leqslant r \leqslant p, 0 \leqslant u \leqslant q\} \cdot$$

$$\max_{0 \leqslant t \leqslant a} \int_0^t e^{L(s-t)}\mathrm{d}s$$

$$\leqslant (1 - e^{-La}) \cdot \max\{ \parallel T_1^r x(t) - T_2^u y(t) \parallel_* : 0 \leqslant r \leqslant p, 0 \leqslant u \leqslant q\}$$

另在条件(1)下,$T_i, i=1,2$ 是 $C(0,a;X)$ 的连续自映像. 故结论由引理 4 得之.

定理证毕.

由定理 9 易知下面的结论成立:

定理 10 设 $(X, \parallel \cdot \parallel_X)$ 是一实 Banach 空间,$\mathscr{K}$ 是映 $[0,a] \times [0,a] \times X \to X$ 的映像族,满足条件:

(1)对每一 $K \in \mathscr{K}, K \in C([0,a] \times [0,a] \times X, X)$ 且

$$\sup_{\substack{t,s \in [0,a] \\ x \in X}} \parallel K(t,s,x) \parallel_X < +\infty$$

(2)存在 $n: \mathscr{K} \to \mathbf{N}_+$(正整数集)和实数 $L > 0$,使

得对一切 $t,s \in [0,a]$ 和一切 $x(t),y(t) \in C(0,a;X)$，对一切相异对 $K_1,K_2 \in \mathcal{K}$，有

$$\| K_1(t,s,T_1^{n(k_1)-1}x(s)) - K_2(t,s,T_2^{n(k_2)-1}y(s)) \|_X$$
$$\leqslant L\max\{ \| T_1^r(s) - T_2^u y(s) \|_X : 0 \leqslant r \leqslant n(K_1), 0 \leqslant$$
$$u \leqslant n(K_2)\} \tag{25}$$

其中

$$T_i^n x(t) = x_0(t) + \int_0^t K_1(t,s,T_i^{n-1}x(s))\mathrm{d}s$$
$$(i=1,2;n=1,2,\cdots)$$

则非线性 Volterra 积分方程族

$$x_\sigma(t) = x_0(t) + \int_0^t K_\sigma(t,s,x_\sigma(s))\mathrm{d}s \quad (K_\sigma \in \mathcal{K},\sigma \in I)$$
$$\tag{26}$$

其中 I 表示一指标集，I 与 $\mathcal{K}$ 有相同的势，有唯一公共解 $x_*(t) \in C(0,a;X)$，而且 $x_*(t)$ 是方程族中每一方程的唯一解.

关于压缩映像的等价性问题

第 7 章

7.1 引　　论

Banach 压缩映像原理在近代数学各个分支中所起的重要作用是众所周知的. Banach 在 20 世纪 20 年代提出这一原理后，多年来，Banach 压缩映像原理已有许多重要的发展，国内外许多人提出了下面一系列的压缩映像的概念和一系列的压缩映像原理：四川大学的张石生教授仿照 Rhoades 的文章 *A Comparison of Various definitions of contractive mappings*

中的定义给出如下定义：

定义 1 设 (X,d) 是一完备的度量空间, T 是映 (X,d) 到 (X,d) 的映像, 若 T 满足下面条件之一, 则称 T 是属于该类的压缩映像, 这里 $m = 1,2,\cdots,125.$ [①]

(1) 存在一常数 $C \in (0,1)$, 使得 $d(Tx,Ty) \leqslant Cd(x,y), \forall x,y \in X.$

(2) 存在一单调递减的函数 $\alpha(t):(0,+\infty) \to [0,1)$, 使得对每一 $x,y \in X, x \neq y, d(Tx,Ty) \leqslant \alpha(d(x,y))d(x,y).$

(3) 对每一 $x,y \in X, x \neq y, d(Tx,Ty) < d(x,y).$

(4) 存在一数 $\alpha \in \left(0,\dfrac{1}{2}\right)$ 使得对每一 $x,y \in X$ 有

$$d(Tx,Ty) \leqslant \alpha\{d(x,Tx) + d(y,Ty)\}$$

(5) 存在一数 $h \in [0,1)$, 使得对每一 $x,y \in X$ 有

$$d(Ty,Ty) \leqslant h\max\{d(x,Tx),d(y,Ty)\}$$

(6) 对每一 $x,y \in X, x \neq y$ 有

$$d(Tx,Ty) < \max\{d(x,Tx),d(y,Ty)\}$$

(7) 存在非负数 a,b,c 满足 $a+b+c < 1$ 使得对每一 $x,y \in X$ 有

$$d(Tx,Ty) \leqslant ad(x,Tx) + bd(y,Ty) + cd(x,y)$$

(8) 存在 $(0,+\infty) \to [0,1)$ 且满足 $a(t)+b(t)+c(t) < 1$ 的单调递减的函数 $a(t),b(t),c(t)$, 使得对每

[①] 以下各类压缩映像原作者定义时, 对 T 和空间 (X,d) 还有其他的假定. 例如对 T 有连续性, 对 X 有紧致性, 或一致凸性, 等等的假定. 我们这里未这样做, 不过后面为了保证不动点的存在性时, 我们才对 T 和空间 (X,d) 做出进一步的假定.

一 $x,y \in X, x \neq y$ 有

$$d(Tx,Ty) \leqslant a(b(x,y))d(x,Tx) +$$
$$b(d(x,y))d(y,Ty) +$$
$$c(d(x,y))d(x,y)$$

（9）存在一常数 $h:0 < h < 1$，使得对每一 $x,y \in X$ 有

$$d(Tx,Ty) \leqslant h\max\{d(x,Tx),d(y,Ty),d(x,y)\}$$

或等价地：

（9′）存在非负函数 a,b,c 满足

$$\sup_{x,y \in X}\{a(x,y) + b(x,y) + c(x,y)\} \leqslant \lambda < 1$$

使得对每一 $x,y \in X$ 有

$$d(Tx,Ty) \leqslant a(x,y)d(x,Tx) + b(x,y)d(y,Ty) +$$
$$c(x,y)d(x,y)$$

（10）对每一 $x,y \in X, x \neq y$ 有

$$d(Tx,Ty) < \max\{d(x,Tx),d(y,Ty),d(x,y)\}$$

（11）存在一数 $a:a \in \left(0,\dfrac{1}{2}\right)$，使得对每一 $x,y \in X$ 有

$$d(Tx,Ty) \leqslant a\{d(x,Ty) + d(y,Tx)\}$$

（12）存在一数 $h:0 \leqslant h < 1$，使得对每一 $x,y \in X$ 有

$$d(Tx,Ty) \leqslant h\max\{d(x,Ty),d(y,Tx)\}$$

（13）对每一 $x,y \in X, x \neq y$ 有

$$d(Tx,Ty) < \max\{d(x,Ty),d(y,Tx)\}$$

（14）存在非负数 a,b,c，满足 $a+b+c < 1$，使得对每一 $x,y \in X$ 有

$$d(Tx,Ty) \leqslant ad(x,Ty) + bd(y,Tx) + cd(x,y)$$

（15）存在 $(0,+\infty) \to [0,1)$ 的单调递减的满足

$a(t)+b(t)+c(t)<1$ 的函数 $a(t),b(t),c(t)$,使得对每一 $x,y\in X,x\neq y$ 有

$$d(Tx,Ty)\leqslant a(d(x,y))d(x,Ty)+$$
$$b(d(x,y))d(y,Tx)+$$
$$c(d(x,y))dx(y)$$

(16) 存在一常数 $h:0\leqslant h<1$,使得对每一 $x,y\in X$ 有

$$d(Tx,Ty)\leqslant h\max\{d(x,Ty),d(y,Tx),d(x,y)\}$$

或等价地:

(16′) 存在非负函数 a,b,c 满足

$$\sup_{x,y\in X}\{a(x,y)+b(x,y)+c(x,y)\}\leqslant\lambda<1$$

使得对每一 $x,y\in X$ 有

$$d(Tx,Ty)\leqslant a(x,y)d(x,Ty)+b(x,y)d(y,Tx)+$$
$$c(x,y)d(x,y)$$

(17) 对每一 $x,y\in X,x\neq y$ 有

$$d(Tx,Ty)<\max\{d(x,Ty),d(y,Tx),d(x,y)\}$$

(18) 存在满足 $\displaystyle\sum_{i=1}^{5}a_i<1$ 的非负常数 a_1,a_2,a_3,a_4,a_5,使得对每一 $x,y\in X$ 有

$$d(Tx,Ty)\leqslant a_1 d(x,y)+a_2 d(x,Tx)+a_3 d(y,Ty)+$$
$$a_4 d(x,Ty)+a_5 d(y,Tx)$$

(19) 存在实数 $\alpha,\beta,\gamma:0\leqslant\alpha<1,0\leqslant\beta,\gamma<\dfrac{1}{2}$ 使得对每一 $x,y\in X$ 至少下面之一的条件成立:

①$d(Tx,Ty)\leqslant\alpha d(x,y)$;

②$d(Tx,Ty)\leqslant\beta\{d(x,Tx)+d(y,Ty)\}$;

③$d(Tx,Ty)\leqslant\gamma\{d(x,Ty)+d(y,Tx)\}$.

或等价地:

（19′）存在一常数 $h:0 \leqslant h < 1$，使得对每一 x，$y \in X$ 有

$$d(Tx,Ty) \leqslant h\max\Big\{d(x,y),\frac{d(x,Tx)+d(y,Ty)}{2},$$

$$\frac{d(y,Tx)+d(x,Ty)}{2}\Big\}$$

（19″）存在满足下式的非负函数 a,b,c 且

$$\sup_{x,y \in X}\{a(x,y)+2b(x,y)+2c(x,y)\} \leqslant \lambda < 1$$

使得对每一 $x,y \in X$ 有

$$d(Tx,Ty) \leqslant a(x,y)d(x,y)+$$
$$b(x,y)\{d(x,Tx)+d(y,Ty)\}+$$
$$c(x,y)\{d(x,Ty)+d(y,Tx)\}$$

（20）对每一 $x,y \in X, x \neq y$ 有

$$d(Tx,Ty) < \max\Big\{d(x,y),\frac{d(x,Tx)+d(y,Ty)}{2},$$

$$\frac{d(x,Ty)+d(y,Tx)}{2}\Big\}$$

（21）存在非负函数 q,r,s,t 满足

$$\sup_{x,y \in X}\{q(x,y)+r(x,y)+s(x,y)+2t(x,y)\} \leqslant \lambda < 1$$

使得对每一 $x,y \in X$ 有

$$d(Tx,Ty) \leqslant q(x,y)d(x,y)+r(x,y)d(x,Tx)+$$
$$s(x,y)d(y,Ty)+$$
$$t(x,y)\{d(x,Ty)+d(y,Tx)\}$$

或等价地：

（21′）存在一常数 $h:0 \leqslant h < 1$，使得对每一 x，$y \in X$ 有

$$d(Tx,Ty) \leqslant h\max\Big\{d(x,y),d(x,Tx),d(y,Ty),$$

$$\frac{d(x,Ty)+d(y,Tx)}{2}\Big\}$$

107

($21''$) 存在一常数 $\alpha : 0 \leqslant \alpha < 1$，使得对每一 $x, y \in X$，$x \neq y$，至少下面的一个条件成立：

① $d(Tx, Ty) \leqslant \alpha d(x, y)$；

② $d(Tx, Ty) \leqslant \alpha d(x, Tx)$；

③ $d(Tx, Ty) \leqslant \alpha d(y, Ty)$；

④ $d(Tx, Ty) \leqslant \dfrac{\alpha}{2} \{ d(x, Ty) + d(y, Tx) \}$.

(22) 对每一 $x, y \in X$，$x \neq y$ 有

$$d(Tx, Ty) < \max \Big\{ d(x, y), d(x, Tx), d(y, Ty),$$
$$\frac{1}{2} \big[d(x, Ty) + d(y, Tx) \big] \Big\}$$

(23) 存在单调递减的函数 $\alpha_i(t) : (0, +\infty) \rightarrow [0, 1)$，$i = 1, 2, \cdots, 5$，满足：

$\displaystyle\sum_{i=1}^{5} \alpha_i(t) < 1$，使得对每一 $x, y \in X$，$x \neq y$ 有

$$d(Tx, Ty) \leqslant \alpha_1(d(x, y)) d(x, Tx) +$$
$$\alpha_2(d(x, y)) d(y, Ty) +$$
$$\alpha_3(d(x, y)) d(x, Ty) +$$
$$\alpha_4(d(x, y)) d(y, Tx)$$
$$\alpha_5(d(x, y)) d(x, y)$$

(24) 存在一常数 $h : 0 \leqslant h < 1$，使得对每一 $x, y \in X$ 有

$$d(Tx, Ty) \leqslant h \max \{ d(x, y), d(x, Tx), d(y, Ty),$$
$$d(x, Ty), d(y, Tx) \}$$

(25) 对每一 $x, y \in X$，$x \neq y$ 有

$$d(Tx, Ty) < \max \{ d(x, y), d(x, Tx), d(y, Ty),$$
$$d(x, Ty), d(y, Tx) \}$$

前述的第一组的 25 个定义，是通过 T 本身定义

的,如果对某一正整数 p,使 T 的 p 次迭代映像 T^p 满足前述的 25 个条件之一,比如 $(m),m=1,2,\cdots,25$,则称 T 是属于第 $(25+m)$ 类的压缩映像,于是又得出第二组的 25 个压缩映像定义,我们以 (26)—(50) 编号,例如:

(29) 存在正整数 p 和一实数 $\alpha \in \left(0,\dfrac{1}{2}\right)$,使得对每一 $x,y \in X$ 有

$$d(T^p x,T^p y) \leqslant \alpha\{d(x,T^p x) + d(y,T^p y)\}$$

如存在某两个正整数 p,q 使迭代映像 T^p,T^q 满足第一组的 25 个条件之一,比如 $(m),m=1,2,3,\cdots,25$,则称 T 是属于第 $(50+m)$ 类的压缩映像,于是又得出第三组的 25 个压缩映像定义,我们以 (51)—(75) 编号,例如:

(51) 存在正整数 p,q 和一数 $\alpha:0<\alpha<1$,使得对每一 $x,y \in X$ 有

$$d(T^p(x),T^q(y)) \leqslant \alpha d(x,y)$$

第 (64) 类压缩映像当 $C = 0$ 时,在 Gupta,Srivistava 的文章 *A note on common fixed points* 中进行了定义.

如果 (26)—(50) 类压缩映像中的 p 依赖于 $x \in X$,则又得出第四组的 25 个压缩映像定义,我们以 (76)—(100) 编号,例如:

(76) 存在一常数 $\alpha:0<\alpha<1$,使得对每一 $x \in X$,存在一正整数 $p(x)$,对一切的 $y \in X$,有

$$d(T^{p(x)}(x),T^{p(x)}(y)) \leqslant \alpha d(x,y)$$

如果 (76)—(100) 类压缩映像定义中的正整数 p 不仅依赖于 x,而且也依赖于 y,于是得出第五组的 25

个压缩映像定义,我们以(101)—(125)编号,例如:

(103) 对每一 $x,y \in X, x \neq y$,存在正整数 $p(x,y)$,使得

$$d(T^{p(x,y)}(x), T^{p(x,y)}(y)) < d(x,y)$$

上述的 125 类压缩映像是通过 T 或者 T 的某一迭代映像 T^n 来定义的. 如果这些映像类是通过一对映像 T_1, T_2 来定义(这里 T_1, T_2 是映(X,d) 到其自身的映像),则称 T_1, T_2 是属于该类的压缩映像对,于是我们就可得出 125 类"压缩映像对"的概念,我们以(126)—(250)编号,例如:

(126) 存在一数 $\alpha : 0 < \alpha < 1$,使得对每一 $x,y \in X$ 有

$$d(T_1 x, T_2 y) \leqslant \alpha d(x,y)$$

(129) 存在一数 $\alpha : 0 < \alpha < \dfrac{1}{2}$,使得对每一 $x,y \in X$ 有

$$d(T_1 x, T_2 y) \leqslant \alpha \{ d(x, T_1 x) + d(y, T_2 y) \}$$

(246) 存在一实数 $h : 0 < h < 1$,又对每一 $x,y \in X$,存在正整数 $p = p(x), q = q(y)$,使得

$$d(T_1^{p(x)}(x), T_2^{q(y)}(y)) \leqslant h \max \{ d(x,y), d(x, T_1^{p(x)}(x)),$$
$$d(y, T_2^{q(y)}(y)), \frac{1}{2} \{ d(x, T_2^{q(x)}(y)) +$$
$$d(y, T_1^{p(x)}(x)) \} \}$$

又 (136)(140)(148) 分别在 Hatterjea 的文章 *Fixed-point theorems* 和 Kannan 的文章 *Fixed points of Contractive functions* 以及 C. S. Wong 的文章 *Common fixed points of two mappings* 中定义;(143) 在 Rus 的文章 *On common fixed points* 和张石生的文章中定义;(182)在 V. K. Gupta, P. Srivastava

的文章 *A note on common fixed points* 中定义.

　　前述的 250 类压缩映像和压缩映像对的概念,在不同的阶段,由不同的作者提出并独立地加以研究,积累了大量的结果.人们自然会提出这许多类映像和许多结果间有什么本质的联系这个问题.

　　由上面的定义明显地看出,250 类映像中(1)—(25)类映像是最基础的,其他类型的映像都是由它们引伸和发展起来的.因此弄清这 25 类映像间的关系是弄清上述和类映像之间关系的关键.

　　关于(1)—(25)类映像间的关系,1975 年以来 Jonos,Rosenholtz 及张石生的文章中都曾进行过研究,特别是 1977 年 Rhoades 对这一问题做了更为系统的研究.

　　在本章的 7.2 节和 7.3 节中,我们得到了(1)—(50)类压缩映像的等价性原理和不动点原理.由我们所证明的等价原理解决了(1)—(50)类映像的等价性问题.我们证明在拓扑等价的度量意义下和在某些条件下,(1)—(50)类映像,尽管名称不同,形式各异,但它们是等价的.由我们所证明的不动点原理,可以使近年来关于各类压缩映像所得到的许多重要结果得到统一和发展.

　　在本章的 7.4 节中,我们得出了几个新的不动点定理.前面的两个定理,是为了解决第(25)类映像不动点是否存在及在什么条件下存在的问题而提出的,因为这个问题至今没有解决.另一个定理讨论了映像序列的公共不动点的存在性问题.

7.2　压缩映像间相互关系的讨论，等价性原理，不动点原理

由 7.1 节所定义的各类映像显然可知下面的关系成立：

(1) 图 1 中的箭头关系成立.

(2) $(m) \Rightarrow (25+m) \Rightarrow (50+m); (25+m) \Rightarrow (75+m) \Rightarrow (100+m), m=1,2,\cdots,25.$

图 1 中的箭头和(2) 中的"$\Rightarrow$"均有同样的意义，即既表示属于前一类的压缩映像必属于后一类压缩映像，也表示由前一条件可推出后一条件(下同).

现在我们进一步讨论(1)—(50)类映像间的更本质的关系. 为了以后引用方便起见，我们先引出 Meyers 的一个已知的结果.

引理 1　设 (X,d) 是一完备的度量空间，T 是映 (X,d) 到 (X,d) 的连续映像，且满足下面的条件：

(1) T 有唯一的不动点 $x_* \in X$.

(2) 对每一 $x \in X$，迭代序列 $\{T^n x\}$ 收敛于 x_*.

(3) 存在 x_* 的一个开邻域 U 有如下的性质：任给包含 x_* 的一个开邻域 $V \subset X$，存在某一正整数 n_0，当 $n \geqslant n_0$ 时，有 $T^n(U) \subset V$.

则对任意的实数 $C \in (0,1)$，存在与 d 拓扑等价的度量 d^*，对此度量 T 是一具 Lipschitz 常数 C 的 Banach 压缩映像，即属于第(1) 类的压缩映像.

我们得出下面一些结果：

定理 1　设 (X,d) 是一完备的度量空间，T 是映

112

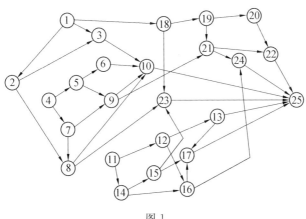

图 1

(X,d) 到 (X,d) 的一个连续映像. 则在与 d 拓扑等价的度量意义下,压缩映像类(1)(2)(4)(5)(7)(8)(9)(11)(12)(14)(15)(16)(18)(19)(21)(23)(24) 是 相互等价的.

　　证　为了证明定理,我们只要证明图 2 的关系成立.

　　由图 1(亦可参考 Rhoades 的文章 *A Comparison of Various definitions of contractive mappings*)知下面关系成立:

　　(1)⇒(2)⇒(8)⇒(23);

　　(4)⇒(5)⇒(9),(4)⇒(7),(11)⇒(12);

　　(11)⇒(14)⇒(16)⇒(24),(14)⇒(15)⇒(23);

　　(18)⇒(19)⇒(21)⇒(24).

另外,(7)⇒(18),(9)⇒(24),(12)⇒(24) 是显然的.因此,为了证明图 2 中的关系,我们只要证明(1)⇒(11),(1)⇒(4),(24)⇒(1),(23)⇒(1) 在拓扑等价的度量意义下成立.

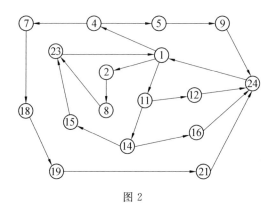

图 2

(i)(1)⇒(11).

设 T 是映完备度量空间 (X,d) 到其自身的连续映像且满足(1),故由 Banach 压缩映像原理,T 在 X 中存在唯一的不动点 x_*,而且对任一 $x_0 \in X$,迭代序列 $\{T^n x_0\}$ 收敛于 x_*.另取 x_* 的开邻域

$$U = \{x \in X : d(x, x_*) < 1\}$$

则 $T^m U$ 的直径

$$\delta(T^m U) = \sup_{x,y \in U} d(T^m x, T^m y)$$
$$\leqslant \sup_{x,y \in U} C^m d(x,y) < 2C^m$$

故当 $m \to +\infty$,$\delta(T^m U) \to 0$. 因而只要 m 充分大时,$T^m(U)$ 可以包含在任意给定的含 x_* 的开邻域 V 中.

于是由 Meyers 引理 1 知,对任给的常数 $\alpha \in \left(0, \frac{1}{3}\right)$ 存在一个与 d 拓扑等价的度量 d_*,度量 T 是具 Lipschitz 常数 α 的 Banach 压缩映像,即有

$$d_*(Tx, Ty) \leqslant \alpha d^*(x,y) \quad (\forall x, y \in X)$$

但因

$$d^*(Tx, Ty) \leqslant \alpha d^*(x,y)$$

114

$$\leqslant \alpha \{ d^*(x,Ty) + d^*(Ty,Tx) + d^*(Tx,y) \}$$

化简即得

$$d^*(Tx,Ty) \leqslant \frac{\alpha}{1-\alpha} \{ d^*(x,Ty) + d^*(y,Tx) \}$$

因函数 $f(t) = \dfrac{t}{1-t}$ 关于 t 是单调递增的,故当 $\alpha \in \left(0, \dfrac{1}{3}\right)$ 时,$\dfrac{\alpha}{1-\alpha} < \dfrac{1}{2}$. 即 T 关于 d^* 属于第(11)类.

(ii) 同样可证(1)$\Rightarrow$(4).

(iii)(24)$\Rightarrow$(1).

因 T 满足 (24), 故由 Ciric 的文章 *A generalization of Banach's contraction principle* 的定理 1 知 T 在 X 中存在唯一的不动点 x_*,而且对每一 $x_0 \in X$ 迭代序列 $\{T^m x_0\}$ 收敛于 x_*,并有如下的速率估计

$$d(T^m x_0, x_*) \leqslant \frac{h^m}{1-h} d(x_0, Tx_0)$$

其中的 h 是定义(24)中出现的常数. 令

$$B = \{ Tx : x \in X, d(Tx, Tx_*) < 1 \}$$

由 Kelley 的文章 *General Topology* 的 p. 86 的定理 1 知,存在 x_* 的一个开邻域 $C_1 \subset X$,使得 $TC_1 \subset B$. 取 $C_0 = \{ x \in X : d(x, x_*) < 1 \}$,则集合

$$U = C_0 \bigcap C_1$$

是 X 中 x_* 的一个开邻域. 于是对任意的正整数 m,$T^n U$ 的直径

$$\begin{aligned}
\delta(T^m U) &= \sup_{x,y \in U} \{ d(T^m x, T^m y) \} \\
&\leqslant \sup_{x,y \in U} \{ d(T^m x, x_*) + d(T^m y, x_*) \}
\end{aligned}$$

$$\leqslant \frac{h^m}{1-h} \sup_{x,y \in U} \{d(x,Tx)+d(y,Ty)\}$$

$$\leqslant \frac{2h^m}{1-h} \sup_{x \in U} \{d(x,Tx)\}$$

$$\leqslant \frac{2h^m}{1-h} \sup_{x \in U} \{d(x,x_*)+d(x_*,Tx)\}$$

$$= \frac{2h^m}{1-h} \sup_{x \in U} \{d(x,x_*)+d(Tx_*,Tx)\}$$

$$\leqslant \frac{4h^m}{1-h}$$

因 $h < 1$,故当 m 充分大时,$T^m U$ 的直径可以任意小,因而可以包含在事先任意给定的含 x_* 的开邻域中.故由 Meyers 的引理 1,即得结论.

(iv)(23)$\Rightarrow$(1).

设(23)成立,即存在单调递减的函数 $\alpha_i(t):(0,+\infty) \to [0,1), \sum_{i=1}^{5} \alpha_i(t) < 1$,使对一切的 $x,y \in X$,$x \neq y$ 有

$$\begin{aligned}
d(Tx,Ty) \leqslant\ & \alpha_1(d(x,y))d(x,Tx) + \\
& \alpha_2(d(x,y))d(y,Ty) + \\
& \alpha_3(d(x,y))d(x,Ty) + \\
& \alpha_4(d(x,y))d(y,Tx) + \\
& \alpha_5(d(x,y))d(x,y)
\end{aligned}$$

但由于 $d(Tx,Ty)$ 的对称性

$$\begin{aligned}
d(Tx,Ty) =\ & d(Ty,Tx) \\
\leqslant\ & \alpha_1(d(x,y))d(x,Tx) + \\
& \alpha_2(d(x,y))d(x,Tx) + \\
& \alpha_3(d(x,y))d(y,Tx) + \\
& \alpha_4(d(x,y))d(x,Ty) + \\
& \alpha_5(d(x,y))d(x,y)
\end{aligned}$$

116

把以上两式相加,化简得

$$d(Tx,Ty) \leqslant \frac{\alpha_1(d(x,y)) + \alpha_2(d(x,y))}{2} \cdot$$
$$\{d(x,Tx) + d(y,Ty)\} +$$
$$\frac{\alpha_3(d(x,y)) + \alpha_4(d(x,y))}{2} \cdot$$
$$\{d(x,Ty) + d(y,Tx)\} +$$
$$\alpha_5(d(x,y))d(x,y)$$

故不失一般性,可设 $\alpha_1(t) = \alpha_2(t)$, $\alpha_3(t) = \alpha_4(t)$. 不然的话,就以 $\frac{1}{2}\{\alpha_1(t) + \alpha_2(t)\}$ 代 $\alpha_1(t)$ 和 $\alpha_2(t)$,以 $\frac{1}{2}\{\alpha_3(t) + \alpha_4(t)\}$ 代 $\alpha_3(t)$ 和 $\alpha_4(t)$. 下面即在这样的补充条件下证明结论.

因 T 满足(23),故由 Rhoades 的文章 *A Comparison of Varions definitions of contractive mappings* 的定理 4 知,T 在 X 中存在唯一的不动点 x_*,且对任意 $x_0 \in X$,迭代序列 $\{T^m x_0\}$ 收敛于 x_*.

首先,我们证明对任意的 $x \in X, x \neq x_*$,数列 $\{d(T^m x, x_*)\}$ 对 m 是单调递减的.

事实上,因

$$d(T^m x, x_*) = d(T^m x, T^m x_*)$$
$$\leqslant \alpha_1(d(T^{m-1}x, x_*))d(T^{m-1}x, T^m x) + 0 +$$
$$\alpha_3(d(T^{m-1}x, x_*))d(T^{m-1}x, x_*) +$$
$$\alpha_4(d(T^{m-1}x, x_*))d(x_*, T^m x) +$$
$$\alpha_5(d(T^{m-1}x, x_*))d(T^{m-1}x, x_*)$$

又

$$d(T^{m-1}x, T^m x) \leqslant d(T^{m-1}x, x_*) + d(T^m x, x_*)$$

代入化简得

$$d(T^m x, x_*) \leqslant \frac{\alpha_1 + \alpha_3 + \alpha_5}{1 - \alpha_1 - \alpha_4} d(T^{m-1} x, x_*)$$
$$< d(T^{m-1} x, x_*)$$

（因 $\sum_{i=1}^{5} \alpha_i(t) < 1$，故 $q(t) = \frac{\alpha_1(t) + \alpha_3(t) + \alpha_5(t)}{1 - \alpha_1(t) - \alpha_4(t)} < 1$）

这里 $\alpha_i = \alpha_i(d(T^{m-1} x, x_*))$，$i = 1, 3, 4, 5$.

其次，我们易知 $q(t)$ 是单调递减的函数，故得

$$d(T^m x, x_*) \leqslant q(d(T^{m-1} x, x_*)) d(T^{m-1} x, x_*)$$
$$\leqslant \cdots \leqslant q(d(T^{m-1} x, x_*)) \cdot$$
$$q(d(T^{m-2} x, x_*)) \cdots \cdot$$
$$q(d(x, x_*)) d(x, x_*)$$
$$\leqslant q^m(d(T^m x, x_*)) d(x, x_*)$$

现取 $U = \{x \in X : d(x, x_*) < 1\}$. 设 V 是 X 中任意给定的包含 x_* 的一个开邻域，取 $\widetilde{V} \subset V$ 是以 x_* 为心，某一充分小的正数 ε 为半径的开的球形邻域. 设 n_0 是这样大的正整数，使得 $q^{n_0}\left(\frac{\varepsilon}{4}\right) < \frac{\varepsilon}{2}$. 于是对任意的正整数 $m \geqslant n_0$，令

$$U_1 = \left\{ x \in U : d(T^m x, x_*) < \frac{\varepsilon}{4} \right\}$$

$$U_2 = \left\{ x \in U : d(T^m x, x_*) \geqslant \frac{\varepsilon}{4} \right\}$$

于是当 $m \geqslant n_0$ 时，$T^m U$ 的直径

$$\delta(T^m U) = \sup_{x, y \in U} \{ d(T^m x, T^m y) \}$$
$$\leqslant \sup_{x, y \in U} \{ d(T^m x, x_*) + d(T^m y, x_*) \}$$
$$\leqslant 2 \sup_{x, y \in U} \{ d(T^m x, x_*) \}$$
$$\leqslant 2 \max \{ \sup_{x \in U_1} d(T^m x, x_*), \sup_{x \in U_2} d(T^m x, x_*) \}$$
$$\leqslant 2 \max \left\{ \frac{\varepsilon}{4}, \sup_{x \in U_2} [q^m(d(T^m x, x_*)) d(x, x_*)] \right\}$$

118

（注意到 $q(t)$ 的单调递减性）

$$\leqslant 2\max\left\{\frac{\varepsilon}{4},q^m\left(\frac{\varepsilon}{4}\right)\right\}$$

$$\leqslant 2\max\left\{\frac{\varepsilon}{4},\frac{\varepsilon}{2}\right\}=\varepsilon$$

故当 $m\geqslant n_0$ 时，$T^mU\subset\widetilde{V}\subset V$.

这就证明了对任意给定的包含 x_* 的开邻域 $V\subset X$，只要 m 充分大，T^mU 可以包含于 V 中. 于是由 Meyers 引理，结论即得.

定理证毕.

定理 2　设 (X,d) 是一完备的度量空间，T 是映 (X,d) 到 (X,d) 的连续映像，则在与 d 拓扑等价的度量意义下，压缩映像类（26）（27）（29）（30）（32）（33）（34）（36）（37）（39）（40）（41）（43）（44）（46）（48）（49）是相互等价的.

为证明定理 2，我们先证次之的：

辅助引理　在定理 2 的条件下，在拓扑等价的度量意义下，压缩映像类（26）和（1）是等价的.

证　（1）$\Rightarrow$（26）是显然的，下证其逆成立.

设对某一正整数 p 和某一常数 $\alpha\in(0,1)$，使得

$$d(T^px,T^py)\leqslant\alpha d(x,y)\quad(\forall x,y\in X)$$

于是由 Banach 压缩映像原理，T^p 在 X 中存在唯一的不动点 x_*，而且对任一 $x_0\in X$，迭代序列 $\{T^{pm}x_0\}_{n=0}^{+\infty}$ 收敛于 x_0，且有如下的速率估计

$$d(T^{pm}x_0,x_*)\leqslant\frac{\alpha^n}{1-\alpha}d(T^px_0,x_0)\qquad(1)$$

下证 T 满足 Meyers 引理 1 的诸条件.

因 x_* 是 T^p 的唯一的不动点，且 $T^p(Tx_*)=T(T^px_*)=Tx_*$，即 Tx_* 也是 T^p 的不动点. 由 T^p 的

不动点的唯一性,即知 $Tx_* = x_*$,故 x_* 是 T 的不动点.我们易知 T 的不动点是唯一的.

对任意的正整数 m,令 $m = np + j$,这里 $n = \left[\dfrac{m}{p}\right] \geqslant 0, j = 0, 1, \cdots, p-1$,而 $\left[\dfrac{m}{p}\right]$ 表示不超过 $\dfrac{m}{p}$ 的最大整数.

对任意给定的 $x_0 \in X$,由式(1) 得
$$d(T^m x_0, x) = d(T^{np} T^j x_0, x_*)$$
$$\leqslant \frac{\alpha^n}{1-\alpha} d(T^p T^j x_0, T^j x_0)$$
$$\leqslant \frac{\alpha^n}{1-\alpha} \gamma(x_0)$$

其中 $\gamma(x_0) = \max\{(T^p T^i x_0, T^i x_0), i = 0, 1, 2, \cdots, p-1\}$.故当 $m \to +\infty$,因而 $n \to +\infty$ 时,$T^m x_0 \to x_*$.

又因 T 连续,故每一迭代映像 $T^j (j = 2, 3, \cdots, p-1)$ 亦连续,故再由 Kelley 的文章 *General Topology* 中的 p.86 的定理 1 知,对 $T^j x_*$ 的邻域
$$B_j = \{T^j x : x \in X, d(T^j x, T^j x_*) < 1\}$$
$$(j = 1, 2, \cdots, p-1)$$
存在 x_* 的一个开邻域 C_j,使得 $T^j(C_j) \subset B_j, j = 1, 2, \cdots, p-1$.

令 $C_0 = \{x \in X : d(x, x_*) < 1\}$,取
$$U = \bigcap_{j=0}^{p-1} C_j$$
则 U 是 X 中包含 x_* 的一个开邻域,于是对任意的正整数 m,$T^m U$ 的直径
$$\delta(T^m U) = \sup_{x, y \in U}\{d(T^m x, T^m y)\}$$
$$= \sup_{x, y \in U}\{d(T^{np+j} x, T^{np+j} y)\}$$
$$\leqslant \sup_{x, y \in U}\{d(T^{np+j} x, T^{np+j} x_*) +$$

$$d(T^{np+j}y, T^{np+j}x_*)\}$$
$$\leqslant \alpha^n \sup_{x,y\in U}\{d(T^jx, T^jx_*)\} +$$
$$d(T^jy, T^jx_*) \leqslant 2\alpha^n$$

故当 m 充分大时(因而 n 也充分大),$\delta(T^mU)$ 可以任意小,从而 $T^m(U)$ 可以包含在事先任意给定的含 x_* 的开邻域中,故结论由 Meyers 引理 1 得之. 证毕.

现在我们来证定理 2 的结论.

为此,我们只要证明定理 2 中所述的 17 类映像在拓扑等价的度量意义下,都与第(26)类映像等价即可. 因为这一事实被证明则由等价关系的传递性,即得结论.

设 T 满足定理 2 的条件,且 T 属于定理 2 所说的任一类映像,比如 $T \in (25+m)m = 1,2,4,5,7,8,9,11,12,14,15,16,18,19,21,23,24$,则由定义知,存在某一正整数 p_m,使得 $T^{p_m} \in (m)$,因而由定理 1 知,在拓扑等价的度量意义下,$T^{p_m} \in (1)$,故 $T^{p_m} \in (26)$;再由定义知,存在某一正整数 $p'_m, (T^{p_m})^{p'_m} \in (1)$,故得 $T \in (26)$.

反之,设 $T \in (26)$,则由辅助引理知,在拓扑等价的度量意义下,$T \in (1)$,故由定理 1,得出 $T \in (m)$,因而 $T \in (25+m)$.

这就证明了在拓扑等价的度量意义下(26)等价于(25 + m). 由于 $m = 1,2,4,5,7,8,9,11,12,14,15,16,18,19,21,23,24$,故定理的结论得证.

定理证毕.

由定理 1、定理 2 及辅助引理,我们即可得出下面一个关于 34 类压缩映像的等价性定理.

定理 3　设 (X,d) 是一完备的度量空间,T 是映

(X,d) 到 (X,d) 的连续映像,则在与 d 拓扑等价的度量意义下,次之 34 类压缩映像是相互等价的:

(1),(2),(4),(5),(7),(8),(9),(11),(12),(14),(15),(16),(18),(19),(21),(23),(24);

(26),(27),(29),(30),(32),(33),(34),(36),(37),(39),(40),(41),(43),(44),(46),(48),(49).

由定理 3 可得下面一个新的而且是重要的不动点原理:

定理 4(关于 34 类压缩映像的不动点原理) 设 (X,d) 是一完备的度量空间,T 是映 (X,d) 到其自身的连续映像,若 T 是定理 3 中所述的 34 类映像中的任一类压缩映像,则:

(1)T 在 X 中存在唯一的不动点 x_*;

(2)对任一 $x_0 \in X$,迭代序列 $\{T^n x_0\}$ 都收敛于 x_*;

(3)对任意的实数 $C \in (0,1)$,存在一个与 d 拓扑等价的度量 d_*,对此度量迭代序列 $\{T^n x_0\}$ 收敛于 x_*,有如下的速率估计

$$d_*(T^n x_0, x_*) \leqslant \frac{C^n}{1-C} d_*(Tx_0, x_0)$$

证 因在拓扑等价的度量意义下,所述的 34 类映像均与 Banach 压缩映像(即第(1)类的映像)等价,故本定理的结论由 Banach 压缩映像原理得之.

前面我们已经讨论了(1)—(50)类中的 34 类压缩映像的等价性问题. 现在我们讨论剩下的 16 类压缩映像的等价性问题.

定理 5 设 (X,d) 是一完备的度量空间,T 是映 (X,d) 到其自身的紧致映像,则在 d 拓扑等价的度量

意义下,压缩映像类(3)(6)(10)(13)(17)(20)(22)(25);(28)(31)(35)(38)(42)(45)(47)(50) 是相互等价的.

证 我们分几步来证明定理.

(i) 先证前 8 类在拓扑等价的度量意义下是等价的.为此,我们证明图 3 中的关系成立.

事实上,(1)$\Rightarrow$(3),(3)$\Rightarrow$(10)$\Rightarrow$(25),(1)$\Rightarrow$(20),(4)$\Rightarrow$(6)$\Rightarrow$(10),(20)$\Rightarrow$(22)$\Rightarrow$(25),(11)$\Rightarrow$(13)$\Rightarrow$(17)$\Rightarrow$(25) 由图 1 显然可知.

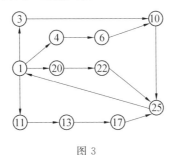

图 3

而(1)$\Rightarrow$(4),(1)$\Rightarrow$(11) 我们已于定理 1 中证明.因此为了证明图 3 中的关系我们只要证明(25)$\Rightarrow$(1)即可.

因 T 是映(X,d) 到(X,d) 的紧致映像,且满足(25),故存在一紧致子集$Y\subset X$,使得 $T(X)\subset Y$(这样的紧致子集 Y 的存在性参见 Janos 的文章 *On mappings contractive in the sense of Kannan* 的 §2 定理 1.1 的证明)因而

$$Y \supset TY \supset \cdots \supset T^n Y \supset \cdots$$

令

$$A = \bigcap_{n=0}^{+\infty} T^n(Y)$$

123

显然 A 是 X 的一个非空的紧致子集,而且 T 把 A 映成 A. 现证 A 是一元集. 若不然,则 A 不止包含一点,故 A 的直径 $\delta(A) > 0$. 因 A 是紧致子集,故存在二元 x_1, x_2 使得 $d(x_1, x_2) = \delta(A)$. 又因 T 把 A 映成 A,故存在某二元 $y_1, y_2 \in A$,使得 $x_1 = Ty_1, x_2 = Ty_2$,于是

$$\delta(A) = d(x_1, x_2) = d(Ty_1, Ty_2)$$
$$< \max\{d(y_1, y_2), d(y_1, Ty_1), d(y_2, Ty_2),$$
$$d(y_1, Ty_2), d(y_2, Ty_1)\} \leqslant \delta(A)$$

矛盾. 由此矛盾即知 $d(x_1, x_2) = \delta(A) = 0$,即 $x_1 = x_2$. 这就证明了 A 是一元集,比如 $A = \{x_*\}$. 显然可知 x_* 是 T 的不动点,而且是 T 在 X 中的唯一的不动点.

T 满足 Meyers 引理 1 的条件是显然的. 前面两个条件已在上述的证明过程中证明. 取 $U = X$,并注意 $T^{n+1}(X) \subset T^n(Y)$,$n = 0, 1, 2, \cdots$,即知 $\delta(T^n(X)) \to 0$. 因而当 n 充分大时,$T^n(X)$ 可包含在任意的含 x_* 的开邻域中,故结论由引理 1 得出.

在 (i) 的证明过程中,我们实际上已经证明了,在定理的条件和拓扑等价的度量意义下,(1)(4)(11)(3)(6)(10)(13)(17)(20)(22)(25) 等 11 类映像是相互等价的.

(ii) 现证后 8 类映像在拓扑等价的度量意义下是等价的,为此我们证明图 4 中的关系成立.

设 $T \in (26)$,故存在某一正整数 p,使得 $T^p \in (1)$,于是 $T^p \in (3)$(由图 1 的关系可知),因而 $T^p \in (28)$,故存在某一正整数 p',使得 $(T^p)^{p'} \in (3)$,因而 $T \in (28)$.

这就证明了 $T \in (26)$,则 $T \in (28)$,即 $(26) \Rightarrow (28)$.

同理可证:(28)⇒(35)⇒(50),(26)⇒(45),(29)⇒(31)⇒(35),(45)⇒(47)⇒(50),(36)⇒(38)⇒(42)⇒(50).

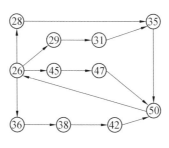

图 4

又利用定理 1 中证明的事实：(1)⇒(4),(1)⇒(11),可证(26)⇒(29),(26)⇒(36).

再利用我们在本定理(i)中所证明的事实：(25)⇒(1),可证(50)⇒(26).

把上面所述的综合起来,得证后 8 类映像在拓扑等价度量意义下是等价的.

注1　实际上在(ii)中我们已经证明了(26)(30)(36)(28)(31)(35)(38)(42)(45)(47)(50) 等 11 类映像也是相互等价的.

(iii) 由前面(i)(ii)所证明的事实,并由定理 3 即得定理的结论. 证毕.

仿定理 5 可证下面的定理成立：

定理6　设(X,d)是一紧致度量空间,T是映(X,d)到(X,d)的连续映像,在与d拓扑等价的度量意义下,则定理 5 中所述的 16 类映像是相互等价的,而且它们都等价于压缩映像类(1)(4)(11)(26)(29)(36).

由定理 3 和定理 5 及定理 6,我们可以得出下面一个关于(1)—(50)类压缩映像的新的等价性原理.

定理 7(等价性原理) 设(X,d)是一完备的度量空间,T是映(X,d)到(X,d)的连续映像,若下面的一个条件成立:

(1)T是紧致映像;

(2)(X,d)是紧致空间.

则(1)—(50)类压缩映像在与d拓扑等价的度量意义下是相互等价的.

由定理 3 和定理 5 及定理 6,我们得出下面的关于定理 5 中所述的 16 类压缩映像的一个新的不动点原理.

定理 8(关于 16 类压缩映像的不动点原理) 设(X,d)是一完备的度量空间,T是映(X,d)到(X,d)的连续映像,若下面的一个条件成立:

(1)T是紧致映像;

(2)(X,d)是紧致空间.

并且 T 是下面 16 类映像中的任一类映像:

(3),(6),(10),(13),(17),(20),(22),(25);

(28),(31),(35),(38),(42),(45),(47),(50).

则:

①T 在 X 中存在唯一的不动点 x_*;

② 对任一 $x_0 \in X$,迭代序列$\{T^n x_0\}$都收敛于 x_*;

③ 对任意的实数 $C \in (0,1)$,存在一个与 d 拓扑等价的度量 d^*,对此度量,迭代序列$\{T^n x_0\}$收敛于 x_* 时,有如下的速率估计

$$d^*(T^p x_0, x^*) \leqslant \frac{C^n}{1-C} d^*(T x_0, x_0)$$

注 2　　正如 Rhoades 在文章 *A Comparison of Various definitions of contractive mappings* 的 §3 中所指出的:对第(25)类压缩映像至今还没有得出任何的不动点定理.而我们在定理 8 中所证明的结果,就特别给出了第(25)类压缩映像之一不动点定理.

Edelstein 的文章 *An extnsion of Banach's contractions principle* 和 *On fixed and periodic points under Contractive mappings* 中的某些定理,作为定理 8 的特例而得出.

7.3　　压缩映像间相互关系的进一步研究

在本节中我们要进一步研究(3)(6)(10)(13)(17)(20)(22)等七类压缩映像间的关系,为此,我们先引出 Kuratowski 非紧性测度的概念,以及 Janos 的文章 *On the Edelstein Contractive mappings theorem* 中的一个结果.

定义 2　　设(X,d)是一度量空间,A 是 X 的任一有界的子集.设:

$\gamma(A)=\inf\{\varepsilon>0:A$ 可以被有限个直径 $\leqslant\varepsilon$ 的集合所覆盖$\}$,则 $\gamma(A)$ 称为集合 A 的非紧性测度.

由定义显然可知下面的结论成立:

(1)$0\leqslant\gamma(A)\leqslant\delta(A)$($\delta(A)$ 表示 A 的直径).

(2)$\gamma(A)=0$ 当且仅当 A 的闭包是紧集.

(3)$\gamma(A\bigcup B)=\max\{\gamma(A),\gamma(B)\}$.

(4)$\gamma(\overline{\mathrm{co}}(A))=\gamma(A)$.

这里$\overline{\mathrm{co}}(A)$ 表示 A 的闭凸包.

127

定义 3 设 T 是映 (X,d) 到 (X,d) 的连续映像，如果对 X 的任一有界的 $\gamma(A)>0$ 的子集 A，有
$$\gamma(T(A))<\gamma(A)$$
则 T 称为在 X 上是凝聚的.

由定义 3 显然可知，如果 T 是紧致映像，则 T 是凝聚的.同样，如果 T 是具 Lipschitz 常数 $C\in(0,1)$ 的 Banach 压缩映像，则它也是凝聚的.

引理 2 设 (X,d) 是一完备的度量空间，T 是 (X,d) 到 (X,d) 的连续映像，使得对每一 $x\in X$，迭代序列 $\{T^nx\}$ 都收敛，则下面两个结论等价：

(1) 存在一个与 d 拓扑等价的度量 d^*，对此度量 T 是属于第 (3) 类的压缩映像.

(2) X 的每一个非空紧致的对 T 不变的子集 Y，交集 $\bigcap\limits_{n=1}^{+\infty}T^n(Y)$ 是一点集.

现在我们讨论本节的主要结果.

定理 9 设 (X,d) 是一有界的完备度量空间，T 是映 (X,d) 到 (X,d) 的凝聚映像，如 T 是 (3)(6)(10)(13)(17)(20)(22) 中的任一类映像，则：

(1) T 在 X 中存在唯一的不动点，比如 x_*，并且对任一 $x_0\in X$，迭代序列 $\{T^nx_0\}$ 都收敛于 x_*.

(2) 存在某一与 d 拓扑等价的度量，对此度量 T 是第 (3) 类的压缩映像.

(3) 特别来说在拓扑等价的度量意义下，(3) 与 (10) 是等价的.

证 如图 5，由定义 1(或由图 1) 显然可知：(3)$\Rightarrow$(10)，(6)$\Rightarrow$(10)，(13)$\Rightarrow$(17)，(20)$\Rightarrow$(22)，(6)$\Rightarrow$(22).因此为了证明定理的结论，我们只就 T 属于 (10)(17)(22) 三类之一来证明.

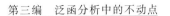

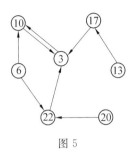

图 5

(1) 令 $O(x_0;T) \overset{\text{def}}{=\!=\!=} \{x_0, Tx_0, T^2x_0, \cdots\}$,故

$$O(x_0, T) = T(O(x_0;T)) \bigcup \{x_0\}$$

因此

$$\gamma(O(x_0;T)) = \max\{\gamma(T(O(x_0;T))), \gamma\{x_0\}\}$$
$$= \gamma(T(O(x_0;T)))$$

若 $\gamma(O(x_0;T)) > 0$,则因 X 有界且 T 是凝聚的,故

$$\gamma(T(O(x_0;T))) < \gamma(O(x_0;T))$$

即得 $\gamma(O(x_0;T)) < \gamma(O(x_0;T))$ 这是一个矛盾,所以

$$\gamma(O(x_0;T)) = 0$$

由前面定义 Kuratowski 非紧性测度时,我们所指出的性质(2)知,$O(x_0;T)$ 的闭包 $C(x_0;T) = Cl(O(x_0;T))$ 是紧致的. 又因 T 是连续的,故

$$T^n(C(x_0;T)) \subseteq T^{n-1}(C(x_0;T))$$
$$(n = 1, 2, \cdots)$$

令

$$A = \bigcap_{n=0}^{+\infty} T^n(C(x_0;T))$$

显然 A 是非空的紧致集,而且 T 把 A 映成 A,仿照定理 5 一样可证,当 T 满足(10)(17)(22) 的一个条件时,A 只含唯一点 x_*,而且这一点就是 T 在 X 中的唯一不动点.

现证迭代序列 $\{T^n x_0\}$ 收敛于 x_*.

事实上,因 $x_* \in A = \bigcap\limits_{n=0}^{+\infty} T^n(C(x_0;T))$,故 $x_* \in C(x_0;T)$. 若对某一正整数 k,$x_* = T^k x_0$,则由 x_* 是 T 的不动点知,$T^{k+1} x_0 = T^k x_0$,故递推出对一切的 $n \geq k$ 有

$$T^n x_0 = T^k x_0 = x_*$$

故 $T^n x_0 \to x_*$.结论即证.

现在讨论 $x_* \neq T^k x_v$(这里 k 是任意的整数)的情形,这时 x_* 必是序列 $\{T^n x_0\}$ 的极限点(或聚点).当 T 满足(10)或(22)时,$\{T^n x_0\}$ 收敛于 x_* 的结论分别由 Sehgal 的文章 *On fixed and periodic points for a class of mappings* 中的定理 5 和 Rhoades 的文章 *A Comparison of Various definitions of contractive mappings* 中的定理 3 得之.

现证当 T 满足(17)时,$\{T^n x_0\}$ 亦收敛于 x_*.

事实上,因 x_* 是 $\{T^n x_0\}$ 的聚点,故存在一子序列 $\{T_i^n x_0\}$ 收敛于 x_*.于是对任给的 $\varepsilon > 0$,存在正整数 j,当 $i \geq j$ 时,有 $d(T_i^n x_0, x_*) < \varepsilon$,因此当 $n > n_j$ 时

$d(T^n x_0 x^*) = d(T^n x_0, T^n x_*)$

$< \max\{d(T^{n-1} x_0, x_*), d(x_*, T^n x_0), d(T^{n-1} x_0, x_*)\}$

$= d(T^{n-1} x_0, x_*)$

因而推出

$$d(T^n x_0, x_*) < d(T^{n-1} x_0, x^*)$$
$$< \cdots < d(T_j^n x_0, x_*) < \varepsilon$$

这就证明了当 T 满足(17)时亦有 $T^n x_0 \to x_*$,由于 $x_0 \in X$ 的任意性,故结论(1)得证.

(2)如 T 满足(10)(17)(22)时,易证对 X 的每一

非空紧致的 T 不变的子集 Y，交集 $\bigcap\limits_{n=0}^{+\infty} T^n(Y)$ 是一点集，于是由引理 2 知，存在一与 d 拓扑等价的度量 d^*，对此度量 T 是第（3）类的压缩映像.

（3）由定义（3）$\Rightarrow$（10）是显然的，由结论（2）得在拓扑等价的度量意义下（10）$\Rightarrow$（3），故结论即得.

定理证毕.

作为定理 9 的推论，直接可得 Janos 的文章 *On mappings contractive in the sense of Kannan* 中的如下结果：

推论 1（Janos）　设 (X,d) 是一有界的度量空间，T 是映 (X,d) 到 (X,d) 的满足次之条件的凝聚映像

$$d(Tx,Ty) < \frac{1}{2}\{d(x,Tx) + d(y,Ty)\}$$

$$(\forall x,y \in X, x \neq y) \tag{2}$$

则 T 在 X 中存在唯一的不动点，而且存在一与 d 拓扑等价的度量 d^*，对此度量 T 是第（3）类的压缩映像.

证　只要注意 T 满足式（2）必然 T 是属于第（6）类（因而属于第（10）类）的压缩映像，故结论由定理 9 得出.

7.4　几个新的不动点定理

在本节中我们给出几个新的不动点定理. 前面的两个定理，是为了解决第（25）类压缩映像是否存在不动点，以及在什么条件下存在不动点这一未解决的问题而提出的. 另一个定理讨论了压缩映像序列的公共不动点的存在问题.

131

定理 10 设 (X,d) 是一完备的度量空间, T 是映 (X,d) 到 (X,d) 的连续映像,对某一正整数 m, T^m 在 $O(x_0;T)$ 上是凝聚的并设 $O(x_0;T)$ 是有界的,其中 x_0 是 X 中的某一点,而且存在一正整数 p,使得对一切的 $x,y \in X, x \neq y$ 有

$$d(T^p x, T^p y) < \max\{d(x,y), d(x, T^p x), d(y, T^p y),$$
$$d(x, T^p y), d(y, T^p x)\}$$

则 T 在 $C(x_0;T) = Cl(O(x_0;T))$ 中存在唯一不动点.

证 与定理 9 的证明相仿,一样可证 $\gamma(O(x_0; T)) = 0$,因而 $C(x_0;T)$ 是紧致集.令 $S = T^p$,易证集合

$$A = \bigcap_{n=0}^{+\infty} S^n(C(x_0;T))$$

是 X 中的非紧致集, S 把 A 映成 A,且 A 只含唯一点,比如 x_*,而且这一点就是 S 的唯一不动点.

因

$$STx_* = TT^p x_* = Tx_*$$

即 Tx_* 也是 S 的不动点,由 S 的不动点的唯一性知 $x_* = Tx_*$,即 x_* 是 T 的不动点,而且易证 T 在 X 中的不动点是唯一的.

定理证毕.

在定理 10 中取 $p = 1$ 时,我们即得下面一个关于第(25)类压缩映像的不动点的存在性定理.

定理 11 设 (X,d) 是一完备的度量空间, T 是映 (X,d) 到 (X,d) 的第(25)类的连续映像,若对某一正整数 m 和某一 $x_0 \in X$, T^m 在轨道 $O(x_0;T)$ 上是凝聚的,而且 $O(x_0;T)$ 是有界的,则 T 在 $O(x_0;T)$ 的闭包 $C(x_0;T)$ 中存在唯一的不动点.

注 3 Rhoades 在文章 *A comparison of Various definitions of contractive mappings* 中的定理 2 中证

明了:对于第(25)(50)(57)(100)(125)类压缩映像,T 的连续和对某一 $x_0 \in X$,$\{T^n x_0\}$ 存在一聚点,这是保证该类映像存在不动点的必要条件.从目前看来,我们在定理 11 和定理 10 中给出的条件,是保证第(25)类和第(50)类映像存在不动点的较弱的条件.

　　下面我们给出一个关于映像序列公共不动点的存在性定理.

　　定理 12　设 $\{T_m\}_{m=1}^{+\infty}$ 是映完备度量空间 (X,d) 到 (X,d) 的映像序列,若对任一对映像 $T_i, T_j, i,j=1,$ $2,\cdots$ 对每一 $x,y \in X$,存在正整数 n_i, n_j,使得

$$d(T_i^{n_i}(x), T_j^{n_j}(y)) \leqslant \alpha_1 d(x,y) + \alpha_2 d(x, T_i^{n_i}(x)) +$$
$$\alpha_3 d(y, T_j^{n_j}(y)) +$$
$$\alpha_4 d(x, T_j^{n_j}(y)) +$$
$$\alpha_5 d(y, T_i^{n_i}(x)) \qquad (3)$$

其中 $\alpha_1, \alpha_2, \alpha_3, \alpha_4, \alpha_5$ 是非负的常数,$\sum\limits_{i=1}^{5} \alpha_i < 1$,则 $\{T_m\}$ 在 X 中存在唯一的公共不动点,比如 x_*,而且对任一 $x_0 \in X$,定义序列 $\{x_n\}$,即

$$x_1 = T_i^{n_i}(x_0), x_2 = T_j^{n_j}(x_1) \cdots$$
$$x_{2n+1} = T_i^{n_i}(x_{2n}), x_{2n+2} = T_j^{n_j}(x_{2n+1}) \cdots$$

则序列 $\{x_n\}$ 收敛于这一唯一的公共不动点 x_*,并有下面的速率估计

$$d(x_n, x_*) \leqslant \frac{\theta - 1}{1 - \theta} r(x_0)$$

其中 $\theta = \dfrac{\alpha_1 + \alpha_2 + \alpha_4}{1 - \alpha_3 - \alpha_4} < 1, r(x_0) = \max\{d(x_0, x_1),$ $d(x_1, x_2)\}$.

　　证　由式(3)易证公共不动点的唯一性,下证公共不动点的存在性.

由式（3）知

$$d(T_i^{n_i}(x), T_j^{n_j}(y)) = d(T_j^{n_j}(y), T_i^{n_i}(x))$$
$$\leqslant \alpha_1 d(x, y) + \alpha_2 d(y, T_j^{n_j}(y)) +$$
$$\alpha_3 d(x, T_i^{n_i}(x)) +$$
$$\alpha_4 d(y, T_i^{n_i}(x)) +$$
$$\alpha_5 d(x, T_j^{n_j}(y)) \tag{4}$$

把式（3）和式（4）相加化简得

$$d(T_i^{n_i}(x), T_j^{n_j}(y)) \leqslant \alpha_1 d(x, y) +$$
$$\frac{\alpha_2 + \alpha_3}{2} \{ d(x, T_i^{n_i}(x)) +$$
$$d(y, T_j^{n_j}(y)) \} +$$
$$\frac{\alpha_4 + \alpha_5}{2} \{ d(x, T_j^{n_j}(y)) +$$
$$d(y, T_i^{n_i}(x)) \}$$

故不失一般性，可设 $\alpha_2 = \alpha_3, \alpha_4 = \alpha_5$，不然就以 $\frac{1}{2} \{ \alpha_2 + \alpha_3 \}$ 代 α_2, α_3；以 $\frac{1}{2} \{ \alpha_4 + \alpha_5 \}$ 代 α_4, α_5，下面就在这一补充假设下证明定理.

对任一 $x_0 \in X$ 和 $\{ T_m \}$ 中的任一对映像 T_i, T_j，如定理所述，作序列 $\{ x_n \}$ 如下

$$x_{2n+1} = T_i^{n_i}(x_{2n}), x_{2n+2} = T_j^{n_j}(x_{2n+1})$$
$$(n = 0, 1, 2, \cdots)$$

引用条件式（3）得

$$d(x_{2n+1}, x_{2n+2}) = d(T_i^{n_i}(x_{2n}), T_j^{n_j}(x_{2n+1}))$$
$$\leqslant \alpha_1 d(x_{2n}, x_{2n+1}) + \alpha_2 d(x_{2n}, x_{2n+1}) +$$
$$\alpha_3 d(x_{2n+1}, x_{2n+2}) + \alpha_4 d(x_{2n}, x_{2n+2}) +$$
$$\alpha_5 d(x_{2n+1}, x_{2n+1})$$

因

$$d(x_{2n}, x_{2n+2}) \leqslant d(x_{2n}, x_{2n+1}) + d(x_{2n+1}, x_{n+2})$$

代入化简得

$$d(x_{2n+1}, x_{2n+2}) \leqslant \frac{\alpha_1 + \alpha_2 + \alpha_4}{1 - \alpha_3 - \alpha_4} d(x_{2n}, x_{2n+1})$$
$$= \theta d(x_{2n}, x_{2n+1})$$

其中 $\theta = \dfrac{\alpha_1 + \alpha_2 + \alpha_4}{1 - \alpha_3 - \alpha_4} < 1.$

同理可得

$$d(x_2, x_{2n+1}) \leqslant \theta d(x_{2n-1}, x_{2n})$$

故一般可以得到

$$d(x_{2n+1}, x_{2n+2}) \leqslant \theta^{2n} d(x_1, x_2)$$
$$d(x_{2n}, x_{2n+1}) \leqslant \theta^{2n} d(x_0, x_1)$$

令

$$r(x_0) = \max\{d(x_0, x_1), d(x_1, x_2)\}$$

则对任意的正整数 m, n(不妨设 $m > n$),于是

$$d(x_m, x_n) \leqslant \sum_{i=n}^{m-1} d(x_i, x_{i+1}) \tag{5}$$

可是

$$d(x_i, x_{i+1}) \leqslant \begin{cases} \theta^{i-1} r(x_0), & \text{当 } i \text{ 为奇数时} \\ \theta^i r(x_0), & \text{当 } i \text{ 为偶数时} \end{cases}$$
$$\leqslant \theta^{i-1} r(x_0)$$

代入式(5)即得

$$d(x_m, x_n) \leqslant \sum_{i=n}^{m-1} \theta^{i-1} r(x_0)$$
$$= \theta^{n-1} (1 + \theta + \cdots + \theta^{m-n-1}) r(x_0)$$
$$= \frac{\theta^{n-1} - \theta^{m-1}}{1 - \theta} r(x_0) \tag{6}$$

由上式即知 $\{x_n\}$ 是一 Cauchy 序列,设其收敛于某一元 $z \in X.$

由式(3)有

$$d(x_{2n+1},T_j^{n_j}(z)) = d(T_i^{n_i}(x_{2n}),T_j^{n_j}(z))$$
$$\leqslant \alpha_1 d(x_{2n},z) + \alpha_2 d(x_{2n},x_{2n+1}) +$$
$$\alpha_3 d(z,T_j^{n_j}(z)) + \alpha_4 d(x_{2n},T_j^{n_j}(z)) +$$
$$\alpha_5 d(z,T_i^{n_i}(x_{2n}))$$

于上式中令 $n \to +\infty$，得

$$d(z,T_j^{n_j}(z)) \leqslant \alpha_3 d(z,T_j^{n_j}(z)) + \alpha_4 d(z,T_j^{n_j}(z))$$

这就指出 $z = T_j^{n_j}(z)$.

同理可证，$z = T_i^{n_i}(z)$.

设 q 也是 T_i,T_j 的一个周期点，即

$$q = T_i^{n_i}(q), q = T_j^{n_j}(q)$$

于是由式(3) 得

$$d(z,q) = d(T_i^{n_i}(z),T_j^{n_j}(q))$$
$$\leqslant \alpha_1 d(z,q) + \alpha_2(z,T_i^{n_i}(z) +$$
$$\alpha_3 d(q,T_j^{n_j}(q)) + \alpha_4 d(z,T_j^{n_j}(q)) +$$
$$\alpha_5 d(q,T_i^{n_i}(z))$$
$$= (\alpha_1 + \alpha_4 + \alpha_5)d(z,q)$$

这就指出 $z = q$，即 T_i,T_j 的周期点是唯一的.

另由 $z = T_i^{n_i}(z)$ 指出 $T_i(z) = T_i^{n_i}T_i(z)$，故 $T_i(z)$ 也是 T_i 的一个周期点，由周期点的唯一性得 $z = T_i(z)$.

同理可证 $z = T_j(z)$.

故 z 是 T_i,T_j 的唯一公共不动点.

由于 T_i,T_j 是 $\{T_m\}$ 中的任一对映像，故推得 $\{T_m\}$ 有唯一公共不动点 z，而且对任一 $x_0 \in X$，序列 $\{x_n\}$ 收敛于这一公共不动点 z，并由式(6)知有下面的速率估计

$$d(z,x_n) \leqslant \frac{\theta^{n-1}}{1-\theta} r(x_0)$$

定理证毕.

Schauder 定理的扩张

第 8 章

首先我们给出 Schauder(绍德尔) 定理的一个更一般的形式,然后给出通过十分简单的论证即可得出的其他一些结果. 这些定理中的每一个显然都蕴含 Schauder 定理.

对于不动点定理的许多应用来说,本章所给出的诸种形式是最易于运用的.

8.1 Schauder 第二定理

定理 1 设 $\mathcal{M}$ 是赋范空间 $\mathcal{B}$ 的一个非空凸子集,T 是 $\mathcal{M}$ 到紧集 $\mathcal{K} \subset \mathcal{M}$ 内的连续映像,则 T 具有不动点.

Schauder 曾在 $\mathcal{B}$ 是完备的且 $\mathcal{M}$ 是闭的情况下证明了这个结果. 其证法是,把 T 考虑为紧凸集 $\overline{\text{co}}(T\mathcal{M})$ 到自身内的一个映像,并利用第 14 章定理 10. 为了证明上述一般的结果,我们给出一个直接根据第 14 章定理 5 得到的论证.

定义 1 设 T 映集 $\mathcal{S}$ 到拓扑空间 $\mathcal{X}$ 内. 若 $T\mathcal{S}$ 含于 $\mathcal{X}$ 的一个紧子集内,则称 T 是紧的.

记号 我们记包含 $\mathcal{X}$ 的最小凸集为 $\text{co}(\mathcal{X})$,记 $\text{co}(\mathcal{X})$ 的闭包为 $\overline{\text{co}}(\mathcal{X})$.

定理 2(Schauder 射影) 设 $\mathcal{K}$ 是赋范空间 $\mathcal{V}$ 的紧子集且 $\varepsilon > 0$,则存在 $\mathcal{K}$ 的一个有限子集 $\mathcal{X}$ 以及 $\mathcal{K}$ 到 $\text{co}(\mathcal{X})$ 内的连续映像 P,使得

$$\| Px - x \| < \varepsilon \quad (x \in \mathcal{K})$$

证 在 $\mathcal{K}$ 中选取 $x_1, \cdots, x_n$,使得诸集 $N(x_i, \varepsilon)$(其中 $1 \leqslant i \leqslant n$)覆盖 $\mathcal{K}$. 令 $\mathcal{X} = \{x_1, \cdots, x_n\}$,对于 $1 \leqslant i \leqslant n$,有

$$f_i(x) = \max\{0, \varepsilon - \| x - x_i \| \}$$

则当且仅当 $x \in N(x_i, \varepsilon)$ 时,$f_i(x) \neq 0$. 这样,在 $\mathcal{K}$ 中的每个 x 处,有某个 $f_i(x) \neq 0$. 现在令

$$Px = \frac{\sum f_i(x) x_i}{\sum f_i(x)} \quad (x \in \mathcal{K})$$

显然,P 是连续的. 而且,由于 Px 是位于 $N(x, \varepsilon)$ 中的那些点 x_i 的凸组合,所以我们有 $Px \in N(x, \varepsilon)$.

定理 1 的证明 对于 $n = 1, 2, \cdots$,考虑 $P_n T$,这里 P_n 是由定理 2 取 $\varepsilon = \dfrac{1}{n}$ 时所给出的映像. 因 $\mathcal{X} \subset \mathcal{K} \subset \mathcal{M}$,故有 $\text{co}(\mathcal{X}) \subset \mathcal{M}$. 因此,$P_n T$ 给出有限维紧凸集 $\text{co}(\mathcal{X})$ 到自身内的一个连续映像. 依 Brouwer 定理,其

不动点 x_n 存在. 由 $P_n T x_n = x_n$, 我们得 $\parallel T x_n - x_n \parallel < \dfrac{1}{n}$.

在应用上, 定理 1 的下述特殊情形是有用的.

推论 1　设 T 是赋范空间 $\mathscr{B}$ 到 $\mathscr{B}$ 内的紧连续映像, 则 T 具有不动点.

Browder(布劳德) 将定理 1 和其推论 1 推广到某个幂 $T^n (n > 1)$ 是紧的情形.

对于有限维空间, 上述结果成为:

定理 3　(1)$\mathbf{R}^n$ 的凸子集 $\mathscr{M}$ 到 $\mathscr{M}$ 中的一个有界闭集内的任一连续映像具有不动点.

(2)$\mathbf{R}^n$ 到 $\mathbf{R}^n$ 的有界子集内的任一连续映像具有不动点.

8.2　Roth 定理

我们来考虑这样的情形, 其中集 $\mathscr{M}$ 未被映入其自身, 但是, $\mathscr{M}$ 的边界必须映到 $\mathscr{M}$ 内.

记号　我们记集 $\mathscr{M}$ 的内部为 $\mathscr{M}^0$, $\mathscr{M}$ 的边界为 $\partial \mathscr{M}$.

引理 1　令 $\mathscr{M}$ 是赋范空间 $\mathscr{B}$ 中的半径为 n 的闭球, 则到 $\mathscr{M}$ 上的径向保核收缩定义为

$$rx = \begin{cases} x, \text{若 } x \in \mathscr{M} \\ \dfrac{nx}{\parallel x \parallel}, \text{若 } x \notin \mathscr{M} \end{cases}$$

那么:

(1)r 是 $\mathscr{B}$ 到 $\mathscr{M}$ 上的连续保核收缩;

(2)若 $rx \in \mathscr{M}^0$, 则 $rx = x$;

（3）若 $x \notin \mathcal{M}$，则 $rx \in \partial \mathcal{M}$.

　　证　显然.

　　引理2　设 $T: \mathcal{M} \to \mathcal{N}$ 是紧的，$r: \mathcal{N} \to \mathcal{P}$ 是连续的. 则 rT 是紧的.

　　证　显然.

　　定理4[Roth(罗特)，1937]　令 $\mathcal{B}$ 是一个赋范空间，$\mathcal{M}$ 是 $\mathcal{B}$ 中的闭单位球，而 $\partial \mathcal{M}$ 是 $\mathcal{B}$ 中的单位球面. 若 T 是 $\mathcal{M}$ 到 $\mathcal{B}$ 内的连续紧映像，使得 $T(\partial \mathcal{M}) \subset \mathcal{M}$，则 T 具有不动点.

　　证　令 r 为到 $\mathcal{M}$ 上的径向保核收缩. 那么依引理2，rT 是紧的，因而依定理1，具有不动点 y，使得

$$rTy = y$$

若 $y \in \partial \mathcal{M}$，则 $Ty \in \mathcal{M}$，因此

$$y = rTy = Ty$$

若 $y = rTy$ 在 $\mathcal{M}^0$ 内，则依引理1(2)，这些等式仍然成立.

　　我们可以推广上述结果.

　　定理5　若容许 $\mathcal{M}$ 是具有边界 $\partial \mathcal{M}$ 的 $\mathcal{B}$ 中的任一闭凸子集，则定理4仍然成立.

　　定理5的证明需要如下一个引理.

　　引理3　设 $\mathcal{M}$ 是赋范空间 $\mathcal{B}$ 的闭凸子集，使得 $0 \in \mathcal{M}^0$，则 Minkowski 泛函

$$g(x) = \inf\{c \mid x \in c\mathcal{M}\}$$

是 $\mathcal{B}$ 上的一个连续实函数，满足：

　　（1）对 $c \geqslant 0$ 有 $g(cx) = cg(x)$；

　　（2）$g(x + y) \leqslant g(x) + g(y)$；

　　（3）若 $x \in \mathcal{M}^0$，则 $0 \leqslant g(x) < 1$；

　　（4）若 $x \notin \mathcal{M}$，则 $g(x) > 1$；

(5) 若 $x \in \partial \mathcal{M}$,则 $g(x) = 1$.

证　我们注意到,连续性是从(2)和在 0 处的连续性得出的,其他诸性质都容易证明.

定理 5 的证明[实质上应属于 Bott(波特)(1973)]　当 $\mathcal{M}^0 = \varnothing$ 时所述结果是显然的.因此不失一般性,假定 $0 \in \mathcal{M}^0$,我们以

$$rx = \frac{x}{\max\{1, g(x)\}}$$

定义 $\mathcal{B}$ 到 $\mathcal{M}$ 上的径向保核收缩 r.

依引理 3,r 具有引理 1 的性质(1)到(3).于是定理 4 的证明就可以遵循.

注 1　在定理 4 和定理 5 中,我们不能将"T 在 $\mathcal{M}$ 上是紧的"这一假设换为"T 在 $\partial \mathcal{M}$ 上是紧的"这一较弱的假设.例如,考虑 l^2 中半径为 2 的球 $\mathcal{M}$ 以及如下定义的 $\mathcal{M}$ 到 $\mathcal{M}$ 内的映像 T:

对于 $\parallel x \parallel \leqslant 1, Tx$ 由角谷静夫映像给定;

对于 $1 \leqslant \parallel x \parallel \leqslant 2, Tx = (2 - \parallel x \parallel) \cdot T(\frac{x}{\parallel x \parallel})$.

8.3　延拓定理

令 $\mathcal{M}$ 是赋范空间 $\mathcal{B}$ 中的一个区域(也就是说,一个连通的开集).有许多定理涉及 $\mathcal{M}$ 到 $\mathcal{B}$ 内的一族映像 $U_t (0 \leqslant t \leqslant 1)$,而这样的 U_t 在边界 $\partial \mathcal{M}$ 上无不动点.这意味着当 t 变化时,不动点不会通过 $\partial \mathcal{M}$"逸出"$\mathcal{M}$.这样,如果 U_0 满足适当的条件(以对 U_0 确保有不动点),那么我们预料 U_1 亦必有不动点.那些定理断言这确实

如此.

定义2 设 U_0 和 U_1 都是集 $\mathcal{N}$ 到 $\mathcal{B}$ 内的映像. 我们称 U_0 在 $\mathcal{N}$ 上 $fp-$同伦于 U_1, 如果存在 $\mathcal{N}$ 到 $\mathcal{B}$ 内的一族映像 $U_t(0 \leqslant t \leqslant 1)$, 使得:

(1) $U_t(x) = U(x,t)$ 在 $\mathcal{N} \times [0,1]$ 上是连续的;

(2) $U(\mathcal{N} \times [0,1])$ 含于 $\mathcal{B}$ 的一个紧子集中;

(3) 对于 $x \in \partial \mathcal{N}, U_t x \neq x$.

所述的诸延拓定理具有如下的一般形式

$$\begin{cases} 若(1) \ 关于 \ \mathcal{M} \ 的条件, \\ (2) \ 关于 \ U_0 \ 的条件, \\ 以及(3)U_1 \ 在 \ \partial \mathcal{M} \ 上 \ fp-同伦于 \ U_0, \\ 则 \ U_1 \ 具有不动点. \end{cases} \quad (G)$$

适用于非线性问题的那些最早的延拓定理应归于 Leray(勒雷) 和 Schauder(1934). 我们认为, 当人们说到 "Leray-Schauder 定理" 时, 通常意指的是第 16 章定理 7. 这个结果是(G) 形式的最有名和最一般的结果, 其中关于 U_0 的条件是 $\deg(I - U_0) \neq 0$. 因此, 没有度理论的知识, 这个定理是无法叙述或应用的.

人们已经做出种种努力, 试图把 Leray-Schauder 定理换为不利用度的一些定理. 这些定理所使用的关于 U_0 和 $\mathcal{M}$ 的条件缺少一般性, 但在应用上更易于建立. 其中最有用的结果属于 Schauder(1955), 也可见定理 6, 此结果通过极其简单地采用 $U_0 = 0, U_t = tU_1$, $\mathcal{M}$ 是 $\mathcal{B}-$空间中的球, 能够改述成(G) 形式的一个定理. Browder(1966, 引理 24) 消除了 $U_t = tU_1$ 这一限制, 他的论证又被 Bott(1972) 沿用于 $U_0(\partial \mathcal{M}) \subset \mathcal{M}$ 和 $\mathcal{M}$ 是凸的这种更一般的情形, 此情形我们将在定理 7 中给出. Graner(格拉纳 1961, 1962) 考察了一般的区

域 $\mathcal{M}$，而初始条件为：$V=U_{0|\partial\mathcal{M}}$ 在 $\partial\mathcal{M}$ 上是本质的（即是说，V 的每个连续扩张，作为 $\mathcal{M}$ 到 $\mathcal{B}$ 内的映像，具有不动点）. 这个结果和 Leray-Schauder 定理一样普遍，但是，条件"V 是本质的"也会和条件"$\deg(I-U_0)\ne0$"一样地难于验证. 这两个条件中没有一个能被推广. 在 Smart（斯马特，1967）的文章中，用 Bott 的方法，对于 $\mathcal{M}$ 是凸的这一情形证明了 Graner 的结果. Browder 使用的是这样的初始条件：$I-U_0$ 是到 0 的一个邻域上的同胚.

在某些情形中（例如，参看下面的问题 8），所得到的 U_t 的不动点 P_t 是参数 t 的一个连续函数. 而问题 9 表明，P_t 并不是总能被取为连续的.

定理 6[Shayever（夏耶佛）]　设 $\mathcal{B}$ 是赋范空间，T 是 $\mathcal{B}$ 到 $\mathcal{B}$ 内的连续映像，它在 $\mathcal{B}$ 的每个有界子集 $\mathcal{X}$ 上是紧的，那么：

（1）对于 $\lambda=1$，方程 $x=\lambda Tx$ 有解；

（2）对于 $0<\lambda<1$，所有这种解 x 的集是无界的.

证　考虑映到 $\mathcal{M}$ 上的径向保核收缩 r，$\mathcal{M}$ 是 $\mathcal{B}$ 中的半径为 n 的球（见引理 1）. 依 Schauder 定理 2，此时 rT 在 $\mathcal{M}$ 中具有不动点 x. 或者（1）$\|Tx\|\leqslant n$，在这种情形时，$Tx=rTx=x$；或者（2）$\|Tx\|>n$，在这种情形时，$\|x\|=\|rTx\|=n$，因此

$$x=rTx=\left(\frac{n}{\|Tx\|}\right)Tx=\lambda Tx$$

且 $0<\lambda<1$. 这样，或者对某一整数 n，我们得到 $Tx=x$ 的一个解，或者对每一个 n，关于 $(0,1)$ 中某一特征值我们得到范数为 n 的一个特征向量. 在第二种情形中，这种特征向量的集是无界的.

定理 7(Browder-Bott)　令 $\mathcal{M}$ 是赋范空间 $\mathcal{B}$ 的一个闭凸子集. 设 $U(x,t)$ 是 $\mathcal{M} \times [0,1]$ 到 $\mathcal{B}$ 的一个紧子集内的连续映像, 满足:

(1) $U_0(\partial \mathcal{M}) \subset \mathcal{M}$;

(2) 对于 $0 \leqslant t \leqslant 1$, U_t 在 $\partial \mathcal{M}$ 上无不动点 (这里 $U_t(x) = U(x,t)$), 则 U_1 在 $\mathcal{M}$ 中有不动点.

证　不失一般性, 假定 $0 \in \mathcal{M}^0$. 如果 U_1 没有不动点, 我们将导出矛盾. 对于 $\varepsilon > 0$, 定义 $\mathcal{M}$ 到 $\mathcal{B}$ 内的一个映像 S 为

$$Sx = U_1\left(\frac{x}{1-\varepsilon}\right), \text{若 } g(x) \leqslant 1-\varepsilon$$

$$Sx = U\left(\frac{x}{g(x)}, \frac{1-g(x)}{\varepsilon}\right), \text{若 } 1 \geqslant g(x) \geqslant 1-\varepsilon$$

(这里 $g(x)$ 是 $\mathcal{M}$ 的 Minkowski 泛函, 见引理 3). 依下述引理, 对于充分小的 ε, S 没有不动点. 但 S 映 $\partial \mathcal{M}$ 到 $\mathcal{M}$ 内, 这是因为当 $x \in \partial \mathcal{M}$ 时, $g(x) = 1$ 且由 (1) 有 $Sx = U(x,0) = U_0 x \in \mathcal{M}$, 而且 S 是紧的, 因此与定理 5 相矛盾. 这样, U_1 无不动点的假设必不成立.

引理 4　对于充分小的 ε, 方程

$$U_1\left(\frac{x}{1-\varepsilon}\right) = x$$

当 $g(x) \leqslant 1-\varepsilon$ 时无解.

证　条件 $g(x) \leqslant 1-\varepsilon$ 恰意味着

$$\frac{x}{1-\varepsilon} \in \mathcal{M}$$

假设引理不真, 那么我们便能找到实序列 $\varepsilon_n \to 0$ 和序列 $x_n \in \mathcal{M}$, 使得

$$U_1\left(\frac{x_n}{1-\varepsilon_n}\right) = x_n \tag{1}$$

由 U 的紧性,我们可假定 x_n 收敛,比如说 $x_n \to y$. 这样,依 U_1 的连续性,式(1)给出 $U_1 y = y$,这与关于 U_1 无不动点的假设相矛盾.

引理 5　对于充分小的 ε,方程

$$U\left(\frac{x}{g(x)}, \frac{1-g(x)}{\varepsilon}\right) = x$$

当 $1 \geqslant g(x) \geqslant 1-\varepsilon$ 时无解.

证　设若不如此,则有序列 $\varepsilon_n \to 0$ 和 x_n,使得 $1 \geqslant g(x_n) \geqslant 1-\varepsilon_n$ 且

$$U\left(\frac{x_n}{g(x_n)}, \frac{1-g(x_n)}{\varepsilon_n}\right) = x_n \tag{2}$$

这样有 $1 \geqslant \dfrac{1-g(x_n)}{\varepsilon_n} \geqslant 0$. 不失一般性,我们可假定 $\dfrac{1-g(x_n)}{\varepsilon_n} \to t \in [0,1]$,并据 U 的紧性,可假定 $x_n \to y \in \mathcal{M}$. 于是依连续性,式(2)给出

$$U(y,t) = y$$

得出矛盾,因为 $g(y) = \lim g(x_n) = 1$,也就是说,$y \in \partial \mathcal{M}$.

8.4　Krasnowsky 定理

我们来考虑一个紧映像与一个压缩映像的和. 这种组合在实际中是会发生的,在研究摄动微分算子时我们可以发现,这个摄动产生一个压缩映像,而此微分算子的反演给出一个紧映像. 例如, 参看 Schauder1932 年的文章.

定理 8(Krasnowsky)　令 $\mathcal{M}$ 是 Banach(巴拿赫)

空间 $\mathscr{S}$ 的一个非空闭凸子集. 假设 A 和 B 映 $\mathscr{M}$ 到 $\mathscr{S}$ 内, 且:

(1) $Ax + By \in \mathscr{M}(\forall x, y \in \mathscr{M})$;

(2) A 是紧的和连续的;

(3) B 是一个压缩映像.

那么在 $\mathscr{M}$ 中存在 y, 使得

$$Ay + By = y$$

为此我们需要如下的引理:

引理 6 若 B 是赋范空间 $\mathscr{S}$ 的子集 $\mathscr{X}$ 到 $\mathscr{S}$ 内的压缩映像, 则 $I - B$ 是自 $\mathscr{X}$ 到 $(I - B)\mathscr{X}$ 的同胚. 若 $(I - B)\mathscr{X}$ 是准紧的, 则 $\mathscr{X}$ 是准紧的.

证 显然, $I - B$ 是连续的. 又

$$\| (I-B)x - (I-B)y \| \geqslant \| x - y \| - \| Bx - By \|$$
$$\geqslant (1 - k) \| x - y \|$$

(这里 $0 < k < 1$), 因此 $(I - B)^{-1}$ 是连续的. 同样的不等式表明, 若

$$(I - B)x_1, \cdots, (I - B)x_n$$

是 $(I - B)\mathscr{X}$ 的 $(1 - k)\varepsilon -$ 网, 则 $x_1, \cdots, x_n$ 是 $\mathscr{X}$ 的 $\varepsilon -$ 网.

定理 8 的证明 对于 $\mathscr{M}$ 中的每个 y, 方程

$$z = Bz + Ay$$

在 $\mathscr{M}$ 中具有唯一的解 z, 这是因为 $z \rightarrow Bz + Ay$ 定义一个 $\mathscr{M}$ 到 $\mathscr{M}$ 内的压缩映像. 因此, $z = (I - B)^{-1}Ay$ 在 $\mathscr{M}$ 中. 由引理 6 知, $(I - B)^{-1}A$ 映 $\mathscr{M}$ 到 $\mathscr{M}$ 内是连续的和紧的. 依 Schauder 定理 2, $(I - B)^{-1}A$ 在 $\mathscr{M}$ 中具有不动点 y, 这个点 y 便满足所求.

注 2 (1) 关于这个定理的一些推广可参看 Reinernn(1971) 的文章.

$$((I - Tr)x - (I - Tr)y, x - y)$$
$$= \| x - y \|^2 - (Trx - Try, x - y)$$
$$\geqslant \| x - y \|^2 - \| Trx - Try \| \cdot \| x - y \| \geqslant 0$$

从而 $I - Tr$ 是单调的. $I - Tr$ 对 $\mathscr{M}$ 的限制是 $I - T$.

引理 2　若 F 是单调的,且 u_0 及 v_0 是 $\mathscr{H}$ 的元素使得

$$(Fu - v_0, u - u_0) \geqslant 0 \quad (\forall u \in \mathscr{H}) \quad (*)$$

则 $v_0 = Fu_0$.

证　对 $\mathscr{H}$ 中的任一 v 及任意的 $t > 0$,记 $u_t = u_0 + tv$. 取 $u = u_t$,由式 $(*)$ 得 $(Fu_t - v_0, v) \geqslant 0$,从而

$$(Fu_t - Fu_0, v) \geqslant (v_0 - Fu_0, v)$$

令 $t \to 0^+$,则 $Fu_t \to Fu_0$,于是得

$$0 \geqslant (v_0 - Fu_0, v) \quad (\forall v \in \mathscr{H})$$

显然 $v_0 = Fu_0$.

引理 3　若 F 在 $\mathscr{H}$ 上为单调的,且 $\mathscr{M}$ 为 $\mathscr{H}$ 的一有界闭凸子集,则 $F\mathscr{M}$ 是闭的.

证　设 $u_n \in \mathscr{M}, n = 1, 2, \cdots$,且 $Fu_n \to v_0$. 不失一般性,可假定 u_n 弱收敛于 $u_0 \in \mathscr{M}$. 对一切的 $u \in \mathscr{H}$,有

$$(Fu - Fu_n, u - u_n) \geqslant 0$$

令 $n \to +\infty$,则

$$(Fu - v_0, u - u_0) \geqslant 0$$

于是由引理 $2, v_0 = Fu_0$.

关于非扩张映像的进一步结果(包括与 Roth 定理相类似的一个结果及一延拓定理),见 Browder 1965 年的文章. 关于推广到 Banach 空间,可参看 Kirk 1970 年的文章或 Browder 1973 年的文章,后一文献也讨论了单调算子概念的推广.

9.2 其 他

在本节所研究的各种不同的概念都与压缩映像的概念有某种关系,所考虑的映像中有些是非扩张的.我们的第一个结果是把 Banach 定理推广到 T 的某次迭代为一压缩映像的情形[例如,若 T 为 Volterra(沃尔泰拉) 积分算子,便产生这种情形].

定理 3 设 $\mathscr{M}$ 是一非空的完备度量空间,T 为一 $\mathscr{M}$ 到 $\mathscr{M}$ 内的映像且使 T^K 为一压缩映像(对某一整数 $K > 1$),则 T 在 $\mathscr{M}$ 中有唯一的不动点.

证 设 z 是 T^K 的唯一不动点,则

$$T^K(Tz) = T(T^Kz) = Tz$$

从而 Tz 又为一不动点.由唯一性知,$Tz = z$.

定义 3 我们称 T 为收缩映像,如果

$$\rho(Tx, Ty) < \rho(x, y) \quad (x \neq y)$$

("压缩性的映像"这一术语也曾被用于同一概念).

这样,一收缩映像是非扩张的,但不必是压缩映像.显然,一收缩映像至多只能有一个不动点.

定理 4 非空紧度量空间 $\mathscr{M}$ 到其自身内的任一收缩映像 T 有一不动点.

证 因 $\rho(Tx, x)$ 是连续的且 $\mathscr{M}$ 是紧的,故在 $\mathscr{M}$ 中存在 z 使得

$$\rho(Tz, z) = \inf_{x \in \epsilon} \rho(Tx, x) \tag{1}$$

于是 $Tz = z$,因若不然,便会有

$$\rho(T^2z, Tz) < \rho(Tz, z)$$

此与式(1)矛盾.

关于收缩映像的其他一些结果在 Edelstein(爱德斯坦)1962 年的文章中给出. 但下面的问题看来是没有解决.

问题　Banach 空间中闭单位球的每一收缩映像是否具有一不动点?

遵从 Edelstein(1961)[又见 Bailey(贝利,1966)],现在给出一个"局部"形式的压缩映像定理.

定义 4　一映像 T 称为局部 (ε,λ) 的压缩映像,如果:

(1) 存在 $\varepsilon > 0$ 和 $0 < \lambda < 1$;

(2) 当 $\rho(x,y) < \varepsilon$ 时,就有
$$\rho(Tx,Ty) \leqslant \lambda \rho(x,y)$$

Edelstein 给出下面的例子说明这种映像不必是压缩映像

$$\mathcal{M} = \left\{ \mathrm{e}^{i\theta} \mid 0 \leqslant \theta \leqslant \frac{3}{2}\pi \right\}, T\mathrm{e}^{i\theta} = \mathrm{e}^{\frac{i\theta}{2}}$$

定理 5(Edelstein)　设 $\mathcal{M}$ 是一完备的 ε — 可链的度量空间,T 为一 $\mathcal{M}$ 到 $\mathcal{M}$ 内的满足(1) 和(2) 的映像. 则 T 在 $\mathcal{M}$ 中有唯一的不动点.

证明概要:在 $\mathcal{M}$ 中选取 x. 在 $\mathcal{M}$ 中取点
$$x = x_0, x_1, x_2, \cdots, x_m = Tx$$
使得 $\rho(x_i, x_{i+1}) < \varepsilon$. 对于充分大的整数 r,由(1) 和(2) 知

$$\rho(T^r x_i, T^r x_{i+1}) \leqslant \lambda^r \rho(x_i, x_{i+1}) < \lambda^r \varepsilon < \frac{\varepsilon}{m}$$

于是 $\rho(T^r x, T^{r+1} x) < \varepsilon$. 我们能够证明(如第 1 节定理 2 中那样,并取 $y = T^r x$)当 $n \to +\infty$ 时,$T^{n+r} x$ 收敛于一不动点.

Edelstein 给出了定理 5 关于解析函数问题的一个

应用.

压缩映像定理的若干逆定理曾为 Meyers(迈耶斯,1967)、Janos(亚诺什,1967)及 Edelstein(1969)所讨论.

若 $\bigcap T^n \mathscr{M}$ 为一单点集,且满足其他一些条件,则 $\mathscr{M}$ 可以重新赋以度量,使得按此种度量 T 成为一压缩映像.对于 $\mathscr{M}$ 中的多个交换映像的情形,见迈耶斯(1970).

近年来,不同作者的许多文章已把压缩映像及非扩张映像的概念推广到了拓扑空间.

9.3   问   题

1. 令 $\mathscr{M}$ 为一赋范空间 $\mathscr{S}$ 的凸子集.设 R 是 $\mathscr{M}$ 到 $\mathscr{S}$ 内的非扩张映像,则对 $0 < t < 1$,映像

$$S_t = tI + (1-t)R$$

是非扩张的且与 R 有同一的不动点集.若 $R\mathscr{M} \subset \mathscr{M}$,则 $S_t\mathscr{M} \subset \mathscr{M}$.

2. 若 $\mathscr{M}$ 是 Hilbert 空间 $\mathscr{S}$ 的闭凸子集,试证下述结论:

(1) $\mathscr{S}$ 到 $\mathscr{M}$ 上的径向保核收缩(见第 5 章引理 4)不必是非扩张的;

(2) $\mathscr{S}$ 到 $\mathscr{M}$ 上的度量保核收缩(见第 3 章例 1)是非扩张的;

(3) 若 T 是一 $\mathscr{M}$ 到 $\mathscr{S}$ 内的压缩映像,使得 $T(\partial\mu) \subset \mu$,则 T 有一不动点;

(4) 若 μ 是一闭球,则在(3)中能以"非扩张"代替

"压缩".

3.即使假定 μ 是非闭的或空间是不完备的,在定理 1 中,我们也能得到 ε － 不动点.

不变平均的存在性

我们将利用不动点定理建立一些有关的结果,方法由 10.1 节很好地给予了说明. 本章其余部分我们需用到 Banach 空间的对偶上的弱*拓扑,因而论证是相当复杂的. 我们仅考察实函数和实序列.

有一种相反的方法,由半群左－不变平均的存在性(即所谓的可控制性)得出半群(作为映像半群)的不动点性质.

10.1 殆周期函数

关于$(-\infty, +\infty)$上的殆周期函数的基本事实之一就是平均值的存在

158

性(它可以用于定义各种范数).这一事实可以极为容易地由下面的定理得出(常值函数的值就给出 f 的平均值).

定义 1　群 $\mathscr{G}$ 上的有界函数 f 称为(左一)(一致)殆周期的,如果集合

$$\mathscr{M}_f = \{ f_a \mid a \in \mathscr{G} \}$$

在一致范数下是准紧的(这里 f_a 表示函数 $f_a(x) = f(ax)$).

定理 1　如果一有界函数 f 在群 $\mathscr{G}$ 上是殆周期的,则 $M = \overline{\mathrm{co}}(\mathscr{M}_f)$ 包含一常值函数.

证　由 $T_a g = g_a$ 定义的算子 T_a 构成一映紧集 $\mathscr{M}$ 到 $\mathscr{M}$ 内的等距的群. T_a 是等度连续的,故由角谷静夫定理知,在 $\mathscr{M}$ 中有一公共不动点.显然这一不动点是一常值函数.

如果函数 f 是"弱殆周期的",即如果 $\mathscr{M}_f$ 按弱拓扑是准紧的,则可得出同样的结论.

10.2　Banach 极限

我们首先证明,在有界序列的空间 (m) 上可以定义一平移不变的"极限"函数.

定理 2(Banach)　对每一有界的纯量序列 $a = (a_1, a_2, \cdots)$,我们可以确定一"极限" $L(a)$.使得:

(1) L 是 (m) 上的线性泛函.

(2) $L(1, 1, 1, \cdots) = 1$.

(3) $L(a) \geqslant 0$,如果 $a \geqslant 0$.

(4) $L(a_1, a_2, \cdots) = L(a_2, a_3, \cdots)$.

注 1 给定(1)时,我们可以看出(2)与(3)一起等价于:

(5)$\inf a_n \leqslant L(a) \leqslant \sup a_n$.

由上式得知 $\|L\| \leqslant 1$. 又由(5)和(4)我们可以推出:

(6)$\liminf a_n \leqslant L(a) \leqslant \limsup a_n$.

故"极限"泛函具有相当好的性质.

关于弱*拓扑,我们需要下列事实:

提示 若 $\mathscr{B}$ 是一 Banach 空间,$\mathscr{B}^*$ 是其对偶,则:

(i)在 $\mathscr{B}^*$ 上我们可以如下定义一弱*拓扑:$\mathscr{B}^*$ 中的点 U 的邻域基由次之形式的诸邻域

$$N(U,a) = \{L \in \mathscr{B}^* \mid |L(a) - U(a)| < 1\}$$
$$(a \in \mathscr{B})$$

的有限交组成;

(ii)对每一 $x \in \mathscr{B}$,$\mathscr{B}^*$ 上的由下式定义的函数 $\hat{x}$

$$\hat{x}(f) = f(x) \quad (f \in \mathscr{B}^*)$$

按弱*拓扑连续;

(iii)$\mathscr{B}^*$ 的单位球按弱*拓扑是紧的.

定理 2 的证明 我们考察集

$$\mathscr{M} = \{L \mid L \text{ 满足}(1)(2)(3)\}$$

$\mathscr{M}$ 是非空的,例如取 $L(a) = a_1$. 由注 1 知,$\mathscr{M}$ 还是 $(m)^*$ 中单位球的子集,且 $\mathscr{M}$ 显然是凸的. 由(5)知

$$\mathscr{M} = \bigcap_a \{L \mid L(a) \leqslant \sup a_n\} \bigcap_a$$
$$\{L \mid L(a) \geqslant \inf a_n\}$$

为 $(m)^*$ 中半空间的交,它是弱*闭的,这是因为 a 在 $(m)^*$ 上定义了一个弱*—连续泛函. 故 $\mathscr{M}$ 是一弱*紧集的一个弱*闭子集. 因而 $\mathscr{M}$ 是 $(m)^*$ 的一弱*紧的凸

子集.

现在我们考察由下式定义的 $\mathcal{M}$ 到 $\mathcal{M}$ 内的映像 T

$$(TL)(a_1,a_2\cdots)=L(a_2,a_3,\cdots)$$

T 是弱*连续的,因为 T 是线性的,而且对于邻域 $N(U;a)$ 我们有

$$
\begin{aligned}
T^{-1}(N(U;a))&=\{L\,|\,TL\in N(U;a)\}\\
&=\{L\,|\,|TL(a)-U(a)|<1\}\\
&=\{L\,|\,|L(a_2,a_3,\cdots)-\\
&\qquad U(a_1,a_2,\cdots)|<1\}\\
&=N(U_1;(a_2,a_3,\cdots))
\end{aligned}
$$

这里 U_1 是 $(m)^*$ 的任一点,满足

$$U_1(a_2,a_3,\cdots)=U(a_1,a_2,\cdots)$$

于是 Tychonoff(吉洪诺夫)定理的条件被满足,故映像 T 必存在一不动点.且由 T 的定义知,这一不动点是满足(4)而且也满足(1)(2)(3)的泛函 L.

如果我们希望考察的是函数而不是序列,那么我们就必须考虑一族平移算子以代替一个平移算子.

定理 3　对 $[0,+\infty)$ 上的每一有界函数 f,我们可以确定一极限 $L(f)$,使得:

(1)L 是线性的;

(2)$L(1)=1$;

(3)$L(f)\geqslant 0(f\geqslant 0)$;

(4)$L(f_a)=L(f)(a>0)$.

(这里 $1(x)\equiv 1,f_a(x)\equiv f(x+a)$.)

证　类似于定理 2,我们讨论集

$$\mathcal{M}=\{L\,|\,L\text{ 满足}(1)(2)(3)\}$$

及算子 T_a,使 $(T_aL)(f)=L(f_a)$.我们发现 $\mathcal{M}$ 是弱*紧的,而且 T_a 映 $\mathcal{M}$ 到 $\mathcal{M}$ 内.因 T_a 可交换,故可以利

用马尔可夫－角谷静夫定理,即 T_a 在 $\mathscr{M}$ 中存在一公共不动点.换而言之,即得一泛函 L 满足(4)以及(1)(2)(3).

用完全相同的方法,我们证明在任一阿贝尔半群上的有界函数空间中存在一不变平均.

定理 4　如果 $\mathscr{G}$ 是一阿贝尔半群,则存在 $m(\mathscr{G})$ 上的一个泛函 L,使得:

(1)L 是线性的;

(2)$L(1)=1$;

(3)$L(f)\geqslant(f\geqslant0)$;

(4)$L(f_a)=L(f)(a\in\mathscr{G})$.

其中 $1(x)\equiv1$ 且 $f_a(x)\equiv f(ax)$.

如果 $\mathscr{G}$ 不是阿贝尔群,即使 $\mathscr{G}$ 是群,则在 $m(\mathscr{G})$ 上边不必存在具有性质(1)到(4)的泛函 L.如果 $\mathscr{G}=S^2$(2－维球面的旋转群),豪斯多夫(1914,第 469 页)给出的关于在旋转下具病态性质的球面子集的一例表明,没有泛函 L 能满足条件(1)到(4).冯·诺伊曼(1929)证明了:为使满足条件(1)到(4)的泛函 L 存在,在两个母元上 $\mathscr{G}$ 必不含一自由群,见格林利夫的结论.

我们注意,具有性质(1)到(4)的泛函 L 在 $C(S^2)$ 上存在.事实上,$L(f)=\iint_{S^2}f$(这是下面定理 5 的一个特别情形).

10.3　Haar 测度

在一拓扑群 $\mathscr{G}$ 上的 Haar(哈尔)积分(这里它存

在)最先被定义为 $C(\mathcal{G})$ 上满足定理 4 中的条件(1)(3)(4)及一规范化条件的函数 L。如果 $\mathcal{G}$ 是紧的,则这一规范化条件就是定理 4 中的条件(2),而且利用类似于10.2节中所用的方法可证 L 存在。因为我们现在讨论的是一平移算子群,它不必是阿贝尔的,故我们用角谷静夫定理代替马尔可夫—角谷静夫定理。最美妙的一步是证明等度连续性条件。我们将不讨论在非紧群上 Haar 测度的存在性。

我们记 $_{\beta}f_a$ 为由 $_{\beta}f_a(x)=f(\beta xa)$ 所定义的函数。

定理 5　如果 $\mathcal{G}$ 是一紧群,则在 $C(\mathcal{G})$ 上存在一泛函 L,使得:

(1)L 是线性的;

(2) $L(1)=1$;

(3)$L(f)\geqslant 0$,如果 $f\geqslant 0$;

(4)$L(_{\beta}f_a)=L(f)$ $(a,\beta\in\mathcal{G},f\in C(\mathcal{G}))$。

证明概要:令
$$\mathcal{M}=\{L\,|\,L\ \text{满足}(1)(2)(3)\}$$
用类似于定理 2 中所用过的那样的论证,易于证明 $\mathcal{M}$ 是 $C(\mathcal{G})^*$ 中单位球的一个弱*闭子集,故 $\mathcal{M}$ 是一弱*紧凸集。由 $(_{\beta}T_aL)(f)=L(_{\beta}f_a)$ 定义的映像 $_{\beta}T_a$ 是 $\mathcal{M}$ 到 $\mathcal{M}$ 内的线性映像,这些映像构成一群。故角谷静夫定理关于 $_{\beta}T_a$ 给出一公共不动点,这一不动点就是所要求的泛函 L。最后这一步需要下面的引理。

引理 1　上述证明中所讨论的映像 $_{\beta}T_a$ 按 $C(\mathcal{G})$ 上弱*拓扑是等度连续的。

证明概要:详见 Dunford(邓福德)—Schwarz(施瓦兹)(1963,Ⅺ.1.1)。我们必须证明对 0 的每一弱*邻域 N,可以找出 0 的一弱*邻域 M,使得

$$L \in M \Rightarrow_\beta T_a L \in N \quad (a, \beta \in \mathscr{G})$$

如果 N 由 $C(\mathscr{G})$ 中的点 $f_1, \cdots, f_r$ 所定义,那么我们选择有限个函数 $g_1, \cdots, g_a \in C(\mathscr{G})$ 使得所有的平移 $_\beta(f_i)_a$ 可用函数 g_j 一致逼近到 ε 范围内,于是 g_j 可用以定义 M 的邻域. 寻求适当的函数 g_j 的可能性依赖于下面的引理.

引理 2　如果 f 是紧群 $\mathscr{G}$ 上的一连续函数,则平移集

$$\{_\beta f_a \mid a, \beta \in \mathscr{G}\}$$

在一致范数下是准紧的.

证　留给读者.

10.4　Day 不动点定理

在定理 3 和定理 4 的证明中,将涉及下面的情形. 我们考察了阿贝尔半群 $\mathscr{G}$ 及一集 $\mathscr{M}$(它可以解释为 $m(\mathscr{G})^*$ 中单位球面的正面). 对 $a \in \mathscr{G}$ 我们考察了 $\mathscr{M}$ 到 $\mathscr{M}$ 内的映像 T_a,使得 $(T_a L)(f) \equiv L(f_a)$,这里 $f_a(x) \equiv f(x+a)$. 这些映像 T_a 构成 $\mathscr{G}$ 的正则表示. 于是定理 4 断定正则表示在 $\mathscr{M}$ 中有一不动点. 如果 $\mathscr{G}$ 不是阿贝尔的,我们定义 f_a 为 $f(ax)$,并称 $a \to T_a$ 这一对应为 $\mathscr{G}$ 的左正则表示.

定理 6(Day)　设半群 $\mathscr{G}$ 的左正则表示在 $\mathscr{M}$ 中有一不动点,则 $\mathscr{G}$ 的每一表示(作为非空紧凸集 N 到 $\mathscr{N}$ 内的仿射连续映像 S_a 的一半群)有一不动点.

证明概要:建立一 $\mathscr{M}$ 到 $\mathscr{N}$ 内的映像 τ 使得 $S_a(\tau x) = \tau(T_a x)$, $\forall x \in \mathscr{M}$, $\forall a \in \mathscr{G}$. 如果 x 是 T_a 的一

个公共不动点,则 τx 就是 S_a 的一个公共不动点. 其详见 Day(1961)或格林利夫(1969)的文章.

注 2　一半群 $\mathcal{G}$ 是可控的(即在 $m(\mathcal{G})$ 上存在一左－不变平均)当且仅当 $\mathcal{G}$ 的每一表示(用非空紧凸集上的仿射连续映像)有一不动点.

证　如同定理 3 中的讨论一样,我们知道 $m(\mathcal{G})$ 上的一左－不变平均恰好是 $\mathcal{G}$ 的左正则表示在集 $\mathcal{M}$ 中的一不动点. 故结果由定理 6 得之.

第四编
各类集合中的不动点

k 集压缩映射的非零不动点

第 11 章

四川大学的严家鹤、张庆雍两位教授在 1984 年应用 k 集压缩映射不动点指数理论讨论了 k 集压缩映射的非零不动点和固有值的存在性.

11.1 定义和符号

设 X 是 Banach 空间. 如果 F 是闭的且满足条件:$\alpha x + \beta y \in F, \forall x, y \in F, \forall \alpha, \beta \in [0, +\infty)$,则子集 $F \subset X$ 称为楔形. 又若楔形 F 还满足条件:$F \cap \{-F\} = \{0\}$,就称楔形 F 是 X 中的一个锥,这里 0 表示空间 X 中的零元素. 对于任意有界子集 $\Omega \subset X$,它

的非紧测度是

$$\gamma(\Omega) = \inf\{d > 0 \mid \Omega \text{ 可以被有限个直径小于}$$
$$d \text{ 的集所覆盖}\}$$

一个映射 $A:G \subset X \to X$ 称为 k 集压缩($k \geqslant 0$),若 A 连续且满足条件:对每个有界子集 $\Omega \subset G$,均有 $\gamma(A(\Omega)) \leqslant k\gamma(\Omega)$. 对于 $k < 1$ 的 k 集压缩映射,称为严格 k 集压缩映射. 特别地,全连续映射是 0 集压缩,因此是一个严格集压缩.

设 D 是 X 中的一个有界开集,F 是 X 中的一个楔形,$D \cap F \neq \phi$,我们用 $\overline{D}_F$ 和 $\dot{D}_F$ 分别表示 $D \cap F$ 关于 F 的闭包和边界.

设 $A:\overline{D}_F \to F$ 是 k 集压缩且在 $\dot{D}_F$ 上没有不动点,即 $Ax \neq x, x \in \dot{D}_F$,则 A 在 D_F 上关于 F 的不动点指数是完全确定的,记为 $i_F(A, D_F)$.

11.2　几个引理

引理 1　设 X 是 Banach 空间,F 是 X 中的一个楔形,D 是 0 点的任一有界邻域. 设 $A:\overline{D}_F \to F$ 是 k 集压缩,$k < 1$,且满足下列条件:

(1) $\inf\limits_{\lambda \in \overline{D}_F} \| Ax \| \geqslant \alpha > 0$;

(2) $\dfrac{k \cdot R}{\alpha} < 1, R = \sup\limits_{x \in \dot{D}_F} \| x \|$;

(3) $Ax = \mu x, x \in \dot{D}_F \Rightarrow \mu \notin (k, 1]$.

则 $i_F(A, D_F) = 0$.

证　首先,选取 ζ 使得

$$\max\left\{1,\frac{R}{\alpha}\right\}<\zeta<\frac{1}{k}\quad(\text{当 } k\neq 0 \text{ 时})$$

$$\max\left\{1,\frac{R}{\alpha}\right\}<\zeta\quad(\text{当 } k=0 \text{ 时})$$

其次,我们定义映射 $H:[0,1]\times\overline{D}_F\to F$ 为

$$H(t,x)=(t+(1-t)\zeta)Ax\quad(0\leqslant t\leqslant 1,x\in\overline{D}_F)$$

显然, $H:[0,1]\times\overline{D}_F\to F$ 连续且对每个 $t\in[0,1]$, $H(t,\cdot):\overline{D}_F\to F$ 是一个严格集压缩.我们证明

$$H(t,x)\neq x\quad(x\in\dot{D}_F,0\leqslant t\leqslant 1)\qquad(1)$$

事实上,设有 $x_0\in\dot{D}_F,t_0\in[0,1]$ 使得 $H(t_0,x_0)=x_0$, 即 $x_0=t_0 Ax_0+(1-t_0)\zeta Ax_0$,因此 $Ax_0=\lambda_0 x_0$,其中 $\lambda_0=(t_0+(1-t_0)\zeta)^{-1}$,因为 $1=t_0+(1-t_0)\leqslant t_0+(1-t_0)\zeta<\zeta$,所以 $\lambda_0\in(k,1]$,这就和引理 1 的假设 (3) 矛盾,从而式(1)得证.由同伦不变性则得

$$i_F(A,D_F)=i_F(\zeta A,D_F)\qquad(2)$$

另外,由于 $\inf\limits_{x\in D_F}\|\zeta Ax\|\geqslant\zeta\alpha>R=\sup\limits_{\lambda\in\overline{D}_F}\|x\|$,因此 $\zeta A(\overline{D}_F)\bigcap\overline{D}_F=\psi$,从而

$$i_F(\zeta A,D_F)=0\qquad(3)$$

再由式(2)与式(3)得 $i_F(A,D_F)=0$.

推论 1　设 $A:\overline{D}_F\to F$ 是 k 集压缩, $k<1$,且满足下列条件:

(1) $\inf\limits_{x\in\overline{D}_F}\|Ax\|\geqslant\alpha>0$;

(2) $\dfrac{k\cdot R}{\alpha}<1,R=\sup\limits_{\lambda\in\overline{D}_F}\|x\|$;

(3) $\|Ax\|>\|x\|,x\in\dot{D}_F$.

则 $i_F(A,D_F)=0$.

证 只需证明由(3)推出引理 1 中的条件(3)就足够了.事实上,若引理 1 中的(3)不真,则必有 $x_0 \in \dot{D}_F, \mu_0 \in (k,1]$ 使得 $Ax_0 = \mu_0 x_0$,于是 $\| Ax_0 \| = \mu_0 \| x_0 \| \leqslant \| x_0 \|$,此与(3)矛盾,从而得证.

引理 2 设 F 是 Banach 空间 X 中的一个楔形,D 是 0 点的任一有界邻域.设 $A:\overline{D}_F \to F$ 是 k 集压缩,$k<1$;$B:\overline{D}_F \to F$ 是 k' 集压缩.A,B 满足下列条件:

(1) $\displaystyle\inf_{x\in\overline{D}_F} \| Bx \| \geqslant b > 0$;

(2) $x \neq Ax + tBx$,$\forall x \in \dot{D}_F$,$\forall 0 \leqslant t \leqslant t_0$;

(3) $k't_0 + k < 1$,其中

$$t_0 = \frac{1}{b}(R+M), R = \sup_{x\in\overline{D}_F} \| x \|, M = \sup_{x\in\overline{D}_F} \| Ax \|$$

则 $i_F(A,D_F)=0$.

证 首先选取 t_1 使得 $t_0 < t_1$,当 $k'=0$ 时;$t_0 < t_1 < \dfrac{1-k}{k'}$,当 $k' \neq 0$ 时.对任何的 $t,t_0 < t \leqslant t_1$ 和 $x \in \dot{D}_F$,我们有

$$\| x - Ax - tBx \|$$
$$\geqslant t \| Bx \| - \| x \| - \| Ax \|$$
$$> t_0 b - R - M = 0$$

于是,由上式和假设条件(2)便得出

$$x \neq Ax + tBx \quad (\forall x \in \dot{D}_F, \forall 0 \leqslant t \leqslant t_1) \quad (4)$$

又由 $A+tB:\overline{D}_F \to F$ 是 $(k+tk')$ 集压缩,$k+tk' < 1$,所以,由式(4)可知 $A+t_1 B$ 和 A 在 D_F 上关于 F 是同伦的,从而有

$$i_F(A,D_F) = i_F(A+t_1 B, D_F) \quad (5)$$

另外，当 $x \in \dot{D}_F, 0 \leqslant \mu \leqslant 1$，我们有

$$\| x - \mu Ax - t_1 Bx \| \geqslant t_1 \| Bx \| - \| x \| - \| Ax \|$$
$$> t_0 b - R - M = 0$$

此即 $A + t_1 B$ 和 $t_1 B$ 在 D_F 上关于 F 是同伦的，由同伦不变性得

$$i_F(A + t_1 B, D_F) = i_F(t_1 B, D_F) \qquad (6)$$

最后，由于对每个 $x \in \overline{D}_F$，有不等式 $\| t_1 Bx \| \geqslant$ $t_1 b > t_0 b = R + M \geqslant R = \sup_{x \in \overline{D}_F} \| x \|$，因此 $t_1 B(\overline{D}_F) \bigcap$ $\overline{D}_F = \psi$，从而

$$i_F(t_1 B, D_F) = 0 \qquad (7)$$

由式(5)(6)和(7)，则得 $i_F(A, D_F) = 0$.

推论 1 设 $A: \overline{D}_F \rightarrow F$ 是 k 集压缩，$k < 1$，又设存在 $y_0 \in F, y_0 \neq 0$ 使得 $x \neq Ax + ty_0, \forall x \in \dot{D}_F, t \geqslant 0$，则 $i_F(A, D_F) = 0$.

在引理 2 中，取 $Bx \equiv y_0$ 即可得此推论.

引理 3 设 F 是 Banach 空间 X 中的一个楔形，D 是 0 点的任一有界邻域. 设 $A: \overline{D}_F \rightarrow F$ 是严格 k 集压缩，且满足条件：$Ax = \mu x, x \in \dot{D}_F, \mu > 0 \Rightarrow \mu < 1$，则 $i_F(A, D_F) = 1$

证 今证

$$x \neq tAx \quad (x \in \dot{D}_F, 0 \leqslant t \leqslant 1) \qquad (8)$$

事实上，若式(8)不真，则必有 $t_0 \in [0,1]$ 和 $x_0 \in \dot{D}_F$ 使得 $x_0 = t_0 Ax_0$. 由于 $0 \notin \dot{D}_F$，故 $t_0 \neq 0$，因此，由假设的条件可知 $t_0^{-1} < 1$，即 $t_0 \geqslant 1$，这和 $t_0 \in [0,1]$ 矛盾.

再由式(8)，并注意到对任何 $t \in [0,1], tA$ 仍是严格集压缩,于是知 A 和 $\hat{O}:\overline{D}_F \to \{0\}$ 同伦,因而 $i_F(A, D_F) = i_F(\hat{O}, D_F) = 1$.

推论 1 设 $A:\overline{D}_F \to F$ 是严格 k 集压缩,且 $\|Ax\| < \|x\|, \forall x \in \dot{D}_F$,则 $i_F(A, D_F) = 1$.

证 设 $x_0 \in \dot{D}_F, t_0 > 0$ 使得 $Ax_0 = t_0 x_0$,则由假设得 $\|Ax_0\| = t_0\|x_0\| < \|x_0\|$,因此,$t_0 < 1$,从而满足引理 3 的条件,结论得证.

引理 4 设 X 是 Banach 空间,楔形 $F \subseteq X$,D 为 X 中零元素 0 的一有界邻域. 又设 $A:F \to F$ 是一个严格 k 集压缩映射;$C:\overline{D}_F \to F$ 是严格 k_1 集压缩映射,且满足条件:

(1) $\|Cx\| < \|x\|, \forall x \in \dot{D}_F$;

(2) $\begin{cases} x = \lambda Ax + (1-\lambda)Cx, 0 < \lambda \leqslant 1 \\ x \in F \end{cases} \Rightarrow x \notin \dot{D}_F.$

则 $i_F(A, D_F) = 1$.

证 首先,定义映射 $H:[0,1] \times \overline{D}_F \to F$ 如下

$$H(t,x) = tAx + (1-t)Cx \qquad (9)$$

我们证明

$$x \neq H(t,x) \quad (t \in [0,1], x \in \dot{D}_F) \qquad (10)$$

事实上,若有 $x_0 \in \dot{D}_F$ 和 $t_0 \in [0,1]$ 使得 $x_0 = H(t_0, x_0) \equiv t_0 Ax_0 + (1-t_0)Cx_0$ 由假设条件(2)可知 $t_0 \notin (0,1]$,因此有 $t_0 = 0$,于是 $x_0 = Cx_0$ 这又和假设条件(1)矛盾.因此式(10)得证.

再由 k 集压缩映射的性质知 H 是 $tk + (1-t)k_1$ 集压缩,易知 $tk + (1-t)k_1 < 1$,所以 H 为严格集压缩映射.由式(10)则知 A 和 C 在 D_F 上关于 F 是同伦的,从

而由同伦不变性得

$$i_F(A,D_F)=i_F(C,D_F) \tag{11}$$

其次,由引理中的条件(1),并利用引理 3 的推论 1 得 $i_F(C,D_F)=1$. 从而由式(11)得出结论 $i(A,D_F)=i_F(C,D_F)=1$.

11.3   非零不动点定理

定理 1   设 F 是 Banach 空间 X 中的一个楔形, D_1,D_2 是 0 点的两个有界邻域, $\overline{D}_1 \subset D_2$. 设 $A:\overline{D}_{2F} \to F$ 是 k 集压缩, $k<1$, 且满足条件

$$(\mathrm{H_1})\begin{cases} \inf\limits_{x\in\overline{D}_{2F}}\parallel Ax \parallel \geqslant \tau_2 > 0 \\ \dfrac{k\cdot R_2}{\tau_2} < 1, R_2 = \sup\limits_{x\in D_{2F}}\parallel x \parallel \\ Ax=\mu x, x\in \dot{D}_{2F}\Rightarrow\mu\geqslant 1 \\ Ax=\mu x, x\in \dot{D}_{1F}, \mu > 0\Rightarrow\mu\leqslant 1 \end{cases}$$

或

$$(\mathrm{H_2})\begin{cases} \inf\limits_{x\in\overline{D}_{1F}}\parallel Ax \parallel \geqslant \tau_1 > 0 \\ \dfrac{k\cdot R_1}{\tau_1} < 1, R_1 = \sup\limits_{x\in D_{1F}}\parallel x \parallel \\ Ax=\mu x, x\in \dot{D}_{1F}\Rightarrow\mu\geqslant 1 \\ Ax=\mu x, x\in \dot{D}_{2F}, \mu > 0\Rightarrow\mu\leqslant 1 \end{cases}$$

则 A 在 $F\bigcap(\overline{D}_2\backslash D_1)$ 中至少有一个不动点.

证   我们先假设满足条件($\mathrm{H_1}$). 不失一般性, 可

以设 A 在 $\dot{D}_{1F} \bigcup \dot{D}_{2F}$ 上没有不动点(否则定理结论为真). 于是由(H_1)得

$$\begin{cases} \inf\limits_{x \in \overline{D}_{2F}} \| Ax \| \geqslant \tau_2 > 0 \\[2mm] \dfrac{k \cdot R_2}{\tau_2} < 1, R_2 = \sup\limits_{x \in D_{2F}} \| x \| \\[2mm] Ax = \mu x, x \in \dot{D}_{2F} \Rightarrow \mu \notin (k, 1] \\[2mm] Ax = \mu x, x \in \dot{D}_{1F}, \mu > 0 \Rightarrow \mu \leqslant 1 \end{cases}$$

由此, 应用引理 2 和引理 3 得 $i_F(A, D_{2F}) = 0, i_F(A, D_{1F}) = 1$. 再由不动点指数的可加性, 则得

$$i_F(A, (D_2 - \overline{D}_1)_F) = i_F(A, D_{2F}) - i_F(A, D_{1F})$$
$$= 0 - 1 \neq 0$$

因此, 有 $x_0 \in F \bigcap (D_2 - \overline{D}_1)$ 使得 $Ax_0 = x_0$, 结论得证.

当满足条件(H_2)时, 定理结论为真, 其证明方法完全相同, 从略.

在下面的推论中, 我们恒设 F 是 X 中的锥.

推论 1 设 $A: F \bigcap (\overline{D}_2 - D_1) \to F$ 全连续, 且满足条件

$$\inf\limits_{x \in \overline{D}_{1F}} \| Ax \| \geqslant b_1 > 0$$

$$Ax = \mu x, x \in \dot{D}_{1F} \Rightarrow \mu \geqslant 1$$

$$Ax = \mu x, x \in \dot{D}_{2F}, \mu > 0 \Rightarrow \mu \leqslant 1$$

则 A 在 $F \bigcap (\overline{D}_2 - D_1)$ 中至少有一个不动点.

证 首先, 我们用 Dugundji 延拓定理, 延拓 $A \mid \dot{D}_{1F}$ 为 $A_1: \overline{D}_{1F} \to F$ 使得 $A_1(\overline{D}_{1F}) \subset \overline{\text{co}}(A(\dot{D}_{1F}))$. 显然

176

A_1 是全连续的. 因为 $A(\dot{D}_{1F})$ 是锥 F 中的一个紧集,且 $0 \notin A(\dot{D}_{1F})$,则有 $0 \notin \overline{\text{co}(A(\dot{D}_{1F}))}$,从而 $0 \notin A_1(\overline{\dot{D}}_{1F})$. 于是

$$\inf_{x \subset \overline{D}_{1F}} \| A_1 x \| \geqslant \tau_1 > 0$$

其次,我们定义一个新映射 A_2,即

$$A_2 x = \begin{cases} A_1 x, x \in \overline{D}_{1F} \\ A x, x \in F \bigcap (\overline{D}_2 - D_1) \end{cases}$$

容易看出,$A_2 : \overline{D}_{2F} \to F$ 是全连续的,即 A_2 是 0 集压缩. 这个新的全连载映射 A_2 满足定理 1 中条件 (H_2),因此,A_2 在 $F \bigcap (\overline{D}_2 - D_1)$ 中至少有一个不动点 x_0 存在. 但是,对每一个 $x \in F \bigcap (D_2 - \overline{D}_1)$,$A_2 x = A x$,因此,$x_0$ 是 A 的一个不动点.

定理 2 设 F 是 Banach 空间 X 中的一个楔形,D_1, D_2 是 0 点的两个有界邻域,$\overline{D}_1 \subset D_2$. 又设 A:$\overline{D}_{2F} \to F$ 是 k 集压缩,$k < 1$,且满足条件

$$(\text{H}'_1) \begin{cases} \inf_{x \in \overline{D}_{2F}} \| A x \| \geqslant \tau_2 > 0 \\ \dfrac{k \cdot R_2}{\tau_2} < 1, R_2 = \sup_{x \in D_{2F}} \| x \| \\ \| A x \| \geqslant \| x \|, \forall x \in \dot{D}_{2F} \\ \| A x \| \leqslant \| x \|, \forall x \in \dot{D}_{1F} \end{cases}$$

或

$$(\mathrm{H}'_2)\begin{cases} \inf_{\lambda \in \overline{D}_{1F}} \| Ax \| \geqslant \tau_1 > 0 \\[2mm] \dfrac{k \cdot R_1}{\tau_1} < 1, R_1 = \sup_{x \in D_{1F}} \| x \| \\[2mm] \| Ax \| \geqslant \| x \|, \forall x \in \dot{D}_{1F} \\[2mm] \| Ax \| \leqslant \| x \|, \forall x \in \dot{D}_{2F} \end{cases}$$

则在 $F \cap (\overline{D}_2 - D_1)$ 中至少有一个不动点.

证 设满足条件(H'_1),如果 A 在 $\dot{D}_{1F} \cup \dot{D}_{2F}$ 上有不动点,那么定理结论已经为真.因此,我们可设 A 在 $\dot{D}_{1F} \cup \dot{D}_{2F}$ 上没有不动点,于是条件(H'_1) 中后面两个不等式就变为

$$\| Ax \| > \| x \| \quad (\forall x \in \dot{D}_{2F})$$

$$\| Ax \| < \| x \| \quad (\forall x \in \dot{D}_{1F})$$

从而,由引理 1 的推论 1 和引理 3 的推论 1 分别得

$$i_F(A, D_{2F}) = 0, i_F(A, D_{1F}) = 1$$

再由不动点指数的可加性,我们有 $i_F(A, (D_2 - \overline{D}_1)_F) = -1 \neq 0$. 因此,$A$ 在 $F \cap (D_2 - D_1)$ 中至少有一个不动点.

当满足条件(H'_2) 时,同理可证定理 2 的结论为真.

定理 3 设 X 是 Banach 空间,F 是 X 中的一个楔形,D_1 为 X 中零元素 0 的一有界邻域.又设

$$A : F \to F \text{ 是严格 } k \text{ 集压缩映射}$$

$$B : \overline{D}_F \to F \text{ 是严格 } k' \text{ 集压缩映射}$$

且下列三个条件成立,则 A 在 $F \cap (\overline{D}_2 - D_1)$ 中有不动点.

178

(1) $\inf\limits_{x \in \overline{D}_{1F}} \| Bx \| \geqslant \beta > 0$，且 $x \neq Ax + tBx$，$\forall$

$x \in \dot{D}_{1F}$，$0 < t \leqslant t_0$ 这里 $t_0 = \dfrac{1}{\beta}(R_1 + M_1)$，$R_1 =$

$\sup\limits_{x \in \dot{D}_{1F}} \| x \|$，$M = \sup\limits_{x \in \dot{D}_{1F}} \| Ax \|$；

(2) $k't_0 + k < 1$；

(3) 存在 X 中零元素 0 的一有界邻域 D_2，且 $\overline{D}_1 \subset$

D_2，对于 $x \in \dot{D}_{2F}$，$0 < \lambda < 1$ 有 $x \neq \lambda Ax$.

证　若 A 在 $\dot{D}_{1F} \bigcup \dot{D}_{2F}$ 上有不动点. 定理结论为

真，故可设 A 在 $\dot{D}_{1F} \bigcup \dot{D}_{2F}$ 上没有不动点. 于是，由定

理 3 的条件 (1)(2)，应用引理 2 得 $i_F(A, D_{1F}) = 0$，由定

理 3 的条件 (3)，应用引理 3 得 $i_F(A, D_{2F}) = 1$，再由不

动点指数的可加性得

$$i_F(A, (A, (D_2 - \overline{D}_1)_F)) = i_F(A, D_{2F}) - i_F(A, D_{1F}) \neq 0$$

所以 A 在 $(D_2 - \overline{D}_1)_F$ 中必有不动点，即有 $x_0 \in F \bigcap$

$(D_2 - D_1)$ 使得 $Ax_0 = x_0$，定理证得.

推论 1　设 X 是 Banach 空间，K 为 X 中的锥，D_1

为 X 中零元素 0 的一个有界邻域. 又设全连续映射 A:

$K \to K$；全连续映射 $B: \dot{D}_{1K} \to K$，且下列两个条件成

立，则 A 在 $K \bigcap (\overline{D}_2 - D_1)$ 中有不动点.

(1) $\inf\limits_{x \in \overline{D}_{1K}} \| Bx \| \geqslant \beta_1 > 0$，且 $x \neq Ax + \lambda Bx$，

$\forall x \in \dot{D}_{1K}$，$\lambda > 0$.

(2) 存在 X 中零元素 0 的一有界邻域 D_2，且 $\overline{D}_1 \subset$

D_2 对于 $x \in \dot{D}_{2K}$，$0 < \lambda < 1$，有 $x \neq \lambda Ax$.

证明与定理 1 的推论 1 的方法类似，并应用定理 3

的结论即可得证. 定理 3 的推论 1 则推广到对任意有

界域成立.

定理 4　设 X 是一个 Banach 空间,楔形 $F \subseteq X$,设 $A:F \to F$ 是一严格 K 集压缩映射,且下列三个条件成立,则 A 在 $F \cap (\overline{D_2} - D_1)$ 中有不动点.

(1) 设 D_1 是 X 中零元素 0 的一有界邻域,一严格 K_1 集压缩映射 $C:\overline{D}_{1F} \to F$ 使得 $\|Cx\| < \|x\|$,$x \in \overset{\cdot}{D}_{1F}$,且

$$\begin{cases} x = \lambda Ax + (1-\lambda)Cx, 0 < \lambda < 1 \\ x \in F \end{cases} \Rightarrow x \notin \overset{\cdot}{D}_{1F}$$

(2) 存在 X 中零元素 0 的一有界邻域 D_2,且 $\overline{D}_1 \subset D_2$,一严格 K_2 集压缩映射 $D:\overline{D}_{2F} \to F$ 使得 $\inf\limits_{x \in \overline{D}_{2F}} \|Dx\| \geqslant \gamma > 0$,且

$$\begin{cases} x \neq Ax + \lambda Dx, 0 < \lambda \leqslant \lambda_0 \\ x \in F \end{cases} \Rightarrow x \notin \overset{\cdot}{D}_{2F}$$

其中 $\lambda_0 = \dfrac{1}{\gamma}(R_2 + M_2)$,$R_2 = \sup\limits_{x \in \overline{D}_{2F}} \|x\|$,$M_2 = \sup\limits_{x \in \overline{D}_{2F}} \|Ax\|$.

(3) $k_2\lambda_0 + k < 1$.

证　A 在 $\overset{\cdot}{D}_{1F} \cup \overset{\cdot}{D}_{2F}$ 上有不动点,定理结论为真.所以可设 A 在 $\overset{\cdot}{D}_{1F} \cup \overset{\cdot}{D}_{2F}$ 上没有不动点.于是由定理 4 中的条件(1)应用引理 4 得 $i_F(A, D_{1F}) = 1$,再由定理 4 中的条件(2)(3)应用引理 2 得 $i_F(A, D_{2F}) = 0$,于是由不动点指数可加性得

$$i_F(A, (D_2 - \overline{D}_1)_F) = i_F(A, D_{2F}) - i_F(A, D_{1F}) \neq 0$$

所以 A 在 $F \cap (\overline{D}_2 - D_1)$ 中必有不动点.

在定理 4 中,若设 C, D 皆为全连续映射,并应用引

理 2 的推论 1 可得.

推论 1　设 X 是 Banach 空间,楔形 $F \subseteq X$,又设 $A:F \to F$ 是严格 k 集压缩,且:

(1) 设 D_1 是 X 中零元素 0 的一有界邻域,全连续映射 $C:\overline{D}_{1F} \to F$ 使得

$$\| Cx \| < \| x \| \quad (x \in \dot{D}_{1F})$$

$$\begin{cases} x \neq \lambda Ax + (1-\lambda)Cx, 0 < \lambda < 1 \\ x \in F \end{cases} \Rightarrow x \notin \dot{D}_{1F}$$

(2) 存在 X 中零元素 0 的一有界邻域 D_2,$\overline{D}_1 \subset D_2$ 和全连续映射 $D:\overline{D}_{2F} \to F$ 使得

$$\inf_{x \in \overline{D}_{2F}} \| Dx \| \geqslant \gamma > 0$$

$$\begin{cases} x = Ax + \lambda Dx, \lambda > 0 \\ x \in F \end{cases} \Rightarrow x \notin \dot{D}_{2F}$$

则 A 在 $F \bigcap (\overline{D}_2 - D_1)$ 中有不动点.

推论 2　设 X 是 Banach 空间,K 是 X 中的一个锥,又设 $A:K \to K$ 是全连续映射,且:

(1) 设 D_1 是 X 中零元素 0 的一有界邻域,全连续映射 $C:\dot{D}_{1K} \to K$ 使得

$$\| Cx \| < \| x \|, x \in \dot{D}_{1K}$$

$$\begin{cases} x = \lambda Ax + (1-\lambda)Cx, 0 < \lambda < 1, \\ x \in K \end{cases} \Rightarrow x \notin \dot{D}_{1K}$$

(2) 存在 X 中零元素 0 的一有界邻域 D_2,$\overline{D}_1 \subset D_2$ 和全连续映射 $D:\dot{D}_{2K} \to K$ 使得

$$\inf_{x \in \dot{D}_{2K}} \| Dx \| \geqslant \gamma_1 > 0$$

$$\begin{cases} x = Ax + \lambda Dx, \lambda > 0 \\ x \in K \end{cases} \Rightarrow x \notin \dot{D}_{2K}$$

则 A 在 $K \cap (\overline{D_2} - D_1)$ 中有不动点.

仿定理 1 的推论 1 相似的方法并利用定理 4 的推论 1 可证明此推论. 定理 4 的推论 2 则推广到对任意有界域成立.

11.4　固有值的存在性

定理 5　设 F 是 Banach 空间 X 中的一个楔形, D 是 0 点的有界邻域, $A : \overline{D_F} \to F$ 是 k 集压缩. $B : \overline{D_F} \to F$ 是 k' 集压缩. 又设下面条件成立:

(1) $\inf\limits_{x \in \overline{D_F}} \| Bx \| \geqslant \alpha > 0$;

(2) $k't_0 + k < 1$, 其中

$$t_0 = \frac{1}{\alpha}(R + M), R = \sup\limits_{x \in \dot{D}_F} \| x \|, M = \sup\limits_{x \in \dot{D}_F} \| Ax \|$$

则存在一个 $\mu_0 > 0$, 使得对于每一个 $\mu \in (0, \mu_0)$, 存在 $\lambda = \lambda(\mu)$ 和 $x \in \dot{D}_F$ 满足等式 $x = \mu Ax + \lambda Bx$.

证　设 $\gamma > 0$ 如此小, 使得 $\overline{B}(0, \gamma) = \{x \in X : \| x \| < \gamma\} \subset D$. 选取 $1 > \mu_0 > 0$, 使得 $\mu_0 \cdot k < 1$ 且 $\mu_0 A(\overline{D_F}) \subset F \cap \overline{B}(0, r)$. 设 $\mu \in (0, \mu_0)$, 则 μA 是 μk 集压缩, $\mu \cdot k < 1$. 容易看出

$$\| \mu Ax \| \leqslant \gamma < \| x \| \quad (\forall x \in \dot{D}_F) \qquad (12)$$

于是由引理 3 的推论 1 得

$$i_F(\mu A, D_F) = 1 \qquad (13)$$

令

$$M_\mu = \sup\limits_{x \in \dot{D}_F} \| \mu Ax \| = \mu M$$

$$t_\mu^- = \frac{1}{\alpha}(R + M_\mu^-) = \frac{1}{\alpha}(R + \mu M)$$

由此并注意到 $\mu \in (0, \mu_0) \subset (0, 1)$，故

$$k't_\mu^- + \mu \cdot k \leqslant k't_0 + k < 1 \qquad (14)$$

现在，由(1)，式(13)和式(14)，并且应用引理 2，得知

存在 $\lambda, 0 \leqslant \lambda \leqslant t_\mu^-$ 和 $x \in \dot{D}_F$ 使得 $x = \mu Ax + \lambda Bx$.

　　由式(1)可知 $\lambda \neq 0$，从而结论得证.

　　定理 6　设 F 是 Banach 空间 X 中的一个楔形，D

是 0 点的任一有界邻域. 设 $B: \overline{D}_F \to F$ 是 k' 集压缩且

满足条件：

　　（1）$\displaystyle\inf_{x \in \overline{D}_F} \| Bx \| \geqslant \alpha > 0$；

　　（2）$\dfrac{k' \cdot R}{\alpha} < 1, R = \sup_{x \in \dot{D}_F} \| x \|$.

则必存在 $\delta > 0$ 和 $x \in \dot{D}_F$ 使得 $Bx = \delta x$.

　　证　在定理 5 中，令 $A \equiv 0$，即得证.

Fuzzy 映像不动点定理的推广

第 12 章

Fuzzy 映像的不动度,首先由方锦暄给出. 四川大学数学系的李秉友、张茂孝两位教授在 1989 年把 Fuzzy 映像的定义域放松为 Fuzzy 集,即给出广义 Fuzzy 映像的不动度.

12.1 预备知识

设(X,d)为完备度量空间,H为由 d 导出的 Hausdorff 度量,$CB(X)$ 为 X 的非空有界闭子集全体,$C(X)$ 为 X 的非空紧子集全体. $\mathscr{F}(X)$ 为 X 中一切 Fuzzy 集的族.

设 $A \in \mathscr{F}(X), \alpha \in (0,1]$. 记 A 的支集为 $\operatorname{supp} A = \{x \in X : A(x) > 0\}$, A 的 α 截集为 $A_\alpha = \{x \in X : A(x) \geqslant \alpha\}$, X 上的 Fuzzy 集为 $\widetilde{A} = \{\xi_\lambda^{\overline{x}} : x \in X, A(x) = \lambda \in (0,1]\}$, 其中 $\xi_\lambda^{\overline{x}}$ 为以 $\{x\}$ 为承集, 取值为 λ 的 Fuzzy 点, 即

$$\xi_\lambda^{\overline{x}}(t) = \begin{cases} \lambda, & \text{当 } t = x, t \in X \text{ 时} \\ 0, & \text{当 } t \neq x, t \in X \text{ 时} \end{cases}$$

定义 1　设 $A \in \mathscr{F}(X), F : \widetilde{A} \to \mathscr{F}(X)$, 并且对任意 $\xi_\lambda^{\overline{x}} \in \widetilde{A}, F(\xi_\lambda^{\overline{x}}) \subset A$, 则称 F 为 A 上的 Fuzzy 映像(即广义 Fuzzy 映像).

定义 2　设 $A \in \mathscr{F}(X), F$ 为 A 上的 Fuzzy 映像, $\xi_\lambda^{\overline{x}} \in \widetilde{A}$. 若 $F_{\xi_\lambda^{\overline{x}}}(x^r) = \alpha$, 则称 $\dfrac{\alpha}{\lambda}$ 为 $\xi_\lambda^{x^+}$ 关于 F 的不动度, 记为 $D_i(\xi_\lambda^{x^+}, F) = \dfrac{\alpha}{\lambda}$.

设 F 为 $A \in \mathscr{F}(X)$ 上的 Fuzzy 映像, 若对任意 $x \in \operatorname{supp} A$, 存在相应的 $\alpha(x) \in (0,1]$, 使得

$$\{y \in X : F_{\xi_{A(x)}^{\overline{x}}}(y) = \alpha(x)\} \in CB(X)$$

定义集值映像 $\hat{F} : \operatorname{supp} A \to CB(X)$ 如下

$$\hat{F}(x) = \{y \in X : F_{\xi_{A(x)}^{\overline{x}}}(y) = \alpha(x)\} \tag{1}$$

引理 1　设 $A \in \mathscr{F}(X), F$ 为 A 上的 Fuzzy 映像, $\hat{F}$ 是由 F 按式(1)定义的集值映像, 则 $\xi_{A(x)}^{\overline{x}} \in \widetilde{A}$ 关于 F 的不动度为 $\dfrac{\alpha(\lambda)}{A(x)}$ 的主要条件是 x 为 $\hat{F}$ 的不动点, 即

$$x \in \hat{F}(x) = \{y \in X : F_{\xi_{A(x)}^{\overline{x}}}(y) = \alpha(x)\}$$

12. 2　主要结果

定理 1　设 $A \in \mathscr{F}(X), A_r \in CB(X), 0 < r < 1$.
F, G 是 A 上两个 Fuzzy 映像, 若对任意 $x, y \in \operatorname{supp} A$, 存在相互的 $\alpha(x), \beta(y) \in [r, 1]$, 使得 $F_{\xi_{A(\bar{x})}^{\bar{x}}}, G_{\xi_{A(\bar{y})}^{\bar{y}}}$ 分别关于 $\alpha(x), \beta(y)$ 的截集

$$(F_{\xi_{A(\bar{x})}^{\bar{x}}})_{\alpha(x)}, (G_{\xi_{A(\bar{y})}^{\bar{y}}})_{\beta(y)} \in CB(X)$$

且

$$H((F_{\xi_{A(\bar{x})}^{\bar{x}}})_{\alpha(\lambda)}, (G_{\xi_{A(\bar{y})}^{\bar{y}}})_{\beta(y)})$$
$$\leqslant \Phi(\alpha(x, y), d(x, (F_{\xi_{A(\bar{x})}^{\bar{x}}})_{\alpha(x)}), d(y, (G_{\xi_{A(\bar{y})}^{\bar{y}}})_{\beta(y)}),$$
$$\alpha(x, (G_{\xi_{A(\bar{y})}^{\bar{y}}})_{\beta(y)}), d(y, (F_{\xi_{A(\bar{x})}^{\bar{x}}})_{\alpha(x)})) \qquad (2)$$

其中 $\Phi: [0, +\infty)^5 \to [0, +\infty)$ 满足

$$对每一变元非减且上半连续 \qquad (3)$$

$$\Phi(t, t, t, at, bt) \leqslant \varphi(e), a, b = 0, 1, 2, 且\ a + b = 2 \qquad (4)$$

而 $\varphi: [0, +\infty) \to [0, +\infty)$ 满足

$$\varphi(t)\ 于[0, +\infty)\ 严格单调增 \qquad (5)$$

$$\sum_{n=1}^{+\infty} \varphi^n(t) < +\infty \quad (\forall t > 0) \qquad (6)$$

则存在 $\xi_{A(x^+)}^{x^+} \in \tilde{A}$, 使它关于 F, G 的公共不动度为

$$\min\left\{\frac{\alpha(x^+)}{A(x^+)}, \frac{\beta(x^+)}{A(x^+)}\right\}$$

即 $D_x(\xi_{A(x^+)}^{x^+}, F \cap G) = \min\left\{\frac{\alpha(x^+)}{A(x^+)}, \frac{\beta(x^+)}{A(x^+)}\right\}$.

定理 2　设 $A \in \mathscr{F}(X), A_r \in CB(X), 0 < r < 1$.
$\{F_i\}_{i=1}^{+\infty}$ 为 A 上的 Fuzzy 映像序列. 对任意 $x, y \in$

186

$\operatorname{supp} A$ 及任意自然数 $i,j(i \neq j)$，存在相应的 $\alpha_i(x)$，$\alpha_j(y) \in [r,1]$，使得

$$(F_{i,\frac{\overline{x}}{A(\overline{x})}})_{\alpha_i(x)},(F_{j,\frac{\overline{y}}{A(y)}})_{\alpha_j(y)} \in CB(X) \qquad (7)$$

且

$$H((F_{i,\xi_{A(\overline{x})}^{\overline{x}}})_{\alpha_i(x)},(F_{j,\xi_{A(y)}^{y}})_{\alpha_j(y)})$$
$$\leqslant \Phi(d(x,y),d(x,(F_{i,\xi_{A(\overline{x})}^{\overline{x}}})_{\alpha_i(x)}),d(y,(F_{j,\xi_{A(y)}^{y}})_{\alpha_j(y)}),$$
$$d(x,(F_{i,\xi_{A(y)}^{y}})_{\alpha_j(y)}),d(y,(F_{i,\xi_{A(\overline{x})}^{\overline{x}}})_{\alpha_i(x)}) \qquad (8)$$

其中函数 Φ 满足式$(3)(4)$，式(4) 中的 φ 满足式$(5)(6)$. 则存在 $\xi_{A(x^+)}^{x^+} \in \widetilde{A}$，使得它关于$\{F_i\}_{i=1}^{+\infty}$ 的公共不动度为 $\inf\left\{\dfrac{\alpha_i(x^+)}{A(x^+)}:i=1,2,\cdots\right\}$.

推论 1 设 $A \in \mathscr{F}(X)$，$A_r \in CB(X)$，$0 < r < 1$. $\{F_i\}_{i=1}^{+\infty}$ 为 A 上的 Fuzzy 映像序列. 对任意的 $x,y \in \operatorname{supp} A$，及任意自然数 $i,j(i \neq j)$；存在相应的 $\alpha_i(x)$，$\alpha_j \in [r,1]$ 使得式$(7)(8)$ 成立. 其中函数 Φ 满足式(3) 及下述条件：

$\Phi(t,t,t,at,bt) \leqslant kt,k \in (0,1),a,b=0,1,2,a+b=2$，则定理 2 的结论成立.

推论 2 设 $A \in \mathscr{F}(X)$，$A_r \in CB(X)$，$0 < r < 1$. $\{F_i\}_{i=1}^{+\infty}$ 为 A 上的 Fuzzy 映像序列，对任意的 $x,y \in \operatorname{supp} A$ 及任意自然数 $i,j(i \neq j)$ 满足式(7) 且

$$H((F_{i,\xi_{A(\overline{x})}^{\overline{x}}})_{\alpha_i(x)},(F_{j,\xi_{A(y)}^{y}})_{\alpha_j(y)})$$
$$\leqslant q\max\{d(x,y),d(x,(F_{i,\xi_{A(\overline{x})}^{\overline{x}}}),d(y,(F_{j,\xi_{A(y)}^{y}})_{\alpha_j(y)}),$$
$$d(x,(F_{i,\xi_{A(y)}^{y}})_{\alpha_j(y)}),d(y,(F_{i,\xi_{A(\overline{x})}^{\overline{x}}})_{\alpha_i(x)})\}$$

其中 $0 < q < 1$，则推论 1 的结论成立.

定理 3 设 $A \in \mathscr{F}(X)$，$A_r \in C(X)$，$0 < r < 1$. F，G 是 Fuzzy 映像，对任意的 $x,y \in \operatorname{supp} A,(x \neq y)$，存在相应的 $\alpha(x)$，$\beta(y) \in [r,1]$，使得

$$(F^{x}_{\xi^{\bar{x}}_{A(\bar{x})}})_{\alpha(x)}, (G^{y}_{\xi^{y}_{A(y)}})_{\beta(y)} \in C(X) \qquad (9)$$

如果 F, G 具有文章 $Fuzzy\ sets\ and\ systems$ 中的（C）性质，并且

$$H((F^{\bar{x}}_{\xi^{\bar{x}}_{A(x)}})_{\alpha(x)}, (G^{y}_{\xi^{y}_{A(y)}})_{\beta(x)})$$

$$\leqslant \Phi(\alpha(x,y), d(x, (F^{\bar{x}}_{\xi^{\bar{x}}_{A(x)}})_{\alpha(x)}), d(y, (G^{y}_{\xi^{y}_{A(y)}})_{\beta(y)}),$$

$$d(x, (G^{y}_{\xi^{y}_{A(y)}})_{\beta(y)}), d(y, (F^{\bar{x}}_{\xi^{\bar{x}}_{A(x)}})_{\alpha(x)}))$$

其中函数 Φ 满足式（3）（4），式（4）中的 $\varphi(t)$ 满足 $\varphi(0) = 0, \varphi(t) < t, \forall\, t > 0.$ 则存在 $\xi^{x^+}_{A(x^+)} \in \widetilde{A}$ 关于 F 和 G 的公共不动度为 $\min\left\{\dfrac{\alpha(x^+)}{A(x^+)}, \dfrac{\beta(x^+)}{A(x^+)}\right\}.$

由引理 1 可知，上述结果推广了张石生在文章 $Fuzzy\ sets\ and\ systems$ 中的相应结果.

紧凸集中的不动点

第

13

章

本章的主要内容包括 Brouwer 定理 5, Schauder 定理 10 以及 Tychonoff 定理 11. 所有这些定理都断言每一个紧凸集到自身内的连续映像必定具有不动点. 我们以一个例子来结束本章, 此例表明对于有界的、完备的和凸的集来说不足以保证不动点存在.

13.1　不动点性质

定义 1　一个拓扑空间 $\mathscr{X}$ 称为具有不动点性质, 如果每一个 $\mathscr{X}$ 到 $\mathscr{X}$ 内的连续映像都有不动点.

常常有可能通过找出一个没有

189

不动点的映像,来决定一个集并不具有不动点性质.
(例如,考虑实直线或单位圆.)

　　一个初等的论证表明,单位区间[0,1]具有不动点性质.一个相当简单的论证又表明,平面上的闭单位圆盘具有不动点性质.在所有其他的重要情形,不动点性质的建立是相当困难的.

　　首先我们注意到,不动点性质是一个拓扑性质.

　　定理 1　若 $\mathcal{X}$ 同胚于 $\mathcal{Y}$,且 $\mathcal{X}$ 具有不动点性质,则 $\mathcal{Y}$ 具有不动点性质.

　　证　略(作为一个习题).

　　利用定理 1 和关于圆盘的结果,能够证明阿米巴状的各种平面集具有不动点性质.但处理一个具有二维躯体和一维腿的蜘蛛形状,或处理一串数珠,则需要下一个定理.

　　定义 2　我们称 $\mathcal{X}$ 是 $\mathcal{Y}$ 的一个收缩核,如果 $\mathcal{X} \subset \mathcal{Y}$,且存在一个 $\mathcal{Y}$ 到 $\mathcal{X}$ 内的连续映像 r,使得在 $\mathcal{X}$ 上 $r = I$(此时我们将 r 叫作保核收缩映像).

　　例 1　E^n 或 Hilbert 空间的一个非空闭凸子集 $\mathcal{X}$ 是任一比其大的子集的收缩核.

　　证明概要:所需的保核收缩映像可由映每一点到 $\mathcal{X}$ 中与之最接近的点而得到.详情见 Bourbaki(布尔巴基,1955,5.1.4).

　　同样的结果在 Banach 空间中也成立,但需要一个不同的证明,见 Dugundji(1958,定理 10.2).对于 $\mathcal{X}^0 \neq \varnothing$ 的情形,见下面定理 5 的证明.

　　定理 2　若 $\mathcal{Y}$ 具有不动点性质,而 $\mathcal{X}$ 是 $\mathcal{Y}$ 的一个收缩核,则 $\mathcal{X}$ 具有不动点性质.

　　证　设 r 是 $\mathcal{Y}$ 到 $\mathcal{X}$ 上的一个保核收缩映像.若 T

是 $\mathscr{X}$ 到 $\mathscr{X}$ 内的任一连续映像,则 Tr 是 $\mathscr{Y}$ 到 $\mathscr{X}$ 内的连续映像.由于 Tr 映 $\mathscr{Y}$ 到 $\mathscr{Y}$ 内,所以存在不动点 w,于是 $Trw = w$.显然,$w \in \mathscr{X}$,这便有 $rw = w$,因此 $Tw = w$.

定义 3　如果存在 $\mathscr{X} \times [0,1]$ 到 $\mathscr{X}$ 的一个连续函数 $f(x,t)$,使得 $f(x,0) \equiv x$ 及 $f(x,1) \equiv x_0$,那么称拓扑空间 $\mathscr{X}$ 是可缩(成 $\mathscr{X}$ 中的一点 x_0)的.

为了得到 Brouwer 定理的一个十分直观的证明,我们将假定,关于同调群的下列事实为已知,我们记 n - 球面为 S^n,记闭 n - 球为 B^n.

提示　相应于欧几里得空间中的每一个复形 $\mathscr{X}$ 和每一个整数 $n \geqslant 1$,我们可配以唯一的一个群 $H_n(\mathscr{X})$(具整系数的 n 阶同调群).而且:

(1) $H_n(S^n) = Z, Z$ 是整数群;

(2)若 $\mathscr{X}$ 是可缩的,则 $H_n(\mathscr{X}) = \{e\}, \{e\}$ 是平凡群.

定理 3　对于 $n \geqslant 0, S^n$ 是不可缩的.

证　此结果在 $n = 0$ 时是显然的,而在 $n \geqslant 1$ 时由提示即得.

引理 1　若 $\mathscr{Y}$ 是可缩的,则 $\mathscr{Y}$ 的任一收缩核也是可缩的.

证　若 r 将 $\mathscr{Y}$ 收缩到 $\mathscr{X}$ 上,而函数 $f(x,t)$ 将 $\mathscr{Y}$ 缩成一点 $z \in \mathscr{Y}$,则容易验证 $rf(x,t)$ 将 $\mathscr{X}$ 缩成一点 $rz \in \mathscr{X}$.

定理 4　对于 $n \geqslant 1, S^{n-1}$ 不是 B^n 的一个收缩核.

证　B^n 显然是可缩的.依定理 3,S^{n-1} 不可缩.由引理 1 即得所述结果.

定理 5(Brouwer, 1910):

(1) B^n 具有不动点性质;

(2)E^n 的每一非空紧凸子集 $\mathscr{X}$ 具有不动点性质.

证 (1)如果存在 B^n 到 B^n 内的一个没有不动点的映像 T,那么我们就能作出 B^n 至 S^{n-1} 上的一个保核收缩如下:对于 B^n 中的每一个 x,把从 Tx 至 x 的线段延长到它与 S^{n-1} 的交点,令此点为 rx(图1).依定理4,这样一个保核收缩是不可能的.

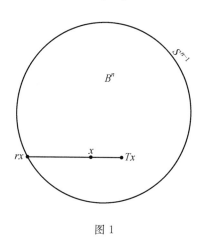

图 1

(2)对于充分大的 k,半径为 k 的球 kB^n 包含 $\mathscr{X}$.依例1,$\mathscr{X}$ 是 kB^n 的一个收缩核.由于 kB^n 同胚于 B^n,所以定理1表明 kB^n 具有不动点性质,并由定理2证得 $\mathscr{X}$ 具有不动点性质.

13.2　Brouwer 定理的其他证明

Bohl(博尔,1904)证明过一个等价于定理4的结果,但是显然他没有进一步得出定理5.

依赖于映像度(向量场的旋度)的各种定义的 Brouwer 定理 5 的一些证明,是由 Brouwer(1910)、Alexander(亚历山大,1922)以及以后的许多作者给出的.

任何喜欢用古典方法(微积分和行列式)证明的人,应去参考 Birkhoff(伯克霍夫)和 Kellogg(凯洛格,1922)或 Dunford(邓福德)和 Schwarz(1958)的文献.

最直接的证明方法是用 $n-$单形的单形剖分.这个在 Knaster(克纳斯特)、Kuratowski(库拉托夫斯基)和 Mazurkiewicz(马祖尔凯维奇,1929)中给出了的且在 Kuratowski(1933)以及 Graves(格雷夫斯,1946)中又介绍过的证明,涉及下面的预备结果.

记号　我们记集 X 的凸包为 $\mathrm{co}(X)$.

定理 6　给定一个 $n-$单形的 $n+1$ 个闭子集 $A(0),A(1),\cdots,A(n)$,则
$$S=\mathrm{co}(p(0),p(1),\cdots,p(n))$$
使得每个面 $\mathrm{co}(p(i_0),\cdots,p(i_k))$ 满足
$$\mathrm{co}(p(i_0),\cdots,p(i_k))\subset A(i_0)\bigcup\cdots\bigcup A(i_k)$$
则必有 $A(0)\bigcap\cdots\bigcap A(n)\neq\varnothing$.

证明概要:利用组合论证(Sperner 引理)证得 S 的一个任意精细的单形剖分必含有诸顶点在全体 A_i 中的一个单形.然后,一个极限过程给出一个存在于所有的 A_i 之中的点.

对于 $n-$单形 $S=\mathrm{co}(p(0),p(1),\cdots,p(n))$,我们由定理 6 导出 Brouwer 定理如下:将 S 中的每个 x 唯一地表示成 $x=\sum x_i p(i)$ 的形式(这里 $x_i\geqslant 0$ 且 $\sum x_i=1$).若取 S 到 S 内的任一连续映像 T,并令

$$A_i = \{x \mid (Tx)_i \leqslant x_i\}$$

则我们看出 A_i 满足定理 6 的条件. 这便给出一点 x 使得对一切 i, $(Tx)_i \leqslant x_i$. 由于 $\sum(Tx)_i = \sum x_i = 1$,我们就有 $(Tx)_i = x_i$ 对一切 i 成立,因此 x 是 T 的一个不动点.

或许定理 5 的最直观的证明是通过利用在 Hirsch(赫希,1963)中定理 4 的初等证明来得到的,对此详情,可见 Maunder(蒙德,1970).

13. 3　扩张到无限维空间

把拓扑定理应用于分析,大多数要涉及函数或序列的无限维空间. 为了把一个定理从有限维情形扩张到无限维情形,通常是,我们用有限维的集或映像来逼近无限维的集或映像. 在本节中,我们利用从 Brouwer 定理到无限维 Banach 空间中一个与之类似的结果(Schauder 定理)来实行这一扩张过程. 我们将利用下面的逼近引理.

引理 2　设 $\mathcal{Y}$ 是一个紧度量空间. 对于每一 $\varepsilon > 0$,令 P_s 是 $\mathcal{Y}$ 到 $\mathcal{Y}$ 内的一个连续映像, 合于 $\rho(P_\varepsilon x, x) < \varepsilon(\forall x)$. 假设每个集 $P_\varepsilon \mathcal{Y}$ 具有不动点性质,则 $\mathcal{Y}$ 也具有不动点性质.

证　考虑 $\mathcal{Y}$ 到 $\mathcal{Y}$ 内的一个连续映像 T,由于 $P_\varepsilon T$ 映 $P_\varepsilon \mathcal{Y}$ 到其自身内,所以存在不动点 x_ε,也就是说,$P_\varepsilon T x_\varepsilon = x_\varepsilon$.

这样,$P(x_\varepsilon, T x_\varepsilon) = \rho(P_\varepsilon T x_\varepsilon, T x_\varepsilon) < \varepsilon$. 依定理 3,$T$ 在 $\mathcal{Y}$ 中有不动点.

现在我们说明只要考虑一个特殊的无限维空间——Hilbert 立方体就够了.

定义 4 Hilbert 立方体 $\mathscr{H}_0$ 是 l^2 中使得对一切 r 有 $|a_r| \leqslant r^{-1}$ 的点 $a = (a_1, a_2, \cdots)$ 组成的子集.

定理 7 Banach 空间 $\mathscr{B}$ 的每一个紧凸子集 $\mathscr{K}$,在一个线性映像下,同胚于 $\mathscr{H}_0$ 的一个紧凸子集.

证 不失一般性,我们假定 $\mathscr{K}$ 是 $\mathscr{B}$ 中单位球的一个子集. 由于 $\mathscr{K}$ 和 $\mathrm{span}(\mathscr{K})$ 都是可分的,因此我们能够选取一个序列 (x_n) 在 $\mathrm{span}(\mathscr{K})$ 中稠密. 对于

$$n = 1, 2, \cdots$$

在对偶空间 $\mathscr{B}^*$ 中选取 f_n,使得

$$f_n(x_n) = \frac{\|x_n\|}{n}$$

$$\|f_n\| = \frac{1}{n}$$

那么映像

$$F: x \rightarrow (f_1(x), f_2(x), \cdots, f_n(x), \cdots)$$

显然映 $\mathscr{K}$ 到 $\mathscr{H}_0$ 内. 我们能够看出,F 是一个自 $\mathscr{B}$ 到 l^2 的有界线性算子. F 在 $\mathrm{span}(\mathscr{K})$ 上是一一的,因若在 $\mathrm{span}(\mathscr{K})$ 中 $x \neq y$,则当 x_n 充分接近 $x - y$ 时便有

$$|f_n(x) - f_n(y)| \geqslant |f_n(x_n)| - |f_n(x - y - x_n)|$$

$$\geqslant \frac{\|x_n\|}{n} - \frac{\|(x-y) - x_n\|}{n}$$

$$> 0$$

由于 F 在紧集 $\mathscr{K}$ 上是一一且连续的,因此 F 是自 $\mathscr{K}$ 到 $F(\mathscr{K})$ 的一个同胚.

最后,我们断定 $F\mathscr{K}$ 是紧和凸的,因为线性同胚保存这些性质.

定义 5 l^2 到一个 n-维子空间上的射影 P_n 被给

定为

$$P_n(x_1, x_2, \cdots) = (x_1, x_2, \cdots, x_n, 0, 0, \cdots)$$

定理 8　Hilbert 立方体 $\mathscr{H}_0$ 具有不动点性质.

证　我们注意到对于充分大的 n

$$\|P_n a - a\| \leqslant \left(\sum_{n+1}^{+\infty} r^{-2}\right)^{\frac{1}{2}} < \varepsilon \qquad (1)$$

对 $\mathscr{H}_0$ 中的一切 a 成立. 由于 $P_n\mathscr{H}_0$ 是紧的, 所以这就表明 $\mathscr{H}_0$ 是紧的. 因 $P_n\mathscr{H}_0$ 能看作是 $\mathbf{R}^n$ 的一个紧凸子集, 故 Brouwer 定理对于 $P_n\mathscr{H}_0$ 给出了不动点性质. 于是, 引理 2 表明 $\mathscr{H}_0$ 具有不动点性质.

定理 9　$\mathscr{H}_0$ 的任一非空紧凸子集 $\mathscr{X}$ 具有不动点性质.

证　依例 1, $\mathscr{X}$ 是 $\mathscr{H}_0$ 的一个收缩核, 由定理 2 知, $\mathscr{X}$ 具有不动点性质.

定理 10(Schauder, 1930)　赋范空间的任一非空紧凸子集 $\mathscr{Y}$ 具有不动点性质.

证　依定理 7, $\mathscr{Y}$ 同胚于 $\mathscr{H}_0$ 的一个紧凸子集 $\mathscr{X}$; 依定理 9, $\mathscr{X}$ 具有不动点性质, 于是定理 1 给出所论结果.

注 1　定理 10 原来的证明包含了用 $\mathscr{Y}$ 的有限子集 $\mathscr{X}$ 的凸包 co($\mathscr{X}$) 来逼近 $\mathscr{Y}$. 这样就要作出单形剖分, 而 $\mathscr{Y}$ 到 $\mathscr{Y}$ 内的任一映像 T 是用 co($\mathscr{X}$) 到 co($\mathscr{X}$) 内的单形映像来逼近的. 依定理 5, 对于这些单形映像, 不动点是存在的, 再由紧性便产生 T 的不动点. 这个证明的现代形式避免了单形剖分, 参看我们关于 Schauder 第二定理(第 5 章定理 1) 的证明.

下面的定理原来的证明用的是单形剖分法.

定理 11(Tychonoff, 1935)　局部凸空间的任一非空紧凸子集具有不动点性质.

196

我们提一下 Schauder 和 Tychonoff 定理的一些其他证明:

在 Schauder 给出他的一般定理之前,关于特殊的函数空间的证明曾由伯克霍夫和凯洛格(1922) 给出,这在 C 和 $C^{(k)}$ 的情形用的是在有限多个函数值之间的插值法,而在 l^2 的情形是通过利用傅里叶级数的方法,这也见于 Schauder(1927).

Tychonoff 定理的一个利用关于 Hilbert 立方体不动点性质的证明,在 Dunford-Schwarz(1958) 中给出了一个直接根据定理 6 的证明,曾由 Ky Fan(樊畿 1961) 建立.

13.4　角谷静夫的例子

Hilbert 空间中,单位球是一个无不动点的映像.(这个例子表明,在 Schauder 定理 10 中"y 是紧的"这一条件是不能用"y 是有界的和闭的" 来代替的.)

我们将 l^2 作为具有自然基的 $l^2(Z)$ 来考虑,此基由序列 $\boldsymbol{y}_n=(\cdots,0,0,1,0,0,\cdots)$ 组成,其中 1 在第 n 个位置上. 对于 l^2 中的 $\boldsymbol{x}$,可写为

$$\boldsymbol{x}=(\cdots,x_{-1},x_0,x_1,x_2,\cdots)=\sum x_n\boldsymbol{y}_n$$

我们记 U 为右移算子

$$U\boldsymbol{x}=\sum x_n\boldsymbol{y}_{n+1}$$

引理 3　向量 $\boldsymbol{x}-U\boldsymbol{x}$ 仅当 $\boldsymbol{x}=\boldsymbol{0}$ 时才是 $\boldsymbol{y}_0$ 的倍量.

证　关系式

$$\boldsymbol{x}-U\boldsymbol{x}=\sum(x_n-x_{n-1})\boldsymbol{y}_n=c\boldsymbol{y}_0$$

要求对一切 $n>0$ 有 $x_n=x_0$；而对一切 $n<0$ 有 $x_n=x_{-1}$；对于 l^2 中的一个元素，只有在 $x_0=x_{-1}=0$ 时才是可能的.

定理 12 l^2 中的单位球 $\mathscr{B}$ 不具备不动点性质.〔其推广见 Klee(克利,1955),Dugundji(1951)〕

证 我们通过

$$Tx=(1-\parallel x\parallel)y_0+Ux$$

来定义所要的映像. T 是连续的,且当 $\parallel x\parallel\leqslant 1$ 时有

$$\parallel Tx\parallel\leqslant(1-\parallel x\parallel)\parallel y_0\parallel+\parallel Ux\parallel$$
$$=(1-\parallel x\parallel)+\parallel x\parallel=1$$

故 T 映 $\mathscr{B}$ 到 $\mathscr{B}$ 内. 又因,若

$$x=Tx=(1-\parallel x\parallel)y_0+Ux$$

则 $x-Ux=(1-\parallel x\parallel)y_0$,但此式在 $x=0$ 时显然不可能,而在 $x\neq 0$ 时依引理也是不可能的. 于是断定 T 没有不动点.

注 2 当考虑

$$T_c x=c(1-\parallel x\parallel)y_0+Ux \quad (0<c<1)$$

时,我们能够得到一个稍强的结果. 对于每一个固定的 c,这种映像给出 $\mathscr{B}$ 到 $\mathscr{B}$ 上的一个同胚,且没有不动点. 我们还有

$$\parallel T_c x-T_c y\parallel\leqslant(1+c)\parallel x-y\parallel$$

对于 $T_{\frac{1}{2}}$ 的讨论,可见角谷静夫(1943)或 Cronin(克罗宁,1964).

由上述定理我们得:

注 3 l^2 中的单位球面 S^∞ 是 l^2 中的单位球的一个收缩核.

证 见定理 5(1)的论证.

13.5　问　　题

1. 用图形说明单位区间 $[0,1]$ 具有不动点性质.

2. 在无限维 Hilbert 空间 H 中,设 S 是单位球面, B 是闭单位球.则:

（1）存在一个没有不动点的 B 到 B 内的连续映像（利用定理 12）;

（2）S 是 B 的一个收缩核.

3. 证明:即使一个集 M 不具备不动点性质,但是 M 到 M 内的每一个同胚还可以具有不动点（考虑具有一维"柄"的闭圆盘）.

4. 未解决的问题:Tychonoff 定理能否推广到任意的拓扑向量空间?

5. ［Fort(福特,1954)］设 B^0 是 $\mathbf{R}^n$ 中的一个开球, T 是 B^0 到 B^0 内的连续映像.证明对每个 $\varepsilon > 0$:

（1）存在 B^0 到 B^0 的一个闭凸子集上的保核收缩 r,使得 $\| rx - x \| < \varepsilon (\forall x \in B^0)$;

（2）T 具有 $\varepsilon -$ 不动点.

6. 在 Nirenberg(尼伦伯格）的讲演笔记中,给出了一个证明定理 12 的更简单的例子.考虑映像

$$(x_1, x_2, x_3, \cdots) \to ((1 - \| x \|^2)^{\frac{1}{2}}, x_1, x_2, \cdots)$$

7. 注意第 2 题(2)明显地蕴含(1),因为如果 V 将 B 收缩到 S 上,那么 V 没有不动点.

哪些集具有不动点性质

第 14 章

14.1　紧可缩集

作为一个粗略的研究指导（为了泛函分析的目的），我们预期具有不动点性质的集应当是紧的和可缩的. 事实上，如果一集缺少这些特性之一，如下所述，我们通常能够作出一个不具有不动点的映像.

如果 $\mathbf{R}^n$ 的某一子集不是紧的，那么通常我们可以用这样的方法作出一个无不动点的映像：朝着消失极限点的方向，或"朝着无穷"（按某一方向）移动所有的点. 因此我们看出，诸如开区间或开球，半直线或子空间这样一

类的集,都不具备不动点性质.

l^2 中的单位球,是有界的和闭的,但不是紧的,它不具备不动点性质,因为我们已经看到在这个集中存在一个无不动点的映像.Klee(1955)证明了赋范空间的任何凸的非紧子集不具备不动点性质.

在 $\mathbf{R}^n$ 的子集是不可缩时的这些简单情形中,通常在其中有着某种类似于洞的东西.在这些情形中,我们能够绕着此洞旋转该集或透过此洞反射它 —— 这样,我们看到诸如圆、球面、Klein(克莱因)瓶、圆环面或 Möbius(麦比乌斯)带这样一类的集,都不具备不动点性质.

定理 1　　在前面三段中所提到的集,不具备不动点性质.

证　　在每一种情形中,我们能够按照以上所建议的方式,构造一个该集到其自身内的映像,它没有不动点.

在 14.2 节中,我们将给出一些集的例子,它们未能是紧的或可缩的,但都具有不动点性质.

现在我们给出几个肯定的结果.

定理 2[Lefschetz(莱夫谢茨)]　　若 $\mathscr{T}$ 是一个紧的局部可缩的度量空间,所有它的同调群都是平凡的,则 $\mathscr{T}$ 具有不动点性质.

证　　见 Lefschetz1930 的论文第 359 页.在 Lefschetz1942 的文章中给出了这个定理的一个稍许不同的说法.也可见第 11 章性质 16.

推论 1　　若 $\mathscr{T}$ 是一个紧的可缩的和局部可缩的度量空间,则 $\mathscr{T}$ 具有不动点性质.

证　　由定理 2 即得(一个简单的直接证明将是我

们所期望的）.

我们叙述一个不被上述定理所包括的例子：如图1所示的集是由以一条水平闭线段为基准的无穷多条垂直闭线段组成的，这个集具有不动点性质.

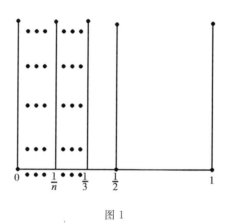

图 1

系的一个现代证明由 Spanier（斯帕尼尔，1966）在下列假设下所给出：

$\mathscr{X}$ 是 $\mathbf{R}^n$ 中的一个复形.

遵从 Lefschetz 的说法，Spanier 的论证是"内部的". 一个 $\mathscr{X}$ 的映像的作用，是通过它在 $\mathscr{X}$ 的同调群上的效应来研究的. 现在，我们采用"外部的"论证，将得到一个较 Spanier 更为一般的结果.

定理 3 若 $\mathscr{X}$ 是 $\mathbf{R}^n$ 的一个紧的可缩的和局部可缩的子集，则 $\mathscr{X}$ 具有不动点性质.

证 依 Kuratowski（1968，54.7，定理 6），$\mathscr{X}$ 是任一较大的度量空间，特别是 $\mathbf{R}^n$ 中一较大的球 $\mathscr{B}$ 的一个收缩核. 由于 $\mathscr{B}$ 具有不动点性质，且 $\mathscr{X}$ 是 $\mathscr{B}$ 的收缩核，

所以 $\mathcal{X}$ 具有不动点性质.

如果紧度量空间 $\mathcal{X}$ 是一个绝对收缩核,那么同样的论断成立.此时我们能将 $\mathcal{X}$ 嵌入 l^∞,则我们能将 $\mathcal{X}$ 嵌入 Hilbert 立方体 $\mathcal{X}_0$.这样我们可把 $\mathcal{X}$ 视为 $\mathcal{H}$ 的一个收缩核,且由于 $\mathcal{H}$ 具有不动点性质,所以 $\mathcal{X}$ 也具有此性质.

14.2　病　　态

Bing(宾,1969) 和 Fadell(法戴尔,1970) 给出了许多有趣的例子和参考资料.我们无意去做所有这些工作.我们只是要用例子来说明,紧的、可缩的这些条件,对于一个具有不动点性质的集来说,既非必要的也非充分的.这只要考虑 $\mathbf{R}^3$ 中的集就够了.

定理 4(树下真一)　存在一个紧的可缩的 $\mathbf{R}^3$ 的子集,它不具备不动点性质.

证　见树下真一(1953) 所给的极其简明生动的例子,此例解决了这个问题 —— 此问题至少曾经持续二十年之久未能解决.所述的那个集,是由一个水平闭圆盘,一个以此圆盘的边为基准的单位高的垂直柱面,以及一个单位高和无限长的垂直叶,这三者所成的并,该叶从柱面的轴起成螺旋状向外越来越近地逼近这一柱面(图 2).

定理 5　射影平面或偶维数的任何(实)射影空间具有不动点性质.

证　见 Whittlesey(怀特,1963,系 17).

由定理 5 知,可缩性对于不动点性质并不是必要

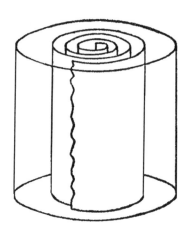

图 2

的. 说明紧性是不必要的例子,必然是更为病态的. 我们给出一个定理,它向我们提供了一些例子[这一定理的更早的形式,见 Smart(1967)].

定理 6　在图 1、图 3 和图 4 中所示的诸集都具有不动点性质. 图 3 中的集不是紧的;图 4 中的集既不是紧的也不是可缩的.

我们可以描述这些集如下:在每一种情形,该集都具有 $\mathscr{X}=\mathscr{X}_0\bigcup\bigcup_1^{+\infty}\mathscr{X}_n$ 这一形式,这里每一个 $\mathscr{X}_n$ 同胚于一个闭线段,且对 $n>0,\mathscr{X}_n$ 在其一个端点 P_n 处连到 $\mathscr{X}_0$ 上. 在图 3 中,$\mathscr{X}_0=[0,1]$,$P_n\to 0$,而 $\mathscr{X}_n$ 是在 P_n 上方的高为 n 的一个线段. 在图 4 中,$\mathscr{X}_0$ 是下半平面中把 $(0,0)$ 和 $(1,0)$ 联结起来的一个半圆,且对 $n\geqslant 1,\mathscr{X}_n$ 是把 $P_n=(1,0)$ 和点 $(0,n^{-1})$ 联结起来的线段.

证　首先注意到

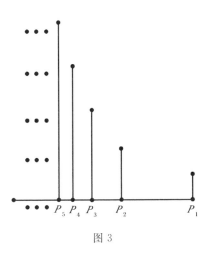

图 3

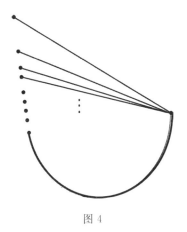

图 4

把 $\mathscr{X}_i$ 中的一点和 $\mathscr{X} - \mathscr{X}_i$ 中的一点联结起来的任一
弧必定通过 p_i 　　　　　　　　　　　　　　　（1）

令 T 是 $\mathscr{X}$ 到 $\mathscr{X}$ 内的任一连续映像. 考虑三种情形:

情形 1: 对某个 $i \geqslant 1, Tp_i = p_i$. 此时 p_i 是一个不

205

动点.

情形 2：对某个 $i \geqslant 1$，$Tp_i \in \mathscr{X} - \{p_i\}$. 用

$$Rx = \begin{cases} x, x \in \mathscr{X}_i \\ p_i, x \notin \mathscr{X}_i \end{cases}$$

定义 $\mathscr{X}$ 到 $\mathscr{X}_i$ 上的映像 R. 则依照式（1）有

当 $x(t)(0 \leqslant t \leqslant 1)$ 是 $\mathscr{X}$ 中的一个弧时，$Rx(t)$ $(0 \leqslant t \leqslant 1)$ 将是 $\mathscr{X}_i$ 中的一个弧 　　　　　　　　（2）

若令 $Sx = RTx$，则 S 给出一个 $\mathscr{X}_i$ 到 $\mathscr{X}_i$ 内的映像；我们来证明 S 是连续的. 如果在 $\mathscr{X}_i$ 中 $x_n \to x$，那么我们能够假定沿着 $\mathscr{X}_i$ 中的一个弧 $x_n \to x$；这样，沿着 $\mathscr{X}$ 中的一个弧 $Tx_n \to Tx$，因此依照式（2），$RTx_n \to RTx$，即 $Sx_n \to Sx$. 于是，S 是连续的，从而在 $\mathscr{X}_i$ 中具有不动点 z. 因 $z \neq p_i$，故有 $Tz = Sz = z$.

情形 3：对一切 $i \geqslant 1$，$Tp_i \notin \mathscr{X}_i$. 用

$$Rx = \begin{cases} x, x \in \mathscr{X}_0 \\ p_i, x \in \mathscr{X}_i, i \geqslant 1 \end{cases}$$

定义 $\mathscr{X}$ 到 $\mathscr{X}_0$ 上的映像 R. 和情形 2 一样，我们看出 $Sx = RTx$ 是连续的，于是 S 有不动点 z. 因 z 不能是一个 p_i，故有 $Tz = Sz = z$.

这样，在每一情形 T 都有不动点.

用同样的论证，我们能将定理 6 推广到其他情形，其中 $\mathscr{X}$ 是具有 $\mathscr{X} = \bigcup \mathscr{X}_i$ 这种形式的一个度量空间，且：

（1）每个 $\mathscr{X}_i$ 是局部弧连通的并具有不动点性质；

（2）每个 $\mathscr{X}_i(i \neq 0)$ 是以唯一的一个点 p_i 与 $\mathscr{X}_0$ 相连接的，并且任何从 $\mathscr{X}_i$ 中一点到 $\mathscr{X} - \mathscr{X}_i$ 中一点的弧都必定经过 p_i；

（3）$\mathscr{X}_i$ 的数目是有限的，可数的或不可数的.

特别地，通过适当地伸缩和弯曲图 3 中的线段，我

206

们得到下面的例子. 我们安排 $\bigcup\limits_{0}^{n} \mathscr{X}_i$ 在半径为 n 的球中是 $n^{-1} -$ 稠密的.

定理 7(Spaghetti 集)　对于 $k \geqslant 2$, 存在 $\mathbf{R}^k$ 的一个处处稠密子集, 它具有不动点性质.

14.3　问　　题

1. 考虑平面中呈字母 A, B, C, D, E 的形状的集. 这些集中哪些具有不动点性质?

2. 对图 1 所示的集具有不动点性质, 给出一个特别的证明.

3. 证明: $\mathbf{R}^n$ 的任何非紧的凸子集不具备不动点性质.

4. 若 X 是任一拓扑空间, 则 $X \times S^n$ 不具备不动点性质.

5. 能否将定理 7 扩张到 $k = 1$ 的情形?

6. S^n 到 S^n 内的任一无不动点的连续映像同伦于映像 $x \rightarrow - x$(对于 $0 \leqslant \lambda \leqslant 1$, 考虑 $\lambda(-x) + (1-\lambda)Tx$).

7. 若 $X \times Y$ 具有不动点性质, 则 X 和 Y 同样也具有此性质.

集值映射与不动点

第 15 章

15.1 引 言

集值分析在对策论、数理经济、控制论、优化理论等许多领域的广泛应用,在近几十年蓬勃发展起来了,现已成为非线性分析的现代数学重要分支.通过选择把集值问题转化为单值问题,由单值问题转化为集值问题,有许多方法.例如控制论提供了一个参数化集值映射,最优化理论中的边缘映射.福建省龙岩市高级中学(师范)的林一星教授在 2016 年用子集法,取凸包或闭包,由单值映射构造集值映

射,并讨论了其性质.

15.2　集值 Lipschitz 映射

定义 1　设 X,Y 均为度量空间,映射 $M:X \to P_0(Y)$ 称为集值 Lipschitz 映射,若存在常数 $l > 0$ 使

$$\delta(M(x_1),M(x_2)) \leqslant l d(x_1,x_2) \quad (\forall x_1,x_2 \in X)$$

其中子集 N_1,N_2 间的 Hausdorff 距离

$$\delta(N_1,N_2) = \max(\sup_{y_2 \in N_2} d(y_2,N_1),\sup_{y_1 \in N_1} d(y_1,N_2))$$
$$(N_1,N_2 \subset Y)$$

定理 1　设 X,Y 均为度量空间,映射 $M:X \to P_f(Y)$ 为集值 Lipschitz 映射,则 $M(x)$ 在 X 是 Hausdorff 下半连续(Hlsc)的,$M(x)$ 也在 X 下半连续(lsc).$M(x)$ 的图像是闭集.若 Y 为紧空间,则 $M(x)$ 还在 X 上半连续(usc).若 Y 为可分的,则 $M(x)$ 又是集值随机变量,其中 $P_f(Y)$ 为 Y 中非空闭子集全体.

证　设常数 $l > 0$,使

$$\delta(M(x_1),M(x_2)) \leqslant l d(x_1,x_2) \quad (\forall x_1,x_2 \in X)$$

$\forall \varepsilon > 0, \forall x_0 \in X,$ 当 $d(x,x_0) < \dfrac{\varepsilon}{l}$ 时

$$\delta(M(x_0),M(x)) < \varepsilon$$

得

$$\sup_{y \in M(x_0)} d(y,M(x)) < \varepsilon$$

从而

$$M(x_0) \subset \{y \mid d(y,M(x)) < \varepsilon\},d(x,x_0) < \frac{\varepsilon}{l}$$

$M(x)$ 在 X 是 Hausdorff 下半连续(Hlsc)的.

设开集 U,使
$$M(x_0) \bigcap U \neq \varnothing, y_0 \in M(x_0) \bigcap U$$
从而存在 $\lambda > 0$,使 $\{y \mid d(y,y_0) < \lambda\} \subset U$,由 $M(x)$ 在点 x_0 Hausdorff 下半连续(Hlsc)知,存在 x_0 的邻域 V,当 $x \in V$ 时
$$M(x_0) \subset \{y \mid d(y,M(x)) < \lambda\}$$
由 $y_0 \in M(x_0) \subset \{y \mid d(y,M(x)) < \lambda\}$ 知存在 $\bar{y} \in M(x)$,使 $d(y_0,\bar{y}) < \lambda$,故 $\bar{y} \in U$,因此当 $x \in V$ 时,$M(x) \bigcap U \neq \varnothing$,所以 $M(x)$ 也在 X 下半连续(lsc).

设 $y_n \in M(x_n),(x_n,y_n) \to (x,y),y \notin M(x)$,由 $M(x)$ 的余集为开集知有 $r > 0$,使
$$\{\bar{y} \mid d(\bar{y},y) < 3r\} \bigcap M(x) = \varnothing$$
由 $y_n \to y$ 知有 N_1,当 $n > N_1$ 时,$d(y_n,y) < r$. 如果当 $n > N_1$ 时,$d(y_n,M(x)) \leqslant r$,则 $d(y_n,M(x)) < 2r$,从而有 $y_0 \in M(x)$,使 $d(y_n,y_0) < 2r$,于是
$$d(y_0,y) < d(y_0,y_n) + d(y_n,y) < 2r + r = 3r$$
因此
$$\{\bar{y} \mid d(\bar{y},y) < 3r\} \bigcap M(x) \neq \varnothing$$
引出矛盾,所以当 $n > N_1$ 时,$d(y_n,M(x)) > r$. 当 $d(\bar{x},x) < \dfrac{r}{l}$ 时
$$\delta(M(\bar{x}),M(x)) \leqslant ld(\bar{x},x) < r$$
故当 $d(\bar{x},x) < \dfrac{r}{l}$ 时,$\sup\limits_{y \in M(\bar{x})} d(y,M(x)) < r$,由 $x_n \to x$ 知有 N_2,当 $n > N_2$ 时,$d(x_n,x) < \dfrac{r}{l}$ 得
$$\sup\limits_{y \in M(x_n)} d(y,M(x)) < r$$
故当 $n > N_2$ 时,$d(y_n,M(x)) < r$. 当 $n >$

$\max\{N_1, N_2\}$ 时, $d(y_n, M(x)) > r, d(y_n, M(x)) < r$, 引出矛盾. 因此 $y \in M(x)$, 所以 M 的图像是闭集.

如果 Y 为紧空间, 那么 $M(x)$ 在 X 上半连续 (usc).

由 $\delta(M(x_1), M(x_2)) \leqslant ld(x_1, x_2)$ 知 $\forall \varepsilon > 0$, 当 $y \in Y, d(x_1, x_2) < \dfrac{\varepsilon}{l}$ 时

$$| d(y, M(x_1)) - d(y, M(x_2)) | < \varepsilon$$

从而当 $y \in Y$ 时, $d(y, M(x))$ 为 x 的连续函数, 于是 $d(y, M(x))$ 为 $(X, B(X))$ 的可测函数, 其中 $B(X)$ 为 X 上的 Borel σ 代数, 则 $M(x)$ 为集值随机变量.

15.3　不　动　点

定理 2　设 X 为紧 Banach 空间, 映射 $M : X \to P_0(X)$ 为集值 Lipschitz 映射, 则 $\overline{co}\, M(x)$ 有不动点, 即 $\exists \bar{x} \in X$, 使 $\bar{x} \in \overline{co}\, M(\bar{x})$.

证　可知凸集 $co\, M(x)$ 的闭包 $\overline{co}\, M(x)$ 也是凸集, 由紧空间 X 的闭子集 $\overline{co}\, M(x)$ 也是紧的. 又可知 $\overline{co}\, M(x)$ 也为集值 Lipschitz 映射, 由定理 1 知 $\overline{co}\, M(x)$ 在 X 上半连续 (usc). 于是 $\overline{co}\, M(x)$ 有不动点.

定义 2　对每个 $s \in D$, 映射 $s : \beta \to \beta$, 若 β 中的两个元素有一个关系 $\ll$, $A_1, A_2 \in \beta, A_1 \ll A_2$, 使当 $s \in D$ 时, $A_1 + s \ll A_2 + s$, 则称 D 关于 β 对于关系 $\ll$ 是正常的.

定理 3　设 X, Y 均为 Banach 空间, 映射 $i : P_f(X) \to Y$ 满足 $\| i(A) - i(B) \| \leqslant l\delta(A, B), l > 0,$

$L \in P_f(X)$,令

$$M_L(x) = \overline{\mathrm{co}}\{i(A) \mid A \subset L + x, A \in P_f(X)\}$$

$$(x \in X)$$

则集值映射 $M_L(x) \in P_{fc}(Y)$ 为集值 Lipschitz 映射,即

$$\delta(M_L(x_1), M_L(x_2)) \leqslant l \parallel x_1 - x_2 \parallel$$

$$(\forall x_1, x_2 \in X)$$

$M_L(x)$ 即在 X Hausdorff 下半连续(Hlsc),又在 X 下半连续(lsc),并且 $M_L(x)$ 的图像是闭集.

进一步,如果 Y 为可分的,则 $M_L(x)$ 是集值随机变量.

如果 $\{i(A) \mid A \in P_f(X)\} \subset Y$ 为列紧集,则 $M_L(x) \subset Y$ 是有界紧凸集,$M_L(x)$ 既在 X 上半连续(usc),又在 Xh 上半连续(husc).

如果 $X = Y$,且 $\{i(A) \mid A \in P_f(X)\} \subset X$ 为列紧集,则 $M_L(x)$ 有不动点,即 $\exists \overline{x} \in \overline{\mathrm{co}}\{i(A) \mid A \in P_f(X)\}$,使 $\overline{x} \in M_L(\overline{x})$. 其中 $P_{fc}(Y)$ 为 Y 中非空闭凸子集全体.

证 已知凸集的闭包仍为凸集,所以 $M_L(x) \in P_{fc}(Y)$. 设 $A \in P_f(X)$,$x \in X$,易知 $A + x \in P_f(X)$. 因

$$\sup_{\overline{x} \in A + x_1} d(\overline{x}, A + x_2)$$

$$\leqslant \sup_{\overline{x} \in A + x_1} d(\overline{x}, \overline{x} - x_1 + x_2)$$

$$\leqslant \parallel x_1 - x_2 \parallel$$

同理

$$\sup_{\overline{x} \in A + x_2} d(\overline{x}, A + x_1) \leqslant \parallel x_1 - x_2 \parallel$$

212

故

$$\delta(A+x_1,A+x_2)\leqslant \parallel x_1-x_2 \parallel \quad (\forall x_1,x_2 \in X)$$

对于 $\forall \varepsilon >0$,当 $x_1,x_2 \in X$,$\parallel x_1-x_2 \parallel <\dfrac{\varepsilon}{l}$,$A \in P_f(X)$ 时

$$\parallel i(A+x_1)-i(A+x_2) \parallel$$
$$\leqslant l\delta(A+x_1,A+x_2)$$
$$\leqslant l\parallel x_1-x_2 \parallel <\varepsilon$$

易知由定义 2 得,X 关于 $P_f(X)$ 对于包含关系 $\subset$ 是正常的,又知 $\forall \varepsilon >0$,当 $x_1,x_2 \in X$,$\parallel x_1-x_2 \parallel <\dfrac{\varepsilon}{l}$,$L \in P_f(X)$ 时,$\delta(M_L(x_1),M_L(x_2))\leqslant \varepsilon$.

设 $\delta(M_L(x_1),M_L(x_2))>l\parallel x_1-x_2 \parallel$,取 $\varepsilon >0$,使

$$\delta(M_L(x_1),M_L(x_2))>\varepsilon >l\parallel x_1-x_2 \parallel$$

则

$$\dfrac{\varepsilon}{l}>\parallel x_1-x_2 \parallel$$

于是与 $\delta(M_L(x_1),M_L(x_2))\leqslant \varepsilon$ 引出矛盾,得

$$\delta(M_L(x_1),M_L(x_2))\leqslant l\parallel x_1-x_2 \parallel$$

$\forall x_1,x_2 \in X$,所以映射 M_L 为集值 Lipschitz 映射.

由定理 1 知,$M_L(x)$ 既在 X Hausdorff 下半连续(Hlsc),又在 X 下半连续(lsc),并且 $M_L(x)$ 的图像是闭集.进一步,如果 Y 为可分的,则 $M_L(x)$ 是集值随机变量.

如果 $\{i(A)\mid A \in P_f(X)\}\subset Y$ 为列紧集,那么 $M_L(x)\subset Y$ 是有界紧凸集,$M_L(x)$ 既在 X 上半连续(usc),又在 $X\,h$ 上半连续(husc).

如果 $X=Y$,且 $\{i(A)\mid A \in P_f(X)\}\subset X$ 为列紧集,则可知列紧集的凸包和闭包均为列紧集,凸集的闭

包仍为凸集,从而 $\overline{co}\{i(A) \mid A \in P_f(X)\}$ 为紧凸集,由 $M_L(x) \subset \overline{co}\{i(A) \mid A \in P_f(X)\}$ 为紧凸集上半连续 (usc) 的集值映射知,$\exists \bar{x} \in \overline{co}\{i(A) \mid A \in P_f(X)\}$,使 $\bar{x} \in M_L(\bar{x})$.

定理 4 设 β 为非空集,X 为 Banach 空间,映射 $F: \beta \rightarrow X$ 满足 $\{F(A) \mid A \in \beta\} \subset X$ 为列紧集,又 X 关于 β 对于关系 $\ll$ 是正常的,$L \in \beta$,且对任意 $x_0 \in \overline{co}\{F(A) \mid A \in \beta\} \subset X$,$\forall \varepsilon > 0$,均 $\exists x_0$ 的邻域 V,当 $A - x \ll L, A \in \beta, x \in V$ 时

$$\| F(A) - F(A - x + x_0) \| < \varepsilon$$

令 $\prod_L(x) = \overline{co}\{F(A) \mid A \ll L + x, A \in \beta\} \subset X, x \in X$,则 $\prod_L(x)$ 有不动点,即存在

$$\bar{x} \in \overline{co}\{F(A) \mid A \in \beta\},使 \bar{x} \in \prod_L(\bar{x})$$

证 因为 $\{F(A) \mid A \in \beta\} \subset X$ 为列紧集,$\overline{co}\{F(A) \mid A \in \beta\}$,$\prod_L(x)$ 均为 X 的紧凸集,且 $\prod_L(x) \subset \overline{co}\{F(A) \mid A \in \beta\}, x \in X$. 又知 $\prod_L(x)$ 在点 x_0 上半连续 (usc),由点 x_0 是任意的知,$\prod_L(x)$ 在 $\overline{co}\{F(A) \mid A \in \beta\}$ 上半连续 (usc). 可知 $\prod_L(x)$ 有不动点.

定理 5 设 X 为拓扑线性空间,C 为 X 的闭集全体,$\beta = \sigma(C)$,Y 为 Banach 空间,映射 $F: \beta \rightarrow Y$ 为向量值测度,T 为 $Y \rightarrow Y$ 的全连续算子,$L \in C$,且对每个 $x_0 \in X, \forall \varepsilon > 0$,都 $\exists x_0$ 的邻域 V,当 $A - x \subset L, A \in C, x \in V$ 时

$$\| TF(A) - TF(A - x + x_0) \| < \varepsilon$$

214

令 $M_L(x) = \overline{\text{co}}\{TF(A) \mid A \subset L + x, A \in C\}, x \in X$，则 $M_L(x)$ 既在 X 上半连续（usc），又在 Xh 上半连续（husc）。

进一步，若 $X = Y$，则 $M_L(x)$ 有不动点，即 $\bar{x} \in \overline{\text{co}}\{TF(A) \mid A \in C\}$，使 $\bar{x} \in M_L(\bar{x})$。

证　设 $C_1, C_2 \in C, C_1 \subset C_2$，则当 $x \in X$ 时，$C_1 + x \subset C_2 + x, C_1 + x, C_2 + x \in C$，由定义 2 知 X 关于 C 对于包含关系是正常的，又知 $\{F(A) \mid A \in C\} \subset Y$ 为有界集，$\{TF(A) \mid A \in C\} \subset Y$ 为列紧集。由之前学过的知识知，$M_L(x) \subset Y$ 是有界紧凸集，且 $M_L(x)$ 既在 X 上半连续（usc），又在 Xh 上半连续（husc）。

若 $X = Y$，因 $\overline{\text{co}}\{TF(A) \mid A \in C\}$ 为紧凸集，$M_L(x) \subset \overline{\text{co}}\{TF(A) \mid A \in C\}$，则可知 $M_L(x)$ 有不动点．

第 五 编
拓扑学中的不动点

某些数值不变量

第

16

章

各种不同(但彼此相关)的数值不变量已被用于不动点理论. 我们并未用这些不变量去发展不动点理论, 不过, 给出其中某些不变量及其应用的一种入门性质的论述似乎仍是重要的.

16.1   向量场的旋度

设 v 是定义在平面的一个子集 $\mathcal{D}$ 上的连续平面向量场. 如果 C 是 $\mathcal{D}$ 中的一个简单闭曲线, 使得对每一 $x \in C, v(x) \neq 0$, 则 v 在 C 上的旋度可以直观地加以定义. $\mathrm{rot}(v, C)$ 就是当 x 反时针地环绕 C 通过时, $v(x)$ 反时针

219

转动的次数. 显然,$\mathrm{rot}(v,C)$ 是一整数,而且当 C 连续变形时(只要 v 保持不为零)它是不变的. 这样,如果 C 可以连续地变形成 $\mathscr{D}$ 中的曲线 C_1,并且当 $\mathrm{rot}(v,C) \neq \mathrm{rot}(v,C_1)$ 时,则在 C 和 C_1 之间必存在 v 的一个零点. 特别地,如果 C 可以退缩成 $\mathscr{D}$ 中的一点而且 $\mathrm{rot}(v,C) \neq 0$,则在 C 中必存在 v 的一个零点.

我们来叙述三点应用. 前两点的详情,见库朗—罗宾斯(1961),关于第三点,详见 Brouwer(1952).

定理 1(代数基本定理) 若 p 是一个 n 次复多项式($n \geqslant 1$),则 p 有一个复根.

证明概要:考虑复平面 $\mathscr{D}$ 上的向量场 $v = p$. 设 C 是以 0 为心的一个大圆,则有 $\mathrm{rot}(v,C) = \pm n$. 因 C 可以变形成 $\mathscr{D}$ 中的一个点,故 v 在 C 中有一零点.

定理 2(B^2 的 Brouwer 定理) 任一闭单位圆盘到其自身内的连续映像有一不动点.

证明概要:在具边界 C 的圆盘 $\mathscr{D}$ 上考察向量场 $v(x) = Tx - x$. 如果 T 在 C 上没有不动点,则 $\mathrm{rot}(v,C) = 1$. 因 C 可以变形成 $\mathscr{D}$ 中的一个点,故 v 有一零点,即 T 有一不动点.

推论 1 任一 S^2 到 S^2 的一个真子集内的连续映像有一个不动点.

定理 3(S^2 的 Brouwer 定理) 任一连续的、一一的、保向的以及 S^2 到 S^2 内的映像 T 有一不动点.

证明概要:如图 1,我们可以假定 T 是满映像,而且 S^2 的北极点 P 不是不动点(否则,定理结论为显然). 设 C 是以 P 为圆心的一个小圆,映 $S^2 - \{P\}$ 成一平面. 设 T', C_1 和 C_2 分别是 T, C 和 $T^{-1}C$ 在这个平面中的像. 因 $\mathrm{rot}(T' - I, C_1) = 1$ 且 $\mathrm{rot}(T' - I, C_2) =$

220

-1,故在 C_1 和 C_2 间存在 $T' - I$ 的一个零点. 这就给出 T' 映 T 的一个不动点.

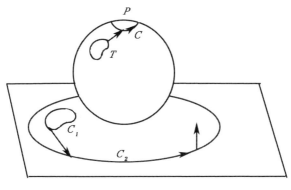

图 1

为了把这些思想推广到高维的情形,我们必须定义旋度,此时,它已不再是一种直观的概念,其中的一种定义见亚历山德罗夫－霍普夫(1935). 这里 f 关于 S^{n-1} 的旋度(在简单的情形)由考察从 0 点出发的任一射线而得出. 当我们按照 S^{n-1} 的方向定义了 $f(S^{n-1})$ 的方向时,则这种射线与 $f(S^{n-1})$ 相交的代数数就被定义. 这个相交的代数数就是旋度.

关于 $\mathbf{R}^n$ 中球面的旋度,也可以用度来定义,不过,即使定义了旋度,我们也还是只能用度来进行处理.

关于 $\mathbf{R}^3$ 中一球面 S^2 的旋度被 Alexander(1922) 用下面的积分定义

$$\iint \begin{vmatrix} x & y & z \\ x_u & y_u & z_u \\ x_v & y_v & z_v \end{vmatrix} \frac{\mathrm{d}u\mathrm{d}v}{r^3}$$

其中 (x, y, z) 是 S^2 上的点 (u, v) 的像,而且

$$r = (x^2 + y^2 + z^2)^{\frac{1}{2}}$$

对高维的情形,由一类似的积分给出旋度.

Graner(1961,1962)用考察"本质的"向量场,即具非零旋度的场的方法,避免给出旋度的数值. Klee(1960)部分地把 Graner 的工作推广到不必是局部凸空间的情形.

16.2　球面的映像度

考察 $\mathbf{R}^2$ 中的简单闭曲线 C 和 C 到 S^1 上的映像 g. 在简单的情形下,下面的事实可由图 2 清楚地看出.

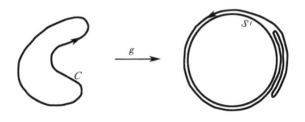

图 2　C 到 S^1 上的度为 1 的映像

性质 1　S^1 的大多数的点按正向被覆盖有限次数 n_1,按负向被覆盖有限次数 n_2.

性质 2　在所有 n_1 和 n_2 存在的点处,数 $n = n_1 - n_2$ 是一样的.

性质 3　对于 C 上的非零向量场 f,如果 $g(x) = \dfrac{f(x)}{\| f(x) \|}$,则 f 关于 C 的旋度恰好等于 n.

定义 1　数 n 称为映像 g 的度.

我们可以把性质1,2和定义1推广到 $\mathbf{R}^n$ 中的球面的映像[实际上,可以推广到映闭的可定向流形到可定向的流形上的映像,见 Brouwer(1910)].于是我们可以应用性质3定义关于 $\mathbf{R}^n$ 中球面的旋度.

度的另外的定义(对 S^n 的映像 g)是: g 导出一 $H_n(S^n)$ 到 $H_n(S^n)$ 内即 $\mathbf{Z}$ 到 $\mathbf{Z}$ 内的映像 $\tilde{g}$.于是 $\tilde{g}(1)$ 是某一整数 n.定义 n 为 g 的度.

现在我们来论述(关于 S^n 的映像的)度的主要性质.

性质 4　度是一整数.

性质 5　度对映像的连续形变(同伦)是不变的.

性质 6　$\deg(ST) = \deg(S)\deg(T)$.

性质 7　(1)$\deg I = 1$,(2)$\deg(-I) = (-1)^{n+1}$.

注意,性质4到性质7(1)显然可由同调定义得出.如果我们利用覆盖定义,那么性质4、性质6和性质7(1)是显然的,性质5由图2直观上看来似乎是合理的,而性质7(2)可以得出:映像 $x \rightarrow -x$ 可以用在 $\mathbf{R}^{n+1}$ 的坐标超平面中的 $n+1$ 次反射而得到,因此,定向改变 $n+1$ 次.

由这些性质,我们将推出几个不动点定理.关于球面和射影空间的许多其他的定理已由怀特(1963)给出.

引理 1　(1)如果 f 映 S^n 到 S^n 内而且没有不动点,则 $\deg f = (-1)^{n+1}$.

(2)如果一 f 没有不动点,则 $\deg f = 1$.

证　(1)函数

$$\varphi(x,t) = \frac{tf(x) + (1-t)(-x)}{\| tf(x) + (1-t)(-x) \|}$$

给出 f 和 $-I$ 间的同伦映像,于是性质 5 和性质 7 给出所求的结果.

(2) 这里 $-f$ 同伦于 $-I$,故 f 同伦于 I,如前即得结果.

定理 4 设 f 是 S^{2n} 到 S^{2n} 内的连续映像,则 f 或 $-f$ 有一不动点(故 f^2 有一不动点).

证 如果 f 和 $-f$ 都没有不动点,则由引理 1 知,$\deg f$ 既为 1 又为 -1,这是不可能的.

定理 5(Brouwer) 设 f 是 S^n 到 S^n 上的——的连续映像,且如下之一条件成立,则 f 有一不动点.

(1)n 是偶数而且 f 保持定向.

(2)n 是奇数而且 f 逆转定向.

证 若 f 保持定向,则 $\deg f = 1$;若 f 逆转定向,则 $\deg f = -1$.故结果由引理 1(1) 得之.

16.3 开集的映像度

考察 Banach 空间 $\mathcal{V}$ 的一个开子集 $\mathcal{M}$ 以及 $\mathcal{M}$ 到 $\mathcal{V}$ 内的一连续映像 F.先暂且假定 $\mathcal{M}$ 是有界的,而且 $\mathcal{V} = \mathbf{R}^n$.记 $\partial \mathcal{M}$ 为 $\mathcal{M}$ 的边界.我们先在 $\mathbf{R}^2$ 中叙述一种特别情形(图 3).

在这一特殊的情形中,我们注意到:

性质 8 $\partial \mathcal{M}$ 的像把 $\mathcal{V}$ 分成(连通的)区域 $\mathcal{U}_i$.在每一区域中,一个点被覆盖的代数次数是常数(除相当少的例外点外,在这些点处像是"重叠的").

可以证明,性质 8 对一切单形映像是成立的(例如 Cronin,1964),或对一切可微映像成立(例如南云道

何利用这一公式以及 $\deg(F,\mathcal{M},0)$ 通过 F 在 x_i 处的弗雷歇导数的表达式来计算度. 但在实用上, 度是通过利用性质 13 和同胚具有度 ± 1 的事实来求值的.

推广 Browder(1968) 对形如 $H-T$ 的映像, 其中 H 是一同胚, T 是紧映像, 定义了度的概念(当然也可对 H 和 T 的更为一般的组合定义度), 性质 $9 \sim 13$ 仍可得出, 不过性质 14 此时不再成立. 度也可对其他类型的映像加以定义. 关于进一步的讨论, 应用和参考文献, 见 Browder(1973).

度 $\deg(f,\mathcal{M},x)$ 可以对 $\mathcal{M}$ 是一空间的子集(例如流形) 的情形加以定义, 而此空间不必是向量空间, 见 Browder(1960).

应用度理论于不动点定理通常涉及下面的定理.

定理 6 若 $\deg(I-T,\mathcal{M},0) \neq 0$, 则 T 在 $\mathcal{M}$ 中有一不动点.

证 由性质 12, 我们有 $0 \in (I-T)\mathcal{M}$, 故对某一 $y \in \mathcal{M}, 0 = y - Ty$.

定理 7(Leray-Schauder,1934) 若
$$\deg(I-T_0,\mathcal{M},0) \neq 0$$
且 T_1 是 $fp-$ 同伦于 T_0 的(即在 $\partial\mathcal{M}$ 上的一个无不动点的紧同伦映像下为同伦的), 则 T_1 在 $\mathcal{M}$ 中有一不动点.

证 由性质 13 知
$$\deg(I-T_1,\mathcal{M},0) = \deg(I-T_0,\mathcal{M},0) \neq 0$$
故由定理 6 即得出 T_1 有一不动点.

现在我们将指出怎样由定理 6 和定理 7 可以推出我们以前的一些不动点定理.

Brouwer 定理的一个证明 记 $\mathcal{M}$ 为 $\mathbf{R}^n$ 中的单位

球. 设 U 映 $\mathcal{M}$ 到 $\mathcal{M}$ 内.

情形 $1:U$ 在 $\partial\mathcal{M}$ 上有不动点.

情形 $2:U$ 在 $\partial\mathcal{M}$ 上没有不动点. 则 $f(t,x)=tUx$ 给出 U 和 0 间的一个 $fp-$同伦映像. 于是由性质 10 知

$$\deg(I-U,\mathcal{M},0)=\deg(I,\mathcal{M},0)=1$$

根据定理 6 知, U 在 $\mathcal{M}$ 中有一不动点.

因此在每一情形中, U 在 $\mathcal{M}$ 中有一不动点.

如果 U 满足 Roth 定理的条件, 而且在 $\partial\mathcal{M}$ 上没有不动点, 则上面的讨论 (稍加修改) 也证明了 Roth 定理和下列事实

$$\deg(I-U,\mathcal{M},0)=1$$

在 Browder-Bott 定理中, 初始映像 U_0 满足 Roth 定理的条件, 故 Browder-Bott 定理是定理 7 的一个特例.

16.4   映像的指数和 Lefschetz 数

设 T 是一局部凸空间 $\mathcal{V}$ 的有界开子集 $\mathcal{M}$ 到 $\mathcal{V}$ 内的紧映像.

定义 3 T 的指数记为 $i(T)$, 为度

$$\deg(I-T,\mathcal{M},0)$$

在定理 6 和定理 7 中, 我们可以用 $i(T)\neq0$ 的说法来代替 $\deg(I-T,\mathcal{M},0)\neq0$. 但是, 我们将仍继续称度而不称指数.

性质 15   紧集 $\mathcal{N}$ (通常为一多面体或一绝对邻域收缩核) 的自映像 f 的 Lefschetz 数是一整数 $L(f)$, 其最重要的性质是

$$L(f)\neq0\Rightarrow f\text{ 在 }\mathcal{N}\text{ 中有不动点}$$

我们可以用多种方法定义 $L(f)$. Leray(1950) 提出：

定义 4　把 $\mathcal{N}$ 嵌入一局部凸空间. 设 $\mathcal{M}$ 是 $\mathcal{N}$ 的一个开邻域, r 是 $\mathcal{M}$ 到 $\mathcal{N}$ 上的保核收缩, 则令

$$L(f) = \deg(I - fr, \mathcal{M}, 0)$$

我们将不证明 $L(f)$ 由定义 4 完全确定, 也不讨论它的性质. 但是, 性质 15 显然得自于我们关于度的讨论.

性质 16　Lefschetz 本人定义数 $L(f)$ 有如下的形式

$$L(f) = \sum (-1)^n \operatorname{trace} T_n$$

T_n 是由 f 导出的 $\mathcal{N}$ 的同调群的自同态. 由这一定义出发, 有关 $L(f)$ 的一种讨论, 见 Spanier(1965) 或 Brown(布朗,1971)(Spanier 只讨论多面体的情形). 利用 $L(f)$ 的这一定义, 性质 15 就是熟知的 Lefschetz 不动点定理.

在某些情形中, 对所有的 $\mathcal{N}$ 到 $\mathcal{N}$ 内的连续映像我们可以证明 $L(f) \neq 0$. 如果这样, $\mathcal{N}$ 就有不动点性质. 这种处理方法就得出关于 n 维球或偶数维射影空间的不动点性质. 如果 $L(f) = 0$, 当其按照性质 16 利用具整系数的同调群计算时, 利用不同系数群有时可以得出非零值. 其详见 Fadell(1970).

16.5　问　　题

1.(Alexander,1922) 令 $\mathcal{M} = \mathcal{D} - \overset{n}{\underset{1}{U}} \mathcal{D}_i^0$, 其中 $\mathcal{D}_i$ 是一闭圆盘 $\mathcal{D}$ 的内部中不相重叠的诸闭圆盘. 设 T 是 $\mathcal{M}$

到 $\mathcal{M}$ 内的连续映像,它映每一边界圆 $\partial\mathcal{D}$ 或 $\partial\mathcal{D}_i$ 到其自身内,并保持这些圆中每一个的定向. 若 $n \geqslant 2$,则 T 在 $\mathcal{M}$ 中有一不动点(考虑 $\mathrm{rot}(T-I, \mathcal{D})$ 和 $\mathrm{rot}(T-I, \mathcal{D}_i)$).

　　2. 试证:对单位圆盘 $\mathcal{M}$ 的映像 $F: z \rightarrow z^n$ 有
$$\deg(F, \mathcal{M}, 0) = \mathrm{rot}(F, \partial\mathcal{M})$$
并证明在图 3 中同一关系成立,其中原点可在任何地方,只要 $0 \notin F(\partial\mathcal{M})$.

最少不动点数和 Nielsen 数

第

17

章

17.1 引　　言

　　设 K 是连通的有限单纯复形，H 是 $|K|$ 到 $|K|$ 的一个映射类. 在 H 中存在具有最少的不动点的几何个数的映射，这个个数叫作 H 的最少不动点数并记作 m. 为了估计 m，Nielsen 把每一个由 $|K|$ 到自身的映射的不动点分类，并对每一个不动点类定义指数，把指数非 0 的不动点类叫作本质不动点类. Wecken 证明了，一个映射的本质不动点类的个数是同伦不变的. 因此，可以谈映射类 H 的本质不动点类的个数，并把它叫作Nielsen数，

记作 μ. 这样, $m \geqslant \mu$. Wecken 进一步给出了保证 $m = \mu$ 的充分条件; 对于 H 是一般映射类或恒同映射类, 他给出的充分条件分别是 D 或下述的:

条件 I: K 的二维骨架是强连通的, 并且 K 的每个主单形的维数大于 1.

由于验证一个复形 K 是否满足条件 D 是困难的, Wecken 又给出了一个比条件 D 强但容易验证的条件 D': 对 K 的每一个 0 维或一维单形 σ, $|St_K(\sigma) - \sigma|$ 是连通的.

本章也是要给出 $m = \mu$ 的充分条件. 在本章中无必要区别 K 是否是流形, 并且在非流形的情况下的讨论更简单. 因此, 本章中的证明相对简单易懂. 对于一般映射类, 本章给出将保证 $m = \mu$ 的充分条件 II.

条件 II: (1) K 的每一个顶点 a 的 $S^* t_K(a)$ 是连通的.

(2) K 具有三维单形.

显然, 验证一个复形 K 是否满足条件 II 是容易的, 并且可以证明, 条件 II 比条件 D 弱.

北京大学的石根华教授在 1966 年讨论了恒同映射类和一般映射类; 17.1 节和 17.2 节中的讨论几乎是平行的. 引理 2 和引理 5 是关于一个单形里的不动点的合并, 引理 3 和引理 6 是关于不动点的移动, 定理 1 和定理 2 分别说, 如果 K 满足条件 I 或 II, $m = \mu$ 成立.

有例子指出, 如果去掉条件 II 中的 (2), $m = \mu$ 不是永远成立的. 还有例子指出, 如果去掉条件 II 中的 (1), $m = \mu$ 不是永远成立的, 因此, 对于三维以上复形, 一个映射 $f \in H$ 的 Reidemeister 迹决定 m 是不确切

的.

最后,对本章所用的记号做一些说明.在本章中, K 永远表示连通的有限单纯复形, $|K|$ 表示它的多面体.我们把 K 嵌入某一个欧氏空间中,使 $|K|$ 有一个固定的度量.当我们谈到单形时,永远指开单形. $St_K(\sigma)$ 表示单形 $\sigma \in K$ 的开星形. $T_{r_K}(x)$ 表示点 $x \in |K|$ 在 K 中的承载单形, $V(x)$ 表示与 x 的承载单形有公共面的单形的点的集合. $\overline{M}, \dot{M}$ 和 $U(M,s)$ 分别表示点集 $M \subset |K|$ 在 $|K|$ 上的闭包、边界和 ε 邻域.如果 A 和 B 是 K 的某个闭单形上的两点,以 $[A,B],(A,B],(A,B)$ 分别表示连接 A 和 B 的闭线段,在点 A 开在点 B 闭的线段,在 A,B 皆为开的线段.以 $[A,B,C,\cdots,P]$ 表示由直线段 $[A,B],[B,C],\cdots$,组成的折线;我们同时也把它当成 $|K|$ 中的道路.如果 K 上的两条道路 p,q 在保持端点不动的条件下同伦,则我们记作 $p \overset{r}{\simeq} q$.如果 $f:|K| \to |K|$ 是映射, A 是 f 的弧立不动点,则 $\mathrm{Ind}(A,f)$ 表示 f 在点 A 的不动点指数.我们说 f 在点集 $M \subset |K|$ 上满足条件 S,如果 $f(x) \in V(x), x \in M$.

17.2　恒同映射类

引理 1　设 K 是复形,而且
$$M = \{(x,y) \in |K| \times |K| \mid \overline{T_{r_K}(x)} \cap \overline{T_{r_K}(y)} \neq \varnothing\}$$
则存在映射 $\alpha: M \times [0,1] \to |K|$,满足下列条件:

(1) $\alpha(x,y,0) = x, (x,y) \in M$;

233

$(2) \alpha(x,y,1) = y, (x,y) \in M;$

$(3) \alpha(x,y,\tau) = x, x \in |K|, 0 \leqslant \tau \leqslant 1;$

$(4) \alpha(x,y,\tau) \neq x, (x,y) \in M, x \neq y, 0 < \tau \leqslant 1.$

另外,存在数 $\alpha(K) > 0$,使得

$$\overline{T_{r_K}(x)} \cap \overline{T_{r_K}(y)} \neq \varnothing$$

当 $x,y \in |K|$ 时,$\rho(x,y) < \alpha(K)$.

证 我们把 K 的顶点排成一个序列

$$a_0, \cdots, a_n$$

这样,我们可以用 $|K|$ 的每一个点 x 对于这个点列的重心坐标 $\lambda_0, \cdots, \lambda_n$ 来表示点 x. 显然,如果一组实数 $\lambda_0, \cdots, \lambda_n$ 满足条件 $\lambda_i \geqslant 0, i = 0, \cdots, n, \sum_{i=0}^{n} \lambda_i = 1$,而且与大于 0 的 λ_i 有相同下标的 K 的顶点集合是 K 的一个单形的顶点集合,则 $\lambda_0, \cdots, \lambda_n$ 是 $|K|$ 的一点的重心坐标,反之亦然. 对于 $(x,y) \in M$,令 $\lambda_0, \cdots, \lambda_n$ 是 x 的重心坐标,$\lambda'_0, \cdots, \lambda'_n$ 是 y 的重心坐标. 由于

$$\overline{T_{r_K}(x)} \cap \overline{T_{r_K}(y)} \neq \varnothing$$

$\beta = \sum_{j=0}^{n} \sqrt{\lambda_j \lambda'_j} \neq 0.$ 我们设

$$\lambda''_i = \frac{\sqrt{\lambda_i \lambda'_i}}{\beta} \quad (i = 0, \cdots, n)$$

则 $\lambda''_i, i = 0, \cdots, n$,满足前面所说的条件,是 $|K|$ 的某个点 z 的重心坐标. 由于 $z \in \overline{T_{r_K}(x)} \cap \overline{T_{r_K}(y)}$,$[x,z, y]$ 是存在的. 定义 $\alpha(x,y,\tau), 0 \leqslant \tau \leqslant 1$,是由折线 $[x, z, y]$ 所构成的道路,折线上每一点的参数 τ 等于此点到 x 沿折线的长度除以整个折线的长度. 显然 $\alpha(x,y,\tau)$ 满足条件 $(1)(2)(3)$.

为了证明 $\alpha(x,y,\tau)$ 满足条件 (4),我们只要对上

面提到的 (x,y) 证明，如果 $x \neq y, x \notin [z,y]$．当 $T_{r_K}(x) \neq T_{r_K}(y)$ 时，这是显然的．现在假定 $T_{r_K}(x) = T_{r_K}(y)$．如果 $x \in [z,y]$，则存在 $0 \leqslant t \leqslant 1$，有

$$\lambda_i = t\lambda'_i + (1-t)\frac{\sqrt{\lambda_i\lambda'_i}}{\beta} \quad (i=0,\cdots,n)$$

如果 α_i 是 $T_{r_K}(x)$ 的顶点，则 $\lambda_i > 0$，因此

$$t\frac{\lambda'_i}{\lambda_i} + \frac{1-t}{\beta}\sqrt{\frac{\lambda'_i}{\lambda_i}} - 1 = 0$$

$$\beta = \sum_{j=0}^{n}\sqrt{\lambda_j\lambda'_j} \leqslant \frac{1}{2}\sum_{j=0}^{n}\lambda_j + \frac{1}{2}\sum_{j=0}^{n}\lambda'_j = 1$$

所以

$$\frac{\lambda'_i}{\lambda_i} \leqslant 1, \lambda'_i \leqslant \lambda_i$$

由于

$$\sum_{j=0}^{n}\lambda'_j = 1, \sum_{j=0}^{n}\lambda_j = 1$$

我们得到 $\lambda_i = \lambda'_i, i=0,\cdots,n$，导出 $x=y$ 与假设矛盾．

由于 $|St_K(a_i)|, i=0,\cdots,n$，组成了 $|K|$ 的一个开覆盖，我们可以把 $\alpha(K)$ 选成这个覆盖的 Lebesgue 数．此时，如果 $x \in |K|, y \in |K|, \rho(x,y) < \alpha(K)$，则 x,y 同在 K 的某个顶点 a_i 的星形中，$T_{r_K}(x)$ 与 $T_{r_K}(y)$ 有公共顶点 a_i．证毕．

由引理 1 可见，如果映射 $f:|K| \to |K|$ 在 $|K|$ 上满足条件 S，特别地，如果 $\rho(1,f) < \alpha(K)$，则 $f \simeq 1$．

引理 2　设 K 是复形，σ 是 K 的主单形，点 $A \in |\sigma|$．再设 $\eta > 0, U(A,\eta) \subset |\sigma|$；而且 $f:|K| \to |K|$ 是映射，在 $\dot{U}(A,\eta)$ 上没有不动点，在 $\overline{U}(A,\eta)$ 上满足条件 S．则存在映射 $f':|K| \to |K|$，具有下列性质：

(1) $f' \simeq f \mathrm{rel} \mid K \mid - U(A, \eta)$；

(2) f' 在 $\overline{U}(A, \eta)$ 上只有不动点 A；

(3) f' 在 $\overline{U}(A, \eta)$ 上满足条件 S.

证 由于 f 在 $\dot{U}(A, \eta)$ 上没有不动点，故存在 $0 < \varepsilon < \eta, f$ 在 $\overline{U}(A, \eta) - U(A, \varepsilon)$ 上也没有不动点. 我们造一个严格单调连续函数 $D(t), 0 \leqslant t \leqslant \eta$，使 $D(\eta) = 1, D(0) = 0$，而且当 $0 \leqslant t \leqslant \varepsilon$ 时 $D(t)$ 充分小，使得 $\alpha(x, f(x), D(\rho(x, A))) \in \mid \sigma \mid, x \in \overline{U}(A, \varepsilon)$. 作映射 $f_1(x): \mid K \mid \to \mid K \mid$，令

$$f_1(x) = \begin{cases} f(x), x \in \mid K \mid - U(A, \eta) \\ \alpha(x, f(x), D(\rho(x, A))), x \in \overline{U}(A, \eta) \end{cases}$$

我们有 $f_t: f_1 \simeq f \mathrm{rel} \mid K \mid - U(A, \eta)$，则

$$f_t(x) = \begin{cases} f(x), x \in \mid K \mid - U(A, \eta) \\ \alpha[x, f(x), tD(\rho(x, A)) + (1-t)], x \in \overline{U}(A, \eta) \end{cases}$$

由引理 1(4) 和 $D(t)$ 的严格单调得出 f_1 在 $\overline{U}(A, \eta) - U(A, \varepsilon)$ 上没有不动点. 显然 f_1 在 $\overline{U}(A, \eta)$ 上满足条件 S.

对于 $x \in \overline{U}(A, \varepsilon)$，设由 A 起通过 x 的射线交 $\dot{U}(A, \varepsilon)$ 于点 $v(x)$，而且 $x = tv(x) + (1-t)A$. 由于 $f_1(x) \in \mid \sigma \mid$，当 $x \in \overline{U}(A, \varepsilon)$ 时，可以令

$$f'(x) = \begin{cases} f_1(x), x \in \mid K \mid - U(A, \varepsilon) \\ tf_1(v(x)) + (1-t)A, x \in U(A, \varepsilon) \end{cases}$$

由于 $f'(x) \in \mid \sigma \mid, f_1(x) \in \mid \sigma \mid$，当 $x \in \overline{U}(A, \varepsilon)$ 时，$f_1(x)$ 和 $f'(x)$ 可用 $\mid K \mid$ 中的直线段连起来，$x \in \mid K \mid$. 因此

$$f_1 \simeq f' \mathrm{rel} \mid K \mid - U(A, \varepsilon), f' \simeq f \mathrm{rel} \mid K \mid - U(A, \eta)$$

显然 f' 在 $\overline{U}(A, \eta)$ 上只有不动点 A 并且满足条件 S.

证毕.

根据引理 2，在适当的条件下，可以把不动点移动和合并.

引理 3　设 K 是复形，σ_1 和 σ_2 是 K 的两个维数大于 1 的主单形，点 $A \in |\sigma_1|$，$B \in |\overline{\sigma_1}| \bigcap |\overline{\sigma_2}|$，而且 $T_{r_K}(B)$ 的维数大于 0（图 1）. 再设 $f:|K| \to |K|$ 是映射，有下列性质：

（1）A 是 f 的孤立不动点，f 在 $[A,B]$ 上没有另外的不动点.

（2）f 在 $[A,B]$ 上满足条件 S.

则存在充分小的 $\varepsilon > 0$ 和映射 $f':|K| \to |K|$，使得：

①$f' \simeq f \operatorname{rel} |K| - U([A,B],\varepsilon)$.

②f' 在 $\overline{U}([A,B],\varepsilon)$ 上只有不动点 C，C 可以是 $U(B,\varepsilon) \bigcap |\sigma_2|$ 的任一点.

③f' 在 $\overline{U}([A,B],\varepsilon)$ 上满足条件 S.

证　由于 f 的两个性质我们可以找到充分小的 $\varepsilon > 0$，使得 $\overline{U}(B,\varepsilon) \subset St_K(T_{r_K}(B))|$；$f(x) \notin U(B,\varepsilon)$，当 $x \in U(B,\varepsilon)$；f 在 $\overline{U}([A,B],\varepsilon)$ 上没有 A 以外的不动点且满足条件 S.

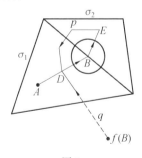

图 1

　　如图 1,作一条由 σ_2 中一点 E 到 (A,B) 上一点 D 的折线 p,$p\in |St_K(T_{r_K}(B))|$,$p\bigcap U(B,\varepsilon)=\varnothing$. 因为 f 在点 B 满足条件 S,所以 $\alpha(B,f(B),\tau)\in V(B)$, $0\leqslant\tau\leqslant 1$. 我们可以取一条由 $f(B)$ 到 D 的折线 q,使 q 与 $U(B,\varepsilon)$ 没有公共点,并且 $q\subset V(B)$. 令

$$r=q\bullet([D,B,E]\bullet p)^j \quad (j=\mathrm{Ind}(A,f))$$

　　我们假定折线 r 上每一点 $x=r(t)$,$0\leqslant t\leqslant 1$ 的参数 t 等于由 $f(B)$ 到 x 沿折线的长度除以整个折线的长度. 定义映射 f_1:$|K|\rightarrow|K|$,令

$$f_1(x)=\begin{cases} f(x),x\in|K|-U(B,\varepsilon) \\ f\left[\left(\dfrac{2}{\varepsilon}\rho(x,B)-1\right)x+\left(2-\dfrac{2}{\varepsilon}\rho(x,B)\right)B\right], \\ \dfrac{\varepsilon}{2}\leqslant\rho(x,B)\leqslant\varepsilon \\ r\left(1-\dfrac{2}{\varepsilon}\rho(x,B)\right),0\leqslant\rho(x,B)\leqslant\dfrac{\varepsilon}{2} \end{cases}$$

显然,$f_1\simeq f\,\mathrm{rel}\,|K|-U(B,\varepsilon)$. f_1 在 $U(B,\varepsilon)\bigcap|\overline{\sigma_1}|$ 上只有不动点 $D_1,\cdots,D_{|j|}$,而且这些不动点都在 (D,B) 上. 由于在 D_i 的近处 f_1 的像都落在 $[D,B]$ 上,我们可以把 D_i 当作 $f_1|_{[D,B]}$ 的不动点,而又知有指数 $-\mathrm{sign}(j)$,$i=1,\cdots,|j|$($\mathrm{sign}(j)=1,-1$ 或 0 按照 $j>0$,$j<0$ 或 $j=0$). 把 D_i 看作 σ_1 的不动点时,在同样的意义下有指数 $-\mathrm{sign}(j)$. 因此,我们有

$$\sum_{i=1}^{|j|}\mathrm{Ind}(D_i,f_1)=-|j|\mathrm{sign}(j)=-j$$

类似地,f_1 在 $U(B,\varepsilon)\bigcap|\overline{\sigma_2}|$ 上有不动点 $E_1,\cdots,E_{|j|}$,它们都在 (B,ε) 上,而且

$$\sum_{i=1}^{|j|}\mathrm{Ind}(E_i,f_1)=j$$

由于 f_1 在 $\overline{U}(B,\varepsilon)$ 上满足条件 S，$f_1(x)$ 在 $\overline{U}([A,B],$
$\varepsilon)$ 上也满足条件 S. 在 $|\sigma_1|$ 上应用引理 2，把 f_1 的不
动点 $A,D_1,\cdots,D_{|j|}$ 移动并合并成一个指数为 0 的不
动点 A，再把不动点 A 去掉. 然后，在 $|\sigma_2|$ 上应用引理
2，把不动点 $E_1,\cdots,E_{|j|}$ 移动并合并到 $|\sigma_2|\bigcap U(B,\varepsilon)$
的任一点 C，得到结论中的映射 f'. 证毕.

定理 1 设复形 K 满足条件 I，则 $|K|$ 的恒同映
射类的最少不动点数为 1 或 0，按照 K 的示性数
$\chi(K)\neq 0$ 或 $\chi(K)=0$.

证 存在映射 $f:|K|\rightarrow|K|$，f 在 $|K|$ 上只有
孤立不动点，这些孤立不动点都在 K 的主单形中，而
且 $\rho(f,1)<\alpha(K)$. 由引理 1，f 在 $|K|$ 上满足条件 S.
由于 K 满足条件 I，应用引理 2 和引理 3，可以得到映
射 $f_1:|K|\rightarrow|K|$，$f_1\simeq 1$，f_1 只有一个不动点或没有
不动点，$\chi(K)\neq 0$ 或 $\chi(K)=0$. 证毕.

17.3   一般映射类

在引理 3 中作 f_1 时，利用了 $\overline{U}(B,\varepsilon)$ 的一个特点：
任一点 $x\in\overline{U}(B,\varepsilon)$ 唯一地决定了一形变道路 $[x,B]$.
设 σ 是 K 的维数大于 1 的主单形，点 $A\in|\sigma|$，$B\in$
$|\overline{\sigma}|$. 此后我们需要考虑 $[A,B]$ 的邻域，但当 $B\in|\dot{\sigma}|$
时，$U([A,B],\varepsilon)$ 对于我们不方便. 我们现在描述一种
具有上述特点的 $[A,B]$ 的邻域 $W([A,B],\varepsilon)$.

如图 2，对每一点 $x\in\overline{U}([A,B],\varepsilon)$ 定义 $R(x)$ 如
下：(1) 如果 $B\in|\sigma|$，令 $R(x)$ 是 $[A,B]$ 上距 x 最近的
一点. (2) 如果 $B\in|\dot{\sigma}|$，$x\in|\sigma|-[A,B)$，作由 x 出

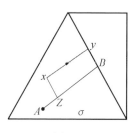

图 2

发沿 $\overrightarrow{AB}$ 方向的射线交 $|\dot{\sigma}|$ 于一点 y,取 $[A,B]$ 或其延长线上的一点 Z,使得 $\overrightarrow{xZ}\,/\!/\,\overrightarrow{yB}$,然后令 $R(x)=z$ 或 A,$Z\in[A,B]$ 或 $Z\notin[A,B]$. 如果 $B\in|\dot{\sigma}|$,$x\in[A,B]$,令 $R(x)=x$. 如果 $B\in|\dot{\sigma}|$,$x\notin|\sigma|$,令 $R(x)=B$. 这样,当 ε 充分小时,$|K|$ 中总有线段 $[R(x),x]$. 然后定义

$$W([A,B],\eta)=\{x\mid K\mid\mid\rho(x,R(x))<\eta\}$$
$$(0<\eta\leqslant\varepsilon)$$
$$W([A,B],\eta,M)=\{x\in W([A,B],\eta)\mid R(x)\in M\}$$
$$(M\subset[A,B])$$

这样,当 $B\in|\sigma|$,$W([A,B],\eta)=U([A,B],\eta)$.

引理 4   设 K 是复形,σ 是 K 的维数大于 1 的主单形. 设点 $A\in|\sigma|$,$B\in\overrightarrow{\dot{\sigma}}$,$h(t):[0,1]\to[A,B]$ 是线性满射. 再设 $f:|K|\to|K|$ 是映射,$H(t,\tau)$ 是单位正方形到 K 的映射,$M\subset[A,B]$,$N\subset[A,B]$ 是闭集,并有下列性质

$$H(t,0)=f(h(h))\quad(0\leqslant t\leqslant 1)$$
$$\rho(H(h^{-1}(x),\tau),x)>0\quad(x\in N,0\leqslant\tau\leqslant 1)$$
$$H(h^{-1}(x),\tau)\in V(x)\quad(x\in M,0\leqslant\tau\leqslant 1)$$

则存在映射 $f':|K|\to|K|$ 和充分小的 $\eta>0$,使得:

(1) $f'\simeq f\operatorname{rel}|K|-W([A,B],\eta)$;

（2）f' 在 $\overline{W}([A,B],\eta,N)$ 上没有不动点；

（3）f' 在 $\overline{W}([A,B],\eta,M)$ 上满足条件 S，而且 $f'(x)=H(h^{-1}(x),1),x\in[A,B]$.

证　由于 N,M 是闭集，存在 $\varepsilon>0$，使得

$$\rho(H(h^{-1}(x),\tau),x)>\varepsilon\quad(x\in N,0\leqslant\tau\leqslant1)$$

$$\tag{1}$$

我们取足够小的 $\eta>0,\eta<\varepsilon$，使得

$$\rho(f(x),x)>\varepsilon\quad(x\in\overline{W}([A,B],\eta,N))\tag{2}$$

f 在 $\overline{W}([A,B],\eta,M)$ 上满足条件 S，并且

$$\overline{W}([A,B],\eta)\subset\mid S_{t_K}(T_{r_K}(B))\mid\tag{3}$$

作映射 $f':\mid K\mid\rightarrow\mid K\mid$，令

$$f'(x)=\begin{cases}f(x),x\in\mid K\mid-W([A,B],\eta)\\[2mm]f\left[\left(\dfrac{2}{\eta}\rho(x,R(x))-1\right)x+\right.\\[2mm]\left.\quad\left(2-\dfrac{2}{\eta}\rho(x,R(x))\right)R(x)\right],\\[2mm]\quad\dfrac{\eta}{2}\leqslant\rho(x,R(x))\leqslant\eta\\[2mm]H\left[h^{-1}(R(x)),1-\dfrac{2}{\eta}\rho(x,R(x))\right],\\[2mm]\quad0\leqslant\rho(x,R(x))\leqslant\dfrac{\eta}{2}\end{cases}$$

作映射 $f_1:\mid K\mid\rightarrow\mid K\mid$，令

$$f_1(x)=\begin{cases}f'(x),x\in\mid K\mid-W\left([A,B],\dfrac{\eta}{2}\right)\\[2mm]f(R(x)),0\leqslant\rho(x,R(x))\leqslant\dfrac{\eta}{2}\end{cases}$$

显然

$$f\simeq f_1\operatorname{rel}\mid K\mid-W([A,B],\eta)$$

$$f'\simeq f_1\operatorname{rel}\mid K\mid-W\left([A,B],\dfrac{\eta}{2}\right)$$

因此

$$f \simeq f' \mathrm{rel} \mid K \mid - W([A,B],\eta)$$

由式(1)和式(2)知,f'满足(2),由式(3)和关于M的假设推出f'满足(3).证完.

引理5 设K是复形,σ是K的维数大于2的主单形,点$A,B \in \mid \sigma \mid$.映射$f: \mid K \mid \to \mid K \mid$在$[A,B]$上只有两个不动点$A,B$,并且$A,B$是$f$的孤立不动点,$f([A,B]) \overset{r}{\simeq} [A,B]$.则存在映射$F: \mid K \mid \to \mid K \mid$和充分小的$\delta > 0$,使得$F \simeq f \mathrm{rel} \mid K \mid - U([A,B],\delta)$,$F$在$\overline{U}([A,B],\delta)$上只有不动点$A$或无不动点,此时

$$\mathrm{Ind}(A,f) + \mathrm{Ind}(B,f) \neq 0$$

或 $$\mathrm{Ind}(A,f) + \mathrm{Ind}(B,f) = 0$$

证 设$h(t)$是由$[0,1]$到$[A,B]$上的线性映射.由于$f([A,B]) \overset{r}{\simeq} [A,B]$,存在由单位正方形到$\mid K \mid$的映射$H_0(t,\tau)$,$H_0(h^{-1}(x),1) = x$,$H_0(h^{-1}(x),0) = f(x)$,$x \in [A,B]$;$H_0(0,\tau) = A$,$H_0(1,\tau) = B$,$0 \leqslant \tau \leqslant 1$.取$\delta > 0$,使$f$在$\overline{U}([A,B],\delta)$上只有不动点$A,B$并且

$$f(x) \in \mid \overline{\sigma} \mid, x \in \overline{U}(A \bigcup B,\delta) \tag{4}$$

$$H_0(h^{-1}(x),\tau) \in \mid \overline{\sigma} \mid, x \in [A,C'] \bigcup [D',B]$$ (其中,$C' = \dot{U}(A,2\delta) \bigcap [A,B]$,$D' = \dot{U}(B,2\delta) \bigcap [A,B]$),$0 \leqslant \tau \leqslant 1$ \tag{5}

记$C = \dot{U}\left(A,\dfrac{\delta}{2}\right) \bigcap [A,B]$,$D = \dot{U}\left(B,\dfrac{\delta}{2}\right) \bigcap [A,B]$.作映射$g:[A,B] \to \mid K \mid$,令

$$g(x) = \begin{cases} f(x), f(x) \notin |\sigma| \\ \overrightarrow{\text{射线}xf(x)} \text{ 与 } |\dot{\sigma}| \text{ 的交点}, f(x) \in |\bar{\sigma}|, \\ \quad x \in [C, D] \\ g(C), x \in [A, C] \\ g(D), x \in [D, B] \end{cases}$$

设 $H_1(t, \tau)$ 是 由 $[0,1]$（参 数 为 τ）到 $[f(h(t)),$ $g(h(t))]$ 上的线性映射，$0 \leqslant t \leqslant 1$. 由于 g 的定义以及 f 在 $[C, D]$ 上无不动点，我们有

$$H_1(h^{-1}(x), \tau) \neq x \quad (x \in [C, D], 0 \leqslant \tau \leqslant 1)$$
$$(6)$$

由 g 的定义和式(5) 我们有
$$H_1(h^{-1}(x), \tau) \in |\bar{\sigma}|$$
$$(x \in [A, C'] \cup [D', B], 0 \leqslant \tau \leqslant 1) \quad (7)$$

合并 H_0 与 H_1 为 H',则

$$H'(t, \tau) = \begin{cases} H_0(t, 2\tau - 1), 0 \leqslant t \leqslant 1, \dfrac{1}{2} \leqslant \tau \leqslant 1 \\ H_1(t, 1 - 2\tau), 0 \leqslant t \leqslant 1, 0 \leqslant \tau \leqslant \dfrac{1}{2} \end{cases}$$

由式(5) 和式(7) 我们有
$$H'(h^{-1}(x), \tau) \in |\bar{\sigma}|$$
$$(0 \leqslant \tau \leqslant 1, x \in [A, C'] \cup [D', B]) \quad (8)$$

设 $H_3(t, \tau): L \to K$ 是 $H'(t, \tau)$ 的单纯逼近，其中 L 是单位正方形的某一个剖分. 设 $H_2(t, \tau)$ 是由 $[0,1]$（参数为 τ）到 $[g(h(t)), H_3(t, 0)]$ 上的线性映射，$0 \leqslant t \leqslant$ 1. 由于 L 是二维复形，σ 的维数大于 2 以及 $g([A, B]) \subset |K| - |\sigma|$.

$$H_i(t, \tau) \notin |\sigma| \quad (0 \leqslant t \leqslant 1, 0 \leqslant \tau \leqslant 1, i = 2, 3)$$
$$(9)$$

由于式(8)和 $g([A,C']\bigcup[D',B])\subset|\dot{\sigma}|$,故

$$H_i(h^{-1}(x),\tau)\in|\bar{\sigma}|$$

$$(x\in[A,C']\bigcup[D',B],0\leqslant\tau\leqslant1,i=2,3)$$

$$\tag{10}$$

合并 H_1,H_2,H_3 有

$$H(t,\tau)=\begin{cases}H_1(t,3\tau),0\leqslant t\leqslant1,0\leqslant\tau\leqslant\dfrac{1}{3}\\[2mm]H_2(t,3\tau-1),0\leqslant t\leqslant1,\dfrac{1}{3}\leqslant\tau\leqslant\dfrac{2}{3}\\[2mm]H_3(t,3\tau-2),0\leqslant t\leqslant1,\dfrac{2}{3}\leqslant\tau\leqslant1\end{cases}$$

根据式(6)和式(7)(9)及式(10)分别有

$$H(h^{-1}(x),\tau)\neq x\quad(x\in[C,D],0\leqslant\tau\leqslant1)$$

$$\tag{11}$$

$$H(h^{-1}(x),\tau)\in|\bar{\sigma}|$$

$$(x\in[A,C']\bigcup[D',B],0\leqslant\tau\leqslant1)\tag{12}$$

对 $H(t,\tau)$ 和 f 应用引理 4,令 $M=[A,C']\bigcup[D',B]$,$N=[C,D]$,得到映射 $f':|K|\to|K|$,使得 $f'\simeq f\,\mathrm{rel}\,|K|-W([A,B],\eta)$,$f'$ 在 $\overline{W}([A,B],\eta,[C,D])$ 上没有不动点,在 $\overline{W}([A,B],\eta,[A,C']\bigcup[D',B])$ 上满足条件 S 并且当 $x\in[A,B]$ 时,$f(x)=H(h^{-1}(x),1)$,因此 f 在 $[A,B]$ 上满足条件 S. 取 η 充分小,$0<\eta<\delta$,使 f' 在 $\overline{W}([A,B],\eta)$ 的不动点都包含在 $U(A,\delta)\bigcup U(B,\delta)$ 中,并使 f' 在 $\overline{U}(A,\delta)\bigcup\overline{U}(B,\delta)$ 上满足条件 S. 应用引理 2 我们可以在 $U(A,\delta)$ 和 $U(B,\delta)$ 上改变 f',使它在 $U(A,\delta)$ 上只有不动点 A,在 $U(B,\delta)$ 上只有不动点 B. 再用引理 2,把不动点 B 沿 $[A,B]$ 移动到 A 并和不动点 A 合并. 于是得到结论中的映射 $F:|K|\to|K|$. 证毕.

$W([A,B],\eta)$，f' 在 $\overline{W}([A,B],\eta,[C,B])$ 上没有不动点，在 $\overline{W}([A,B],\eta,[A,C'])$ 满足条件 S. 由于

$$H(t,1) = g_2(A) = g_1(A)$$

f' 在 $[A,B]$ 上也满足条件 S. 取 η 充分小，我们可以使 f' 在 $\overline{W}([A,B],\eta)$ 上的不动点都包含在 $U(A,\delta)$ 中，在 $\overline{U}(A,\delta)$ 上满足条件 S. 由引理 2，在 $U(A,\delta)$ 上改变 f'，使 f' 在 $U(A,\delta)$ 上只有不动点 A. 应用引理 3，得到 $\theta > 0$，我们可以把不动点 A 移到 $|\sigma_2| \bigcap U(B,\theta)$ 的任一点 C，得到结论中的映射 $F: |K| \rightarrow |K|$.

设 E 是 $[A,B]$ 的延长线与 $\dot{U}(A,\delta)$ 的交点，则

$$F \simeq f\,\mathrm{rel}P \bigcup E, f(g \cdot [A,E]) \overset{r}{\simeq} F(g \cdot [A,E])$$

由于 f 在 $[E,A]$ 满足条件 S，则

$$f([E,A]) \cdot [A,E] \overset{r}{\simeq} \alpha(E,f(E),1-t)$$

由于 F 在 $[E,A,B,C]$ 上满足条件 S，则

$$F([E,A,B,C]) \cdot [C,B,A,E] \overset{r}{\simeq} \alpha(E,f(E),1-t)$$

因此

$$F(g \cdot [A,B,C]) \cdot [C,B,A] \cdot g^{-1}$$

$$\overset{r}{\simeq} F(g \cdot [A,E]) \cdot F([E,A,B,C]) \cdot$$
$$[C,B,A,E] \cdot [E,A] \cdot g^{-1}$$

$$\overset{r}{\simeq} f(g \cdot [A,E]) \cdot f([E,A]) \cdot$$
$$[A,E] \cdot [E,A] \cdot g^{-1}$$

$$\overset{r}{\simeq} f(g) \cdot g^{-1} \overset{r}{\simeq} 1$$

这样，$F(g \cdot [A,B,C]) \overset{r}{\simeq} g \cdot [A,B,C]$.

由证明过程可见，当 $\sigma_1 = \sigma_2$ 时，引理 6 也成立. 证毕.

定理 2　设复形 K 满足条件 II，则对 $|K|$ 的任一个映射类 H，$m = \mu$.

证　可知在 H 中能找到映射 f，f 只有有限个不动点，而且这些不动点都在 K 的主单形中. 设 A, B 是 f 的属于同类的不动点，g 是从 A 到 B 的道路，$f(g) \overset{r}{\simeq} g$.

设 σ 是 K 中一个维数大于 2 的主单形，在 $|\sigma|$ 上取点 C, D，使 $[C, D]$ 上没有 f 的不动点；设 p 是从 B 到 D 的道路. 由于对每一个 K 的顶点 a，$St_K(a)$ 连通，所以有折线 n 和 u，使得

$$g \cdot p \cdot [D, C] \overset{r}{\simeq} n, \quad p \overset{r}{\simeq} u \tag{17}$$

这里，n 和 u 的每一端点都在 K 的高于 0 维的单形中，每一线段的内部都在 K 的主单形中，而且在 n 上只有不动点 A，在 u 上只有不动点 B. 因此，可以应用引理 6，先把不动点 A 沿折线 n 一步步地移动到 C，再把不动点 B 沿折线 u 移动到 D，因而得到映射

$$f' : |K| \to |K|$$
$$f' \simeq f\,\mathrm{rel}\,|K| - U(u \bigcup n, \delta)$$

f' 在 $U(u \bigcup n, \delta)$ 上只有不动点 C, D. 根据 $f(g) \overset{r}{\simeq} g$，式（17）和引理 6 的（3），$f'([C, D]) \overset{r}{\simeq} [C, D]$. 应用引理 5，得到映射 $F : |K| \to |K|$，$F \simeq f'\,\mathrm{rel}\,|K| - U([C, D], \delta')$，$\delta > \delta' > 0$，按照 $\mathrm{Ind}(A, f) + \mathrm{Ind}(B, f) \neq 0$ 或 $\mathrm{Ind}(A, f) + \mathrm{Ind}(B, f) = 0$，$F$ 在 $\overline{U}([C, D], \delta')$ 上只有不动点 C 或无不动点. 因此，F 比 f 少了一个或两个不动点. 然后，再对 F 进行同类不动点的合并. 这样进行下去，最后可以找到同伦于 f 的只有 μ 个不动点的映射，推出 $m \leqslant \mu$. 但因为 $m \geqslant \mu$，所以 $m = \mu$. 证毕.

数学家与水电站：一个数学家的传奇经历

第 18 章

20 世纪 70 年代，石根华在甘肃的碧口山里参加白龙江水电工程建设．

"今天是 2009 年 2 月 18 日，我是在 1968 年 2 月 18 日早晨 8 点离开北京大学的，现在正好 41 年，一天不差．我从北京大学数学系毕业，在甘肃的碧口山里参加白龙江水电工程建设，一待就是 10 年．一个学数学和拓扑的人直接参与到工程中去，当然有许多背景．"他说道．

2009 年 2 月 18 日，应数学家林群院士的邀请，石根华到中国科学院数学与系统科学研究院计算数学研究所做演讲，并接受了《科学时报》采访．

林群说:"他的一生充满了传奇色彩."这是一位数学家41年的工程师经历.

"我相信数学是有用的"

石根华在中学时代就喜欢数学,但并不知道数学有什么用.

1963年,他从北京大学数学系毕业,考上该系研究生.在学校的分配下,他师从江泽涵教授,主攻代数拓扑学和不动点理论,在《数学学报》上发表了题为《最少不动点和尼尔生数》与《恒同映射类的最少不动点数》的论文,被国际同行称为"石氏类型空间"和"石根华条件".20世纪60年代出版的美国《数学评论》就介绍了"姜(伯驹)—石学派",在当时的中国数学界引起轰动.

读研究生时,江泽涵曾希望他能留校任助教.然而,"文化大革命"开始后,学校停了课,并提倡应用.石根华参与了海边寻找淡水项目中的数学计算,这激起了他对数学应用的兴趣.研究生毕业时,他被分配到水利部.当时,水利部人事部门的负责人告诉他,他可以到水利部的高等院校和研究所去做研究,但石根华表示自己很想做应用,并自愿申请到工地.

1968年5月,石根华从水电部西北设计院来到甘肃省白龙江,参加碧口水电站工程的建设.谈到当初的选择,他说:"在北大时,我就接触了很多工程方面的研究.所以,还是做工程好一点,因为我相信数学是有用的."

当他穿着工作服帮一位工程师挑着扁担来到工地时,大家以为他是搬运工.他说:"当时我不认识周围的人,地方也是完全陌生的——在深山里,两边陡壁夹着

山沟,山上开着油菜花,连工作也完全不熟悉.但我感到,到了工地好轻松啊,北大的竞争压力太大了.所以,虽然我的工作是打眼放炮,背着那么重的炸药过吊桥,但我并不觉得可怕,反而觉得北大的那种竞争是可怕的,就是在那个时候我下决心重新开始."

石根华说,当年,建造白龙江水电站的目的是为我国的原子弹研究提供最可靠的电源.电站不大,但很重要,无论地理地质条件如何,都必须在这里建."那里的岩石软到什么程度呢? 拿手一抓,岩石会像饼干一样碎掉了.队伍进去了,大家说,算了,这种岩石,我们谁也回不去了."

让当初的他没有想到的是,他在碧口电站一干就是 10 年,并在这里成为岩石力学专家.

数学理论给出的结果是对生命的保证

在山里建水电站 ,首先要挖隧道,塌方问题是开挖隧道前需要解决的最关键问题.在碧口这种地质条件下,这个工程是否可行呢? 当时,白龙江水电工程召集了各方面最好的专家,也请来了身经百战、最有经验的隧道工人,包括从煤矿上请来的 8 级安全工.

"专家开始比较小心,没有论证,他们不能说任何话."石根华说,"于是,工人们上.工人们怎么说呢? '就这么破的岩石,我拿电铲一铲就铲出来了,开什么隧道啊?'这是最有经验的隧道工人说的话.这就没法挖隧道了.但是,从其他角度看,还是应该挖这个隧道的.那么,可行性到底由谁来做呢?"

一位来自上海的勘探队隧道工长想了一个办法,解决了这个问题,白龙江工程建设的序幕就此拉开了.

"这位工长是我的朋友,现在我闭上眼睛还能想起他的形象.我对他非常崇拜,我觉得这种人能真正解决问题.问题是怎么解决的?是靠思考和实践.在实践面前,不是谁受的教育最多、学历最高就能解决问题.解决问题的正确方法是老老实实根据实践来做."

刚到白龙江水电工程之初,石根华从打眼放炮的工作开始干起,"我自己动手或者是带领工人开炮打洞都很成功,因为开炮打洞等实际上都是几何问题,我有数学知识,算得很准、布置得很准、打得也很准,所以很快就当上了工长."

除此之外,他在白龙江工程中还做了地下厂房的计算.在厂房的计算中,他接触到了结构力学."我从头学起,作为一名数学家,学习方法就是与别人交换.我周围都是清华大学学工科的人,我给他们做计算,他们教我工程——他们需要把工程给我讲懂,我才能把计算做好,所以,大家都用最简洁的方法教我工程,我很快就学得很好,然后就开始做计算,有时一个下午要做3个计算."

他最初在工地上做的都是弹性力学,没有想到做岩石力学,一件意外的悲剧改变了他."我有个朋友,当时大学生到碧口工地上锻炼的就我们两人.我是学拓扑学的,知道岩石的分类.但我不肯做岩石力学的研究.当时,我想,世界没有岩石力学,做它干什么?然而,一天早晨,我和这位朋友推着小车,结果不到两个小时,他就被岩石砸到,死在我面前,而我活下来了.回来以后,我感觉这样不行,所以从这时候开始我才下决心做岩石块体研究."

他介绍,"岩石块体分为两类:关键块体和一般块体.关键块体就是不用其他块体阻碍,自己能塌下来、

掉下来的块体.这是最危险的块体,第一批岩石掉下来后,其他岩石就会一批批地掉下来.数学上可以证明,这种塌方是可以利用计算算出关键块体的.这就不是几何问题,而是拓扑学的问题,而且还有许多统计学在里面."

在白龙江水电工程中,一个难题摆在了众人面前:地下工程开挖需要在岩石中挖一个80米深的高压井,这个高压井会不会塌方? 当时,负责此项工作的领导与设计人员之间出现了激烈的争论.那位领导说:"完了,设计人员给我们画的这个东西我们开不出来."这时,有人向他推荐了石根华.

"在没有办法的时候,我被调来调压井.做的时候用数学解决了一个问题.开始时,将房子切成块体.块体是什么? 就是一个平面一刀切下去,是一个不等式方程,另一刀切下去,也是这个方程,一个块体就是几个不等式方程的解,再将不等式方程转化为球面几何,这样就开始进入了正统的数学.你必须证明并找出每个关键块体."

他用拓扑学理论计算出了工程中的关键块体,找准了调压井的开挖部位,调压井成功了,没有出现伤亡."我利用现代数学有限元的方法,将无限个关键块体分为有限类,同一类中有可加性,其中有一个最大,我在数学上把最大的求出来,就可以了.但做这个东西时,真是感到惊心动魄.这时的数学理论给出的结果是对生命的保证,越严格越有保证;不严格,错了,就是生命的丧失!"

在白龙江水电工程中,石根华首创了岩体稳定性分析的全空间赤平投影和块本分析方法,并在工程中得到应用. 1978 年, 他在《中国科学》的中英文版上分别发表了《岩体稳定性分析的赤平投影方法》和《非连续岩体稳定性分析的几何方法》.

2007 年 7 月, 国际岩石力学会 50 年会议在葡萄牙召开, 会议的图标就是石根华在《中国科学》上发表的这篇文章的图. 石根华说: "现在, 关键块体是国际岩石力学的一门必修课程, 这是从白龙江水电工程开始的."

调压井的成功让石根华成为英雄式的人物. 1979 年, 他被水利部调回北京水科院水利水电科学院. 他借用朋友的诗句表达心情: "十年一电站, 毕生能几何?"

"学习是一种进步"

1980 年 4 月, 石根华公派出国, 参加美国数学会年会. 在这个会上, 他感到了一种巨大的压力.

"虽然我在国内工程学界很活跃, 但在国际学术界, 我发现自己没有地位; 再回去后我不会相信自己是最好的. 于是, 我想在美国干 5 年. 谁知最后一干就是 20 年." 他承受了出国不归的内疚和压力.

当时, 许多美国的数学教授鼓励石根华重新做数学, 但他还是愿意做工程. 在加州大学伯克利分校做了一段时间工程师后, 他师从世界岩石力学鼻祖 Goodman 教授. 1988 年, 他获得了岩石力学岩石工程的博士学位. 他说: "我低下头, 放下专家的身份, 重新成为学生. 工程师需要谦虚, 需要向别人学习. 学习是一种进步, 也是一种享受."

在伯克利分校的土木系和劳伦斯国家实验室, 他进行了岩石力学数值分析的理论和方法研究, 先后创立了块体理论 (Block Theory) 和非连续变形分析方法

（DDA，Discontinuous Deformation Analysis）. DDA 用模拟岩体非连续变形行为的全新数值方法,抓住了岩体变形的非连续和大变形这两个物理本质.随后,他提出并在理论上证明了"数值流形"概念及其可行性,完成了被誉为"21 世纪的新一代方法"的"数值流形方法"系统研究.

但是,这个理论的建立却经历了太多的磨炼.

在研究中,他们逐步形成了 Goodman 学派."我们是岩石力学的工程立体学派,完全按地质的东西来进行计算."Goodman 学派驰骋国际学术界.石根华应邀到日本、瑞典、南美洲国家以及我国台湾地区等地演讲或合作."我们当时太'跋扈'了! 麻省理工学院的教授到我们这里讲学,也怕我问问题.我一提问就可能让他下不来台,因为数学在我手里已经成为武器.他首先要将我吹捧一通,然后才能让课.后来,由于我们没有自知之明,也不知道什么是自由、开放,这给我们带来了麻烦."

在关键块体的研究中,他们遇到的一个最大问题是所谓的"开闭迭代的收敛".他说:"在数学上这是非线性规划的问题,怎么解这么大的非线性规划? Goodman 教授从 1968 年就开始解这个问题,他的几批法国学生都解不了.我去时,他已经放弃了.后来,别的教授对我说,'你做有限元吧,你的功夫太好了,一定会成为非常出色的人'."

然而,石根华在这个开闭迭代问题上做了 6 年也不行:"我知道这是不连续的大门,我敲不开这扇大门."

从 1983 年到 1989 年,他的自信心跌到了零,"因

255

为我觉得我的数学水平、我的资历是做不出这个问题的……我干了 6 年,到最后,没办法了,我用一台惠普计算机来算. 出去玩了 3 天后,回来看这个迭代计算还在进行,我就知道不行了. 我的经费是美国能源部支持的,我得老老实实告诉大家,我没有做出来. 做迭代是不行了,我又回过头来再做块体理论."

但在隐隐约约的情况下,他感觉自己不属于一个数学家,而是一名工程师,"从一名工程师的角度看,为什么计算不稳定而实际是稳定的呢? 这个凳子放在这里,你撞它一下,它是稳定的? 我在整个计算中把什么东西忽略掉了? 是摩擦力吗? 摩擦力不是问题,那是什么? 是惯性! 如果没有惯性,每个人都会撞到其他人. 我们的计算就是没有惯性!"

惯性控制不是石根华首先发现的,是计算大师 Desi 发现的,但石根华发现这个计算中最关键的问题是在一个积分上. 他将程序写出来,重新在计算机上算,终于发现,在这些方程中,每一块的迭代都过去了,直至 600 块、2 000 块. 然而,他无法证明这个理论. 后来,他才知道,这是个活动方程,如果只有一个开闭迭代点的话,肯定是收敛的,如果是两个的话,则短时间内是独立的.

用了十多年时间,石根华终于算出开闭迭代是收敛的,却给他们的学派带来了灾难:不连续的大门是打开了,但他们的学派影响了别的学派的利益. 于是,Goodman 教授不到退休年龄被强迫退休,他们的学派被解散了.

Goodman 教授对他说:"我走了,你也走吧!"

其说是普通拓扑的后代还不如说是它的姐妹.

　　与其把这种类比搞得很形式,倒不如利用它,并依靠普通几何的概念和结果的"辛化"来猜出辛情形下的结果.这样的辛化看起来可能很奇怪.像这样,一个辛流形的"辛边界"[①] 就有余维数 2,而且"辛同调论"应该与所有现有的同调论,包括"反常"的"同调论"有很大的不同.

　　由这些非正式想法引起的猜想发表于 1965 年间.其中一些由 Conley,Zehnder,Chaperon,Sikorav,Gromov 和其他一些人给出证明,这些强有力的新方法给整个辛化方案带来了一些希望.

19.1　广义 Poincaré 定理

　　辛拓扑中最简单的结果是下面两个定理:

　　Poincaré-Birkhoff 定理　　圆环的保持定向和面积的变换,如果该变换将两个边界圆朝相反方向旋转,那么它至少有两个不动点.

　　Shnirelman-Nikishin 定理　　二维球的保持定向和面积的映射至少有两个不动点.

　　以上两个定理都是第一位作者发现结果而第二位给出证明.

　　为了明确给出 Poincaré 定理的推广我们需要:

---

　　① 　关于辛边界的细节,请看 Lagrange 和 Legendre 配边理论,顺便说,复情形的"边界"是"分歧因子". 对"Z_2"来说是"Z",对"O"来说是"U".

定义 1 二维环面保持定向和面积的辛映射称为保持重心的,如果它能被提升成一个平面变换 $x \to x + f(x)$,这里 Z_2 — 周期映射 f 在单位正方形上的平均值为 0.

定理 1 这样一个映射至少有 4 个不动点,如果这些不动点是非退化的,而且其中至少有 3 个在几何上总不相同.

立刻可导出 Poincaré-Birkhoff 定理,因为我们可以用两个同样的、在圆环上给定的变换来构造环面的这样一个变换.

对于任意辛流形,重心条件可陈述如下:

定义 2 说一个映射同调于单位映射,如果可用一条光滑道路把它与单位映射联结,而且这条道路的导数是一个依赖于时间的具有单值 Hamilton 函数的 Hamilton 向量场.

注 1 这些映射在由所有辛微分同胚组成的群中作成单位所在的分支的交换子组成的子群.

猜想 1 紧流形 M 上的这样一个映射的不动点的个数至少与 M 上的一光滑函数的临界点个数一样多.

(1)对于 2 维曲面,(2)对于标准 $2n$ 维环面,(3)对于标准的 CP^n,(4)对于 C_0 — 小映射,(5)对于某些负曲率的 Kahler 流形,此猜想均已得到证明.

为了获得一个不动点最少的映射,取由一个 Hamilton 向量场生成的流的小时间值. 简单流形上临界点的最小个数由下表给出(表 1):

表 1

流形	c_a	c_g
圆	2	2
2 维环面	4	3
具有 g 个手柄的球	$2g+2$	3
$2n$ 维环面	2^{2n}	$2n+1$
CP^n	$n+1$	$n+1$

如果这些临界点都是非退化的,那么它们的个数至少等于 Betti 数的和 c_a. 在任何情形下几何性质不同的临界点的个数不少于 Ljusternik-Shnirelmann 范畴 c_g，c_g 比上积长大.

注 2　对于不同调于单位的辛映射,上述猜想中的函数应以"闭 1 - 形式"代替而 Morse 不等式则用 Novikov 不等式代替.

Conley-Zehnder 方法是 Morse 理论的"双曲"推广(两个的惯性指标都为无限大),其方式与 Anosov 系统是 Liapounov 渐近稳定吸引子的"双曲"推广一样. 尽管过去几年有了重大进展,但人们仍不知道是否 4 维环面的每个同调于单位的变换都有一个不动点(假定辛结构为非标准的).

19.2　Lagrange 流形的相交

根据辛几何的一般原则,"每个对象"都是 Lagrange 流形.

定义 3　辛流形的 Lagrange 子流形是具有最大

维数的子流形而且在这个子流形上辛结构消失.(这个最大维数在 $2n$ 维的相空间中是 n.)

典型的例子为函数的微分的图像以及可积或几乎可积的 Hamilton 系统的 Liouville 或 Kolmogorov 不变环面.

一个典则变换,如果是一个辛同胚 $f:M \to M$,则可看作一个 Lagrange 流形[①]:它的图是乘积空间 $M \times M$ 的 Lagrange 子流形,这里乘积空间 $M \times M$ 具有辛形式"$dP \wedge dQ - dp \wedge dq$",即两个因子的辛结构的拉回的差.

f 的不动点是两个 Lagrange 流形:即图和对角线的交.

定义 4　说两个 Lagrange 流形是 Hamilton 同调的,如果其中之一能被具有单值的(但一般依赖于时间的)Hamilton 函数的 Hamilton 流的时间 1 映射变换为另一个.

猜想 2　两个这样的紧流形(L 和 L')的相交点个数的下界与定义在其中一个流形上的函数的临界点个数的下界相同,如果在每个其边界位于 L(或 L')中的圆盘上辛形式的积分是 0.

定理 2　余切丛[②] $T * X$ 的零截面($p=0$)与任意同 $T * X$ Hamilton 同调的 Lagrange 紧流形的交点个

―――――――

①　这导致了典则变换的一个有趣的推广:辛对应,这里对应是乘积空间的任意 Lagrange 子流形.

②　构形流形 X 的余切丛是它的相空间连同它到 t 上的自然投影以及(在每个构形空间点处的动量空间的)纤维的线性空间结构.它带有自然辛结构——经典概念中的 Poincaré 积分不变量"$dp \wedge dq$",这个余切丛记为 $T * X$.

数大于 X 的上积长，而且如果所有的相交都是横截的，则至少等于 X 的 Betti 数的和.

例 1　对于 T^n 我们至少有 $n+1$ 个交点，如果所有这些交点都横截的则至少有 2^n 个.

注 3　任何 Lagrange 子流形的一个邻域辛同胚于此余切丛的零截面的一个邻域. 因此该定理提供了上述猜想的一个局部说法.

此定理的最简单情形说：一个嵌入圆柱的圆，如果同伦于赤道而且与赤道围成一个定向面积为 0 的曲面，则它与赤道至少交于两点.

这个关于交点的结论对浸入不成立，即使这些浸入正则同伦于赤道，见图 1，上述定理在浸入情形的相应结论属于 Yu. V. Chekanov，我们将在下节给出.

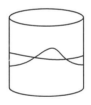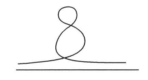

图 1

19.3　接触流形的 Legendre 子流形

接触几何是辛几何在奇数维的姐妹.

定义 5　一个奇数维流形上的接触结构是一个切超平面场，它在每一点都是通有的.

例 2　切于 C^2 中实心球的边界 S^3 的复直线定义了 S^3 上的一个接触结构 —— 它的标准接触结构. 对

于 S^{2n+1} 有相似的定义.

所有 $2n+1$ 维接触流形的局部模型是其坐标为 $x_i, p_i, y(i=1,\cdots,n)$ 具有接触结构 $dy = pdx$ 的空间. 这个空间叫作函数的 1 阶节(jet)[①]空间 $J^1(R^n, R)(x=$ 自变量, $y=$ 函数值, $p=$ 阶导数).

去掉函数的值, 我们就把这个 1 阶节空间投影到余切丛, 从而定义线纤维化 $J^1(X, R) \to T \ast X$.

定义 6 一个接触流形的 Legendre 子流形是接触结构的那些具有最大可能维数的积分流形(这个维数在 $2n+1$ 维流形中等于 n).

例 3 函数 f 的 1 维图($y=f(x), p=\partial f/\partial x$).

定义 7 X 上的拟函数是 X 到 X 上的函数 1 阶节空间的 Legendre 嵌入(在所有的 Legendre 嵌入中), 这个嵌入正则同伦于某个函数的 1 维图.

拟函数到相空间 $T \ast X$ 上的投影定义了一个浸入 Legendre 子流形. 拟函数的临界点是其投影属于 $T \ast X$ 的零截面的点.

定理 3(Ju. V. Chekanov) 紧流形 X 上的拟函数的临界点个数大于 X 的上积长, 如果这些临界点都是非退化的, 则其个数至少等于 X 的 Betti 数之和.

例 4 同伦条件是必不可少的. 请看图 2 左边的浸入 $S^1 \to J^1(S^1, R)$ 到 TS^1 的投影, 它与零截面不相交. 因而在 Legendre 嵌入组成的类中它不会同伦于一个拟函数, 这个拟函数的投影表示在图 2 右边(虽然它们在 Legendre 浸入组成的类中显然是同伦的).

---

① k 阶节($k-$jet) = 在已给点处 k 次 Taylor 多项式.

图 2

19.4　Lagrange 纽结和 Legendre 纽结

这两种纽结分别定义为 Lagrange 嵌入和 Legendre 嵌入($C^r , r \geqslant 1$)组成的空间的连通分支.

例 5　让我们考虑标准 3 维球中的 Legendre 纽结. 在通常意义下每个纽结都有一个 Legendre 代表(这由Caratheodory定理在热力学中的Rashevski-Chow 推广得出).

然而 Legendre 纽结的分类与普通纽结的大不相同. 例如存在"纯 Legendre"纽结 —— 圆的非同伦 Legendre 嵌入,它在通常意义下是不打结的.

为了提供一个例子,我们可定义一条 Legendre 曲线的"Maslov 指标"为下面的复合映射的度:$S^1 \rightarrow U(2) \rightarrow S^1$(左边箭头:由曲线的速度向量和 C^2 中球的外法向量形成的标架;右边箭头:行列式).

定理 4(A. V. Alekseev)[①]　Maslov 指标是到标准

---

① 这是 Alekseev 将 Smale 浸入理论改进到一般情形的一个特例.

3 维球面的 Legendre 浸入的唯一同伦不变量. 所有具有相同指标的 Legendre 浸入在 Legendre 浸入中是正则同伦的, 而此指标所有的值都可由与任一给定的 Legendre 浸入任意 C^0 一接近的 Legendre 嵌入而得到.

看来普通纽结型和指标值定义不了 Legendre 纽结型(图 2).

多维情形的上述构造提供了 Legendre 流形 $L^{n-1} \to S^{2n-1}$ 到 Lagrange Grassmann 流形 $\Lambda_n = U(n)/O(n)$ 的一个 Gauss 型映射.

例 6 让我们考虑这样的 Lagrange 嵌入 $R^2 \to R^4$, 它们在标准 R^4 中的一个实心球外等于平面 $p = 0$ 的嵌入. "Lagrange 纽结问题"这样说:

(1) 是否存在这样的嵌入, 它可以在通常意义下打结? (在由嵌入作成的空间中, 不同伦于标准的嵌入 $R^2 \to C^2$.)

(2) 如果回答是肯定的, 确定每个通常的纽结是否有 Lagrange 表示式.

(3) 是否存在 Lagrange 纽结(在通常的嵌入空间中, 而不是在 Lagrange 嵌入空间中, 同伦于平面的 Lagrange 嵌入)?

注 4 一个 Lagrange 纽结 $R^n \to R^{2n}$ 确定了 Lagrange Grassmann 同伦群 $\Pi_n(\Lambda_n)$ 的一个元素. $n = 2$ 时这个 Grassmann 流形是一个圆上非平凡的 2 维球丛. 现在还不知道同伦群的这个元素是否是非平凡的. 在任何情形下此非平凡性都不能靠示性数来判定, 因为示性数在这些元素上为零.

19.5 Giventa 的 Lagrange 嵌入定理

让我们考虑一个嵌入 R^{2n} 中的 Lagrange 纽结到构形空间的投影(图 3 左):$R^n \to TR^n \to R^n$.

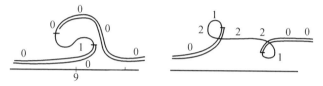

图 3

对于此投影的任一正则值 q 上的纽结的每一个点,可将此点的 Maslov 指标定义为从无穷远处沿着此纽结到达此点的任何曲线与此限制投影的奇点组成的超曲面的相交数.可见图 3 左边纽结的某些点指标数值.

定理 5 在每个正则值上都存在一个零指标点.

此定理由 V. Kolokolzov 提出猜想,并对平面曲线证明了此定理.

第二个定理源于将下列事实辛化的尝试:一个紧流形到一个同样维数的流形的嵌入导出同调群中基本类的一个嵌入.

定义 8 说余切丛空间的一个 Lagrange 子流形是正合的,如果它是函数的 1 – 节(jet)空间的一个 Legendre 子流形的投影,(也就是说如果"生成函数"$\int pdq$ 是单值的).

定理 6 一个紧 Lagrange 子流形的任何正合嵌

269

入 $M \to T*N$，可扩张成一个辛嵌入 $T*M \to T*N$（此 Lagrange 流形是零截面的像）.

这个证明依赖于 $T*M$ 的 Euler 场的像从嵌入流形 M 的一个管道邻域到整个 $T*N$ 的扩张.

猜想 3（Givental） 对于 M 的几乎每一个点 n，始于 n 的扩张 Euler 场的轨道在 $T*N$ 中可达到无穷远.

在承认此猜想时，Givental 证明了：

推论 1 任何辛嵌入 $T*M \to T*N$（M 紧，$\dim M = \dim N = n$）导出同调中的一个嵌入.

这由以下事实得到：M 与由始于 M 的一个通有点的扩张 Euler 场的轨道形成的非紧致圈只相交一次.

推论 2 在标准辛的 R^{2n} 中不存在紧致正合的 Lagrange 嵌入子流形.

这个猜想已被 M. Gromov 证明了.

推论 3 $T*M$ 的零截面在一个同调于单位映射的辛同胚下的像与此零截面相交.

否则将存在由 M 的两个模本组成的不相交的并到 $T*M$ 的一个下合 Lagrange 嵌入，且其基本类映到零.

19.6　奇数维情形

假定一个接触结构有一个横截定向，那么可以选取一个接触 1－形式，它是形式 α，其核组成的场是接触结构. 2－形式 da 定义了一个线场（它的核组成的场），它的积分曲线叫作特征. 这些特征横截于接触超平面且依赖于定义已给的接触结构的特殊接触形式的

选择.

如果这些特征形成一个纤维化,则它的底空间是一个辛流形.沿着这些特征 Legendre 嵌入投影到 Lagrange 浸入.关于底空间辛拓扑的定理和猜想可用初始接触空间和特征纤维化来阐述.避开整体纤维化和底空间,我们可得辛几何中的一些新猜想.

例 7 让我们考虑标准 3 维球中的 Legendre 流形 S^1.对于标准接触形式,特征纤维化是 Hopf 纤维化 $S^3 \to S^2$. Legendre 曲线的 Lagrange 投影是 2 维球上的曲线,它所围的面积 mod 4π 为零,这样一条曲线有一个自交点,因此:

猜想 4 标准接触 S^3 中的任何 Legendre 流形 S^1 对于每个选取的接触形式有一个特征带.

由于同样的原因,对于标准 R^{2n+1} 或 S^{2n+1} 的任何 Legendre 子流形到任何附近 Legendre 浸入的特征道路,对于每个选取的接触形式,根据此子流形的拓扑,我们可以期望此特征道路的个数有一个下界.

在这一方面,只有 Poincaré 定理的"磁场"描述得到证明.

设 $P: E^{2n+1} \to M^{2n}$ 是一个纤维为定向圆周的紧致纤维化,ω 是 E 上的一个闭 2 - 形式,此 2 - 形式在每点是非退化的(有 1 维的核).我们再加上以下的"保持引力中心"条件:ω 的上同调类得到提升(属于 $p*H^2(M)$),换句话说,ω 沿着垂直闭链的积分都是零.

定理 7(V. L. Ginsburg) 假设 ω 的(核作成的)特征方向场 C^1 - 逼近垂直(纤维的方向)场,而且 ω 保持引力中心.那么,(作为嵌入逼近纤维的)闭特征个

数大于 M 的上积长,如果所有这些特征是非退化的,则其个数至少等于 M 的 Betti 数之和.

我们希望对 C^0 邻域以及更一般的情形这仍是真的.

如果把引力中心限制取消掉,则 Morse 型估计应由 Novikov 型估计来代替.

例 8 让我们考虑一个"电荷"沿着磁场 B 中的一个 Riemann 环面运动,这里的磁场垂直于此环面且无处为零.

由以上定理可知:对于每个充分小的初速值 v_0 至少存在 3 个闭的可收缩轨道.(如果是非退化的,则至少 4 个.)

从几何上来讲,这些轨道是其测地曲率在每点有指定的 $B(x)/v_0$ 的曲线.人们猜测这样的曲线对所有 $v_0 \neq 0$ 都存在.(如果这些曲线是非退化的,则在一个有 g 个环柄的球上有 $2g+2$ 条这样的曲线.)此问题的另一种方法由 Novikov 和 Tainmanov 给出.

19.7 光学 Lagrange 流形

短时距方程 $(\partial S/\partial q)^2 = 1$ 的解定义了位于相空间的超平面 $p^2 = 1$ 上的 Lagrange 流形 $P = (\partial S/\partial q)$. 这个超平面与任何点 q 上的纤维有凸的(球形的)相交.

定义 9 称余切丛空间的 Lagrange 子流形是光学的,如果它属于一个超曲面,且此超曲面横截于纤维,则它与纤维的交是凸二次曲面.

每一个 Lagrange 奇点有一个局部光学实现,然而

要整体上是光学的则是对焦散奇点的共存性,因而也是对这些奇点的局部形变的一种拓扑限制.这种效应首先由 J. Nye 在寻求典型焦散形变的激光实现时对短时距情形观察到,一般理论则属于 Yu. V. Chekanov.

定义 10　辛流形中的一个超曲面的特征场是一个在每点的取值是辛正交于切超平面的线场.(也就是在此超曲面上的 Hamilton 泛函为零的 Hamilton 向量场的方向.)

定理 8(Chekanov)　包含一个 Lagrange 光学子流形且每根纤维都是凸的超曲面的特征场与标准投影在此 Lagrange 流形上的限制的临界点集无处相切(即使在临界点集的奇点).

推论 1　光学 Lagrange 流形的临界集的正规部分具有一个光滑的切方向的场:这些切方向与核投影在核投影为 1 维的(且在点 $A_k, k \geqslant 3$)切于临界流形的点处相重合.

推论 2　一个光学 Lagrange 投影的光滑紧致临界流形的 Euler 示性数等于 0.

这说明不可能有光学"飞碟"(照 Thom 的用语是"唇",Zeldovich 的用语是"烧饼"),因为 2 维球的 Euler 示性数为 2(图 4).

图 4

对于所有的维数和符号差的值,对于光学焦散的形变来说"唇"是不可能有的(这些形变在非光学焦散

273

中是通有的).在 3 维时形变 D_4^-(两个金字塔的产生)在光学上也是不可能的,而所有其他的形变($A_4,A_5,$ D_4^+,D_5)有光学上的实现.

在光学上有相应的 Lagrange 纽结问题,配边理论,等等.一个光学 Lagrange 流形在相应的 Hamilton 流下是不变的:因此,如同在一个固定能量水平上的 Kolmogorov 环面一样,整体光学 Lagrange 流形在通有意义下是刚性的.这样,为了定义"光学纽结"理论中的同伦,我们必须允许有周围超曲面的形变(此形变将超曲面的每根纤维保持凸的).

让我们考虑黎曼 2 维环面上的一个测地线流的不变(光学的,Lagrange,Kolmogorov)环面,一个测地线叫作极小的,如果它到覆盖平面的提升在它的任意两个点之间是极小的.

定理 9(M. Bjalyi,L. Polterovich) 测地线流的不变环面被极小测地线到相空间的提升充满当且仅当它是余切丛的截面.

不仅对测地线流的光学 Lagrange 流形,对于其他的光学 Lagrange 流形这也可能是对的.极小条件对于光学焦散的某些形变(metamorphoses)是一种障碍(像 Chekanov 理论中一样),因此,这个猜想与同伦于余切丛的截面的光学 Lagrange 流形的光学不打结性猜想有关.

注 5 嵌入 $T * T^n$ 的 Lagrange 环面不可能以大于 1 的重数投影到底空间.否则,加上一个 $q-$ 叶覆盖后,我们得到两个不相交的 Hamilton 同调环面,这与第 19.2 节和 19.3 节的定理矛盾.

人们注意到如 Lagrange 纽结问题和光学临界集

实际上,Hirsch 的做法是对 $b \in \partial B^2$ 沿着逆像 $h^{-1}(b)$ 走,证明这个逆像只能在 B^2 内部"消失",只能在 f 的不动点附近消失.以 Hirsch 的这种想法为基础,凯洛格,Li & Yorke(1976) 曾构造了一种算法,但要求 f 是二次连续可导的.以下我们不采取这种做法.

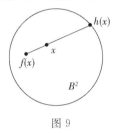

图 9

3. 不动点算法的酝酿

设 $f:S^n \rightarrow S^n$ 连续.对任何 $x \in S^n$,从 x 变到 $f(x)$ 时,x 的有些坐标可能增大,有些可能减小,但 $n+1$ 个坐标的总和保持为 1.如果能找到一点 x^*,它的每个坐标经过映射 f 之后都不增大,那么,它的每个坐标也不能减小,所以 x^* 就是不动点.为做到这一点,对 $i \in N_0$,令 C_i 为 S^n 中第 i 个坐标在映射 f 之下不增大的那些点的集合.如果有一个点属于所有 C_i,即若 $\bigcap\limits_{i \in N_0} C_i \neq \varnothing$,那么我们的目的就达到了.

这短短一段文字,反映了不动点算法的原始思想.我们证明 Brouwer 定理的第一步,就是归结为 K-K-M 引理,该引理在一定条件下判断一族集合必须有非空交集.该引理的证明不见得比定理本身容易,所以又将该引理归结为纯粹组合的 Sperner 引理.好处在于,这样做的时候,最能体现不动点算法的原始思想.

考虑 $n=1$ 的情况(图 10). 显然,S^1 中任一点必在 C_0 或 C_1,即 C_0 和 C_1 盖满 S^1:$C_0 \bigcup C_1 = S^1$. 并且,$v^0 \in C_0$,$v^1 \in C_1$,即各 C_i 都非空. 此外,各 C_i 都是闭集.

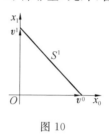

图 10

怎样做到 C_0 和 C_1 相交呢? 利用诸 C_i 的闭性,若能找到任意接近的点对,一点在 C_0,一点在 C_1,那么因为 C_0,C_1 是闭的而 S^1 紧致,就存在一点既在 C_0 也在 C_1,目的就达到了. 要提供足够丰富的任意接近的上述点对,可以将 S^1 分割成小线段,小线段端点标号依它在 C_0 或 C_1 而定为 0 或 1(若它既在 C_0 又在 C_1,则目的已达到). 因为 S^1 的一端标号为 0,另一端标号为 1. 显然,必有一个小线段其两端标号分别为 0 和 1. 这就是要找的点对(图 11).

在高维的情况,要找的是互相接近的 $n+1$ 个点的点组,在各个 C_i 中都有一点. 为此,将 S^n 分割成称之为单纯形的小片,即将 S^2 分割为三角形,将 S^3 分割为四面体,等等. 这样,我们就走向了 Sperner 引理.

从这一节开始,希望读者随时联系 Kuhn 多项式求根算法中的做法(剖分、标号、算法). 细节不尽相同,但相通之处是本质的.

例如,在二维的情况,基于同样思想,Kuhn 建立

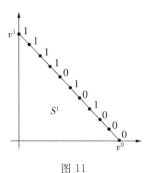

图 11

了下述所谓组合的斯托克斯定理：

定理 2　设 Q 是平面有界区域（连通或不连通），剖分成具有正的定向（逆时针方向）的三角形，各顶点的标号为 0 或 1 或 2. 称 ∂Q 上的 $(0,1)$ 棱和 Q 内的 $(0,2,1)$ 三角形为起点（源）, ∂Q 上的 $(1,0)$ 棱和 Q 内的 $(0,1,2)$ 三角形为终点（渊）, 那么, 起点和终点的数目相等. 对 Q 中每个三角形 Δ 和 ∂Q 上每条棱 e, 以 $l(\Delta)$ 和 $l(e)$ 表示其顶点的顺序标号, 定义

$$\sigma(e)=\begin{cases}+1,若\ l(e)=(0,1)\\-1,若\ l(e)=(1,0)\\0,其他情况\end{cases}$$

$$\sigma(\Delta)=\begin{cases}+1,若\ l(\Delta)=(0,1,2)\\-1,若\ l(\Delta)=(0,2,1)\\0,其他情况\end{cases}$$

那么, 定理的另一种表述是

$$\sum_{\Delta\in Q}\sigma(\Delta)=\sum_{e\subset\partial Q}\sigma(e)$$

下面是定理的一个图示, ⊢表示起点（源）, → 表示终点（渊）. 在符合定理条件的情况下, 渊源总是相等.

289

读者不妨自己试试.

注意,图12既可作为三个独立的例子,又可作为一个例子.

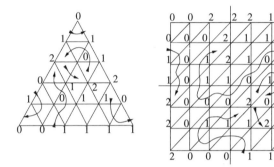

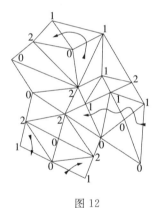

图 12

事实上,Kuhn最初就是对图12中$Q=Q_m$的情况,运用组合的斯托克斯定理给出代数基本定理的一个构造性的证明(Kuhn,1974).代数基本定理说,每个 n 次复系数多项式在复数域中有一个根,$n \geqslant 1$. 或者,采取其更强的形式:每个 n 次复系数多项式在复数域中恰

有 n 个根. Kuhn 证明了, ∂Q_m 上正好有 n 个起点, 没有终点, 从而在 Q_m 内可找到 n 个终点, 作为 n 个近似根. 当剖分加细时, 取极限, 就得到了 n 个根. 这是初期不动点算法的一个例子. 后来, 增加了一个辅助维, 将平面问题放到半空间里处理, 形成变维数的算法, 精度能自动提高, 就是前面看到的 Kuhn 多项式求根算法.

这是"题外的话", 让我们回到 Brouwer 定理.

20.4　归结为 Sperner 引理

为方便, 如同记 $N_0 = \{0, 1, \cdots, n\}$, 记 $N = \{1, \cdots, n\}$.

首先叙述著名的 Knaster-Kuratowski-Mazurkiewicz 引理（看 Knaster、Kuratowski 和 Mazurkiewicz, 1929）, 一般简写作 K-K-M 引理.

引理 4　设 $C_i, i \in N_0$, 是 S^n 的一组闭子集, 满足下列条件:

（1）$S^n = \bigcup\limits_{i \in N_0} C_i$, 即诸 C_i 盖满 S^n;

（2）如果 $\varnothing \neq I \subset N_0$ 而 $J = N_0 \sim I$（J 是 N_0 对 I 的差集）, 就有 $\bigcap\limits_{i \in I} S_i^n \subset \bigcup\limits_{j \in J} C_j$.

那么, 诸 C_i 之交非空: $\bigcap\limits_{i \in N_0} C_i \neq \varnothing$.

条件（2）要稍稍说明一下. 当 $n = 1$ 时, 只不过是 $v^0 \in C_0$ 和 $v^1 \in C_1$. 当 $n = 2$ 时, 看图 13. 若 I 是单点集 $\{i\}$, 那么 S_i^n 被与 i 相对的两个 C_j 的并集盖住; 若 I 是两点集, 缺 i, 那么两个 S_j^n 之交只是一个顶点, 被 C_i 盖住; 而当 $I = N_0$ 时, $\bigcap\limits_{i \in I} S_i^n$ 已是空集. 然后, K-K-M 引理

保证诸 C_i 之交非空，如图 13 中涂黑的部分.

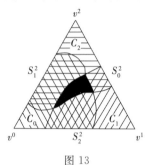

图 13

下面，我们要证明：

命题 1　K-K-M 引理蕴含对 S^n 的 Brouwer 定理.

证　设 $f: S^n \to S^n$ 连续. 对 $i \in N_0$，令 $C_i' = \{x \in S^n \mid f_i(x) \leqslant x_i > 0\}$ 而 $C_i = \overline{C_i'}$（C_i' 的闭包）. 我们来验证 $C_i, i \in N_0$ 满足 K-K-M 引理的条件.

如果 $x \in S^n$ 不属于任何一个 $C_i', i \in N_0$，那么对于 $i \in I = \{i \in N_0 \mid x_i > 0\}$ 有 $f_i(x) > x_i$. 这时

$$1 = v^T x = \sum_{N_0} x_i$$
$$= \sum_I x_i < \sum_I f_i(x) \leqslant \sum_{N_0} f_i(x)$$
$$= v^T f(x) = 1$$

得出矛盾. 所以 $S^n \subset \bigcup_{i \in N_0} C_i' \subset \bigcup_{i \in N_0} C_i$. 再注意，对 $i \in N_0, C_i \subset S^n$，即知条件（1）满足.

再按定义，如果 $x \in \bigcap_I S_i^n, x \notin C_i', i \in I$，那么对于 $J = N_0 \sim I, x \in \bigcup_{j \in J} C_j' \subset \bigcup_{j \in J} C_j$，所以条件（2）亦满足.

现若 K-K-M 引理成立，就存在 $x^* \in \bigcap_{i \in N_0} C_i$. 因 f

连续,且 $x^* \in C_i = \overline{C}'_i, i \in N_0$,故 $f_i(x^*) \leqslant x_i^*, i \in N_0$. 这时 $1 = v^{\mathrm{T}} x^* = v^{\mathrm{T}} f(x^*)$ 给出 $f_i(x^*) = x_i^*, i \in N_0$. 这就是说,$x^*$ 是 f 的一个不动点.

为了以后的需要,谈谈剖分的有关概念.

我们知道,一个 j 维闭单纯形是 $\mathbf{R}^k$ 中 $j+1$ 个仿射无关的点的凸包,这些点称作是单纯形的顶点. 闭单纯形的相对内部,称为开单纯形. 这样,前述的 S^n 是一个 n 维闭单纯形(图 14).

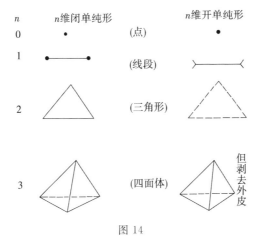

图 14

一个单纯形,若它的全部顶点都是单纯形 σ 的顶点,就称作是 σ 的一个面. 所以,对每个 $i \in N_0$,S_i^n 是 S^n 的一个闭面.

两个单纯形称为是关联的,若一个是另一个的面. 两个 j 维单纯形称作是连接的,若它们共以一个 $j-1$ 维单纯形为面.

所谓 S^n 的一个剖分 G,是一组有限个 n 维开单纯形,这些开单纯形与它们的所有开面一起,构成 S^n 的一个分割,即 S^n 是这些开单形与它们的所有开面的不相交并集.

用开单纯形叙述有其方便之处,虽然启初看起来不那么直观.若用闭单纯形叙述,则上述定义等价于下列两个条件:

(1) 诸 n 维闭单纯形盖满 S^n;

(2) 若两个 n 维闭单纯形相交,则交集是它们的公共面.

所以,图 15 的构造是不允许的.

图 15

剖分中每个单纯形的顶点,也可以直接称为该剖分的顶点.下面讲的单纯形,都指开单纯形,虽然在多数场合把它想象为闭单纯形也可以,但是要小心.

下面来看关于 S^n 的剖分的性质.

S^n 的剖分的性质:

(1) 设 G 是 S^n 的一个剖分,τ 是一个 $n-1$ 维单纯形,它是 G 的一个 n 维单纯形的面.那么以下两者必有一者成立:

(i) $\tau \subset \partial S^n$,$\tau$ 只是一个 $\sigma \in G$ 的面;

(ii) $\tau \not\subset \partial S^n$,$\tau$ 正好是 G 中两个单纯形的面.

(2) 存在 S^n 的网径的任意小的剖分(G 的网径是 $\sup\limits_{\sigma \in G} \operatorname{diam}_2 \sigma$,即 G 中单纯形的最大直径).

(3) 设 G 是 S^n 的一个剖分,$i \in N_0$.那么 G 中单纯

294

形的位于 S_i^n 的 $n-1$ 维面,按显然的方式构成 S_i^n 的一个剖分.

现在叙述 Sperner 引理(施佩纳,1928).

设 G 是 S_i^n 的一个剖分,G 的每一顶点标以 N_0 中一个整数,使得在 S_i^n 中顶点标号均不为 i(这样的标号法称作是可用的).那么,G 中存在全标单纯形,即带有全部标号的单纯形.

图 16 是 $n=2$ 时,S^n 的一种剖分及符合引理条件的标号.注意,在 v^i 的"对面"没有标号 i.

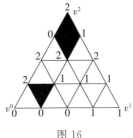

图 16

上面叙述的是引理的弱形式,我们只需要弱形式就够了,但引理的强形式更易证明.引理的强形式说,存在奇数个全标单纯形.还有超强形式,断定具有正的定向的全标单纯形比具有负的定向的全标单纯形刚好多一个.引理的各形式,在拓扑学中均有应用,特别是拓扑定理的构造性证明.

命题 2 Sperner 引理(弱)蕴含 K-K-M 引理.

证 设 $C_i,i \in N_0$,是满足 K-K-M 引理条件的闭集.设 $G_k,k=1,2,3,\cdots$,是 S^n 的一族剖分,其网径趋于 0:$\mathrm{mesh}_2 G_k \to 0$,当 $k \to \infty$.对每个 k,设 y 为 G_k 中一个顶点,则 y 的标号取作

$$i = \min\{j \in N_0 \mid y \in C_j, y \notin S_j^n\}$$

(i 的存在性由 K-K-M 引理的条件保证) 这显然是一个可用的标号法. 若 Sperner 引理成立, 得 G_k 内存在全标单纯形 σ_k. 设 σ_k 的顶点为 $y^{ki}, i \in N_0, y^{ki}$ 的标号就是 i. 所以 $y^{ki} \in C_i, i \in N_0$.

现序列 $y^{k0}, k = 1, 2, 3, \cdots$, 位于紧致集 S^n, 故必有一个收敛子序列. 不妨设子序列就是原序列本身, 即 $y^{k0} \rightarrow x^* \in S^n, k \rightarrow +\infty$. 注意 $\mathrm{mesh}_2 G_k \rightarrow 0$, 就得 $\lim\limits_{k \rightarrow +\infty} y^{ki} = x^*, i \in N_0$. 因 C_i 是闭的, 得对所有 $i \in N_0$ 有 $x^* \in C_i$. 这就得到了 K-K-M 引理.

命题已证完, 但强调一下它在计算方面的意义是值得的. 事实上, 每个全标单纯形给出一个近似不动点, 当 $\mathrm{mesh}_2 G \rightarrow 0$ 时, 就得到精确不动点. 重要的是指明, 我们所说的"近似不动点", 是说一个点和它的像很接近, 而不是指很接近不动点的点.

我们已用 $\|\cdot\|_2$ 表示欧氏空间中的通常距离. 有时, 取最大坐标差为距离是方便的, 记作 $\|\cdot\|_\infty$: $\|x\|_\infty = \max_i |x_i|$ (下标 2 和 ∞ 意义自明). 有时, 用 $\|\cdot\|$ 表示 $\|\cdot\|_\infty$ 或 $\|\cdot\|_2$. 例如, 关于网径, 我们有 $\mathrm{mesh}_\infty, \mathrm{mesh}_2, \mathrm{mesh}$, 其含义自明.

引理 5 设 G 是 S^n 的一个剖分, $\mathrm{mesh}_\infty G \leqslant \delta$. 设 $f : S^n \rightarrow S^n$, 使得 $\|x - z\|_\infty \leqslant \delta$ 蕴含 $\|f(x) - f(z)\|_\infty \leqslant \varepsilon$. 取 G 的顶点 y 的标号为 $i = \min\{j \in N_0 \mid f_j(y) \leqslant y_j > 0\}$. 那么, 若 σ 是 G 的一个全标单纯形而 $x^* \in \sigma$, 就有 $\|f(x^*) - x^*\| \leqslant n(\varepsilon + \delta)$.

这个 x^* 就可作为近似不动点.

证 设 σ 的顶点为 $y^i, i \in N_0, y^i$ 的标号为 i. 于是, 对每个 $i \in N_0$, 有

$$f_i(x^*) - x_i^* = (f_i(x^*) - f_i(y^i)) +$$
$$(f_i(y^i) - y_i^i) +$$
$$(y_i^i - x_i^*)$$

引理条件保证右端第一项不超过 ε，末项不超过 δ. 而 y^i 标号为 i，故中项非正. 所以

$$f_i(x^*) - x_i^* \leqslant \varepsilon + \delta$$

但 $v^{\mathrm{T}} f(x^*) = v^{\mathrm{T}} x^* = 1$，对每个 $i \in N_0$，自然有

$$f_i(x^*) - x_i^* = - \sum_{j \neq i} (f_j(x^*) - x_j^*)$$
$$\geqslant - n(\varepsilon + \delta)$$

所以，对每个 $i \in N_0$，均有

$$\mid f_i(x^*) - x_i^* \mid \leqslant n(\varepsilon + \delta)$$

于是引理结论得证.

　　自然，这个因子 n 是粗糙了一些，读者可练习使引理的估计式精确些. 但着眼于一个无穷的过程，目前这样也就够了.

20.5　Sperner 引理的证明

　　虽然我们只用到 Sperner 引理的弱形式，但本节将归纳地证明引理的强形式.

　　本来，可从 $n = 0$ 的平凡情况开始归纳法，但我们宁愿从 $n = 1$ 做起. 我们还舍弃 $n = 1$ 时若干较容易的证明，而从一开始就采取与高维时一致的做法. 这样做，对理解和掌握整个证明是有好处的.

1. $n = 1$ 的情况 (图 17)

$$v^0 \bullet \overset{0}{\bullet} \overset{0}{\bullet} \overset{1}{\bullet} \overset{0}{\bullet} \overset{1}{\bullet} \overset{1}{\bullet} \overset{1}{\bullet} v^1$$

图 17

考虑标号 0 的顶点(它是 $n-1$ 维单纯形)与剖分中的一端标号为 0 的线段(它是 n 维单纯形)的关联. 按以下两种方法对关联进行计数,即对一者是另一者的面的情况进行计数.

(1)累加至少一端标号为 0 的线段对标号为 0 的顶点的关联数. 这种线段有两类:

A:标号一端为 0 另一端为 1 的线段;

B:两端标号均为 0 的线段.

A 中线段计数为 1,B 中线段计数为 2,总计数为 $|A|+2|B|$($|A|$ 表示 A 中元素数目).

(2)累加标号为 0 的每个顶点对至少一端标号为 0 的线段的关联数. 这样的顶点亦有两类:

C:$\partial S'$ 中唯一标号为 0 的顶点 v^0;

D:标号为 0 的中间顶点(不在 $\partial S'$ 的).

根据 S^n 的剖分的性质(1),C 中顶点计数为 1,D 中顶点计数为 2,这样,总计数为 $|C|+2|D|=1+2|D|$.

从 $|A|+2|B|=1+2|D|$ 知,$|A|$ 是奇数,这正是 $n=1$ 时 Sperner 引理的目标.

2. 归纳做法

设强形式的引理在维数为 $n-1$ 时为真,设 G 是 S^n 的一个剖分,其顶点标号法是可用的. 设 H 是作为 G

298

中单纯形的面的那些 $n-1$ 维单纯形的集合,它们的顶点都带有 $0,1,\cdots,n-1$ 全部标号.我们还是对 G 和 H 的关联进行计数.

（1）累加其顶点具有标号 $0,1,\cdots,n-1$ 的每个 $\sigma\in G$ 对具有标号 $0,\cdots,n-1$ 的所有 $\tau\in H$ 的关联数,这种单纯形分为两类:

A:G 的全标单纯形组;

B:G 的几乎全标单纯形组,所谓几乎全标单纯形,即带有标号 $0,1,\cdots,n-1$,但没有 n.

A 的每个单纯形正好有一个面在 H;而 B 的每个单纯形正好有一对顶点的标号相重,所以有两个面在 H,且这两个面分别与具有相同标号的顶点相对,所以,关联总计数为 $|A|+2|B|$（图18）.

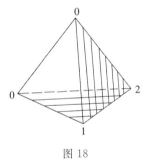

图 18

（2）累加每个具有标号 $0,\cdots,n-1$,即几乎全标的 $\tau\in H$ 对所有几乎全标的 $\sigma\in G$ 的关联数.亦分两类:

C:$\tau\in H$ 且 $\tau\subset\partial S^{n}$ 的集合;

D:$\tau\in H$ 但 $\tau\not\subset\partial S^{n}$ 的集合.

既然标号法是可用的,每个 $\tau\in C$ 必在 S_{n}^{n} 中.

按 S^{n} 的剖分的性质（1）,每个 $\tau\in C$ 对于 G 和 H

的关联计数为 1，而每个 $\tau \in D$ 对于 G 和 H 的关联计数为 2，总计数为 $|C| + 2|D|$．由此得到 $|A| + 2|B| = |C| + 2|D|$．

为证 $|A|$ 是奇数，必须证明 $|C|$ 是奇数．但考虑作为 G 的单纯形的面并且位于 S_n^n 的 $n-1$ 维单纯形的集合 G'．根据 S^n 的剖分的性质（3），G' 是 S_n^n 的一个剖分．但 S_n^n 显然和 S^{n-1} 是同胚的，只差写不写最后一个 0 坐标．作为 S^{n-1} 的一个剖分，G' 的顶点的标号是可用的，因此归纳假设断定，G' 中有奇数个全标单纯形．注意，G' 中的全标即 $0, 1, \cdots, n-1$，所以这些单纯形正好就是属于 C 的所有单纯形，所以 $|C|$ 为奇数．归纳做法完成．

为了帮助消化 Sperner 引理的证明，再看一个例子．图 19 是 S^2 的一个标号剖分，我们验证一下集合 A，B, C, D 及关联数．

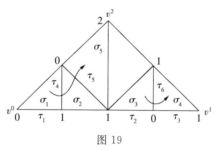

图 19

A 中 2 维单纯形	相应的 $C \cup D$ 中的 1 维单纯形
σ_5	τ_5

B 中 2 维单纯形	
σ_1	τ_1, τ_4

300

σ_2	τ_4,τ_5
σ_3	τ_2,τ_6
σ_4	τ_3,τ_6

总关联 $=|A|+2|B|=9$

C 中 1 维单纯形	相应的 $A\cup B$ 中的 2 维单纯形
τ_1	σ_1
τ_2	σ_3
τ_3	σ_4

D 中 1 维单纯形

τ_4	σ_1,σ_2
τ_5	σ_2,σ_5
τ_6	σ_3,σ_4

总关联 $=|C|+2|D|=9$

注意,$A\cup B$ 中的单纯形形成路径 $\sigma_1-\sigma_2-\sigma_5$ 和 $\sigma_3-\sigma_4$,这些路径是寻求全标单纯形的不动点算法的基础.

在本章的结尾,我们谈谈不动点算法的名称.诚如以上所述,不动点算法最初是在求解不动点的计算问题(特别是经济均衡点的计算)时形成的,而且它走的正是上述不动点定理的构造性证明的路,所以多数都采用不动点算法的名称.当应用于方程或方程组求解时,要计算的当然是零点,而不是不动点.但前面已经指出,不论在方程或方程组的场合,零点问题与不动点问题是等价的：令 $g(x)=f(x)-x$，g 的零点就是 f 的不动点．在单个方程的场合，x 是实变量或复变量；在方程组的场合，x 是一个 n 维实的（或复的）向量．

单纯形剖分的做法，在算法中起着基础的作用，所以这种算法也被称作单纯算法．当采用这个名称时，要和例如优选法中的单纯形方法和线性规划问题中的单纯形方法区别．

互补轮回是算法进行的基本规则，所以算法也可称作互补轮回算法．还有一些其他名称，如单纯同伦算法、分片线性同伦算法等，就留待讨论相应的内容时再做介绍．

总之，不动点算法的轮廓是：

求映射 $f:S \to S$ 的不动点（或零点）；

第一步，对 S 进行适当的单纯剖分；

第二步，对剖分的顶点进行适当的标号；

第三步，用一种有规则的搜索方法（机器容易执行的互补轮回方法）寻求全标单纯形，作为近似解．当剖分加细时，就得到问题的真解．

第六编
算子与不动点

理 1 有

$$d(u_{n+1}, u_n) \leqslant d(u_n, u_{n-1}) \leqslant \cdots \leqslant d(u_1, u_0) = d(fu, u)$$
$$(5)$$

由式(4) 和式(5) 推得 $\{d(u_{n+1}, u_n)\}_{n \geqslant 0}$ 在 $O(f, g, u)$ 上为常数 $d(fu, u)$. 从而由假设(1)知 u 是 f 的一不动点.

现在设 v 是 f 的任意不动点,由式(1) 有

$$d(v, g(v)) = d(fv, gv)$$
$$\leqslant \max\left\{0, \frac{1}{2}[0 + d(v, gv)],\right.$$
$$\left.\frac{1}{2}[d(v, gv) + 0]\right\}$$
$$\leqslant \frac{1}{2}d(v, gv)$$

上式蕴含 $v = gv$,即 v 也是 g 的一不动点.同理可证 g 的任意不动点也是 f 的一不动点,所以 f 和 g 的不动点集重合且非空.

推论 1 设 f, g 是紧距离空间 (X, d) 的自映射满足:

(1)定理 1 的假设(1);

(2)存在非负实数 $a, b, c \geqslant 0, a + 2b + 2c \leqslant 1, a + 2c < 1$,使得对一切 $x, y \in X$ 成立

$$d(fx, gy) \leqslant ad(x, y) + b[d(x, fx) + d(y, gy)] +$$
$$c[d(x, gy) + d(y, fy)] \qquad (6)$$

则 f, g 有唯一公共不动点 u.

证 由推论 1 的假设(1)(2)知定理 1 的假设全部被满足,因此 f, g 至少存在一公共不动点 u.

现在设 v 也是 f 的一不动点,由式(6) 有

$$d(v, u) = d(fv, gu)$$

$$\leqslant ad(v,u) + b \cdot 0 + c \cdot 2d(v,u)$$
$$= (a+2c)d(v,u) \tag{7}$$

因为 $a+2c < 1$,故式(7)蕴含 $d(v,u)=0$,$v=u$,即 u 是 f 的唯一不动点. 从而也是 f 和 g 的唯一公共不动点.

注 1 Seelbach 的主要结果是定理 1 的推论 1 中 $a=c=0$,$b=\dfrac{1}{2}$ 和 f,g 都是连续映射时的特殊情形.

推论 2 设 f 是紧距离空间 (X,d) 的连续自映射满足:

(1) 对每一 $x \in X$,f 在点 x 的轨道 $O(f,x) = \{f^n x\}_{n\geqslant 0} = \{x_n\}_{n\geqslant 0}$ 满足
$$\{d(x_{n+1} x_n)\}_{n\geqslant 0}$$
是常数 $\Leftrightarrow x=fx$.

(2) 对一切 $x,y \in X$ 成立
$$d(fx,fy) \leqslant \max\Big\{ d(x,y), \frac{1}{2}\big[d(x,fx)+d(y,fy)\big],$$
$$\frac{1}{2}\big[d(x,fy)+d(y,fx)\big]\Big\} \tag{8}$$

则 f 在 X 内存在不动点.

证 在定理 1 中令 $f=g$ 即得结论.

定理 2 设 f 是紧距离空间 (X,d) 的连续自映射满足:

(1) 对 X 内每一包含多于一点的 $f-$不变子集 F,必存在 $x \in F$ 使得
$$d(x,fx) < \sup_{y \in F} d(y,fy) \tag{9}$$

(2) 定理 1 的推论 2 的假设条件(2)成立,则 f 在 X 内有唯一不动点.

证 首先验证本定理假设(1)蕴含定理 1 的推论

2 的假设(1).事实上,设 $x \in X, x \neq fx$,由式(9)和具有 $f = g$ 的引理知 $O(f,x) = \{x_n\}_{n \geqslant 0}$ 满足

$$d(x_{n+1}, x_n) \leqslant d(x_n, x_{n-1}) \leqslant \cdots \leqslant$$
$$d(x_1, x_0) = d(fx, x) \qquad (10)$$

显然 $F = O(f,x)$ 是 X 内包含多于一点的 $f-$不变子集,若 $\{d(x_{n+1}, x_n)\}_{n \geqslant 0}$ 是常数,则由式(10)得

$$d(x,x) = d(y, fy) \quad (\forall y \in F)$$

这与假设式(9)相矛盾.故 $\{d(x_{n+1}, x_n)\}$ 不是常数.从而由定理 1 的推论 2 知 f 在 X 内有不动点 x^*,设 y^* 也是 f 的一不动点,且 $x^* \neq y^*$,则 $\{x^*, y^*\}$ 也是 X 内包含多于一点的 $f-$不变子集故式(9)有

$$0 = d(x^*, fx^*) < d(y^*, fy^*) = 0$$

矛盾.因此 $x^* = y^*$,即 x^* 是 f 的唯一不动点.

推论 1　设是紧距离空间 (X,d) 的连续自映射满足:

(1) 定理 2 的假设(1).

(2) 存在非负实数 $a, b, c \geqslant 0, a + 2b + 2c \leqslant 1$ 使得对一切 $x, y \in X$ 成立

$$d(fx, fy) \leqslant ad(x,y) + b[d(x,fx) + d(y,fy)] +$$
$$c[d(x,fy) + d(y,fx)] \qquad (11)$$

则 f 在 X 内有唯一不动点.

证　因式(11)蕴含式(8),故由定理 2 知本推论成立.

注 2　Kannan 的主要结果是定理 2 的推论 1 中 $a = c = 0, b = \dfrac{1}{2}$ 时的特殊情形.

定理 3　设 f, g 是非空紧距离空间 (X,d) 的自映射满足定理 1 的假设(1) 和(2),此外还满足对每一

$x \in F(f)$ ($F(f)$ 表 f 的不动点集）成立

$$d(fx, u) < d(x, u) \quad (\forall u \in F(f)) \qquad (12)$$

则对每一 $x \in X, O(f, g, x) = \{x_n\}_{n \geqslant 0}$ 收敛于 f, g 的一公共不动点.

证 由定理 1 知 $F(f) = F(g) \neq \varnothing$. 对任意 $x \in X$, 考虑轨道 $O(f, g, x) = \{x_n\}_{n \geqslant 0}$. 在式 (1) 中令 $y = u \in F(g)$ 得

$$d(fx, u) = d(fx, gu)$$

$$\leqslant \max\left\{ d(x, u), \frac{1}{2}[d(x, fx) + 0], \right.$$

$$\left. \frac{1}{2}[d(x, u) + d(u, fx)] \right\} \qquad (13)$$

从而有

$$d(fx, u) \leqslant d(x, u) \quad (\forall x \in X, u \in F(g) = F(f))$$
$$\qquad (14)$$

同理可得

$$d(gx, u) \leqslant d(x, u) \quad (\forall x \in X, u \in F(g) = F(f))$$
$$\qquad (15)$$

由式 (14)(15) 可推知序列 $\{x_n\}_{n \geqslant 0}$ 满足

$$d(x_{n+1}, u) \leqslant d(x_n, u) \leqslant \cdots \leqslant d(x, u)$$

$$(\forall x \in X, u \in F(f)) \qquad (16)$$

从而 $\{d(x_n, u)\}_{n \geqslant 0}$ 是非增数列, 故收敛.

另外, 因 X 是紧的, 故必存在 $\{x_{2n}\}_{n \geqslant 0}$ 的子序列 $x_{2ni} \to z \in X, i \to +\infty$. 由 f 的连续性得

$$x_{2ni+1} = fx_{2ni} \to fz, i \to +\infty$$

于是有

$$d(z, u) = \lim_{i \to +\infty} d(x_{2ni}, u) = \lim_{n \to +\infty} d(x_n, u)$$

$$= \lim_{i \to +\infty} d(x_{2ni+1}, u) = d(fz, u)$$

这与假设式(12)相矛盾,除非 $z \in F(f) = G(f)$. 又由序列 $\{d(x_n, z)\}_{n \geqslant 0}$ 的收敛性得到

$$\lim_{n \to +\infty} d(x_n, z) = \lim_{i \to +\infty} d(x_{2ni}, z) = 0$$

定理证毕.

推论 1　设 f, g 满足定理 1 的推论 1 的假设, u 是 f, g 的唯一公共不动点中,且对每一 $x \neq u$ 成立

$$d(fx, u) < d(x, u)$$

则对每一 $x \in X, O(f, g, x) = \{x_n\}_{n \geqslant 0}$ 收敛于 u.

定理 4　设 $f, (X, d)$ 满足定理 2 的假设, u 是 f 的唯一不动点,且对每一 $x \neq u$ 成立

$$d(fx, u) < d(x, u)$$

则对每一 $x \in X, O(f, x) = \{x_n\}_{n \geqslant 0}$ 收敛于 u.

证　由定理 2 仿定理 3 的证明可证得结论.

推论 1　设 $f, (X, d)$ 满足推论 3 的假设, u 是 f 的唯一动点,且对每一 $x \neq u$ 成立

$$d(fx, u) < d(x, u)$$

则对每一 $x \in X, O(f, x) = \{x_n\}_{n \geqslant 0}$ 收敛于 u.

注 3　Kannan 的定理 1 是定理 4 的推论 1 中 $a = c = 0, b = \dfrac{1}{2}$ 时的特殊情形.

22.3　集值映射的不动点

设 (X, d) 是非空距离空间, $K(X)$ 表示 X 内一切非空紧子集的族

$$D(A, x) = \inf_{y \in A} d(y, x)$$

是点 x 到集 $A \subset X$ 的距离, $H(\cdot, \cdot)$ 表示 d 在 $K(X)$

上诱导的 Hausdorff 距离. 设 $F,G:x \rightarrow K(X)$. 对任意 $x = x_0 \in X$ 可定义序列 $\{x_n\}_{n \geqslant 0} \subset X$ 满足: $x_{2n+1} \in Fx_{2n}, x_{2n+2} \in Gx_{2n+1}, d(x_{2n+1}, x_{2n}) = D(Fx_{2n}, x_{2n})$ 和 $d(x_{2n+2}, x_{2n+1}) = D(Gx_{2n+1}, x_{2n+1})$. 每一满足上述性质的序列都称为 F,G 在点 x 生成的轨道, 用 $O(F,G,x) = \{x_n\}_{n \geqslant 0}$ 表示其中某一轨道.

定理 5 设 (X,d) 是非空紧距离空间, $F,G:X \rightarrow K(X)$ 满足:

(1)$F:(X,d) \rightarrow (K(X), H(\cdot,\cdot))$ 连续, 且对每一 $x \in X$ 存在 F,G 在 x 某一轨道 $O(F,G,x) = \{x_n\}_{n \geqslant 0}$ 使得 $\{d(x_{n+1}, x_n)\}_{n \geqslant 0}$ 是常数 $\Leftrightarrow x \in Fx$.

(2) 对一切 $x, y \in X$ 成立

$$H(Fx, Gy) \leqslant \max\left\{d(x,y), \frac{1}{2}[D(Fx,y) + D(Gy,y)],\right.$$

$$\left.\frac{1}{2}[D(Gy,x) + D(Fx,y)]\right\} \tag{17}$$

则 F 的不动点集与 G 的不动点集重合且非空.

证 因为对任意 $x, y \in X$, 有

$$|D(Fx,x) - D(Fx,y)| \leqslant d(x,y)$$

$$|D(Fx,y) - D(Fy,y)| \leqslant H(Fx,Fy)$$

和

$$|D(Fx,x) - D(Fy,y)| \leqslant |D(Fx,x) - D(Fx,y)| +$$
$$|D(Fx,y) - D(Fy,y)|$$

所以由 $F:(X,d) \rightarrow (K(X), H(\cdot,\cdot))$ 连续推得 $D(Fx,x)$ 是紧距离空间 (X,d) 上的连续函数. 故存在 $u \in X$ 使得

$$D(Fu,u) \leqslant D(Fy,y) \quad (\forall y \in X) \tag{18}$$

设 $O(F,G,u) = \{u_n\}_{n \geqslant 0}$ 是 F,G 在 u 生成的某一轨道, 则利用式(17)和轨道的性质仿引理 1 的证明可证

得

$$d(u_{n+1},u_n) \leqslant d(u_n,u_{n-1}) \leqslant \cdots \leqslant d(u_1,u_0) = D(Fu,u)$$

$$(19)$$

由式(18)和式(19)推知$\{d(u_{n+1},u_n)\}_{n\geqslant 0}$是常数,故由假设(1)知$u \in Fu$,即$u$是$F$的一不动点.

利用式(17)容易证明F的不动点集与G的不动点集重合.定理证毕.

注4 定理5是定理1推广到集值映射的情形,当然更是 Seelbach 的主要结果的推广.显然定理1的推论1和定理2的推论1的集值映射的推广也成立,这里不再陈述.

最后我们讨论集值压缩映射族的公共不动点问题.

设(X,d)是非空距离空间,$F_i:X \to K(X)$,$i=1$,$2,\cdots,m$.于是对每一$x_0 \in X$,可定义序列$\{x_n\}_{n\geqslant 0}$使得

$$\begin{cases} x_{lm+1} \in F_1 x_{lm} \\ x_{lm+2} \in F_2 x_{lm+1} \\ \vdots \\ x_{lm+m} \in F_m x_{lm+m-1},l=0,1,2,\cdots, \end{cases} \quad (20)$$

和

$$d(x_{lm+k},x_{lm+k-1}) = D(F_k x_{lm+k-1},x_{lm+k-1})$$

$$(\forall l = 0,1,2,\cdots;k=1,2,\cdots m) \quad (21)$$

称每一具有上述性质的序列为$\{F_i\}_1^m$在点x_0生成的轨道.如果$\{F_i\}_1^m$在x_0的某一轨道$O(F_1,\cdots,F_m,x_0) = \{x_n\}_{n\geqslant 0}$使得$x_{n+i} \neq x_n, \forall n \geqslant 0$,则称它为非平凡的.

定理6 设(X,d)是非空完备距离空间,$F_i:X \to K(X)$,$i=1,2,\cdots,m$,是连续的,且对一切$x,y \in X$,$x \neq y, i,j \in \{1,2,\cdots,m\}, i \neq j$成立

$$H(F_i x, F_j y) < \max\Big\{ d(x,y), D(F_i x, x), D(F_j y, y),$$

$$\frac{1}{2}\big[D(F_j y, x) + D(F_i x, y) \big] \Big\} \quad (22)$$

如果存在 $x_0 \in X$，使得 $\{F_i\}_1^m$ 在点 x_0 有非平凡轨道 $O(F_1, \cdots, F_m, x_0) = \{x_n\}_{n \geqslant 0}$ 使 $\{x_n\}_{n \geqslant 0}$ 有聚点 z，则 z 是 $\{F_i\}_1^m$ 在 X 内的公共不动点.

证   因为 $\{x_n\}_{n \geqslant 0}$ 是非平凡轨道. 由式 (20)—(22) 对任意 $l = 0, 1, 2, \cdots$ 和 $k = 1, 2, \cdots, m$ 有

$$d(x_{lm+k+1}, x_{lm+k})$$
$$= D(F_{k+1} x_{lm+k}, x_{lm+k})$$
$$\leqslant H(F_{k+1} x_{lm+k}, F_k x_{lm+k-1})$$
$$< \max\Big\{ d(x_{lm+k}, x_{lm+k-1}), D(F_{k+1} x_{lm+k}, x_{lm+k})$$
$$D(F_k x_{lm+k-1}, x_{lm+k-1}),$$
$$\frac{1}{2}\big[0 + D(F_{k+1} x_{lm+k}, x_{lm+k-1}) \big] \Big\}$$
$$\leqslant \max\{ d(x_{lm+k}, x_{lm+k-1}), [d(x_{lm+k+1}, x_{lm+k}) +$$
$$d(x_{lm+k}, x_{lm+k-1})]/2 \} \quad (23)$$

由上式易得

$$d(x_{lm+k+1}, x_{lm+k}) < d(x_{lm+k}, x_{lm+k-1})$$
$$(\forall l = 0, 1, 2, \cdots; k = 1, 2, \cdots, m)$$

从而有

$$d(x_{n+1}, x_n) < d(x_n, x_{n-1}) \quad (\forall n \geqslant 1)$$

故可令

$$d(x_{n+1}, x_n) \to r \geqslant 0 \quad (n \to +\infty)$$

因 $\{x_n\}_{n \geqslant 0}$ 有聚点 z. 不妨设 z 是 $\{x_{lm}\}_{l=0}^{+\infty}$ 的聚点，于是存在 $\{x_{lm}\}_{l=0}^{+\infty}$ 的一个子序列，又记为 $\{x_{lm}\}_{l=0}^{+\infty}$，收敛于 z，记 $z = z_0$. 于是有

$$x_{lm} \to z_0 \quad (l \to +\infty) \tag{24}$$

因 F_1 连续，故 $D(F_1 x, x)$ 是 X 上的连续函数，于是由式（24）有

$$d(x_{lm+1}, x_{lm}) = D(F_1 x_{lm}, x_{lm}) \to D(F_1 z_0, z_0) \quad (l \to +\infty) \tag{25}$$

由 F_1 的连续性推得

$$D(F_1 0_0, x_{lm+1}) \leqslant H(F_1 z_0, F_1 x_{lm}) \to 0 \quad (l \to +\infty)$$

又因 $F_1 z_0$ 是紧集，故必存在 $z_1 \in F z_0$ 和 $\{x_{lm+1}\}_{l=0}^{+\infty}$ 的子列，又记为 $\{x_{lm+1}\}_{l=0}^{+\infty}$，使得

$$x_{lm+1} \to z_1 \in F_1 z_0 \quad (l \to +\infty) \tag{26}$$

由式（24）和式（26）推得

$$d(x_{lm+1}, x_{lm}) \to d(z_1, z_0) \quad (l \to +\infty) \tag{27}$$

因 F_2 连续，从式（26）可推得

$$d(x_{lm+2}, x_{lm+1}) = D(F_2 x_{lm+1}, x_{lm+1}) \to D(F_2 z_1, z_1)$$
$$(l \to +\infty)$$

重复式（24）—（27）的证明方法，由反复选取子序列可证得存在 $z_k \in F_k z_{k-1}, k = 1, 2, \cdots, m$，使得

$$x_{lm+k} \to z_k \in F_k z_{k-1} \quad (l \to +\infty) \tag{28}$$

$$d(x_{lm+k}, x_{lm+k-1}) \to d(z_k, z_{k-1}) \quad (l \to +\infty) \tag{29}$$

$$d(x_{lm+k}, x_{lm+k-1}) \to D(F_k z_{k-1}, z_{k-1}) \quad (l \to +\infty) \tag{30}$$

但因 $d(x_{n+1}, x_n) \to r$ 为固定常数. 从式（29）和式（30）推得

$$r = d(z_k, z_{k-1}) = D(F_k z_{k-1}, z_{k-1}) \quad (\forall k = 1, 2, \cdots, m) \tag{31}$$

设 $r \neq 0$，则 $d(z_2, z_1) \neq 0$，由式（31）和式（25）有

$$r = d(z_2, z_1) = D(F_2 z_1, z_1) \leqslant H(F_2 z_1, F_1 z_0)$$

$$< \max \Big\{ d(z_1, z_0), D(F_2 z_1, z_1), D(F_1 z_0, z_0),$$

$$\frac{1}{2}\big[0 + D(F_2 z_1, z_0)\big]\Big\}$$

$$\leqslant \max\Big\{r, \frac{1}{2}\big[d(z_0, z_1) + D(F_2 z_1, z_1)\big]\Big\} = r$$

矛盾. 因此 $r = 0$. 从而由式(31) 推得

$$z = z_0 = z_1 = z_2 = \cdots = z_m, D(F_k z_{k-1}, z_{k-1}) = 0$$
$$(\forall k = 1, 2, \cdots, m)$$

从而 $z \in F_k z$, $\forall k = 1, 2, \cdots, m$, 即 z 是 $\{F_i\}_1^m$ 的公共不动点. 定理证毕.

拟齐次映像的正不动点

第 23 章

设 (E,P) 为有序 Banach 空间,其中 P 为闭锥,称映像 $A:P \to P$ 为拟齐次的,是指存在映像 $B:P \to P$,满足如下条件之一:

(1) $A(\lambda x) \geqslant \lambda^k Bx, 0 < \lambda \leqslant 1, x \in P$;

(2) $A(\lambda x) \leqslant \lambda^k Bx, 0 < \lambda \leqslant 1, x \in P$.

其中 k 为某个确定的常数.

兰州大学的秦成林教授在 1984 年得到结果如下:

1. 设锥 P 正规,即存在数 $N > 0$,使得 $0 \leqslant x \leqslant y$ 时,有 $\|x\| \leqslant N\|y\|$.并设泛函 $\alpha:P \to [0, +\infty)$ 连续,且对 $\forall s,t \in [0, +\infty), x,y \in P$,有

$$\alpha(tx + sy) \geqslant t\alpha(x) + s\alpha(y)$$

以及 $\alpha(x) \leqslant \|x\|$. 设 δ 是某确定的非负数，记

$$P(\alpha, \delta) = \{x \in P \mid \alpha(x) \geqslant \delta \|x\|\}$$

设映像 $A, F_i, T_i : P \to P$，且 $A, T_i : P(\alpha, \delta) \to P(\alpha, \delta), i = 1, 2$. 此外还假定：

$A : P \to P$ 全连续，即 A 映 P 中有界集为相对紧集.

$$\sup\{\|F_i(x)\| \mid x \in P, \|x\| = 1\} \leqslant M < +\infty$$

$$\alpha(T_i(x)) \geqslant \theta_i(\|x\|)$$

其中函数 $\theta_i : [0, +\infty) \to [0, +\infty)$ 且 $t > 0$ 时，$\theta_i(t) > 0, i = 1, 2$.

现作如下几种假设：

(1) $A(\mu x) \leqslant \mu^k F_1(x), 1 \leqslant \mu, x \in P$；

(2) $A(\lambda x) \leqslant \lambda^k F_2(x), 0 < \lambda \leqslant 1, x \in P$；

(3) $A(\lambda x) \geqslant \lambda^k T_1(x), 0 < \lambda \leqslant 1, x \in P$；

(4) $A(\mu x) \geqslant \mu^k T_2(x), 1 \leqslant \mu, x \in P$.

其中常数 $k \in (0, 1)$.

在上述条件下，有：

定理 1 当假设 (1) 与 (3) 同时满足，或者 (2) 与 (4) 同时满足时，A 在 $\dot{P} = P \backslash \{0\}$ 中至少有一个不动点；若存在数 $r > 0$，使 $x \in P(\alpha, \delta)$，且 $\|x\| = r$ 时，$\|Ax\| > \|x\|$，同时又满足假设 (1) 与 (2)；或存在数 $R > 0$，使 $x \in P(\alpha, \delta)$，且 $\|x\| = R$ 时，$\|Ax\| < \|x\|$，同时又满足假设 (3) 与 (4)，则 A 在 $\dot{P}$ 中至少有两个不动点.

2. 称映像 $A : P \to P$ 单调增，即由 $x \leqslant y$，可得 $Ax \leqslant Ay$.

定理 2 设 P 正规，$A:P \to P$ 单调增，又有常数 $k \in [0,1)$，使

$$A(\lambda x) \geqslant \lambda^k Ax \quad (0 < \lambda \leqslant 1, x \in P)$$

设有 $x_0 \in P$，使 $\{A^n x_0^+\}_{n=1}^{+\infty}$ 有界，并记

$$P_0 = \{x \in P \mid \exists \beta, \bar{\beta} > 0, \text{使 } \beta x_0 \leqslant x \leqslant \bar{\beta} x_0\}$$

那么，(1) 若 $Ax_0 \in P_0$，且有自然数 m，使 $A^m x_0 = x_0$，则 x_0 是 A 在 P_0 中唯一的不动点，而且 $\forall x \in P_0$，皆有 $A^n x \to x_0 (n \to +\infty)$；特别：

(2) 当 $A^m x_0 = x_0 \in \overset{\circ}{P}$ 时，则 x_0 为 A 在 $\overset{\circ}{P}$ 中的唯一的不动点，且 $\forall x \in \overset{\circ}{P}$，皆有

$$A^n x \to x_0 \quad (n \to +\infty)$$

其中 $\overset{\circ}{P}$ 为 P 的所有内点的集合.

推论 1 设 P 正规，映像 $A:P \to P$ 连续、单调增，满足条件(1). 那么：

(1) 若有 $x_0 \in P$，使 $\{A^n x_0\}_{n=1}^{+\infty}$ 有界，又有 $u, v \in P_0$，$uu \leqslant v$，且 $u \leqslant Au$，$Av \leqslant v$，则 A 在 P_0 中有唯一的不动点；

(2) 若 $\overset{\circ}{P} \neq \varnothing$ 且 $A:\overset{\circ}{P} \to \overset{\circ}{P}$，则 A 在 $\overset{\circ}{P}$ 中有唯一的不动点.

推论 2 设 P 正规，$\overset{\circ}{P} \neq \varnothing$. $A:\overset{\circ}{P} \to \overset{\circ}{P}$ 单调（即 $x \leqslant y \Rightarrow Ax \geqslant Ay$）且连续，又满足

$$A(\lambda x) \leqslant \lambda^{-k} Ax \quad (0 < \lambda \leqslant 1, x \in \overset{\circ}{P})$$

其中常数 $k \in [0,1)$. 则 A 在 $\overset{\circ}{P}$ 中有唯一不动点.

3.称锥 P 为强极小的，即任一按序有界的集必有上确界.

定理 3 设锥 P 强极小. 若 $A:P \to P$ 单调增且满足条件

$$A(\lambda x) \geqslant \lambda^k Ax \quad (0 < \lambda \leqslant 1, x \in P)$$

或者 $A:P \to P$ 单调减且满足条件

$$A(\lambda x) \leqslant \lambda^{-k} AX \quad (0 < \lambda \leqslant 1, x \in P)$$

其中常数 $k \in (0,1)$. 则 A 在 P 中有唯一不动点.

4. 下设常数 $k > 1$.

定理 4 设锥 P 正规, $P \neq \varnothing$. 映像 $A:P \to P$ 全连续、单调增, 且满足以下条件:

(1) 存在映像 $B_1:P \to P$, 且

$$\sup\{ \| B_1 x \| \mid x \in P, \| x \| = 1\} \leqslant M < +\infty$$

并满足

$$A(\lambda x) \leqslant \lambda^k B_1(x) \quad (0 < \lambda \leqslant 1, x \in P)$$

(2) 存在映像 $B_2:P \to P$ 且至少有一个 $\bar{x} \in P$, 使 $B_2 \bar{x} \neq 0$, 并满足

$$A(\mu x) \geqslant \mu^k B_2 x \quad (\mu \geqslant 1, x \in P)$$

(3) 存在数 $\varepsilon > 0, u \in P$, 使

$$Ax \geqslant \varepsilon \| Ax \| u \quad (x \in P)$$

$$B_2 x \geqslant \varepsilon \| B_2 x \| u \quad (x \in P)$$

则 A 在 P 中有不动点.

324

全连续算子的不动点定理和 Hammerstein 型非线性积分算子的固有值

山西大学的罗跃虎教授在 1984 年使用 Leray-Schauder 拓扑度理论来研究全连续算子的不动点. 给出了一个区域拉伸(压缩)定理的推广. 还研究了一类 Hammerstein 型积分算子的固有值.

24.1 全连续算子的不动点定理

引理 1 设 Ω 为 Banach 空间 E 中的有界开集, $A:\overline{\Omega} \to E$ 全连续. 如果存在 $x_0 \in \overline{\Omega}$, 使当 $x \in \partial\Omega$ 时

$$\| Ax - x_0 \| \leqslant \| x - x_0 \|$$

且 $Ax \neq x$,则

$$\deg(I - A, \Omega, \theta) = 1$$

证 令 $F(x) = x_0, P = \theta, F_1(x) = A$ 即可知此引理成立.

定理 1 设 Ω_1, Ω_2 是无穷维 Banach 空间 E 中的有界开集,$\Omega_1 \supset \overline{\Omega_2}, A, \overline{\Omega}_1 \backslash \overline{\Omega}_2 \to E$ 全连续. 如果有 $x_1 \in \overline{\Omega}_1, x_2 \in \overline{\Omega}_2$ 使得下列条件之一成立.

(1) 当 $x \in \partial\Omega_1$ 时,$\|Ax - x_1\| \geqslant \|x - x_1\|$;当 $x \in \partial\Omega_2$ 时,$\|Ax - x_2\| \leqslant \|x - x_2\|$.

(2) 当 $x \in \partial\Omega_1$ 时,$\|Ax - x_1\| \leqslant \|x - x_1\|$;当 $x \in \partial\Omega_2$ 时,$\|Ax - x_2\| \geqslant \|x - x_2\|$. 则 A 在 $\overline{\Omega}_1 \backslash \Omega_2$ 中至少有一个不动点.

证 不妨认为当 $x \in \partial\overline{\Omega}_1 \backslash \Omega_2$ 时,$Ax \neq x$.将 A 延拓成映 $\overline{\Omega}_1 \lambda E$ 的全连续算子,仍记为 A. 由引理 1 我们有

$$\deg(I - A, \Omega_i, \theta) = \begin{cases} 1, & \text{当 } \|Ax - x_i\| \leqslant \|x - x_i\| \\ 0, & \text{当 } \|Ax - x_i\| \geqslant \|x - x_i\| \end{cases}$$

其中 $x \in \partial\Omega_i, i = 1, 2$;于是

$$\deg(I - A, \Omega_1 \backslash \overline{\Omega}_2, \theta) = \begin{cases} -1, & \text{当 (1) 成立时} \\ 1, & \text{当 (2) 成立时} \end{cases}$$

所以 A 在 $\overline{\Omega}_1 \backslash \Omega_2$ 中至少有一个不动点.

24.2 一般多项式型 Hammerstein 积分算子的固有值

设 A 为 Hammerstein 算子

$$A\phi(x) = \int_G K(x,y)f(y,a(y))\mathrm{d}y \qquad (1)$$

其中 G 为 m 维欧氏空间 R_m 中的有界闭区域，$f(x,u) = \sum_{i=1}^{n}\alpha_i(u)^{a_i}$，$0 < \alpha_1 < \alpha_2 \cdots < \alpha_n$. 我们将用到下面的条件：

（1）$K(x,y)$ 映 $G \times G$ 入 R^1 连续，满足条件；存在以 $x_0 \in R^m$ 为中心，$d > 0$ 为半径的球 $T\delta = \{x \mid x \in R^m, \| x - x_0 \|_{R^m} \leqslant \delta\} \subset G$，使得当 $x \in T\delta$，$y \in G$ 时，$K(x,y)$ 不变号且 $\tau_1 = \inf\limits_{y \in G}\int_{TG} \mid K(x,y) \mid \mathrm{d}x > 0$.

（2）$a_i(x) \in L^{\frac{a_n}{a_n - a_i}}$，$i = 1,2,\cdots,n$，这里 L^p 表示 $L^p(G)$ 空间，$L^{\frac{a_n}{a_n - a_i}}$ 表示 L^∞.

（3）$\alpha_n(x)$ 不变号且 $I_2 = \operatorname*{essinf}\limits_{x \in G} \mid a_n(x) \mid > 0$.

定理 2　设 $\alpha_1 < 1$，$\alpha_n > 1$，条件（1）—（3）成立，$\sum_{i=1}^{n}\| \alpha_i \| L^{\frac{a_n}{a_n - a_i}} \leqslant \dfrac{1}{M \mid G \mid^{\frac{1}{a_n}}}$，这里 $M = \max\limits_{x,y \in G} \mid K(x,y) \mid$，$\mid G \mid$ 为 G 的 Lebesgue 测度. 则对任何 $\mid \lambda \mid \geqslant 1$ 都有 $\| \phi_\lambda \| L_{a_n} \geqslant 1$，使算子式（1）满足：$\lambda\phi_\lambda = A\phi_\lambda$.

证　令 $A_i = Kf_i$，这里 K 表示以 $K(x,y)$ 为核的线性积分算子. f_i 表示算子

$$f_i\phi(x) = \alpha_i(x) \mid \phi(x) \mid^{a_i} \quad (i = 1,2,\cdots,n)$$

我们可以验证 A_i 映 $L^{a_n}\lambda L^{a_n}$ 全连续. 故 $A = \sum_{i=1}^{n}A_i$ 映 $L^{a_n}\lambda L^{a_n}$ 全连续.

对任何 $\mid \lambda \mid \geqslant 1$，一方面，当 $\| \phi \| L_{a_n} = 1$ 时

$$\| \frac{1}{\lambda}A\phi \| L^{a_n} \leqslant M \mid G \mid^{\frac{1}{a_n}} \sum_{i=1}^{n} \| \alpha_i \| L^{\frac{a_n}{a_n - a_i}} \| \phi \|^{a_i} L^{a_n} \leqslant 1$$

另一方面

$$\| A_n \phi \| l_{a_n}$$

$$\geqslant \left[\iint_{T_\delta} \left| \int_G K(x,y) f_n \phi(y) \mathrm{d}y \right|^{a_n} \mathrm{d}x \right]^{\frac{1}{a_n}}$$

$$= \left[\iint_{T_\delta} \left(\int_G | K(x,y) \alpha_n(y) | \cdot | \phi_n(y) |^{a_n} \mathrm{d}y \right)^{a_n} \mathrm{d}x \right]^{\frac{1}{a_n}}$$

$$\geqslant | T_\delta |^{\frac{1}{a_n}-1} \int_{T_\delta} \left(\int_G | K(x,y) \alpha_n(y) | \cdot | \phi(y)^{a_n} | \mathrm{d}y \right) \mathrm{d}x$$

$$\geqslant | T_\delta |^{\frac{1}{a_n}-1} \tau_1 \tau_2 \| \phi \|^{a_n} L^{a_n}$$

式中 $| T_\delta |$ 表示球 T_δ 的 Lebesgue 测度. 故

$$\| A\phi \| L_{a_n} \geqslant \| A_n \phi \| L_{a_n} - \sum_{i=1}^{n-1} \| A_i \phi \| L_{a_n}$$

$$\geqslant \| T_\delta \|^{\frac{1}{a_n}-1} \tau_1 \tau_2 \| \phi \|^{a_n} L^{a_n} -$$

$$M | G |^{\frac{1}{a_n}} \sum_{i=1}^{n-1} \| \phi \|^{a_i} L^{a_n} \qquad (2)$$

于是,取 R 充分大,便有当 $\| \phi \| L^{a_n} = R$ 时

$$\| \frac{1}{\lambda} A\phi \| L_{a_n} \geqslant \| \varphi \| L^{a_n} \qquad (3)$$

由定理 1 知,存在 $\varphi_\lambda \in L_{a_n}$,使得 $1 \leqslant \| \varphi_\lambda \| L_{a_n} \leqslant R$, 且 $A\varphi_\lambda = \lambda \varphi_\lambda$.

定理 3 设 $A_* = Kf_*$,其中 $f_x \varphi(x) = a_1(x) \cdot \varphi(x) + \sum_{i=2}^{n} a_i(x) \varphi(x)^{a_i} = f(x, \varphi(x)), n > 1$;条件 (1)—(3) 成立. 又设 $\{A_n\}_1^{+\infty}$ 为算子 $B\varphi(x) = \int_G K(x, y) a_1(y) \varphi(y) \mathrm{d}y$(映 $L^{a_n} \lambda L^{a_n}$)的全部固有值,则对任何 $\lambda \neq \lambda_n (n = 1, 2, \cdots)$ 且 $\lambda \neq 0$,有 $\varphi_\lambda \neq \theta$ 使

$$A_* \varphi_1 = \lambda \varphi_\lambda \lim_{\lambda \to +\infty} \| \varphi_\lambda \| L^{a_n} = +\infty$$

证 由假定条件我们易知,A_* 在点 O 的 Fréchet

328

导算子为 B,且 $A_*\theta=\theta$. 又由不等式(2) 可知

$$\lim_{\|x\|\to+\infty}\frac{\|Ax\|L^{a_n}}{\|x\|L^{a_n}}=+\infty$$

定理成立.

推论 1　设 $a_1>1$,条件(1)—(3) 成立,则任何 $\lambda\neq 0$ 都是算子式(1) 的固有值,且 $\lim\limits_{\lambda\to+\infty}\|\varphi_\lambda\|L^{a_n}=+\infty$. 这里 ϕ_λ 为对应于 λ 的固有元.

定理 4　设 $a_1>1$,条件(1)(2) 成立,并且 $a_1(x)$ 不变号,$\operatorname*{ess\,inf}\limits_{x\in G}|a_1(x)|=\tau_3>0$,则存 $\beta>0$,使当 $0<\gamma<\beta$ 时有 φ_r,λ_r 使 $\|\varphi_r\|=\gamma,A\varphi_r=\lambda_r\varphi_r$,并且 O 是 A 唯一的歧点.

证　仿定理 2 的证明,我们有关系式

$$A\varphi L^{a_n}\geqslant\|T_\delta\|^{\frac{1}{a_n}}\tau_2\tau_3\|\varphi\|^{a_n}-$$

$$M\|G\|^{\frac{1}{a_n}}\sum_{i=2}^{n}\|\alpha_i\|L^{\frac{a_n}{a_n-a_i}}\|\varphi\|^{a_i}L^{a_n}$$

于是,可取 $\beta>0$ 充分小,使当 $0<\gamma<\beta$ 时,对每个 $\|\varphi\|L^{a_n}=\gamma$,有 $\|A\varphi\|L^{a_n}>\dfrac{1}{2}\|T_\delta\|^{\frac{1}{a_n}}\tau_1\tau_3\gamma^{a_1}$,即 $\|\varphi\|\inf\limits_{L^{a_n}}=\gamma\|A\varphi\|L^{a_n}>0$. 故有 λ_r 及 φ_{λ_r},使 $\|\varphi_{\lambda_r}\|L^{a_n}=\gamma$ 且 $A\varphi_{\lambda r}=\lambda_r\varphi_{\lambda_r}$. 又,设 $\|\varphi_{\lambda_r}\|L^{a_n}\to 0$,则由不等式

$$\|\lambda_r\varphi_{\lambda_r}\|L^{a_n}=\|A\varphi_{\lambda_r}\|L^{a_n}$$

$$\leqslant M|G|^{\frac{1}{a_n}}\sum_{i=1}^{n}\|\alpha_i\|L^{\frac{a_n}{a_n-a_i}}\|\varphi_{\lambda_r}\|^{a_i}L^{a_n}$$

可知:必有 $\lambda_r\to 0(\varphi_{\lambda_r}\to 0)$. 故 0 必为 A 的唯一歧点.

注 1　从上面的证明可以看出:在定理 2 中如果有 $i<n$,使 a_i 为值数;在定理 3 及推论 1 中,如有 $1<i<n$,使 a_i 为值数,在定理 4 中如果有 $i>1$ 使 a_i 为值

数，则可依次将 $f(x,y)$ 或 $f_*(x,y)$ 中的项 $a(x)\mid u\mid^{a_i}$ 换为 $a_i(x)U^{a_i}$.

如果存在序列 $\lambda_n, x_n (n=1,2,\cdots)$，使得 $Ax_n = \lambda_n x_n (n=1,2,\cdots)$ 且 $\lambda_n, \lambda_n \to \lambda_0, x \neq \theta, x_n \to \theta(n \to +\infty)$，则称 λ_0 为算子 A 的歧点.

增算子的不动点和广义不动点

　　关于增算子的不动点定理,以及建立在它基础上的上下解方法,是研究非线性问题重要的基本工具之一.在利用这一工具时,人们通常都假定算子 A 满足两个基本条件:连续性条件和紧性条件.山东大学数学系的孙经先教授在 1989 年指出,为了考虑增算子不动点的存在性,紧性条件是足够的,连续性条件完全可以删掉.这一结果与他在其他文献中的结果有本质的不同.在本章中,我们还将进一步指出,如果对增算子不加任何连续性条件和紧性条件,虽然不能保证算子有普通意义下的不动点,但可以保证算子有广义意义下的不动点.这一结论在理论上和应用中,都有重要意义.

25.1 增算子的某些新的不动点定理

定义 1 设 X 是一个具有半序结构的 Hausdorff 拓扑空间,D 是 X 的子集.如果对 D 中的任何有向列 $\{x_a \mid \alpha \in T\}$,只要 $\{x_a\}$ 网收敛于 $\bar{x}$,$x_a \leqslant \bar{x}(\forall \alpha \in T)$,就有 $\bar{x} \in D$,则称 D 是 X 中的上半闭集.

显然,X 中的闭集是上半闭集.

引理 1 设 X 是具有半序结构的 Hausdorff 拓扑空间,D 是 X 中的上半闭集,并满足:

(1) 对任给 $x \in X$,$\{y \in X \mid y \geqslant x\}$ 是 X 中的闭集;

(2) D 中的任意全序子集都是 X 中的相对紧集(相对紧集是指其闭包为紧集的集合).

则对任给 $\alpha \in D$,都存在 D 的极大元 x_a,满足 $a \leqslant x_a$.

证 给定 $a \in D$,令 $D(a) = \{y \in D \mid y \geqslant a\}$,我们只需证 $D(a)$ 有极大元即可.任给 $D(a)$ 的全序子集 N,令 $\bar{N}$ 是 N 在 X 中的闭包,则由条件(2)知 $\bar{N}$ 是 X 中的紧集.对 $x \in N$,令 $B(x) = \{y \in \bar{N} \mid y \geqslant x\}$,则由条件(1)知 $B(x) = \bar{N} \cap \{y \in X \mid y \geqslant x\}$ 是 X 中的闭集.考察 $\bar{N}$ 中的闭子集族 $\{B(x) \mid x \in N\}$.任给 $\{B(x) \mid x \in N\}$ 中的有限个成员 $\{B(x_i) \mid i=1,2,\cdots,n, x_i \in N\}$,令 $x^* = \max\{x_i \mid i=1,2,\cdots,n\}$.因为 N 是全序集,故 x^* 有定义,$x^* \in N$,并且 $x_i \leqslant x^* (i=1, 2,\cdots,n)$.这表明 $x^* \in \bigcap_{i=1}^{n} B(x_i)$.因此,$\bigcap_{i=1}^{n} B(x_i) \neq \varnothing$.

注意到 $\overline{N}$ 是紧集,故根据紧集的有限非空交性质,

$\bigcap\limits_{i=1}^{n} B(x) \neq \varnothing$. 取 $\overline{y} \in \bigcap\limits_{x \in N} B(x)$,则由 $B(x)$ 的定义知

对一切 $x \in N$,都有 $x \leqslant \overline{y}$. 由于 $\overline{y} \in \bigcap\limits_{x \in N} B(x)$,则由

$B(x)$ 的定义知对一切 $x \in N$,都有 $x \leqslant \overline{y}$. 由于 $\overline{y} \in$

$\bigcap\limits_{x \in N} B(x) \subset \overline{N}$,故必存在有向列 $\{x_{\alpha} \mid \alpha \in T\} \subset N \subset$

D,使 $\{x_{\alpha} \mid \alpha \in T\}$ 网收敛于 $\overline{y}$. 注意到 $x_{\alpha} \leqslant \overline{y}(\forall \alpha \in$

$T)$,故由 D 的上半闭性知 $\overline{y} \in D$. 显然 $\overline{y} \in D(\alpha)$. 这表

明 $\overline{y}$ 是 N 在 $D(\alpha)$ 中的上界. 根据 Zorn 引理,$N(\alpha)$ 必

有极大元. 证毕.

下面利用引理 1 研究增算子不动点的存在性. 为

了更具有一般性,本节的讨论是对集值算子进行的. 需

要指出的是,本节的结论即使对于单值算子,也都是新

结果.

定义 2　设 X,Y 都是半序集,M 是 X 的子集,A:

$M \rightarrow 2^{Y}$ 是一个集值算子. 如果对任给 $x \in M,y \in M$,

$x \leqslant y$ 以及 $u \in Ax$,都存在 $v \in Ay$,使得 $u \leqslant v$,则称

A 是一个(集值) 增算子.

显然,若 A 是单值算子,则 A 在定义 2 意义下是增

算子,当且仅当 $x \leqslant y$ 蕴含着 $Ax \leqslant Ay$.

定义 3　设 X 是具有半序结构的 Hausdorff 拓扑

空间,如果对 X 中任意两个有向列 $\{x_{\tau} \mid \tau \in T\}$ 和

$\{y_{\tau} \mid \tau \in T\}$,只要 $x_{\tau} \leqslant y_{\tau}(\forall \tau \in T)$,$\{x_{\tau}\}$ 网收敛于

$\overline{x}$,$\{y_{\tau}\}$ 网收敛于 y,就有 $\overline{x} \leqslant \overline{y}$,则称 X 是一个半序拓

扑空间.

定理 1　设 X 是半序拓扑空间,M 是 X 中的闭集,

A:$M \rightarrow 2^{M}$ 是集值增算子. 又设:

（1）M 的每一个全序子集都是相对紧的；

（2）任给 $x \in M, Ax$ 都是 X 中的紧集（若 A 是单值算子，这一条件自动满足）；

（3）存在 $x_0 \in M$ 及 $u \in Ax_0$，使 $x_0 \leqslant u$.

则 A 在 M 中必有不动点，即存在 $x^* \in M$，使 $x^* \in Ax^*$.

证 令 $D = \{x \in M \mid$ 存在 $u \in Ax$，使 $x \leqslant u\}$.由条件（3）知 $D \neq \varnothing$.下证 D 是上半闭集.设 $\{x_\tau \mid \tau \in T\}$ 是 D 中的有向列，$\{x_\tau\}$ 网收敛于 $\overline{x}$，并且

$$x_\tau \leqslant \overline{x} \quad (\forall \tau \in T) \qquad (1)$$

对每个 $\tau \in T$，因为 $x_\tau \in D$，故必存在 $u_\tau \in Ax_\tau$，使

$$x_\tau \leqslant u_\tau \qquad (2)$$

因为 A 是集值增算子，故由式（1）知，对于上述 $u_\tau \in Ax_\tau$，必存在 $y_\tau \in A\overline{x}$，使 $u_\tau \leqslant y_\tau$.注意到式（2），有

$$x_\tau \leqslant y_\tau \quad (\forall \tau \in T) \qquad (3)$$

由条件（2）知 $A\overline{x}$ 是紧集，故 $\{y_\tau \mid \tau \in T\}$ 必有一有向子列 $\{y_\alpha \mid \alpha \in \Lambda\}(\Lambda \subset T)$ 网收敛于某 $\overline{y} \subset A\overline{x}$.注意到 $\{x_\tau \mid \tau \in T\}$ 的相应有向子列 $\{x_\alpha \mid \alpha \in \Lambda\}$ 网收敛于 $\overline{x}$，并由式（3）知 $x_\alpha \leqslant y_\alpha (\alpha \in \Lambda)$.故根据定义 3，必有 $\overline{x} \leqslant \overline{y}$.因为 $\overline{y} \in A\overline{x}$，故 $\overline{x} \in D$.这表示 D 是上半闭集.

根据半序拓扑空间的定义（定义 3）易知对任给 $x \in X, \{y \in X \mid y \geqslant x\}$ 是 X 中的闭集.对 D 应用引理 1 知 D 必有极大元.设 x^* 是 D 的一个极大元.因为 $x^* \in D$，故存在 $u^* \in Ax^*$，使 $x^* \leqslant u^*$.再由集值增算子的定义知必存在 $y^* \in Au^*$，使 $u^* \leqslant y^*$.这表明 $u^* \in D$.注意到 $x^* \leqslant u^*$ 及 x^* 的极大性知 $x^* = u^*$，故 $x^* = u^* \in Ax^*$.证毕.

推论 1　设 (E,P) 是半序 Bananch 空间(即 E 是 Banach 空间, P 是 E 中的锥, E 中半序由 P 导出), $D=[u_0,v_0]=\{x\in E\mid u_0\leqslant x\leqslant v_0\}$ 是 E 中的序区间, $A: D\to 2^D$ 是集值增算子. 又设对任给 $x\in D, Ax$ 是 E 中的弱闭集, 并且 $A(D)=\bigcup_{x\in D} Ax$ 是 E 中的相对弱紧集, 则 A 在 D 中必有不动点.

定义 4　设 (E,P) 是半序 Banach 空间. 若 E 是另一线性赋范空间的共轭空间, P 在 E 的弱* 拓扑下是闭的, 则称 (E,P) 是共轭型半序 Banach 空间.

推论 2　设 (E,P) 是共轭型半序 Banach 空间, $D=[u_0,v_0]$ 是 E 中序区间, $A:D\to 2^D$ 是集值增算子. 又设对任给 $x\in D, Ax$ 是 E 中的弱* 闭集, 并且 $A(D)$ 在 E 中有界, 则 A 在 D 中必有不动点.

证　下仅证推论 2, 推论 1 可仿证. 由 P 是弱* 闭集易知在 E 的弱* 拓扑和 P 导出的半序下, E 是半序拓扑空间, 令 M 是 $A(D)$ 在 E 的弱* 拓扑下的闭包, 则由 $A(D)$ 有界及著名的 Alaoglu 定理知, M 是 E 中的弱* 紧集, 故若令 $X=E$, 并考虑 E 中的弱* 拓扑, 易知定理 1 的全部条件满足. 根据定理 1, A 必有不动点. 证毕.

注 1　定理 1 完全删掉了增算子不动点理论中通常使用的一个基本条件 —— 连续性条件.

25.2　正规嵌入

25.2 节和 25.3 节是预备性的两节.

定义 5　设 (E,P) 是半序线性赋范空间, (F,Q)

是共轭型半序 Banach 空间. 如果：

(1)$E \subset F$(即 $x \in E \Rightarrow x \in F$)；

(2)P 在 F 的弱 * 拓扑下的闭包恰为 Q；

(3)$P = E \cap Q$，则称(E, P)正规嵌入(F, Q).

对于给定的半序线性赋范空间(E, P)，是否存在共轭型半序 Banach 空间(F, Q)，使(E, P)正规嵌入(F, Q)？这对本章的讨论，有重要意义. 下面我们给这个问题以肯定的答复.

设(E, P)是一个半序线性赋范空间，E^* 是 E 的共轭空间，E^{**} 是 E^* 的共轭空间. 设 P^* 是 P 的共轭锥，P^{**} 是 P^* 的共轭锥，即 $P^* = \{f \in E^* \mid f(x) \geqslant 0, \forall x \in P\}$，$P^{**} = \{\varphi \in E^{**} \mid \varphi(f) \geqslant 0, \forall f \in P^*\}$.

定理 2 (E, P)正规嵌入(E^{**}, P^{**}).

证 众所周知，$E \subset E^{**}$. 令 P 在 E^{**} 的弱 * 拓扑下的闭包为 $\widetilde{P}$. 先证 $P^{**} \subset \widetilde{P}$. 若不然，存在 $\varphi \in P^{**}$ 使 $\varphi \overline{\in} \widetilde{P}$. 于是存在 φ 在 E^{**} 的弱 * 拓扑下的开邻域 U，使 $U \cap P = \varnothing$. 这表明必存在有限个 $f_i \in E^*$($1 \leqslant i \leqslant n$)和 $\delta > 0$，使得对任给 $x \in P$，都存在 $1 \leqslant i_0 \leqslant n$，使

$$| \varphi(f_{i_0}) - f_{i_0}(x) | \geqslant \delta \tag{4}$$

作从 E 到 R^n(n 维欧氏空间)的映射 B 如下

$$Bx = (f_1(x), f_2(x), \cdots, f_n(x)) \quad (\forall x \in E)$$

令 C 为 $B(P)$ 的闭包，则显然 C 是 R^n 中的锥，并且由式(4)易知 $u_0 = (\varphi(f_1), \varphi(f_2), \cdots, \varphi(f_n)) \overline{\in} C$. 根据凸集分离定理，必存在 R^n 上的有界线性泛函 $\beta = (\beta_1, \beta_2, \cdots, \beta_n) \in R^n$ 及实数 m，使 $\beta(u) \geqslant m(\forall u \in C)$，并且 $\beta(u_0) < m$. 由 C 是锥知必有 $m = 0$. 所以

$$\beta(u) \geqslant 0 \quad (\forall u \in C; \beta(u_0) < 0) \tag{5}$$

由 $B(P) \subset C$ 及式(5)知

$$\beta_1 f_1(x) + \beta_2 f_2(x) + \cdots + \beta_n f_n(x) \geqslant 0 \quad (\forall x \in P) \tag{6}$$

$$\beta_1 \varphi(f_1) + \beta_2 \varphi(f_2) + \cdots + \beta_n \varphi(f_n) < 0 \tag{7}$$

令 $f_0 = \sum_{t=1}^{n} \beta_i f_i$,则由式(6)知 $f_0(x) \geqslant 0, \forall x \in P$. 这表明 $f_0 \in P^*$. 另一方面,由式(7)知 $\varphi(f_0) < 0$,这表明 $f_0 \overline{\in} P^*$,产生矛盾. 故 $P^{**} \subset \widetilde{P}$.

下证 $\widetilde{P} \subset P^{**}$. 若不然,存在 $\varphi \in \widetilde{P}$,使 $\varphi \overline{\in} P^{**}$. 由 $\varphi \overline{\in} P^{**}$ 知存在 $f_0 \in P^*$,使 $\varphi(f_0) = \alpha < 0$. 由 $\varphi \in \widetilde{P}$ 知必存在 $x \in P$,使

$$| f_0(x) - \varphi(f_0) | < \frac{|\alpha|}{2}$$

注意到 $\varphi(f_0) = \alpha < 0$,故 $f_0(x) < 0$. 此与 $f_0 \in P^*$ 矛盾. 故 $\widetilde{P} \subset P^{**}$. 因此 $\widetilde{P} = P^{**}$.

最后证明 $P = E \cap P^{**}$. 事实上,由 P^* 的定义可知 $P = \{x \in E \mid f(x) \geqslant 0, \forall f \in P^*\} = E \cap \{x \in E^{**} \mid f(x) \geqslant 0, \forall f \in P^*\} = E \cap P^{**}$. 综合上述证明即知 (E, P) 正规嵌入 (E^{**}, P^{**}). 证毕.

注 2　设 (E, P) 是半序线性赋范空间,(E, P) 除了可以正规嵌入到 (E^{**}, P^{**}) 中之外,它还可能正规嵌入到其他的共轭型半序 Banach 空间中. 例如,对任给 $1 < p \leqslant +\infty$,$(C[0,1], P)$ 都正规嵌入到 $(L_p[0, 1], P_p)$ 中,其中 $P = \{\varphi \in C[0,1] \mid \varphi(x) \geqslant 0\}$,$P_p = \{\varphi \in L_p[0,1] \mid \varphi(x) \geqslant 0\}$.

注 3　设 (E, P) 正规嵌入到 (F, Q),则由 $P = E \cap Q$ 易知,P 和 Q 在 E 中导出同一个半序.

25.3　增算子的保增延拓

本节利用正规嵌入讨论增算子的保增延拓.

在本节中,处处假定(E,P)是半序线性赋范空间,(F,Q)和(G,R)是共轭型半序 Banach 空间,(E,P)正规嵌入(F,Q). 设$D=[u_0,v_0]=\{x\in E\mid u_0\leqslant x\leqslant v_0\}$是$(E,P)$中的序区间,$\widetilde{D}$是$D$在$F$的弱*拓扑下的闭包. 由正规嵌入定义中的性质(2),$\widetilde{D}=\{x\in F\mid u_0\leqslant x\leqslant v_0\}$.

定义 6　设$A:D\to 2^G$是集值增算子,对任给$x\in D,Ax$是G中的弱*闭集. 若存在算子$\widetilde{A}:\widetilde{D}\to 2^G$,满足:

(1) 任给$x\in D,\widetilde{A}x=Ax$;

(2)$\widetilde{A}$是一个(集值)增算子;

(3) 任给$x\in\widetilde{D},\widetilde{A}x$是$G$中的弱*闭集,则称$\widetilde{A}$是$A$的一个保增延拓.

定理 3　设$A:D\to 2^G$是集值增算子,对任给$x\in D,Ax$是G中的弱*闭集. 设$A(D)$是G中的有界集. 由A必定有保增延拓.

证　任给$x\in\widetilde{D}\backslash D$,令$h(x)$是集合$\bigcup_{y\in D,\,y\leqslant x}Ay$在$G$的弱*拓扑下的闭包. 因为$A(D)$有界,故根据 Alaoglu 定理知,$h(x)$是$G$中的弱*紧集. 根据引理 1,$h(x)$必有极大元. 令$M(h(x))$是$h(x)$的极大元集合在$G$的弱*拓扑下的闭包. 定义

$$\widetilde{A}x = \begin{cases} Ax, x \in D \\ M(h(x)), x \in \widetilde{D} \backslash D \end{cases}$$

下证 $\widetilde{A}$ 是 A 的保增延拓.为此,只需证明 $\widetilde{A}$ 是增算子,分四种情况:

(1)$x \leqslant y$,并且 $x \in \widetilde{D} \backslash D, y \in \widetilde{D} \backslash D$.此时 $h(x) \subset h(y)$.任给 $u \in M(h(x))$,必存在有向列 $\{u_\tau \mid \tau \in T\}$,使得每个 u_τ 都是 $h(x)$ 的极大元,并且 $\{u_\tau\}$ 依 G 中的弱* 拓扑网收敛于 u.对每个 $\tau \in T, u_\tau \in h(x) \subset h(y)$,根据引理 1,存在 $h(y)$ 的极大元 v_τ,满足 $u_\tau \leqslant v_\tau$.由于 $h(y)$ 在 G 的弱* 拓扑下是紧集,故 $\{v_\tau \mid \tau \in T\}$ 必有有向子列 $\{v_a \mid a \in \Lambda\}(\Lambda \subset T)$ 依 G 的弱* 拓扑网收敛于 $v \in M(h(y))$,而相应的 $\{u_a \mid a \in \Lambda\}$ 仍网收敛于 u.故 $u \leqslant v$.

(2)$x \leqslant y, x \in D, y \in \widetilde{D} \backslash h(y)$.此时 $Ax \subset h(y)$.任给 $u \in Ax$,根据引理 1,存在 $v \in h(y)$,使 $u \leqslant v$ 且 v 是 $h(y)$ 的极大元,从而 $v \in M(h(y)), u \leqslant v$.

(3)$x \leqslant y, x \in \widetilde{D} \backslash D, y \in D$.任给 $u \in \widetilde{A}x = M(h(x))$,存在有向列 $\{u_\tau \mid \tau \in T\} \subset \bigcup\limits_{z \in D, z \leqslant x} Az$,使 $\{u_\tau\}$ 依 G 中的弱* 拓扑网收敛于 u.对每个 u_τ,存在 $z_\tau \in D, z_\tau \leqslant x$,使 $u_\tau \in Az_\tau$.因为 $z_\tau \leqslant x \leqslant y$,故由 A 是增算子知存在 $v_\tau \in Ay$,使 $u_\tau \leqslant v_\tau$.仿情况(1)的证明可知 $\{v_\tau\}$ 必有有向子列收敛于某 $v \in Ay$,并且 $u \leqslant v$.

(4)$x \leqslant y, x \in D, y \in D$.此时由 A 是增算子对任给 $u \in \widetilde{A}x = Ax$,存在 $v \in Ay = \widetilde{A}y$,使 $u \leqslant v$.证毕.

注 4 在许多实际问题中,保增延拓是自然存在的.定理 3 的意义在于从理论上保证了保增延拓必定存在.

25.4 增算子的广义不动点

25.1 节中已经指出,为保证增算子不动点的存在性,需要对算子加上紧性条件.下面的反例表明,如果不对算子加上紧性条件,增算子可能没有不动点.

例 1 设 $C[-1,1]$ 是连续函数空间,$P=\{x(t)\mid x(t)\in C[-1,1],x(t)\geqslant 0\}$. 令 $D=\{x(t)\in C[-1,1]\mid 0\leqslant x(t)\leqslant 1\}$. 定义增算子 $A:D\to D$ 如下:对 $x(t)\in D$,令

$$Ax(t)=\begin{cases}x(t)+\dfrac{1}{2}[1-x(t)]\mid t\mid,\ -1\leqslant t\leqslant 0\\[2mm]x(t)-\dfrac{1}{2}x(t)t,0\leqslant t\leqslant 1\end{cases}$$

则 A 是连续的增算子.若 $x_0(t)\in D$ 是 A 的不动点,则易知当 $t<0$ 时 $x_0(t)\equiv 1$,当 $t>0$ 时 $x_0(t)\equiv 0$.此与 $x_0(t)\in C[-1,1]$ 矛盾.

为此,我们引入广义不动点的概念如下:

定义 7 设 (E,P) 是半序线性赋范空间,$D=[u_0,v_0]$ 是 E 中的序区间,$A:D\to D$ 是单值增算子.如果存在共轭型 Banach 空间 (F,Q),使得 (E,P) 正规嵌入 (F,Q),并且存在 A 的保增延拓 $\widetilde{A}:\widetilde{D}\to 2^{\widetilde{D}}$($\widetilde{D}$ 是 D 在 F 的弱* 拓扑下的闭包),使得 $\widetilde{A}$ 在 $\widetilde{D}$ 中有不动点,则 $\widetilde{A}$ 的不动点称为是 A 的广义不动点.

定理 4 设 (E,P) 是半序线性赋范空间,P 是正规锥,D 是 E 中的序区间,$A:D\to D$ 是单值增算子,则

$\forall x_0 \in [u,v]$，令 $x_n = Ax_{n-1}$ $(n=1,2,\cdots)$，有 $x_n \to x^*$，且存在 $M > 0$ 与 x_0 的选取无关，使 $\|x_n - x^*\| \leqslant M(1-\varepsilon)^n$.

注 1 这里的 M 可取为 $M = N \cdot \|Au - u\| \cdot \varepsilon^{-2}$，其中 N 是锥 P 的正规常数：$\theta \leqslant x \leqslant y \Rightarrow \|x\| \leqslant N\|y\|$.

在证明定理 1 之前，我们先给出几个形式更整齐些的推论.

推论 1 设 P 是 E 中正规体锥，$u \leqslant v$，$A:[u,v] \to E$ 是增算子. 如果：

(1)A 是凹算子，$Au \gg u$，$Av \leqslant v$，

或者

(2)A 是凸算子，$Au \geqslant u$，$Av \ll v$，

则 A 在 $[u,v]$ 中有唯一不动点 x^*，且存在 $M > 0$，$r \in (0,1)$，$\forall x_0 \in [u,v]$，令 $x_n = Ax_{n-1}$ $(n=1,2,\cdots)$，有 $\|x_n - x^*\| \leqslant Mr^n$.

推论 2 设 P 是 E 中正规体锥，$u \leqslant v$，$A:[u,v] \to E$ 是强增算子 $(x < y \Rightarrow Ax \ll Ay)$. $Au \geqslant u$，$Av \leqslant v$. 那么，如果 A 是凹算子或凸算子，则 A 在 $[u,v]$ 中至少有一个不动点. 如果：

(1)A 是凹算子，$Au > u$，$Av \leqslant v$，

或者

(2)A 是凸算子，$Av < v$，$Au \geqslant u$，

则 A 的不动点 x^* 是唯一的，$\exists M > 0$，$r \in (0,1)$，使得 $\forall x_0 \in [u,v]$，令 $x_n = Ax_{n-1}$ $(n=1,2,\cdots)$，有 $\|x_n - x^*\| \leqslant Mr^n$.

证 对 $u_1 = Au$，$v_1 = Av$ 利用推论 1 即可.

注 2 由推论 2 可知，在以前学过的知识中对算

子要求全连续的条件可去掉（对 Theorem B(a) 的情况，容易单独证明）. 此外，这里给出的对迭代收敛速度的估计，对全连续的情况也是新的结果.

为证明定理 1，我们先证明一个引理.

引理 1　设 P 是 Banach 空间 E 中正规锥，$v > \theta$，$A : [\theta, v] \to E$ 是凹的增算子，$\exists \varepsilon > 0$ 使 $A\theta \geqslant \varepsilon v$，$Av \leqslant v$，则 A 在 $[\theta, v]$ 中有最小不动点 u^*，令 $u_0 = \theta$，$u_n = Au_{n-1}$，则 $u_n \to u^*$，且 $\|u_n - u^*\| \leqslant \|A\theta\| \cdot N \cdot \varepsilon^{-2}(1-\varepsilon)^n$，其中 N 是 P 的正规常数.

证　为方便起见，记 $\alpha = (1-\varepsilon)$，由假设条件不难看出 $0 \leqslant \alpha < 1$. 如 $\varepsilon = 1$，由 A 增至 $Ax = v$，$\forall x \in [\theta, v]$. 故 $u^* = v$，结论成立. 如 $\varepsilon < 1$，令 $Bx = \alpha^{-1}Ax$，$x \in [\theta, v]$. 显然 $B : [\theta, v] \to E$ 凹增，$B\theta \geqslant \alpha^{-1}\varepsilon v$，$Bv \leqslant \alpha^{-1}v$，$u_n = \alpha Bu_{n-1}$，$n = 1, 2, \cdots$. 由 u_n 的定义知

$$\theta = u_0 \leqslant u_1 \leqslant \cdots \leqslant u_n \leqslant \cdots \leqslant v \tag{1}$$

$$B\theta \geqslant \alpha^{-1}\varepsilon v \geqslant \varepsilon Bv \geqslant \varepsilon Bu_n = (1-\alpha)Bu_n \tag{2}$$

设 $\theta \leqslant y \leqslant x \leqslant v$，$t \in [0, 1]$，那么

$$\theta \leqslant x - ty = (1-t)x + t(x - y) \leqslant x \leqslant v$$

所以 $B(x - ty) \geqslant (1-t)Bx + tB(x - y)$，即

$$Bx - B(x - ty) \leqslant t[Bx - B(x - y)] \tag{3}$$

下面我们归纳证明

$$u_{n+1} - u_n \leqslant \alpha^n(Bu_n - B\theta) \quad (n = 1, 2, \cdots) \tag{4}$$

显然 $u_2 - u_1 = \alpha(Bu_1 - B\theta)$，所以式(4)对 $n = 1$ 成立. 设式(4)对 $n = k - 1$ 成立，即

$$u_k - u_{k-1} \leqslant \alpha^{k-1}(Bu_{k-1} - B\theta) \tag{5}$$

令 $x = u_k$，$y = Bu_{k-1} - B\theta$，由(1)(2)(3)(5)诸式可得

$$\theta \leqslant y \leqslant x \leqslant v, u_{k-1} \geqslant x - \alpha^{k-1}y$$

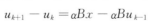

$$u_{k+1} - u_k = \alpha Bx - \alpha Bu_{k-1}$$

$$\leqslant \alpha [Bx - B(x - \alpha^{k-1}y)]$$

$$\leqslant \alpha^k [Bx - B(x - y)]$$

$$\leqslant \alpha^k [Bu_k - B\theta]$$

所以式（4）对 $n=k$ 也成立. 这说明式（4）对所有自然数 n 成立.

将式（2）代入式（4）得

$$u_{n+1} - u_n \leqslant \frac{\alpha^{n+1}}{1-\alpha} B\theta$$

由此知 $n > m$ 时

$$\theta \leqslant u_n - u_m \leqslant \frac{\alpha^{m+1}}{(1-\alpha)^2} B\theta \qquad (6)$$

由 P 正规，从式（6）推知 $\{u_n\}$ 是基本列. 因此存在极限：$u_n \to u^*$. 由式（1）可知 $u_n \leqslant u^* \leqslant v$，于是 $\alpha Bu^* \geqslant \alpha Bu_n = u_{n+1}$，令 $n \to +\infty$ 得 $\alpha Bu^* \geqslant u^*$. 利用式（6）可得

$$\theta \leqslant u^* - u_n \leqslant \frac{\alpha^{n+1}}{(1-\alpha)^2} B\theta \qquad (7)$$

取 n 充分大，使 $\frac{\alpha^n}{(1-\alpha)^2} < 1$，由式（3）（7）可得

$$\theta \leqslant \alpha Bu^* - u^* \leqslant \alpha Bu^* - u_{n+1}$$

$$= \alpha(Bu^* - Bu_n)$$

$$\leqslant \alpha \left[Bu^* - B\left(u^* - \frac{\alpha^n}{(1-\alpha)^2} \cdot \alpha B\theta \right) \right]$$

$$\leqslant \frac{\alpha^{n+1}}{(1-\alpha)^2} [Bu^* - B(u^* - \alpha B\theta)]$$

$$\leqslant \frac{\alpha^{n+1}}{(1-\alpha)^2} (Bu^* - B\theta) \to \theta \quad (n \to +\infty)$$

所以 $\alpha Bu^* = u^*$，即 $u^* = Au^*$. 由式（7）还得

$$\| u^* - u_n \| \leqslant \frac{\alpha^{n+1}}{(1-\alpha)^2} \cdot N \cdot \| B\theta \|$$

$$= \| A\theta \| \cdot N \cdot \varepsilon^{-1}(1-\varepsilon)^n$$

只要再证 u^* 是 A 的最小不动点. 设 $v_0 \in P$, $Av_0 = v_0$. 由 $\theta \leqslant v_0$ 易归纳证明 $u_n \leqslant v_0$, 从而 $u^* \leqslant v_0$, 即 u^* 是 A 的最小不动点. 证毕.

定理 1 的证明 (1) 令 $Bx = A(x + u) - u$, $x \in [\theta, h]$, 显然 $B : [\theta, h] \to E$ 凹增, $B\theta \geqslant \varepsilon h$, $Bh \leqslant h$. 由引理 1 知 $x = Bx$ 有最小解 x^*, 令 $x_0 = \theta$, $x_n = Bx_{n-1}$, 有 $\| x_n - x^* \| \leqslant M_1 (1 - \varepsilon)^n$, 其中 $M_1 = N \cdot \| B\theta \| \cdot \varepsilon^{-1}$.

令 $h_0 = h$, $h_n = Bh_{n-1}$, 显然有 $h = h_0 \geqslant h_1 \geqslant \cdots \geqslant h_n \geqslant \cdots \geqslant x^*$. 若 $h = x^*$, 则 $h_n = x^*$; 若 $h > x^*$, 令 $t_n = \sup\{t : x^* \geqslant t h_n\}$, 由于 $x^* = Bx^* \geqslant B\theta \geqslant \varepsilon h \geqslant \varepsilon h_n$, 则有

$$\varepsilon \leqslant t_1 \leqslant \cdots \leqslant t_n \leqslant \cdots \leqslant 1, x^* \geqslant t_n h_n$$

因此 $\lim_{n \to +\infty} t_n = t^*$ 存在且 $t^* \in [\varepsilon, 1]$, 下证 $t^* = 1$. 不然, 设 $t^* < 1$, 那么 $\varepsilon \leqslant t_n \leqslant t^* < 1$.

$$x^* = Bx^* \geqslant B(t_n h_n) \geqslant (1 - t_n) B\theta + t_n Bh_n$$
$$\geqslant (1 - t^*)\varepsilon h + t_n h_{n+1}$$
$$\geqslant t_n [1 + (1 - t^*)\varepsilon] h_{n+1}$$

由 t_{n+1} 的定义知必有 $t_{n+1} \geqslant t_n [1 + (1 - t^*)\varepsilon]$, 由此得

$$t_n \geqslant t_1 [1 + (1 - t^*)\varepsilon]^{n-1} \to +\infty \quad (n \to +\infty)$$

与 $t_n \leqslant 1$ 矛盾, 所以 $t^* = 1$.

$$x^* = Bx^* \geqslant B(t_n h_n) \geqslant (1 - t_n) B\theta + t_n Bh_n$$
$$\geqslant (1 - t_n)\varepsilon h + t_n h_{n+1} \geqslant [(1 - t_n)\varepsilon + t_n] h_{n+1}$$

所以 $t_{n+1} \geqslant (1 - t_n)\varepsilon + t_n$, 即 $(1 - t_{n+1}) \leqslant (1 - t_n)(1 - \varepsilon)$. 故

$$(1 - t_n) \leqslant (1 - \varepsilon)^{n-1}(1 - t_1)$$
$$\theta \leqslant h_n - x^* \leqslant h_n - t_n h_n \leqslant (1 - t_n) h$$
$$\leqslant (1 - \varepsilon)^{n-1}(1 - t_1) h$$
$$\| h_n - x^* \| \leqslant M_2 (1 - \varepsilon)^n, \text{其中 } M_2 = N \cdot (1 -$$

$t_1) \cdot \parallel h \parallel \cdot (1-\varepsilon)^{-1}$，$N$ 是锥 P 的正规常数.

$y_0 \in [\theta, h]$，令 $y_n = By_{n-1}$，则 $x_n \leqslant y_n \leqslant h_n$，从而

$$\parallel y_n - x^* \parallel \leqslant \parallel y_n - x_n \parallel + \parallel x_n - x^* \parallel$$

$$\leqslant N \parallel h_n - x_n \parallel + \parallel x_n - x^* \parallel$$

$$\leqslant (1+N) \parallel x_n - x^* \parallel + N \parallel h_n - x^* \parallel$$

$$\leqslant M(1-\varepsilon)^n$$

$$(M = (1+N)M_1 + NM_2)$$

由此还知 x^* 是 B 在 $[\theta, h]$ 中的唯一不动点，令 $u^* = u + x^*$，$u_n = u + y_n$，即知定理 1 的(1) 结论成立.

(2) 令 $Bx = v - A(v-x)$，$x \in [\theta, h]$，则易知 $B:$ $[\theta, h] \to E$ 凹增，$B\theta \geqslant \varepsilon h$，$Bh \leqslant h$. 与(1)类似，利用引理 1 可证结论成立. 定理 1 证毕.

26.3 固有元的存在唯一性和连续性

引理 2 设 K 是 Banach 空间 X 中的体锥. $x_0 \in \overset{*}{K}$，$x_n \in \overset{*}{K}$，$x_n \to x_0$. 那么 $\exists t_n, s_n, t_n \geqslant 1 \geqslant s_n > 0, t_n,$ $s_n \to 1$，使得 $t_n x_n \geqslant x_0 \geqslant s_n x_n$.

证 令 $t'_n = \inf\{t : tx_n \geqslant x_0\}$，$s'_n = \sup\{s : sx_n \leqslant x_0\}$，易知 $t'_n > 0$，$s'_n > 0$，$t'_n x_n \geqslant x_0 \geqslant s'_n x_n$. 容易用反证法证明 $\overline{\lim_{n \to +\infty}} t'_n \leqslant 1$，$\varliminf_{n \to +\infty} s'_n \geqslant 1$. 注意到 $t'_n \geqslant s'_n$，可知 $\lim_{n \to +\infty} t'_n = \lim_{n \to +\infty} s'_n = 1$. 令 $t_n = \max\{1, t'_n\}$，$s_n = \min\{1, s'_n\}$，则 t_n, s_n 即符合所求. 证毕.

注 3 利用引理 2 不难证明 α 凹增算子和 $-\alpha$ 凸减算子都是连续的.

引理 3 设 K 是 Banach 空间 X 中的体锥，P 是

Banach 空间 E 中的正规锥，$A: D(A) \subset X \to E$ 是凹算子或凸算子，那么 A 在 $x_0 \in D(A)$（$D(A)$ 的内部）连续当且仅当 A 在 x_0 局部有界：$\exists \delta > 0$，A 在 x_0 的 δ 邻域 $N_\delta(x_0) = \{x \in X : \| x - x_0 \| < \delta\}$ 上有界.

证 必要性是显然的，只需证充分性. 显然只要对 A 是凹算子的情况证明（A 是凸算子时对 $-A$ 讨论即可）.

设 A 是凹算子，在 $N_\delta(x_0)$ 上有界：$\| Ax \| \leqslant M$，$\forall x \in N_\delta(x_0)$. 我们要证 $x_n \to x_0$ 时 $Ax_n \to Ax_0$.

由于 K 是体锥，$\{x_n\}$ 有界，所以 $\exists u_0 \in \mathring{K}$，使 $y_n = u_0 + x_n \in \mathring{K}(n = 0, 1, 2, \cdots)$. 令

$$Bx = A(x - u_0) \quad (x \in D(B) = D(A) + u_0)$$

显然 B 是凹的，$\| y - y_0 \| \leqslant \delta$ 时，$\| By \| \leqslant M$，且 $Ax_n \to Ax_0$ 等价于 $By_n \to By_0$.

由引理 2 知存在 $t_n \geqslant 1 \geqslant s_n > 0$，$t_n, s_n \to 1$ 使得 $t_n y_n \geqslant y_n \geqslant s_n y_n$，令 $\varepsilon = \delta/4$，由于 $y_n, t_n y_n, s_n y_n$ 都收敛于 y_0，不妨设它们都含于 $N_s(y_0)$ 中. 令

$$z_n = y_0 + s \frac{y_0 - s_n y_n}{\| y_0 - s_n y_n \|} \quad (y_0 = s_n y_n \ \text{时，令} \ z_n = y_0)$$

$$\omega_n = t_n y_n + \varepsilon \frac{t_n y_n - y_0}{\| t_n y_n - y_0 \|} \quad (t_n y_n = y_0 \ \text{时，令} \ \omega_n = y_0)$$

$$\lambda_n = \frac{\| y_0 - s_n y_n \|}{\varepsilon + \| y_0 - s_n y_n \|}, \quad \eta_n = \frac{\| t_n y_n - y_0 \|}{\varepsilon + \| t_n y_n - y_0 \|}$$

易知 $z_n, \omega_n \in N_n(y_0) \subset N_\delta(y_0)$，$z_n \geqslant y_0 \geqslant s_n y_n$，$\omega_n \geqslant t_n y_n \geqslant y_s$，$\lambda_n, \eta_n \in [0, 1]$，$\lambda_n, \eta_n \to 0$ 且

$$y_0 = (1 - \lambda_n) s_n y_n + \lambda_n z_n, \quad t_n y_n = (1 - \eta_n) y_0 + \eta_n \omega_n$$

$$(8)$$

由 B 是凹算子得

$$By_0 - B(s_n y_n) \geqslant \lambda_n [Bz_n - B(s_n y_n)] \tag{9}$$

$$By_0 - B(t_n y_n) \leqslant \eta_n [By_0 - B\omega_n] \tag{10}$$

取 $\alpha > 1$ 充分大,使 $\left\| \dfrac{\alpha - 1}{\alpha} y_0 - y_0 \right\| < \varepsilon$. 令

$$u_n = \frac{s_n - s_n^{\alpha}}{1 - s_n^{\alpha}} y_n \quad (s_n = 1 \text{ 时}, \text{令 } u_n = \frac{\alpha - 1}{\alpha} y_0)$$

$$v_n = \frac{t_n - t_n^{\alpha}}{1 - t_n^{\alpha}} y_n \quad (t_n = 1 \text{ 时}, \text{令 } v_n = \frac{\alpha - 1}{\alpha} y_0)$$

易知 $u_n \to \dfrac{\alpha - 1}{\alpha} y_0, v_n \to \dfrac{\alpha - 1}{\alpha} y_0$,注意到 $\dfrac{\alpha - 1}{\alpha} y_0 \ll y_0$,

知 n 充分大时,$u_n \leqslant y_n, v_n \leqslant t_n y_n$,且 $u_n, v_n \in N_{2\delta}(y_0) \subset N_{\delta}(y_0)$. 为方便起见,不妨设上述关系对所有 n 都成立. 易验证

$$s_n y_n = s_n^{\alpha} y_n + (1 - s_n^{\alpha}) u_n, y_n = t_n^{-\alpha}(t_n y_n) + (1 - t_n^{-\alpha}) v_n$$

$$B(s_n y_n) - By_n \geqslant (1 - s_n^{\alpha})[Bu_n - By_n] \tag{11}$$

$$B(t_n y_n) - By_n \leqslant (t_n^{\alpha} - 1)[By_n - Bv_n] \tag{12}$$

将式(8)与(9),(12)与(10)分别相加,得

$$\overline{u}_n \leqslant By_0 - By_n \leqslant \overline{v}_n \tag{13}$$

其中

$$\overline{u}_n = \lambda_n [Bz_n - B(s_n y_n)] + (1 - s_n^{\alpha})[Bu_n - By_n]$$

$$\overline{v}_n = \eta_n [By_0 - B\omega_n] + (t_n^{\alpha} - 1)[By_n - Bv_n]$$

易知

$$\| \overline{u}_n \| \leqslant \lambda_n \cdot 2M + (1 - s_n^{\alpha}) \cdot 2M \to 0 \quad (n \to +\infty)$$

$$\| \overline{v}_n \| \leqslant \eta_n \cdot 2M + (t_n^{\alpha} - 1) \cdot 2M \to 0 \quad (n \to +\infty)$$

所以由 P 正规,从式(13)推出 $By_n \to By_0$. 证毕.

引理 4　设 P 是 Banach 空间 E 中正规锥,$v_0 > \theta$,$A : [\theta, v_0] \to E$ 是凹的增算子,$A\theta \geqslant \varepsilon v_0, \lambda_0 Av_0 \leqslant v_0, \varepsilon$,$\lambda_0 > 0$,那么 $\forall \lambda \in (0, \lambda_0], u = \lambda Au$ 有最小解 $u(\lambda)$. 令 $u_0(\lambda) \equiv \theta, u_n(\lambda) = \lambda Au_{n-1}(\lambda)$,以 N 表示 P 的正规常

数,则

$$\| u_n(\lambda) - u(\lambda) \| \leqslant \lambda \cdot N \| A\theta \| \cdot (\lambda_0 \varepsilon)^{-l} \cdot$$
$$(1 - \lambda_0 \varepsilon)^n$$

（注意 $\lambda_0 \varepsilon \leqslant 1$ 总是成立的）

证 设 $\lambda \in [0, \lambda_0]$，由于 $\lambda A\theta \geqslant \lambda \varepsilon v_0, \lambda A v_0 \leqslant v_0$，由引理 1 知，$\lambda Au = u$ 有最小解 $u(\lambda)$. 显然

$$u(\lambda) = \lambda A u(\lambda) \leqslant \lambda A v_0 \leqslant \frac{\lambda}{\lambda_0} v_0$$

令 $B = \lambda A, v = u(\lambda)$，那么 $B\theta \geqslant \lambda_0 \varepsilon v, Bv \leqslant v$. 对 B 应用引理 1 知，$Bu = u$ 在 $[\theta, v]$ 上有最小解 u^*，取 $u_0 = \theta$，$u_n = Bu_{n-1}$，有

$$\| u_n - u^* \| \leqslant \| B\theta \| \cdot N \cdot (\lambda_0 \varepsilon)^{-1} (1 - \lambda_0 \varepsilon)^n$$
$$= \lambda \| A\theta \| \cdot N(\lambda_0 \varepsilon)^{-l} (1 - \lambda_0 \varepsilon)^n$$

由 B 的定义可知 $u^* = u(\lambda), u_n = u_n(\lambda)$，所以
$$\| u_n(\lambda) - u(\lambda) \| \leqslant \lambda \cdot N \cdot \| A\theta \| \cdot (\lambda_0 \varepsilon)^{-2} (1 - \lambda_0 s)^n$$
证毕.

引理 5 设 P 是 E 中锥，$A: P \to P$ 是凹算子，则 A 是增的.

证 设 $\theta \leqslant x \leqslant y, \alpha \in (0,1), y_1 = \frac{1}{1-\alpha} y - \frac{\alpha}{1-\alpha} x$. 显然 $y_1 \geqslant x, y = \alpha x + (1-\alpha) y_1$，所以

$$Ay \geqslant \alpha Ax + (1-\alpha) Ay_1 \geqslant \alpha Ax$$

在 $Ay \geqslant \alpha Ax$ 中，令 $\alpha \to 1$ 得 $Ay \geqslant Ax$. 证毕.

定理 2 设 P 是 E 中的正规体锥，$A: P \to P$ 是凹算子，$A\theta \gg \theta$. 那么下列结论成立:

（1）存在 $0 < \lambda^* \leqslant +\infty$，当 $\lambda \in [0, \lambda^*)$ 时，$\lambda Au = u$ 有唯一解 $u(\lambda), \lambda \geqslant \lambda^*$ 时，$u = \lambda Au$ 无解;

（2）$\lambda \in (0, \lambda^*)$ 时，$\forall u_0 \in P$，令 $u_n = \lambda A u_{n-1}$，有

$u_n \to u(\lambda)$;如取 $u_0 = \theta$,则 $\forall \lambda_0 \in (0, \lambda^*)$,存在 $M > 0$,$r \in (0, 1)$,使

$$\| u_n - u(\lambda) \| \leqslant \lambda M r^n \quad (\forall \lambda \in [0, \lambda_0])$$

(3)$u(\cdot):[0, \lambda^*] \to P$ 连续,强增,$\forall \lambda \in [0, \lambda^*]$,$t \in [0, 1]$,有 $u(t\lambda) \leqslant tu(\lambda)$;

(4)$u(0) = \theta$,$\lim\limits_{\lambda \to \lambda^* = 0} \| u(\lambda) \| = +\infty$;

(5)如 $\lambda_0 > 0$,$v_0 \in P$ 使 $\lambda_0 Av_0 \leqslant v_0$,则 $\lambda^* \geqslant \lambda_0$.

证 (1)(2),记 $\Lambda = \{\lambda \geqslant 0 : \exists x \in P,$ 使 $x = \lambda Ax\}$. 显然 $0 \in \Lambda$. 设 $v_0 \in \overset{\circ}{P}$,则 $\exists \lambda_0 > 0$ 充分小使 $\lambda_0 Av_0 \leqslant v_0$,设 $\varepsilon > 0$ 充分小使 $A\theta \geqslant \varepsilon v_0$,由引理 4 知 $[0, \lambda_0] \subset \Lambda$,从而 $\lambda^* = \sup \Lambda > 0$. 下证 $\Lambda = [0, \lambda^*)$,$\forall \lambda \in \Lambda$,$\exists u \in P$ 使 $\lambda Au = u$. 取 $\varepsilon > 0$ 充分小使 $A\theta \geqslant \varepsilon u$,利用引理 4 可知 $[0, \lambda] \subset \Lambda$,所以 Λ 是含零的区间. 这样只要证 $\lambda^* < +\infty$ 时 $\lambda^* \notin \Lambda$. 用反证法,设 $\lambda^* \in \Lambda$,$u = \lambda^* Au$,$u \in \overset{\circ}{P}$. 于是 $\lambda^* A(2u) \leqslant 2\lambda^* Au - \lambda^* A\theta = 2u - \lambda^* A\theta \ll 2u$,从而存在 $\lambda_1 > \lambda^*$ 使 $\lambda_1 A(2u) \leqslant 2u$,注意到 $A\theta \gg \theta$,由引理 4 可推出 $[0, \lambda_1] \subset \Lambda$,这与 λ^* 的定义矛盾. $\Lambda = [0, \lambda^*)$ 得证.

当 $\lambda \in (0, \lambda^*)$ 时,$\forall x \in \overset{\circ}{P}$,$t \in (0, 1)$,则

$$\lambda A(tx) \geqslant t\lambda Ax + (1-t)\lambda A\theta \gg t\lambda Ax$$

所以 $\forall u_0 \in P$,λA 是 u_0—凹的,$\forall \lambda \in (0, \lambda^*)$,$\lambda Au = u$ 有唯一解 $u(\lambda)$,$\forall u_0 \in P$,令 $u_n = \lambda Au_{n-1}$,有 $u_n \to u(\lambda)$. 当 $u_0 = \theta$ 时,由引理 4 可知,$\forall \lambda_0 \in (0, \lambda^*)$,$\exists M > 0$,$r \in (0, 1)$,使 $\| u_n - u(\lambda) \| \leqslant Mr^n$. $\forall \lambda \in (0, \lambda_0]$(这时取 $v_0 = u(\lambda_0)$).

(3)令 $u_0(\lambda) \equiv \theta$,$u_n(\lambda) = \lambda Au_{n-1}(\lambda)$,$\lambda \in [0, \lambda^*)$,用归纳法易证 $u_n(\lambda)$ 关于 λ 增,从而 $u_n(\lambda) = \lim u_n(\lambda)$

是增的. 注意 $Au(\lambda) \geqslant A\theta \gg \theta$, 所以 $0 \leqslant \lambda_1 < \lambda_2 < \lambda^*$ 时

$$u_n(\lambda_1) = \lambda_1 Au(\lambda_1) \leqslant \lambda_1 Au(\lambda_2) \ll \lambda_2 Au(\lambda_2) = u(\lambda_2)$$

$u(\cdot):[0,\lambda^*) \rightarrow P$ 强增.

$$\forall \lambda \in [0,\lambda^*), t \in [0,1],$$

$$u(t\lambda) = t\lambda Au(t\lambda) \leqslant t\lambda Au(\lambda) = tu(\lambda)$$

再证 $u(\lambda)$ 在 $[0,\lambda^*)$ 上连续. 显然 $\lim\limits_{\lambda \rightarrow 0+0} u(\lambda) = \lim\limits_{\lambda \rightarrow 0+1} \lambda Au(\lambda) = \theta = u(0)$. $\forall \lambda_0 \in (0,\lambda^*)$, 记 $v_0 = u(\lambda_0)$, 又设 $A\theta \geqslant \varepsilon v_0 (\varepsilon > 0)$, 由引理 4 可知, 令 $u_0(\lambda) \equiv \theta$, $u_n(\lambda) = \lambda Au_{n-1}(\lambda)$, 则 $u_n(\lambda)$ 在 $[0,\lambda_0]$ 上一致收敛到 $u(\lambda)$, 因此只要每个 $u_n(\lambda)$ 连续, $u(\lambda)$ 就连续, 且由 λ_0 的任意性知, 这就证明了 $u(\lambda)$ 在 $[0,\lambda^*)$ 上连续.

$\forall D \subset P$ 为有界集, 取 $x_0 \in P$ 使 $D \subset [\theta, x_0]$, 那么 $A(D) \subset [A\theta, Ax_0]$ 有界, 从而由引理 3 可推知, A 在 P 上处处连续. 这样由 $u_n(\lambda)$ 的定义可知 $u_n(\lambda)$ 关于 λ 连续. $u(\lambda)$ 的连续性得证.

(4) $u(0) = \theta$ 是显然的, 只要证 $\lim\limits_{\lambda \rightarrow \lambda^* = 0} \|u(\lambda)\| = +\infty$, 当 $\lambda^* = +\infty$ 时, 由 $u(\lambda) = \lambda Au(\lambda) \geqslant \lambda A\theta$, P 正规, 得

$$\|u(\lambda)\| \geqslant \frac{1}{N} \lambda \|A\theta\| \rightarrow +\infty \quad (\lambda \rightarrow \lambda^* = +\infty)$$

当 $\lambda^* < +\infty$ 时, 若 $\lim\limits_{\lambda \rightarrow \lambda^* = 0} \|u(\lambda)\| \neq +\infty$, 则 $\exists \lambda_n \in (0,\lambda^*)$, $\lambda_n \rightarrow \lambda^*$ 使 $\{\|u(\lambda_n)\|\}$ 有界. 取 $v_0 \in P$ 使 $u(\lambda_n) \leqslant v_0 (n=1,2,\cdots)$, 取 $\varepsilon > 0$ 使 $A\theta \geqslant 2\varepsilon v_0$. 由 A 凹得

$$\lambda_n A(2u(\lambda_n)) \leqslant 2\lambda_n Au(\lambda_n) - \lambda_n A\theta \leqslant (1-\lambda_n \varepsilon) 2u(\lambda_n)$$

所以

$$A\theta \geqslant \varepsilon(2u(\lambda_n)),\ \frac{\lambda_n}{(1-\lambda_n\varepsilon)}A(2u(\lambda_n)) \leqslant 2u(\lambda_n)$$

由引理 4 可知 $\lambda^* \geqslant \dfrac{\lambda_n}{1-\lambda_n\varepsilon}$，令 $n \to +\infty$ 得

$$\lambda^* \geqslant \frac{\lambda^*}{1-\lambda^*\varepsilon} > \lambda^*$$

矛盾. 所以 $\lim\limits_{\lambda \to \lambda^*=0} \|u(\lambda)\| = +\infty$.

(5) $\lambda_0 A(2v_0) \leqslant 2\lambda_0 Av_0 - \lambda_0 A\theta \ll 2v_0$，故 $\exists \lambda_1 > \lambda_0$ 使 $\lambda_1 A(2v_0) \leqslant 2v_0$，注意 $A\theta \gg \theta$，利用引理 4 可知 $\lambda^* \geqslant \lambda_1 > \lambda_0$，定理证毕.

注 4 容易举例说明 $\lambda^* = +\infty$ 和 $\lambda^* < +\infty$ 都可能出现.

26.4 对积分方程的应用

本节目的在于说明本章的结果如何应用，我们将不追求条件的最一般性.

考虑全空间 R^N 上的 Hammerstein 积分算子

$$Ax(t) = \int_{R^N} k(t,s)f(s,x(s))\mathrm{d}s$$

对核 $k(x,y)$ 做如下几种假设：

(K_1): $k(t,s)$ 对 $(t,s) \in R^N \times R^N$ 是非负可测函数.

$\displaystyle\int_{R^N} k(t,s)\mathrm{d}s$ 是 R^N 上的有界函数,不恒为零.

$$\lim_{t \to t_0} \int_{R^N} |k(t,s) - k(t_0,s)|\,\mathrm{d}s = 0 \quad (\forall t_0 \in R^N)$$

(K_2)：存在 $0 < m < M$ 使 $m \leqslant \int_{R^N} k(t,s)\mathrm{d}s \leqslant M$.

对 $f(s,u)$ 我们假设它满足 Garatheodory 条件：

(F)：$\forall u \in [0, +\infty)$，$f(\cdot, u)$ 是 R^N 上的可测函数；$\forall t \in R^N$，$f(t, \cdot)$ 是 $[0, +\infty)$ 上的连续函数.

定理 3　如果条件 $(K_1)(K_2)$ 及 (F) 满足，存在 $0 < r < R$ 使

$$f(t,r) \geqslant \left(\frac{1}{m} + \varepsilon_1\right) r (\geqslant r)$$

$$f(t,R) \leqslant \frac{1}{M}R \left(\leqslant \left(\frac{1}{M} - \varepsilon_2\right) R\right)$$

$$(\forall t \in R^N) \tag{14}$$

其中 $\varepsilon_1, \varepsilon_2$ 是小正数. $f(t, \cdot): [r, R] \to R^1$ 是凹（凸）的增函数. 那么 $Ax(t) = x(t)$ 存在唯一一连续解 $x^*(t)$ 满足 $r \leqslant x^*(t) \leqslant R$. 任取 $x_0(t)$ 连续，$r \leqslant x_0(t) \leqslant R$，作迭代 $x_n(t) = Ax_{n-1}(t)$，有

$$\sup_{R^N} |x_n(t) - x^*(t)| \leqslant Mr^n \to 0$$

其中 $M > 0, r \in (0,1)$ 是与初值 $x_0(t)$ 无关的常数.

证　以 $C_B(R^N)$ 表示 R^N 上有界连续函数全体，其范数定义为 $\|x(t)\|_{C_B} = \sup_{R^N} |x(t)|$. 以 $C_B^+(R^N)$ 表示 $C_B(R^N)$ 中非负函数全体，则 $C_B^+(R^N)$ 是 $C_B(R^N)$ 中的正规体锥.

在定理 1 的推论 1 中取 $E = C_B(R^N)$，$P = C_B^+(R^N)$，$u(t) \equiv r, v(t) \equiv R$，易验证 $A: [u, v] \to E$ 是增的，凹（凸）的，$Au \gg u(Au \geqslant u)$，$Av \leqslant v(Av \ll v)$. 利用定理 1 的推论 1 立知要证的结论成立. 证毕.

注 5　（1）定理 3 的条件式（14）对凹函数 f 是很自然的. 例如设 $f(t,u)$ 关于 $u \in [0, +\infty)$ 是凹增函

数,且

$$\lim_{u \to 0_+} \frac{f(t,u)}{u} \geq \frac{1}{m} + \varepsilon, \overline{\lim_{u \to +\infty}} \frac{f(t,u)}{u} \leq \frac{1}{M} - \varepsilon$$

$$（对 t \in R^N 一致）\tag{15}$$

其中 ε 是小正数,则式(14) 对 $r > 0$ 充分小,R 充分大满足.特别地,形如

$$f(t,u) = a_0(t)u + \sum_{i=1}^{+\infty} a_i(t)u^{\alpha_i}$$

的函数满足式(15),故满足条件式(14).这里 $\alpha_i > 0$,

$\sup\limits_i \alpha_i < 1, a_0(t) \leq \dfrac{1}{M} - \varepsilon$ 非负可测,$a_i(t)$ 非负可测且

存在常数 $\sigma > \tau > 0$ 使 $\tau \leq \sum\limits_{i=1}^{+\infty} a_i(t) \leq \sigma(t \in R^N)$.

（2）可以举出满足条件式(14)的凸函数 f 的例子,如 $m = 2, M = 3$ 时

$$f(t,u) = \frac{1}{8}(u-1)^2 + \frac{1}{2}$$

对 $r = 1, R = 2$ 满足式(14).如果 $f(t,u)$ 关于 u 在 $[0, +\infty)$ 上凸增,且

$$f(t,0) \geq \delta > 0, \overline{\lim_{a \to +\infty}} \frac{f(t,u)}{u} \geq \frac{1}{M} - \varepsilon \text{ 对 } t \in R^N \text{ 一致}$$

$$\tag{16}$$

则条件式(14)对充分小的 $r > 0$ 和充分大的 R 满足. 特别地,$f(t,u) = \alpha(t)[e^{-u} + u]$,其中 $\alpha(t)$ 可测且 $\delta \leq \alpha(t) \leq \dfrac{1}{M} - \varepsilon$,满足式(16),故它满足式(14).

容易证明,满足 $f(t,0) = 0$ 的凸增函数不可能满足式(15).

定理 4　设 (K_1),(F) 满足,$\forall t \in R^N, f(t, \cdot)$: $R^+ \to R^+$ 是凹增函数,$\exists \sigma, M > 0$ 使

$$f(t,0) \geqslant \sigma, f(t,1) \leqslant M \quad (\forall\, t \in R^N)$$

则有下列结论：

(1) $\exists\, \lambda^* \in (0, +\infty]$，使 $\lambda \in [0,\lambda^*]$ 时，$\lambda Ax(t) = x(t)$ 有唯一解 $x_\lambda(t) \in C_B^+(R^N)$，$\lambda \geqslant \lambda^*$ 时，$\lambda Ax(t) = x(t)$ 无解；

(2) $\lambda \in [0,\lambda^*)$ 时，$\forall\, x_0(t) \in C_B^+(R^N)$，迭代序列 $x_n(t) = \lambda Ax_{n-1}(t)$ 按 $C_B(R^N)$ 范数收敛于 $x_\lambda(t)$；

(3) $\forall\, \lambda_0 \in [0,\lambda^*)$，$\lambda \to \lambda_0$ 时，$\| x_\lambda(t) - x_{\lambda_0}(t) \|_{C_B} \to 0$；

(4) $\lim\limits_{\lambda \to \lambda^*} \| x_\lambda(t) \|_{C_R} = +\infty$；

(5) $\lim\limits_{u \to +\infty} \dfrac{f(t,u)}{u} = 0$ 时（关于 $t \in R^N$ 一致），$\lambda^* = +\infty$.

证 取 $E = C_B(R^N)_{a_0} = \{x(t) \in C_B(R^N) : \exists\, \beta > 0$ 使 $-\beta u_0(t) \leqslant x(t) \leqslant \beta u_0(t)\}$，其中范数为

$$\| x(t) \|_E = \inf\{\beta > 0 : -\beta u_0(t) \leqslant x(t) \leqslant \beta u_0(t)\}$$

这里 $u_0(t) = \int_{R^N} k(t,s)\mathrm{d}s$. 令 $P = C_B^+(R^N) \bigcap E$，则 E 是 Banach 空间，P 是 E 中的正规体锥，$\exists\, a > 0$ 使 $\| x(t) \|_{C_D} \leqslant a \| x(t) \|_E$.

$u \geqslant 1$ 时，$f(t,u) \leqslant uf(t,1) - (u-1)f(t,0) \leqslant uf(t,1) \leqslant Mu$，所以 $\forall\, \varphi \in C_B^+(R^N)$，且

$$0 \leqslant A\varphi(t) = \int_{R^N} k(t,s)f(s,\varphi(s))\mathrm{d}s$$

$$\leqslant \int_{R^N} k(t,s)f(s, \| \varphi \|_{C_B})\mathrm{d}s$$

$$\leqslant M_1 u_0(t), M_1 = \sup_{s \in R^N} f(s, \| \varphi \|_{C_B})$$

$$\leqslant M(1 + \| \varphi \|_{C_B})$$

所以 A 映 $C_B^+(R^N)$ 到 P，更有 A 映 P 到 P. 可以直接验

证 $A:P \rightarrow P$ 凹增, $A\theta \gg \theta$, 从而由定理2可得(1)—(4)的结论. 下证(5).

设 $\eta = \| u_0(t) \| c_\eta$, $\forall \lambda > 0$, $\exists R$ 充分大使 $f(t, R) \leqslant (\eta\lambda)^{-1}R$, $\forall t \in R^N$. 令 $v_0(t) = \eta^{-1}Ru_0(t)$, 那么

$$\lambda Av_0(t) = \lambda \int_{R^N} k(t,s)f(s,\eta^{-1}Ru_0(s))\mathrm{d}s$$

$$\leqslant \lambda \int_{R^N} k(t,s)f(s,R)\mathrm{d}s$$

$$\leqslant \lambda \int_{R^N} k(t,s)f(\eta\lambda)^{-1}R\mathrm{d}s$$

$$= \eta^{-1}Ru_0(t) = v_0(t)$$

$$v_0(t) - \lambda Av_0(t) = \int_{R^N} k(t,s)\big[\eta^{-1}R -$$

$$\lambda f(s,\eta^{-1}Ru_0(s))\big]\mathrm{d}s$$

$$\leqslant M_2 u_0(s)$$

$$M_2 = \sup_{s \in R^N}\big[\eta^{-1}R + \lambda f(s,R)\big]$$

所以 $\lambda Av_0 \leqslant v_0$. 由定理2(5)知 $\lambda^* > \lambda$, 由 λ 的任意性可知 $\lambda^* = +\infty$. 证毕.

增算子的不动点定理及其应用

第 27 章

在研究非线性算子方程的可解性时,经常遇到各种增算子. 近年来,关于增算子不动点的研究,一直为人们所关注,其结果广泛应用于非线性微分方程与积分方程. 淮北师范大学数学系的许绍元教授在 2000 年引入序 Lipschitz 条件,其特点在于不仅彻底删去了算子的紧性条件,而且证明了不动点存在唯一,并且还可以用迭代法求出,这些结果与现有文献有本质区别. 作为应用,他讨论了常微分方程两点边值问题,给出了新的定解条件.

以下设 E 是实 Banach 空间,θ 是 E 的零元,P 是 E 中的锥,$\leqslant$ 是由 P 决定的半序.

锥 P 称为正规锥,如果存在 $N>0$,使得 $\theta \leqslant x \leqslant y$ 蕴含 $\parallel x \parallel \leqslant N \parallel y \parallel$,其中 N 称为正规常数,称算子 $A:D \subset E \rightarrow E$ 满足序 Lipschitz 条件,如果存在 $0<L<1$,使得 $Ax-Ay \leqslant L(x-y)$,$\forall x,y \in D$ 且 $x \geqslant y$ 成立.

定理 1　设 E 是实 Banach 空间,P 是 E 中的正规锥,$u_0,v_0 \in E$ 且 $u_0 < v_0$,若 $A:[u_0,v_0] \rightarrow E$ 是增算子,且满足:

(1)A 有下解 u_0 和上解 v_0,即 $u_0 \leqslant Au_0,Av_0 \leqslant v_0$;

(2)A 次连续,即由 $x_n \in [u_0,v_0](n=1,2,\cdots)$ 且 $\{x_n\}$ 收敛于 $x_n \in E$,有 $\{Ax_n\}$ 弱收敛于 Ax_0;

(3)A 满足序 Lipschitz 条件,即存在 $0<L<1$,使得 $Ax-Ay \leqslant L(x-y)$,$\forall x,y \in [u_0,v_0]$ 且 $y \leqslant x$,则 A 在 $[u_0,v_0]$ 中存在唯一不动点 $\bar{x}$,且对任何初值 $x_0 \in [u_0,v_0]$,作迭代序列

$$x_{n+1}=Ax_n \quad (n=0,1,2,\cdots) \tag{1}$$

都有 $x_n \rightarrow \bar{x}(n \rightarrow +\infty)$.

证　作迭代序列 $u_{n+1}=Au_n,v_{n+1}=Av_n,n=0,1,2,\cdots$. 则由(1)及 A 的单调性有

$$u_0 \leqslant u_1 \leqslant u_2 \leqslant \cdots \leqslant u_n \leqslant v_n \leqslant \cdots \leqslant v_1 \leqslant v_0$$

于是,$\forall n \geqslant 0$,由(3)有

$$\theta \leqslant u_{n+1}-u_n=Au_n-Au_{n-1}$$
$$\leqslant L(u_n-u_{n-1}) \leqslant \cdots \leqslant L^n(u_1-u_0)$$

再由 P 的正规性可得

$$\parallel u_{n+1}-u_n \parallel \leqslant NL^n \parallel u_1-u_0 \parallel$$

其中 N 是 P 的正规常数.因此,对任意 $n,m \geqslant 1$,有

$$\parallel u_{n+m}-u_n \parallel \leqslant \sum_{i=1}^{m} \parallel u_{n+i}-u_{n+i-1} \parallel$$

$$\leqslant \sum_{i=1}^{m} N \parallel u_1 - u_0 \parallel L^{n+i-1}$$
$$= N \parallel u_1 - u_0 \parallel (1-L^m) \cdot L^{n-1}/(1-L)$$

于是，对任意 $m \geqslant 1$，$\lim\limits_{n \to +\infty} \parallel u_{n+m} - u_n \parallel = 0$. 故 $\{u_n\}$ 是 Cauchy 列. 由 E 的完备性知，存在 $x^* \in [u_0, v_0]$，使得 $u_n \to x^* (n \to +\infty)$. 又由 (2)，$A$ 次连续，在等式 $u_{n+1} = Au_n (n=0,1,2,\cdots)$ 两端令 $n \to +\infty$，得 $Ax^* = x^*$. 同理可证，存在 $x_* \in [u_0, v_0]$，使得 $v_n \to x_* (n \to +\infty)$ 且 $Ax_* = x_*$. 易见 $x^* \geqslant x_*$. 容易验证，若 x 是 A 在 $[u_0, v_0]$ 中的不动点，则必有 $x^* \leqslant x \leqslant x_*$. 显然，若 $x_* = x^*$，则 A 在 $[u_0, v_0]$ 中的不动点唯一. 下面证明 $x_* = x^*$.

由于 $x_* = x^*$，根据 (3) 有

$$\theta \leqslant x^* - x_* = Ax^* - Ax_* \leqslant L(x^* - x_*)$$

从而

$$\theta \leqslant (1-L) \cdot (x^* - x_*) \leqslant \theta$$

故 $x^* = x_*$. 于是 A 在 $[u_0, v_0]$ 中存在唯一不动点，记为 $\bar{x}$. 由常规证法可知，迭代序列 (1) 必有 $x_n \to \bar{x}$ $(n \to +\infty)$. 证毕.

注 1 定理 1 引入序 Lipschitz 条件，无须任何紧性，证明了增算子不动点存在唯一，这与现有文献有本质区别，定理 1 得到了映序区间入自身的增算子的不动点存在唯一性，这对研究非线性算子方程的正解存在唯一性提供了有效的方法.

考虑常微分方程两点边值问题

$$-x'' = \lambda f(t,x), x(0) = x(1) = 0 \qquad (2)$$

其中 λ 是参数，$f(t,x)$ 是 $\{(t,x) \mid 0 \leqslant t \leqslant 1, x \geqslant 0\}$ 上的连续函数，且 $f(t,0) \equiv 0$.

定理 2　假设：

(1) $f(t,x)$ 关于 x 单调递增，即由 $0 \leqslant t \leqslant 1, 0 \leqslant x_1 \leqslant x_2$ 有 $f(t,x_1) \leqslant f(t,x_2)$.

(2) $f(t,x) > 0, \forall \, 0 < t < 1, x > 0$.

(3) 当 $x \to +\infty$ 时，$f(t,x)/x$ 关于 $t \in [0,1]$ 一致收敛于 0.

(4) 存在 $0 < L < 1$，使得对任意 $x(t), y(t) \in C[0,1]$ 且 $x(t) \geqslant y(t)$，都有

$$\lambda \int_0^1 G(t,s)(f(s,x(s)) - f(s,y(s)))ds \leqslant L(x(t) - y(t))$$

其中 $G(t,s)$ 是相应于边值问题 (2) 的 Green 函数，即

$$G(t,s) = \begin{cases} t(1-s), & t \leqslant s \\ s(1-t), & t > s \end{cases}$$

则 $\forall M > 0, \exists$ 实数 $R > 0$，使得当 $\lambda \geqslant R$ 时，问题 (2) 必存在唯一连续正解 $x_\lambda(t) \in C^2[0,1]$，满足 $x_\lambda(t) \geqslant Mt(1-t), \forall \, 0 \leqslant t \leqslant 1$，并且对初值 $x_0(t) = Mt(1-t)$，作迭代序列

$$x_{n+1}(t) = \lambda \int_0^1 G(t,s)f(s,x_n(s))ds \quad (n = 0,1,2,\cdots)$$

必有 $\{x_n(t)\}$ 一致收敛于 $x_\lambda(t)$.

证　问题 (2) 属于 $C^2[0,1]$ 的解等价于积分方程 $x(t) = \lambda \int_0^1 G(t,s)f(s,x(t))ds$ 属于 $C[0,1]$ 的解，定义 $Ax(t) = \int_0^1 G(t,s)f(s,x(s))ds$. 令 $E = C[0,1], P = \{x(t) \in C[0,1] \mid x(t) \geqslant 0, \forall \, 0 \leqslant t \leqslant 1\}$. 显然，$P$ 是 E 的正规锥，算子 $A : P \to E$ 连续. 令 $u_0(t) = Mt(1-t)$，容易证明，$\forall \lambda \geqslant R$，有 $\lambda Au_0(t) \geqslant u_0(t), \forall \, t \in [0,1]$. 由 (3)，存在 $c > M$，使得 $\dfrac{f(t,c)}{c} \leqslant \dfrac{8}{\lambda}, \forall \, t \in [0,1]$. 于

是,令 $v_0(t) \equiv c$,则 $u_0(t) < v_0(t)$,$\forall t \in [0,1]$,且 $\lambda A v_0(t) \leqslant v_0(t)$,$\forall t \in [0,1]$. 由(4),存在 $0 < L < 1$,使得 $\forall x(t),y(t) \in [u_0,v_0] = \{x(t) \in C[0,1] \mid u_0(t) \leqslant x(t) \leqslant v_0(t)$,$\forall t \in [0,1]\}$ 且 $x(t) \geqslant y(t)$,$\forall t \in [0,1]$ 都有 $\lambda A x(t) - \lambda A y(t) \leqslant L(x(t) - y(t))$. 由(1)易知 $\lambda A:[u_0,v_0] \to E$ 是增算子,故 λA 满足定理 1 所有条件. 由定理 1,即得定理 2 全部结论.

注 2   定理 2 证明了两点边值问题(2)的非平凡连续解的存在唯一性. 定理 2 是定理 1 的一个具体应用,如果利用以往的不动点定理,一般只能得到解的存在性,不能得到唯一性,由此可见,本章建立的增算子不动点定理,对研究非线性算子方程的正解存在唯一性将有重要意义.

增算子不动点的迭代求法

28.1　引言及预备工作

众所周知,增算子不动点的迭代求法在数学的许多领域,特别是计算非线性微分方程和积分方程的解时有着极其重要和广泛的应用. 为研究增算子不动点和 Banach 空间 E 中非线性方程的迭代求法,人们普遍使用了正规性条件、连续性条件和强紧性条件. 复旦大学金融研究院的张金清和徐州师范大学数学系的孙经先两位教授于 2005 年在 $C[I,E]$ 空间上给出了若干新的增算子不动点存在性定理以

365

及这些不动点的迭代求法. 他们得到的定理不要求锥的正规性;用一种很弱的连续性条件代替了人们普遍使用的连续性条件;用比逐点拟紧性条件还弱的逐点伪紧性条件代替了人们广泛使用的强紧性条件,作为应用,我们还研究了 Banach 空间上非线性微分方程最大解和最小解及其迭代求法,他们的结果是对已有结果的进一步完善和发展.

本章总假定 $(E, \| \circ \|)$ 是 Banach 空间

$$I = [a, b] \subset R^1 \quad (b > a)$$

对 $p \geqslant 1$,令

$$L_p[I, E] = \{ u(t) : I \to E \mid u \}$$

强可测且 $\int_I \| u(t) \|^p \mathrm{d}t < +\infty \}$ 则 $L_p[I, E]$ 在范数

$$\| u(t) \|_p = \left[\int_I \| u(t) \|^p \mathrm{d}t \right]^{1/p}$$

下为一 Banach 空间. 令

$$C[I, E] = \{ u(t) : I \to E \mid u(t) \text{ 在 } I \text{ 上连续} \}$$

则 $C[I, E]$ 在范数 $\| u(t) \|_c = \max\limits_{t \in I} \| u(t) \|$ 下也是 Banach 空间. 设 P 是 E 中的锥,则 P 在 E 中导出一个半序 $\leqslant$;E 中的一个锥称为正规的,若存在常数 $\lambda > 0$,对任给 $x, y \in E$,当 $\theta \leqslant x \leqslant y$ 时,有 $\| x \| \leqslant \lambda \| y \|$;锥 P 正规的充要条件是 E 中任何序区间 $[x, y] = \{ z \in E \mid x \leqslant z \leqslant y \}$ 有界. 由 E 中半序导出 $C[I, E]$ 中半序如下:$u \leqslant v$,若 $u(t) \leqslant v(t)$ $(\forall t \in I)$;导出 $L_p[I, E]$ 中半序如下:$u \leqslant v$,若对几乎一切 $t \in I$,有 $u(t) \leqslant v(t)$.

设 $x_0 \in P, x_0 \neq \theta$(即 $x_0 > \theta$). 令 $E_{x_0} = \{ x \mid x \in E$ 且存在 $\lambda > 0$,使 $-\lambda u_0 \leqslant x \leqslant \lambda x_0 \}$. 若 $x \in E_{x_0}$,令

$\|x\|_{x_0}=\inf\{\lambda\mid\lambda>0,-\lambda x_0\leqslant x\leqslant\lambda x_0\}$，则易知 E_{x_0} 为赋范线性空间，$\|x\|_{x_0}$ 叫作 x 的 x_0 - 范数. 显然 $P_{x_0}=P\cap E_{x_0}$ 是 E_{x_0} 中的一个锥，且 P_{x_0} 是 E_{x_0} 中的正规锥. 对 $p\geqslant 1$，则 $L_p[I,E_{x_0}]=\{u(t):I\to E_{x_0}\mid u$ 强可测，且 $\int_I\|u(t)\|_{x_0}^p\mathrm{d}t<+\infty\}$ 在范数 $\|u(t)\|_{P_{x_0}}=\left[\int_I\|u\|_{x_0}^p\mathrm{d}t\right]^{1/p}$ 下为一线性赋范空间；同样 $C[I,E_{x_0}]=\{u(t):I\to E_{x_0}\mid u(t)$ 在 I 上连续$\}$ 在范数 $\|u(t)\|_{C_{x_0}}=\max_{t\in I}\|u(t)\|_{x_0}$ 下也为一线性赋范空间，按上述方式，同样可由 E_{x_0} 中的半序导出 $L_p[I,E_{x_0}]$ 与 $C[I,E_{x_0}]$ 中的半序.

引理 1　设 $\{u_n(t)\}$ 是强可测函数序列，若 $u(t):I\to E$ 满足：对几乎一切 $t\in I$，有 $u_n(t)\overset{w}{\longrightarrow}u(t)$，则 $u(t)$ 在 I 上强可测，其中 $\overset{w}{\longrightarrow}$ 表示弱收敛.

引理 2　设在 E_{x_0} 中，若 E 中范数 $\|\circ\|$ 强于 $\|\circ\|_{x_0}$，则 E_{x_0} 中的全序子集 M 上的弱拓扑强于 M 上的 x_0 - 范数拓扑.

设 $u_0,v_0\in C[I,E],u_0\leqslant v_0,D=\{u\in C[I,E]\mid u_0\leqslant u\leqslant v_0\}$. 设 $F:D\to L_p[I,E]$ 是增算子，其中 $p\geqslant 1$. 令 $D_1=\{u\in L_p[I,E]\mid Fu_0\leqslant u\leqslant Fv_0\},K:D_1\to C[I,E]$ 增算子，令 $A=KF$，则 $A:D\to C[I,E]$ 是增算子. 我们将假定

$$u_0\leqslant Au_0,Av_0\leqslant v_0 \qquad (1)$$

为清楚起见，本章恒作如下假定（下面不再说明）：存在 $x_0\in P,x_0\neq 0$，使对一切 $t\in I$，都有 $D(t)=[u_0(t),v_0(t)]\subset E_{x_0}$，对几乎一切 $t\in I,D_1(t)=[(Fu_0)(t),(Fv_0)(t)]\subset E_{x_0}$.

注 1 在一般情况下,这个假设会自动满足. 另外,易知定理 1 中的假设条件"在 E_{x_0} 中,范数 $\|\circ\|$ 强于 $\|\circ\|_{x_0}$"是常见的.

定义 1 设 $F:D \to L_p[I,E]$,若对几乎一切 $t \in I$,$\{u(t) \mid u \in F(D)\} \subset E$ 中的单调增加序列都是 E 中的相对弱紧集,则称 F 是几乎逐点伪弱紧算子. 设 $K:D_1 \to C[I,E]$,若对一切 $t \in I$,$\{u(t) \mid u \in K(D_1)\} \subset E$ 中的单调增加序列都是 E 中的相对弱紧集,则称 K 是逐点伪弱紧算子.

定义 2 设 $F:D \to L_p[I,E]$,若当 $u_n,u \in D$,$\|u_n - u\|_{C_{x_0}} \to 0$ 时, 对几乎一切 $t \in I$ 都有 $\|(Fu_n)(t) - (Fu)(t)\|_{x_0} \to 0$(或者 $(Fu_n)(t) \xrightarrow{w} (Fu)(t)$),则称 $F:D \to L_p[I,E]$ 为按 x_0-范数几乎逐点连续算子(或者为几乎逐点次连续算子);设 $K:D_1 \to C[I,E]$,若当 $w_n,w \in D_1$,$\|w_n - w\|_{px_0} \to 0$ 时,对任给 $t \in I$ 都有 $\|(Kw_n)(t) - (Kw)(t)\|_{x_0} \to 0$(或者 $(Kw_n)(t) \xrightarrow{w} (Kw)(t)$),则称 $K:D_1 \to C[I,E]$ 为按 x_0-范数逐点连续算子(或者为逐点次连续算子).

引理 3 设 $(E,\|\circ\|)$ 是 Banach 空间,若在 E_{x_0} 中,范数 $\|\circ\|$ 强于 $\|\circ\|_{x_0}$,则必存在常数 $C>0$,使得对任意 $x \in E_{x_0}$,都有
$$\|x\|_{x_0} \leqslant C\|x\| \tag{2}$$

证 用反证法,若式(2)不成立,则对任意自然数 n 都存在 x_n 使
$$\|x_n\|_{x_0} > n\|x_n\|$$

取 $\widetilde{x}_n = \dfrac{x_n}{\|x_n\|_{x_0}}$,则 $\|\widetilde{x}_n\|_{x_0} = 1$,而

$$\parallel \tilde{x}_n \parallel = \frac{\parallel x_n \parallel}{\parallel x_n \parallel_{x_0}} < \frac{1}{\parallel x_n \parallel_{x_0}} \frac{1}{n} \parallel x_n \parallel_{x_0} = \frac{1}{n} \to 0$$

于是，$\tilde{x}_n$ 按 $\parallel \circ \parallel_{x_0}$ 不收敛于 θ，按 $\parallel \circ \parallel$ 收敛于 θ，这与假设条件在 E_{x_0} 中范数 $\parallel \circ \parallel$ 强于 $\parallel \circ \parallel_{x_0}$ 矛盾. 这表明式（2）正确. 证毕.

定理 1 设 P 是 Banach 空间 E 中的锥，且在 E_{x_0} 中范数 $\parallel \circ \parallel$ 强于 $\parallel \circ \parallel_{x_0}$，再设：

（1）$F:D \to L_p[I,E]$ 是几乎逐点伪弱紧和按 $x_0 -$ 范数几乎逐点连续的增算子，$K:D_1 \to C[I,E]$ 为按 $x_0 -$ 范数逐点连续的增算子；

（2）对 $u_0, v_0 \in C[I,E]$ 来说，式（1）成立；

（3）$F(D)$ 是 $L_p[I,E]$ 中的有界集.

则 A 在 D 中必有最小不动点 $u^*(t)$ 和最大不动点 $v^*(t)$，并且对迭代程序

$$u_n = Au_{n-1}, v_n = Av_{n-1} \quad (n=1,2,\cdots) \quad (3)$$

来说，$\{u_n(t)\}$ 和 $\{v_n(t)\}$ 分别在 I 上依 $x_0 -$ 范数一致收敛于 $u^*(t)$ 和 $v^*(t)$.

证 由式（1）（3）及 A 的增性条件易得

$$u_0 \leqslant u_1 \leqslant \cdots \leqslant u_n \leqslant \cdots \leqslant v_n \leqslant \cdots \leqslant v_2 \leqslant v_1 \leqslant v_0 \quad (4)$$

对每个 n，令 $w_n = Fu_n$，则由 F 是增算子知

$$Fu_0 = w_0 \leqslant w_1 \leqslant \cdots \leqslant w_n \leqslant \cdots \leqslant Fv_0 \quad (5)$$

于是几乎对一切 $t \in I$，有

$$(Fu_0)(t) = w_0(t) \leqslant w_1(t) \leqslant \cdots \leqslant$$
$$w_n(t) \leqslant \cdots \leqslant (Fv_0)(t) \quad (6)$$

由于 F 是几乎逐点伪弱紧的算子，故存在 $I_0 \subset I$，使 $\mathrm{mes}(I/I_0) = 0$，且当 $t \in I_0$ 时，$\{w_n(t)\}$ 是 E 中相对弱紧集且式（6）成立，从而存在 $\{w_n(t)\}$ 的子列

$\{w_{n_k}(t)\}$,使

$$w_{n_k}(t) \xrightarrow{\quad w \quad} w_t \quad (t \in I_0) \tag{7}$$

由式(6)和式(7)可证明$\{w_n(t)\}$满足

$$w_0(t) \leqslant w_n(t) \leqslant w_t \leqslant (Fv_0)(t) \quad (n=1,2,\cdots)$$

$$w_n(t) \xrightarrow{\quad w \quad} w_t \quad (t \in I_0) \tag{8}$$

定义 $w^*:I \to E$ 如下:当 $t \in I_0$ 时,令 $w^*(t)=w_t$;当 $t \in I/I_0$ 时,$w^*(t)=\theta$. 于是式(8)意味着

$$w_n(t) \leqslant w^*(t) \leqslant (Fv_0)(t) \quad (n=1,2,\cdots,t \in I_0) \tag{9}$$

$$w_n(t) \xrightarrow{\quad w \quad} w^*(t) \quad (\forall t \in I_0) \tag{10}$$

由于 $w_n = Fu_n \in L_p[I,E]$,所以由式(10)和引理1知,$w^*(t)$ 为强可测函数. 由式(10)及范数的弱下半连续可得 $\|w^*(t)\| \leqslant \varliminf\limits_{n \to +\infty} \|w_n(t)\|, \forall t \in I$. 故由 Fatou 引理知

$$\int_I \|w^*(t)\|^p \mathrm{d}t \leqslant \int_I \varliminf_{n \to +\infty} \|w_n(t)\|^p \mathrm{d}t$$

$$\leqslant \varliminf_{n \to +\infty} \int_I \|w_n(t)\|^p \mathrm{d}t$$

注意到 $w_n = Fu_n \in F(D)$,从而由定理1条件(3)知,$w^* \in L_p[I,E]$. 由假定和式(9)知,对几乎一切 $t \in I$, $w^*(t) \in E_{x_0}$,$\{w_n(t)\} \subset D_1(t) \subset E_{x_0}$. 于是由式(2)知,$\|w^*\|_{p_{x_0}} \leqslant C\|w^*\|_p$,再注意到 $w^* \in L_p[I, E]$,从而 $w^*(t) \in L_p[I,E_{x_0}]$. 下证

$$\|w_n - w^*\|_{p_{x_0}} \to 0 \quad (n \to +\infty) \tag{11}$$

由定理假设,式(10)和引理2得

$$\|w_n(t) - w^*(t)\|_{x_0} \to 0 \quad (\forall t \in I_0) \tag{12}$$

由式(9)知,对 $\forall n,t \in I_0$ 有

370

$$0 \leqslant w^*(t) - w_n(t) \leqslant (Fv_0)(t) - w_0(t) \quad (13)$$

从而由 x_0 — 范数的定义和式(13) 知

$$\| w^*(t) - w_n(t) \|_{x_0} \leqslant \| (Fv_0)(t) - w_0(t) \|_{x_0}$$
$$(\forall t \in I_0) \quad (14)$$

由于 $\| (Fv_0)(t) - w_0(t) \|_{x_0}^p$ 是非负可积的,所以由式(12)(14) 和 Lebesque 控制收敛定理知

$$\int_{I_0} \| w_n(t) - w^*(t) \|_{x_0}^p \mathrm{d}t$$
$$= \int_{I} \| w_n(t) - w^*(t) \|_{x_0}^p \mathrm{d}t \to 0 \quad (15)$$

式(15)意味着式(11)成立.由式(11)、条件(1)和定义2可得

$$\| (Kw_n)(t) - (Kw^*)(t) \|_{x_0} \to 0 \quad (16)$$

令 $u^*(t) = (Kw^*)(t)$,显然 $u^*(t) \in C[I, E]$,$u_{n+1}(t) = (Au_n)(t) = (Kw_n)(t)$.因而式(16) 等价于

$$\| u_n(t) - u^*(t) \|_{x_0} \to 0 \quad (17)$$

由式(2) 和 $u^*(t) \in C[I, E]$ 易得 $u^*(t) \in C[I, E_{x_0}]$.下证

$$\| u_n - u^* \|_{C_{x_0}} \to 0 \quad (18)$$

任给 $\varepsilon > 0$,因为 $u_n(t), u^*(t) : I \to E$ 连续,故对任给 $t_0 \in I$,由 $u_n(t_n) \to u(t_0)$ 知,必存在某一自然数 $n(t_0)$ 及 t_0 在 I 中的某一开邻域 $U(t_0)$,使

$$\| u_{n(t_0)}(t) - u^*(t) \| \leqslant \frac{\varepsilon}{C} \quad (\forall t \in U(t_0))$$

其中 C 为式(2) 中确定的常数.于是由式(2) 可得

$$\| u_n(t_0)(t) - u^*(t) \|_{x_0} \leqslant C \| u_{n(t_0)}(t) - u^*(t) \|$$
$$\leqslant \varepsilon \quad (\forall t \in U(t_0)) \quad (19)$$

由 K 的增性,条件(2) 和式(9) 可知

$$u_0(t) \leqslant u_n(t) \leqslant u^*(t) \leqslant v_0(t) \quad (t \in I) \quad (20)$$

371

由式(20)知,当 $n \geqslant n(t_0)$ 时有

$$0 \leqslant u^*(t) - u_n(t) \leqslant u^*(t) - u_{n(t_0)}(t)$$

于是由 $\| \circ \|_{x_0}$ 的定义知

$$\| u^*(t) - u_n(t) \|_{x_0} \leqslant \| u^*(t) - u_{n(t_0)}(t) \|_{x_0}$$
$$(\forall n \geqslant n(t_0)) \qquad (21)$$

显然,$\{U(t_0) \mid t_0 \in I\}$ 覆盖了 I,由于 I 是 $\mathbf{R}$ 中的有界闭集,故根据有限覆盖定理,必存在有限个 $t_i \in I(1 \leqslant i \leqslant k)$,使 $\{U(t_i) \mid i=1,2,\cdots,k\}$ 也覆盖 I. 取 $N = \max\{n(t_i) \mid i=1,2,\cdots,k\}$,对任给 $t \in I$,此时 t 必属于某个 $U(t_i)(i=1,2,\cdots,k)$. 由于当 $n \geqslant N$ 时,有 $n \geqslant n(t_i)$,故由式(19)(21)知,当 $n \geqslant N$ 时

$$\| u^*(t) - u_n(t) \|_{x_0} \leqslant \| u^*(t) - u_{n(t_i)}(t) \|_{x_0} \leqslant \varepsilon$$
$$(22)$$

故由式(21)知,$u_n(t)$ 在 I 上依 x_0 — 范数一致收敛于 $u^*(t)$,即式(18)成立. 再由条件(1)和式(18)知,几乎对一切 $t \in I$,有 $\| (Fu_n)(t) - (Fu^*)(t) \|_{x_0} \to 0$. 类似于式(11)的证明可得 $\| w_n - Fu^* \|_{Px_0} \to 0$. 从而

$$\| (Kw_n)(t) - (KFu^*)(t) \|_{x_0}$$
$$= \| u_{n+1}(t) - (Au^*)(t) \|_{x_0} \to 0$$

按与式(18)同样的方法可证

$$\| u_n - Au^* \|_{C_{x_0}} \to 0 \qquad (23)$$

由式(18)和式(23)得 $Au^* = u^*$. 同理可证,存在 $v^* \in C[I,E]$,使 $\| v_n - v^* \|_{C_{x_0}} \to 0$,且 $Av^* = v^*$. 最后按周知的常规证法知,u^* 与 v^* 分别为 A 在 $[u_0,v_0]$ 中的最小不动点与最大不动点. 证毕.

推论 1 仅将定理 1 中的条件(1)换为"$F:D \to L_p[I,E]$ 是几乎逐点伪弱紧的几乎逐点次连续的增算

子,$K:D_1 \to C[I,E]$ 为逐点次连续的增算子",而不改变其他条件,则定理 1 的结论仍然成立.

注 2 本章定理 1 和其推论 1 只对算子 F,K 增加了相应的连续性条件,但削弱了紧性条件,完全去掉了 K 是逐点拟弱紧算子的假设,并给出了不动点的迭代求法.

定理 2 设 E 是自反的 Banach 空间,P 是 E 中的锥,且在 E_{x_0} 中,范数 $\|\circ\|$ 强于 $\|\circ\|_{x_0}$.再设:

(1)$F:D \to L_p[I,E]$ 是按 x_0-范数几乎逐点连续的增算子,$K:D_1 \to C[I,E]$ 也为按 x_0-范数逐点连续的增算子;

(2)对 $u_0,v_0 \in C[I,E]$ 来说,式(1)成立;

(3)$F(D)$ 是 $L_p[I,E]$ 中的有界集.

则定理 1 的结论仍然成立.

证 由条件(3)得,对几乎一切 $t \in I,D_1(t) = \{u(t) \in E \mid (Fu_0)(t) \leqslant u(t) \leqslant (Fv_0)(t)\}$ 都是 E 中的有界集.再由 E 是自反空间知,对几乎一切 $t \in I$,$D_1(t)$ 是 E 中的弱列紧集,从而 F 是几乎逐点伪弱紧算子.再注意到定理 2 的其他假设条件可知定理 1 的条件都满足,故由定理 1 知,定理 2 的结论成立.证毕.

设 P 是 Banach 空间 E 中的锥,$y_0,z_0 \in L_p[I,E]$,$y_0 \leqslant z_0$,$G=\{y \in L_p[I,E] \mid y_0 \leqslant y \leqslant z_0\}$.仍然恒设存在 $x_0 \in P,x_0 \neq 0$,使对几乎一切 $t \in I$,$[y_0(t),z_0(t)] \subset E_{x_0}$.

定理 3 设在 E_{x_0} 中,范数 $\|\circ\|$ 强于 $\|\circ\|_{x_0}$.再设 $A:G \to L_p[I,E]$ 是几乎逐点伪弱紧和按 x_0-范数几乎逐点连续的增算子,$y_0 \leqslant Ay_0,Az_0 \leqslant z_0$,且 $A(G)$ 是 $L_p[I,E]$ 中的有界集.则必存在从迭代序列

$\{y_n(t)\}$ 和 $\{z_n(t)\}$，分别在 I 上依 x_0—范数一致收敛 A 在 G 中的最小不动点 $y^*(t)$ 和最大不动点 $z^*(t)$.

证 令 $y_{n+1}=Ay_n,z_{n+1}=Az_n(n=0,1,2,\cdots)$. 仿式(11)可证，存在 $y^*\in L_p[I,E]\subset L_p[I,E_{x_0}]$，且 $\|y_n-y^*\|_{p_{x_0}}\to 0$. 于是由 A 是按 x_0—范数几乎逐点连续的算子知，对几乎一切 $t\in I$ 有

$$\|(Ay_n)(t)-(Ay^*)(t)\|_{x_0}\to 0$$

再次仿式(11)的证明可知，$Au^*\in L_p[I,E_{x_0}]$，且

$$\|Ay_n-Ay^*\|_{p_{x_0}}=\|y_{n+1}-Ay^*\|_{p_{x_0}}\to 0$$

因此 $y^*=Ay^*$. 同理可证存在 $z^*\in L_p[I,E]$，使

$$\|z_n-z^*\|_{p_{x_0}}\to 0\quad(Az^*=z^*)$$

并且 y^* 与 z^* 分别为 A 在 G 中的最小不动点和最大不动点. 证毕.

定理4 设 E 是自反的 Banach 空间，P 是 E 中的锥，在 E_{x_0} 中，范数 $\|\circ\|$ 强于 $\|\circ\|_{x_0}$. 再设 $A:G\to L_p[I,E]$ 是按 x_0—范数几乎逐点连续的增算子，$y_0\leqslant Ay_0,Az_0\leqslant z_0$，且 $A(G)$ 是 $L_p[I,E]$ 中的有界集，则定理4的结论仍然成立.

证 仿定理2与定理3的证明即可得到定理4的结论. 证毕.

注3 定理3和定理4的特点是去掉了紧性条件，这便于使用和检验. 另外，与定理1的推论1一样，将 A 是按 x_0—范数几乎逐点连续的条件换为 A 是几乎逐点次连续的，定理3和定理4仍然成立.

注4 检查定理1—5的证明可知，若把 I 换为 R^n 中任一测度不为零的闭集时，定理1—5的结论仍然成立.

374

28.2 Banach 空间中非线性积分方程的解

设 E 是 Banach 空间,$I=[0,1]$,$f(t,u):I\times E\rightarrow E$,考察 Banach 空间中非线性 Volerra 型积分方程

$$u(t)=x_0+\int_0^t k(t,s)f(s,u(s))\mathrm{d}s=Au \quad (t\in I)$$

$$(24)$$

我们列出本节要用到的假设:

(H_1) 存在 $u_0,v_0\in C[I,E],u_0\leqslant v_0$,使得

$$u_0(t)\leqslant\int_0^t K(t,s)f(s,u_0(s))\mathrm{d}s \quad (\forall t\in I)(25)$$

$$v_0(t)\leqslant\int_0^t K(t,s)f(s,v_0(s))\mathrm{d}s \quad (\forall t\in I)(26)$$

(H_2) 存在常数 $M>0$,使对任给 $u_1,u_2\in[u_0,v_0]=\{u\in C[I,E]\mid u_0\leqslant u\leqslant v_0\},u_1\leqslant u_2$,都有

$$f(t,u_2)-f(t,u_1)\geqslant-M(u_2-u_1) \quad (27)$$

(H_3) 存在 $p\geqslant1$,使由 $f(x,u)$ 确定的 Nemytskii 算子 $fu=f(t,u(t))$ 映 $C[I,E]$ 入 $L_p[I,E]$,而且 $F(D)$ 是 $L_p[I,E]$ 中的有界集,其中

$$Fu=fu+Mu \quad (28)$$

其中 M 由式(27)给出;

$(H_4)P$ 是 E 中的锥,存在 $x_0\in P,x_0\neq\theta$,使对一切 $t\in I$,都有 $D(t)=[u_0(t),v_0(t)]\subset E_{x_0}$,对几乎一切 $t\in I,\{f(t,u(t))\mid u\in D\}\subset E_{x_0}$;

(H_5) 对几乎一切 $t\in I,f(t,u)$ 关于 u 是按 x_0-范数几乎逐点连续的,即存在可测子集 $I_0\subset I$,$\mathrm{mes}\ I_0=\mathrm{mes}\ I$,使只要 $t\in I_0,u_n,u\in C[I,E],\|u_n-$

$u\parallel_{C_{x_0}} \to 0$，就有 $\parallel f(t,u_n) - f(t,u)\parallel_{x_0} \to 0$；

　　$(H_6) k(t,s):\{(t,s) \in \mathbf{R}^2 \mid 0 \leqslant s \leqslant t \leqslant 1\} \to \mathbf{R}^1$ 非负，对一切 $t \in I, k(t,s)$ 关于 s 属于 $L_q[I,E]$，而且

$$\lim_{t \to t_0}\int_I \mid k(t,s) - k(t_0,s) \mid^q \mathrm{d}s = 0 \quad (\forall t_0 \in I)$$

（29）

其中 $p^{-1} + q^{-1} = 1$.

　　定理 5　设 E 是自反空间，P 是 E 中的锥，假设 (H_1)—(H_6) 成立，且在 E_{x_0} 中，范数 $\parallel \circ \parallel$ 强于 $\parallel \circ \parallel_{x_0}$. 则存在单调迭代序列 $\{u_n(t)\}$ 和 $\{v_n(t)\}$ 分别在 I 上依 x_0—范数一致收敛于非线性积分方程（24）在 $D = [u_0,v_0]$ 中的最小解 u^* 和最大解 v^*.

　　证　对 $h(t) \in L_p[I,E]$，考虑线性积分方程

$$u(t) = \int_0^t k(t,s)h(s)\mathrm{d}s - M\int_0^t k(t,s)u(s)\mathrm{d}s \quad (t \in I)$$

（30）

其中 M 由式（27）给出. 显然，由 $h(t) \in L_p[I,E]$ 和假设 (H_6) 易证 $\int_0^t k(t,s)h(s)\mathrm{d}s \in C[I,E]$，由于积分方程（30）是 Volerra 型线性积分方程，所以根据常规证法（例如压缩映像原理），线性积分方程（30）有唯一解 $u_h \in C[I,E]$. 于是，对 $h(t) \in L_p[I,E]$，可定义算子 $K:L_p[I,E] \to C[I,E]$ 为

$$Kh = u_h$$

（31）

其中 u_h 为积分方程（30）对应于 $h(t)$ 的唯一解. 显然，K 是线性算子，下面证明 K 是增算子. 设 $h_1,h_2 \in L_p[I,E], h_1 \leqslant h_2$，任取 $\varphi \in P^* = \{\varphi \in E^* \mid \varphi(x) \geqslant 0, \forall x \in P\}$. 令 $m(t) = \varphi[(Kh_2)(t) - (Kh_1)(t)]$. 根

$$\int_{I_0} \parallel u_n(t) - u^*(t) \parallel_{x_0}^p \mathrm{d}t$$

$$= \int_I \parallel u_n(t) - u^*(t) \parallel_{x_0}^p \mathrm{d}t \to 0 \qquad (10)$$

由此知 $\parallel u_n - u^* \parallel_{p_{x_0}} \to 0(n \to +\infty)$ 成立,再由 A 是按 x_0—范数几乎逐点连续算子知,对几乎一切 $t \in I$ 有

$$\parallel (Au_n)(t) - (Au^*)(t) \parallel \to 0$$

仿上述证明同样可证得 $Au^* \in L_P[I, E_{x_0}]$,且

$$\parallel u_{n+1} - Au^* \parallel_{p_{x_0}} \leqslant \parallel u_{n+1} + \alpha(v_n - u_n) - Au^* \parallel_{p_{x_0}}$$

$$= \parallel Au_n - Au^* \parallel_{p_{x_0}} \to 0$$

因此 $Au^* = u^*$.同理可证存在 $v^* \in L_P[I, E]$,使得 $\parallel v_n - v^* \parallel_{p_{x_0}} \to 0(n \to +\infty)$,$Av^* = v^*$,并且 u^* 与 v^* 分别为 A 在 D 中的最小不动点和最大不动点.

定理 2　设 E 是自反的实 Banach 空间,P 是 E 中的锥,在 E_{x_0} 中,范数 $\parallel \circ \parallel$ 强于 $\parallel \circ \parallel_{x_0}$ 且满足:

(1)$A: D \to L_P[I, E]$ 是按 x_0—范数几乎逐点连续增算子;

(2) 对 $u_0, v_0 \in L_P[I, E], u_0 + a(v_0 - u_0) \leqslant Au_0$,$Av_0 \leqslant v_0 - b(v_0 - u_0)$,其中 $a \in [0, 1), b \in [0, 1)$;

(3)$A(D)$ 是 $L_P[I, E]$ 中的有界集.

则 A 在 D 中必有最小不动点 $u^*(t)$ 和最大不动点 $v^*(t)$,且对迭代序列

$$\begin{cases} u_{n+1} = Au_n - a(v_n - u_n) \\ v_{n+1} = Av_n + b(v_n - u_n) \end{cases} \quad (n = 0, 1, 2, 3, \cdots)$$

来说,$\{u_n(t)\}, \{v_n(t)\}$ 分别在 I 上依 x_0—范数一致收敛于 $u^*(t)$ 和 $v^*(t)$.

证　由条件(3) 知,对几乎一切 $t \in I$ 有 $D(t) = \{u(t) \in L_P[I, E] \mid u_0(t) \leqslant u(t) \leqslant v_0(t)\}$ 都是 E 中

的有界集. 再由 E 是自反空间知, 对几乎一切 $t \in I$, $D(t)$ 是 E 中的弱列紧集, 从而 A 是几乎逐点伪弱紧算子. 这样就满足了定理 1 的所有条件, 故由定理 1 知, 定理 2 的结论成立.

注 1   把定理 1、定理 2 的条件(2)换成如下条件之一:

(1)若 $a \in [0,1)$, $u_0 + a(v_0 - u_0) \leqslant Au_0$, $Av_0 \leqslant v_0$;

(2)若 $b \in [0,1)$, $u_0 \leqslant Au_0$, $Av_0 \leqslant v_0 - b(v_0 - u_0)$;

(3) $u_0 \leqslant Au_0$, $Av_0 \leqslant v_0$.

则定理 1、定理 2 的结论仍成立, 相应的迭代序列为在定理条件(2)中分别令 $b = 0$, $a = 0$ 及 $a = b = 0$.

第七编
复分析中的不动点

二维 Brouwer 不动点定理的改进

30.1 引　　言

Brouwer 不动点定理是拓扑学中一个著名的定理. 特别地，二维 Brouwer 不动点定理断言：若 f 是单位闭圆盘 $\overline{D}$ 到自身的连续映射，则 f 必有不动点. 即存在 $z \in \overline{D}$，使得 $f(z) = z$.

原条件不变，石油部北京外语培训中心的王虎教授用较初等的方法将二维 Brouwer 不动点定理的结论改进为：对任何自然数 n，总存在 $z \in \overline{D}$，使得 $f(z) = z^{n}$.

30.2　预备知识

下面的证明,主要是利用 Tietze 扩张定理和代数基本定理的推广. 由于代数基本定理的推广在常见文献中都未提及,为方便起见,现将其叙述如下:

代数基本定理的推广　若 $f(z)$ 在整个复平面上连续,且存在自然数 n 使

$$\lim_{z \to +\infty} z^{-n} f(z) = c(\neq 0)$$

则 $f(z)$ 必有零点.

30.3　定理及证明

定理 1　f 是单位闭圆盘 $\overline{D}$ 到自身的连续映射,则对任何自然数 n,总存在 $z \in \overline{D}$,使得 $f(z) = z^n$.

证　以 **C** 表示整个复平面,$\overline{D}$ 表示单位闭圆盘,由条件知 $f(z)$ 在 $\overline{D}$ 上连续,且对 $\forall z \in \overline{D}$ 都有 $|f(z)| \leqslant 1$.

由 Tietze 扩张定理,可把 $f(z)$ 由 $\overline{D}$ 连续且保范地扩张到整个复平面 **C** 上,记扩张后的映射为 $F(z)$,可要求 $F(z)$ 满足以下条件:

$(1) z \in \overline{D}$ 时,$F(z) = f(z)$;

$(2) z \in \mathbf{C} - \overline{D}$ 时,$|F(z)| \leqslant 1$.

构造函数 $g_n(z) = z^n - f(z)(n$ 是任一自然数),则 $g_n(z)$ 在整个复平面上连续,且

$$\lim_{z \to +\infty} z^{-n} f(z) = 1$$

390

由代数基本定理的推广知 $g_n(z)$ 必有零点. 即必有 $z \in \mathbf{C}$ 使 $g_n(z) = 0$，即

$$F(z) = z^n \qquad (1)$$

下面证明使式 (1) 成立的 z 必属于 $\overline{D}$. 注意到条件 (2)，当 $z \in \mathbf{C} - \overline{D}$ 时，$|F(z)| \leqslant 1$，即当 $|z| > 1$ 时，$|F(z)| \leqslant 1$，由此显见若 $|z| > 1$ 则 $F(z) \neq z^n$.

因此使式 (1) 成立的 z 必属于 $\overline{D}$. 故式 (1) 即 $f(z) = z^n, z \in \overline{D}$. 证毕.

由此定理不难得到：

推论 1　或 f 是闭圆盘 $\overline{E}$ 到其自身的连续映射，则对任何自然数 n，总存在 $z \in \overline{E}$ 使得 $f(z) = \dfrac{z^n}{R^{n-1}}$，其中 $\overline{E} = \{z; |z| \leqslant R, R > 0\}$.

证　考虑 $F(z) \triangleq \dfrac{f(Rz)}{R}$，由定理 1 立得. 证毕.

北京大学的张恭庆教授对此用拓扑度作工具给出了一个简洁证明.

关于二阶复微分方程解的幂和解的微分多项式的不动点

第31章

31.1 引　言

对于一般超越亚纯函数的不动点，人们在近几十年来已经取得了丰硕的成果.然而关于微分方程解的不动点，则鲜有人研究.直到 2000 年，陈宗煊首次考虑了整函数系数的二阶微分方程解的不动点和超级问题.他在文章《二阶复域微分方程亚纯解的不动点》中创造性地引入不动点收敛指数和二级不动点收敛指数用以精确估计不动点密度，并揭示出二阶微分方程解的增长性和不动点密度之间的密

切关系. 众所周知, 亚纯函数与其导函数有着相同的级和下级. 同时微分方程给出了它的解与其各阶导数的关系, 所以研究方程解生成的微分多项式的不动点与超级成为可能并十分有趣. 那么解的幂和解生成的微分多项式的不动点性质和解的增长性是否也存在密切联系呢? 这个问题的研究自然激发了人们深厚的兴趣. 复旦大学数学所的王珺和山东大学数学与系统科学学院的仪洪勋两位教授在 2004 年研究了上述问题并就两种类型的二阶微分方程给予肯定回答.

在本章中, 我们使用值分布的标准记号, 并使用 $\sigma(f)$ 和 $\sigma_2(f)$ 分别表示亚纯函数 $f(z)$ 的增长级和超级; $\overline{\lambda}(f)$ 表示 f 的不同零点收敛指数. 此外, 我们定义 f 的微分多项式

$$L(f) = a_2 f'' + a_1 f' + a_0 f \qquad (*)$$

其中 a_2, a_1 和 a_0 是不全为零的常数. 为了精确估计不动点的密度, 我们有必要回顾以下定义.

定义 1　假设 $z_1, z_2, \cdots, (\,|\,z_j\,| = r_j, 0 < r_1 \leqslant r_2 \leqslant \cdots)$ 为超越亚纯函数 f 的不动点, 那么我们定义 f 的不动点收敛系数 $\tau(f)$ 为

$$\tau(f) = \inf\left\{ \tau > 0 \;\middle|\; \sum_{j=1}^{+\infty} |\,z_j\,|^{-\tau} < +\infty \right\}$$

显然 $\tau(f) = \varlimsup_{r \to +\infty} \dfrac{\log \overline{N}\left(r, \dfrac{1}{f-z}\right)}{\log r}$.

定义 2　假设 f 为亚纯函数, 那么我们定义 f 的二级不动点收敛指数 $\tau_2(f)$ 为

$$\tau_2(f) = \varlimsup_{r \to +\infty} \frac{\log \log \overline{N}\left(r, \dfrac{1}{f-z}\right)}{\log r}$$

他们证明了以下两个定理.

定理 1 假设 $P(z)$ 为次数 n 的多项式,k 和 n 为正整数,则方程

$$f'' + P(z)f = 0 \tag{1}$$

的所有非零解 f 的 f^k 和 $L(f)$ 的不动点收敛指数满足

$$\tau(f^k) = \tau(L(f)) = \sigma(L(f)) = \frac{n+2}{2}.$$

定理 2 假设 $A(z)$ 为超越整函数且 $\sigma(A) = \sigma < +\infty$,则微分方程

$$f'' + A(z)f = 0 \tag{2}$$

的所有非零解 f 的 f^k 和 $L(f)$ 满足 $\tau(f^k) = \tau(L(f)) = \sigma(L(f)) = +\infty$ 和 $\tau_2(f^k) = \tau_2(L(f)) = \sigma_2(L(f)) = \sigma$.

31.2 主要引理

引理 1 设 $P(z)$ 是次数为 $n \geqslant 1$ 的多项式,则方程 (1) 的每个非零解 f 都满足 $\sigma(f) = \frac{n+2}{2}$.

引理 2 假设 $g(z)$ 是非常数的整数级为 σ,令 $v_g(r)$ 表示 g 的中心指标,则

$$\sigma = \varlimsup_{r \to +\infty} \frac{\log v_g(r)}{\log r}$$

引理 3 假设 $g(z)$ 是无穷级的整函数,其超级为 $\sigma_2(g) = \sigma$,令 $v_g(r)$ 表示 g 的中心指标,则

$$\sigma = \varlimsup_{r \to +\infty} \frac{\log \log v_g(r)}{\log r}$$

引理 4 设 $f(z)$ 为级大于 1 的整函数,则 $L(f)$ 满足 $\sigma(L(f)) = \sigma(f)$ 和 $\sigma_2(L(f)) = \sigma_2(f)$.

证　下面我们只对 $\sigma(f)=\rho<+\infty$ 的情况给予证明. 对于 $\sigma(f)=+\infty$ 的情况, 利用引理 3 同理可证. 首先我们将式 $(*)$ 改写为

$$L(f)=f\Big(a_2\,\frac{f''}{f}+a_1\,\frac{f'}{f}+a_0\Big) \tag{3}$$

由 Wiman-Valiron 理论, 我们知道

$$\frac{f^{(j)}(z)}{f(z)}=\Big(\frac{v_f(r_k)}{z}\Big)^{j}(1+o(1))\quad(j=1,2) \tag{4}$$

其中 $|z|=r$, $|f(z)|=M(r,f)$, $r\notin E_0$, E_0 是对数测度有穷的 r 值集. 我们知道对于任意给定的 $\varepsilon_1>0$, 存在一对数测度有穷的 r 值集, 使得当 $r\notin E_1$ 时

$$v_f(r)<\big[\log\mu_f(r)\big]^{1+\varepsilon_1} \tag{5}$$

其中 $\mu_f(r)$ 是 f 的最大项. 此外由 Cauchy 不等式可知 $\mu_f(r)\leqslant M(r,f)$ 成立. 将它代入式 (5), 我们有

$$v_f(r)<\big[\log M(r,f)\big]^{1+\varepsilon_1}\quad(r\notin E_1) \tag{6}$$

根据引理 2 和上极限的定义, 我们知道存在一列 $\{r_k\}(r_k\to+\infty)$ 使得

$$\rho=\lim_{k\to+\infty}\frac{\log v_f(r_k)}{\log r_k}\quad(r_k\notin E_0\bigcup E_1) \tag{7}$$

由式 (7) 可知对任意给定的 $\varepsilon_1(0<2\varepsilon_1<\rho-1)$, 当 k 充分大时

$$r_k^{\rho-\varepsilon_1}<v_f(r_k)<r_k^{\rho+\varepsilon_1} \tag{8}$$

将其代入式 (6), 当 k 充分大时我们有

$$\exp\{r_k^{\rho-\varepsilon}\}<M(r_k,f) \tag{9}$$

其中 $\varepsilon=\dfrac{\varepsilon_1}{1+\varepsilon_1}(1+\rho)$. 注意到 a_2,a_1 和 a_0 为不全为零的常数, 将式 $(4)(6)$ 和式 (9) 代入式 (3), 得到当 k 充分大时

$$|L(f(z_k))|\geqslant c(1+o(1))\exp\{r_k^{\rho-\varepsilon}\} \tag{10}$$

其中 $c > 0$ 为常数，$|z| = r_k$ 且 $|f(z)| = M(r_k, f)$. 由式(10)我们易知 $\sigma(L(f)) \geqslant \rho$. 另一方面，我们知道 $T(r, L(f)) \leqslant 3T(r, f) + S(r, f)$. 据此 $\sigma(L(f)) \leqslant \rho$. 综上所述有 $\sigma(L(f)) = \sigma(f) = \rho$ 成立.

引理 5　假设 $A(z)$ 为非常数亚纯函数. 对于方程(2)的非零解 f，我们令 $w = a_1 f' - z$，其中 $a_1 \neq 0$，则 w 满足下面的方程

$$Aw'' - A'w' + A^2 w = A' - A^2 z \qquad (11)$$

证　对方程(2)的两边求导，我们有

$$f''' + Af' + A'f = 0 \qquad (12)$$

通过对 w 求一阶导和二阶导，我们可得 $f'' = \dfrac{(w + z)}{a_1}$ 和 $f''' = \dfrac{w''}{a_1}$. 由它们和式(12)我们可知

$$f = -\frac{(w'' + A(w + z))}{(a_1 A')} \qquad (13)$$

再将式(13)和 $f'' = \dfrac{(w' + 1)}{a_1}$ 代入式(2)，我们可得式(11).

引理 6　假设 $A(z)$ 为非常数整函数. 对于方程(2)的非零解 f，我们令 $w = a_2 f'' + a_1 f' + a_0 f - z$. 如果 $h = (a_0 - a_2 A)^2 + a_1(a_2 A' + a_1 A)$ 不恒为零，则 w 满足下面的方程

$$(a_0 - a_2 A)w'' + Fw' + Kw = L \qquad (14)$$

其中

$$F = -\frac{(a_0 - a_2 A)h'}{h}$$

$$K = (a_2 A'' + a_1 A') - \frac{(a_2 A' + a_1 A)h'}{h} + A(a_0 - a_2 A)$$

和 $L = -z(a_2 A'' + a_1 A') +$

$$\frac{((a_0 - a_2 A) + z(a_2 A' + a_1 A))h'}{h}$$

$$K = (a_2 A'' + a_1 A') - \frac{(a_2 A' + a_1 A)h'}{h} + A(a_0 - a_2 A)$$

和 $L = -z(a_2 A'' + a_1 A') +$

$$\frac{((a_0 - a_2 A) + z(a_2 A' + a_1 A))h'}{h} -$$

$Az(a_0 - a_2 A)$

证　首先我们将 $f'' = -Af$ 代入 w 的表达式可得

$$w = a_1 f' + (a_0 - a_2 A)f - z \tag{15}$$

对式(15)求导,我们有

$$w' = (a_0 - a_2 A)f' - (a_2 A' + a_1 A)f - 1 \tag{16}$$

由于 $h \not\equiv 0$,联立式(15)和式(16)我们解出

$$f = \frac{1}{h}((a_0 - a_2 A)(w + z) - a_1(w' + 1)) \tag{17}$$

$$f' = \frac{1}{h}((a_0 - a_2 A)(w' + 1) + (a_2 A' + a_1 A)(w + z))$$

$$\tag{18}$$

对于式(18)求导后得到 f'' 的表达式,再连同式(17)代入式(2),我们得到

$$\frac{((a_0 - a_2 A)(w' + 1) + (a_2 A' + a_1 A)(w + z))h'}{h} -$$

$$\frac{((a_0 - a_2 A)(w' + 1) - (a_2 A' + a_1 A)(w + z))h'}{h} +$$

$A((a_0 - a_2 A)(w + z) - a_1(w' + 1)) = 0$

通过对上式整理我们可知 w 满足式(14).

引理 7　假设 $A(z)$ 为非常数亚纯函数.对于方程(2)的非零解 f,我们令 $g = f^k - z$,其中 k 是正整数,则 w 满足方程

$$g''g + zg'' - \frac{k-1}{k}(g')^2 - 2\frac{k-1}{k}g' + kAg^2 + 2kAzg =$$

$$\frac{k-1}{k} - kAz^2 \qquad (19)$$

证 首先由式(2)我们可推出

$$A = -\frac{f''}{f} = \left(\frac{f'}{f}\right)' - \left(\frac{f'}{f}\right)^2 \qquad (20)$$

其次对 $g = f^k - z$ 两边求导后可得 $g' = kf^{k-1}f' - 1$,根据上面两式,我们有 $\frac{f'}{f} = \frac{g'+1}{k(g+z)}$. 再将它代入式 (20),我们可得

$$A = \left(\frac{g'+1}{k(g+z)}\right)' - \left(\frac{g'+1}{k(g+z)}\right)^2$$

对它整理可得式(19).

31.3 定理 1 和定理 2 的证明

定理 2 的证明 假设 $f(z)$ 为方程(2)的非零解,那么由复微分方程的基本理论和文章《二阶复域微分方程亚纯解的不动点》中的定理 3,我们知道 f 是超级为 σ 的整函数. 令 $w(z) = L(f) - z$,则 w 也是整函数并且 z 是 $L(f)$ 的不动点的充要条件为 z 满足 $w(z) = 0$. 由此 $\tau(L(f)) = \bar{\lambda}(w)$ 且 $\tau_2(L(f)) = \bar{\lambda}_2(w)$. 根据引理 4,我们有 $\sigma_2(w) = \sigma_2(L(f)) = \sigma$. 下面我们仅需考虑 w 的不同零点.

令 $h_2 = (a_0 - a_2 A)^2 + a_1(a_2 A' + a_1 A)$,我们断言 $h_2 \not\equiv 0$. 事实上,若 $a_2 = 0$,则 $h_2 = a_0^2 + a_1^2 A$. 由于 a_0 和 a_1 不全为零,显然 h_2 不恒为零;若 $a_2 \neq 0$,则

果. 一般超越整函数可能没有或仅有有限多个不动点, 例如 $f_c(z) = ce^z + z$ (c 为任意非零常数). 若 f 为超越整函数, 则 $f\{f(z)\}$ 有无穷多个不动点. 在本章的研究中, 我们得到: 复域微分方程解的不动点性质, 由于受到微分方程的制约, 与一般超越整函数的不动点的性质相比, 显得十分优美而有趣.

在下面的几个定义中, 本章首次建立了二级零点收敛指数, 二级不动点收敛指数的概念. 在本章将证明的下面四个定理中, 我们得到了齐次与非齐次线性微分方程解的不动点的个数的精确估计, 并用超级、二级零点收敛指数、二级不动点收敛指数的概念进一步精确地估计了微分方程的无穷级解的增长率、零点密度、不动点密度.

在本章中, 我们使用值分布理论的标准记号, 另外, 用 $\sigma(f)$ 表示亚纯函数 $f(z)$ 的增长级, 用 $\lambda(f)$ 表示 $f(z)$ 的零点收敛指数, $\bar{\lambda}(f)$ 表示 $f(z)$ 的不同零点的收敛指数. 为进一步精确估计无穷级解的增长率, 零点与不动点的密度, 我们建立 (或引入) 如下定义.

定义 1　假设 $z_1, z_2, \cdots$ ($|z_j| = r_j, 0 < r_1 \leqslant r_2 \leqslant \cdots$) 为超越整函数 $f(z)$ 的不动点, 那么我们定义 $f(z)$ 的不动点的收敛指数 $\tau(f)$ 为

$$\tau(f) = \inf\left\{\tau \mid 满足 \sum_{j=1}^{+\infty} \frac{1}{r_j^\tau} < +\infty\right\}$$

显然 $\tau(f) = \varlimsup_{r \to +\infty} \dfrac{\log \overline{N}\left(r, \dfrac{1}{f-z}\right)}{\log r}$.

定义 2　设 $f(z)$ 为亚纯函数, 那么我们定义 $f(z)$ 的超级 $\sigma_2(f)$ 为 $\sigma_2(f) = \varlimsup_{r \to +\infty} \dfrac{\log \log T(r, f)}{\log r}$ 如果

$f(z)$ 为整函数,那么

$$\sigma_2(f) = \varlimsup_{r \to +\infty} \frac{\log \log \log M(r,f)}{\log r} = \varlimsup_{r \to +\infty} \frac{\log \log T(r,f)}{\log r}$$

$$(1)$$

定义 3 假设 $f(z)$ 为整函数,那么我们定义 $f(z)$ 的二级不动点收敛指数 $\tau_2(f)$ 为

$$\tau_2(f) = \varlimsup_{r \to +\infty} \frac{\log \log \overline{N}(r, \frac{1}{f-z})}{\log r}$$

定义 4 假设 $f(z)$ 为整函数,那么我们定义 $f(z)$ 的二级零点收敛指数 $\lambda_2(f)$ 为

$$\lambda_2(f) = \varlimsup_{r \to +\infty} \frac{\log \log N(r, \frac{1}{f})}{\log r}$$

定义 $f(z)$ 的二级不同零点收敛指数 $\overline{\lambda}_2(f)$ 为

$$\overline{\lambda}_2(f) = \varlimsup_{r \to +\infty} \frac{\log \log \overline{N}(r, \frac{1}{f})}{\log r}$$

本章将证明下面 4 个定理.

定理 1 假设 $P(z)$ 为多项式,次数 $\deg P(z) = n \geqslant 1$,那么微分方程

$$f'' + P(z)f = 0 \qquad (2)$$

的所有非零解 $f(z)$ 有无穷多个不动点,且不动点的收敛指数满足 $\tau(f) = \sigma(f) = \frac{n+2}{2}$.

定理 2 假设 $A(z)$ 为超越整函数且 $\sigma(A) = \sigma < +\infty$,那么微分方程

$$f'' + A(z)f = 0 \qquad (3)$$

的所有非零解 $f(z)$ 有无穷多个不动点,且满足: $\tau(f) = \sigma(f) = +\infty, \tau_2(f) = \sigma_2(f) = \sigma$.

定理 3　假设 $P(z),Q(z)$ 为非零多项式，且 $\deg P = n \geqslant 1$，考虑微分方程

$$f'' + P(z)f = Q(z) \tag{4}$$

的解的不动点，我们有：

（1）如果 $Q(z) \not\equiv zP(z)$，那么方程（4）最多有一个多项式例外解 f_0，其他所有解 f 都有无穷多个不动点，且满足 $\tau(f) = \dfrac{n+2}{2}$.

（2）如果 $Q(z) \equiv zP(z)$，那么方程（4）有多项式例外解 $f_0 = z$，其他解 f 均为超越整函数，$\sigma(f) = \dfrac{n+2}{2}$. 在 n 为奇数的情况下，那么所有超越解 f 都有 $\tau(f) = \dfrac{n+2}{2}$. 在 n 为偶数的情况下，对于式（4）的任意两个超越解 f_1 与 f_2，如果 $f_1 - z$ 与 $f_2 - z$ 线性无关，则 f_1, f_2 中至少有一解（设为 f_1）满足 $\tau(f_1) = \dfrac{n+2}{2}$.

注 1　在定理 3 的（2）中，在 n 为偶数的情况下，可能有一族解 f 的不动点收敛指数 $\tau(f)$ 小于 $\dfrac{n+2}{2}$. 例如方程

$$f'' - (z^2 + 1)f = z + z^3$$

有一族解 $f_c = c\exp(z^2/2) - z$（c 为任意常数），满足 $\tau(f_c) = 0$.

定理 4　假设 $A(z), F(z) \not\equiv 0$ 为有限级整函数，$A(z)$ 为超越的，$\sigma(A) = \sigma < +\infty$ 且 $F \not\equiv zA$，那么微分方程

$$f'' + A(z)f = F(z) \tag{5}$$

最多有一个例外解 f_0，其他所有解 f 都有无穷多个不

动点,且满足

$$\tau(f) = \sigma(f) = \overline{\lambda}(f) = +\infty$$

$$\tau_2(f) = \sigma_2(f) = \overline{\lambda}_2(f) = \sigma(A) = \sigma$$

32. 2 定理 1 的证明

为了证明定理 1,我们需要下面的引理.

引理 1 假设 $P(z)$ 为多项式,次数 $\deg P(z) = n \geqslant 1$,那么方程(2)的每个非零解 f 满足:

(1)$\sigma(f) = \dfrac{n+2}{2}$.

(2) 如果 n 为奇数,那么 $\lambda(f) = \dfrac{n+2}{2}$.

(3) 如果 n 为偶数,如 f_1 与 f_2 是式(2)的两个线性无关的解,那么 f_1 与 f_2 之中至少有一个(设为 f_1)满足 $\lambda(f) = \dfrac{n+2}{2}$.

引理 2 假设 $P(z), a_0(z), a_1(z) \not\equiv 0$ 是多项式,满足 $\deg P = n \geqslant 1, \deg a_0 < \dfrac{n+k}{k}, \deg a_1 \geqslant n$,那么方程

$$f^{(k)} + P(z)f = a_1(z)\mathrm{e}^{a_0(z)} \quad (k \geqslant 2) \quad (6)$$

最多出现一个可能的例外解 f_0,其他所有解 f 都满足

$$\lambda(f) = \overline{\lambda}(f) = \sigma(f) = \dfrac{n+k}{k}$$

可能出现的例外解具有形式 $f_0 = Q\exp(a_0)$,其中 Q 为多项式,其次数 $\deg Q = \deg a_1 - n$.

定理 1 的证明 假设 $f(z)$ 为式(2)的非零解,那

么由微分方程的基本理论可知 f 是整函数. 由引理 1 可知 $\sigma(f)=\dfrac{n+2}{2}$. 令 $g(z)=f(z)-z$,那么 z 为 f 的不动点的充要条件为 $g(z)=0$. 我们还有 $\sigma(g)=\sigma(f)$,由定义 1 还可知 $\tau(f)=\bar{\lambda}(f-z)=\bar{\lambda}(g)$.

将 $f=g+z$ 代入式(2)得到

$$g''(z)+P(z)g(z)=-zP(z) \qquad (7)$$

由微分方程的基本理论可知式(7)的所有解为整函数,由引理 2 可知式(7)最多一个可能的例外解 g_0,其他所有解 $g(z)$ 满足

$$\bar{\lambda}(g)=\lambda(g)=\sigma(g)=\frac{n+2}{2}$$

所以 $\tau(f)=\bar{\lambda}(g)=\sigma(g)=\sigma(f)=\dfrac{n+2}{2}$. 同时由方程(7)可知 $g_0=-z$ 为式(7)的例外解,从而 $f_0=g_0+z\equiv 0$ 为方程(2)的零解. 从而定理 1 得证.

32.3　定理 2 的证明

为证明定理 2,我们需要如下的引理.

引理 3　假设 $A(z)$ 和 $F(z)\not\equiv 0$ 是有限级整函数,A 是超越的. 那么微分方程

$$f^{(k)}+Af=F(z)$$

最多一个可能的例外解 f_0 有 $\sigma(f_0)<+\infty$,其他所有解 f 满足 $\bar{\lambda}(f)=\lambda(f)=\sigma(f)=+\infty$.

引理 4　假设 $G(r)$ 与 $H(r)$ 为两个定义在$(0,+\infty)$ 内的非减实函数.

(1)若除去一个有穷线测度的集合 E 外有 $G(r)\leqslant$

$H(r)$，那么对任意的 $\alpha > 1$，存在 r_0 使得对所有 $r \geqslant r_0$ 都有 $G(r) \leqslant H(\alpha r)$.

（2）若存在一个集合 E，其对数测度 $\operatorname{lm} E = \delta < +\infty$（集合 E 的对数测度 $\operatorname{lm} E$ 定义为）

$$\operatorname{lm} E = \int_1^{+\infty} (\chi_E(t)/t)\,\mathrm{d}t$$

其中 $\chi_E = \begin{cases} 0, r \notin E \\ 1, r \in E \end{cases}$，使得当 $r \notin E$ 时 $G(r) \leqslant H(r)$，那么对任意常数 $\beta(> e^\delta)$，当 $r > 1$ 时有 $G(r) \leqslant H(\beta r)$.

引理 5　假设 $g(z) = \sum\limits_{n=0}^{+\infty} a_n z^n$ 为整函数，$\mu(r)$ 为 g 的最大项，$\nu(r)$ 为 g 的中心指标，$\mu(r) = |a_{\nu(r)}| r^{\nu(r)}$. 那么：

（1）若 $|a_0| \neq 0$，那么

$$\log \mu(r) = \log |a_0| + \int_0^r \frac{\nu(t)}{t}\,\mathrm{d}t \tag{8}$$

（2）对于 $r < R$，有

$$M(r, g) < \mu(r)\left\{\nu(R) + \frac{R}{R-r}\right\} \tag{9}$$

引理 6　假设 $g(z)$ 为无穷级整函数，其超级 $\sigma_2(g) = \sigma$，$\nu(r)$ 为 g 的中心指标，那么

$$\varlimsup_{r \to +\infty} \frac{\log \log \nu(r)}{\log r} = \sigma \tag{10}$$

证　设 $g(z) = \sum\limits_{n=0}^{+\infty} a_n z^n$，不失一般性，可设 $|a_0| \neq 0$. 由引理 5 的式（8）可知 g 的最大项 $\mu(r)$ 满足

$$\log \mu(2r) = \log |a_0| + \int_0^{2r} \frac{\nu(t)}{t}\,\mathrm{d}t$$
$$\geqslant \log |a_0| + \nu(t)\log 2 \tag{11}$$

由 Cauchy 不等式可知

$$\mu(2r) \leqslant M(2r,g) \tag{12}$$

从式(11) 与式(12) 得到

$$\nu(r)\log 2 \leqslant \log M(2r,g) + c \tag{13}$$

其中 c 为某正常数(以下 c 在不同处出现时可表示不同正常数). 由式(13) 与式(1) 可知

$$\varlimsup_{r \to +\infty} \frac{\log \log \nu(r)}{\log r} \leqslant \varlimsup_{r \to +\infty} \frac{\log \log \log M(r,g)}{\log r}$$
$$= \sigma_2(g) = \sigma \tag{14}$$

另外,由引理 5 的式(9) 可知

$$M(r,g) < \mu(r)\{\nu(2r)+2\} = |a_{\nu(r)}| \, r^{\nu(r)}\{\nu(2r)+2\} \tag{15}$$

由于 $|a_n|$ 的有界性,由式(15) 得到

$$\log M(r,g) \leqslant \nu(r)\log r + \log v(2r) + c$$
$$\log \log M(r,g) \leqslant \log \nu(r) + \log \log \nu(2r) + \log \log r + c$$
$$\leqslant \log \nu(2r)\left[1 + \frac{\log \log \nu(2r)}{\log \nu(2r)}\right] +$$
$$\log \log r + c \tag{16}$$

从式(16) 与式(1) 得到

$$\sigma_2(g) = \varlimsup_{r \to +\infty} \frac{\log \log \log M(r,g)}{\log r}$$
$$\leqslant \varlimsup_{r \to +\infty} \frac{\log \log \nu(2r)}{\log 2r}$$
$$= \varlimsup_{r \to +\infty} \frac{\log \log \nu(2r)}{\log r} \tag{17}$$

由式(14) 和式(17) 可知式(10) 成立.

定理 2 的证明 假设 $f(z)$ 为式(3) 的非零解. 由复域微分方程的基本理论,可知 f 为整函数. 我们知道 z 为 $f(z)$ 的不动点的充要条件为 $f(z) - z = g(z) = 0$,

且有 $\sigma(f)=\sigma(g)$，$\tau(f)=\overline{\lambda}(g)$. 将 $f=g+z$ 代入式（3）得到

$$g''+Ag=-zA \qquad (18)$$

显然 $zA\not\equiv 0$，由引理 3 可知方程（18）最多一个例外解 g_0 有 $\sigma(g_0)<+\infty$，其他所有解有 $\overline{\lambda}(g)=\lambda(g)=\sigma(g)=+\infty$. 观察式（18）可知 $g_0=-z$ 为式（18）的解，而 $f_0=g_0+z=0$，从而可知式（3）的所有非零解 f 均有无穷多个不动点且 $\tau(f)=\overline{\lambda}(g)=\sigma(g)=\sigma(f)=+\infty$.

下面证明 $\sigma_2(f)=\sigma$. 从式（3）可知：$A=-\dfrac{f''}{f}$，从而除去一个线测度为有穷的集合 $E\subset[0,+\infty)$ 外

$$T(r,A)=m(r,A)=m\left(r,-\frac{f''}{f}\right)\leqslant C(\log(rT(r,f)))$$

所以，当 $r\notin E$ 时

$$\frac{\log T(r,A)}{\log r}\leqslant\frac{\log\log T(r,f)}{\log r}+\frac{\log+\log\log r}{\log r}$$

$$(19)$$

由引理 4（1），从式（19）得到 $\sigma(A)\leqslant\sigma_2(f)$.

另外，由 Wiman-Valiron 理论，存在一个对数测度为有穷的集合 $E_1\subset(1,+\infty)$，取点 z 满足 $|z|=r\notin[0,1]\bigcup E_1$ 且 $|f(z)|=M(r,f)$，那么当 r 充分大时

$$\frac{f''(z)}{f(z)}=\left(\frac{\nu_f(r)}{z}\right)^2(1+o(1)) \qquad (20)$$

其中 $\nu_f(r)$ 为 f 的中心指标. 而由于 $\sigma(A)=\sigma$，对任意给定的 $\varepsilon>0$，当 r 充分大时

$$|A(z)|\leqslant\exp\{r^{\sigma+\varepsilon}\} \qquad (21)$$

从式（3）（20）（21）得到：当取点 z 满足 $|z|=r\notin[0,1]\bigcup E_1$，$|f(z)|=M(r,f)$，且 r 充分大时

$$[\nu_f(r)]^2 (1+o(1)) \leqslant r^2 \exp\{r^{\sigma+\varepsilon}\} \qquad (22)$$

由引理(2)与式(22)得到

$$\varlimsup_{r \to +\infty} \frac{\log \log \nu_f(r)}{\log r} \leqslant \sigma + \varepsilon \qquad (23)$$

由于引理 6 及 ε 的任意性,从式(23)可知 $\sigma_2(f) \leqslant \sigma(A)$. 从而 $\sigma_2(f) = \sigma(A) = \sigma$.

最后我们证明 $\tau_2(f) = \sigma$. 由于 $\tau_2(f) = \overline{\lambda}_2(g)$,我们只要证明式(18)的每个超越解 g 有 $\overline{\lambda}_2(g) = \sigma$.

由式(18)可知:如果 z_0 为 g 的零点且阶数大于 2,那么 $A(z_0) = 0$,所以

$$N\left(r, \frac{1}{g}\right) \leqslant 2\overline{N}\left(r, \frac{1}{g}\right) + N\left(r, \frac{1}{A}\right) \qquad (24)$$

另外,式(18)可改写为

$$\frac{1}{g} = -\frac{1}{zA}\left(\frac{g''}{g} + A\right)$$

从而

$$m\left(r, \frac{1}{g}\right) \leqslant m\left(r, \frac{1}{zA}\right) + m(r, A) + m\left(r, \frac{g''}{g}\right) \quad (25)$$

从式(24)和式(25)得到:除去一个线测度为有穷的集合 E_2 外

$$T(r, g) = T\left(r, \frac{1}{g}\right) + O(1) \leqslant 2T(r, A) +$$
$$c\log(rT(r, g)) + 2\overline{N}\left(r, \frac{1}{g}\right) \qquad (26)$$

由于当 r 充分大时

$$c\log(rT(r, g)) \leqslant \frac{1}{2}T(r, g) \qquad (27)$$

及对任意给定的 $\varepsilon > 0$,当 r 充分大时

$$T(r, A) \leqslant r^{\sigma+\varepsilon} \qquad (28)$$

由式(26)—(28)得到:当 $r \notin E_2$ 且 r 充分大时

$$T(r,g) \leqslant 4\overline{N}\left(r,\frac{1}{g}\right) + 4 \cdot r^{\sigma+\varepsilon} \qquad (29)$$

由引理 4(1)，从式(29) 得到 $\sigma_2(g) \leqslant \overline{\lambda}_2(g)$，从而 $\sigma_2(g) = \overline{\lambda}_2(g)$，由 $f = g + z$ 及 $\sigma_2(f) = \sigma_2(g) = \sigma$，得到 $\overline{\lambda}_2(g) = \sigma$.

32.4   定理 3 的证明

假设 $f(z)$ 为方程(4) 的解，由复域微分方程的基本原理可知 f 为整函数，令 $g(z) = f(z) - z$，那么 $\sigma(f) = \sigma(g)$，z 为 f 的不动点的充要条件为 $g(z) = 0$，将 $f = g + z$ 代入方程(4) 得到

$$g'' + P(z)g = Q(z) - zP(z) \qquad (30)$$

（a）如果 $Q(z) \not\equiv zP(z)$，那么由引理 2 可知式(30) 最多有一个多项式例外解 g_0（次数为 $\deg(Q - zP) - n$），其他所有解 g 满足 $\overline{\lambda}(g) = \lambda(g) = \sigma(g) = \dfrac{n+2}{2}$. 从而 $f_0 = g_0 + z$ 为式(4) 的多项式例外解，其他所有解 $f = g + z$ 满足 $\tau(f) = \sigma(f) = \dfrac{n+2}{2}$.

（b）如果 $Q(z) \equiv zP(z)$，那么显然 $f_0 = z$ 为式(4) 的多项式例外解，对式(4) 运用引理 2 可知其他所有解 f 均为超越整函数且 $\sigma(f) = \dfrac{n+2}{2}$.

这时方程(30) 成为

$$g'' + P(z)g = 0 \qquad (31)$$

当 n 为奇数，由引理 1 可知式(31) 的所有非零解 g 满

足 $\lambda(g)=\dfrac{n+2}{2}$. 由于 $P(z)$ 为多项式,可知式(31)的解 g 的零点都是 1 阶的,从而 $\bar{\lambda}(g)=\dfrac{n+2}{2}$,所以 $\tau(f)=\dfrac{n+2}{2}$. 当 n 为偶数时,对于式(4)的任意两个超越解 f_1,f_2,如果 f_1-z 与 f_2-z 线性无关时,则 $g_1=f_1-z,g_2=f_2-z$ 构成了式(31)的二个线性无关的解,由引理 1 可知 g_1 与 g_2 之中至少有一个(设为 g_1)满足 $\lambda(g_1)=\dfrac{n+2}{2}$,从而 $\bar{\lambda}(g_1)=\dfrac{n+2}{2}$,所以 f_1 满足 $\tau(f_1)=\dfrac{n+2}{2}$.

32.5　定理 4 的证明

设 $f(z)$ 为方程(5)的解,由引理 3 可知方程(5)最多可能有一个有限级例外解 f_0,其他所有解都满足 $\bar{\lambda}(f)=\lambda(f)=\sigma(f)=+\infty$.

我们知道 z 为 $f(z)$ 的不动点的充要条件为 $f(z)-z=g(z)=0$. 将 $f=g+z$ 代入式(5)得到

$$g''+Ag=F-2A \tag{32}$$

由假设 $F-zA\not\equiv0$ 和引理 3 可知式(32)最多有一个有限级例外解 g_0,其他所有解均有 $\bar{\lambda}(g)=\lambda(g)=\sigma(g)=+\infty$. 所以式(5)最多有一个例外解 $f_0=g_0+z$,其他所有解 f 都满足:$\tau(f)=\bar{\lambda}(g)=\sigma(g)=\sigma(f)=\bar{\lambda}(f)=+\infty$.

现在证明:方程(5)最多一个例外,其他解 f 都有

$\sigma_2(f)=\sigma$. 为此,我们假设 g_1 与 g_2 为式(32)所对应的齐次方程

$$g'' + Ag = 0 \qquad (33)$$

的基础解,由定理 2 可知 $\sigma_2(g_j)=\sigma(A)=\sigma(j=1,2)$. 由参数变易法,可知方程(32)的解可被表示为

$$g(z) = B_1(z)g_1(z) + B_2(z)g_2(z) \qquad (34)$$

其中 $B_1(z), B_2(z)$ 由方程组

$$\begin{cases} B'_1 g_1 + B'_2 g_2 = 0 \\ B'_1 g'_1 + B'_2 g'_2 = F - zA \end{cases}$$

所决定. 解方程组得到

$$B'_1(z) = -(F-zA)g_2/D, \quad B'_2(z) = (F-zA)g_1/D$$
$$(35)$$

其中 D 等于 g_1, g_2 的 Wronski 行列式,由阿贝尔恒等式可知 D 为非零常数. 由于 $\sigma(F-zA) < +\infty$,可知: $\sigma_2(B_j) = \sigma_2(B'_j) = \sigma$. 从式(34)可知 $\sigma_2(g) \leqslant \sigma$,所以 $\sigma_2(f) \leqslant \sigma$.

假设 $f_1, f_2 (f_1 \not\equiv f_2)$ 为(5)的解,满足 $\sigma_2(f_j) < \sigma (j=1,2)$,那么 $f_1 - f_2$ 满足 $\sigma_2(f_1-f_2) < \sigma$, $f_1 - f_2$ 为式(5)所对应的齐次方程

$$f'' + Af = 0$$

的非零解,由定理 2 知 $\sigma_2(f_1-f_2)=\sigma$,矛盾. 所以式(5)最多有一个例外解,其他所有解均有 $\sigma_2(f)=\sigma$.

下面证明:满足 $\sigma_2(f)=\sigma$ 的解都满足 $\tau_2(f)=\sigma$. 为此我们只要证明式(32)的满足 $\sigma_2(g)=\sigma$ 的解都满足 $\overline{\lambda}_2(g)=\sigma$. 事实上,如果 g 有阶数大于 2 的零点,那么

$$N\left(r, \frac{1}{g}\right) \leqslant 2\overline{N}\left(r, \frac{1}{g}\right) + N\left(r, \frac{1}{F-zA}\right) \qquad (36)$$

另外,式(32)能改写为

$$\frac{1}{g} = \frac{1}{F - zA}\left(\frac{g''}{g} + A\right) \qquad (37)$$

从而

$$m\left(r, \frac{1}{g}\right) \leqslant m\left(r, \frac{1}{F - zA}\right) + m(r, A) + m\left(r, \frac{g''}{g}\right)$$

$$(38)$$

由式（36）和式（38）得到：除去一个线测度为有穷的集合 $E \subset [0, +\infty)$ 外

$$T(r, g) = T\left(r, \frac{1}{g}\right) + O(1)$$

$$\leqslant T\left(r, \frac{1}{F - zA}\right) + m(r, A) +$$

$$c\log(rT(r, g)) + 2\overline{N}\left(r, \frac{1}{g}\right) \qquad (39)$$

使用与定理 2 类似证法可得当 $\sigma_2(g) = \sigma$ 时，必有 $\overline{\lambda}_2(g) = \sigma$，从而 $\tau_2(f) = \sigma$.

　　最后，对方程（5）使用上面的方法，我们能证明：当 $\sigma_2(f) = \sigma$ 时，必有 $\tau_2(f) = \sigma$.

第 八 编
形形色色的不动点定理

多值映像的不动点定理

第 33 章

如果集 $\mathcal{M}$ 的每一点 x 被映成为一个集 $U(x)$，则称 U 为一多值映像. 本章讨论这样的情形，其中 $U(x)$ 是紧凸集. 其他的一些情形已被讨论过. Eilenberg-Montgomery（艾伦伯格－蒙哥马利，1946）容许 $U(x)$ 为零调的；Begle（贝格，1950）和 Grana（格拉纳，1970）也容许 $U(x)$ 为零调的. Ky Fan（樊畿，1961）仅要求 $U(x)$ 为紧的，不过这里 $U(x)$ 必须连续地依赖于 x. Smithson（史密森，1965）讨论过 $U(x)$ 是有限值的情形. 有关一些近代文献请见 Fleischman（弗莱施曼，1970）和 Smithson(1972).

33.1　角谷静夫定理

定义1　设 $\mathscr{G}$ 和 $\mathscr{I}$ 是赋范空间 $\mathscr{B}$ 的子集. 我们称 U 为 $\mathscr{G}$ 到 $\mathscr{I}$ 内的 K — 映像, 如果:

（1）对每一 $x \in \mathscr{G}$ 确定 $\mathscr{I}$ 中的一个非空紧凸子集 $U(x)$;

（2）U 的图像
$$\mathscr{G}(U) = \{\langle x, y \rangle \mid y \in U(x)\}$$
在 $\mathscr{G} \times \mathscr{I}$ 中是闭的.

任一 $\mathscr{G}$ 到 $\mathscr{I}$ 内的连续映像可以当作 K — 映像. 故本章的结果推广了以前关于连续映像的定理.

条件（2）等价于下面的角谷静夫（1941）称之为"上半连续"的条件:

（2）′若在 $\mathscr{G}$ 中 $x_n \to x, y_n \in U(x_n)$ 且 $y_n \to y$, 则 $y \in U(x)$.

定义2　 K — 映像 U 的不动点是这样的一点 x, 使得 $x \in U(x)$.

定义3　我们称赋范空间中的子集 $\mathscr{G}$ 具有角谷静夫性质, 如果每一 $\mathscr{G}$ 到 $\mathscr{G}$ 内的 K — 映像都有不动点.

定理1　若 $\mathscr{G}$ 具有角谷静夫性质, 则 $\mathscr{G}$ 的任一收缩核也具有角谷静夫性质.

证　设 r 是 $\mathscr{G}$ 到 $\mathscr{R}$ 上的一保核收缩映像, U 是 $\mathscr{R}$ 到 $\mathscr{R}$ 内的一 K — 映像. 则由下式我们定义一 $\mathscr{G}$ 到 $\mathscr{G}$ 内的 K — 映像 V（见问题1）
$$V(x) = U(rx)$$
V 有一不动点 y 使得 $y \in U(ry) \subset \mathscr{R}$. 因而 $y = ry$, 故

422

$y \in U(y)$.

定理 2 若 $\mathscr{S}$ 具有角谷静夫性质,且在一仿射映像下同胚于 $\mathscr{R}$,则 $\mathscr{R}$ 具有角谷静夫性质.

证 留给读者.

定理 3(角谷静夫,1941) $\mathbf{R}^m$ 的任一非空紧凸子集具有角谷静夫性质.

证 如果本结果对单形被证明,则一般的结果将由定理 1 得之. 于是我们假定 $\mathscr{S}$ 是一闭的 r — 单形. 若 $\varepsilon_n > 0$,则可构造 $\mathscr{S}$ 的一个 ε_n — 细的单形剖分. 于是我们可以定义一个 $\mathscr{S}$ 到 $\mathscr{S}$ 内的映像 T_n. 使得:

(1) 对剖分的每一顶点 $x_i^n, T_n(x_i^n) \in U(x_i^n)$;

(2) 在剖分的每一单形上 T_n 是仿射的.

因此 T_n 是 $\mathscr{S}$ 到 $\mathscr{S}$ 内的一连续映像,又知其有一不动点 z_n,即 $T_n z_n = z_n$. 现在选取我们的顶点编号,使得

$$z_n \in \mathrm{co}(x_0^n, x_1^n, \cdots, x_r^n)$$

于是 $z_n = \sum c_i^n x_i^n$,其中 $c_i^n \geqslant 0$ 且 $\sum c_i^n = 1$(在整个讨论中,我们记 $\sum$ 为从 $i = 0$ 到 $i = r$ 的和). 我们将取一序列 $\varepsilon_n \to 0$. 不失一般性,可以假定当 $n \to +\infty$ 时,有 $z_n \to z \in \mathscr{S}$,因而也有 $x_i^n \to z, i = 0, 1, \cdots, r$. 于是对每个 $i(0 \leqslant i \leqslant r)$,我们也可以假定 $T_n x_i^n$ 收敛于(比如说)y_i,c_i^n 收敛于(比如说)c_i. 显然 $c_i \geqslant 0$,且 $\sum c_i = 1$. 因 $\langle x_i^n, T_n x_i^n \rangle$ 属于 $\mathscr{G}(U)$ 且收敛于 $\langle z, y_i \rangle$,故这一点也在 $\mathscr{G}(U)$ 中,即 $y_i \in U(z)$. 因 $U(z)$ 是凸的,故

$$z = \lim z_n = \lim T_n z_n$$

$$= \lim \sum c_i^n T_n x_i^n = \sum c_i y_i \in U(z)$$

33.2 推　　广

角谷静夫定理已被博涅恩布鲁斯特－卡林(1950)(用类似于 Schauder 的证明方法)推广到 Banach 空间，同时也被 Ky Fan(1952) 和 Glicksberg(1952) 推广到局部凸空间. 现在我们给出 Banach 空间情形的讨论,它推广了我们关于 Schauder 定理的证明. 就是这种情形对于微分问题 $\dfrac{\mathrm{d}x}{\mathrm{d}t} - A(t)$, $x \in F(t, x)$ 的应用[见拉苏达－奥信尔(Lasota-Opial),1965]是必须的,这里 $F(t, x)$ 是集值函数.

定理 4　Hilbert 立方体 $\mathcal{H}_0$ 具有角谷静夫性质.

证　考察在 l^2 中的射影 P_n,有

$$P_n(x_1, x_2, \cdots) = (x_1, x_2, \cdots, x_n, 0, 0, \cdots)$$

定理的结论由下面的引理和关于 P_n 所讨论过的性质即得.

引理 1　设 $\mathcal{X}$ 是一赋范空间的紧凸子集. 假设对每一 $n, n = 1, 2, \cdots$,存在 $\mathcal{X}$ 到 $\mathcal{X}$ 内的一线性连续映像 P_n,使得:

(1) $\| P_n x - x \| < n^{-1}\ (x \in \mathcal{X})$;

(2) $P_n \mathcal{X}$ 具有角谷静夫性质.

则 $\mathcal{X}$ 具有角谷静夫性质.

证　设 U 是 $\mathcal{X}$ 到 $\mathcal{X}$ 内的 K 映像. 容易看出(问题 2)$P_n U$ 是 $P_n \mathcal{X}$ 到 $P_n \mathcal{X}$ 内的一 K 映像. 故 $P_n U$ 在 $P_n \mathcal{X}$ 中有一不动点 y_n,使得

$$y_n \in P_n U(y_n)$$

于是 $y_n = P_n z_n$ 且 $z_n \in U(y_n)$. 不失一般性,假定 $y_n \to y \in \mathscr{X}$. 因 $\| y_n - z_n \| = \| P_n z_n - z_n \| \to 0$,故知 $z_n \to y$. 从而点列 $\langle y_n, z_n \rangle \in \mathscr{G}(U)$ 收敛于 $\langle y, y \rangle$. 因 $\mathscr{G}(U)$ 是闭的,故 $\langle y, y \rangle \in \mathscr{G}(U)$,即 y 是 U 的一个不动点.

定理 5 赋范空间的任一紧凸的非空子集 $\mathscr{X}$ 具有角谷静夫性质.

证 在一线性映像下,$\mathscr{X}$ 同胚于 Hilbert 立方体 $\mathscr{H}_0$ 的一个紧凸子集 $\mathscr{Y}$. 又知 $\mathscr{Y}$ 是 $\mathscr{H}_0$ 的一个收缩核. 因 $\mathscr{H}_0$ 具有角谷静夫性质,故定理 1 和定理 2 指出 $\mathscr{Y}$ 和 $\mathscr{X}$ 都具有这一性质.

定理 6 设 $\mathscr{M}$ 是 Banach 空间的一个闭凸子集,T 是 $\mathscr{M}$ 到 $\mathscr{M}$ 的一个紧子集内的 $K-$映像. 则 T 有一不动点.

证 T 给出紧凸集 $\overline{\mathrm{co}}(T\mathscr{M})$ 到其自身内的一个 $K-$映像,故由定理 5 知,它存在一不动点.

定理 7 令 $\mathscr{M}$ 是 Banach 空间 $\mathscr{B}$ 的一个闭凸子集,$\partial\mathscr{M}$ 为其边界. 设 U 是 $\mathscr{M}$ 到 $\mathscr{B}$ 的一个紧子集内的 $K-$映像,使得 $U(x) \subset \mathscr{M}, \forall x \in \partial\mathscr{M}$. 则 U 有一不动点.

证 如果内部 $\mathscr{M}^0$ 是空的,则 $\mathscr{M} = \partial\mathscr{M}$,定理 6 即给出本定理的结论. 如果 $\mathscr{M}^0 \neq \varnothing$,不失一般性,设 $0 \in \mathscr{M}^0$. 由紧性假定,U 的值域 $\bigcup\limits_{x \in \mathscr{M}} U(x)$ 包含于 $c\mathscr{M}$ 中,$c \geqslant 1$ 是某一数. 固定这一 c,由下式定义 $c\mathscr{M}$ 到 $c\mathscr{M}$ 内的一 $K-$映像 V,则

$$V(x) = U(rx)$$

其中 r 是如下定义的到 $\mathscr{M}$ 上的径向保核收缩

$$rx = \frac{x}{\max\{g(x), 1\}}$$

由定理 6 知,V 有一不动点 z. 如果 $z \notin \mathscr{M}$,这就会得出

$rz \in \partial \mathcal{M}$ 且 $V(z) = U(rz) \subset \mathcal{M}$,故 z 就不能是不动点. 因而得知 $z \in \mathcal{M}$,且

$$z \in V(z) = U(z)$$

33.3 对策理论

角谷静夫给出定理 3 作为证明对策理论的基本定理的一种方法. 我们将概述这一应用. 关于定理 3 对经济中的问题的应用,请参见卡林(1959,§8.7).

现在我们来考察可以化为下面形式的对策. 设 $\mathcal{M}$ 是 $\mathbf{R}^m$ 的一个紧凸子集,$\mathcal{N}$ 是 $\mathbf{R}^n$ 的一个紧凸子集. 实函数 $f(x, y)$ 对于 $x \in \mathcal{M}, y \in \mathcal{N}$ 已被定义,而且关于 x 和关于 y 是线性的. 参与人 P,他希望极大化 $f(x, y)$,由 $\mathcal{M}$ 中选取 x,我们称 x 为他的"策略";参与人 Q,他希望极小化 $f(x, y)$,由 $\mathcal{N}$ 中选取 y,y 称为他的"策略".

在这一框架下,我们可以提出问题:是否存在一对策略$\langle X, Y \rangle$,使得

$$f(x, Y) \leqslant f(X, Y) \leqslant f(X, y)$$
$$(\forall x \in \mathcal{M}, \forall y \in \mathcal{N}) \tag{1}$$

如果这样一对策略存在,那么对每一参与者来说,就不再有刺激作用来改变这些策略.

关系式(1)可以写作为

$$f(x, y) = \inf_y f(x, y) = \sup_x f(x, y) \tag{2}$$

在本节我们将处处假定 x 在 $\mathcal{M}$ 上变动,而 y 在 $\mathcal{N}$ 上变动. 于是$\langle X, Y \rangle$就将作为由下面定义的映像的不动点而给出:

对每一 y,参与人 P 选取 $x(y)$ 使得

$$f(x(y),y)=\sup_x f(x,y) \tag{3}$$

而对每一 x,参与人 Q 选取 $y(x)$ 使得

$$f(x,y(x))=\inf_y f(x,y) \tag{4}$$

(于是,给定了策略 x 和 y,每一参与人对另一参与人的策略选取良好的回答). $\mathcal{M}\times\mathcal{N}$ 到其自身内的映像

$$T:\langle x,y\rangle \rightarrow \langle x(y),y(x)\rangle \tag{5}$$

就是所要求的一个. 这一映像,由于所涉及的选择,可能是不连续的,因此关于不动点 $\langle X,Y\rangle$ 的存在性,我们不能借助于 Brouwer 定理. 冯·诺伊曼(1935)利用由局部平均过程所得出的连续映像 T_n 逼近 T(当然不是一致的). 根据 Brouwer 定理,T_n 的不动点存在,而且由紧性得出式(2)的解. 这一方法涉及某些技术上的复杂性,不过利用角谷静夫方法得以避免. 于此,我们考虑点到集的映像

$$U:\langle x,y\rangle \rightarrow$$
$$\{\langle x(y),y(x)\rangle \mid \text{式(3)和式(4)成立}\} \tag{6}$$

易知这是一 K — 映像. 根据定理 3 知,U 存在一不动点. 这就满足式(2),即式(1)的一点 $\langle X,Y\rangle$.

这样就证明了下面的结果,通称为"鞍点"定理或"对策理论的基本定理".

定理 8　若 $\mathcal{M}$ 和 $\mathcal{N}$ 是欧氏空间的非空紧凸子集,f 是 $\mathcal{M}\times\mathcal{N}$ 上的双线性实函数,则在 $\mathcal{M}\times\mathcal{N}$ 中存在满足式(2)的一点 $\langle X,Y\rangle$.

推论 1(极小极大定理)　在定理 8 的条件下,点 $\langle X,Y\rangle$ 满足

$$f(X,Y)=\inf_y \sup_x f(x,y)$$
$$=\sup_x \inf_y f(x,y)$$

证　记

$$g(x) = \inf_y f(x,y)$$
$$h(y) = \sup_x f(x,y)$$

显然,对所有的 x,y 我们有

$$g(x) \leqslant f(x,y) \leqslant h(y)$$

故

$$\sup_x g(x) \leqslant \inf_y h(y)$$

可是,对于点 $\langle X,Y \rangle$,我们有

$$g(X) = f(X,Y) = h(Y)$$

故

$$\sup_x g(x) \geqslant g(X) = f(X,Y)$$
$$= h(Y) \geqslant \inf_y h(y)$$
$$\geqslant \sup_x g(x)$$

因此所有这些不等式都是等式.

33.4　问　题

我们记 $\mathscr{L},\mathscr{M},\mathscr{N}$ 为赋范空间的子集.

1. 设 U 是 $\mathscr{M}$ 到 $\mathscr{N}$ 内的 $K-$ 映像,T 是 $\mathscr{L}$ 到 $\mathscr{M}$ 内的连续映像.试证:UT 是 $\mathscr{L}$ 到 $\mathscr{N}$ 内的 $K-$ 映像.

2. 设 $\mathscr{M}$ 是紧的.如果 $U:\mathscr{L} \to \mathscr{M}$ 是一 $K-$ 映像,$T:\mathscr{M} \to \mathscr{N}$ 是一连续的仿射映像,试证:TU 是 $\mathscr{L}$ 到 $\mathscr{N}$ 的一 $K-$ 映像.

3. 利用 33.2 的定理 3,证明定理 8 的推论 1〔见博涅恩布鲁斯特－卡林(1950)〕.

4. 用下式定义两 $K-$ 映像之积

$$UV(x) = \bigcup_{v \in V(x)} U(v)$$

试证：两仿射 $K-$映像之积是一仿射 $K-$映像.

5.设 $\mathscr{V}$ 是 $\mathbf{R}^n$ 中的开单位球，U 是 $\mathscr{V}$ 到 $\mathscr{V}$ 内的 $K-$映像.试证：对每一 $\varepsilon>0$，存在一点 $x(\varepsilon)$，使得

$$\rho(x(\varepsilon),U(x(\varepsilon)))<\varepsilon \quad （考虑(1-\varepsilon)U）$$

6.如果赋范空间的一子集 $\mathscr{X}$ 有不动点性质，那么 $\mathscr{X}$ 必有角谷静夫性质吗？（逆结论是显然的）

7.推广定理 6（因而）和定理 7 到赋范空间的情形.

8.试讨论仿射 $K-$映像族的公共不动点的存在性（见问题 4）.

多值映像的本质不动点

第 34 章

令 X 是一个紧致度量空间，f 是一个映 X 入自身的连续映像. M. K. Fort Jr. 引进了 f 的所谓本质不动点的概念，并在空间 X 具有不动点性质 —— 任何映 X 入自身的连续映像均至少有一个不动点 —— 这个基本假定下，证明了任何一个映像都可以用只有本质不动点的映像来任意逼近. 中国科学院数学研究所的江嘉禾研究员对多值映像引进本质不动点的概念，及取消空间 X 具有所谓不动点性质的基本假定来证明一个相当的逼近定理.

1. 令 X 是一个紧致度量空间，度量函数为 d. 以 2^X 表示 X 的一切非空

紧致子集所成的空间. 对于任何 $\varepsilon > 0$ 和任何 $\mathscr{X} \in 2^X$, 令

$$U(\varepsilon, \mathscr{X}) = \{x \mid x \in X, \text{存在 } \xi \in \mathscr{X}, \text{使 } d(x, \xi) < \varepsilon\}$$

对于任何 $\mathscr{X} \in 2^X, \mathscr{Y} \in 2^X$, 定义 $\mathscr{X}$ 与 $\mathscr{Y}$ 的距离为

$$\mathscr{D}(\mathscr{X}, \mathscr{Y}) = \inf\{\varepsilon \mid \mathscr{X} \subset U(\varepsilon, \mathscr{Y}), \mathscr{Y} \subset U(\varepsilon, \mathscr{X})\}$$

则在这种度量下, 2^X 成为一个紧致度量空间.

令 Y 是一个度量空间, 度量函数为 h. 令 $f: Y \to 2^X$ 是空间 Y 上的一个多值映像, 即是对于每个 $y \in Y$, $f(y) \in 2^X$ 是 X 的一个非空紧致子集. 我们说, f 在点 $y \in Y$ 处上半连续, 如果对任意的 $\varepsilon > 0$, 存在 $\delta > 0$, 只要 $h(y, \eta) < \delta, \eta \in Y$, 则

$$f(\eta) \subset U(\varepsilon, f(y))$$

f 在点 $y \in Y$ 处下半连续, 如果对任意的 $\varepsilon > 0$, 存在 $\delta > 0$, 只要 $h(y, \eta) < \delta, \eta \in Y$, 则

$$f(y) \subset U(\varepsilon, f(\eta))$$

显然可见, f 在点 y 处(关于度量 $\mathscr{D}$)为连续的充要条件是: f 在点 y 处上半连续且下半连续. 此外, f 在点 y 处上半连续等价于条件

$$y_n \to y, x_n \to x, x_n \in f(y_n), \text{则 } x \in f(y)$$

f 在点 y 处下半连续等价于条件

$$y_n \to y, x \in f(y), \text{则存在 } x_n \in f(y_n), \text{使 } x_n \to x$$

以 $C(Y, 2^X)$ 表示一切上半连续映像 $f: Y \to 2^X$ 所成的空间. 对于任何 $f, g \in C(Y, 2^X)$, 定义它们的距离为

$$\rho(f, g) = \sup_{y \in Y} \mathscr{D}(f(y), g(y))$$

则在这种度量下, $C(Y, 2^X)$ 成为一个完备度量空间. 在同样的度量下, 一切下半连续映像也构成一个完备度量空间.

令 $f \in C(X, 2^X)$，所谓 f 的一个不动点 $x \in X$，乃是指 $x \in f(x)$。一般说来，空间 X 并不具有所谓不动点性质：例如，$X = F_1 \cup F_2$，这里 F_1 和 F_2 都是 X 的闭子集，并设 $x_1 \in F_1 - F_1 \cap F_2$，$x_2 \in F_2 - F_1 \cap F_2$。令

$$f(x) = \begin{cases} \{x_2\}, & x \in F_1 - F_1 \cap F_2 \\ \{x_1\}, & x \in F_2 - F_1 \cap F_2 \\ \{x_1, x_2\}, & x \in F_1 \cap F_2 \end{cases}$$

则 $f \in C(X, 2^X)$ 根本没有不动点。

2. 现在考虑至少有一不动点的一切映像 $f \in C(X, 2^X)$ 所成的子空间 $\widetilde{C} \subset C(X, 2^X)$。

引理 1 $\widetilde{C}$ 是一个完备度量空间。

证 令 $f_n \in \widetilde{C}$ 是任一基本序列。由于 $C(X, 2^X)$ 的完备性，存在 $f \in C(X, 2^X)$，使 $f_n \to f$。令 $x_n \in f_n(x_n)$，$x_n \to x$。根据 f_n 的收敛性，可取 $\widetilde{x}_{n_m} \in f(x_{n_m})$，使 $d(x_{n_m}, \widetilde{x}_{n_m}) < \dfrac{1}{m}$。于是 $\widetilde{x}_{n_m} \to x$。由于 f 在 x 处上半连续，所以 $x \in f(x)$。因此 $f \in \widetilde{C}$。证毕。

令 $f \in \widetilde{C}$，以 $F(f)$ 表示 f 的一切不动点所成之集。由于 f 的上半连续性，$F(f)$ 是 X 的一个非空紧致子集。因此建立了映像

$$F: \widetilde{C} \to 2^X$$

引理 2 $F \in C(\widetilde{C}, 2^X)$。

证 令 $f_n \to f$，$x_n \to x$，$x_n \in F(f_n)$。我们来证明 $x \in F(f)$。根据 f_n 的收敛性，可取 $\widetilde{x}_{n_m} \in f(x_{n_m})$，使 $d(x_{n_m}, \widetilde{x}_{n_m}) < \dfrac{1}{m}$。于是 $\widetilde{x}_{n_m} \to x$。由于 f 在 x 处上半连续，所以 $x \in F(f)$。证毕。

我们说，$x \in F(f)$ 称为 f 的一个本质不动点，如果对任何 $\varepsilon > 0$，存在 $\delta > 0$，只要 $\rho(f,g) < \delta, g \in \tilde{C}$，则 $x \in U(\varepsilon, F(g))$.

引理 3　$f \in \tilde{C}$ 的不动点全为本质不动点的充要条件是：f 是 F 的连续点.

证　必要性. 由于引理 2，只需证明 F 在 f 处下半连续即可. 对于任何 $\varepsilon > 0$，取 $F(f)$ 的有限 $\varepsilon/2$ 网，设为 $\{x_1, \cdots, x_n\}$. 由于 $x_i \in F(f)$ 均为 f 的本质不动点，所以存在 $\delta > 0$，只要 $\rho(f,g) < \delta, g \in \tilde{C}$，则

$$x_i \in U(\varepsilon/2, F(g)) \quad (i = 1, \cdots, n)$$

从而

$$F(f) \subset \bigcup_{i=1}^{n} U(\varepsilon/2, x_i) \subset U(\varepsilon, F(g))$$

充分性. 由于 F 在 f 处的下半连续性，对于任何 $\varepsilon > 0$，存在 $\delta > 0$；只要 $\rho(f,g) < \delta, g \in \tilde{C}$，则

$$F(f) \subset U(\varepsilon, F(g))$$

因此对每个 $x \in F(f)$，均有 $x \in U(\varepsilon, F(g))$.

定理 1　映像 F 的全体连续点构成 $\tilde{C}$ 中一个处处稠密集，换而言之，对任何 $f \in \tilde{C}$ 和任何 $\varepsilon > 0$，存在 $g \in \tilde{C}, \rho(f,g) < \varepsilon$，且 g 的所有不动点全为本质不动点.

证　对于任何 $\varepsilon > 0$，令

$$N(s) = \left\{ f \left| \begin{array}{l} f \in \tilde{C}, \text{对任何 } \delta > 0, \text{存在 } g \in \tilde{C}, \\ \rho(f,g) < \delta, \text{使得对一切 } \varepsilon' < \varepsilon \text{ 有} \\ F(f) \not\subset U(\varepsilon', F(g)) \end{array} \right. \right\}$$

则 F 的全体连续点所成之集可表示为

$$D = \tilde{C} - \bigcup_{\varepsilon > 0} N(\varepsilon)$$

显然,若 $\eta < \varepsilon$,则 $N(\varepsilon) \subset N(\eta)$.因此,若令 $\eta > 0$ 取一切正有理数,则

$$D = \widetilde{C} - \bigcup_{\eta > 0} N(\eta)$$

由于 $\widetilde{C}$ 是完备度量空间,只需证明任何 $N(\varepsilon)$ 都是 $\widetilde{C}$ 中无处稠密的闭集即可.

(1)$N(\varepsilon)$ 是闭集.令 $f \in \overline{N(\varepsilon)}$,对于任何 $\delta > 0$ 和任何 $\varepsilon' < \varepsilon$,取 $\varepsilon_1, 0 < \varepsilon_1 < \varepsilon - \varepsilon'$.由于 F 在 f 处上半连续,所以存在 $\delta_1 > 0$,使得对一切 $g \in \widetilde{C}, \rho(f, g) < \delta_1$,有 $F(g) \subset U(\varepsilon_1, F(f))$.可设 $\delta_1 < \delta$.令 $\eta = \delta - \delta_1$.由于 $f \in \overline{N(\varepsilon)}$,存在 $g \in N(\varepsilon)$,使得 $\rho(f, g) < \delta_1$.于是

$$F(g) \subset U(\varepsilon_1, F(f))$$

又由 $g \in N(\varepsilon)$,对于 $\eta > 0$,存在 $h \in \widetilde{C}, \rho(g, h) < \eta$,使得对一切 $\varepsilon'' < \varepsilon$,有

$$F(g) \not\subset U(\varepsilon'', F(h))$$

于是,对于 $\delta > 0$,存在 $h \in \widetilde{C}, \rho(f, h) < \delta$,对一切 $\varepsilon' < \varepsilon$ 有

$$F(f) \not\subset U(\varepsilon', F(h))$$

即是 $f \in N(\varepsilon)$.

(2)$N(\varepsilon)$ 在 $\widetilde{C}$ 中无处稠密.由于 $N(\varepsilon)$ 是闭集,只需证明 $N(\varepsilon)$ 不能含有任何非空开集即可.假若不然,有一非空开集 $U \subset N(\varepsilon)$.我们取一系列正实数 $\varepsilon_i > 0(i = 1, 2, \cdots)$,合于

$$0 < \eta < \cdots < \varepsilon_{i+1} < \varepsilon_i < \cdots < \varepsilon_1 < \varepsilon$$

取 $f_1 \in U$.设 $f_i \in U$ 已经选出.由于 F 在 f_i 处的上半连续性,对于 $\varepsilon_i - \varepsilon_{i+1} > 0$,存在 $\delta > 0$,使得 $\rho(f_i, g) < \delta, g \in \widetilde{C}$,则 $F(g) \subset U(\varepsilon_i - \varepsilon_{i+1}, F(f_i))$.可设 f_i 的 δ

邻域含于 U. 由于 $f_i \in N(\varepsilon)$，所以存在 $f_{i+1} \in \tilde{C}$，$\rho(f_i, f_{i+1}) < \delta$，对一切 $\varepsilon' < \varepsilon$ 有

$$F(f_i) \not\subset U(\varepsilon', F(f_{i+1}))$$

因此，我们选出了 $f_{i+1} \in U$，且合于

$$F(f_{i+1}) \subset U(\varepsilon_i - \varepsilon_{i+1}, F(f_i))$$

于是，在 $j > i$ 时

$$F(f_i) \not\subset U(\varepsilon_j, F(f_j))$$

事实上，上式在 $j = i+1$ 时成立. 今设在 $j > i$ 为真，若 $F(f_i) \subset U(\varepsilon_{j+1}, F(f_{j+1}))$，则由

$$F(f_{j+1}) \subset U(\varepsilon_j - \varepsilon_{j+1}, F(f_j))$$

所以

$$F(f_i) \subset U(\varepsilon_j, F(f_j))$$

与归纳假设矛盾. 因此，在 $i \neq j$ 时

$$F(f_i) \subset U(\varepsilon_j, F(f_j))$$
$$F(f_j) \subset U(\varepsilon_i, F(f_i))$$

不能同时成立，即是在 $i \neq j$ 时

$$\mathscr{D}(F(f_i), F(f_j)) \geqslant \min\{\varepsilon_i, \varepsilon_j\} > \eta > 0$$

于是序列 $F(f_i) \in 2^X$ 不含任何收敛子序列，这和 2^X 的紧致性矛盾. 证毕.

定理 2 若 $f \in \tilde{C}$ 只有一个不动点，则这个不动点是一个本质不动点.

证 对于任何 $\varepsilon > 0$，存在 $\delta > 0$，只要 $\rho(f, g) < \delta, g \in \tilde{C}$，则

$$F(g) \subset U(\varepsilon, F(f))$$

由于 $F(f)$ 只含有一个点，所以上式也就蕴涵

$$F(f) \subset U(\varepsilon, F(g))$$

即 f 是 F 的一个连续点. 按照引理 3，f 的这个唯一的不动点是一个本质不动点. 证毕.

S. Reich 的两个不动点定理的推广

第 35 章

35.1 引 言

迄今为止,古典的 Brouwer 不动点定理已经得到广泛的推广. 为了简单叙述它的某些重要发展,我们作下面的约定. 令 $S=\{(X,E)\mid X\subset E\}$ 表示一类由实拓扑向量空间 E 及其子集 X 组成的空间偶;$M(S)$ 表示一类与 S 中的空间偶 (X,E) 有关的映像,可以是单值的 $f:X\to X$ 或 $f:X\to E$,也可以是多值的 $F:X\to 2^X$ 或 $F:X\to 2^E$,并且总是假定,对任何 $x\in X,F(x)$ 是非空闭凸集. 于是记号 $\langle M(S)\rangle$ 就表示下述命题成立:$M(S)$ 中任何映

436

象都有不动点,即是存在 x_0,使 $x_0 = f(x_0)$(f 单值) 或 $x_0 \in F(x_0)$(F 多值).

我们考虑的空间偶类有

$$
S: \begin{cases}
\mathscr{E} = \{(X,E) \mid E \text{ 是任何有限维欧氏空间}, \\
\qquad X \subset E \text{ 是实心球}\} \\
\mathscr{B} = \{(X,E) \mid E \text{ 是任何 Banach 空间}, \\
\qquad X \subset E \text{ 是非空紧致凸集}\} \\
\mathscr{LC} = \{(X,E) \mid E \text{ 是任何局部凸隔离的实拓扑向} \\
\qquad \text{量空间}, X \subset E \text{ 是非空紧致凸集}\}
\end{cases}
$$

我们考虑的映像类有

$$
M(S): \begin{cases}
C(S) = \{f \mid f:X \to X \text{ 是任何单值} \\
\qquad \text{连续映像}, (X,E) \in S\} \\
C^*(S) = \{f \mid f:X \to X \text{ 是任何单值} \\
\qquad \text{连续映像}, (X,E) \in S\} \\
USC(S) = \{F \mid F:X \to 2^X \text{ 是任何} \\
\qquad \text{上半连续多值映像}, (X,E) \in S\} \\
USC^*(S) = \{F \mid F:X \to 2^E \text{ 是任何} \\
\qquad \text{上半连续多值映像}, (X,E) \in S\} \\
UDC(S) = \{F \mid F:X \to 2^X \text{ 是任何} \\
\qquad \text{准上半连续多值映像}, (X,E) \in S\} \\
UDC^*(S) = \{F \mid F:X \to 2^E \text{ 是任何} \\
\qquad \text{准上半连续多值映像}, (X,E) \in S\}
\end{cases}
$$

这里所谓 $F:X \to 2^E$ 上半连续,是指对任何开集 $G \subset E$,集 $\{x \in X \mid F(x) \subset G\}$ 是开集. $F:X \to 2^E$ 准上半连续,是指对 E 上任何非零连续线性函数 φ 和任何实数 γ,集

$$\{x \in X \mid \forall u \in F(x), \varphi(u) > \gamma\}$$

是开集. 显然,上半连续性蕴含准上半连续性.

对于 $(X,E) \in S, x \in X$, 令

$$I_X(x) = \{y \in E \mid \exists z \in X \text{ 和}$$
$$\alpha \geqslant 0 \text{ 使 } y = x + \alpha(z-x)\}$$

$\mathrm{cl}(A)$ 表示集 A 的闭包. 中国科学院数学研究所的江嘉禾研究员在 1981 年给出下列单值映像的不动点定理:

定理 1(Brouwer) $\langle C(\mathscr{E}) \rangle$.

定理 2(Schauder, 1930) $\langle C(\mathscr{B}) \rangle$.

定理 3(Tychonoff, 1935) $\langle C(\mathscr{LC}) \rangle$.

定理 4(Browder, 1967) $\langle C^*(\mathscr{LC}) \rangle$, 如果 $f: X \to E$ 使得 $f(x) \in I_X(x) (\forall x \in X)$.

定理 5(Halpern-Bergman, 1968) $\langle C^*(\mathscr{LC}) \rangle$, 如果 $f: X \to E$ 使得 $f(x) \in \mathrm{cl}(I_X(x)) (\forall x \in X)$.

定理 6(Reich, 1976) $\langle C^*(\mathscr{LC}) \rangle$, 如果 $f: X \to E$ 使得对任何 $x \in X$ 和 E 上任何连续半范数 p 有

$$\lim_{h \to 0^+} \frac{1}{h} \inf_{y \in X} p[(1-h)x + hf(x) - y] = 0$$

上述诸定理的多值映像推广是下列不动点定理:

定理 Ⅰ(Kakutani, 1941) $\langle USC(\mathscr{E}) \rangle$.

定理 Ⅱ(Bohnenblust-Karlin, 1950) $\langle USC(\mathscr{B}) \rangle$.

定理 Ⅲ(Fan, 1952; Glicksberg, 1952) $\langle USC(\mathscr{LC}) \rangle$.

定理 Ⅳ(Browder, 1968) $\langle USC^*(\mathscr{LC}) \rangle$, 如果 $F: X \to 2^E$ 使得 $F(x) \cap I_X(x) \neq \varnothing (\forall x \in X)$.

定理 Ⅳ$'$(Fan, 1969) $\langle UDC^*(\mathscr{LC}) \rangle$, 如果 $F: X \to 2^E$ 使得 $F(x) \cap I_X(x) \neq \varnothing (\forall x \in X)$.

定理 Ⅴ(Halpern, 1970) $\langle USC^*(\mathscr{LC}) \rangle$, 如果 $F: X \to 2^E$ 使得 $F(x) \cap \mathrm{cl}(I_X(x)) \neq \varnothing (\forall x \in X)$.

定理 Ⅴ$'$(Reich, 1972) $\langle UDC^*(\mathscr{LC}) \rangle$, 如果 $F:$

$X \to 2^E$ 使得 $F(x) \bigcap \mathrm{cl}(I_X(x)) \neq \varnothing (\forall x \in X)$.

上述诸定理的蕴含关系如下

$$
\begin{array}{ccccccccccc}
1 & \Longleftarrow & 2 & \Longleftarrow & 3 & \Longleftarrow & 4 & \Longleftarrow & 5 & \Longleftrightarrow & 6 \\
\Uparrow & & \Uparrow & & \Uparrow & & \Uparrow & & \Uparrow & & \\
\mathrm{I} & \Longleftarrow & \mathrm{II} & \Longleftarrow & \mathrm{III} & \Longleftarrow & \mathrm{IV} & \Longleftarrow & \mathrm{V} & & \\
& & & & & & \Longleftarrow & & \Longleftarrow & & \\
& & & & & & \mathrm{IV}' & \Longleftarrow & \mathrm{V}' & &
\end{array}
$$

本章的目的是证明下述不动点定理:

定理 Ⅵ　〈$UDC^*(\mathscr{LC})$〉,如果 $F:X \to 2^E$ 使得对任何 $x \in X$ 和 E 上的任何连续线性函数 φ,存在 $y \in F(x)$,使得

$$
\lim_{h \to 0^+} \frac{1}{h} \inf_{z \in X} \mid \varphi[(1-h)x + hy - z] \mid = 0
$$

由于 $\mid \varphi \mid$ 是 E 上的连续半范数,所以定理 Ⅵ 自然蕴含定理 6. 此外,按照 Reich 的一个引理,$y \in \mathrm{cl}(I_X(x))$ 蕴含定理 Ⅵ 中的极限条件成立,所以定理 Ⅵ 也是定理 Ⅴ' 的推广.

35.2　定理 Ⅵ 的证明

多值映像的不动点理论的发展过程中曾经出现一些非常简洁的基本命题,它们是证明更复杂结果的关键工具. 为了证明定理 Ⅵ,我们需要利用下面的:

Browder 基本定理　令 X 是隔离拓扑向量空间 E 的非空紧致凸集,$T:X \to 2^X$ 使得对任何 $x \in X$,$T(x) \subset X$ 是非空凸集,并且对任何 $y \in X$,$T^{-1}(y) = \langle x \in X \mid y \in T(x) \rangle$ 是开集. 于是存在 $x_0 \in X$,使得

$x_0 \in T(x_0)$.

定理 Ⅶ X 是隔离拓扑向量空间 E 的非空紧致凸集. $F, G : X \to 2^E$ 准上半连续, 使得对每个 $x \in X$, $F(x), G(x)$ 都是非空子集. 于是, 或者存在 $x_0 \in X$, 使得 $F(x_0)$ 和 $G(x_0)$ 不能用超越闭平面严格隔开, 或者存在 $x_0 \in X$ 和 E 上的连续线性函数 φ, 使得对任何 $u \in F(x_0)$ 和 $v \in G(x_0)$ 有

$$\lim_{h \to 0^+} \frac{1}{h} \inf_{y \in X} |\varphi[x_0 + h(u-v) - y]| \neq 0$$

证 假设对任何 $x \in X$, $F(x)$ 和 $G(x)$ 都能用超越闭平面严格隔开, 即是存在 E 上的连续线性函数 φ_x 和实数 γ_x, 使得

$$F(x) \subset \{u \in E \mid \varphi_x(u) > \gamma_x\}$$
$$G(x) \subset \{v \in E \mid \varphi_x(v) > \gamma_x\}$$

按照 F 和 G 的准上半连续性, 存在 x 在 X 中的开邻域 U_x, 使得

$$U_x \subset \{y \in X \mid \forall u \in F(y), v \in G(y)$$
$$\text{有} \ \varphi_x(u-v) > 0\}$$

于是 $X = \bigcup_{x \in X} U_x$. 由于 X 的紧致性, 存在有限集 $\{x_1, \cdots, x_n\} \subset X$, 使 $X = \bigcup_{i=1}^{n} U_{x_i}$. 令 $\{\beta_1, \cdots, \beta_n\}$ 是相应的单位分划, 即是 $\beta_i (1 \leqslant i \leqslant n)$ 是 X 上的连续实函数, 使得对任何 $x \in X$ 有 $0 \leqslant \beta_i(x) \leqslant 1, \sum_{i=1}^{n} \beta_i(x) = 1$ 且 $\beta_i(x) > 0$ 蕴含 $x \in U_{x_i} (1 \leqslant i \leqslant n)$. 令

$$T(x) = \left\{ y \in X \mid \sum_{i=1}^{n} \beta_i(x) \varphi_{x_i}(x-y) < 0 \right\} \quad (x \in X)$$

由于 $\sum_{i=1}^{n} \beta_i(x) \varphi_{x_i}(x-y)$ 是 x 和 y 的连续函数, 对 y 是

仿射的，所以对任何 $x \in X, T(x) \subset X$ 是凸集；对任何 $y \in X, T^{-1}(y) \subset X$ 是开集. 此外，对任何 $x \in X, x \notin T(x)$. 因此，据 Browder 基本定理，存在 $x_0 \in X$，使 $T(x_0) \neq \phi$，即是

$$\sum_{i=1}^{n} \beta_i(x_0) \varphi_{x_i}(x_0 - y) \geqslant 0 \quad (y \in X)$$

由于 $\beta_i(x_0) > 0$ 蕴含 $x_0 \in U_{x_i}$，所以对任何 $u \in F(x_0), v \in G(x_0)$ 有 $\varphi_{x_i}(u - v) > 0$. 因此，我们总有

$$\sum_{i=1}^{n} \beta_i(x_0) \varphi_{x_i}(u - v) > 0 \quad (u \in F(x_0), v \in G(x_0))$$

于是我们得到 E 上的连续线性函数 $\varphi = \sum_{i=1}^{n} \beta_i(x_0) \varphi_{x_i}$，使得

$$\varphi(u - v) > 0 \leqslant \varphi(x_0 - y)$$
$$(y \in X, u \in F(x_0), v \in G(x_0))$$

从而

$$\inf_{y \in X} \varphi(x_0 - y) = 0$$

于是对任何 $h > 0$ 有

$$|\varphi(x_0 + h(u - v) - y)| = h\varphi(u - v) + \varphi(x_0 - y)$$
$$\inf_{y \in X} |\varphi(x_0 + h(u - v) - y)|$$
$$= h\varphi(u - v) + \inf_{y \in X} \varphi(x_0 - y)$$
$$= h\varphi(u - v)$$

$$\frac{1}{h} \inf_{y \in X} |\varphi(x_0 + h(u - v) - y)| = \varphi(u - v) > 0$$

因此，对任何 $u \in F(x_0), v \in G(x_0)$ 有

$$\lim_{h \to 0^+} \frac{1}{h} \inf_{y \in X} |\varphi[x_0 + h(u - v) - y]| \neq 0$$

定理 Ⅷ　令 X 是局部凸隔离拓扑向量空间 E 的非空紧致凸集，$F, G: X \to 2^E$ 准上半连续，使得对每个

441

$x \in X, F(x)$ 和 $G(x)$ 都是 E 的闭凸集,且其中至少有一个是紧致集. 如果对任何 $x \in X$ 和 E 上任何连续线性函数 φ,存在 $u \in F(x), v \in G(x)$,使得

$$\lim_{h \to 0^+} \frac{1}{h} \inf_{y \in X} \mid \varphi[x + h(u-v) - y] \mid = 0$$

那么存在 $x_0 \in X$,使得 $F(x_0) \bigcap G(x_0) \neq \varnothing$.

证 由于局部凸隔离拓扑向量空间中任何两个互不相交的闭凸集,如果其中至少有一个是紧致集,就可以用超越闭平面严格隔开,所以定理 Ⅷ 直接从定理 Ⅶ 推出.

于是,如果在定理 Ⅷ 中取 G 是恒同映像,从定理 Ⅷ 就得到定理 Ⅵ.

注 1 对于实拓扑向量空间 E 的凸集 X,定义 X 的代数边界为

$$\partial(K) = \{x \in X \mid \exists y \in E \text{ 使得}$$
$$\forall \lambda > 0 \text{ 有 } x + \lambda y \notin X\}$$

容易看出,定理 Ⅵ,Ⅷ 中的极限条件对于凸集 X 的非边界点是自然满足的. 事实上,如果 $x \in X$ 是非边界点,则对任何 $u \in F(x), v \in G(x)$,存在 $\lambda > 0$,使得 $x + \lambda(u-v) \in X$. 因此对任何 $h, 0 < h \leqslant \lambda$ 有 $x + h(u-v) \in X$. 从而

$$\inf_{y \in X} \mid \varphi[x + h(u-v) - y] \mid = 0$$

注 2 容易看出,定理 Ⅷ 中的极限条件可以换为

$$\lim_{h \to 0^+} \frac{1}{h} \inf_{y \in X} \mid \varphi[x + h(u-v) - y] \mid = 0$$

因为只需交换 F 和 G 的作用即可. 因此,定理 Ⅵ 中的极限条件也可换为

$$\lim_{h \to 0^+} \frac{1}{h} \inf_{y \in X} \mid \varphi[x - h(u-x) - y] \mid = 0$$

由于 X 的可分性及 α 的右连续性，对任何正整数 i,j 有

$$\bigcap_{x \in X} G_{ijxn} \in \mathscr{A} \text{ 且 } P(\bigcap_{n=1}^{+\infty} \bigcap_{x \in X} G_{ijxn}) = 1$$

任取正整数 i，当 $\omega \in E \bigcap F_i \bigcap (\bigcap_{n=1}^{+\infty} \bigcap_{x \in X} G_{ijxn})$ 时，有

$$\| T_{jn^j}^{m_j}(\omega, y_n(\omega)) - T_{in^i}^{m_i}(\omega, \hat{x}(\omega)) \| \leqslant$$

$$\alpha(\omega, \| y_n - \hat{x}(\omega) \|, \| \hat{x}(\omega) - T_{in^i}^{m_i}(\omega, \hat{x}(\omega)) \|,$$

$$\| y_n(\omega) - T_{jn^j}^{m_j}(\omega, y_n(\omega)) \|, \| \hat{x}(\omega) - T_{jn^j}^{m_j}(\omega,$$

$$y_n(\omega)) \|, \| y_n(\omega) - T_{in^i}^{m_i}(\omega, \hat{x}(\omega)) \|) \qquad (4)$$

令

$$\limsup_{n \to +\infty} \| T_{jn^j}^{m_j}(\omega, y_n(\omega)) - T_{in^i}^{m_i}(\omega, \hat{x}(\omega)) \| = t_0$$

于是由条件 (1)(2) 易知

$$\limsup_{n \to +\infty} \| y_n(\omega) - T_{jn^j}^{m_j}(\omega, y_n(\omega)) \| \leqslant t_0 \qquad (5)$$

$$\limsup_{n \to +\infty} \| \hat{x}(\omega) - T_{jn^j}^{m_j}(\omega, y_n(\omega)) \| \leqslant t_0 \qquad (6)$$

于式 (4) 两端，令 $n \to +\infty$ 取上极限，由引理 2 得

$$t_0 \leqslant \alpha(\omega, 0, t_0, 0, 0, t_0) \leqslant \gamma(\omega, t_0)$$

又由引理 3 得 $t_0 = 0$，于是由式 (6) 得

$$P(\omega \in \Omega: \lim_{n \to +\infty} \| T_{jn^j}^{m_j}(\omega, y_n(\omega)) - \hat{x}(\omega) \| = 0)$$

$$= P(E'_j) = 1$$

其次，我们证明 $\lim_{n \to +\infty} \| z_n(\omega) - \hat{x}(\omega) \| = 0$, a.s. 事实上，当

$$\omega \in (\bigcap_{j=1}^{+\infty} E'_j) \bigcap E \bigcap (\bigcap_{i=1}^{+\infty} F_i) \bigcap (\bigcap_{i=1}^{+\infty} \bigcap_{j=1}^{+\infty} \bigcap_{n=1}^{+\infty} \bigcap_{x \in X} G_{ijxn})$$

时，令

$$\limsup_{n \to +\infty} \| z_n(\omega) - T_{jn^j}^{m_j}(\omega, y_n(\omega)) \| = a_0$$

于是由式 (6) 知 (注意 $t_0 = 0$)

$$\begin{cases} \limsup\limits_{n\to+\infty} \| z_n(\omega) - \hat{x}(\omega) \| \leqslant a_0 \\ \limsup\limits_{n\to+\infty} \| z_n(\omega) - z_{n-1}(\omega) \| \leqslant 2a_0 \\ \limsup\limits_{n\to+\infty} \| z_{n-1}(\omega) - T_{jn^j}^m(\omega, y_n(\omega)) \| \leqslant a_0 \\ \limsup\limits_{n\to+\infty} \| y_n(\omega) - z_n(\omega) \| \leqslant a_0 \end{cases} \quad (7)$$

但因

$$\| T_{nn^n}^m(\omega, z_{n-1}(\omega)) - T_{jn^j}^m(\omega, y_n(\omega)) \|$$

$$\leqslant \alpha(\omega, \| z_{n-1}(\omega) - y_n(\omega) \|, \| z_{n-1}(\omega) - z_n(\omega) \|,$$

$$\| y_n(\omega) - T_{jn^j}^m(\omega, y_n(\omega)) \|, \| z_{n-1}(\omega) -$$

$$T_{jn^j}^m(\omega, y_n(\omega)) \|, \| y_n(\omega) - z_n(\omega) \|) \quad (8)$$

式（8）中令 $n \to +\infty$ 取上极限，应用引理 2，并注意式（7）和式（5）（此时 $t_0 = 0$）得

$$a_0 \leqslant \alpha(\omega, a_0, 2a_0, 0, a_0, a_0) = g(\omega, a_0)$$

由引理 3 得 $a_0 = 0$.

定理得证.

作为上述的连续随机算子的基本逼近定理的应用，我们来考虑一个与概率论中加强大数定理相类似的定理.

定理 8　设 $T_{mn}(\omega, \cdot), m, n = 1, 2, \cdots$ 是映 $\Omega \times X \to X$ 的连续随机算子序列，满足以下条件：

（1）对任一固定的 $m(m = 1, 2, \cdots)$，序列 $\{T_{mn}(\omega, \cdot)\}_{n=1}^{+\infty}$ 是独立同分布的序列，且对任一 $x \in X$ 和 m，$T_{mn}(\omega, x)$ 的 Bochner 积分存在

$$S_m(x) = (B)\int_\Omega T_{mn}(\omega, x) d(P(x)) \quad (n = 1, 2, \cdots)$$

（2）存在非负随机函数 $\alpha \in \mathscr{L}$ 对任意的正整数 n，$i, j = 1, 2, \cdots$ 及任意的 $x, y \in X$，有

$$P(\omega \in \Omega: \| S_m(\omega, x) - S_{jn}(\omega, y) \|$$

$$\leqslant \alpha(\omega, \| x - y \| , \| x - S_{in}(\omega, x) \| ,$$
$$\| y - S_{jn}(\omega, y) \| , \| x - S_{jn}(\omega, y) \| ,$$
$$\| y - S_{jn}(\omega, x) \|))$$
$$= P(G_{nijxy}) = 1$$

其中

$$S_{mn} = (\omega, x) = \frac{1}{n} \sum_{i=1}^{n} T_{mi}(\omega, x) \quad (m, n = 1, 2, \cdots)$$

则

1°. $S_m(x), m = 1, 2, \cdots$ 有唯一的公共不动点 $\hat{x} \in$ X.

2°. 对任一 X — 值随机元 $z_0(\omega)$,序列
$$z_n(\omega) = S_{nn}(\omega, z_{n-1}(\omega)) \quad (n = 1, 2, \cdots)$$
以概率 1 强收敛于 $\hat{x}$.

证　由王梓坤的《随机泛函分析引论》中的第一章的定理 5,对每一 $m(m = 1, 2, \cdots)$ 及 $x \in X$,有
$$P(\omega \in \Omega: \lim_{n \to +\infty} \| S_{mn}(\omega, x) - S_m(x) \| = 0)$$
$$= P(F_{mx}) = 1$$
于是对任意的正整数 i, j 和任意的 $x, y \in X$
$$P((\bigcap_{n=1}^{+\infty} G_{nijxy}) \bigcap F_{ix} \bigcap F_{iy} \bigcap F_{jx} \bigcap F_{jy}) = P(H_1) = 1$$
于是当 $\omega \in H_1$ 时有
$$\begin{cases} \lim_{n \to +\infty} \| S_{in}(\omega, x) - S_i(x) \| = 0 \\ \lim_{n \to +\infty} \| S_{in}(\omega, y) - S_i(y) \| = 0 \\ \lim_{n \to +\infty} \| S_{jn}(\omega, x) - S_j(x) \| = 0 \\ \lim_{n \to +\infty} \| S_{in}(\omega, y) - S_i(y) \| = 0 \end{cases}$$
$$\| S_{in}(\omega, x) - S_{jn}(\omega, y) \| \leqslant \alpha(\omega, \| x - y \| ,$$
$$\| x - S_{in}(\omega, x) \| ,$$

$$\|\, y - S_{jn}(\omega, y)\,\|\,,\ \|\, x - S_{jn}(\omega, y)\,\|\,,\ \|\, y - S_{in}(\omega, x)\,\|\,)$$

于上式两端令 $n \to +\infty$，并应用引理 2 得

$$\|\, S_i(x) - S_j(y)\,\| \leqslant \alpha(\omega, \|\, x - y\,\|, \|\, x - S_i(x)\,\|, \|\, y - S_j(y)\,\|,$$
$$\|\, x - S_j(y)\,\|,$$
$$\|\, y - S_i(x)\,\|)$$

再由定理 1 知存在唯一的 $\hat{x} \in X$，使得

$$S_m(\hat{x}) = \hat{x} \quad (m = 1, 2, \cdots)$$

再根据定理 4，对任一正整数 n，随机算子列 $\{S_{mn}(\omega, \cdot)\}_{m=1}^{+\infty}$ 有唯一的公共的随机不动点 $y_n(\omega)$，即

$$P(\omega \in \Omega : S_{mn}(\omega, y_n(\omega)) = y_n(\omega)) = P(E_{mn}) = 1$$
$$(m = 1, 2, \cdots)$$

任意固定正整数 i，根据 X 的可分性，α 的右连续性及算子 T_{mn} 的连续性，由定理的假设条件（2）知

$$\bigcap_{n=1}^{+\infty} \bigcap_{y \in X} G_{nii y \hat{x}} \in \mathscr{A},\ \text{且}\ P(H_2) \stackrel{\text{def}}{=\!=\!=}$$
$$P((\bigcap_{n=1}^{+\infty} \bigcap_{y \in X} G_{nii y \hat{x}}) \bigcap (\bigcap_{n=1}^{+\infty} E_{in}) \bigcap F_{i\hat{x}}) = 1$$

于是当 $\omega \in H_2$ 时

$$\|\, S_{in}(\omega, y_n(\omega)) - S_{in}(\omega, \hat{x})\,\|$$
$$\leqslant \alpha(\omega, \|\, y_n(\omega) - \hat{x}\,\|, \|\, y_n(\omega) - S_{in}(\omega, y_n(\omega))\,\|,$$
$$\|\, \hat{x} - S_{in}(\omega, \hat{x})\,\|, \|\, y_n(\omega) - S_{in}(\omega, \hat{x})\,\|,$$
$$\|\, \hat{x} - S_{in}(\omega, y_n(\omega))\,\|) \quad (n = 1, 2, \cdots) \tag{9}$$

令

$$\varlimsup_{n \to +\infty} \|\, y_n(\omega) - \hat{x}\,\| = t_0$$

由于 $\lim\limits_{n \to +\infty} \|\, S_{in}(\omega, \hat{x}) - \hat{x}\,\| = \|\, S_i(\hat{x} - \hat{x})\,\| = 0$，故

$$\varlimsup_{n \to +\infty} \|\, y_n(\omega) - S_{in}(\omega, \hat{x})\,\| = t_0$$

于式（9）两端令 $n \to +\infty$ 取上极限，由引理 2 得

$$t_0 \leqslant \alpha(\omega, t_0, 0, 0, t_0, t_0) \leqslant \gamma(\omega, t_0)$$

由引理 3 知，$t_0 = 0$，即

$$\lim_{n \to +\infty} \| y_n(\omega) - \hat{x} \| = 0$$

由定理 7 知，对任一 X － 值随机元 $z_0(\omega)$，序列

$$z_n(\omega) = S_{nn}(\omega, z_{n-1}(\omega)) \quad (n = 1, 2, \cdots)$$

以概率 1 强收敛于 $\hat{x}$.

定理证毕.

最后考虑一个带连续参数的随机连续算子的逼近定理，它改进了刘作述的《关于可分 Banach 空间中连续算子的逼近定理》中的定理 4.1.

定理 9　设 $T(\omega, t, x)$ 是 $\Omega \times [0, +\infty) \times X \to X$ 的随机过程算子，对几乎一切的 $\omega \in \Omega$，$T(\omega, \cdot, \cdot)$ 是 (t, x) 的二元连续算子，固定 $(t, x) \in [0, +\infty) \times X$，$T(\cdot, t, x)$ 是 X － 值随机元，如满足条件：

（1）存在一个对变量 t_1, t_2, t_3, t_4, t_5 为凸的随机函数 $\alpha(\omega, t_1, t_2, t_3, t_4, t_5) \in \mathscr{L}$ 及 $\hat{x} \in X$，使对一切 $(t, x) \in [0, +\infty) \times X$，有

$$P(\omega \in \Omega : \| T(\omega, t, x) - T(\omega, t, \hat{x}) \|$$
$$\leqslant \alpha(\omega, \| x - \hat{x} \|, \| x - T(\omega, t, x) \|,$$
$$\| \hat{x} - T(\omega, t, \hat{x}) \|, \| x - T(\omega, t, \hat{x}) \|,$$
$$\| \hat{x} - T(\omega, t, x) \|)) = P(E_{tx}) = 1$$

$$P(\omega \in \Omega : \lim_{t \to +\infty} \frac{1}{t} \int_0^t \| T(\omega, s, \hat{x} \| \, \mathrm{d}s = 0)$$
$$= P(F) = 1$$

（2）设 $a(t), b(t)$ 是定义在 $(1, +\infty)$ 上不减的连续函数，且满足条件：$0 \leqslant a(t) < b(t) \leqslant t - 1$，$\lim_{t \to +\infty} a(t) = +\infty$，又存在正实数 r，使得 $\dfrac{a(t)}{b(t)} \leqslant r < 1$.

（3）定义 $X-$ 值随机过程 $x_t(\omega)$，即

$$x_t(\omega) = \begin{cases} (1-t)x_0(\omega) + tT(\omega,0,x_0(\omega)), 0 \leqslant t \leqslant 1 \\ \dfrac{1}{b(t)-a(t)} \displaystyle\int_{a(t)}^{b(t)} T(\omega,s,x_s(\omega)) ds, t > 1 \end{cases}$$

其中 $x_0(\omega)$ 是任一 $X-$ 值随机元，则随机过程 $x_t(\omega)$ 的轨道以概率 1 连续，且

$$P(\omega \in \Omega: \lim_{t \to +\infty} \| x_t(\omega) - \hat{x} \| = 0) = 1$$

证 显然，$x_t(\omega)$ 的轨道以概率 1 连续，因此是可分过程. 故由 $T(\omega,t,x)$ 的连续性及 α 的右连续性得

$$\bigcap_{t \geqslant 0} \bigcap_{x \in X} E_{tx} \in \mathscr{A} \text{ 且 } P(\bigcap_{t \geqslant 0} \bigcap_{x \in X} E_{tx}) = 1$$

由刘作述的《关于可分 Banach 空间中连续随机算子的逼近定理》知

$$P(\omega \in \Omega: \frac{1}{b(t)-a(t)} \int_{a(t)}^{b(t)} \| T(\omega,s,\hat{x}) - \hat{x} \| ds = 0)$$

$$= P(\widetilde{F}) = 1$$

故当 $\omega \in (\bigcap_{t \geqslant 0} \bigcap_{x \in X} E_{tx}) \bigcap \widetilde{F}$ 时，令

$$\lim_{t \to +\infty} \sup \frac{1}{b(t)-a(t)} \int_{a(t)}^{b(t)} \| T(\omega,s,\hat{x}) - \hat{x} \| ds = a_0$$

于是

$$\lim_{t \to +\infty} \sup \| x_t(\omega) - \hat{x} \|$$

$$= \lim_{t \to +\infty} \sup \left\| \frac{1}{b(t)-a(t)} \int_{a(t)}^{b(t)} \| T(\omega,s,x_s) - \hat{x}) ds \right\|$$

$$\leqslant \lim_{t \to +\infty} \sup \frac{1}{b(t)-a(t)} \int_{a(t)}^{b(t)} \| T(\omega,s,x_s) - \hat{x} \| ds \leqslant$$

a_0

因而也有

$$\lim_{t \to +\infty} \sup \frac{1}{b(t)-a(t)} \int_{a(t)}^{b(t)} \| x_s(\omega) - \hat{x} \| ds \leqslant a_0$$

又对一切的 $(t,x) \in [0, +\infty) \times X$，有

$$\| T(\omega,t,x) - T(\omega,t,\hat{x}) \|$$

$$\leqslant \alpha(\omega,\| x - \hat{x} \|,\| x - T(\omega,t,x) \|$$

$$\| \hat{x} - T(\omega,t,\hat{x}) \|,\| x - T(\omega,t,\hat{x}) \|,$$

$$\| \hat{x} - T(\omega,t,x) \|)$$

于上式中取 $x = x_t(\omega)$，并在 $[a(t),b(t)]$ 上积分，于是，由 α 对变量 $t_i,i=1,2,\cdots,5$ 的凸性得

$$\frac{1}{b(t)-a(t)}\int_{a(t)}^{b(t)} \| T(\omega,s,x_s(\omega)) - T(\omega,s,\hat{x}) \|\,\mathrm{d}s$$

$$\leqslant \alpha\Big(\omega,\frac{1}{b(t)-a(t)}\int_{a(t)}^{b(t)} \| x_s(\omega) - \hat{x} \|\,\mathrm{d}s,$$

$$\frac{1}{b(t)-a(t)}\int_{a(t)}^{b(t)} \| x_s(\omega) - T(\omega,s,x_s(\omega)) \|\,\mathrm{d}s,$$

$$\frac{1}{b(t)-a(t)}\int_{a(t)}^{b(t)} \| \hat{x} - T(\omega,s,\hat{x}) \|\,\mathrm{d}s,$$

$$\frac{1}{b(t)-a(t)}\int_{a(t)}^{b(t)} \| x_s(\omega) - T(\omega,s,\hat{x}) \|\,\mathrm{d}s,$$

$$\frac{1}{b(t)-a(t)}\int_{a(t)}^{b(t)} \| \hat{x} - T(\omega,s,x_s(\omega)) \|\,\mathrm{d}s\Big)$$

于上式两端令 $t \to +\infty$ 取上极限，由引理 2 得

$$a_0 \leqslant \alpha(\omega,a_0,2a_0,0,a_0,a_0) = g(\omega,a_0)$$

由引理 3 得 $a_0 = 0$，即

$$\lim_{t \to +\infty} \| x_t(\omega) - \hat{x} \| = 0$$

定理证毕.

关于最优不动点的存在性问题

最优不动点的概念是由 Z. Manna 以及 A. Shamir 等人最先提出来的. 在本章中, 我们对线序集合上单调函数不动点的存在性给出了两个等价定理, 并对一种特殊形式的偏序集合上的最优不动点存在性给出了一定的结论. 作为此结论的应用, 上海交通大学应用数学系的王体、陈康燕两位教授在 1983 年对 J. H. Gallier 提出的一个问题给了否定的答复.

37.1 预备知识

1. 偏序集合 $(S, \leqslant)$, 记为 poset S.

2.线序集合,或为链.

3.偏序集合 D 的子集合 S 的上确界记为 lub(S). 类似地, S 的下确界记为 glb(S).

4.完备链偏序集合.

5.有界并偏序集合.

6.偏序集合中的相容的元.

7.下半格的偏序集合.

8.链与其子链共尾以及共源.

9.偏序集合上的单调函数.

10.偏序集合上单调函数 f 的不动点. f 的不动点全体记为 FIX(f). f 的相容不动点全体记为 FIXC(f). f 的最优不动点记为 opt(f).

下述定理是偏序集合上单调函数不动点存在性的关键定理.

基本定理(Tarski):给定一完备链偏序集合 D,对 D 上任一单调函数 f,FIX(f) $\neq \varnothing$ 且有最小元.

定理的证明用了超限归纳法.

37.2　对线序集合(链)上不动点存在性的讨论

引理1　对一链 C,(a)若 C 无最大元,则 C 有一严格升的超限序列 $\{x^\alpha\}$, $\{x^\alpha\}$ 和 C 共尾(显然 $\{x^\alpha\}$ 也是一链);(b)若 C 无最小元,则 C 有一严格降的超限序列 $\{x^\beta\}$, $\{x^\beta\}$ 和 C 共源.

本引理可由选择公理证得.

定理1　对链 C, C 上任一单调函数 f 都有 FIX(f) $\neq \varnothing$ 的充要条件是 C 为完备链.

证 必要性：如果 C 上任一单调函数 f 都有 $\mathrm{FIX}(f) \neq \varnothing$. 假设 C 不是完备链的，则 C 有一子链 C^* 无上确界，等价地有，C^* 无最大元，C^* 在 C 中的上界所组成的链 C' 无最小元.

首先假设 C^* 和 C' 都非空的情形，由引理 1 知 C^* 中有一严格升的超限序列 $\{x_1^\alpha\}$ 和 C^* 共尾，C' 中有一严格降的超限序列 $\{x_2^\beta\}$ 与 C' 共源. 在 C 上定义单调函数 f 如下

$$f(x) = \begin{cases} x_1^\theta, & \text{若 } x < x_1^0 \\ x_1^{\alpha+1}, & \text{若 } x_1^\alpha \leqslant x < x_1^{\alpha+1} \\ x_2^{\beta+1}, & \text{若 } x_2^{\beta+1} \leqslant x < x_2^\beta \\ x_2^\theta, & \text{若 } x_2^0 < x \end{cases}$$

这样定义的 f 在 C 上必无不动点.

对于 $C^* = \varnothing$ 或 $C' = \varnothing$ 的情形，f 的构造完全类似，甚至更为简单. 故此，必要性得证.

充分性：如果 C 是完备链，由 Tarski 定理知 $\mathrm{FIX}(f) \neq \varnothing$.

定理 2 对链 C，C 上任一单调函数 f 都有 $\mathrm{FIX}(f) \neq \varnothing$ 的充要条件是 $\mathrm{FIX}(f)$ 有最大元.

证 充分性：从定理 1 知成立.

必要性：从定理 1 知 C 是完备链. 因为 $\mathrm{FIX}(f)$ 是 C 的一子链，所以 $\mathrm{FIX}(f)$ 有上确界 b. 如果 $b \in \mathrm{FIX}(f)$，则 b 为 $\mathrm{FIX}(f)$ 的最大元. 如果 $b \bar{\in} \mathrm{FIX}(f)$，对任意 $x \in \mathrm{FIX}(f)$，有 $f(x) = x < b < f(b)$. 故考虑 $C' = \{x \mid b \leqslant x, x \in C\}$，$f$ 也是 C' 上的单调函数，且 C' 也是完备链. 由 Tarski 定理，f 于 C' 上有不动点 y，$y \geqslant b$. 这和 b 是 $\mathrm{FIX}(f)$ 的上确界且 $b \bar{\in} \mathrm{FIX}(f)$ 相矛盾. 故 $\mathrm{FIX}(f)$ 有最大元.

综合 Tarski 定理以及定理 1 和 2，我们可得到下面四个等价命题.

对于链 C，下面四个命题等价：

（1）C 是完备链.

（2）C 上任一单调函数均有 FIX(f) $\neq \varnothing$.

（3）C 上任一单调函数均有 FIX(f) 有最大元.

（4）C 上任一单调函数均有 FIX(f) 有最小元.

37.3　最优不动点的存在性

J. H. Gallier 在他的文献中获得了 Manna 以及 Shamir 的结论的推广：

定理 3　如果 D 是完备链且有有界并，则 FIXC(f) 有最大元（即 opt(f) 存在）.

然后，他提出了一个问题：一个完备链偏序集合上的任一单调函数都有最优不动点，是否该集合一定为有界并的呢？下面的一个定理及一个具体的例子表明这是不一定的.

定理 4　设 D 为一偏序集合，若满足：

（1）D 是完备链；

（2）D 中任意二元如有无序关系则必不相容，则对 D 上任一单调函数 f，其最优不动点 opt(f) 存在.

证　由（1）知 FIX(f) $\neq \varnothing$ 且 FIXC(f) $\neq \varnothing$. 再由（2）知 FIXC(f) 是一链. 由（1）又知，$b =$ lub(FIXC(f)) 存在. 现对 b 分几种情形加以讨论.

（a）如果 $b \in$ FIX(f)，则任给 $y \in$ FIX(f)，可以证明 lub(y,b) 一定存在. 事实上，如果存在 $z \in$

FIXC(f),使得 $y \leqslant z$,则 $y \leqslant b$,即 lub$(y,b) = b$,故 lub(y,b) 存在. 如果对于任意 $z \in$ FIXC(f) 都有 $y \geqslant z$,则 $y \geqslant$ lub(FIXC(f)) $= b$. 且 lub$(b,y) = y$,即 lub(y,b) 存在. 因而 $b \in$ FIXC(f),即 opt$(f) = b$ 存在.

（b）如果 $b \overline{\in}$ FIX(f). 设 $|D|$ 是 D 的基数,$|D|^+$ 是其基数严格大于 $|D|$ 的最小序数. 用超限递归定义一超限序列 $\{x^a\}$ 至 $|D|^+$:$x^0 = b$,$x^{a+1} = f(x^a)$,则 $\{x^a\}$ 为 D 中一链,且为完备链. 用超限归纳法可以证明 $\{x^a\}$ 为一单调升序列,由 Tarski 定理,f 在 $\{x^a\}$ 上有不动点 x_0. 现证 $x_0 \in$ FIX(f),任给 $y \in$ FIX(f),如果存在 $z \in$ FIXC(f) 使得 $y \leqslant z$,则 lub$(y,x_0) = x_0$. 如果对任意的 $z \in$ FIXC(f),都有 $y \geqslant z$,则 $y \geqslant b$. 由超限归纳法可以证明,对任意 $a \in |D|^+$,$y \geqslant x_0^a$,即 $y \geqslant x_0$,所以 lub$(y,x_0) = y$,即 $x_0 \in$ FIXC(f). 这与 $b \overline{\in}$ FIXC(f) 且 $b = $lub(FIXC$(f)$) 矛盾.

综上所述,$b \in$ FIXC(f),即 $b = opt(f)$.

例 1 取集合 $B = \{-1, \mathrm{i}, -\mathrm{i}, 1, \dfrac{1}{2}, \dfrac{1}{3}, \cdots,$

$\dfrac{1}{n}, \cdots\}$,于 B 上定义二元关系（图 1）

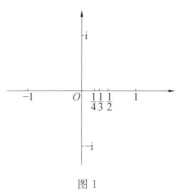

图 1

464

$$-1 < -\mathrm{i} < \frac{1}{n}, -1 < \mathrm{i} < \frac{1}{n}, \frac{1}{n+1} < \frac{1}{n}$$
$$(n = 1, 2, \cdots)$$

简记 $(B, \leqslant)$ 为 B. 显然，B 是完备链偏序集. 又因为在 B 中，仅在 i 与 $-\mathrm{i}$ 之间不存在序关系，而且 i 与 $-\mathrm{i}$ 不相容，所以 B 满足定理 4 的条件(1)及(2). 由定理 4，对于 B 上的任一单调函数 f，存在最优不动点 $\mathrm{opt}(f)$. 然而 i 和 $-\mathrm{i}$ 的上界存在，但上确界不存在. 所以 B 不是有界并的. 因此，这说明 Gallier 的问题的答案是不一定.

下面的一个例子说明定理 4 中条件(2) 不是最优不动点存在的必要条件.

例 2　集合 $A = \{1, -1, \mathrm{i}, -\mathrm{i}\}$，定义序关系 $\leqslant$：$-1 < \mathrm{i} < 1, -1 < -\mathrm{i} < 1, \mathrm{i}$ 和 $-\mathrm{i}$ 之间无序关系(图 2).

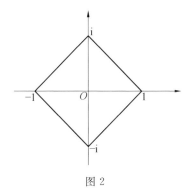

图 2

显然，$(A, \leqslant)$ 不满足定理 4 的条件(2)，但 A 上的任意单调函数都有最优不动点.

对于定理 4 中的条件(1) 却是不可省略的，否则从本章第二段的讨论中可以知道 $\mathrm{FIX}(f)$ 可能是空集.

465

直接最优化方法的收敛性与不动点

第
38
章

38.1 引　　言

　　最优化方法中的直接法是仅仅利用目标函数值（或者通过试验结果）的信息，试图去寻求最优解. 直接法迭代步骤简单，特别当目标函数的解析表达式十分复杂，甚至写不出来时，那些要求计算目标函数的偏导数的方法（称为解析方法）就无能为力了. 然而，多因素的直接法多半都是以几何直观为基础的，理论上还远不够完善，方法的收敛性乃至迭代的停机判别准则的合理性的讨论也见之不多.

本章的目的是试图从理论上讨论几个直接方法迭代程序的可行性及收敛性. 指出了对于步长加速法、简化的坐标轮换法、翻筋斗法、矩形调优法等迭代过程中得到的点列的极限点即是坐标(因素)轮换法中的不动点. $n(\geqslant 2)$ 个变量的降维法迭代停止时,得到的点也是因素轮换法中的不动点,并得到了当目标函数是连续的严格拟凸函数时(目标函数是严格凸函数、凸函数、下单峰函数或称直线单峰函数时),不动点是最优解的一个充分必要条件. 因而得到了,步长加速法、简化的坐标轮换法、翻筋斗法、矩形调优法以及 $n(\geqslant 2)$ 维的降维法的收敛性. 同时本章还讨论了当目标函数是下单峰函数时,坐标轮换法、转轴法以及方向加速法的收敛性,给出了迭代中的点列 $\{x^{(k)}\}$ 的极限是最优解的一个充分必要条件.

38.2 凸类型的函数及其有关性质

下面一系列定义中的函数 $f(x)$ 都是定义在 n 维欧氏空间 E^n 中的某一凸集合 X 上的 n 个变量的实值函数.

定义 1 若对于任意的 $x, y \in X, x \neq y$,以及数 $\alpha \in (0,1)$,有
$$f(\alpha x + (1-\alpha)y) < \alpha f(x) + (1-\alpha)f(y)$$
则称 $f(x)$ 是 X 上的严格凸函数.

定义 2 若对于任意的 $x, y \in X$,以及数 $\alpha \in (0,1)$,有
$$f(\alpha x + (1-\alpha)y) \leqslant \alpha f(x) + (1-\alpha)f(y)$$

则称 $f(\boldsymbol{x})$ 是 X 上的凸函数.

定义 3　若对于任意的 $\boldsymbol{x},\boldsymbol{y} \in X, f(\boldsymbol{x}) \neq f(\boldsymbol{y})$,以及数 $\alpha \in (0,1)$,有

$$f(\alpha\boldsymbol{x} + (1-\alpha)\boldsymbol{y}) < \max\{f(\boldsymbol{x}),f(\boldsymbol{y})\}$$

则称 $f(\boldsymbol{x})$ 是 X 上的严格拟凸函数.

定义 4　若对于任意的 $\boldsymbol{x},\boldsymbol{y} \in X$,及数 $\alpha \in (0,1)$,有

$$f(\alpha\boldsymbol{x} + (1-\alpha)\boldsymbol{y}) \leqslant \max\{f(\boldsymbol{x}),f(\boldsymbol{y})\}$$

则称 $f(\boldsymbol{x})$ 是 X 上的拟凸函数.

定义 5　若对于任意的 $\boldsymbol{x},\boldsymbol{y} \in X, \boldsymbol{x} \neq \boldsymbol{y}$,以及数 $\alpha \in (0,1)$,有

$$f(\alpha\boldsymbol{x} + (1-\alpha)\boldsymbol{y}) < \max\{f(\boldsymbol{x}),f(\boldsymbol{y})\}$$

则称 $f(\boldsymbol{x})$ 是 X 上的下单峰函数(或称直线单峰函数).

当 $n=1$ 时,下单峰函数的定义与优选法中单变量的单峰函数的定义是一致的.因此,定义 5 是单变量单峰函数的形式上的扩充.

不难看出这些函数类之间有如下的关系:

严格凸函数 $\Rightarrow$ 凸函数 $\Rightarrow$ 严格拟凸函数

$$\Downarrow \qquad\qquad \Uparrow$$

下单峰函数

("$\Rightarrow$"的意思是:例如"严格凸函数 $\Rightarrow$ 凸函数"是表示若 $f(\boldsymbol{x})$ 是 X 上的严格凸函数,则 $f(\boldsymbol{x})$ 也是 X 上的凸函数).当 $f(\boldsymbol{x})$ 在 X 上是下半连续函数时,可以证明下面的关系成立:

严格拟凸函数 $\Rightarrow$ 拟凸函数

不难证明,当 $f(\boldsymbol{x})$ 是 X 上的严格拟凸函数时,局部极小也是整体极小(最优解);当 $f(\boldsymbol{x})$ 是 X 上的下

单峰函数时,其最优解(若存在)唯一.

不难证明,$f(\boldsymbol{x})$ 是上面定义 1 至定义 5 中的某一函数类中 n 个变量的函数的充分必要条件是:对任意的 $\boldsymbol{x},\boldsymbol{y} \in X,\boldsymbol{x} \neq \boldsymbol{y}$,单变量函数

$$\varphi(\alpha) = f(\alpha\boldsymbol{x} + (1-\alpha)\boldsymbol{y})$$
$$= f(\boldsymbol{y} + \alpha(\boldsymbol{x} - \boldsymbol{y}))$$

是 $[0,1]$ 上的同类型的函数类中的单变量 α 的函数.

38.3　坐标轮换法的不动点与最优解

本章考虑极值问题

$$\min_{\boldsymbol{x} \in R} f(\boldsymbol{x})$$

其中

$$R = \{\boldsymbol{x} = (x_1, x_2, \cdots, x_n)^{\top} \mid$$
$$a_j \leqslant x_j \leqslant b_j, j = 1, 2, \cdots, n\}$$

$a_j \leqslant b_j, a_j$ 可以为 $-\infty, b_j$ 可以为 $+\infty(1 \leqslant j \leqslant n)$. 显然,若对于 $j = 1, 2, \cdots, n$,有

$$a_j = -\infty, b_j = +\infty$$

则

$$\min_{\boldsymbol{x} \in R} f(\boldsymbol{x}) = \min_{\boldsymbol{x} \in E^n} f(\boldsymbol{x})$$

即变为无条件极值问题.

因素轮换法的迭代程序见《优选法》一书中的第二章 §3.

定义 6　点 $\boldsymbol{x}^* \in R$ 称为 $f(\boldsymbol{x})$ 在因素轮换意义之下的不动点(简称不动点),若对于每一个 $j(1 \leqslant j \leqslant n)$,都有

$$\min_{a_j \leqslant x_j \leqslant b_j} f(x_1^*, x_2^*, \cdots, x_{j-1}^*, x_j, x_{j+1}^*, \cdots, x_n^*)$$
$$= f(x_1^*, \cdots, x_j^*, \cdots, x_n^*)$$

或等价地有

$$\min_{a_j \leqslant x_j^* + \lambda \leqslant b_j} f(\boldsymbol{x}^* + \lambda \boldsymbol{e}_j) = f(\boldsymbol{x}^*)$$

其中

$$\boldsymbol{e}_j = (0, 0, \cdots, 0, \overset{j}{1}, 0, \cdots, 0)^{\mathrm{T}} \quad (j = 1, 2, \cdots, n)$$

一般来说,不动点不一定是最优解(甚至当 $f(\boldsymbol{x})$ 是凸函数时也不能保证). 例如

$$\min_{\boldsymbol{x} \in R} f(\boldsymbol{x}) \quad (\boldsymbol{x} \in E^2)$$

其中

$$f(x_1, x_2) = \begin{cases} x_1 - 2x_2, & 0 \leqslant x_2 \leqslant x_1 \leqslant 1 \\ x_2 - 2x_1, & 0 \leqslant x_1 \leqslant x_2 \leqslant 1 \end{cases}$$
$$R = \{(x_1, x_2) \mid 0 \leqslant x_1 \leqslant 1, 0 \leqslant x_2 \leqslant 1\}$$

易见, $\bar{\boldsymbol{x}} = (1, 1)^{\mathrm{T}}$ 为最优解;而 $\boldsymbol{x}^* = (0, 0)^{\mathrm{T}}$ 是一不动点,但非最优解. 值得注意的是,上例的目标函数 $f(x_1, x_2)$ 虽然是凸函数,但在不动点 $\boldsymbol{x}^*$ 处是不可微的.

下面给出不动点是最优解的充分必要条件. 为此, 先引进如下的定义及引理.

定义 7 设 $f(\boldsymbol{x})$ 是定义在集合 X 上的 n 个变量的实值函数,且 $f(\boldsymbol{x})$ 在点 $\boldsymbol{x}^* \in X$ 处是可微的. 若存在 $\boldsymbol{x}^*$ 的某一邻域 $U(\boldsymbol{x}^*)$,使得对于任意的 $\boldsymbol{x} \in U(\boldsymbol{x}^*) \bigcap X$,有

$$f(\boldsymbol{x}) \geqslant f(\boldsymbol{x}^*) + (f_x(\boldsymbol{x}^*))^{\mathrm{T}}(\boldsymbol{x} - \boldsymbol{x}^*)$$

则称 $f(\boldsymbol{x})$ 在点 $\boldsymbol{x}^*$ 处是凸函数.

引理 1 设 $f(\boldsymbol{x})$ 是定义在凸集 X 上的拟凸函数, $\boldsymbol{x}, \boldsymbol{y} \in X, f(\boldsymbol{x}) \leqslant f(\boldsymbol{y})$,且 $f(\boldsymbol{x})$ 在 $\boldsymbol{y}$ 点处是可微的,

则

$$(f_x(\boldsymbol{y}))^{\mathrm{T}}(\boldsymbol{x}-\boldsymbol{y}) \leqslant 0$$

证　因为 $f(\boldsymbol{x})$ 是拟凸函数,故对任意的 $\alpha \in (0,1)$,有

$$f(\boldsymbol{y}+\alpha(\boldsymbol{x}-\boldsymbol{y})) \leqslant \max\{f(\boldsymbol{x}),f(\boldsymbol{y})\}$$
$$= f(\boldsymbol{y})$$

故

$$(f_x(\boldsymbol{y}))^{\mathrm{T}}(\boldsymbol{x}-\boldsymbol{y}) = \frac{\mathrm{d}f(\boldsymbol{y}+\alpha(\boldsymbol{x}-\boldsymbol{y}))}{\mathrm{d}\alpha}\bigg|_{\alpha=0}$$
$$\leqslant 0$$

得证.

引理 2　设 $f(\boldsymbol{x})$ 为定义在某开凸集 $X \supset R$ 上的连续的拟凸函数,且 $f(\boldsymbol{x})$ 在点 $\boldsymbol{x}^* \in R$ 处可微, $f_x(\boldsymbol{x}^*) \neq 0$,则点 $\boldsymbol{x}^*$ 是 $f(\boldsymbol{x})$ 在 R 上的最优解的充分必要条件是对一切 $\boldsymbol{x} \in R$,有

$$(f_x(\boldsymbol{x}^*))^{\mathrm{T}}(\boldsymbol{x}-\boldsymbol{x}^*) \geqslant 0$$

证　先证必要性.设 $\boldsymbol{x} \in R$,则 $\boldsymbol{x}^* + \alpha(\boldsymbol{x}-\boldsymbol{x}^*) \in R(0 \leqslant \alpha \leqslant 1)$,而 $f(\boldsymbol{x}^* + \alpha(\boldsymbol{x}-\boldsymbol{x}^*)) \geqslant f(\boldsymbol{x}^*)$,故

$$(f_x(\boldsymbol{x}^*))^{\mathrm{T}}(\boldsymbol{x}-\boldsymbol{x}^*) = \frac{\mathrm{d}f(\boldsymbol{x}^* + \alpha(\boldsymbol{x}-\boldsymbol{x}^*))}{\mathrm{d}\alpha}\bigg|_{\alpha=0}$$
$$\geqslant 0$$

现来证明充分性.因为 X 是开集,故存在数 $\bar{\alpha} > 0$,当 $0 < \alpha < \bar{\alpha}$ 时,$\boldsymbol{x}^0 = \boldsymbol{x}^* + \alpha f_x(\boldsymbol{x}^*) \in X$,故对任意的 $\boldsymbol{x} \in R$,有

$$(f_x(\boldsymbol{x}^*))^{\mathrm{T}}[(\alpha \boldsymbol{x}^0 + (1-\alpha)\boldsymbol{x}) - \boldsymbol{x}^*]$$
$$= \alpha(f_x(\boldsymbol{x}^*))^{\mathrm{T}}(\boldsymbol{x}^0 - \boldsymbol{x}^*) +$$
$$(1-\alpha)(f_x(\boldsymbol{x}^*))^{\mathrm{T}}(\boldsymbol{x}-\boldsymbol{x}^*)$$
$$= \alpha^2 \| f_x(\boldsymbol{x}^*) \|^2 +$$
$$(1-\alpha)(f_x(\boldsymbol{x}^*))^{\mathrm{T}}(\boldsymbol{x}-\boldsymbol{x}^*) > 0$$

由引理 1 知,对任意的 $x \in R$,有

$$f(x^*) < f(\alpha x^0 + (1-\alpha)x) \quad (0 < \alpha \leqslant \bar{\alpha})$$

令 $\alpha \to 0$,得到

$$f(x^*) \leqslant f(x)$$

得证.

引理 3 设 $f(x)$ 在点 $x^* \in R$ 处是可微的,且 $f_x(x^*) = 0$,则 x^* 为 $f(x)$ 在 R 上的局部极小的充分必要条件是 $f(x)$ 在点 x^* 处是凸函数.

证 由 $f_x(x^*) = 0$,并由定义 2,即得欲证.

定理 1 设:

(1)$f(x)$ 是定义在某开凸集 $X \supset R$ 上的连续的严格拟凸函数;

(2)$f(x)$ 在点 x^* 处是可微的.

则不动点 x^* 是 $f(x)$ 在 R 上的最优解的充分必要条件是:

(i)$f_x(x^*) \neq 0$;

或者

(ii)$f_x(x^*) = 0$,且 $f(x)$ 在点 x^* 处是凸函数.

证 必要性由引理 3 即得欲证.

现来证明充分性.若条件(i)成立,因 x^* 是 $f(x)$ 在 R 上的不动点,则由引理 2 知,对任意的 $f_{x_j}(x^*) \neq 0$,有

$$f_{x_j}(x^*)(x_j - x_j^*) \geqslant 0 \quad (x_j \in [a_j, b_j])$$

故对任意的 $x \in R$,有

$$(f_x(x^*))^{\mathrm{T}}(x - x^*) = \sum_{j=1}^{n} f_{x_j}(x^*)(x_j - x_j^*)$$
$$\geqslant 0$$

由引理 2,即得欲证.

若条件(ii)成立,由引理 3 知,x^* 是 $f(x)$ 在 R 上的局部最优解,而 $f(x)$ 是严格拟凸函数,局部最优解也为整体最优解,得证.

定理 2 设:

(1)$f(x)$ 在 E^n 上的局部极小解为整体极小解(最优解);

(2)$f(x)$ 在点 x^* 处是可微的.

则 x^* 是无条件极值问题

$$\min_{x \in E^n} f(x)$$

的最优解的充分必要条件是 $f_x(x^*) = 0$,且 $f(x)$ 在点 x^* 处是凸函数.

证 若 x^* 是无条件极值问题的最优解,则必有

$$f_x(x^*) = 0$$

再由引理 3 及条件(1),即得欲证.

推论 1 设:

(1)$f(x)$ 是定义在某开凸集 $X \supset R$ 上的凸函数;

(2)$f(x)$ 在点 $x^* \in R$ 处是可微的,则 x^* 是 $f(x)$ 在 R 上的最优解的充分必要条件是:x^* 是 $f(x)$ 在 R 上的不动点.

证 由于 $f(x)$ 是凸函数,故定理 1 中的条件(i)或条件(ii)自然满足,即得欲证.

38.4 因素轮换法、转轴法、方向加速法的收敛性

因素轮换法、转轴法、方向加速法的迭代步骤见《优选法》一书的第二章§3,§5,§6.

首先讨论更一般的迭代,用示意图叙述如下. 取初始点 $x^{(0)} \in E^n$,有

$$x^{(0)} \xrightarrow{e_1^{(0)}} x^{(1)} \xrightarrow{e_2^{(0)}} x^{(2)} \xrightarrow{e_3^{(0)}} \cdots \xrightarrow{e_{n-1}^{(0)}} x^{(n-1)} \xrightarrow{e_n^{(0)}}$$

$$x^{(n)} \longrightarrow x^{(n+1)}$$

$$x^{(n+1)} \xrightarrow{e_1^{(1)}} x^{(n+2)} \xrightarrow{e_2^{(1)}} x^{(n+3)} \xrightarrow{e_3^{(1)}} \cdots \xrightarrow{e_{n-1}^{(1)}}$$

$$x^{(n+n)} \xrightarrow{e_n^{(1)}} x^{(2n+1)} \longrightarrow x^{(2n+2)}$$

$$\vdots$$

其中 $e_1^{(k)}, e_2^{(k)}, \cdots, e_n^{(k)} (k=0,1,\cdots)$ 是 E^n 中的一组线性无关的单位向量. 示意图中,例如 $x^{(0)} \xrightarrow{e_1^{(0)}} x^{(1)}$ 是表示由 $x^{(0)}$ 出发沿 $e_1^{(0)}$ 方向,直线上的最优解是 $x^{(1)}$,即

$$\min_{\lambda} f(x^{(0)} + \lambda e_1^{(0)}) = f(x^{(1)})$$

$$x^{(1)} = x^{(0)} + \lambda_0 e_1^{(0)}$$

而 $x^{(n)} \longrightarrow x^{(n+1)}$ 则表示在这一步迭代中,或者 $x^{(n+1)} = x^{(n)}$,或者 $x^{(n+1)}$ 是由 $x^{(n)}$ 出发沿某方向直线上的最优解. 下面讨论由上述迭代得到的点列 $\{x^{(k)}\}$ 的收敛性.

引理 4　若 $f(x)$ 是定义在 E^n 上的连续函数,且

$$\min_{\lambda} f(y^{(k)} + \lambda e_j^{(k)}) = f(y^{(k)} + \lambda_k e_j^{(k)})$$

$$= f(z_j^{(k)})$$

$$\lim_{k \to +\infty} y^{(k)} = \overline{y}$$

$$\lim_{k \to +\infty} z_j^{(k)} = \overline{z}_j$$

$$\lim_{k \to +\infty} e_j^{(k)} = \overline{e}_j \quad (1 \leqslant j \leqslant n)$$

则

$$\min_{\lambda} f(\overline{y} + \lambda \overline{e}_j) = f(\overline{z}_j) \quad (1 \leqslant j \leqslant n)$$

证　对任意的 λ,有

$$f(\mathbf{z}_j^{(k)}) \leqslant f(\mathbf{y}^{(k)} + \lambda \mathbf{e}_j^{(k)})$$

由 $f(\mathbf{x})$ 的连续性,令 $k \to +\infty$,有

$$f(\overline{\mathbf{z}}_j) \leqslant f(\overline{\mathbf{y}} + \lambda \overline{\mathbf{e}}_j) \quad (1 \leqslant j \leqslant n)$$

得证.

引理 5　若 $f(\mathbf{x})$ 是定义在 E^n 上的连续函数,且集合 $\{\mathbf{x} \mid f(\mathbf{x}) \leqslant f(\mathbf{x}^{(0)})\}$ 有界;又存在 $\overline{\alpha} > 0$,对于任意 $k = 0, 1, 2, \cdots$,均有

$$|| \mathbf{e}_1^{(k)}, \mathbf{e}_2^{(k)}, \cdots, \mathbf{e}_n^{(k)} || \geqslant \overline{\alpha} > 0$$

并且在一维极小化中最优解唯一. 则 $\{\mathbf{x}^{(k)}\}$ 的任意一极限点 $\overline{\mathbf{x}}$,都是沿某一组线性无关的方向 $\overline{\mathbf{e}}_1, \overline{\mathbf{e}}_2, \cdots, \overline{\mathbf{e}}_n$ 的因素轮换的不动点.

证　设 $\{\mathbf{x}^{(k_i)}\}$ 是 $\{\mathbf{x}^{(k)}\}$ 任意一收敛的子列,有

$$\lim_{k_i \to +\infty} \mathbf{x}^{(k_i)} = \overline{\mathbf{x}}$$

在点列 $\{\mathbf{x}^{(k_i)}\}$ 中必有无穷多个点是位于上述迭代示意图中的某一列中,不失一般性,设 $\{\mathbf{x}^{(k_i)}\}$ 都在第一列,且记

$$\overline{\mathbf{y}}^{(1)} = \overline{\mathbf{x}}$$

在 $\{\mathbf{x}^{(k)}\}$ 中取点 $\mathbf{x}^{(k_i)}$ 后面的点 $\mathbf{x}^{(k_i+1)}$ 所成的点列 $\{\mathbf{x}^{(k_i+1)}\}$,由 $\{\mathbf{x}^{(k)}\}$ 的有界性知,$\{\mathbf{x}^{(k_i+1)}\}$ 也为有界,因而存在 $\{\mathbf{x}^{(k_i+1)}\}$ 的子列 $\{\mathbf{x}^{(k_i'+1)}\}$ 是收敛的,相应的 $\{\mathbf{x}^{(k_i)}\}$ 的子列 $\{\mathbf{x}^{(k_i')}\}$ 也收敛于 $\overline{\mathbf{x}} = \overline{\mathbf{y}}^{(1)}$. 因此,不妨设

$$\lim_{k_i \to +\infty} \mathbf{x}^{(k_i+1)} = \overline{\mathbf{y}}^{(2)}$$

$$\min_{\lambda} f(\mathbf{x}^{(k_i)} + \lambda \mathbf{e}_1^{(k_i)}) = f(\mathbf{x}^{(k_i)} + \lambda_{k_i} \mathbf{e}_1^{(k_i)})$$
$$= f(\mathbf{x}^{(k_i+1)})$$

$$\lim_{k_i \to +\infty} \mathbf{e}_1^{(k_i)} = \overline{\mathbf{e}}_1$$

$$\lim_{k_i \to +\infty} \lambda_{k_i} = \overline{\lambda}_1$$

于是,由引理 4 及 $\{f(\boldsymbol{x}^{(k)})\}$ 的收敛性,有

$$\min_\lambda f(\overline{\boldsymbol{y}}^{(1)} + \lambda\overline{\boldsymbol{e}}_1) = f(\overline{\boldsymbol{y}}^{(2)}) = f(\overline{\boldsymbol{y}}^{(1)})$$

$$\overline{\boldsymbol{y}}^{(2)} = \overline{\boldsymbol{y}}^{(1)} + \overline{\lambda}_1\overline{\boldsymbol{e}}_1$$

用类似的方法,可得到

$$\min_\lambda f(\overline{\boldsymbol{y}}^{(2)} + \lambda\overline{\boldsymbol{e}}_2) = f(\overline{\boldsymbol{y}}^{(3)}) = f(\overline{\boldsymbol{y}}^{(2)})$$

$$\overline{\boldsymbol{y}}^{(3)} = \overline{\boldsymbol{y}}^{(2)} + \overline{\lambda}_2\overline{\boldsymbol{e}}_2$$

$$\vdots$$

$$\min_\lambda f(\overline{\boldsymbol{y}}^{(n-1)} + \lambda\overline{\boldsymbol{e}}_{n-1}) = f(\overline{\boldsymbol{y}}^{(n)}) = f(\overline{\boldsymbol{y}}^{(n-1)})$$

$$\overline{\boldsymbol{y}}^{(n)} = \overline{\boldsymbol{y}}^{(n-1)} + \overline{\lambda}_{n-1}\overline{\boldsymbol{e}}_{n-1}$$

$$\min_\lambda f(\overline{\boldsymbol{y}}^{(n)} + \lambda\overline{\boldsymbol{e}}_n) = f(\overline{\boldsymbol{y}}^{(n+1)}) = f(\overline{\boldsymbol{y}}^{(n)})$$

$$\overline{\boldsymbol{y}}^{(n+1)} = \overline{\boldsymbol{y}}^{(n)} + \overline{\lambda}_n\overline{\boldsymbol{e}}_n$$

由唯一性假设,有

$$\overline{\boldsymbol{x}} = \overline{\boldsymbol{y}}^{(1)} = \overline{\boldsymbol{y}}^{(2)} = \cdots = \overline{\boldsymbol{y}}^{(n)} = \overline{\boldsymbol{y}}^{(n+1)}$$

于是,对于 $j = 1, 2, \cdots, n$,有

$$\min_\lambda f(\overline{\boldsymbol{x}} + \lambda\overline{\boldsymbol{e}}_i) = f(\overline{\boldsymbol{x}})$$

即 $\overline{\boldsymbol{x}}$ 是以 $\overline{\boldsymbol{e}}_1, \overline{\boldsymbol{e}}_2, \cdots, \overline{\boldsymbol{e}}_n$ 为一组方向的因素轮换的不动点. 由

$$||\overline{\boldsymbol{e}}_1, \overline{\boldsymbol{e}}_2, \cdots, \overline{\boldsymbol{e}}_n|| = \lim_{k_i \to +\infty} ||\boldsymbol{e}_1^{(k_i)}, \boldsymbol{e}_2^{(k_i)}, \cdots, \boldsymbol{e}_n^{(k_i)}||$$

$$\geqslant \overline{\alpha} > 0$$

故 $\overline{\boldsymbol{e}}_1, \overline{\boldsymbol{e}}_2, \cdots, \overline{\boldsymbol{e}}_n$ 线性无关. 得证.

引理 6 若引理 5 中的假设条件成立,且 $f(\boldsymbol{x})$ 在 $\overline{\boldsymbol{x}}$ 处可微,则

$$f_x(\overline{\boldsymbol{x}}) = 0$$

证 因 $\overline{\boldsymbol{x}}$ 是 $f(\boldsymbol{x})$ 沿 $\overline{\boldsymbol{e}}_1, \overline{\boldsymbol{e}}_2, \cdots, \overline{\boldsymbol{e}}_n$ 的不动点,故对 $j = 1, 2, \cdots, n$,有

$$0 = \frac{\mathrm{d}f(\overline{\boldsymbol{x}} + \lambda\overline{\boldsymbol{e}}_j)}{\mathrm{d}\lambda}\bigg|_{\lambda=0}$$

$$= (f_x(\overline{\boldsymbol{x}}))^{\mathrm{T}} \overline{\boldsymbol{e}}_j$$

由无关性,知

$$f_x(\overline{\boldsymbol{x}}) = 0$$

得证.

下面讨论转轴法、方向加速法的收敛性. 转轴法中相应地有

$$(\boldsymbol{e}_1^{(k)}, \boldsymbol{e}_2^{(k)}, \cdots, \boldsymbol{e}_n^{(k)}) = (\boldsymbol{e}_1^{(0)}, \boldsymbol{e}_2^{(0)}, \cdots, \boldsymbol{e}_n^{(0)}) \boldsymbol{P}^{(k)}$$

其中 $\boldsymbol{P}^{(k)}$ 是某个正交矩阵

$$\boldsymbol{e}_j^{(0)} = (0, \cdots, 0, \overset{j}{1}, 0, \cdots, 0)^{\mathrm{T}}$$

为第 j 个坐标向量 $(1 \leqslant j \leqslant n)$.

在方向加速法中,初始取 $\boldsymbol{e}_1^{(0)}, \boldsymbol{e}_2^{(0)}, \cdots, \boldsymbol{e}_n^{(0)}$ 为 n 个坐标向量,当 $f(\boldsymbol{x})$ 是二次正定函数时,若满足

$$\frac{f_1 - 2f_{n+1} + \overline{f}}{2} < \Delta$$

保证下一次迭代的 n 个方向也是无关的,如此等等. 但是,当 $f(\boldsymbol{x})$ 为非二次正定函数时,按方向加速法中的迭代得到的方向 $\boldsymbol{e}_1^{(k)}, \boldsymbol{e}_2^{(k)}, \cdots, \boldsymbol{e}_n^{(k)}$ 可能相关,所以迭代中可加以要求

$$|| \boldsymbol{e}_1^{(k)}, \boldsymbol{e}_2^{(k)}, \cdots, \boldsymbol{e}_n^{(k)} || \geqslant \varepsilon > 0$$

其中 ε 为事先给定的正数. 若上式不满足时,对迭代由 $\boldsymbol{e}_1^{(0)}, \boldsymbol{e}_2^{(0)}, \cdots, \boldsymbol{e}_n^{(0)}$ 重新开始.

定理 3(转轴法、方向加速法收敛性定理) 设:

(1) $f(\boldsymbol{x})$ 是定义在 E^n 上的连续的下单峰函数.

(2) 集合 $\{\boldsymbol{x} \mid f(\boldsymbol{x}) \leqslant f(\boldsymbol{x}^{(0)})\}$ 有界.

(3) 在 $\{\boldsymbol{x}^{(k)}\}$ 的任意极限点 $\overline{\boldsymbol{x}}$ 处, $f(\boldsymbol{x})$ 是可微的.

则 $\overline{\boldsymbol{x}}$ 是无条件极值问题

$$\min_{\boldsymbol{x} \in E^n} f(\boldsymbol{x})$$

的最优解（此时，$\lim\limits_{k \to +\infty} x^{(k)} = \overline{x}$）的充分必要条件是 $f(x)$ 在点 $\overline{x}$ 处是凸函数.

证 对于转轴法，由引理 5 知，$\overline{x}$ 是沿某一组正交向量 $\overline{e}_1, \overline{e}_2, \cdots, \overline{e}_n$ 的因素轮换的不动点（因 $f(x)$ 是下单峰函数，故引理 5 中的唯一性是满足的）；而对于方向加速法，由于要求迭代中满足

$$|| e_1^{(k)}, e_2^{(k)}, \cdots, e_n^{(k)} || \geqslant \varepsilon > 0$$

由引理 5 知，$\overline{x}$ 是沿某一无关向量组 $\overline{e}_1, \overline{e}_2, \cdots, \overline{e}_n$ 的因素轮换法中的不动点.

由引理 6 知

$$f_x(\overline{x}) = 0$$

当注意到下单峰函数的局部极小也是整体极小的性质时，又知，$\overline{x}$ 是无条件极值问题的最优解.

又由下单峰函数最优解的唯一性知

$$\lim_{k \to +\infty} x^{(k)} = \overline{x}$$

必要性由定理 2，即得欲证.

对于用因素轮换法去求解无条件极值问题的最优解时，只需在转轴法中取

$$P^{(k)} = I \quad （单位矩阵）$$

因此，它只不过是转轴法的一个特殊情况而已.

当用因素轮换法去求解问题

$$\min_{x \in R} f(x)$$

时，由引理 4 和引理 5 的证明中不难看出，类似地可得如下的引理 7，于是可得到收敛定理 4.

引理 7 若 $f(x)$ 是定义在开凸集 $X \supset R$ 上的连续函数，集合 $\{x \mid f(x) \leqslant f(x^{(0)})\}$ 有界，并且在因素轮换法迭代中一维极小的最优解唯一，则 $\{x^{(k)}\}$ 的任

意极限点都是因素轮换法中的不动点.

定理 4(因素轮换法收敛性定理)　设:

(1)$f(\boldsymbol{x})$ 是定义在某开凸集 $X \supset R$ 上的连续的下单峰函数.

(2) 集合 $\{\boldsymbol{x} \mid f(\boldsymbol{x}) \leqslant f(\boldsymbol{x}^{(0)})\}$ 有界.

(3) 在 $\{\boldsymbol{x}^{(k)}\}$ 的任意极限点 $\overline{\boldsymbol{x}}$ 处, $f(\boldsymbol{x})$ 是可微的.

则 $\overline{\boldsymbol{x}}$ 是问题

$$\min_{\boldsymbol{x} \in R} f(\boldsymbol{x})$$

的最优解(此时, $\lim\limits_{k \to +\infty} \boldsymbol{x}^{(k)} = \overline{\boldsymbol{x}}$)的充分必要条件是:

(i)$f_x(\overline{\boldsymbol{x}}) \neq 0$;

或者

(ii)$f_x(\overline{\boldsymbol{x}}) = 0$,且 $f(\boldsymbol{x})$ 在 $\boldsymbol{x}$ 处是凸函数.

证　由引理 7,以及定理 1,并注意到下单峰函数最优解的唯一性,得证.

38.5　步长加速法的收敛性

这里讨论的步长加速法的迭代步骤,以及所使用的符号与《优选法》一书相同.

为了叙述的简单,不妨设

$$\delta_1 = \delta_2 = \cdots = \delta_{n-1} = \delta_n$$

即迭代时沿坐标轴 $\boldsymbol{e}_1, \boldsymbol{e}_2, \cdots, \boldsymbol{e}_{n-1}, \boldsymbol{e}_n$ 的探测性移动是等步长的.当移动是不等步长时,可以完全类似地去处理.

对步长加速法迭代中产生的点列 $\{\boldsymbol{x}^{(k)}\}$ 做如下的规定:

(1) 当迭代由 $\boldsymbol{R}_k = \boldsymbol{B}_k$ 出发做探测性移动时,记

$$\boldsymbol{x}^{(k)} = \boldsymbol{B}_k \xrightarrow{\ \boldsymbol{e}_1\ } \boldsymbol{x}^{(k+1)} \xrightarrow{\ \boldsymbol{e}_2\ } \boldsymbol{x}^{(k+2)} \xrightarrow{\ \boldsymbol{e}_3\ } \cdots \xrightarrow{\ \boldsymbol{e}_{n-1}\ }$$

$$\boldsymbol{x}^{(k+n-1)} \xrightarrow{\ \boldsymbol{e}_n\ } \boldsymbol{x}^{(k+n)}$$

$$\boldsymbol{x}^{k+i} = \boldsymbol{x}^{(k+i-1)} + \lambda \delta^{(k+i-1)} \boldsymbol{e}_i \quad (i = 1, 2, \cdots, n)$$

其中

$$\delta^{(k+i-1)} = \delta^{(k)} \quad (i = 1, 2, \cdots, n)$$

$$\lambda \in \{-1, 0, 1\}$$

（2）当迭代由 $\boldsymbol{R}_k \neq \boldsymbol{B}_k$ 出发做探测性移动时,则记

$$\boldsymbol{R}_k \xrightarrow{\ \boldsymbol{e}_1\ } \boldsymbol{R}_{k_1} \xrightarrow{\ \boldsymbol{e}_2\ } \boldsymbol{R}_{k_2} \xrightarrow{\ \boldsymbol{e}_3\ } \cdots \xrightarrow{\ \boldsymbol{e}_{n-1}\ } \boldsymbol{R}_{k_{n-1}} \xrightarrow{\ \boldsymbol{e}_n\ } \boldsymbol{R}_{k_n}$$

$$\boldsymbol{R}_{k_i} = \boldsymbol{R}_{k_{i-1}} + \lambda \delta^{(k)} \boldsymbol{e}_i \quad (i = 1, 2, \cdots, n)$$

其中 $\boldsymbol{R}_k$ 是由 $\boldsymbol{x}^{(k)} = \boldsymbol{B}_k$ 做模式移动得到的点,且

$$\boldsymbol{R}_{k_0} = \boldsymbol{R}_k$$

$$\lambda \in \{-1, 0, 1\}$$

若

$$f(\boldsymbol{R}_{k_n}) < f(\boldsymbol{x}^{(k)})$$

则记

$$\boldsymbol{x}^{(k+1)} = \boldsymbol{B}_{k+1} = \boldsymbol{R}_{k_n}$$

这里,我们是去讨论由上面规定的点列 $\{\boldsymbol{x}^{(k)}\}$ 的收敛性. 由 $\boldsymbol{x}^{(k)}$ 的定义,显然有

$$f(\boldsymbol{x}^{(k+1)}) \leqslant f(\boldsymbol{x}^{(k)})$$

定理 5   若步长加速法迭代中的点列 $\{\boldsymbol{x}^{(k)}\}$ 是有界的（一个充分条件是集合 $\{\boldsymbol{x} \mid f(\boldsymbol{x}) \leqslant f(\boldsymbol{x}^{(0)})\}$ 有界）,则

$$\lim_{k \to +\infty} \delta^{(k)} = 0$$

证   由步长加速法中 $\delta^{(k)}$ 的取法知,$\{\delta^{(k)}\}$ 单调非增,且以零为下界. 令

$$\lim_{k \to +\infty} \delta^{(k)} = \bar{\delta} \geqslant 0$$

若 $\overline{\delta} > 0$，则必存在 $\overline{k}$，对任意的 $k \geqslant \overline{k}$，有

$$\delta^{(k)} = \overline{\delta}$$

由迭代程序，易知此时必有无穷多个 $k_i \geqslant \overline{k}$，有

$$f(\boldsymbol{x}^{(k_i)}) < f(\boldsymbol{x}^{(k_{i-1})}) \quad (k_i > k_{i-1})$$

于是，$k \geqslant \overline{k}$ 时，$\{\boldsymbol{x}^{(k)}\}$ 中有无穷多个不相同的点，而且，这些点都是位于以 $\boldsymbol{x}^{(\overline{k})}$ 为其中一点的 E^n 中的长度为定长的网格点上.（因为，若由 $\boldsymbol{x}^{(\overline{k}+1)} = \boldsymbol{B}_{\overline{k}+1}$ 开始做模式性移动时，由于

$$\boldsymbol{R}_{\overline{k}+1} = \boldsymbol{B}_{\overline{k}+1} + (\boldsymbol{B}_{\overline{k}+1} - \boldsymbol{B}_{\overline{k}})$$

又 $\boldsymbol{B}_{\overline{k}}, \boldsymbol{B}_{\overline{k}+1}$ 是在网格点上，故 $\boldsymbol{R}_{\overline{k}+1}$ 也是在网格点上；当由网格点上的点做 $\overline{\delta}$ 步长的探测性移动时，当然是在网格点上.）此与 $\{\boldsymbol{x}^{(k)}\}$ 的有界性相矛盾. 因而必有

$$\lim_{k \to +\infty} \delta^{(k)} = \overline{\delta} = 0$$

得证.

引理 8　若点列 $\{\boldsymbol{x}^{(k)}\}$ 有界，且 $f(\boldsymbol{x})$ 为定义在 E^n 上的连续的严格拟凸函数，则至少存在 $\{\boldsymbol{x}^{(k)}\}$ 的一个极限点为因素轮换法中的不动点.

证　由定理 5 知

$$\lim_{k \to +\infty} \delta^{(k)} = 0$$

故在 $\{\boldsymbol{x}^{(k)}\}$ 中必有无穷多个 k_i，有如下的形式

$$\boldsymbol{x}^{(k_i)} \xrightarrow{\boldsymbol{e}_1} \boldsymbol{x}^{(k_i+1)} \xrightarrow{\boldsymbol{e}_2} \boldsymbol{x}^{(k_i+2)} \xrightarrow{\boldsymbol{e}_3} \cdots \xrightarrow{\boldsymbol{e}_{n-1}}$$

$$\boldsymbol{x}^{(k_i+n-1)} \xrightarrow{\boldsymbol{e}_n} \boldsymbol{x}^{(k_i+n)}$$

且

$$\boldsymbol{x}^{(k_i)} = \boldsymbol{x}^{(k_i+1)} = \cdots = \boldsymbol{x}^{(k_i+n-1)} = \boldsymbol{x}^{(k_i+n)}$$

于是，我们考虑点列 $\{\boldsymbol{x}^{(k_i)}\}$，由 $\{\boldsymbol{x}^{(k)}\}$ 的有界性知，必存在 $\{\boldsymbol{x}^{(k_i)}\}$ 的收敛的子列，不失一般性，令

$$\lim_{k_i \to +\infty} \boldsymbol{x}^{(k_i)} = \boldsymbol{x}^*$$

由 $\delta^{(k)} \downarrow 0$,故对任意给定的 $\bar{\delta} > 0$,必存在 $\bar{k}$,当 $k \geqslant \bar{k}$ 时

$$\delta^{(k)} < \bar{\delta}$$

由 $\{\boldsymbol{x}^{(k_i)}\}$ 的取法知

$$f(\boldsymbol{x}^{(k_i+j-1)} \pm \delta^{(k_i+j-1)} \boldsymbol{e}_j) \geqslant f(\boldsymbol{x}^{(k_i+j-1)})$$
$$(j = 1, 2, \cdots, n)$$

因 $f(\boldsymbol{x})$ 是严格的拟凸函数,则对任意的 $j (1 \leqslant j \leqslant n)$ 及 $k_i \geqslant \bar{k}$,有

$$f(\boldsymbol{x}^{(k_i)} \pm \bar{\delta} \boldsymbol{e}_i) = f(\boldsymbol{x}^{(k_i+j-1)} \pm \bar{\delta} \boldsymbol{e}_j)$$
$$\geqslant f(\boldsymbol{x}^{(k_i+j-1)}) = f(\boldsymbol{x}^{(k_i)})$$

由 $f(\boldsymbol{x})$ 的连续性知,对任意固定的 $\bar{\delta} > 0$,有

$$f(\boldsymbol{x}^* \pm \bar{\delta} \boldsymbol{e}_j) \geqslant f(\boldsymbol{x}^*) \quad (j = 1, 2, \cdots, n)$$

由 $\bar{\delta}$ 的任意性知,$\boldsymbol{x}^*$ 是因素轮换法的不动点. 得证.

定理 6(步长加速法收敛性定理)   设:

(1) 点列 $\{\boldsymbol{x}^{(k)}\}$ 有界(其充分条件是集合 $\{\boldsymbol{x} \mid f(\boldsymbol{x}) \leqslant f(\boldsymbol{x}^{(0)})\}$ 有界);

(2) $f(\boldsymbol{x})$ 在 $\{\boldsymbol{x}^{(k)}\}$ 的极限点 $\boldsymbol{x}^*$ 处是可微的;

(3) $f(\boldsymbol{x})$ 是定义在 E^n 上的连续的严格拟凸函数.

则 $\{\boldsymbol{x}^{(k)}\}$ 的任意的极限点 $\bar{\boldsymbol{x}}$ 都是无条件极小问题

$$\min_{\boldsymbol{x} \in E^n} f(\boldsymbol{x})$$

的最优解(特别地,当 $f(\boldsymbol{x})$ 是 E^n 上的连续的下单峰函数时,有

$$\lim_{k \to +\infty} \boldsymbol{x}^{(k)} = \bar{\boldsymbol{x}}$$

其中 $\bar{\boldsymbol{x}}$ 是无条件极值问题的唯一最优解)的充分必要条件是:$f(\boldsymbol{x})$ 在 $\bar{\boldsymbol{x}}$ 处是凸函数.

存在正交矩阵 $\boldsymbol{I}^{(k)}$，使

$$\boldsymbol{I}^{(k)}\left[\widetilde{\boldsymbol{e}}_1^{(0)},\widetilde{\boldsymbol{e}}_2^{(0)},\cdots,\widetilde{\boldsymbol{e}}_n^{(0)}\right]=\left[\widetilde{\boldsymbol{e}}_1^{(k)},\widetilde{\boldsymbol{e}}_2^{(k)},\cdots,\widetilde{\boldsymbol{e}}_n^{(k)}\right]$$

类似于引理 9 的证明知，对任意 $\bar{\delta}>0$，有

$$f(\boldsymbol{x}^{(k_i)})\leqslant f(\boldsymbol{x}^{(k_i)}\pm\bar{\delta}\boldsymbol{I}^{(k_i)}\widetilde{\boldsymbol{e}}_j^{(0)})$$

$$(j=1,2,\cdots,n;k_i\geqslant\bar{k})$$

其中，不失一般性，设正交矩阵 $\boldsymbol{I}^{(k_i)}$ 以正交矩阵 $\boldsymbol{I}^*$ 为极限（当 $k_i\to+\infty$），$\boldsymbol{x}^{k_i}\to\boldsymbol{x}^*(k_i\to+\infty)$. 于是，由 $f(\boldsymbol{x})$ 的连续性，有

$$f(\boldsymbol{x}^*)\leqslant f(\boldsymbol{x}^*\pm\bar{\delta}\boldsymbol{I}^*\widetilde{\boldsymbol{e}}_j^{(0)})\quad(j=1,2,\cdots,n)$$

由 $\boldsymbol{I}^*$ 是正交矩阵，知

$$\bar{\boldsymbol{e}}_1=\boldsymbol{I}^*\widetilde{\boldsymbol{e}}_1^{(0)},\bar{\boldsymbol{e}}_2=\boldsymbol{I}^*\widetilde{\boldsymbol{e}}_2^{(0)},\cdots,\bar{\boldsymbol{e}}_n=\boldsymbol{I}^*\widetilde{\boldsymbol{e}}_n^{(0)}$$

是线性无关的. 由 $\bar{\delta}>0$ 的任意性知，$\boldsymbol{x}^*$ 是沿 n 个线性无关方向向量 $\bar{\boldsymbol{e}}_1,\bar{\boldsymbol{e}}_2,\cdots,\bar{\boldsymbol{e}}_n$ 上的坐标轮换意义之下的不动点. 引理得证.

定理 9　若迭代中的点列 $\{\boldsymbol{x}^{(k)}\}$ 有界，则 $C^{(k)}$ 的边长 $\delta^{(k)}$ 满足

$$\lim_{k\to+\infty}\delta^{(k)}=0$$

证　对于初始的 n 维单纯形 $C^{(0)}$ 以及任意一个固定的 n 维直角单纯形 $\widetilde{C}^{(0)}$，存在一个非异的仿射点变换，把 $C^{(0)}$ 变为 $\widetilde{C}^{(0)}$. 一般地，若直角单纯形 $\widetilde{C}^{(k)}$ 的 $n+1$ 个顶点为 $\widetilde{\boldsymbol{P}}_0^{(k)},\widetilde{\boldsymbol{P}}_1^{(k)},\cdots,\widetilde{\boldsymbol{P}}_n^{(k)}$，且 $\widetilde{\boldsymbol{P}}_i^{(k)}=A\boldsymbol{P}_i^{(k)}+b(i=0,1,\cdots,n)$. 当步骤 2 中由 $C^{(k)}$ 得到 $C^{(k+1)}$ 时，我们可得到 $\widetilde{C}^{(k+1)}$，则

$$\widetilde{\boldsymbol{P}}_i^{(k+1)}=A\boldsymbol{P}_i^{(k+1)}+b=A(2\boldsymbol{P}_0^{(k)}-\boldsymbol{P}_i^{(k)})+b$$
$$=2(A\boldsymbol{P}_0^{(k)}+b)-(A\boldsymbol{P}_i^{(k)}+b)$$

$$= 2\widetilde{\boldsymbol{P}}_0^{(k)} - \widetilde{\boldsymbol{P}}_i^{(k)} \quad (i=0,1,\cdots,n)$$

当步骤 4 中由 $C^{(k)}, C^{(k+1)}$ 得到 $C^{(k+2)}$ 时,我们可得到 $\widetilde{C}^{(k+2)}$,则

$$\begin{aligned}
\widetilde{\boldsymbol{P}}_i^{(k+2)} &= A\boldsymbol{P}_i^{(k+2)} + b \\
&= A\left(\frac{1}{2}\boldsymbol{P}_0^{(k+1)} + \frac{1}{2}\boldsymbol{P}_i^{(k+1)}\right) + b \\
&= \frac{1}{2}(A\boldsymbol{P}_0^{(k+1)} + b) + \frac{1}{2}(A\boldsymbol{P}_i^{(k+1)} + b) \\
&= \frac{1}{2}\widetilde{\boldsymbol{P}}_0^{(k+1)} + \frac{1}{2}\widetilde{\boldsymbol{P}}_i^{(k+1)} \quad (i=0,1,\cdots,n)
\end{aligned}$$

可见这样得到的 $\widetilde{C}^{(l)}(l=0,1,\cdots)$ 都是直角单纯形. 与 $\boldsymbol{x}^{(k)}$ 对应的可得到 $\widetilde{C}^{(k)}$ 的顶点 $\boldsymbol{y}^{(k)}$,满足

$$\boldsymbol{y}^{(k)} = A\boldsymbol{x}^{(k)} + b$$

若 $\lim\limits_{k\to+\infty} \delta^{(k)} \neq 0$,考虑直角单纯形 $\widetilde{C}^{(k)}$,类似于简化的坐标轮换法那样(见 12.5)知,$\{\boldsymbol{y}^{(k)}\}$ 为无界点列. 而

$$\begin{aligned}
\|\boldsymbol{y}^{(k)}\| &= \|A\boldsymbol{x}^{(k)} + b\| \leqslant \|A\boldsymbol{x}^{(k)}\| + \|b\| \\
&\leqslant \|A\| \cdot \|\boldsymbol{x}^{(k)}\| + \|b\|
\end{aligned}$$

由仿射变换的非异性得,$\{\boldsymbol{x}^{(k)}\}$ 为无界点列的矛盾. 定理得证.

定理 10(翻筋斗法收敛定理)   设:

(1) 点列 $\{\boldsymbol{x}^{(k)}\}$ 有界(其充分条件是集合

$$\{\boldsymbol{x} \mid f(\boldsymbol{x}) \leqslant f(\boldsymbol{x}^{(0)})\}$$

是有界的);

(2) $f(\boldsymbol{x})$ 在 $\{\boldsymbol{x}^{(k)}\}$ 的任意极限点处是可微的;

(3) $f(\boldsymbol{x})$ 在 E^n 上是连续的严格拟凸函数.

则 $\{\boldsymbol{x}^{(k)}\}$ 的任意极限点 $\boldsymbol{x}^*$ 都是无条件极值问题

$$\min_{x \in E^n} f(x)$$

的最优解的充分必要条件是 $f(x)$ 在 x^* 处是凸函数.

证 由定理 9 知,$\lim\limits_{k \to +\infty} \delta^{(k)} = 0$. 由引理 6 知,$f_x(x^*) = 0$. 以下证明与定理 6 的证明类似,得证.

38.8 降维法的一些依据

这里讨论的降维法见《优选法》一书的第二章 §1. 首先先证明一个引理.

引理 11 设 $f(x)$ 是定义在集合

$$R = \{x \mid a_j \leqslant x_j \leqslant b_j, j = 1, 2, \cdots, n\}$$

上的连续函数,其中 $a_j \leqslant b_j, a_j, b_j$ 为任意有限的实数. 令

$$F_j(x_j) = \min_{\substack{a_k \leqslant x_k \leqslant b_k \\ k \neq j}} f(x_1, \cdots, x_{j-1}, x_j, x_{j+1}, \cdots, x_n)$$

若 $f(x)$ 是凸函数(或下单峰函数或严格拟凸函数),则 $F_j(x_j)(1 \leqslant j \leqslant n)$ 是定义在 $[a_j, b_j]$ 上的凸函数(或下单峰函数或严格拟凸函数).

证 若 $f(x)$ 是凸函数,任取 $\overline{x}_j \in [a_j, b_j], \overline{y}_j \in [a_j, b_j]$,以及数 $\alpha \in (0, 1)$,令

$$F_j(\overline{x}_j) = \min_{\substack{a_k \leqslant x_k \leqslant b_k \\ k \neq j}} f(x_1, \cdots, x_{j-1}, \overline{x}_j, x_{j+1}, \cdots, x_n)$$

$$= f(\overline{x}_1, \cdots, \overline{x}_{j-1}, \overline{x}_j, \overline{x}_{j+1}, \cdots, \overline{x}_n)$$

$$F_j(\overline{y}_j) = \min_{\substack{a_k \leqslant x_k \leqslant b_k \\ k \neq j}} f(x_1, \cdots, x_{j-1}, \overline{y}_j, x_{j+1}, \cdots, x_n)$$

$$= f(\overline{y}_1, \cdots, \overline{y}_{j-1}, \overline{y}_j, \overline{y}_{j+1}, \cdots, \overline{y}_n)$$

因 $f(x)$ 是凸函数,故

$$F_j(a\overline{x}_j + (1-\alpha)\overline{y}_j)$$
$$\leqslant f(\alpha\overline{x}_1 + (1-\alpha)\overline{y}_1, \cdots, \alpha\overline{x}_j +$$
$$(1-\alpha)\overline{y}_j, \cdots, \alpha\overline{x}_n + (1-\alpha)\overline{y}_n)$$
$$\leqslant \alpha f(\overline{x}_1, \cdots, \overline{x}_j, \cdots, \overline{x}_n) +$$
$$(1-\alpha)f(\overline{y}_1, \cdots, \overline{y}_j, \cdots, \overline{y}_n)$$
$$= \alpha F_j(\overline{x}_j) + (1-\alpha)F_j(\overline{y}_j)$$

（若 $f(\boldsymbol{x})$ 为下单峰或严格拟凸函数时，证明方法类似）．得证．

定理 11 若

$$F_1(x_1^*) = \min_{\substack{a_k \leqslant x_k \leqslant b_k \\ k \neq 1}} f(x_1^*, x_2, \cdots, x_{n-1}, x_n)$$

$$x_1^* = \frac{1}{2}(b_1 + a_1)$$

$$F_2(x_2^*) = \min_{\substack{a_k \leqslant x_k \leqslant b_k \\ k \neq 2}} f(x_1, x_2^*, x_3, \cdots, x_n)$$

$$x_2^* = \frac{1}{2}(b_2 + a_2)$$

$$\vdots$$

$$F_n(x_n^*) = \min_{\substack{a_k \leqslant x_k \leqslant b_k \\ k \neq n}} f(x_1, x_2, \cdots, x_{n-1}, x_n^*)$$

$$x_n^* = \frac{1}{2}(b_n + a_n)$$

不妨设

$$F_1(x_1^*) = \min_{1 \leqslant j \leqslant n} F_j(x_j^*)$$
$$= f(x_1^*, x_2^0, \cdots, x_n^0)$$

对任意的 $j \neq 1$，若

$$x_j^0 = \in [a_j, x_j^*]$$

则 $[a_j, b_j]$ 可以缩小为 $[a_j, x_j^*]$．若

$$x_j^0 \in (x_j^*, b_j]$$

492

则 $[a_j, b_j]$ 可以缩小为 $[x_j^*, b_j]$，使得当 $f(\boldsymbol{x})$ 是凸函数时，缩小后的区域中仍然包含有最优解；当 $f(\boldsymbol{x})$ 是下单峰函数时，缩小后的区域中不会丢掉最优解.

证 对任意的 $j \neq 1$，设 $\overline{x}_j$ 是按定理中所述原则去掉的不包含有 x_j^0 的区间上的任意一点，不失一般性，设 $a_j \leqslant x_j^0 < x_j^* < \overline{x}_j \leqslant b_j$. 因为

$$F_j(x_j^0) = \min_{\substack{a_k \leqslant x_k \leqslant b_k \\ k \neq j}} f(x_1, x_2, \cdots, x_{j-1}, x_j^0, x_{j+1}, \cdots, x_n)$$
$$\leqslant f(x_1^*, x_2^0, \cdots, x_{j-1}^0, x_j^0, x_{j+1}^0, \cdots, x_n^0)$$
$$= F_1(x_1^*) \leqslant F_j(x_j^*)$$

若 $f(\boldsymbol{x})$ 为凸函数，由引理 11 知，$F_j(x_j)$ 为 x_j 的凸函数，则有

$$F_j(x_j^*) \leqslant \alpha F_j(x_j^0) + (1 - \alpha) F_j(\overline{x}_j)$$
$$\leqslant \alpha F_j(x_j^*) + (1 - \alpha) F_j(\overline{x}_j)$$

其中

$$\alpha = \frac{\overline{x}_j - x_j^*}{\overline{x}_j - x_j^0} \quad (0 < \alpha < 1)$$

于是

$$F_j(x_j^*) \leqslant F_j(\overline{x}_j)$$

因此，对任意的 $x_k \in [a_k, b_k], k \neq j$，以及任意的 $\overline{x}_j \in [x_j^*, b_j]$，有

$$f(x_1, x_2, \cdots, x_{j-1}, \overline{x}_j, x_{j+1}, \cdots, x_n)$$
$$\geqslant F_j(\overline{x}_j) \geqslant F_j(x_j^*)$$
$$\geqslant F_1(x_1^*) = f(x_1^*, x_2^0, \cdots, x_n^0)$$

点 $(x_1^*, x_2^0, \cdots, x_n^0)^{\mathrm{T}}$ 在缩小后剩下的区域内.

若 $f(\boldsymbol{x})$ 是下单峰函数，由引理 11 知，$F_j(x_j)$ 也为 x_j 的下单峰函数，故

$$F_j(x_j^*) < \max\{F_j(x_j^0), F_j(\overline{x}_j)\}$$

但

$$F_j(x_j^0) \leqslant F_j(x_j^*)$$

所以

$$F_j(x_j^*) < F_j(\overline{x}_j) \quad (2 \leqslant j \leqslant n)$$

故对任意的 $x_k \in [a_k, b_k], k \neq j$，以及任意的 $\overline{x}_j \in (x_j^*, b_j]$，有

$$f(x_1, x_2, \cdots, x_{j-1}, \overline{x}_j, x_{j+1}, \cdots, x_n)$$
$$\geqslant F_j(\overline{x}_j) > F_j(x_j^*) \geqslant F_1(x_1^*)$$
$$= f(x_1^*, x_2^0, \cdots, x_n^0)$$

点 $(x_1^*, x_2^0, \cdots, x_n^0)^{\mathrm{T}}$ 在缩小后剩下的区域内. 得证.

引理 12 设 $x_1^*, x_2^*, \cdots, x_n^*$ 以及 $x_2^0, x_3^0, \cdots, x_n^0$ 如定理 11 中定义. 若对于 $j = 2, 3, \cdots, n$，有

$$x_j^0 = x_j^*$$

(此时,区域不可以按定理 11 的原则缩小),则

$$F_1(x_1^*) = F_2(x_2^*) = \cdots = F_n(x_n^*)$$
$$= f(x_1^*, x_2^*, \cdots, x_n^*)$$

且 $\boldsymbol{x}^*$ 是 $f(\boldsymbol{x})$ 在区域 R 上的不动点.

证 显然,有

$$F_1(x_1^*) = \min_{1 \leqslant j \leqslant n} F_j(x_j^*) \leqslant F_j(x_j^*) \quad (2 \leqslant j \leqslant n)$$

另外,有

$$F_j(x_j^*) \leqslant f(x_1^*, x_2^*, \cdots, x_{j-1}^*, x_j^*, x_{j+1}^*, \cdots, x_n^*)$$
$$= f(x_1^*, x_2^0, \cdots, x_{j-1}^0, x_j^0, x_{j+1}^0, \cdots, x_n^0)$$
$$= F_1(x_1^*) \quad (j = 2, 3, \cdots, n)$$

故得到

$$F_1(x_1^*) = F_2(x_2^*) = \cdots = F_n(x_n^*)$$

进而,对任意的 $j(1 \leqslant j \leqslant n)$，以及任意的 $x_j \in [a_j, b_j]$，有

$$f(x_1^*, x_2^*, \cdots, x_j^*, \cdots, x_{j_0}^*, \cdots, x_n^*)$$
$$= F_{j_0}(x_{j_0}^*)$$
$$\leqslant f(x_1^*, x_2^*, \cdots, x_{j-1}^*, x_j, x_{j+1}^*, \cdots, x_{j_0}^*, \cdots, x_n^*)$$

其中 $j_0 \neq j$. 得证.

定理 12　设

$$F_1(x_1^*) = \min_{\substack{a_k \leqslant x_k \leqslant b_k \\ k \neq 1}} f(x_1^*, x_2, \cdots, x_n)$$

$$x_1^* = \frac{1}{2}(b_1 + a_1)$$

$$\vdots$$

$$F_n(x_n^*) = \min_{\substack{a_k \leqslant x_k \leqslant b_k \\ k \neq n}} f(x_1, x_2, \cdots, x_{n-1}, x_n^*)$$

$$x_n^* = \frac{1}{2}(b_n + a_n)$$

不妨设

$$F_1(x_1^*) = \min_{1 \leqslant j \leqslant n} F_j(x_j^*)$$
$$= f(x_1^*, x_2^0, \cdots, x_n^0)$$

且对 $j = 2, 3, \cdots, n$, 有

$$x_j^0 = x_j^*$$

若：

（1）$f(\boldsymbol{x})$ 在点 $\boldsymbol{x}^*$ 处可微.

（2）$f(\boldsymbol{x})$ 是定义在开凸集 $X \supset R$ 上的连续的严格拟凸函数, 则 $\boldsymbol{x}^*$ 是问题

$$\min_{\boldsymbol{x} \in R} f(\boldsymbol{x})$$

的最优解的充分必要条件是：

（i）$f_x(\boldsymbol{x}^*) \neq 0$；

（ii）$f_x(\boldsymbol{x}^*) = 0$, 且 $f(\boldsymbol{x})$ 在点 $\boldsymbol{x}^*$ 处是凸函数.

证　由引理 12 以及定理 1, 立得欲证.

2－距离空间中的不动点定理

第 39 章

2－距离空间的概念首先由 S. Gahler 引入并研究. 近年来 Rhoades，Iseki，Singh，Park 等人在不同的假定下，分别讨论过 2－距离空间中压缩型映像的不动点定理，中科院成都分院的张石生、林涛两位教授在 1983 年继续研究了这一问题. 在本章中，我们对 2－距离空间中的压缩映像得出了几个新的不动点定理.

39.1 预备知识

为叙述方便，我们先引入一些定义和符号.

496

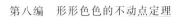

定义 1　设 X 是一非空集,我们称 X 为一 2-距离空间,如果在 $X \times X \times X$ 上定义一非负实值函数 ρ,满足下面的条件:

(1) 对每一对点 $a, l \in X, c \neq b$,存在一点 $c \in X$,使得 $\rho(a, b, c) \neq 0$.

(2) $\rho(a, b, c) = 0$,则 a, b, c 中至少有二元相等.

(3) $\rho(a, b, c) = \rho(a, c, b) = \rho(b, c, a)$.

(4) $\rho(a, b, c) \leqslant \rho(a, b, d) + \rho(a, d, c) + \rho(d, b, c)$,其中 d 是 X 中的任一元.

以后称条件 (4) 为三角形面积不等式.

定义 2　设 (X, ρ) 是一 2-距离空间,$\{x_n\}$ 是 X 中的序列,我们称 $\{x_n\}$ 为 X 中的 Cauchy 列,如果 $\lim\limits_{n, m \to +\infty} \rho(x_n, x_M, a) = 0, \forall a \in X$. 称 $\{x_n\}$ 为 (X, ρ) 中的收敛列,如果存在 $x \in X$,使得 $\lim\limits_{n, m \to +\infty} \rho(x_n, x, a) = 0$,$\forall a \in X$. (X, ρ) 称为完备的,如果 X 中的每一 Cauchy 列都是 (X, ρ) 中的收敛列.

设 (X, ρ) 是一 2-距离空间,T 是 X 到 X 的映像,对每一 $x \in X$,我们称 $O_T(x, 0, +\infty) = \{x = x_0, x_1 = Tx_0, \cdots, x_n = T^n x_n \cdots\}$ 为 T 在 x 处生成的轨道;同样对每一对 $x, y \in X$,我们称 $O_T(x, y; 0, +\infty) = (O_T(x, 0, +\infty)) \bigcup (O_T(y, 0, +\infty))$ 为 T 在 x, y 处生成的轨道.

对任意的正整数 $i, j, i \leqslant j$,记 $O_T(x, i, j) = \{x_i, \cdots, x_j\}$;$O_T(x, i, +\infty) = \{x_i, x_{i+1}, \cdots\}$ 同样记

$$O_T(x, y; i, j) = (O_T(x, i, j)) \bigcup (O_T(y, i, j))$$

$$O_T(x, y, i, +\infty) = (O_T(x, i, +\infty)) \bigcup (O_T(y, i, +\infty))$$

设 $A \subset X$,我们记 $\delta_a(A) = \sup\limits_{x, y \in A} \rho(x, y, a)$.

497

本章以下我们处处假定函数 $\Phi(t)$ 满足下面的条件 (Φ)：

$(\Phi)\Phi[0,+\infty)\to[0,+\infty)$ 对 t 不减,右连续, $\Phi(t)<t,\forall t>0$.

引理 1 设 $\Phi(t)$ 满足条件 (Φ),则对任一满足 $t_{n+1}\leqslant\Phi(t_n),n=1,2,\cdots$ 的非负实数列 $\{t_n\}$ 有 $\lim\limits_{t\to+\infty}t_n=$ 0.特别地,当 $t\geqslant0$ 且 $t\leqslant\Phi(t)$ 时,则有 $t=0$.

39.2   主要结果

定理 1 设 (X,ρ) 是一完备的 $2-$距离空间,设 T 是 X 到 X 的映像,且满足下面的条件:

(1)$\rho(Tx,Ty,a)\leqslant\Phi(\delta_a(O_T(x,y;0,+\infty)))$, $\forall x,y,a\in X$. 再设对任一 $x_0\in X,\delta_a(O_T(x_c;0,+\infty))<+\infty,\forall a\in X$,则 T 在 X 中存在唯一不动点 x_*,而且对任一 $x_0\in X$,下面定义的迭代序列 $\{x_n\}$ 收敛于 x_*.

(2)$x_n=T^n x_0,n=1,2,\cdots$.

为了证明定理 1,我们先证明下面的引理.

引理 2 设 $(X,\rho),T,\Phi$ 满足定理 1 中的条件. 设 $\{x_n\}$ 是由(2)定义的序列,则下面的结论成立:

(1)$\delta_a(O_T(x_0;0,+\infty))=\sup\limits_{m\geqslant1}\rho(x_0,x_m,a),\forall a\in X$;

(2)$\delta_{x_0}(O_T(x_0;0,+\infty))\equiv0$;

(3) 特别地,有 $\rho(x_0,x_1,x_n)=0,\forall n\geqslant1$.

证 对任意的正整数 $i,j,m;i,j\geqslant m$,由定理 1 的条件(1),有

$$\rho(x_i, x_j, a) = \rho(Tx_{i-1}, Tx_{j-1}, a)$$
$$\leqslant \Phi(\delta_a(O_T(x_{i-1}, x_{j-1}; 0, +\infty)))$$
$$\leqslant \Phi(\delta_a(O_T(x_0, m-1, +\infty)))$$

于是有

$$\delta_a(O_T(x_0, m, +\infty)) = \sup_{i,j \geqslant m} \rho(x_i, x_j, a)$$
$$\leqslant \Phi(\delta_a(O_T(x_0, m-1, +\infty)))$$
$$\tag{1}$$

于式(1)中令 $m = 1$,则得

$$\delta_a(O_T(x_0, 1, +\infty)) \leqslant \Phi(\delta_a(O_T(x_0, 0, +\infty)))$$
$$< \delta_a(O_T(x_0, 0, +\infty)) \tag{2}$$

可是

$$\delta_a(O_T(x_0, 0, +\infty))$$
$$= \max\{\delta_a(O_T(x_0, 1, +\infty)), \sup_{j \geqslant 1} \rho(x_0, x_j, a)\}$$

故由式(2),即得

$$\delta_a(O_T(x_0, 0, +\infty)) = \sup_{j \geqslant 1} \rho(x_0, x_j, a) \quad (\forall a \in X)$$
$$\tag{3}$$

于是(1)得证,现于式(3)中取 $a = x_0$,故得

$$\delta_a(O_T(x_0, 0, +\infty)) = \sup_{j \geqslant 1} \rho(x_0, x_j, x_0)\} = 0 \tag{4}$$

故(2)成立.

由式(4)可知 $\rho(x_0, x_1, x_n) = 0, \forall n \geqslant 1$. 故(3)成立. 引理证毕.

定理 1 的证明:

令

$$t_m = \delta_a(O_T(x_0, m, +\infty)) \quad (m = 1, 2, \cdots) \tag{5}$$

由式(1)及引理 1 知

$$\lim_{m \to +\infty} t_m = \lim_{m \to +\infty} \delta_u(O_T(x_0, m, +\infty)) = 0 \tag{6}$$

上式表明由定理 1 的条件(2)定义的序列 $\{x_n\}$ 是 X 中

的 Cauchy 列，由 X 的完备性，设 $x_n \to x_* \in X$. 现证 x_* 是 T 的不动点，为此先证下面不等式成立.

$$\delta_a(O_T(x; x_*, m+1, +\infty))$$
$$\leqslant \Phi(\delta_a(O_T(x_0, x_*; m, +\infty))) \quad (m=0,1,2,\cdots)$$

$$(7)$$

事实上，因

$$\delta_a(O_T(x_0, x_*; m+1, +\infty))$$
$$= \max\{\delta_a O_T(x_0; m+1, +\infty),$$
$$\delta_a(O_T(x_*; m+1, +\infty)),$$
$$\sup_{i,j \geqslant m+1} \rho(\rho(T^i x_0, T^s x_*, a)\}$$

$$(8)$$

而

$$\sup_{i,s \geqslant m+1} \rho(T^i x_0, T^s x_*, a)$$
$$= \sup_{i,s \geqslant m+1} \rho(TT^{i-1} x_0, TT^{s-1} x_*, a)$$
$$\leqslant \sup_{i,s \geqslant m+1} \{\Phi(\delta_a(O_T(T^{i-1} x_0, T^{s-1} x_*; 0, +\infty)))\}$$
$$= \Phi(\delta_a(O_T(x_0, x_*; m, +\infty)))$$

$$(9)$$

另由式（1）明显知道（其中 x_0 是 X 中的任一元）

$$\delta_a(O_T(x_0; m+1, +\infty)) \leqslant \Phi(\delta_a(O_T(x_0; m, +\infty)))$$
$$\leqslant \Phi(\delta_a(O_T(x_0, x_*; m, +\infty)))$$

$$(10)$$

$$\delta_a(O_T(x_*, m+1, +\infty)) \leqslant \Phi(\delta_a(O_T(x_*; m, +\infty)))$$
$$\leqslant \Phi(\delta_a(O_T(x_0, x_*; m, +\infty)))$$

$$(11)$$

综合上述各式，即知式（7）成立，因而由引理 1 知

$$\lim_{m \to +\infty} \delta_a(O_T(x_0, x_*; m, +\infty)) = 0 \quad (\forall a \in X)$$

$$(12)$$

另由三角形面积不等式知

$$\rho(x_*, T^j x_*, a)$$

$$\leqslant \rho(x_* , T^j x_* , T^j x_0) + \rho(x_* , T^j x_0 , a) +$$
$$\rho(T^j x_0 , T^j x_* , a)$$
$$\leqslant \delta_{x_*} (O_T(x_0 , x_* ; j , +\infty)) +$$
$$\rho(x_* , T^j x_0 , a) +$$
$$\delta_a(O_T(x_0 , x_* ; j , +\infty)) \quad (\forall a \in X)$$

于上式两端令 $j \to +\infty$，并注意式(12)，即得

$$\lim_{j \to +\infty} \rho(x_* , T^j x_* , a) = 0 \quad (\forall a \in X) \quad (13)$$

令 $\delta_j = \delta_a(O_T(x_* ; j , +\infty)), j = 0,1,2,\cdots$. 于是对任意的正整数 $j , m : j > m$ 有

$$\rho(x_* , T^m x_* , a) \leqslant \rho(x_* , T^m x_* , T^j x_*) +$$
$$\rho(x_* , T^j x_* , a) +$$
$$\rho(T^j x_* , T^m x_* , a)$$
$$\leqslant \rho(x_* , T^m x_* , T^j x_*) +$$
$$\rho(x_* , T^j x_* , a) + \delta_1$$

于上式右端令 $j \to +\infty$，并利用式(13)，即得

$$\rho(x_* , T^m x_* , a) \leqslant \delta_1 \quad (\forall a \in X , m = 1,2,\cdots)$$
$$(14)$$

另由式(1)和条件(Φ)，若对任一 $j , j = 0,1,2,\cdots, \delta_j \neq 0$，则

$$\delta_{j+1} \leqslant \Phi(\delta_j) < \delta_j$$

可是由定义

$$\delta_j = \max\{\sup_{n \geqslant j+1} \rho(T^j x_* , T^n x_* , a),$$
$$\sup_{n,s \geqslant j+1} \rho(T^n x_* , T^s x_* , a)\}$$

于是，如果 $\delta_j \neq 0$，且 $\delta_j = \sup\limits_{n,s \geqslant j+1} \rho(T^n x_* , T^s x_* , a)$，则

$$\delta_j = \delta_{j+1} \leqslant \Phi(\delta_j) < \delta_j$$

矛盾. 由此即得

$$\delta_j = \sup_{n \geqslant j+1} \rho(T^j x_* , T^n x_* , a) \quad (j = 0,1,2,\cdots)$$
$$(15)$$

如果 $\delta_0 \neq 0$,则于式(14)中对 $m \geqslant 1$ 取上确界,并应用式(15)得

$$\delta_0 \leqslant \delta_1 \leqslant \Phi(\delta_0) < \delta_0$$

矛盾.由此矛盾,即知 $\delta_0 = 0$.故 x_* 是 T 的不动点.

现证 x_* 是 T 的唯一不动点,事实上,设 $y_* \in X$ 也是 T 的不动点,于是,对一切 $a \in X$ 有

$$\begin{aligned}
\rho(x_*, y_*, a) &= \rho(Tx_*, Ty_*, a) \\
&\leqslant \Phi(\delta_a(O_T(x_*, y_*, 0, +\infty))) \\
&= \Phi(\rho(x_*, y_*, a))
\end{aligned}$$

于是由引理 1 即得 $\rho(x_*, y_*, a) = 0, \forall a \in X$,故 $x_* = y_*$.

定理证毕.

注 1 Rhoades 的定理 1,Park,Rhoades 的定理 3,Singh 和 Iseki 中的主要结果是定理 1 的特例.

定理 2 设 (X, ρ) 是一完备的 2 — 距离空间,$\{T\}_{i=1}^{+\infty}$ 是 X 到 X 的映像序列,设存在正整数列 $\{m_i\}_{i=1}^{+\infty}$,使得对任意的 i, j 有

$$\begin{aligned}
&\rho(T_s^{m_i} x, T_j^{m_j} y, a) \\
&\leqslant \Phi(\max\{\rho(x, y, a), \rho(x, T_i^{m_i} x, a), \\
&\quad \rho(y, T_j^{m_j} y, a), \rho(x, T_j^{m_j} y, a), \\
&\quad \rho(y, T_i^{m_i} x, a)\}) \quad (\forall a, x, y \in X) \quad (16)
\end{aligned}$$

再设对任一 $x \in X, \delta_a(O_T(x; 0, +\infty)) < +\infty, \forall a \in X$.

则 $\{T_i\}_{i=1}^{+\infty}$ 在 X 中存在唯一的公共不动点 x_*,而且对任一 $x_0 \in X$,下面的序列 $\{x_i\}_{i=1}^{+\infty}$ 收敛于 x_*,即

$$x_i = T_i^{m_i} x_{i-1} \quad (i = 1, 2, \cdots) \quad (17)$$

为了证明定理 2,我们先证次之引理,先引入下面的符号.

对任一 $x_0 \in X, x_i, i = 1, 2, \cdots$ 是由式(17)定义的序列,我们记

$$O(x_0, i, j) \xlongequal{\text{def}} \{x_i, \cdots, x_j\} \quad (0 \leqslant i < j \leqslant +\infty)$$

$$\delta_a(O(x_0, i, j)) \xlongequal{\text{def}} \sup_{i \leqslant m, n \leqslant j} \rho\{x_m, x_n, a\} \quad (\forall a \in X)$$

$$\delta_a(O(x_0, i, +\infty)) \xlongequal{\text{def}} \sup_{m, n \geqslant i} \rho\{x_m, x_n, a\} \quad (\forall a \in X)$$

引理 3 设 $(X, \rho), \{T_i\}, \Phi$ 满足定理 2 的条件, $\{x\}_{i=1}^{+\infty}$ 是由式(17)定义的序列,则下面的结论成立,对任意的正整数 n,有:

(1) $\rho(x_i, x_j, a) \leqslant \Phi(\delta_a(O(x_0, 0, n)))$

$$(\forall a \in X, 1 \leqslant i, j \leqslant n)$$

而且存在正整数 $k: 1 \leqslant k \leqslant n$,使得

$$\rho(x_0, x_k, a) \leqslant \delta_a(O(x_0, 0, n))$$

(2) $\delta_{x_0}(O(x_0, 0, n)) \equiv 0$. 特别地, 有 $\rho(x_0, x_1, x_n) = 0, \forall n \geqslant 1$.

这一引理可完全仿效引理 2 证明. 故从略.

定理 2 的证明:

对任一 $x_0 \in X$,现考虑由式(17)定义的序列 $\{x_j\}_{j=1}^{+\infty}$,于是对任意的正整数 $i, j \geqslant m \geqslant 1$ 有

$$\rho(x_i, x_j, a) = \rho(T_i^{m_i} x_{i-1}, T_j^{m_j} x_{j-1}, a)$$
$$\leqslant \Phi(\max\{\rho(x_{i-1}, x_{j-1}, a),$$
$$\rho(x_{j-1}, x_i, a), \rho(x_{j-1}, x_j, a),$$
$$\rho(x_{i-1}, x_j, a), \rho(x_{j-1}, x, a)\})$$
$$\leqslant \Phi(\delta_0(O(x_0, m-1, +\infty))) \quad (\forall a \in X)$$
$$(18)$$

故有

$$\delta_a(O(x_0, m, +\infty)) = \sup_{i, j \geqslant m} \rho(x_i, x_j, a)$$

$$\leqslant \Phi(\delta_a(O(x_0,m-1,+\infty)))$$

$$(\forall a \in X) \qquad\qquad (19)$$

由假定，$\delta_a(O(x_0,0,+\infty)) < +\infty,\forall a \in X$，于是由引理 1 得知

$$\lim_{m\to+\infty}\delta_a(O(x_0,m,+\infty))=0 \quad (\forall a \in X)$$

上式表明 $\{x_n\}$ 是 X 中的 Cauchy 列，因 (X,ρ) 完备，设 $x_a \to X_* \in X$.

现证 x^* 是 $\{T_i\}$ 的唯一的公共不动点. 事实上，因 $x_n \to x^*$，由于 ρ 对每一变元的连续性，故对任给的 $\varepsilon > 0$，对于确定的 a 和正整数 j，存在正整数 N，当 $i \geqslant N$ 时有

$$\rho(x_{i-1},x_*,a) < \frac{\varepsilon}{2},\rho(x_{i-1},x_i,a) < \frac{\varepsilon}{2}$$

$$\rho(x_{i-1},T_j^{m_j}x_*,a) < \frac{\varepsilon}{2} + \rho(x_*,T_j^{m_j}x_*,a)$$

于是当 $i \geqslant N$ 时

$$\rho(x_i,T_j^{m_j}x_*,a) = \rho(T_j^{m_j}x_{i-1},T_j^{m_j}x_*,a)$$

$$\leqslant \Phi(\max\{\rho(x_{i-1},x_*,a),$$

$$\rho(x_{i-1},x_*,a),\rho(x_*,T_j^{m_j}x_*,a)$$

$$\rho(x_{i-1},T_j^{m_j}x_*,a),\rho(x_*,x_i,a)\})$$

$$\leqslant \Phi(\max\{\frac{\varepsilon}{2},\frac{\varepsilon}{2},\rho(x_*,T_j^{m_j}x_*,a),$$

$$\frac{\varepsilon}{2} + \rho(x_*,T_j^{m_j}x_*,a),\frac{\varepsilon}{2}\})$$

$$\leqslant \Phi(\frac{\varepsilon}{2} + \rho(x_*,T_j^{m_j}x_*,a)) \qquad (20)$$

于式 (20) 中令 $\varepsilon \downarrow 0$. 由于 Φ 的右连续性得

$$\rho(x_*,T_j^{m_j}x_*,a) \leqslant \Phi(\rho(x_*,T_j^{m_j}x_*,a))$$

于是上式令 $i \to +\infty$，即得

$$\rho(x_*,T_j^{m_j}x_*,a)\leqslant\Phi(\rho(x_*,T_j^{m_j}x_*,a))$$

故由引理 1 知 $\rho(x_*,T_j^{m_j}x_*,a)=0$. 由于 $a\in X$ 的任意性,即知 $x_*=T_j^{m_j}x_*,j=1,2,\cdots$. 即 x_* 是 $\{T_j\}$ 的公共周期点,如果 y_* 还是某一 T_j 的周期点,即 $y_*=T_j^{m_j}y_*$,则 $\forall a\in X$,有

$$\begin{aligned}\rho(x_*,y_*,a)&=\rho(T_j^{m_j}x_*,T_j^{m_j}y_*,a)\\&\leqslant\Phi(\max\{\rho(x_*,y_*,a),0,0,\\&\quad\rho(x_*,y_*,a),\rho(y_*,x_*,a)\})\\&=\Phi(\rho(x_*,y_*,a))\end{aligned}$$

又由引理 1 及 $a\in X$ 的任意性得知,$x_*=y_*$. 即 $\{T_i\}$ 的公共周期点是唯一的,而且对每一 $T_i,i=1,2,\cdots$ 的周期点也是唯一的.

但是,$T_i^{m_i}(T_ix_*)=T_i(T_j^{m_j}x_*)=T_ix_*,i=1,2,\cdots$,故 T_ix_* 也是 T_i 的周期点. 由 T_i 的周期点的唯一性,即知 $T_ix_*=x_*,i=1,2,\cdots$. 故 x_* 是 $\{T_i\}$ 的唯一公共不动点.

定理证毕.

注 2　Rhoades 的定理 5 和 Iseki 中的主要结果是定理 2 的特例.

关于映像族的不动点

第
40
章

40.1　交换映像

考虑由某集到其自身内的映像 T 的族 $\mathscr{A}$. 若 $Tx = x$ 对 $\mathscr{A}$ 中的一切 T 成立,则称 x 是关于 $\mathscr{A}$ 或关于 $\mathscr{A}$ 中的映像 T 的一个公共不动点. 在本章,我们将讨论映像族的公共不动点的存在性.

定义 1　我们记 $F(T)$ 为 T 的不动点集.

显然,族 $\mathscr{A}$ 的公共不动点集由下式给出

$$\bigcap_{T \in \mathscr{A}} F(T)$$

关于公共不动点的研究,一个基

y),此时不动点集为平面中第一及第四象限的对角线的并.

引理 5(Mazur)　Banach 空间中任一凸的强闭子集也是弱闭的.

证　见例如 Day(1958).

定理 7(Browder,1965)　设 $\mathcal{M}$ 是 Hilbert 空间 $\mathcal{H}$ 中的一个有界闭凸子集,$\mathcal{F}$ 是 $\mathcal{M}$ 到 $\mathcal{M}$ 内的非扩张交换映像的族,则 $\mathcal{F}$ 中的映像有一公共不动点.

用同样的论证,可把结果推广到一致凸空间,进一步还可能推广到第 6 章注中所列的各种情形.

证　对 $\mathcal{F}$ 中每一 T,$F(T)$ 是非空的(由第 6 章定理 2)、凸的(由引理 4)及强闭的根.根据引理 5,$F(T)$ 是弱闭的.正如在引理 3 的证明中我们所看出的,集 $F(T)$ 的任一有限交是非空的且是弱紧的.因 $\mathcal{M}$ 是弱紧的,故所有的集 $F(T)$ 的交是非空的.从而存在一公共不动点.

40.2　向下归纳法

向下归纳法这一术语是指这样的一种论证,按照此论证去寻求一极小不变集,证明它仅含有一点,并断定这点必是一不动点.这种形式的论证已被用于证明各种不同的不动点定理[特别见 DeMarr(1963) 及 40.3].现在我们给出此论证的一种形式.

定理 8(向下归纳定理)　假设:

(1) 存在一非空紧(凸)集 $\mathcal{M}_0$,在算子族 $\mathcal{F}$ 下是不变的;

（2）若 $\mathscr{M}_1$ 是在 $\mathscr{F}$ 下不变的任一紧（凸）集，且 $\mathscr{M}_1$ 含有不只一点，则 $\mathscr{M}_1$ 包含一严格较小的紧（凸）不变集. 则存在 $\mathscr{F}$ 的一个公共不动点.

证 由 Zorn（佐恩）引理知，存在 $\mathscr{M}_0$ 的一个极小的紧（凸）不变子集，而它必定仅由一点组成. 从而这点是 $\mathscr{F}$ 中所有算子的不动点.

作为一种说明，我们给出：

定理 9 设 $\mathscr{F}$ 是紧集 $\mathscr{M}$ 到 $\mathscr{M}$ 内的连续的交换映像 T_a 的族. 假设对 $\mathscr{M}$ 的任一紧的不变子集 $\mathscr{M}_1$（含有不只一点），在 $\mathscr{F}$ 中存在一映像 T_a 使得

$$\operatorname{diam}(T_a \mathscr{M}_1) < \operatorname{diam} \mathscr{M}_1 \qquad (2)$$

则存在 $\mathscr{F}$ 的一个公共不动点.

证 若 $\mathscr{M}_1$ 是任一紧的不变子集，选取 T_a 给出式（2），则 $T_a \mathscr{M}_1$ 是一较小的紧的不变子集. 根据向下归纳定理知，必存在一公共不动点.

40.3 映像的群和半群

定理 10（角谷静夫，1938） 设 $\mathscr{V}$ 是一局部凸空间，$\mathscr{N}$ 是 $\mathscr{V}$ 的一子集，$\mathscr{G}$ 是 $\mathscr{N}$ 到 $\mathscr{N}$ 内的仿射映像的群. 假定（处处所用的是同一拓扑）：

（1）$\mathscr{M}$ 是 $\mathscr{N}$ 的一非空紧凸子集；

（2）$\mathscr{G}$ 中每一映像 T 在 $\mathscr{M}$ 上是连续的且 $T\mathscr{M} \subset \mathscr{M}$；

（3）$\mathscr{G}$ 中的映像在 $\mathscr{M}$ 上是等度连续的.

则存在 $\mathscr{G}$ 的一公共不动点.

注 2 在应用中 $\mathscr{V}$ 通常是一个具有范数拓扑或弱拓扑的 Banach 空间.

定理 11(Ryll-Nardzewski,1966)　设 V 是一赋范空间,N 是 V 的一子集,G 是 N 到 N 内的仿射映像的半群. 假定:

(1)′M 是 N 的一非空凸子集,按弱拓扑是紧的;

(2)′G 中每一映像 T 在 M 上是按范数连续的且 $TM \subset M$;

(3)′G 是"远侧的"(即当 $x \neq y$ 时,0 不在集 $\{Tx - Ty \mid T \in G\}$ 的范数闭包中).

则存在 G 的一个公共不动点.

注3　(1)Ryll-Nardzewski(1966),Namioka-Asplund(1967) 和 Greenleaf(格林利夫,1969)证明了一个更为一般形式的定理 11,其中范数拓扑代之以任一局部凸拓扑.

(2)对群 G,条件(3)(按范数拓扑)蕴含(3)′. 从而由定理 11 可以得到定理 10 形式的范数拓扑,且若以(3)′代替条件(3),则可以推广到半群.

(3)在自反空间中,利用弱拓扑常能证明 M 的紧性. 在此情况下,定理 11 也许比定理 10 更易应用,因为(3)′比条件(3)更易于验证. 这些算子常是等距的,而且条件(3)(按弱拓扑)难于处理或不成立时,(3)′往往是显然的.

定理 10 的证明　对一般的情形,其证明被角谷静夫(1938)描述过,其详见 Dunford-Schwarz(1958). 现假定 V 是一具范数拓扑的 Banach 空间,且算子 T 是 M 到 M 上的等距映像. 对 Banach 空间的多数应用来说,通过对空间改变范数皆可化为这种情形. 由向下归纳定理 8,根据下面的引理 9 便得到结果.

引理 6　若 M 是含有不只一点的紧凸集,则 M 含

一非直径点 p（即 $\mathcal{M} \subset N(p,d)$ 且 $d < \operatorname{diam} \mathcal{M}$ 的点）.

    证   设 $\operatorname{diam} \mathcal{M} = 2\Delta > 0$. 对适当的整数 n 及 $\mathcal{M}$ 中一适当的点 $k_1, \cdots, k_n$，$\mathcal{M}$ 为开邻域 $N(k_1, \Delta), \cdots, N(k_n, \Delta)$ 所覆盖. 令 $p = n^{-1}(k_1 + \cdots + k_n)$. 对于任一 $m \in \mathcal{M}$，对某一 i，有 $\| k_i - m \| < \Delta$，且对所有的 i，有 $\| k_i - m \| \leqslant 2\Delta$. 从而

$$\| p - m \| < n^{-1}(\Delta + 2(n-1)\Delta)$$
$$= (2 - n^{-1})\Delta \quad (m \in \mathcal{M})$$

这样我们可取 $d = (2 - n^{-1})\Delta$.

    引理 7 若 T 为一等距映像，且 m 在定义域 $\mathcal{D}(T)$ 中，则

$$T(N(m, \delta) \cap \mathcal{D}(T)) \subset N(Tm, \delta)$$

    证   显然.

    引理 8 若一集 $\mathcal{M}$ 在一映像群 $\mathcal{G}$ 下是不变的，则 $\mathcal{G}$ 中每一 T 映 $\mathcal{M}$ 到 $\mathcal{M}$ 上.

    证   因 $TT^{-1}\mathcal{M} = I\mathcal{M} = \mathcal{M}$，故要求 T 为"满射的".

    引理 9 若 $\mathcal{M}$ 满足条件 (1)(2) 及 (3)，且不只含有一个点，则 $\mathcal{M}$ 包含一满足条件 (1)(2) 及 (3) 的严格较小的集 $\mathcal{K}$.

    证   如引理 6 中选取 p 和 d，则

$$\mathcal{K} = \mathcal{M} \cap \bigcap_{m \in \mathcal{M}} \overline{N}(m, d) \neq \varnothing$$

（因 $p \in \mathcal{K}$）. 因

$$T\mathcal{K} \subset T\mathcal{M} \cap \bigcap_{m \in \mathcal{M}} \overline{N}(Tm, d) \quad \text{（由引理 7）}$$
$$= \mathcal{M} \cap \bigcap_{u \in \mathcal{M}} \overline{N}(u, d) \quad \text{（由引理 8）}$$
$$= \mathcal{K}(T \in \mathcal{G})$$

故 $\mathcal{K}$ 在 $\mathcal{G}$ 下是不变的. 根据其定义，$\mathcal{K}$ 是紧凸且非空的. 显然，$\operatorname{diam} \mathcal{K} \leqslant d < \operatorname{diam} \mathcal{M}$.

定理 11 的证明大意,用向下归纳法由下面引理 11 得证.

引理 10　给定一可分的 Banach 空间 $\mathcal{V}$,一凸的弱紧子集 $\mathcal{M}$ 及一数 $\delta > 0$,则 $\mathcal{M}$ 有一闭凸的真子集 $\mathcal{C}$ 满足

$$\mathrm{diam}(\mathcal{M} - \mathcal{C}) < \frac{1}{2}\delta$$

证　由 Klein-Milman(米尔曼)定理可推得,见 Greenleaf(1969).

引理 11　若 $\mathcal{M}$ 满足条件 $(1)'(2)'$ 及 $(3)'$,且不只含有一个点,则 $\mathcal{M}$ 包含一严格较小的集 $\mathcal{K}$ 满足条件 $(1)'(2)'$ 及 $(3)'$.

证　可假定[见 Greenleaf(1969)]$\mathcal{V}$ 是可分的.在 $\mathcal{M}$ 中选取 $x, y, x \neq y$,并令

$$\inf\{\|Ty - Tx\| \mid T \in \mathcal{G}\} = \delta > 0$$

设 $\mathcal{C}$ 是由引理 10 所给定的集.若 $T \in \mathcal{G}$,则在 $\mathcal{M} - \mathcal{C}$ 中不可能既含 Tx 又含 $T\left(\dfrac{1}{2}x + \dfrac{1}{2}y\right)$,因为这些点间的距离是很大的.从而 $T\left(\dfrac{1}{2}x + \dfrac{1}{2}y\right)$ 一定在 $\mathcal{C}$ 中(因若不然,Tx 同 Ty 会在 $\mathcal{C}$ 中矛盾).于是,若令

$$\mathcal{K} = \overline{\mathrm{co}}\left\{ T\left(\frac{1}{2}x + \frac{1}{2}y\right) \mid T \in \mathcal{G} \right\}$$

便有 $\mathcal{K} \subset \mathcal{C}$,因而 $\mathcal{K}$ 即满足所要求的条件.(我们使用按范数的闭凸包,由引理 5 知,这是弱闭的,故为弱紧的.)

注 4　若 $\mathcal{V}$ 是一 Hilbert 空间,用一简单的论证,不假定可分性,引理 10 亦可得证.于是上面所概述的引理 11 的证明在此时就是一个完全的证明.

40.4 问 题

1. 若 $\mathscr{A}$ 是集 μ 到 μ 内的交换映像族,使得 $\bigcap\limits_{T\in\mathscr{A}} T\mu$ 是一个单点集,则 $\mathscr{A}$ 存在一公共不动点.

2. [Folkman(福克曼)] (1) 若 S 及 T 是度量空间 μ 到 μ 内的连续的交换映像, x 是 S 的一不动点,且 $y=\lim T^n x$ 存在,则 y 是 S 及 T 的公共不动点.

(2) 若 S 及 T 是 $[0,1]$ 到 $[0,1]$ 内的连续的交换映像,且 T 是单调的,则存在 S 及 T 的一个公共不动点.

3. 证明:一算子是仿射的当且仅当其图像是凸的.

4. 证明:一仿射映像在其定义域内的每一直线段上是连续的.

5. 推广定理 5 到这样的情形,其中 T_0^K 对某一整数 $K>1$,是一压缩映像.

6. 试举出 $[-1,1]$ 到其自身内的连续映像群而无公共不动点的例子.

7. 试证:含有压缩映像的半群不是远侧的.

8. 令 μ 是一 Banach 空间的闭凸子集,$\{T_\alpha\}$ 是 μ 到 μ 内的连续仿射交换映像的族. 假设 $T_\alpha\mu$ 对 α 的一个值是准紧的,试证:这个族存在一公共不动点.

关于 2 — 距离空间中非线性压缩映像的不动点定理[①]

第 41 章

41.1　定义和符号

定义 1　设 X 是非空集,如果在 $X \times X \times X$ 上定义一非负实值函数 ρ,满足下面的条件:

（1）对 X 的每一对 $a,b,a \neq b$,存在一点 c,使得 $\rho(a,b,c) \neq 0$;

（2）$\rho(a,b,c) = 0$,当且仅当 a,b,c 中至少有二元相等;

（3）$\rho(a,b,c) = \rho(a,c,b) = \rho(b,c,a)$;

① 四川大学,王永义教授.

（4）$\rho(a,b,c) \leqslant \rho(a,b,d) + \rho(a,d,c) + \rho(d,b,c)$，其中 d 是 X 中的任一元，则称 X 为 2－距离空间.

设 (X,ρ) 为 2－距离空间，$\{x_n\}$ 为 X 中的序列，如果 $\lim\limits_{n,m \to +\infty} \rho(x_n,x_m,a) = 0, \forall a \in X$，则称 $\{x_n\}$ 为 X 中 Cauchy 序列. 如果存在 $x \in X$，使得 $\lim\limits_{n \to +\infty} \rho(x_n,x,a) = 0, \forall a \in X$ 则称 $\{x_n\}$ 为收敛序列. 如果 X 中的每一 Cauchy 序列都是收敛的，则称 2－距离空间 (X,ρ) 为完备空间. 称 $\delta_a(A) = \sup\limits_{x,y \in A} \rho(x,y,a), \forall a \in X$，为集合 A 的直径.

设 (X,ρ) 是完备的 2－距离空间，T 是 X 的自映像，对每一 $x \in X$，称

$$O_T(x,o,+\infty) = \{x, x_1 = T_\lambda, \cdots, x_n = T^i x, \cdots\}$$

为 T 在 x 处生成的轨道.

对任意的正整数 $i,j,j \geqslant i$，记 $O_T(x,i,j) = \{x_i = T_x^L x, \cdots, x_1 = T^L x\}$.

对 X 中任意有限个点 $x^1, x^2, \cdots, x^n$，称 $O_T(x^1, x^2, \cdots, x^n, 0, +\infty) = \bigcup\limits_{i=1}^{n} \{O_T(x^t, 0, +\infty)\}$ 为 T 在 $x^1, x^2, \cdots, x^n$ 处生成的轨道.

对任意的正整数 $i,j,j \geqslant i$ 记 $O_T(x^1, x^2, \cdots, x^n, i, j) = \bigcup\limits_{i=1}^{r} \{O_L(x^t, i, j)\}$.

引理 1 设 $\Phi(t)$ 满足条件 (Φ_1)，对任一实数 $l \in [0, +\infty]$，如满足 $t \leqslant \Phi(t)$，则有 $t = 0$，其中 (Φ_1) 表示 $\Phi(t): [0, +\infty] \to [0, +\infty]$，对 l 不减和是右连续，且对一切 $t \in [0, +\infty)$，有 $\Phi^n(t) \to 0(n \to +\infty)$. 这里 $\Phi^n(t)$ 是 Φ 的第 n 次迭代函数.

41.2　主要结果

定理 1　设 (X,ρ) 是一完备的 $2-$ 距离空间. 设 T,S 是映 X 到 X 的连续映像,且满足下面的条件:

对每一 $x \in X$,存在与之相应的正整数 $P_T(x)$, $P_s(x)$,使得对任意有限的 n 元组 $x^1,x^2,\cdots,x^n \in X$ 和任意有限的 m 元组 $y^1,y^2,\cdots,y^m \in X$ 有

$$\delta_a(O_T(x^1,x^2,\cdots,x^n,\sum_{i=1}^n p_T(x),+\infty)$$

$$\bigcup O_s(y^1,y^2,\cdots,y^n,\sum_{s=1}^m P_s(y),+\infty))$$

$$\leqslant \Phi(\delta_a(O_T(x^1,x^2,\cdots,x^n,0,+\infty)$$

$$\bigcup O_s(y^1,y^2,\cdots,y^m,0,+\infty))) \tag{1}$$

$$\delta_a(O_T(x^1,x^2,\cdots,x^n,0,+\infty)$$

$$\bigcup O_s(y^1,y^2,\cdots,y^m,0,+\infty)) < +\infty \tag{2}$$

其中 $\Phi(t)$ 满足下面的条件:

$(\Phi_1)\Phi(t):[0,+\infty) \to [0,+\infty)$ 对 t 不减和右连续,且对一切 $t \in [0,+\infty)$ 有 $\Phi^n(t) \to 0(n \to +\infty)$.

则 T 和 S 在 X 中存在不动点,而且对任一 $x_0 \in X$,序列 $\{T^a\}_{u=0}^{+\infty},\{S^a x_0\}_{u=0}^{+\infty}$ 收敛于 T 和 S 的公共不动点 z.

证　由假设条件,对任一元 n 组 $x_0^1,x_0^2,\cdots,x_0^n$ 和任意一 m 元组 $y_0^1,y_0^2,\cdots,y_0^m$,存在正整数 $P_T(x_0^1)$, $P_T(x_0^2),\cdots,P_T(x_0^n)$ 和 $P_s(y_0^1),P_s(y_0^2),\cdots,P_s(y_0^m)$ 使得

$$\delta_a(O_T(x_0^1,x_0^2,\cdots,x_0^n,\sum_{i=1}^n P_T(x_0^i),+\infty)$$

$$\bigcup O_s(y_0^1, y_0^2, \cdots, y_0^m, \sum_{i=0}^m P_s(y_0^1), +\infty))$$

$$\leqslant \Phi(\delta_a(O_T(x_0^1, x_0^2, \cdots, x_0^n, 0, +\infty)$$

$$\bigcup O_s(y_0^1, y_0^2, \cdots, y_0^m, 0, +\infty))) \tag{3}$$

现在定义正整数序列 $\{k(j)\}_{j=1}^{+\infty}, \{h(j)\}_{j=1}^{+\infty}$ 如下

$$k(0) = \sum_{i=1}^n p_T(x_0^i), k(j+1) = k(j) + \sum_{i=1}^n P_T(\widetilde{y}_j^i)$$

$$\tag{4}$$

$$h(0) = \sum_{i=1}^n p_s(y_0^l), h(j+1) = h(j) + \sum_{i=1}^m P_s(\widetilde{y}_j^l)$$

$$(j = 1, 2, \cdots)$$

其中 $\widetilde{x}_j^i = T^{k(j)} x_0^i, i = 1, 2, \cdots, n, \widetilde{y}_j^l = S^{h(j)} y_0^l, l = 1, 2, \cdots, m.$

于是由式(1) 得

$$\delta_T(O_T(x_0^1, x_0^2, \cdots, x_0^n, k(j+1), +\infty)$$

$$\bigcup O_s(y_0^1, y_0^2, \cdots, y_0^m, h(j+1), +\infty))$$

$$= \delta_a(O_T(x_{k(j)}^1, x_{a(j)}^2, \cdots, x_{k(j)}^n, \sum_{i=1}^n P_T(\widetilde{x}_j^i), +\infty)$$

$$\bigcup O_s(y_{h(j)}^1, y_{h(j)}^2, \cdots, y_{h(j)}^n, \sum_{l=1}^m P_T(\widetilde{y}_j^l), +\infty))$$

$$\leqslant \Phi(\delta_a(O_T(x_{k(j)}^1, x_{k(j)}^2, \cdots, x_{k(j)}^n, 0, +\infty)$$

$$\bigcup O_s(y_{h(j)}^1, y_{h(j)}^2, \cdots, y_{h(j)}^m, 0, +\infty)))$$

$$= \Phi(\delta_a(O_T(x_0^1, x_0^2, \cdots, x_0^n, k(j), +\infty)$$

$$\bigcup O_s(y_0^1, y_0^2, \cdots, y_0^m, h(j), +\infty)))$$

由上式依次可得

$$\delta_a(O_T(x_0^1, x_0^2, \cdots, x_0^n, k(j+1), +\infty)$$

$$\bigcup O_s(y_0^1, y_0^2, \cdots, y_0^m, h(j+1), +\infty))$$

$$\leqslant \Phi(\delta_a(O_T(x_0^1, x_0^2, \cdots, x_0^n, k(j), +\infty)$$

$$\bigcup O_s(y_0^2, y_0^2, \cdots, y_0^n, h(j), +\infty)))$$

$$\leqslant \cdots \leqslant$$

$$\leqslant \Phi^{i+1}(\delta_a(O_T(x_0^1, x_0^2, \cdots, x_0^n, k(0), +\infty)$$

$$\bigcup O_s(y_0^1, y_0^2, \cdots, y_0^m, h(0), +\infty)))$$

$$\leqslant \Phi^{i+1}(\delta_a(O_T(x_0^1, x_0^2, \cdots, x_0^n, 0, +\infty)$$

$$\bigcup O_s(y_0^1, y_0^2, \cdots, y_0^m, 0, +\infty)))$$

$$(j = 0, 1, 2, \cdots, \forall a \in X)$$

上式两端令 $j \to +\infty$,由式(2)和条件(Φ_1)得

$$\lim_{j \to +\infty} \delta_a(O_T(x_0^1, x_0^2, \cdots, x_0^n, k(j), +\infty)$$

$$\bigcup O_s(y_0^1, y_0^2, \cdots, y_0^m, h(j), +\infty)) = 0$$

由此

$$\{x_u^i = T^u x_0^j\}_{u=1}^{+\infty} \quad (i = 1, 2, \cdots, n)$$

$$\{y_u^i = S^u y_0^l\}_{u=1}^{+\infty} \quad (i = 1, 2, \cdots, m)$$

是 X 中的 Cauchy 序列,由 X 的完备性知

$$x_u^i \to x_*^i \quad (i = 1, 2, \cdots, n); y_u^i \to y_*^l \quad (l = 1, 2, \cdots, m)$$

又由 S, T 的连续性有

$$x_*^i = \lim_{u \to +\infty} T^{n+1} x_0^i = T \lim_{u \to +\infty} T^i x_0^i = T x_*^i$$

$$y_*^l = \lim_{u \to +\infty} S^{n+1} y_0^l = S \lim_{u \to +\infty} S^i y_0^l = T y_*^l$$

所以 $x_*^i (i = 1, 2, \cdots, n), y_*^l (l = 1, 2, \cdots, m)$ 是 T 和 S 的不动点.

现把 $x_*^1, x_*^2, \cdots, x_*^n, y_*^1, y_*^2, \cdots, y_*^m$ 代入式(1),即得

$$\delta_a(O_T(x_*^1, x_*^2, \cdots, x_*^n, \sum_{i=1}^{n} P_T(x_*^i), +\infty)$$

$$\bigcup O_s(y_*^1, y_*^2, \cdots, y_*^n, \sum_{l=1}^{m} p_s(y_*^l), +\infty))$$

$$\leqslant \Phi(\delta_a(O_T(x_*^1, x_*^2, \cdots, x_*^n, 0, +\infty))$$

$$\bigcup O_s(y_*^1, y_*^2, \cdots, y_*^n, 0, +\infty))$$

即

$$\delta_a \{ x_*^1 , x_*^2 , \cdots , x_*^n , y_*^1 , y_*^2 , \cdots , y_*^n \}$$
$$\leqslant \Phi(\delta_a \{ x_*^1 , x_*^2 , \cdots , x_*^n , y_*^1 , y_*^2 , \cdots , y_*^n \})$$

故由引理得

$$\delta_a \{ x_*^1 , x_*^2 , \cdots , x_*^n , y_*^1 , y_*^2 , \cdots , y_*^n \} = 0$$

由此推理

$$x_*^1 = x_*^2 = \cdots = x_*^n = y_*^1 = y_*^2 = \cdots = y_*^n$$

并设

$$x_*^1 = x_*^2 = \cdots = x_*^n = y_*^1 = y_*^2 = \cdots = y_*^n = Z$$

所以

$$\{ x_u^i = T^i x_0^i \}_{u=1}^{+\infty} \quad (i = 1, 2, \cdots, n)$$
$$\{ y_u^l = S^i y_0^l \}_{u=1}^{+\infty} \quad (l = 1, 2, \cdots, m)$$

都收敛于 T 和 S 的公共不动点 z. 由此可推得对任一 $x_0 \in X$, 序列 $\{ T^u x_0 \}_{u=0}^{+\infty}$, $\{ S^u x_0 \}_{u=0}^{+\infty}$ 收敛于 T 和 S 的公共不动点 z. 证毕.

注 1 当定理 1 的式(1) 中 $n, m \geqslant 2$ 时, 在定理 1 的条件下, T 和 S 存在唯一的公共不动点, 事实上, 设 T 和 S 有两个公共不动点 z_1, z_2, 由式(1) 可知

$$\delta_a(O_T(z_1, z_2, \cdots, z_2 P_T(z_1) + (n-1) P_T(z_2), +\infty)$$
$$\bigcup O_T(z_1, z_2, \cdots, z_2 P_T(z_1) + (m-1) P_s(z_2), +\infty))$$
$$\leqslant \Phi(\delta_a(O_T(z_1, z_2, \cdots, z_2, 0, +\infty)$$
$$\bigcup O_s(z_1, z_2, \cdots, z_?, 0, +\infty)))$$

即 $$\delta_a \{ z_1, z_2 \} \leqslant \Phi(\delta_a \{ z_1, z_2 \})$$

由引理知 $\delta_a \{ z_1, z_2 \} = 0$, 所以 $z_1 = z_2$.

当 $n = m, T = S$ 时, 由定理 1 直接得下面的定理.

定理 2 设 (X, ρ) 是一完备的 2－距离空间, 设 T 是映 X 到 X 的连续映像, 设对每一 $x \in X$, 存在与之相应的正整数 $P(x)$, 使得对任意有限 n 元组 $x^1, x^2, \cdots,$

$x^n \in X$,有

$$\delta_a(Q_T(x^1, x^2, \cdots, x^n, \sum_{i=1}^{n} P(x), +\infty))$$

$$\leqslant \Phi(\delta_a)Q_T(x^1, x^2, \cdots, x^n, 0, +\infty) \tag{5}$$

$$\delta_a(Q_T(x^1, x^2, \cdots, x^n, 0, \infty)) < +\infty \tag{6}$$

其中 $\Phi(t)$ 满足条件 (Φ_1),则 T 在 X 中存在不动点,而且对任一 $x_0 \in X$,序列 $\{T^n x_0\}_{n=1}^{+\infty}$ 收敛于 T 的不动点.

注 2 当 $n \geqslant 2$ 时,在定理 2 的条件下,T 存在唯一的不动点.

定理 3 设 (X, ρ) 是一完备的 2-距离空间,设 T 是映 X 到 X 的连续映像,且满足下面的条件:

(1) 存在正整数 $p \cdot q$,使得对一切 $x, y \in X$ 有 $P(T^p x, T^t y, a) \leqslant \Phi(\delta_a(O_T(x, y, 0, +\infty)))$;

(2) 对每一 $x, y \in X$,有 $\delta_a(O_T(x, y, 0, +\infty)) < +\infty$,其中 $\Phi(t)$ 满足条件 (Φ_1),则 T 在 X 中存在唯一不动点 z,而且对任一 $x_0 \in X$,迭代序列 $\{x_n = T^n x_0\}$ 收敛于 z.

证 因当 $n = 1, P(x) = P$ 时,定理 2 的式 (5) 变为

$$\delta_a(O_T(x, P, +\infty)) \leqslant \Phi(\delta_a(O_T(x, 0, +\infty))) \tag{7}$$

在定理 3 的条件下,欲证 T 在 X 中存在不动点,只需证明满足式 (7),事实上,不妨设 $p \geqslant q$,于是对任意的非负整数 $K \geqslant 0$,和 $x \in X$,令 $y = T^{p-q+k}x$,由条件 (1) 得

$$\rho(T^p x, T^{p+1} x, a) \leqslant \Phi(\delta_a(O_T(x, x_{p-j+\lambda}, 0, +\infty)))$$

$$= \Phi(\delta_a(O_T(x, 0, +\infty))) \quad (\forall x, a \in X, K \geqslant 0) \tag{8}$$

对任意的非负二整数 γ, t(不妨设 $t \geqslant \gamma$),由式 (8)

得

$$\rho(T^{p+\gamma}x, T^{p+1}x, a) = \rho(T^p x_\gamma, T^{p+1-\gamma}x_\gamma, a)$$
$$\leqslant \Phi(\delta_a(O_T(x_\gamma, 0, +\infty)))$$
$$\leqslant \Phi(\delta_a(O_T(x, 0, +\infty)))$$

故有

$$\delta_a(O_T(x, P, +\infty))$$
$$= \sup \rho(T^{p,\gamma}, T^{p+1}x, a)$$
$$\leqslant \Phi(\delta_a(O_T(x, 0, +\infty))) \quad (\forall a, x \in X)$$

即满足式(7),故 T 在 X 中存在不动点,而且对任一 $x_0 \in X$,迭代序列 $\{x = T^n x_0\}$ 收敛于 T 的不动点 z.

现证 z 是 T 的唯一不动点,若不然,还有另一不动点 $z_1 \in X$,于是

$$\rho(z, z_1, a) = \rho(T^p z T_1^t, y)$$
$$\leqslant \Phi(\delta_a(O_T(z, z_1, 0, +\infty)))$$
$$= \Phi(\rho(z, z_1, a)) \quad (\forall a \in X)$$

故由引理得知 $\rho(z, z_1, a) = 0, \forall a \in x$. 即 $z = z_1$. 证毕.

注 3　Rhodes 的定理 1 是定理 3 的特例.

Menger 空间中映像的不动点定理及应用

四川大学的郑权教授在 1986 年分别就完备 Menger 空间和紧 Menger 空间中压缩映像给出了一些新的不动点定理，其中关于紧 Menger 空间中映像的不动点定理尚未见到. 最后作为应用举例，他给出了 Volterra 型积分方程族的一个存在唯一性定理.

42.1 定义和引理

设 $(X, \mathcal{T}, \Delta)$ 是 Menger 空间，Δ 模满足 $\sup \Delta(x, a) = a$，$\forall a \in [0, 1]$，又可知 $(X, \mathcal{T}, \Delta)$ 是由邻域系 $\{\{x \in X, F_{xp}(\varepsilon) > 1 - \lambda\}, p \in X, \varepsilon, \lambda > 0\}$ 所

诱导出的拓扑 $\mathcal{T}$ 的 Hausdorff 空间,按通常的方法,由此拓扑可引出 $\mathcal{T}$ 开集、$\mathcal{T}$ 收敛、$\mathcal{T}$ Cauchy 列、$(X,\mathcal{T},\Delta)$ 是 $\mathcal{T}$ 完备、$\mathcal{T}$ 自列紧及映像 $T:X \to X$ 是 $\mathcal{T}$ 连续等概念.因 $A \subset X$ 是 $\mathcal{T}$ 自列紧的等价于 $A \subset X$ 是 $\mathcal{T}$ 致紧的,故我们可定义 $A \subset X$ 是 $\mathcal{T}$ 紧的,如果 A 是 $\mathcal{T}$ 自列紧的或 $\mathcal{T}$ 致紧的.

引理 1 设 $x_n \xrightarrow{\mathcal{T}} x$,$y_n \xrightarrow{\mathcal{T}} y$,则 $\varliminf\limits_{n \to +\infty} F_{x_n y_n}(t) \geqslant F_{xy}(t)$,$\forall t \in \mathbf{R} = (-\infty, +\infty)$.如果再设 Δ 模满足:$\Delta(a,b) \geqslant \max\{a+b-1, 0\}$,$\forall a,b \in [0,1]$,且 t_0 是 F_{xy} 的连续点,则 $\lim\limits_{n \to +\infty} F_{x_n y_n}(t_0) \geqslant F_{xy}(t_0)$.

定义 1 $A \subset X$ 称为概率有界的,如果

$$\sup_{t \geqslant 0} \inf_{p,q \in A} F_{pq}(t) \geqslant 1$$

引理 2 设 $A, B \subset X$ 都是概率有界的,则

$$\sup_{t \geqslant 0} \inf_{p \in A, q \in B} F_{pq}(t) \geqslant 1$$

证 固定 $p_0 \in A$,$q_0 \in B$,于是 $\forall \delta > 0$,由 B 概率有界及 $\sup\limits_{x \leqslant t} \Delta(x,a) = a$,$\forall a \in [0,1]$,存在 $t_1 \in \mathbf{R}$,使 $t > t_1$ 时成立

$$\Delta\left(F_{p_0 q_0}\left(\frac{t}{4}\right), \inf_{q \in B} F_{q_0 q}\left(\frac{t}{4}\right)\right)$$

$$\geqslant \Delta\left(F_{p_0 q_0}\left(\frac{t}{4}\right), \inf_{q', q \in B} F_{q_0' q}\left(\frac{t}{4}\right)\right) \geqslant 1 - \frac{\delta}{2} \quad (1)$$

再由 A 概率有界及 $\sup\limits_{x < 1} \Delta\left(x, 1 - \frac{\delta}{2}\right) = 1 - \frac{\delta}{2}$,存在 $t_2 \in \mathbf{R}$,使 $t > t_2$ 时有

$$\Delta\left(\inf_{p \in A} F_{pp_0}\left(\frac{t}{2}\right), 1 - \frac{\delta}{2}\right)$$

$$\geqslant \Delta\left(\inf_{p, p_0 \in A} F_{pp'}\left(\frac{t}{2}\right), 1 - \frac{\delta}{2}\right) > 1 - \delta \quad (2)$$

因而当 $t > \max\{t_1, t_2\}$ 时,由式(1)(2)得

$$\inf_{p \in A, q \in B} F_{pq}(t)$$

$$\geqslant \Delta\left(\inf_{p \in A} F_{pp_0}\left(\frac{t}{2}\right), \Delta\left(F_{p_0 p}\left(\frac{t}{4}\right), \inf_{q \subset B} F_{q_0 q}\left(\frac{t}{4}\right)\right)\right)$$

$$\geqslant \Delta\left(\inf_{p \in A} F_{pp_0}\left(\frac{t}{2}\right), 1 - \frac{\delta}{2}\right) > 1 - \delta$$

即得 $\sup_{t > 0} \inf_{p \in A, q \in B} F_{pq}(t) = 1$. 引理 2 证毕.

引理 3 设 $A, B \subset X$ 是 $\mathscr{T}$ 紧子集,则 $\forall t \in \mathbf{R}$,存在 $p_0(t) \in A, q_0(t) \in B$ 使

$$\inf_{p \in A, q \in B} F_{pq}(t) = F_{p_0(t) q_0(t)}(t)$$

证 对任意正整数 n,存在 $p_n(t) \in A, q_n(t) \in B$ 使

$$F_{p_n(t) q_n(t)}(t) \leqslant \inf_{p \in A, q \in B} F_{pq}(t) + \frac{1}{n} \tag{3}$$

故由 $A, B \subset X$ 是 $\mathscr{T}$ 紧子集,存在子列 $p_{n_k}(t) \xrightarrow{\mathscr{T}} p_0(t) \in A, q_{n_k}(t) \xrightarrow{\mathscr{T}} q_0(t) \in B$. 再据引理 1 及式(3)得

$$\inf_{p \in A, q \in B} F_{pq}(t) \leqslant F_{p_0(t) q_0(t)}(t)$$

$$\leqslant \liminf_{n_k \to +\infty} F_{p_{n_k}(t) q_{n_k}(t)}(t)$$

$$\leqslant \lim_{n_k \to +\infty}\left(\inf_{p \in A, q \in B} F_{pq}(t) + \frac{1}{n_k}\right)$$

$$= \inf_{p \in A, q \in B} F_{pq}(t)$$

即 $\inf_{p \in A, q \in B} F_{pq}(t) = F_{p_0(t) q_0(t)}(t)$. 引理 3 证毕.

引理 4 设 $(X, \mathscr{T}, \Delta)$ 是 $\mathscr{T}$ 紧 Menger 空间,$T: X \to X$ 是 $\mathscr{T}$ 连续的,则 $A \xlongequal{def} \bigcap_{n=1}^{+\infty} T^n X$ 是 X 的非空的 $\mathscr{T}$ 紧子集,且 $TA = A$.

证 首先易直接验证 A 是 X 的非空的 $\mathscr{T}$ 紧子集.

其次证明 $TA = A$,我们知

$$X \supset TX \supset T^2X \supset \cdots \supset T^nX \supset \cdots \qquad (4)$$

由此得

$$TA = T(\bigcap_{n=1}^{+\infty} T^nX) \subset \bigcap_{n=1}^{+\infty} T^{n+1}X = \bigcap_{n=2}^{+\infty} T^nX - A$$

即 $TA \subset A$. 反之, $\forall x \in A = \bigcap\limits_{n=1}^{+\infty} T^nX$, 有 $x \in T^nX$ $(n=1,2,\cdots)$. 故存在 $y_n \in T^{n-1}X(n=1,2,\cdots)$, 使 $x = Ty$, 因而根据 X 的 $\mathcal{T}$ 紧性, 存在 $\{y_n\}$ 的子列 $y_{n_k} \xrightarrow{\mathcal{T}} y_0 \in X$. 再从 T 的 $\mathcal{T}$ 连续性推得 $x = Ty_{n_k} \xrightarrow{\mathcal{T}} Ty_0$, 即 $x = Ty_0$. 另外, 对任意正整数 n, 当 n_k 充分大时, 由式 (4) 得 $y_{n_k} \in T^nX$. 又 T^nX 是 X 的 $\mathcal{T}$ 紧子集, 故 $y_{n_k} \xrightarrow{\mathcal{T}} y_0 \in T^nX$. 再由 n 的任意性得 $y_0 \in \bigcap\limits_{n=1}^{+\infty} T^nX = A$, 即得 $x = Ty_0 \in TA$, 从而 $A \subset TA$. 至此我们得到 $TA = A$. 引理 4 证毕.

为书写简便起见, 现引入以下记号.

设 T 是 X 的自映像, $x \in X$, 记 $O_n(x;i) = \{T^nx\}_{n \geqslant i}(0 \leqslant i < +\infty)$.

又设 Λ 是指标集, $\{T_\lambda\}_{\lambda \in \Lambda}$ 是 X 的自映像族, $\{x^\lambda\}_{\lambda \in \Lambda} \subset X, \{n_\lambda\}_{\lambda \in \Lambda}$ 是正整数族, 我们记

$$O_\Lambda(x^\Lambda, n_\Lambda) = \bigcup_{\lambda \in \Lambda} O_{T_\lambda}(x^\lambda; n_\lambda)$$

42.2　压缩映像的不动点定理

设 $(X, \mathcal{T}, \Delta)$ 是 $\mathcal{T}$ 完备的 Menger 空间, Λ, M 是两个指标集, 函数 $\phi:[0, +\infty) \to [0, +\infty)$ 满足条件:

$(\phi): \phi(0) = 0$, 且 $\lim\limits_{n \to +\infty} \phi^n(t) = +\infty$, $\forall t > 0$, 这里

$\phi^n(t)$ 表示 $\phi(t)$ 的第 n 次迭代.

定理 1 设 $\{T_\lambda\}_{\lambda\in\Lambda}$,$\{S_\mu\}_{\mu\in M}$ 均为 X 的 $\mathscr{T}$ 连续自映像族. 设对任意 $\{x^\lambda\}_{\lambda\in\Lambda}$,$\{y^\mu\}_{\mu\in M}\subset X$,$Q_\Lambda(\chi_\Lambda;0)$ 和 $O_M(y_M;0)$ 均概率有界,且存在相应的正整数族 $\{n_\lambda(x^\lambda)\}_{\lambda\in\Lambda}$,$\{m_\mu(y^\mu)\}_{\mu\in M}$,使对一切 $t\geqslant 0$ 成立

$$\inf_{p\in 0_\Lambda(x^\Lambda;n_\lambda);q\in 0_M(y^M;m_M)} F_{p1}(t)\geqslant \inf_{p\in 0_\Lambda(x^\Lambda;0);q\in 0_M(y^M;0)} F_{pq}(\phi(t))$$

$$(5)$$

其中记 $n_\lambda=n_\lambda(x^\lambda)$;$m_\mu=m_\mu(y^\mu)$.

则 $\{T_\lambda\}_{\lambda\in\Lambda}$,$\{s_\lambda\}_{\mu\in M}$ 在 X 中存在唯一的公共不动点 x_*,x_* 还是每一 T_λ,S_μ 的唯一不动点,且有

$$T_\lambda^k x^\lambda \xrightarrow{\mathscr{T}} x_*,S_\mu^k y^\mu \xrightarrow{\mathscr{T}} y_* \quad (k\to +\infty)$$

证 任取 $\{x_0^\lambda\}_{\lambda\in\Lambda}$,$\{y_0^\mu\}_{\mu\in M}\subset X$,设

$$x_{k+1}^\lambda=T_\lambda^{n_\lambda(k)} x_k^\lambda,y_{k+1}^\mu=S_\mu^{m_\mu(k)} y_k^\mu \quad (k=0,1,2,\cdots)$$

其中 $n_\lambda(k)=n_\lambda(x_k^\lambda)$,$m_\mu(k)=m_\mu(y_k^\mu)$,于是由式(5)、条件($\phi$)及引理 2 得

$$\inf_{\substack{p\in 0y(_{k+1}^\Lambda;0)\\q\in 0y(_{k+1}^M;0)}} F_{pq}(t)=\inf_{\substack{p\in 0y(_{k+1}^\Lambda;^n\Lambda^{(k)})\\q\in 0y(0;_M^{m(k)})}} F_{pq}(t)$$

$$\geqslant \inf_{\substack{p\in 0y(_{k+1}^\Lambda;0)\\q\in 0y(_{k+1}^M;0)}} F_{pq}(\phi(t))\geqslant\cdots\geqslant \inf_{\substack{p\in 0y(_{k+1}^\Lambda;0)\\q\in 0y(_{k+1}^M;0)}} F_{pq}(\phi^{k+1}(t))$$

$$\to H(t)=\begin{cases}1,t>0\\0,t\leqslant 0\end{cases} \quad (k\to +\infty)$$

$$(6)$$

现任取 $\lambda\in\Lambda$ 及任意 $\varepsilon,\delta>0$,得

$$\inf_{p;p'\in 0_{T_\lambda}(x_0^\lambda;N)} F_{pp'}(\varepsilon)$$

$$\geqslant \Delta\left(\inf_{\substack{p\in 0_{T_\lambda}(x^\lambda;N)\\q\in 0_M(y_k^M;0)}} F_{pq}\left(\frac{\varepsilon}{2}\right)\inf_{\substack{p'\in 0_T(x^\lambda;N)\\q'\in 0_M(y_k^M;0)}} F_{p'q'}\left(\frac{\varepsilon}{2}\right)\right)$$

$$\geqslant \Delta\left(\inf_{\substack{p\in 0_\Lambda(x_k^\Lambda;0)\bigcup O_{T_\lambda}(x^\lambda;N)\\ q\in 0_M(y_k^M;0)}}F_{pq}\left(\frac{\varepsilon}{2}\right),\ \inf_{\substack{p'\in 0_\Lambda(x_k^\Lambda;0)\bigcup O_{T_\lambda}(x^\lambda;N)\\ q'\in 0_M(y_k^M;0)}}F_{p'q'}\left(\frac{\varepsilon}{2}\right)\right)$$

于是取 k，N 充分大，由 $\sup\limits_{x<1}\Delta(x,a)-a$ 及式(6)知上式右端大于 $1-\delta$，即知 $\{T_\lambda^n x_0^\lambda\}_n$ 是 $\mathscr{T}$ Cauchy 列. 同理可证 $\{S_\mu^n y_0^\mu\}_{n\geqslant 0}$ 是 $\mathscr{T}$ Cauchy 列. 由 X 的 $\mathscr{T}$ 完备性，设 $T_\lambda^n x_0^\lambda \overset{\mathscr{T}}{\to} x_*^\lambda \in X$，$S_\mu^n y_0^\mu \overset{\mathscr{T}}{\to} y_*^\mu \in X$. 再从 T_λ，S_μ 的 $\mathscr{T}$ 连续性知 x_*^λ，y_*^μ 分别是 T_λ，S_μ 的不动点.

以下证明 $\{x_*^\lambda\}_{\lambda\in\Lambda}=\{y_*^\mu\}_{\mu\in M}$ 是 X 的单点集.

事实上，由式(5)，条件(ϕ)及 $\{x_*^\lambda\}_{\lambda\in\Lambda}$，$\{y_*^\mu\}_{\mu\in M}$ 概率有界和引理 2 得

$$\inf_{\substack{p\in(\{x_*^\lambda\}_{\lambda\in\Lambda})\\ p\in(\{y_*^\mu\}_{\mu\in M})}}F_{pq}(t)=\inf_{\substack{p\in 0_\Lambda(x_*^\Lambda;n_M^*)\\ q\in 0_M(y_*^M;m_M^*)}}F_{pq}(t)$$

$$\geqslant \inf_{\substack{p\in 0_\Lambda(x_*^\Lambda;0)\\ q\in 0_M(y_*^M;0)}}F_{pq}(\phi(t))$$

$$=\inf_{\substack{p\in\{x_*^\lambda\}_{\lambda\in\Lambda}\\ q\in\{y_*^\mu\}_{\mu\in M}}}F_{pq}(\phi(t))\geqslant\cdots$$

$$\geqslant\inf_{\substack{p\in\{x_*^\lambda\}_{\lambda\in\Lambda}\\ q\in\{y_*^\mu\}_{\mu\in M}}}F_{pq}(\phi^n(t))$$

$$\to H(t)\quad(t\to+\infty)\qquad(7)$$

故 $\{x_*^\lambda\}_{\lambda\in\Lambda}=\{y_*^\mu\}_{\mu\in M}$ 是单点集，记为 $\{x_*\}$.

现设 T_λ 有另一不动点 y_*，则仿式(7)可得

$$\inf_{\substack{p\in\{x_*^\lambda\}_{\lambda\in\Lambda}\\ q\in\{y_*^\mu\}_{\mu\in M}}}F_{pq}\geqslant H(t)$$

由此得 $y_*=x_*$，即 x_* 是每一个 T_λ 的唯一不动点. 同理可证 x_* 是每一 S_μ 的唯一不动点. 定理 1 证毕.

推论 1 设 $\{T_\lambda\}_{\lambda\in\Lambda}$ 是 X 的 $\mathscr{T}$ 连续自映像族. 设对

任意 $\{x_\lambda\}_{\lambda \in \Lambda} \subset X, O_\Lambda(x_\Lambda;0)$ 概率有界,且存在相应的正整数族. 使对一切 $t \geqslant 0$ 成立

$$\inf_{p;q \in 0_\Lambda\{x^\Lambda;n_\Lambda\}} F_{pq}(t) \geqslant \inf_{p;q \in 0_\Lambda\{x^\Lambda;0\}} F_{pq}(\phi(t)) \qquad (8)$$

则 $\langle T_\lambda \rangle_{\lambda \in \Lambda}$ 在 X 中存在唯一的公共不动点 x_*, x_*. 还是每一 T_λ 的唯一不动点,且有 $T_\lambda^k x^\lambda \xrightarrow{\mathcal{T}} x_*(k \rightarrow +\infty)$.

注 1 定理 1 及推论 1 统一和发展了许多已知的结果.

以下给出 $\mathcal{T}$ 紧 Menger 空间中映像的几个不动点定理,并设 $(X, \mathcal{F}, \Delta)$ 是 $\mathcal{T}$ 紧 Menger 空间.

定理 2 设 T, S 是 X 的 $\mathcal{T}$ 连续自映像对. 设 n, m 是两个给定的正整数,使

$$F_{T^n x S^m y}(t) \geqslant \inf_{p \in 0_T(x;0), q \in 0_S(y;0)} F_{pq}(t) \qquad (9)$$

对右端不为 1 的 $x, y \in X$ 及 $t > 0$ 成立. 则 T, S 在 X 中存在唯一的公共不动点 x_*, x_*. 还是 T, S 的唯一不动点,且对任意 $x \in X$,有 $T^n x \xrightarrow{\mathcal{T}} x_*(n \rightarrow +\infty)$.

证 由引理 4 知 $A \stackrel{\text{def}}{=\!=\!=} \bigcap_{n=1}^{+\infty} T^n X, B \stackrel{\text{def}}{=\!=\!=} \bigcap_{n=1}^{+\infty} S^n X$ 均为 X 的非空 $\mathcal{T}$ 紧子集. 于是对 $\forall t > 0$,由引理 3 存在 $p_0(t) \in A, q_0(t) \in B$,使 $\inf_{p \in A, q \in B} F_{pq}(t) = F_{p_0(t)q_0(t)}$. 又从引理 4 知 $TA = A, SB = B$. 故存在 $p_1(t) \in A$, $q_1(t) \in B$,使 $p_0(t) = T^n p_1(t), q_0(t) = S^m q_1(t)$. 当存在 $t_0 > 0$,使 $p_0(t_0) \neq q_0(t_0)$ 时,由式(9)得

$$\inf_{t \in A, q \in B} F_{pq}(t) = F_{p_0(t_0)q_0(t_0)}(t_0) = F_{T^n p_1(t_0) S^m q_1(t_0)}(t_0)$$
$$> \inf_{p \in 0_T(p_1(t_0);0), q \in 0_S(q_1(t_0);0)} F_{pq}(t_0)$$
$$\geqslant \inf_{p \in A, q \in B} F_{pq}(t_0)$$

由此矛盾知 $p_0(t) = q_0(t), \forall t > 0$. 因而

531

$$\inf_{p \in A, q \in B} F_{pq}(t) = F_{p_0(1)q_0(t)}(t) = 1 \quad (\forall t > 0)$$

由此得 $\forall p \in A, q \in B$，有 $F_{pq}(t) = 1, \forall t > 0$，即 $p = q_0$ 故 $A = B$ 是单点集，记为 $\{x_*\}$。

现设 $y_*(\neq x_*)$ 是 T 的另一不动点，于是存在 $t_0 > 0$，并可引用式(9)得

$$F_{y_* x_*}(t) = F_{T^n y_* S^m x_*}(t_0)$$
$$> \inf_{p \in 0_T(y_*;0), q \in 0_S(x_*;0)} F_{pq}(t_0) = F_{y_* x_*}(t_0)$$

由此矛盾得 x_* 是 T 的唯一不动点。同理可证 x_* 是 S 的唯一不动点。定理 2 证毕。

定理 2 易推广到映像族的情形。

定理 3 设 $\{T_\lambda\}_{\lambda \in A}, \{S_\mu\}_{\mu \in M}$ 均为 X 的 $\mathscr{T}$ 连续自映像族。设 $\{n_\lambda\}_{\lambda \in A}, \{m_\mu\}_{\mu \in M}$ 是两个给定的正整数族，且 $\forall \lambda \in \Lambda, \mu \in M$，使

$$F_{T_\lambda^{n_\lambda} x S_\mu^{m_\mu}}(t) > \inf_{p \in 0_{T_\lambda}(x;0), q \in 0_{S_\mu}(y;0)} F_{pq}(t) \quad (10)$$

对右端不为 1 的 $x, y \in X$ 及 $t > 0$ 成立，则定理 1 的结论仍成立。

定理 4 设 T, S 是 X 的 $\mathscr{T}$ 连续自映像对。设 Δ 模满足：$\Delta(a, b) \geqslant \max\{a + b - 1, 0\}, \forall a, b \in [0, 1]$，且 $\forall x, y \in X$，存在相应的正整数 $n(x), m(y)$，使

$$F_{T^{n(x)} x S^{m(y)} y}(t) > \inf\{F_{xy}(t), F_{xy}n(x)_x(t), F_{yS^{m(y)}y}(t)\} \quad (11)$$

对右端不为 1 的 $x, y \in X$ 及 $t > 0$ 成立。又设：

(1) $n(x) \mid n(Tx), m(y) \mid m(Sy), \forall x, y \in X$。

(2) 对一切 $x_n \xrightarrow{\mathscr{T}} x$，有 $T_{x_n}^{n(x_n)} \xrightarrow{\mathscr{T}} T_x^{n(x)}, S_{x_n}^{m(x_n)} \xrightarrow{\mathscr{T}} S_x^{m(x)}$。

则 T, S 在 X 中存在唯一的公共不动点 x_*，且 x_* 还是 T, S 的唯一不动点。

证　任取 $y_0 \in X$，定义序列 $\{y_n\}_{n \geqslant 1}$ 如下

$$y_{2n+1} = T^{n(y_{2n})} y_{2n}, y_{2n+2} = S^{m(y_{2n+1})} y_{2n+1} \quad (n = 0,1,2,\cdots)$$

并记 $F_n = \{t > 0; F_{y_n y_{n+1}}(t) < 1\}, n = 0,1,2,\cdots$. 以下证明

$$E_0 \supset E_1 \supset E_2 \supset \cdots \supset E_n \supset E_{n+1} \supset \cdots \quad (12)$$

事实上，对任意的 n，若 $E_{n+1} = \varnothing$（空集），则有 $E_n \supset E_{n+1}$. 若 $E_{n+1} \neq \varnothing$，取 $t_0 \in E_{n+1}$，即得 $F_{y_{n+1} y_{n+1}}(t_0) < 1$，因而由式（11），分 n 是奇数和偶数两种情况易得

$$F_{y_{n+1} y_{n+2}}(t_0) > \inf\{F_{y_n y_{n+1}}(t_0), F_{y_{n+1} y_{n+2}}(t_0)\} \quad (13)$$

由式（13）知 $F_{y_n y_{n+1}}(t_0) < F_{y_{n+1} y_{n+2}}(t_0) < 1$，因而 $t_0 \in E_n$，即得 $E_{n+1} \subset E_n, n = 0,1,2,\cdots$，式（12）得证.

现任取 $t_0 > 0$，若存在 n_0，使 $t_0 \notin E_{n_0}$，则由式（12）得 $t_0 \notin E_n (n \geqslant n_0)$，即 $F_{y_n y_{n+1}}(t_0) = 1, \forall n \geqslant n_0$，由此得

$$\lim_{n \to +\infty} F_{y_n y_{n+1}}(t_0) = \alpha(t_0) \quad (0 < \alpha(t_0) \leqslant 1) \quad (14)$$

如果对任意 n，有 $t_0 \in E_n$，则知式（13）成立，即得 $1 > F_{y_{n+1} y_{n+2}}(t_0) > F_{y_n y_{n+1}}(t_0)$ 仍然有式（14）成立. 故对一切 $t > 0$，式（14）成立. 又由 X 是 $\mathscr{T}$ 紧 Menger 空间，存在 $\{y_n\}$ 的 $\mathscr{T}$ 收敛子列 $y_{n_k} \xrightarrow{\mathscr{T}} x_* \in X$，不妨设 n_k 均为奇数（n_k 均为偶数时可类似证明），于是由条件（2）得

$$y_{n_k+1} = S^{m(y_{n_k})} y_{n_k} \xrightarrow{\mathscr{T}} S^{m(x_*)} x_* \xlongequal{\text{del}} x_1, y_{n_1+2}$$

$$= T^{n(y_{k+1})} y_{n_k+1} \xrightarrow{\mathscr{T}} T^{n(x_1)} x_1 \xlongequal{\text{def}} x_2$$

设 G_1, G_2 分别是 $F_{x_* x_1}$ 和 $F_{x_1 x_2}$ 在 $(0, +\infty)$ 中的不连续点集，由分布函数的不减性知 G_1, G_2 都是可数集. 令 $G = (0, +\infty) \backslash (G_1 \bigcup G_2)$，于是当 $t = 0$ 或 $t \in G$ 时，由引理 1 及式（14）得

$$F_{x_* x_1} = \lim_{n_k \to +\infty} F_{y_{n_k} y_{n_k+1}}(t) = \alpha(t)$$

$$= \lim_{n_k \to +\infty} F_{y_{n_k+1} y_{n_k+2}}(t) = F_{x_1 x_2}(t) \quad (15)$$

当 $t \in G_1 \bigcup G_2$ 时,由实数的稠密性,存在 $t_n \in G$,且 $t_n \to t - 0(n \to +\infty)$,再由分布函数的左边续性及式 (15) 得

$$F_{x_* x_1}(t) = \lim_{n \to +\infty} F_{x_* x_1}(t_n) = \lim_{n \to +\infty}(t_n) = F_{x_1 x_2}(t)$$

$$(16)$$

综合式(15)(16) 得

$$F_{x_* x_1}(t) = F_{x_1 x_2}(t) \quad (对 \ \forall t \geqslant 0) \quad (17)$$

另外,若 $x_* \neq x_1$,则存在 $t_0 > 0$,使 $F_{x_* x_1}(t_0) < 1$,从而由式(11) 得

$$\begin{aligned}
F_{x_1 x_2}(t_0) &= F_{S^{m(x_*)} x_* \ T^{n(x_1)} x_1}(t_0) \\
&> \inf\{F_{x_* x_1}(t_0), F_{x_* S^{m(x_*)} x_* T^{n(x_1)} x_1}(t_0)\} \\
&= \inf\{F_{x_* x_1}(t_0), F_{x_* x_1}(t_0), F_{x_1 x_2}(t_0)\} \\
&= F_{x_* x_1} \quad (18)
\end{aligned}$$

此与式(17)矛盾,因而得 $x_* = x_1$,即 $S^{m(x_*)} x_* = x_*$. 再由式(17) 知 $F_{x_1 x_2}(t) = H(t)$,即 $x_2 = x_1$,由此得 $T^{n(x_*)} x_* = T^{n(x_1)} x_1 = x_2 = x_1 = x_*$,因此 x_* 是 $T^{n(x_*)}$ 和 $S^{m(x_*)}$ 的公共不动点.

以下证明满足下式的 x_* 是唯一的

$$T^{n(x_*)} x_* = x_* \quad (19)$$

事实上,若另有 $y_* (\neq x_*)$ 满足式(19),则存在 $t_0 > 0$,由式(11) 得

$$\begin{aligned}
F_{y_* x_*}(t_0) &= F_{T^{n(y_*)} y_* S^{m(x_* x_*)}}(t_0) \\
&> \inf\{F_{y_* x_*}(t_0), F_{T^{n(y_*)} y_* S^{m(x_* x_*)}}(t_0)\} \\
&= \inf\{F_{y_* x_*}(t_0), F_{y_* y_*}(t_0), F_{y_* x_*}(t_0)\} \\
&= F_{y_* y_*}(t_0)
\end{aligned}$$

由此矛盾即知满足式(19)的 x_* 是唯一的.

最后证明 x_* 是 T 的唯一不动点. 由(1)可设 $n(Tx_*)=an(x_*)$,这里 a 是正整数,因而由

$$T^{n(Tx_*)}(Tx_*)=T(T^{an(x_*)}x_*)$$
$$=T(T^{(a-1)n(x_*)}x_*)=\cdots=Tx_*$$

及满足式(19)的 x^* 是唯一的知 $Tx_*=x_*$. 又因 T 的不动点显然满足式(19),故 x_* 是 T 的唯一不动点.同理可证 x_* 是 S 的唯一不动点.定理 4 证毕.

推论 1　设 Δ 模满足:$\Delta(a,b)\geqslant \max\{a+b-1,0\}$,$\forall a,b\in[0,1]$,$n,m$ 是两给定的正整数使,

$$F_{T^n xS^m y}(t)>\inf\{F_{xy}(t),F_{xT^n x}(t),F_{ys^m y}(t)\}$$

$$\tag{20}$$

对右端不为 1 的 $x,y\in X$ 及 $t>0$ 成立,则定理 4 的结论仍成立.

注 2　对于定理 4 及其推论也可仿定理 3 给出关于映像族的结果.此外,由定理 2 和定理 4 提供的证明方法,我们可将许多紧度量空间中映像的不动点定理转化为 $\mathcal{T}$ 紧 Tenger 空间中映像的不动点定理,限于篇幅,不再赘述.

42.3　应　　用

作为上一节所得结果的应用举例,我们将给出下述非线性 Volterra 积分方程族的一个存在唯一性定理.

$$x_\lambda(t)=y_\lambda(t)+\int_0^t K_\lambda(t,S,x_\lambda(S))\mathrm{d}S$$

$$(0\leqslant t\leqslant T,\lambda\in\Lambda)\tag{21}$$

而且本节提供的理论基础比已有的更简洁有效.

引理 5 设 (X,d) 是一度量空间，Δ 是一任给的 Δ 模，映像 $\mathscr{F}:X \times X \to \mathscr{D}$（一切分布函数的集合）由下式定义（记 $\mathscr{F}(x,y) = F_{xy}$）

$$F_{\lambda y}(t) = H(t - d(t,y)) \quad (\forall x,y \in x, \forall t \in \mathbf{R})$$

则 $(X,\mathscr{F},\Delta)$ 是一 Menger 空间，我们称 $(X,\mathscr{F},\Delta)$ 是由度量空间 (X,d) 导出的 Menger 空间.

证 显然 (1) $F_{xy}(t) = 1, \forall t > 0$ 当且仅当 $x = y$；(2) $F_{xy}(0) = 0$；(3) $F_{xy} = F_{yx}$；以下证明 Menger 广义三角不等式.

$$(4) F_{xz}(t_1 + t_2) \geqslant \Delta(F_{xy}(t_1), F_{yz}(t_2))$$
$$(\forall x,y,z \in X, t_1, t_2 \geqslant 0)$$

事实上，如果 $t_1 \leqslant d(x,y)$ 或 $t_2 \leqslant d(y,z)$，即 $F_{xy}(t_1) = 0$ 或 $F_{yz}(t_2) = 0$ 时，由 Δ 模的定义知

$$\Delta(F_{xy}(t_1), F_{yz}(t_2)) = 0 \leqslant F_{xz}(t_1 + t_2) \quad (\forall t_1, t_2 \geqslant 0)$$

即 (4) 成立. 如果 $t_1 > d(x,y)$ 且 $t_2 > d(y,z)$，即知

$$t_1 + t_2 > d(x,y) + d(y,z) \geqslant d(x,z)$$

因而 $F_{xz}(t_1 + t_2) = 1$，仍然得 (4) 成立. 因此 $(X,\mathscr{F},\Delta)$ 是一 Menger 空间. 引理 5 证毕.

引理 6 设 $(X,\mathscr{F},\Delta)$ 是由度量空间 (X,d) 导出的 Menger 空间，Δ 模满足：$\sup\limits_{x < \frac{1}{m}} \Delta(x,a) = a, \forall a \in [0,1]$，则：

(1) $x_n \xrightarrow{\mathscr{F}} x \Leftrightarrow x_n \xrightarrow{d} x$；

(2) $(X,\mathscr{F},\Delta)$ 是 $\mathscr{T}$ 完备的 $\Leftrightarrow (X,d)$ 完备；

(3) $T:X \to X$ 是 $\mathscr{F}$ 的连续 $\Leftrightarrow T$ 是 d 连续的；

(4) $A \subset X$ 概率有界 $\Leftrightarrow A$ 在 (X,d) 中有界.

证 (1) $\forall \varepsilon, \lambda > 0$，由 $x_n \xrightarrow{\mathscr{F}} x$，存在正整数 N，使

$n \geqslant N$ 时有

$$F_{x_n x}(\varepsilon) = H(\varepsilon - d(x_n, x)) = 1 > 1 - \lambda$$

不妨设 $\lambda \in (0,1)$. 则由上式得 $d(x_n, x) < \varepsilon$, 即 $x_n \overset{d}{\to} x$.

反之, $\forall \varepsilon, \lambda > 0$, 由 $x_n \overset{d}{\to} x$, 存在正整数 N, 使 $n \geqslant N$ 时, 有 $d(x_n, x) < \varepsilon$, 因而

$$F_{x_n x}(\varepsilon) = H(\varepsilon - d(x_n, x)) = 1 > 1 - \lambda \quad (\forall n \geqslant N)$$

即 $x_n \overset{\mathscr{T}}{\to} (x, 1)$ 得证.

(2) 类似于(1)易证 $\mathscr{T}$ Cauchy 列与 d Cauchy 列是一致的. 从而再由(1)的结论得(2)成立.

(3) 由(1)即得.

(4) 设 A 是概率有界的, 即 $\sup\limits_{t > 0} \inf\limits_{p:q \in A} F_{pq}(t) = 1$, 因而存在 $M > 0$, 使 $t \geqslant M$ 时, 有 $\inf\limits_{p:q \in A} F_{pq}(t) > \dfrac{1}{2}$. 特别地

$$\inf\limits_{p:q \in A} H(M - d(p,q)) = \inf F_{pq}(M) > \dfrac{1}{2}$$

即 $\forall p, q \in A, M > d(p,q)$. 知 A 在 (X, d) 中是有界的.

反之, 若 A 在 (X, d) 中有界, 即存在 $M > 0, \forall p, q \in A$ 有 $d(p,q) < M$. 从而

$$\inf\limits_{p:q \in A} F_{pq}(M) = \inf\limits_{p:q \in A} H(M - d(p,q)) = 1$$

由此 $\sup\limits_{t > 0} \inf\limits_{p:q \in A} F_{pq}(t) = 1$, 即 A 是概率有界的. 引理 6 证毕.

以下假设 $(X, \| \cdot \|_X)$ 是一实 Banach 空间, C_I 表示定义于 $I = [0, T](0 < T < +\infty)$ 而取值于 X 的一切连续函数构成的线性空间, 如果赋予范数

$$\| x \|_C = \sup\limits_{0 \leqslant t \leqslant T} \| x(t) \|_X \quad (x(t) \in C_1)$$

则 $(C_I, \| \cdot \|_c)$ 是一实 Banach 空间.

定理 5　设 $(C_I, \mathscr{F}, \Delta)$ 是由 $(C_I, \| \cdot \|_c)$ 导出的 $\mathscr{F}$ 完备 Menger 空间,Δ 模满足:$\sup\limits_{x < \frac{1}{m}} \Delta(x, a) = a, \forall a \in [0, 1]$. 又设:

(1) $\forall \lambda \in \Lambda, K_\lambda : I \times I \times (C_I, \| \cdot \|_c) \to (C_I, \| \cdot \|_c)$ 连续,且

$$\sup_{t, s \in I, x \in C_I} \| K_\lambda(t, s, x) \|_X < +\infty$$

(2) $\forall \{x^\lambda\}_{\lambda \in \Lambda} \subset C_I$, 存在相应的正整数族 $\{n_\lambda(x^\lambda)\}_{\lambda \in \Lambda}$ 使对一切 $t \geqslant 0$ 有

$$\inf_{p, q \in O_\Lambda(x^\Lambda; n_\lambda)} F_{pq}(t) \geqslant \inf_{p, q \in O_\Lambda(x^\Lambda; 0)} F_{pq}(\phi(t))$$

其中记 $n_\lambda = n_\lambda(x^\lambda)$,且 $\phi(t)$ 满足条件 (ϕ),T_λ^m 定义如下

$$(T_\lambda^0 x^\lambda)(t) = x^\lambda(t)$$

$$(T_\lambda^m x^\lambda)(t) = y_\lambda(t) + \int_0^t K_\lambda(t, s, (T_\lambda^{m-1} x^\lambda)(s)) \mathrm{d}s$$

$$(m = 1, 2, \cdots)$$

(3) $\forall \{x^\lambda\}_{\lambda \in \Lambda} \subset C_I, O_\Lambda(x^\Lambda; 0)$ 按范数 $\| \cdot \|_c$ 有界.

则方程组(21)在 $(C_I, \| \cdot \|_c)$ 中存在唯一的解 $x_*(t), x_*(t)$ 还是方程组 (21) 中每个方程在 $(C_I, \| \cdot \|_c)$ 中的唯一解,且 $\forall \{x^\lambda\}_{\lambda \in \Lambda} \subset C_I$,序列 $\{T_\lambda^m x^\lambda\}_{m=0}^{+\infty}$ 均按范数 $\| \cdot \|_c$ 收敛于 $x_*(t)$.

证　由引理 6 及定理 1 的推论 1 即知定理 5 成立.

538

Tarafdar 不动点定理的等价定理及其应用

44.1　引言及预备知识

1992 年，Tarafdar 得出了如下结果：

定理 1　设 $\{X_T,\{\varGamma_A\}:T\in I\}$ 是一族紧的 $H-$ 空间，I 是一指标集，$X=\prod_{T\in I}X_T$，如果 $\forall T\in I$，集值映像 $T_T:X\to 2^{X_T}$ 满足下列条件：

(1) $\forall x\in X,T_T(x)$ 是非空 $H-$ 凸的；

(2) $\forall x_T\in X_T,T_T^{-1}(x_T)=\{y\in X:x_T\in T_T(y)\}$ 包含 X 的一开子集 O_{x_T}，使得 $X=\bigcup_{x_T\in X_T}O_{x_T}$（对某 x_T，O_{x_T}

可以是空集).

则存在 $x^* \in X$ 使得 $x^* \in T(x^*) = \prod_{T \in I} T_T(x^*)$.

宜宾学院的罗元松教授在 2000 年给出了 Tarafdar 不动点定理的等价定理. 用此等价定理的乘积 $H-$ 空间中研究了著名的截口定理和社会经济平衡问题.

定义 1 设 X 是一拓扑空间, $\{\Gamma_A\}$ 是 X 中给定的一族非空可缩子集, 用 X 中一切有限子集 A 编号, 当 $A \subset B$ 时, 蕴含 $\Gamma_A \subset \Gamma_B$. 我们称 $(X, \{\Gamma_A\})$ 为一 $H-$ 空间.

定义 2 设 $(X, \{\Gamma_A\})$ 是一 $H-$ 空间, $D \subset X$ 是一非空子集.

(1) D 称为 $H-$ 凸的, 如果对 D 中任一有限集 A, 恒有 $\Gamma_A \subset D$;

(2) 函数 $f: X \to \mathbf{R} = (-\infty, +\infty)$ 称为 $\lambda - H-$ 拟凸 (凹) 的, $\lambda \in \mathbf{R}$, 如果集合 $\{x \in X: f(x) < \lambda\}$ ($\{x \in X: f(x) > \lambda\}$) 是 $H-$ 凸的. 如果 $\forall \lambda \in \mathbf{R}, f: X \to \mathbf{R}$ 是 $\lambda - H-$ 拟凸 (凹) 的, 则称 f 是 $H-$ 拟凸 (凹) 的.

定义 3 设 $\{(X_T, \{\Gamma_{A_T}\}): T \in I\}$ 是一族 $H-$ 空间, $X = \prod_{a \in I} X_T$. 对 X 中任一非空有限子集 A, 令 $\Gamma_A = \prod_{T \in I} \Gamma_{A_T}$, 其中 $A_T = P_T(A)$, P_T 为 X 到 X_T 的投影, 则 $(X, \{\Gamma_A\})$ 为一 $H-$ 空间, 称之为 $\{X_T, \{\Gamma_{A_T}\}: T \in I\}$ 的乘积 $H-$ 空间.

定义 4 设 X, Y 是两个拓扑空间, $h: X \times Y \to \mathbf{R}$ 为一泛函, $\lambda \in \mathbf{R}$ 是一给定的数. 如果对任给的 $(x, y) \in X \times Y$, 当 $h(x, y) < \lambda$ (相应地 $h(x, y) > \lambda$)

综上所述,定理2的条件满足,故存在 $\bar{x} \in C$,使得 $\bar{x} \in \prod_{T \in I} F_T(\bar{x})$,即 $\bar{x}_T \in F_T(\bar{x})$,$\forall T \in I$,从而有

$$f_T(\bar{x}) = \max_{z \in K[\bar{x}_{-T}]} f_T(z, \bar{x}_{-T}). \forall T \in I. 定理证毕.$$

注 2　定理 5 从如下三个方面推广和改进了张石生的《变分不等式和相补问题及应用》中的定理 5.7.4 的主要结果:

(1) 指标集由有限集推广到无限集;(2) 空间被推广到 $H-$ 空间;(3) 开性条件被削弱.

定理 6　设 $(X, \{\Gamma_A\})$ 是一紧的 $H-$ 空间,$(Y, \{\Gamma_B\})$ 是紧的 Hausdorff $H-$ 空间,$T: X \to 2^Y$ 是具非空闭 $H-$ 凸值的上半连续的集值映像.设 $h: X \times Y \to R$ 是下半连续的且满足条件:

(1) $x \to h(x, y)$ 是 $H-$ 拟凸的,$y \to h(x, y)$ 是上半连续的;

(2) $T^{-1}: Y \to 2^X$ 是转移开值的;

(3) 对任一 $x \in X$ 及对任一 $y \in T(x)$,$h(x, y) \geqslant c(\text{const.})$,则存在 $\bar{x} \in X$ 和 $\bar{y} \in T(\bar{x})$,使得 $h(x, \bar{y}) \geqslant c, \forall x \in X$.

证　对任一自然数 n 及 $\forall (x, y) \in X \times Y$,令

$$T_1(x, y) = \{u \in X: h(u, y)$$

$$< \min_{z \in X} h(z, y) + \frac{1}{n}\}, T_2(x, y) = T(x)$$

因 T 具非空 $H-$ 凸值,于是由条件(i),映像 $T_1: X \times Y \to 2^X$,$T_2: X \times Y \to 2^Y$ 具非空 $H-$ 凸值,又 $\forall x \in X$ 有

$$T_1^{-1}(x) = \{(u, y) \in X \times Y: x \in T_1(u, y)\}$$
$$= \{(u, y) \in X \times Y: h(x, y) <$$

$$\min_{z \in X} h(z, y) + \frac{1}{n}\}$$
$$= X \times \{y \in Y : h(x, y) <$$
$$\min_{z \in X} h(z, y) + \frac{1}{n}\}$$

因 h 下半连续且 X 是紧的,由 Aubin-Ekeland 的结论知 $\min\limits_{z \in X} h(z, y)$ 关于 y 是下半连续的. 于是由条件(1)的第二部分知.

$y \to [h(x, y) - \min\limits_{z \in X} h(z, y)]$ 是上半连续的. 从而 $T_1^{-1} : X \to 2^{X \times Y}$ 是转移开值的.

另外, $\forall y \in Y$ 有 $T_2^{-1}(y) = \{(x, v) \in X \times Y : y \in T_2(x, v)\} = \{(x, v) \in X \times Y : y \in T(x)\} = T^{-1}(y) \times Y$,于是由条件(2)知,$T_2^{-1} : Y \to 2^{X \times Y}$ 也是转移开值的.

综上所述,T_1, T_2 满足定理 2 的条件,故存在 $(x_n, y_n) \in X \times Y$,使得 $x_n \in T_1(x_n, y_n), y_n \in T_2(x_n, y_n)$,从而 $y_n \in T(x_n), h(x_n, y_n) < \min\limits_{z \in X} h(z, y_n) + \frac{1}{n}$.

由于 n 的任意性,可得两个序列 $\{x_n\} \subset X$ 及 $\{y_n\} \subset Y$,使得对一切 $n, n = 1, 2, \cdots$,有 $y_n \in T(x_n)$,$h(x_n, y_n) < \min\limits_{z \in X} h(z, y) + \frac{1}{n}$. 因 X 和 Y 都是紧的,不妨设 $x_n \to \overline{x} \in X, y_n \to \overline{y} \in Y$.

又因 T 是具紧值的上半连续的集值映像且 $y_n \in T(x_n), \forall n$. 于是,存在 $\overline{y} \in T\overline{x}$ 和 $\{y_n\}$ 的子网收敛于 $\overline{y_1}$. 因 Y 是 Hausdorff 的,故 $\overline{y} = \overline{y_1} \in T(\overline{x})$. 再由 h 的下半连续性和条件(1)的第二部分知

$$h(\overline{x}, \overline{y}) \leqslant \varliminf_{n \to +\infty} h(x_n, y_n) \leqslant \varliminf_{n \to +\infty} (\min_{z \in X} h(z, y_n))$$
$$\leqslant \varlimsup_{n \to +\infty} (\min_{z \in X} h(z, y_n)) \leqslant \min_{z \in X} h(z, \overline{y})$$

于是由条件 (3) 知 $h(z, \bar{y}) \leqslant c, \forall z \in X$. 定理证毕.

注 3　定理 6 把著名的 Walras 定理推广到 $H-$ 空间并削弱了连续性条件.

定理 7　设 $(X, \{\Gamma_A\}), (Y, \{\Gamma_B\})$ 是两个紧的 $H-$ 空间, $T : X \rightarrow 2^Y$ 是一具有非空闭值的上半连续映像, $h : X \times Y \rightarrow R$ 满足条件:

(1) $y \rightarrow h(x, y)$ 上半连续; $x \rightarrow h(x, y)$ 是 $c - H -$ 拟凸的;

(2) 对任一 $x \in X$, 存在 $y \in T(x)$ 使得 $h(x, y) \geqslant c.$

则存在 $\bar{x} \in X$, 使得 $\max\limits_{y \in T(x)} h(x, y) \geqslant c, \forall x \in X.$

证　任给 $(x, z) \in X \times Y$, 令 $J(x, z) = \max\limits_{y \in T(x)} h(x, y) - c,$ 由条件 (2), $J(x, z) \geqslant 0, \forall x \in X.$ 又 $\forall z \in X,$ $\{x \in X : J(x, z) < 0\} = \{x \in X : \max\limits_{y \in T(x)} h(x, y) < c\} = \bigcap\limits_{y \in T(z)} \{x \in X : h(x, y) < c\},$ 由条件 (1) 的第二部分知, $\{x \in X : J(x, z) < 0\}$ 是 $H-$ 凸的, 故 $J(x, z)$ 关于 x 是 $0 - H -$ 拟凸的.

下面我们证明 $z \rightarrow J(x, z)$ 是上半连续的. 事实上, $\forall \lambda \in \mathbf{R}$ 我们有 $\{z \in X : J(x, z) \geqslant \lambda\} = \{z \in X : \max\limits_{y \in T(x)} h(x, y) \geqslant \lambda + c\}.$

现设 $\{z_T : T \in J\}$ 是 $\{z \in X : J(x, z) \geqslant \lambda\}$ 中的任一收敛网, 比如 $z_T \rightarrow \bar{z}.$ 由定理的条件知, $\forall T \in J,$ 存在 $y_T \in T(z_T)$ 使得 $h(x, y_T) = \max\limits_{y \in T(z_T)} h(x, y).$

从而 $h(x, y_T) \geqslant \lambda + c,$ 于是知, 存在 $\bar{y} \in T(z^-)$ 和 $\{y_T : T \in J\}$ 的子网 $\{y_U\},$ 使得 $y_U \rightarrow \bar{y}.$ 故由条件 (1) 的第一部分知 $h(x, \bar{y}) \geqslant \lambda + c,$ 从而

$$h(x,\bar{z}) \max_{y \in T(x)} h(x,y) - c \geq \lambda$$

故 $\{z \in X: J(x,z) \geq \lambda\}$ 为 X 中的闭集，从而 $z \to J(x, z)$ 是上半连续的，故 J 满足定理 4 中的条件，因而存在 $x \in X$，使得 $J(x,\bar{x}) \geq 0, \forall x \in X$. 即 $\max_{y \in T(x)} h(x,y) \geq c, \forall x \in X$. 定理证毕.

完备和紧度量空间中的不动点

45.1 引　　言

定理 1　设 (X,d) 和 (Y,ρ) 为完备度量空间，T 为 X 到 Y 的映射，S 为 Y 到 X 的映射，并满足下列不等式：

对任意 $x \in X$ 和 $y \in Y$ 有

$$\rho(Tx,TSy)$$
$$\leqslant c\max\{d(x,Sy),\rho(y,Tx),\rho(y,TSy)\}$$
$$d(Sy,STx)$$
$$\leqslant c\max\{\rho(y,Tx),d(x,Sy),d(x,STx)\}$$

其中 $0 \leqslant c < 1$，则 ST 有唯一不动点 $z \in X$，TS 有唯一不动点 $w \in Y$，且 $Tz = w, Sw = z$.

本章中，$\mathbf{R}_+$ 表示非负实数集合.

$\mathscr{F}$ 表示实函数 $f:\mathbf{R}_+^3 \to \mathbf{R}_+$ 的集合，满足：

(i) 对每一坐标变量，f 是上半连续的；

(ii) 对所有 $u,v \geqslant 0$，尤论 $u \leqslant f(v,0,u)$ 或 $u \leqslant f(v,u,0)$，均存在一实常数 $0 \leqslant c < 1$ 使 $u \leqslant cu$.

45.2 完备度量空间中的不动点

土耳其崔克亚大学文理科学学院数学系的 M. 特尔西教授在 2001 年推广定理 1 得：

定理 2 设 (X,d) 和 (Y,ρ) 为完备度量空间，T 为 X 到 Y 的映射，S 为 Y 到 X 的映射并满足下列不等式：

对任意 $x \in X$ 和 $y \in Y$，有

$$\rho(Tx,TSy) \leqslant f(d(x,Sy),\rho(y,Tx),\rho(y,TSy))$$
$$(1)$$

$$d(Sy,STx) \leqslant g(\rho(y,Tx),d(x,Sy),d(x,STx))$$
$$(2)$$

其中 $f,g \in \mathscr{F}$，则 ST 有唯一不动点 $z \in X$，TS 有唯一不动点 $w \in Y$，且 $Tz = w$，$Sw = z$.

证 设 x 为 X 中任一点，分别定义 X 中序列 $\{x_n\}$ 和 Y 中序列 $\{y_n\}$ 为

$$x_n = (ST)^n x，y_n = T(ST)^{n-1}x \quad (n=1,2,\cdots)$$

若对所有 $n,x_n \neq x_{n+1}$ 且 $y_n \neq y_{n+1}$，或对某些 $n,x_n = x_{n+1}$ 且 $y_n = y_{n+1}$，则可取 $z = x_n$ 及 $w = y_n$.

现令 $c = \max\{a,b\}$，其中 a,b 分别为对于 f 和 g 的实常数且满足条件（2）.

应用不等式（1）并利用性质（ii），有

$$\rho(y_n, y_{n+1}) = \rho(Tx_{n-1}, TSy_n)$$
$$\leqslant f(d(x_{n-1}, x_n), 0, \rho(y_n, y_{n+1}))$$

即

$$\rho(y_n, y_{n+1}) \leqslant cd(x_{n-1}, x_n) \qquad (3)$$

类似地，应用不等式（2）并利用性质（ii），有

$$d(x_n, x_{n+1}) = d(Sy_n, STx_n)$$
$$\leqslant g(\rho(y_n, y_{n+1}), 0, d(x_n, x_{n+1}))$$

即

$$d(x_n, x_{n+1}) \leqslant c\rho(y_n, y_{n+1}) \qquad (4)$$

由式（3）和式（4）有

$$d(x_n, x_{n+1}) \leqslant c\rho(y_n, y_{n+1}) \leqslant c^2 d(x_{n-1}, x_n)$$

因此利用归纳法可得

$$d(x_n, x_{n+1}) \leqslant c\rho(y_n, y_{n+1}) \leqslant c^2 d(x, x_1) \quad (n = 1, 2, \cdots)$$

由于 $c < 1$，因此 $\{x_n\}$ 及 $\{y_n\}$ 为 Cauchy 序列其极限为 $z \in X$ 和 $w \in Y$.

利用不等式（1），有

$$\rho(Tz, y_n) = \rho(Tz, TSy_{n-1})$$
$$\leqslant f(d(z, x_{n-1}), \rho(y_{n-1}, Tz), \rho(y_{n-1}, y_n))$$

令 n 趋于无穷大并利用（i），可得

$$\rho(Tz, w) \leqslant f(0, \rho(w, Tz), 0)$$

再利用（ii）可得出 $w = Tz$.

利用不等式（2），有

$$d(Sw, x_n) = d(Sw, STx_{n-1})$$
$$\leqslant g(\rho(w, y_n), d(x_{n-1}, Sw), d(x_{n-1}, x_n))$$

令 n 趋于无穷大并利用（i），可得

$$d(Sw, z) \leqslant g(0, d(z, Sw), 0)$$

再利用（ii）可得出 $z = Sw$.

因此 $STz = Sw = z$，$TSw = Tz = w$，且使 ST 有一

不动点 z, TS 有一不动点 w.

现证唯一性, 令 ST 和 TS 分别有另一不动点 z' 和 w'. 则根据不等式 (1) 和性质 (ii), 有

$$\rho(w,w') = \rho(TSw, TSw') = \rho(Tz, TSw')$$
$$\leqslant f(d(z, Sw'), \rho(w', w), 0)$$
$$\leqslant f(d(Sw, Sw'), \rho(w', w), 0)$$

因此又有

$$\rho(w,w') \leqslant cd(Sw, Sw') \tag{5}$$

同样, 根据不等式 (2) 和性质 (ii), 有

$$d(Sw, Sw') = d(STSw, STSw')$$
$$\leqslant g(\rho(TSw, TSw'), d(Sw', Sw), 0)$$
$$\leqslant g(\rho(w, w'), d(Sw', Sw), 0)$$

即

$$d(Sw, Sw') \leqslant c\rho(w, w') \tag{6}$$

由不等式 (5) 和 (6), 有

$$\rho(w, w') \leqslant cd(Sw, Sw') \leqslant c^2 \rho(w, w')$$

因为 $c < 1$, 因而 $w = w'$. TS 的不动点 w 必唯一.

$TSz' = z'$ 意味着 $TSTz' = Tz'$, 从而 $Tz' = w$. 因此

$$z = STz = Sw = STz' = z'$$

这就证明了 z 是 ST 的唯一不动点. 定理证毕.

注 1 令 $f(u, v, w) = g(u, v, w) = c\max\{u, v, w\}(0 \leqslant c < 1)$, 则可看出定理 1 是定理 2 的结论.

推论 1 设 (X, d) 和 (Y, ρ) 为完备度量空间, T 为 X 到 Y 的映射, S 为 Y 到 X 的映射并满足下列条件之一:

对所有 $x \in X, y \in Y$, 有

$$\rho(Tx, TSy) \leqslant c\max\{d(x, Sy), \rho(y, Tx), \rho(y, TSy)\}$$

$$d(Sy,STx) \leqslant e\max\{\rho(y,Tx),d(x,Sy),d(x,STx)\}$$

其中 $0 \leqslant c,e < 1$；

$$\rho(Tx,TSy)^q \leqslant \alpha d(x,Sy)^q + \beta\rho(y,Tx)^q + \delta\rho(y,TSy)^q$$

$$d(Sy,STx)^r \leqslant k\rho(y,Tx)^r + ld(x,Sy)^r + md(x,STxy)^r$$

其中 $q,r > 0,\alpha,\beta,\delta,k,l,m$ 为非负实数，且 $\alpha+\beta+\delta < 1$，$k+l+m < 1$；

$$\rho(Tx,TSy) \leqslant c\max\{d(x,Sy),\rho(y,Tx),\rho(y,TSy)\}$$

$$d(Sy,STx)^r \leqslant k\rho(y,Tx)^r + ld(x,Sy)^r + md(x,STx)^r$$

其中 $r > 0,0 \leqslant c < 1,k,l,m$ 为非负实数，且 $k+l+m < 1.$ 则 ST 有唯一不动点 $z \in X,TS$ 有唯一不动点 $w \in Y.$ 从而 $Tz = w,Sw = z.$

证　定义映射 $f,g:\mathbf{R}_+^3 \to \mathbf{R}_+$，则

$$f(u,v,w) = c\max\{u,v,w\}$$

$$g(u,v,w) = e\max\{u,v,w\}$$

其中 $0 \leqslant c,e < 1$，又定义映射 $h,j:\mathbf{R}_+^3 \to \mathbf{R}_+$，则

$$h(u,v,w) = (\alpha u^q + \beta v^q + \delta v^q)^{1/q}$$

$$j(u,v,w) = (ku^r + lv^r + mw^r)^{1/r}$$

其中 $q,r > 0,\alpha,\beta,\delta,k,l,m$ 为非负实数，且 $\alpha+\beta+\delta < 1,k+l+m < 1$，则 $f,g,h,j \in \mathscr{F}.$ 证毕.

当 $(X,d) = (Y,\rho),S = T$ 时，由定理 2 可直接得出如下推论：

推论 2　设 (X,d) 为完备度量空间，T 为 X 的自映射并满足如下不等式：

对所有 $x,y \in X$，有

$$d(Tx,T^2y) \leqslant f(d(x,Ty),d(y,Tx),d(y,T^2y))$$

其中 $f \in \mathscr{F}$，则 T 有唯一不动点 $z \in X.$

45.3　紧度量空间中的不动点

令 $\mathscr{F}^*$ 为满足如下条件的所有函数 $f:\mathbf{R}_+^3 \to \mathbf{R}_+$:

(ii)* 若对所有 $u,v \geqslant 0, u < f(v,0,u)$ 或 $u < f(v,u,0)$,则 $u < v$.

现证紧度量空间中的不动点定理.

定理 3　设 (X,d) 和 (Y,ρ) 为紧度量空间,T 为 X 到 Y 的连续映射,S 为 Y 到 X 的连续映射且满足下列不等式:

对所有 $x \in X, y \in Y, x \neq Sy$,有

$$\rho(Tx,TSy) < f(d(x,Sy),\rho(y,Tx),\rho(y,TSy))$$

$$(7)$$

其中 $f \in \mathscr{F}^*$;

对所有 $x \in X, y \in Y, y \neq Tx$,有

$$d(Sy,STx) < g(\rho(y,Tx),d(x,Sy),d(x,STx))$$

$$(8)$$

其中 $g \in \mathscr{F}^*$;

则 ST 有唯一不动点 $z \in X$,TS 有唯一不动点 $w \in Y$,且 $Tz=w, Sw=z$.

证　由 $\psi(x)=d(x,STx)$ 定义的函数 $\psi:X \to \mathbf{R}_+$ 在 X 上连续. 由于 X 是紧的,则存在一点 $u \in X$,使

$$\psi(u)=d(u,STu)=\min\{d(x,STx); x \in X\}$$

若令 $Tu \neq TSTu$,则 $u \neq STu$.

因为 $Tu \neq TSTu$,由不等式(8)和条件(ii)* 有

$$d(STu,STSTu)g(\rho(Tu,TSTu),0,d(STu,STSTu))$$

且

558

$$d(STu,STSTu) < \rho(Tu,TSTu) \qquad (9)$$

又因为 $u \neq STu$,由不等式(7)和条件(ii)* 有

$$\rho(Tu,TSTu) < f(d(u,STu),0,\rho(Tu,TSTu))$$

且

$$\rho(Tu,TSTu) < d(u,STu) \qquad (10)$$

由不等式(9)和(10)可推得

$$\psi(STu) = d(STu,STSTu) < d(u,STu) = \psi(u)$$

矛盾.因此 $TSTu = Tu$.若设 $Tu = w$ 及 $Sw = z$,则有

$$ST(STu) = S(TSTu) = STu = Sw = z$$

$$w = Tu = TS(Tu) = T(STu) = Tz$$

因此,$Sw = z$ 为 ST 的一个不动点,$Tz = w$ 为 TS 的一个不动点.

现证唯一性,设 ST 有另一个不动点 z',由于 $Tz \neq Tz'$,由不等式(8)和条件(ii)*,有

$$d(z,z') = d(STz,STz') < g(\rho(Tz,Tz'),d(z',z),0)$$

即

$$d(z,z') < \rho(Tz,Tz') \qquad (11)$$

因为 $z = z' = STz'$,进而由不等式(7)和条件(ii)* 有

$$\rho(Tz,Tz') = \rho(Tz,TSTz')$$
$$< f(d(z,z'),\rho(Tz',Tz),0)$$

即

$$\rho(Tz,Tz') < d(z,z') \qquad (12)$$

由式(11)和式(12)又可得出

$$d(z,z') < \rho(Tz,Tz') < d(z,z')$$

矛盾,因此不动点 z 只能是唯一的.

类似地,w 是 TX 的唯一不动点.证毕.

由定理 3,我们可得出如下推论:

推论 1　设 (X,d) 和 (Y,ρ) 为紧度量空间,T 为 X 到 Y 的连续映射,S 为 Y 到 X 的连续映射并满足下列不等式:

对所有 $x \in X, y \in Y, x \neq Sy$,有

$$\rho(Tx,TSy) < \max\{d(x,Sy),\rho(y,Tx),\rho(y,TSy)\}$$

且对所有 $x \in X, y \in Y, y \neq Tx$,有

$$d(Sy,STx) < \max\{\rho(y,Tx) + d(x,Sy) + d(x,STx)\}$$

则 ST 有唯一不动点 $z \in X$,TS 有唯一不动点 $w \in Y$,且 $Tz = w, Sw = z$.

推论 2　设 (X,d) 为紧度量空间,T 为 X 的连续自映射且满足下列不等式:

对所有 $x,y \in X, x \neq Ty$,有

$$d(Tx,T^2y) < f(d(x,Ty),d(y,Tx),d(y,T^2y))$$

其中 $f \in \mathscr{F}^*$,则 T 有唯一不动点 $z \in X$.

在两个完备紧致度量空间上满足隐含关系映射的不动点定理

第

第 46 章

纳比·本·摩赫地大学数学系的 A. 阿利欧谢和英国莱斯特大学数学系的 B. 费瑟两位教授在 2006 年首先给出了隐含关系函数,证明了满足隐含关系函数的两个映射的公共不动点定理,进一步证明了两个紧致度量空间上满足隐含关系函数的不动点定理.

46.1 预备知识

下面的两个定理在 M. 特尔西的《完备和紧度量空间中的不动点》中已作出证明.

定理 1 令 (X,d) 和 (Y,ρ) 为完

备度量空间，T 为一个 X 到 Y 的映射，S 为一个 Y 到 X 的映射. 若对所有 X 中的 x，Y 中的 y，满足下列不等式

$$\rho(Tx,TSy) \leqslant f(d(x,Sy),\rho(y,Tx),\rho(y,TSy))$$

$$d(Sy,STx) \leqslant g(\rho(y,Tx),d(x,Sy),d(x,STx))$$

其中 $f,g \in F$. 那么，ST 在 X 中有唯一不动点 u，TS 在 Y 中有唯一不动点 v. 从而，$Tu=v$ 和 $Sv=u$.

定理 2 令 (X,d) 和 (Y,ρ) 为紧致度量空间，T 为一个 X 到 Y 的连续映射，若 S 为一个 Y 到 X 的连续映射，若对所有 X 中的 x，Y 中的 y，且 $x \neq Sy$，满足不等式

$$\rho(Tx,TSy) < f(d(x,Sy),\rho(y,Tx),\rho(y,TSy))$$

其中 $f \in F^*$. 又对所有 X 中的 x，Y 中的 y，且 $y \neq Tx$，并满足不等式

$$d(Sy,STx) < g(\rho(y,Tx),d(x,Sy),d(x,STx))$$

其中 $g \in F^*$. 则 ST 在 X 中有唯一不动点 u，TS 在 Y 中有唯一不动点 v. 从而 $Tu=v$ 和 $Sv=u$.

46.2　完备度量空间上的不动点

隐含关系

记 $\mathbf{R}_+$ 为非负实数集，F 为所有实函数 $f:\mathbf{R}_+^4 \to \mathbf{R}$ 的集合，使得：

（i）在每一个坐标变量中，f 为上半连续.

（ii）若对所有 $u,v \geqslant 0$，任一 $f(u,v,0,u) \leqslant 0$ 或 $f(u,v,u,0) \leqslant 0$ 成立，则存在一个实常数 $0 \leqslant c < 1$，使得 $u < cv$.

例 1　$f(t_1,t_2,t_3,t_4)=t_1-c\max\{t_2,t_3,t_4\},0 \leqslant$

$c < 1$.

（i）是显然的，因为 f 连续.

（ii）假设 $u, v \geqslant 0$，则 $f(u, v, 0, u) = u - c \max\{v, u\} \leqslant 0$. 若 $v \leqslant u$，则 $u \leqslant cu < u$ 相矛盾. 因此，$u \leqslant cv$. 同样地，若 $f(u, v, u, 0) \leqslant 0$，则 $u \leqslant cv$，（ii）得证.

例 2　$f(t_1, t_2, t_3, t_4) = t_1^2 - c_1 \max\{t_2^2, t_3^2, t_4^2\} - c_2 \max\{t_1, t_2, t_3, t_4\} - c_3 t_3 t_4$. 其中 $c_1, c_2, c_3 \in \mathbf{R}_+$ 且 $c_1 + c_2 < 1$.

（i）是显然的，因为 f 连续.

（ii）假设 $u, v \geqslant 0$，则 $f(u, v, 0, u) = u^2 - c_1 \max\{v^2, v^2\} - c_2 uv \leqslant 0$. 若 $v \leqslant u$，则 $u^2 \leqslant (c_1 + c_2)u^2 < u^2$ 相矛盾. 因此 $u \leqslant au$，其中 $a = \sqrt{c_1 + c_2} < 1$.

同样地，若 $f(u, v, u, 0) \leqslant 0$，则 $u \leqslant bv$，其中 $b = c_1/(1 - c_2) < 1$. 我们取 $c = \max\{a, b\} < 1$，则（ii）得证.

例 3　$f(t_1, t_2, t_3, t_4) = t_1^3 - \alpha t_1^2 t_2 - \beta t_1 t_3 t_4 - \gamma t_2 t_3^2 - \delta t_3 t_4^2$，其中 $\alpha, \beta, \gamma, \delta \in \mathbf{R}_+$ 且 $\alpha + \gamma < 1$.

（i）是显然的，因为 f 连续.

（ii）假设 $u, v \geqslant 0$，则 $f(u, v, 0, u) = u^3 - \alpha u^2 v = u^2(u - \alpha v) \leqslant 0$. 那么 $u \leqslant \alpha v$. 同样地，若 $f(u, v, u, 0) \leqslant 0$，则 $u \leqslant (\alpha + \gamma)v$. 我们取 $c = \max\{\alpha, \gamma\} < 1$，则（ii）得证.

例 4　$f(t_1, t_2, t_3, t_4) = t_1^3 - c \dfrac{t_1^2 t_2^2 + t_3^2 t_4^2}{t_2 + t_3 + t_4 + 1}$，其中 $0 < c < 1$.

（i）是显然的，因为 f 连续.

（ii）假设 $u, v \geqslant 0$，则

$$f(u,v,0,u)=u^3-c\,\frac{u^2v^2}{v+u+1}\leqslant 0$$

那么

$$u\leqslant c\,\frac{v^2}{v+u+1}<cv$$

类似地,若 $f(u,v,u,0)\leqslant 0$,则 $u\leqslant cv$,(ii)得证.

例 5 $f(t_1,t_2,t_3,t_4)=(1+pt_2)t_1-p\max\{t_1,t_2,t_3,t_4\}-c\max\{t_2,t_3,t_4\}$,其中 $0<c<1$ 和 $p\geqslant 0$.

(i) 是显然的,因为 f 连续.

(ii) 假设 $u,v\geqslant 0$,则

$$f(u,v,0,u)=(1+pv)u-puv-c\max\{v,u\}\leqslant 0$$

若 $v\leqslant u$,则 $u\leqslant cu<u$ 相矛盾.因此 $u\leqslant cv$.

类似地,若 $f(u,v,u,0)\leqslant 0$,则 $u\leqslant cv$,(ii)得证.

例 6 $f(t_1,t_2,t_3,t_4)=t_1-c\max\{t_2,t_3,t_4,b\sqrt{t_3t_4}\}$,其中 $b\geqslant 0$ 和 $0<c<1$.

(i) 是显然的,因为 f 连续.

(ii) 的证明同例 1.

例 7 $f(t_1,t_2,t_3,t_4)=t_1-(\alpha t_2^p+\beta t_3^p+\gamma t_4^p)^{\frac{1}{p}}$,其中 $p>0$ 和 $0<\alpha,\beta,\gamma,\alpha+\beta+\gamma<1$.

(i) 是显然的,因为 f 连续.

(ii) 假设 $u,v\geqslant 0$,则 $f(u,v,0,u)=u-(\alpha v^p+\gamma u^p)^{\frac{1}{p}}\leqslant 0$ 和 $u\leqslant av$,其中 $a=(\frac{\alpha}{1-\gamma})^{\frac{1}{p}}<1$.

类似地,若 $f(u,v,u,0)\leqslant 0$,则 $u\leqslant bv$,其中 $b=(\frac{\alpha}{1-\beta})^{\frac{1}{p}}<1$.我们取 $c=\max\{a,b\}<1$,则(ii)得证.

现在,使用隐含关系来证明完备度量空间中的不动点定理.

定理 3 令 (X,d) 和 (Y,ρ) 为完备度量空间,又

令 S,T 为 Y 到 X 的映射,对所有 X 中的 x , Y 中的 y ,下列不等式满足

$$f(\rho(Tx,TSy),d(x,Sy),\rho(y,Tx),\rho(y,TSy)) \leqslant 0 \tag{1}$$

$$g(d(Sy,STx),\rho(y,Tx),d(x,Sy),d(x,STx)) \leqslant 0 \tag{2}$$

其中 $f,g \in F$. 则 ST 在 X 中有唯一不动点 u , TS 在 Y 中有唯一不动点 v ,从而, $Tu=v$ 和 $Sv=u$.

证 令 x_0 为 X 中的任意点. 在 X 和 Y 中引入数列 $\{x_n\}$ 和 $\{y_n\}$,则

$$y_n=Tx_{n+1},x_n=Sy_n \quad (n=1,2,\cdots)$$

应用不等式(1),得到

$$f(\rho(Tx_{n-1},TSy_n),d(x_{n-1},Sy_n),$$
$$\rho(y_n,Tx_{n-1}),\rho(y_n,TSy_n))$$
$$=f(\rho(y_n,y_{n+1}),d(x_{n-1},x_n),0,\rho(y_n,y_{n+1})) \leqslant 0$$

又根据(ii),得到

$$\rho(y_n,y_{n+1}) \leqslant cd(x_{n-1},x_n) \tag{3}$$

其中 $c=\max\{a,b\}$,而 a,b 是实常数, f 和 g 分别满足(ii).

应用不等式(2),有

$$g(d(Sy_n,STx_n),\rho(y_n,Tx_n),$$
$$d(x_n,Sy_n),d(x_n,STx_n))$$
$$=g(d(x_n,x_{n+1}),\rho(y_n,y_{n+1}),0,d(x_n,x_{n+1})) \leqslant 0$$

又由(ii),有

$$d(x_n,x_{n+1}) \leqslant c\rho(y_n,y_{n+1}) \tag{4}$$

根据不等式(3) 和式(4),我们可以得到

$$d(x_n,x_{n+1}) \leqslant c^2 d(x_{n-1},x_n)$$

由此引入不等式

$$d(x_n, x_{n+1}) \leqslant c^{2n} d(x_0, x_1) \quad (n=1,2,\cdots) \quad (5)$$

同样地

$$\rho(y_n, y_{n+1}) \leqslant c^{2n-2} d(x_0, x_1) \quad (n=1,2,\cdots) \quad (6)$$

因为 $0 < c < 1$，由不等式（5）和不等式（6）可知，$\{x_n\}$ 是 X 中的一个 Cauchy 数列，并在 X 中有极限 u，$\{y_n\}$ 是 Y 中的一个 Cauchy 数列，并在 Y 中有极限 v.

若 $Tu \neq v$，由不等式（1），得到

$$f(\rho(Tu, TSy_{n-1}), d(u, Sy_{n-1}), \rho(y_{n-1}, Tu),$$
$$\rho(y_{n-1}, TSy_{n-1}))$$
$$= f(\rho(Tu, y_n), d(u, x_{n-1}), \rho(y_{n-1}, Tu),$$
$$\rho(y_{n-1}, y_n)) \leqslant 0$$

当 n 趋向无穷大，并由 (i)，得到

$$\rho(Tu, v) \leqslant f(0, \rho(v, Tu), 0)$$

由 (ii) 知道 $\rho(Tu, v) = 0$，因此 $Tu = v$.

同样地，$Sv = u$，因此 $STu = Sv = u$ 和 $TSv = Tu = v$.

为证明其唯一性，假设 TS 在 Y 中存在另一个不动点 v'. 通过不等式（1），可得

$$f(\rho(Tu, TSv'), d(u, Sv'), \rho(v', v), 0)$$
$$= f(\rho(v, v'), d(Sv, Sv'), \rho(v', v), 0) \leqslant 0$$

由 (ii)，可得

$$\rho(v, v') \leqslant c d(Sv, Sv') \quad (7)$$

若 $Sv \neq Sv'$，则由不等式（2），可得

$$g(d(Sv, Sv'), \rho(v, v'), d(Sv, Sv'), 0) \leqslant 0$$

又由 (ii)，可得

$$d(Sv, Sv') \leqslant c \rho(v, v') \quad (8)$$

由式（7）和式（8），可知 $v = v'$，从而 v 是唯一的.

同样可以证明 u 是唯一的，从而定理证毕.

46.3　紧致度量空间上的不动点

隐含关系

记 F^* 为所有实函数 $f:\mathbf{R}_+^4 \to \mathbf{R}$ 的集合,且对每一个坐标变量为上半连续,则:

(iii) 若对所有 $u,v \geqslant 0$,任一 $f(u,v,0,u) < 0$ 或 $f(u,v,u,0) < 0$ 成立,则 $u < v$.

例 8　$f(t_1,t_2,t_3,t_4) = t_1 - c\max\{t_2,t_3,t_4\}, 0 < c \leqslant 1.$

例 9　$f(t_1,t_2,t_3,t_4) = t_1^2 - c_1\max\{t_2^2,t_3^2,t_4^2\} - c_2\max\{t_1,t_2,t_3,t_4\} - c_3 t_3 t_4$,其中 $c_1,c_2,c_3 \in \mathbf{R}_+$ 且 $c_1 + c_2 \leqslant 1.$

例 10　$f(t_1,t_2,t_3,t_4) = t_1^3 - \alpha t_1^2 t_2 - \beta t_1 t_3 t_4 - \gamma t_2 t_3^2 - \delta t_3 t_4^2$,其中 $\alpha,\beta,\gamma,\delta \in \mathbf{R}_+$ 且 $\alpha + \gamma \leqslant 1.$

例 11　$f(t_1,t_2,t_3,t_4) = t_1^3 - c\dfrac{t_3^2 t_4^2 + t_5^2 t_6^2}{t_2 + t_3 + t_4 + 1}$,其中 $0 < c \leqslant 1.$

例 12　$f(t_1,t_2,t_3,t_4) = (1 + pt_2)t_1 - p\max\{t_1 t_2, t_3 t_4\} - c\max\{t_2,t_3,t_4\}$,其中 $p \geqslant 0$ 和 $0 < c \leqslant 1.$

例 13　$f(t_1,t_2,t_3,t_4) = t_1 - c\max\{t_2,t_3,t_4, b\sqrt{t_3 t_4}\}$,其中 $b \geqslant 0$ 和 $0 < c \leqslant 1.$

例 14　$f(t_1,t_2,t_3,t_4) = t_1 - (\alpha t_2^p + \beta t_3^p + \gamma t_4^p)^{1/p}$,其中 $p > 0, \alpha,\beta,\gamma \in \mathbf{R}_+$ 和 $\alpha + \beta + \gamma \leqslant 1.$

验证以上函数可知,它们都在 F^* 中.

现在通过隐含关系,证明紧致度量空间中的不动点定理.

定理4 令 (X,d) 和 (Y,ρ) 为紧致度量空间,令 T 为一贯 X 到 Y 的连续映射,又令 S 为一个 Y 到 X 的连续映射.则对所有 X 中的 x,Y 中的 y 和 $x \neq Sy$,下列不等式成立

$$f(\rho(Tx,TSy),d(x,Sy),\rho(y,Tx),\rho(y,TSy)) < 0 \tag{9}$$

其中 $f \in F^*$,且对所有 X 中的 x,Y 中的 y 和 $y \neq Tx$ 下列不等式成立

$$g(d(Sy,STx),\rho(y,Tx),d(x,Sy),d(x,STx)) < 0 \tag{10}$$

其中 $g \in F^*$,ST 在 X 中有唯一不动点 u,同时 TS 在 Y 中有唯一不动点 v.从而,$Tu = v$ 和 $Sv = u$.

证 在 X 上由 $\varphi(x) = d(x,STx)$ 定义连续函数 $\varphi:X \to \mathbf{R}_+$.因为 X 是紧致的,所以在 X 中存在一点 u,使得

$$\varphi(u) = d(u,STu) = \min\{d(x,STx):x \in X\}$$

假设 $Tu \neq TSTu$,则 $u \neq STu$.由不等式(10),得到

$$g(d(STu,STSTu),\rho(Tu,TSTu),0,$$
$$d(STu,STSTu)) < 0$$

又由(ii),可得

$$d(STu,STSTu) < \rho(Tu,TSTu) \tag{11}$$

利用不等式(9),得到

$$f(\rho(Tu,TSTu),d(u,STu),0,\rho(Tu,TSTu)) < 0$$

又由(iii),可得

$$\rho(Tu,TSTu) < d(u,STu) \tag{12}$$

由不等式(11)和(12),可推出

$$\varphi(STu) = d(STu, STSTu)$$
$$< \rho(Tu, TSTu) < d(u, STu) = \varphi(u)$$

该式相矛盾,因此 $TSTu = Tu$.

取 $Tu = w$ 和 $Sw = z$,得到

$$ST(STu) = S(TSTu) = STu = Sw = z$$

和

$$w = Tu = TS(Tu) = T(STu) = Tz$$

证明了 z 和 w 的存在性.

为证明其唯一性,假设 ST 有另一个不动点 z',不等式(10),得到

$$g(d(STz, STz'), \rho(Tz, Tz'), d(z', z), 0)$$
$$= g(d(z, z'), \rho(Tz, Tz'), d(z, z'), 0) < 0$$

由(iii),可得

$$d(z, z') < \rho(Tz, Tz') \tag{13}$$

由不等式(9),得到

$$f(\rho(Tz, TSTz'), d(z, z'), \rho(Tz', Tz), 0)$$
$$= f(\rho(Tz, Tz'), d(z, z'), \rho(Tz', Tz), 0) < 0$$

又由(iii),可得

$$\rho(Tz, Tz') < d(z, z')$$

不等式(13) 和不等式(14) 导致矛盾,因此 $z = z'$,z 是唯一的.

同样地,可证明 w 有唯一性,从而定理证毕.

注 1　若有

$$f(\rho(Tx, TSy), d(x, Sy), \rho(y, Tx), \rho(y, TSy))$$
$$= \rho(Tx, TSy), c\max\{d(x, Sy), \rho(y, Tx), \rho(y, TSy)\}$$

和

$$g(d(Sy, STx), \rho(y, Tx), d(x, Sy), d(x, STx))$$

Fixed point 定理

$$= d(Sy, STx) - c\max\{\rho(y, Tx), d(x, Sy), d(x, STx)\}$$

其中 $0 \leqslant c < 1$.

Altman 不动点定理的一般化

第
47
章

1957 年,Altman 证明了这个十分值得重视的不动点定理. 不动点问题是非线性分析中的经典问题,Altman 不动点定理是非线性分析中基本而重要的定理,它与近世代数的许多分支有着紧密的联系,多年来在专著和教科书中被广泛引用,一直是数学科学中的主流课题,许多重要的数学成果都是借助于不动点理论而获得的,其理论价值可见一斑. 河南大学数学与信息科学学院的张明亮,河南教育学院数学系的封平华两位教授在 2009 年利用同伦不变性给出 Altman 不动点定理在改造后的映射空间和更一般的映射定义下的推广形式.

定理 1 设 E 是实 Banach 空间,Ω 是 E 中有界开集,$P \in \Omega, A: \Omega \to E$

是凝聚映射,如存在实数 $m > 1$,使下式成立

$$\| Ax - x \|^m \geqslant \| Ax - P \|^m - \| x - P \|^m$$
$$(\forall x \in \partial\Omega) \tag{1}$$

则 A 在 Ω 中有不动点.

证 不妨设 A 在 $\partial\Omega$ 上没有不动点. 令 $h_t(x) = x - tAx + (t-1)P, x \in \Omega, 0 \leqslant t \leqslant 1$, 下证 $\theta \notin h_t(\partial\Omega), \forall 0 \leqslant t \leqslant 1$.

事实上,如存在 $0 \leqslant t_0 \leqslant 1, \chi_0 \in \partial\Omega$ 使得 $\chi_0 + t_0 A\chi_0 + (t_0 - 1)P = \theta$,则

$$t_0 \neq 0, t_0 \neq 1, \chi_0 - P = t_0(A\chi_0 - P) \tag{2}$$

式(2)代入式(1)消去 $\| A\chi_0 - P \|^m$ 得

$$(1 - t_0)^m \geqslant 1 - t_0^m \tag{3}$$

令 $\varphi(t) = (1-t)^m + t^m - 1, 0 \leqslant t \leqslant 1$. 则易证 $\varphi(t) < 0, \forall 0 \leqslant t \leqslant 1$. 这表明式(3)是不可能的. 于是 $\theta \notin h_t(\partial\Omega)$,根据同伦不变性质得

$$\deg(I - A, \Omega, \theta) = \deg(h_1, \Omega, \theta) = \deg(h_0, \Omega, \theta)$$
$$= \deg(I - P, \Omega, \theta) = 1$$

从而 A 在 Ω 内必有不动点.

注 1 当 A 是全连续映射, $m = 2, P = \theta$ 时,定理 1 即为 Altman 定理.

注 2 当 $m \leqslant 1$ 时,易证式(1)对一切映射 A 及 $x \in \overline{\Omega}$ 总是成立的,于是这种情况下由式(1)不能推出 A 的不动点存在与否.

注 3 由上述证明可以看出,如 $m = 1$,式(1)中"$\geqslant$"换为"$>$",其他条件不变,定理的结论仍然成立.

注 4 若 E 是具有投影完备格的 Banach 空间,$A: \overline{\Omega} \to E$ 是 P_1 紧映射,同理可证上述定理及在注 3 的情况下均成立.

引理 1　设 Ω 是 $\mathbf{R}^n$ 中的有界开集，$f:\overline{\Omega} \rightarrow \mathbf{R}^n$ 连续，$P \notin (af)(\partial\Omega)$，$a \neq 0$，则

$$\deg(af,\Omega,P) = (\operatorname{sgn} \alpha)^n \deg(f,\Omega,\alpha^{-1},P)$$

证　令 $\tau = \min\limits_{x \in \partial\Omega} \| f(x) - \alpha^{-1}P \|$．显然 $\tau > 0$，且 $\min\limits_{x \in \partial\Omega} \| \alpha f(x) - P \| = | \alpha | \tau$．

首先假定 $f \in \overline{C}^2(\Omega)$．

(1) 如果 $P \notin (af)(N_{af})$，那么 $\alpha^{-1}P \notin f(N_f)$．其中 $N_f = \{x \mid J_f(x) = 0\}$，$J_f(x)$ 表示 f 在 x 点的 Jacobi(雅可比) 行列式．又知

$$\deg(af,\Omega,P) = \sum_{af(x)=P} \operatorname{sgn}[J_{af}(x)]$$
$$\deg(f,\Omega,\alpha^{-1}P) = \sum_{f(y)=\alpha^{-1}P} \operatorname{sgn}[J_f(y)]$$

从而

$$\deg(af,\Omega,P) = \sum_{af(x)=P} \operatorname{sgn}[\alpha^n J_f(x)]$$
$$= (\operatorname{sgn} \alpha)^n \sum_{af(x)=P} \operatorname{sgn}[J_f(x)]$$
$$= (\operatorname{sgn} \alpha)^n \deg[f,\Omega,\alpha^{-1}P]$$

(2) 如果 $P \in (af)(N_{af})$，由 Sard 定理知，存在 $P^1 \in \mathbf{R}^n$ 使得

$$\| P^1 - p \| < | a | \tau \quad (P^1 \notin (af)(N_{af}))$$
$$\| \alpha^{-1}P^1 - \alpha^{-1}p \| < \tau \quad (\alpha^{-1}P^1 \notin f(N_f))$$

所以由张石生的《不动点理论及其应用》的定义 2.2 及上面结论(1) 可得

$$\deg(af,\Omega,P) = \deg(af,\Omega,P^1)$$
$$= (\operatorname{sgn} \alpha)^n \deg(f,\Omega,\alpha^{-1}P^1)$$
$$= (\operatorname{sgn} \alpha)^n \deg(f,\Omega,\alpha^{-1}P^1)$$

表明 $f \in \overline{C}^2(\Omega)$ 时引理 1 成立．

其次,设 $f \in C(\overline{\Omega})$,由张石生的《不动点理论及其应用》的性质 1.2 知,存在 $g \in \overline{C}^2(\Omega)$ 使 $\| g - f \| < \tau$,于是 $\| ag - af \| < | a | \tau$,利用张石生的《不动点理论及其应用》中的定义 2.3 与上述结论(2)可得

$$\deg(af,\Omega,P) = \deg(ag,\Omega,P)$$
$$= (\text{sgn } \alpha)^n \deg(g,\Omega,a^{-1}P)$$
$$= (\text{sgn } \alpha)^n \deg(f,\Omega,a^{-1}P^1)$$

从而引理 1 得证.

定理 2 设 Ω 是 $\mathbf{R}^n$ 中的有界开集,$P \in \Omega$,$A:\overline{\Omega} \to \mathbf{R}^n$ 连续,如存在实数 $m > 0$ 有

$$\| Ax - x \|^m \leqslant \| Ax - P \|^m - \| x - P \|^m$$
$$(\forall x \in \partial\Omega) \tag{4}$$

则 A 在 $\overline{\Omega}$ 中有不动点.

证 不妨设 A 在 $\partial\Omega$ 上没有不动点(否则结论得证),令 $H(t,x) = (2t-1)x - tAx + (1-t)P, 0 \leqslant t \leqslant 1, x \in \overline{\Omega}$.

显然 $H:[0,1] \times \overline{\Omega} \to \mathbf{R}^n$ 连续,由条件(4)得

$$H(t,x) \neq \theta, \forall (t,x) \in [0,1] \times \partial\Omega \tag{5}$$

因为假如存在 $(t_0,\chi_0) \in [0,1] \times \partial\Omega$,使得 $(2t_0 - 1)\chi_0 - t_0 A\chi_0 + (1-t_0)P = \theta$,由条件知 $t_0 \neq 0, t_0 \neq 1$,于是

$$A\chi_0 - P = \frac{2t_0 - 1}{t_0}(x_0 - P) \tag{6}$$

将式(6)代入式(4)并注意到 $\chi_0 \neq P$

$$\left| \frac{2t_0 - 1}{t_0} - 1 \right|^m \leqslant \left| \frac{2t_0 - 1}{t_0} \right|^m - 1 \tag{7}$$

如 $\frac{1}{2} \leqslant t_0 < 1$,则 $\left| \frac{2t_0 - 1}{t_0} \right|^m = \left(2 - \frac{1}{t_0} \right) < 1$,这

与式(7)矛盾;如 $0 < t_0 < \dfrac{1}{2}$,则 $2 - \dfrac{1}{t_0} < 0$,于是

$$\left| \frac{2t_0 - 1}{t_0} - 1 \right|^m = \left| \frac{1}{t_0} - 2 + 1 \right|^m > \left| \frac{2t_0 - 1}{t_0} \right|^m$$

也与式(7)矛盾.从而式(5)必然成立.由同伦不变性及引理 1 得

$$\begin{aligned}
\deg(I - A, \Omega, P) &= \deg(H(1, *), \Omega, \theta) \\
&= \deg[H(0, *), \Omega, \theta] \\
&= \deg(I + P, \Omega, \theta) = (-1)^n
\end{aligned}$$

于是 A 在 Ω 中必有不动点.

非扩张映射的不动点定理

第
48
章

48.1 引　　言

　　近年来，非扩张映射的不动点理论得到了很好的发展，这些理论解决了一些应用领域上的问题．一些学者利用 Banach 空间的几何性质得到了定义在非空有界闭凸集上的非扩张映射的不动点的存在性．湖北师范大学数学与统计学院的尹婷婷、胡长松、吴智宇三位教授曾采用新的方法利用 Kuratowski 非紧性测度以及渐近不动点集的一些结果证明了定义在非空闭凸但不一定有界集上的非扩张映射在满足某些适当的条件下的不动点定理．在 2013 年，他们利用 Hausdorff 非

紧性测度得到了相似的结果并给出新的证明方法.

48.2　预备知识

首先,我们给出文章中应用到的一些概念和引理.

定义 1　设 E 为 Banach 空间,E 中所有非空有界子集的全体记为 $\mathfrak{B}$,对任意子集 $A \in \mathfrak{B}$,令 $\chi(A) = \inf\{d > 0 : A$ 由有限个半径不超过 d 的球覆盖$\}$ 称为集合 A 的 Hausdorff 非紧性测度.

引理 1　设 $A, B \in \mathfrak{B}$.那么:

(1) $0 \leqslant \chi(A)$;

(2) $A \subseteq B \Rightarrow \chi(A) \leqslant \chi(B)$;

(3) $\chi(\lambda A) = |\lambda| \chi(A)$;

(4) $\chi(A \bigcup B) = \max(\chi(A), \chi(B))$;

(5) $\chi(A + B) \leqslant \chi(A) + \chi(B)$;

(6) $\chi(\text{Conv } A) = \chi(\overline{A}) = \chi(A)$;

(7) $\chi(A) = 0 \Leftrightarrow A$ 是相对紧的.

定义 2　设 E_1, E_2 为 Banach 空间,$f : E_1 \to E_2$ 且是 E_1 中有界子集到 E_2 中有界子集上的映射.f 称为是常数为 k 的 χ-Lipchitz 压缩(或称为 $k -$ 集压缩),如果存在常数 k 使得对 E_1 中任意有界子集 A 有 $\chi(f(A)) \leqslant k\chi(A)$ 成立;如果 $0 < k < 1$,f 称为是 $\chi -$ 压缩;当 A 满足 $\chi(A) \neq 0$ 时,有 $\chi(f(A)) < \chi(A)$ 成立,f 称为 $\chi -$ 凝聚.

定义 3　设 $(E, \|\cdot\|)$ 是 Banach 空间,$0 \in Q$ 是 E 的一个子集,$f : Q \to E$.定义渐近不动点集为
$$S = S(f, Q)$$

$$= \left\{ (x_n)_{n \in \mathbf{N}} \subset Q : x_n = (1 - \frac{1}{n}) f(x_n), \forall n \in \mathbf{N}^* \right\}$$

根据 Banach 压缩原理,对任意的 $n \in \mathbf{N}$,当 f 是非扩张映射且 Q 是非空闭凸子集,那么集合 $S(f, Q)$ 是非空的.

设 $A \subset E$ 是一个非空有界集,且 $\chi(A)$ 是 A 的 Hausdorff 非紧性测度. 取 $\varepsilon > 0, c > 0$ 且 $0 < c < \chi(A) + \varepsilon$,定义集合

$$N_\varepsilon(A) = \{ (x, y) \in A^2 : \chi(A) - \varepsilon \leqslant \| x - y \| \}$$
$$N_\varepsilon^c(A) = \{ (x, y) \in A^2 : c \leqslant \| x - y \| < \chi(A) + \varepsilon \}$$

下面,我们给出本章中应用到的另一个集合,对某一正数 δ 且 $A \subset Q$,记 f 在 A 中的 δ 不动点集

$$F_\delta(f, A) = \{ x \in A : \| x - f(x) \| \leqslant \delta \}$$

由 $S(f, A)$ 的定义我们可以知道,若 f 是有界的,则存在某一正数 $\delta > 0$ 使得 $S(f, A) \subset F_\delta(f, A)$. 对任意的 $n \in \mathbf{N}, n > n_0$,这里 $n_0 \in \mathbf{N}$ 足够大,我们记

$$F_n(f, A) = \left\{ x \in A : \| x - f(x) \| \leqslant \frac{e}{n} \right\}$$

这里 $e > 0$.

接下来,我们将会给出在以后的证明中应用到的 $F_\delta(f, Q)$ 的有界性结果. 设 Q 是 Banach 空间 E 中的非空闭凸子集且 $0 \in Q$,我们给出使得 $F_\delta(f, Q)$ 有界的一些条件.

定义 4　设 $f : Q \to E$,我们称 f 有性质($\Re$),若存在一个有界闭凸子集 $K \subset E$ 使得 $f(K \bigcap Q) \subset K$.

引理 2　设 $f : Q \to E$ 是非扩张的且存在 $\delta > 0$ 使得 $F_\delta(f, Q)$ 是非空有界的,则存在 $p \in Q$ 使得 $(f^n(p))_n$ 为 Q 中有界子集.

引理 3　设 $f : Q \to E$ 是非扩张的且对某一 $p \in Q$

使得 $(f^n(p))_n$ 是 Q 中的有界子集,则 f 满足性质 $(\Re)$. 特别地,如果 $f(Q) \subset Q$,则存在 Q 的一个有界闭凸子集使得 f 为自映射.

定义 5　设 f 满足定义 2 且对每个闭凸集 B 使得 $B \times B \backslash \Delta_B \subset N_\varepsilon(A)$,这里 $\Delta_B = \{(x, x) : x \in B\}$ 记为 B 的对象线元素,有 $\chi(f(B)) \leqslant k\chi(B)$,这里 $0 < k < 1$. 我们称 f 是 $N_\varepsilon(A)$ 上的 χ — 压缩.

我们有:

引理 4　设 $f : Q \to E$ 为压缩映射,那么对每个 $\varepsilon > 0$,f 是 $N_\varepsilon(A)$ 上的 χ — 压缩. 这里 A 是 Q 的非空有界子集.

证　设 $\varepsilon > 0$,A, M 是 Q 的非空有界子集,M 是凸的,且 $M \times M \backslash \Delta_M \subseteq N_\varepsilon(A)$. 则存在 $x_1, x_2, \cdots, x_n \in M$,使得 $M \subset \bigcup\limits_{i=1}^n \mathfrak{B}(x_i, \chi(M) + \varepsilon)$,记 $M_i = \mathfrak{B}(x_i, \chi(M) + \varepsilon)$,那么 $M \subset \bigcup\limits_{i=1}^n M_i$. $\forall y = f(x) \in f(M)$,$\exists y_i = f(x_i)$ 使得 $(x, x_i) \in M_i \times M_i \subseteq N_\varepsilon(A)$ 且由于 f 是压缩映射,存在 $0 < k < 1$ 使得

$$\| y - y_i \| = \| f(x) - f(x_i) \| \leqslant k \| x - x_i \|$$
$$\leqslant k(\chi(M) + \varepsilon)$$

因此,$y \in \bigcup\limits_{i=1}^n \mathfrak{B}(y_i, k(\chi(M) + \varepsilon))$,由 $y \in f(M)$ 是任取的,$f(M) \subset \bigcup\limits_{i=1}^n \mathfrak{B}(y_i, k(\chi(M) + \varepsilon))$,因此

$$\chi(f(M)) \leqslant k(\chi(M) + \varepsilon)$$

由 ε 的任意性,对所有的有界闭凸子集 $M \subset Q$ 使得 $M \times M \backslash \Delta_M \subset N_\varepsilon(A)$,

$$\chi(f(M)) \leqslant k\chi(M)$$

因此 f 是 $N_\varepsilon(A)$ 上的 χ — 压缩.

注 1 由引理 4 我们可以证明,如果 $f:Q \to E$ 是非扩张的则 f 是 $N_\varepsilon(A)$ 上的 1 - 集压缩. 若 $N_\varepsilon(A)$ 换为 $N_\varepsilon^c(A)$,结论依然成立.

引理 5 设 $0 \in C$ 是 Banach 空间 E 中的闭子集,$f:C \to E$ 是一个连续映射. 假设:

(1) $f(C)$ 紧凸的;

(2) 对任意的 $\delta > 0, f$ 在 C 中有 $\delta -$ 不动点.

则 f 在 C 中有不动点.

注 2 这个引理在本质上给出了探求定义在非空闭凸,但不一定有界集上的非扩张映射不动点的存在性的可行性方法.

48.3 主要结果及其证明

这一部分,我们将会给出非扩张映射的一些结果及不动点定理的证明.

定理 1 设 E 为 Banach 空间,C 是 E 中的非空闭凸集且 $f:C \to C$ 是非扩张的,$f(C)$ 有界,则对任意 $\delta > 0, f$ 在 C 中有 $\delta -$ 不动点.

证 对任意的 $r \in (0,1)$,取 $p \in C$,映射 $(1-r)p + rf$ 是压缩的且有唯一不动点 $x_r \in C$. 我们有

$$0 \leqslant \| f(x_r) - x_r \|$$
$$= \| f(x_r) - (1-r)p - rf(x_r) \|$$
$$\leqslant (1-r) \| f(x_r) \| + (1-r) \| p \|$$

由 $f(C)$ 的有界性,存在 $M > 0$,使得 $\| f(x_r) \| < M$,我们有

$$0 \leqslant \| f(x_r) - x_r \| \leqslant (1-r)M + (1-r) \| p \|$$

取 $r \to 1^-$ 就可得到结论.

定理 2　设 E 为 Banach 空间,$0 \in Q$ 是 E 的非空闭凸子集且 $f:Q \to Q$ 是非扩张的. 对任意的有界子集 $M \subset Q$,假设存在 $\delta_0, \varepsilon_0 > 0$ 使得 $\forall c \in (0, \chi(M) + \varepsilon_0)$,有

$$\left[F_{\delta_0}(f,M) \times F_{\delta_0}(f,M) \right] \bigcap N_{\varepsilon_0}^c(f,M) = \varnothing \quad (1)$$

则有 $\chi(M) = 0$ 或者 $\chi(M) \neq \chi(F_{\delta_0}(f,M))$.

证　我们用反证法,假设 $\chi(M) \neq 0$ 且 $\chi(M) = \chi(F_{\delta_0}(f,M))$,于是有 $\chi(F_{\delta_0}(f,M)) > 0$. 取 $0 < \varepsilon < \chi(F_{\delta_0}(f,M))$,由 Hausdorff 非紧性测度的定义,对 $\varepsilon_1 > 0$ 使得 $\chi(F_{\delta_0}(f,M)) < \varepsilon_1 < \chi(F_{\delta_0}(f,M)) + \varepsilon$,$M$ 能被有限个半径不超过 ε_1 的球覆盖,记为 $\bigcup\limits_{i=1}^{m} \mathfrak{B}(x_i, \varepsilon_1)$,这里 $x_1, x_2, \cdots, x_m \in Q$,则 $F_{\delta_0}(f,M) \subset \bigcup\limits_{i=1}^{m} \mathfrak{B}(x_i, \varepsilon_1)$,令 $\bigcup\limits_{i=1}^{m} \mathfrak{B}(x_i, \varepsilon_1) \triangleq \bigcup\limits_{i=1}^{m} \mathfrak{B}$,$\mathrm{radii}(\mathfrak{B}_i) < \varepsilon_1$,$\forall i \in I = \{1, 2, \cdots, m\}$;从而存在 $x, y \in F_{\delta_0}(f,M)$,使得 $0 < \chi(F_{\delta_0}(f,M)) - \varepsilon \leqslant \| x - y \| < \varepsilon_1$. 因此

$$0 < \chi(F_{\delta_0}(f,M)) - \varepsilon \leqslant \| x - y \|$$
$$< \chi(F_{\delta_0}(f,M)) + \varepsilon$$

取 $0 < c := \chi(F_{\delta_0}(f,M)) - \varepsilon < \chi(F_{\delta_0}(f,M)) + \varepsilon$,且注意到 $\chi(M) = \chi(F_{\delta_0}(f,M))$,$(x,y) \in N_\varepsilon^c(f,M)$,又因为 $x, y \in F_{\delta_0}(f,M)$,这里取 $0 < \varepsilon < \varepsilon_0$,则 $(x,y) \in \left[F_{\delta_0}(f,M) \times F_{\delta_0}(f,M) \right] \bigcap N_{\varepsilon_0}^c(f,M)$,这与式(1)矛盾,定理得证.

设 S 是由定义 3 给出的,记 $S_K = S \bigcap K$,这里 K 是有界闭凸集.

定理 3 设 E 为 Banach 空间,Q 是 E 的非空闭凸子集,$0 \in Q, f:Q \to Q$ 是非扩张映射且满足性质(Ɽ),则有 $\chi(F_\delta(f,S_K)) = \chi(S_K)$.

证 由 S_K 的定义,$\forall x_n \in S_K$,我们有

$$\| x_n - f(x_n) \| = \frac{1}{n} \| f(x_n) \| \to 0 \quad (n \to +\infty)$$

因此对 $\forall \delta > 0, \exists N \in \mathbf{N}$,当 $n > N$ 时,我们有

$$\| x_n - f(x_n) \| \leqslant \delta$$

很容易得到对所有的 $n > N, x_n \in F_\delta(f,S_K)$. 于是就有 $\chi(F_\delta(f,S_K)) = \chi(S_K)$.

推论 1 设 E 为 Banach 空间,$0 \in Q$ 是 E 的一个非空闭凸子集,$f:Q \to Q$ 是非扩张的满足性质(Ɽ). 假设存在 $\delta_0, \varepsilon_0 > 0$ 使得 $\forall c \in (0, \chi(S_K) + \varepsilon_0)$,有

$$\left[F_{\delta_0}(f,S_K) \times F_{\delta_0}(f,S_K) \right] \bigcap N_{\varepsilon_0}^c(f,S_K) = \varnothing$$

则 $\chi(S_K) = 0$.

推论 2 设 E 为 Banach 空间,$0 \in Q$ 是 E 的一个非空闭凸子集,$f:Q \to Q$ 是非扩张的满足性质(Ɽ). 假设存在 $n_0, \varepsilon_0 > 0$ 使得 $\forall c \in (0, \chi(S_K) + \varepsilon_0)$,对所有 $n, p > n_0$ 的整数,我们有

$$\left[F_n(f,Q) \times F_p(f,Q) \right] \bigcap N_{\varepsilon_0}^c(f,S_K) = \varnothing$$

则 $\chi(S_K) = 0$.

推论 3 设 E 为 Banach 空间,$0 \in Q$ 是 E 的一个非空闭凸子集,$f:Q \to Q$ 是非扩张的满足性质(Ɽ). 假设式(1)满足,则 f 有不动点.

证 由定理 2 和定理 3 知,$\chi(S_K) = 0$;因此 $\overline{S}_K$ 是紧集. 取一子列收敛到 x, x 就是 f 的不动点.

注 2 我们可以看到式(1)确保了 S_K 的相对紧性. 我们可以考虑蕴含式(1)的条件,那么就可以得到

不动点定理.

推论 4　设 E 为 Banach 空间，$0 \in Q$ 是 E 的一个非空闭凸子集，$f : Q \to Q$ 是非扩张的，A 是 Q 的一个非空有界集且满足 $\chi(A) > 0$. 假设对某一 $\varepsilon > 0$ 且 $0 < c < \chi(A) + \varepsilon$，$f$ 在 $N_\varepsilon^c(A)$ 上是 k－压缩，那么对一切 $\delta, \delta' > 0$ 满足 $0 < \delta + \delta' < c(1-k)$，我们有

$$[F_\delta(f, Q) \times F_{\delta'}(f, Q)] \bigcap N_{\varepsilon_0}^c(A) = \varnothing \quad (2)$$

证　设 $\varepsilon > 0$ 且 $c > 0$ 满足 $0 < c < \chi(A) + \varepsilon$. 用反证法，假设存在 $\delta, \delta' > 0$ 使得 $0 < \delta + \delta' < c(1-k)$ 且

$$[F_\delta(f, Q) \times F_{\delta'}(f, Q)] \bigcap N_{\varepsilon_0}^c(A) \neq \varnothing$$

取 $(x, y) \in [F_\delta(f, Q) \times F_{\delta'}(f, Q)] \bigcap N_{\varepsilon_0}^c(A)$，我们有

$$\| x - y \| \leqslant \| x - f(x) \| + \| f(x) - f(y) \| + \| y - f(y) \|$$

由于 f 是 $N_\varepsilon^c(A)$ 上的压缩映射，且

$$(x, y) \in F_\delta(f, Q) \times F_{\delta'}(f, Q)$$

那么

$$\| x - y \| \leqslant \delta + \delta' + k \| x - y \| \quad (0 < k < 1)$$

因此，我们就有 $1 \leqslant \dfrac{\delta + \delta'}{\| x - y \|} + k$. 又因为 $(x, y) \in N_\varepsilon^c(A)$，于是

$$1 \leqslant \frac{\delta + \delta'}{c} + k$$

这与 $0 < \delta + \delta' < c(1-k)$ 矛盾，定理得证.

注 3　推论 4 中的式（2）可以由 $[F_n(f, Q) \times F_p(f, Q)] \bigcap N_{\varepsilon_0}^c(A) = \varnothing$ 来替换，这里 $n, p > n_0$，$n_0 \in \mathbf{N}$ 充分大.

推论 5　设 E 为 Banach 空间，$0 \in Q$ 是 E 中的闭凸子集，$f : Q \to Q$ 是连续的 $1-$集压缩映射满足性质

(ℜ). 假设存在 $\varepsilon_0 > 0$ 使得 f 是 $N_{\varepsilon_0}(S_K)$ 上的 χ — 压缩, 则 f 在 Q 中有不动点.

  证 不失一般性, 我们假设 $0 \in K \cap Q$(若不然取 $p \in K \cap Q$), 由平移性设 $T : K \cap Q - p \to K \cap Q - p$ 且 $T(y) = f(y + p) - p$. 由 $K \cap Q$ 的凸性且 $0 \in K \cap Q$, 我们可以得到对任意的 $x \in K \cap Q, f_n(x) = (1 - \frac{1}{n}) f(x) \in K \cap Q$, 并且对任意的 $n \in \mathbf{N}^*, f_n$ 是 χ — 压缩的. 由 Sadovskij's 不动点定理, f_n 有唯一不动点 $x_n \in K \cap Q$, 这就证明了 $S_K \neq \varnothing$.

  为了证明 $\chi(S_K) = 0$, 我们用反证法, 假设 $\chi(S_K) > 0$, 取 $0 < \varepsilon < \chi(S_K)$, 取 $\varepsilon_1 > 0$ 使得 $\chi(S_K) < \varepsilon_1 < \chi(S_K) + \varepsilon$ 且 S_K 能被有限个球心在 Q 的球覆盖, 记为 $\bigcup\limits_{i=1}^{m} \mathfrak{B}(a_i, r_i)$ 使得 $\forall r_i < \varepsilon_1$, 对所有 $\mathfrak{B}(a_i, r_i) \cap S_K$ 是无限集, 且 $\forall \eta > 0, S_K \nsubseteq \bigcup\limits_{i=1}^{m} \mathfrak{B}(a_i, r_i - \eta)$. 令 $\mathfrak{B}_i \triangleq \mathfrak{B}(a_i, r_i)$.

$$\mathfrak{B}'_i = \{x \in \mathfrak{B}_i \cap S_K : \forall y \in \mathfrak{B}_i \cap S_K, \| x - y \| < \chi(S_K) - \varepsilon \}$$

$$\mathfrak{B}''_i = \{x \in \mathfrak{B}_i \cap S_K : \exists y \in \mathfrak{B}_i \cap S_K, \| x - y \| < \chi(S_K) - \varepsilon \}$$

则 $\mathfrak{B}_i \cap S_K = \mathfrak{B}'_i \cap \mathfrak{B}''_i$ 且 $\chi(\mathfrak{B}'_i) \leqslant \chi(S_K) - \varepsilon$.

  设 $\mathfrak{B}''_i = \{x_{n_k}\}$, 若 $\mathfrak{B}''_i$ 有有限的 $\chi(S_K) - \varepsilon$ 网, 我们可以得到 $\chi(\mathfrak{B}''_i) \leqslant \chi(S_K) - \varepsilon$, 若不然存在 $\{x_{n_{k_j}}\} \subset \{x_{n_k}\}$, 使得

$$\| x_{n_{k_j}} - x_{n_k} \| > \chi(S_K) - \varepsilon \quad (i \neq j) \qquad (2)$$

于是 $\{x_{n_{k_j}}\} \times \{x_{n_{k_j}}\} / \Delta_{\{x_{n_{k_j}}\}} \subset N_\varepsilon(S_K)$. 由 S_K 的定义, 我们有

$$\chi(\{x_{n_{k_j}}\}_{j=1}^{+\infty}) \leqslant \chi(\{f(x_{n_{k_j}})\}_{j=1}^{+\infty}) +$$

$$\chi\left(\left\{\frac{x_{n_{k_j}} - f(x_{n_{k_j}})}{n_{k_j}}\right\}_{j=1}^{+\infty}\right)$$

$$= \chi(\{f(x_{n_{k_j}})\}_{j=1}^{+\infty}) \leqslant k\chi(\{x_{n_{k_j}}\}_{j=1}^{+\infty})$$

因此 $\chi(\{x_{n_{k_j}}\}) = 0$，$\{x_{n_{k_j}}\}$ 是序列紧的,这与式(2)矛盾. 于是 $\chi(\mathfrak{B}''_i) \leqslant \chi(S_K) - \varepsilon$. 又由 $S_K = \bigcup\limits_{i=1}^{m}(S_K \bigcap \mathfrak{B}_i)$, 因此 $\chi(S_K) \leqslant \max\limits_{1 \leqslant i \leqslant m}\chi(\mathfrak{B}_i \bigcap S_K) \leqslant \chi(S_K) - \varepsilon$ 矛盾. 因此 $\chi(S_K) = 0$,从而 $\overline{S}_K$ 是紧集. 取 $(x_n)_{n \in \mathbb{N}} \subset \overline{S}_K$ 收敛到极限 $x \in Q$. 再由 f 是连续的,x 就是所求的不动点. 证毕.

推论 6　设 E 为 Banach 空间,$0 \in Q$ 是 E 的闭凸子集,$f:Q \to Q$ 是非扩张的满足性质($\aleph$). 假设存在 $\varepsilon_0 > 0$ 使得 f 是 $N_{\varepsilon_0}(S_K)$ 上的 $\chi -$ 压缩,则 f 在 Q 中有一个不动点.

非线性分析与不动点定理

第
49
章

这一章的目的，是要精确地介绍非线性分析中有关多值映像的不动点存在定理以及覆叠定理的主要结果.

我们尽力使各个证明统一起来，办法是使这些证明都以 Ky Fan 不等式为依据，并利用连续单位分划.

我们并不打算讲最一般的定理，不过我们给出的证明是容易推广到更一般的空间的.

第一节定义多值映像的弱上半连续性的概念.第二节提出 Browder-Ky Fan 基本定理，它是讲多值映像 S 的临界点 $\bar{x}$（即多值方程 $0 \in S(\bar{x})$ 的解）的存在性的. 我们给出的证明属于 B. Cornet. 我们也要证明 Leray-Schauder 定理，证明方法属于 Granas. 在第三节中，我们从这些证

明推出不动点定理（特别是推出重要的 Kakutani 定理）以及复叠定理.

49.1　弱上半连续的多值映像

我们要研究整个一类非线性问题,这些问题可以化为下面的形式

$$求\ \bar{x} \in X\ 使得\ O \in S(\bar{x}) \tag{1}$$

其中 S 是把 X 映入某个 Hilbert 空间 V 的多值映像:对于任何 $x \in X$,这个映像给出 V 的一个子集 $S(x)$,它总是非空的、闭的,并且是凸的. 如果 S 是单值映像,问题(1)可以写成更熟悉的解方程的形式

$$求\ \bar{x} \in X\ 使得\ S(\bar{x}) = 0 \tag{2}$$

(1)的解 $\bar{x}$ 称为 S 的临界点.

主要是最优化理论、博弈论以及数理经济学中出现的问题使人们考虑使用多值映像的.

其实,我们只用到多值映像一般理论的几个基本概念. 由于像集 $S(x)$ 是闭凸集,所以可以用它的支持函数来说明

$$\forall p \in V^* \ 令\ \delta(S(x), p) = \operatorname*{Sup}_{y \in S(x)} \langle p, y \rangle \tag{3}$$

定义 1　我们说,多值映像 S 在 $x_0 \in X$ 处弱上半连续,如果对任何 $p \in V^*$,函数 $x \longmapsto \delta(S(x), p)$ 在 x_0 处上半连续.

把 X 映入 V 的每个连续单值映像 S 显然确定一个弱上半连续多值映像(甚至只需对任何 $p \in V^*$ 函数 $x \longmapsto \langle p, S(x) \rangle$ 连续即可).

令 B 是 V 中的单位球. 提醒一下,把 X 映入 V 的多

值映像 S 在 x_0 处上半连续,如果对任何 $\varepsilon > 0$,存在 x_0 的邻域 $N(x_0)$,使得对所有 $x \in N(x_0)$ 有 $S(x) \subset S(x_0) + \varepsilon B$. 由此可见,对所有 $p \in V^*$,$P_0 \in V^*$ 有

$$\delta(S(x), p) \leqslant \delta(S(x_0), p) + \delta(\varepsilon B, p)$$
$$= \delta(S(x_0), p) + \varepsilon \| p \|_*$$
$$\leqslant \delta(S(x_0), p_0) +$$
$$\| p - p_0 \|_* \sup_{v \in S(x_0)} \| v \| + \varepsilon \| p \|_*$$

命题 1 每个上半连续多值映像都是弱上半连续的. 此外,如果 S 的像集有界,则函数 $\{x, p\} \to \delta(S(x), p)$ 是上半连续的.

我们再给出弱上半连续多值映像的一个例子.

命题 2 令 f 是其定义域的内部 X(设为非空)上的连续凸函数,则 $x \mapsto \partial f(x)$ 是把 X 映入 U^* 的弱上半连续多值映像. 此外,函数 $\{x, y\} \mapsto \delta(\partial f(x), y)$ 在 $X \times U$ 上是上半连续的.

证 在 f 为连续的每一点处,我们知道,$\partial f(x)$ 是非空闭凸集,其支持函数满足

$$\forall x \in X, \delta(\partial f(x), y) = Df(x)(y)$$
$$= \inf_{\theta > 0} \frac{f(x + \theta y) - f(x)}{\theta} \quad (4)$$

但是,函数 $f(x + \theta y) - f(x)$ 对于充分小的 θ 在每个点 $\{x, y\}$ 处连续,可见 $\delta(\partial f(x), y)$ 在 $\{x, y\}$ 处上半连续 (这个函数是连续函数的点式下确界).

我们将要用到连续单位分划的存在定理. 让我们回忆一下这个定理的叙述.

定理 1(连续单位分划) 度量空间 X 的任何由 n 个非空开集 V_i 组成的有限覆盖,都有连续单位分划,即是存在 n 个连续函数 β_i,把 X 映入 $[0, 1]$,使得

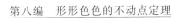

$$\begin{cases} \text{i. } \beta_i \text{ 的支持集 } \mathrm{Supp}(\beta_i) \subset V_i, i=1,\cdots,n \\ \text{ii. 对于任何 } x \in X \text{ 有 } \sum_{i=1}^{n} \beta_i(x) = 1 \end{cases} \tag{5}$$

证　略.

我们也将实质性地利用 Ky Fan 不等式：

定理 2(Ky Fan 不等式)　假设：X 是紧致凸集，$\varphi: X \times X \to R$ 是函数，满足

$$\begin{cases} \text{i. } \forall y \in X, x \mapsto \varphi(x,y) \text{ 下半连续} \\ \text{ii. } \forall x \in X, y \mapsto \varphi(x,y) \text{ 是凹函数} \end{cases} \tag{6}$$

于是，存在 $\overline{x} \in X$，使得

$$\sup_{y \in X} \varphi(\overline{x}, y) \leqslant \sup_{y \in X} \varphi(y, y) \tag{7}$$

证　略.

注 1　我们是根据 Brouwer 不动点定理推出 Ky Fan 不等式的. 其实，这两个结果是等价的，我们也可以从 Ky Fan 不等式推出 Brouwer 定理.

事实上，令 D 是一个连续单值映像，把有限维向量空间 $\mathbf{R}^n$ 的紧致凸集 K 映入自身，令

$$\varphi(x,y) = \langle x - D(x), x - y \rangle \tag{8}$$

其中 $\langle , \rangle$ 是 $\mathbf{R}^n$ 上的欧氏纯量积.

函数 φ 显然满足定理 2(Ky Fan 不等式)的假设，因而存在元素 $\overline{x} \in K$，使得对所有的 $y \in K$ 有

$$\langle \overline{x} - D(\overline{x}), \overline{x} - y \rangle \leqslant 0 \tag{9}$$

取 $y = D(\overline{x}) \in K$，我们推出 $\overline{x} = D(\overline{x})$.

49.2 多值映像临界点的存在定理

假设我们有两个 Hilbert 空间 U 和 V 以及

$$\begin{cases} \text{i.}\, U \text{ 的闭凸集 } X \\ \text{ii. 把 } X \text{ 映入 } V \text{ 的多值映像 } S \end{cases} \tag{10}$$

再设点 $x \in X$.

注意,闭凸锥

$$Nx(x) = \{ p \in U^*, \text{使得} \langle p, x \rangle = \max_{y \in X} \langle p, y \rangle \} \tag{11}$$

称为 X 在 x 处的法锥.闭凸锥

$$Tx(x) = Nx(x)^- \subset U$$

称为 X 在 x 处的切锥.

引理 1　令 $L \in L(U, V)$,则条件

$$\forall x \in X, \; -[L(Tx(x))] \cap S(x) \neq \varnothing \tag{12}$$

蕴含性质

$$\forall x \in X, \; \inf_{L^* p \in Nx(x)} \delta(S(x), p) \geqslant 0 \tag{13}$$

此外,如果像集 $S(x)$ 是非空紧致凸集,则逆命题亦真.

证　a. 我们证明式(3)蕴含式(4).假设 $y = -Lz = -\lim Lz_n$ 属于 $S(x)$,这里对于所有的 $n \in N$ 有 $z_n \in Tx(x)$.再设 $p \in V^*$ 满足 $L^* p \in Nx(x) = Tx(x)^-$,　则有 $\delta(S(x), p) \geqslant \langle p, -Lz \rangle = -\lim_{n \to +\infty} \langle L^* p, z_n \rangle \geqslant 0$,因为对所有的 $n \in N$ 有 $\langle L^* p, z_n \rangle \leqslant 0$.

b. 反之,假设 $S(x)$ 是紧致凸集且

$$S(x) \bigcap [cl(-LTx(x))] = \varnothing$$

按照互不相交的紧致凸集与闭凸集的隔离定理,存在 $p_0 \in V^*$,满足

$$\delta(S(x), p_0) < \inf_{z \in Tx(x)} \langle p_0, Lz \rangle$$
$$= \inf_{z \in Tx(x)} \langle -L * p_0, z \rangle$$

由于 $Tx(x)$ 是一个锥,所以我们推出 $L * p_0 \in Tx(x)^- = Nx(x)$ 并且 $\delta(S(x), p_0) < 0$,从而式(13)不成立.

让我们提出下列明显且重要的引理.

引理 2　如果两个多值映像 S_1 和 S_2 满足条件 (12)(或(13)),λ_1, λ_2 都是正数,则多值映像 $S = \lambda_1 S_1 + \lambda_2 S_2$ 也满足条件(12)(或(13)).特别是对于任何 $y \in X$,多值映像 $x \mapsto S(x) + L(x - y)$ 满足条件(12)(或(13)),只要 S 如此.

证　第一个断言是明显的.第二个断言则从第一个断言以及下述事实推出:单值映像 $x \mapsto L(x - y)$ 满足条件(12)(或(13)),只要 $y \in X$.

定义 2　我们说,S 对 $L \in L(U, V)$ 满足关于 X 的边界条件,如果条件(4)成立.

我们要利用定理2和定理2(Ky Fan不等式)来确定存在 S 的临界点,并证明多值映像 $L + S$ 把 X 覆叠在 $L(X)$ 上.

定理 3　(Browder-Ky Fan).假设

i. X 是紧致凸集

ii. S 是弱上半连续多值映像,其像集是非空闭凸集

$$\tag{14}$$

以及

$$S \text{ 对 } L \in L(U, V) \text{ 满足边界条件} \tag{15}$$

于是,存在 $\bar{x} \in X$,使得 $0 \in S(\bar{x})$. 此外,$L+S$ 是覆叠映像,即是说,对所有的 $y \in L(x)$,存在 $x \in X$,使得 $y \in Lx + S(x)$.

证 a. 让我们假设,没有任何临界点:对于任何 $x \in X$,$0 \notin S(x)$. 由于 $S(x)$ 是闭凸集,又知存在 $p \in V^*$,使得 $\delta(S(x), p) < 0$,从而 X 被 $N(p) = \{x \in X$,使得 $\delta(S(x), p) < 0\}$ 这样的集合所覆盖. 由于 S 是弱上半连续的,所以这些集合都是开集. 因此,由于 X 的紧致性,我们可以用有限多个开集 $N(p_i)(i = 1, \cdots, n)$ 来覆盖它,并且存在与这个有限开覆盖相应的连续单位分划 $\{\beta_i, i = 1, \cdots, n\}$.

b. 我们引进 $X \times X$ 上的实值函数 φ,定义为

$$\varphi(x, y) = -\sum_{i=1}^{n} \beta_i(x) \langle L^* p_i, x - y \rangle \quad (16)$$

这个函数显然对 x 是下半连续的(其实是连续的),对 y 是凹的(其实是仿射的),所以从 Ky Fan 不等式可见,存在 $\bar{x} \in X$,使得

$$\sup_{y \in X} \varphi(\bar{x}, y) \leqslant \sup_{y \in X} \varphi(y, y) = 0 \quad (17)$$

如果我们令 $\bar{P} = \sum_{i=1}^{n} \beta_i(\bar{x}) p_i$,式(17)就等价于 $\langle L^* \bar{P}, \bar{x} \rangle = \max_{y \in X} \langle L^* \bar{P}, y \rangle$;换言之,$L^* \bar{P}$ 属于 X 在 $\bar{x}$ 处的法锥. 此外,由于 $\sum_{i=1}^{n} \beta_i(\bar{x}) = 1$,所以使得 $\beta_i(\bar{x}) > 0$ 的那些指标 i 的集合 I 非空. 这就是说,对于这些 $i \in I$ 而言,$\bar{x} \in \mathrm{Supp}(\beta_i) \subset N(p_i)$,即是 $\delta(S(\bar{x}), p_i) < 0$,因而

$$\delta(S(\bar{x}), \bar{p}) = \delta(S(\bar{x}), \sum_{i \in I} \beta_i(\bar{x}) p_i)$$

$$\leqslant \sum_{i \in I} \beta_i(\overline{x}) \delta(S(\overline{x}), p_i) < 0 \qquad (18)$$

从而

$$\inf_{L^* \ p \in Nx(x)} \delta(S(\overline{x}), p) \leqslant \delta(S(x), \overline{P}) < 0 \qquad (19)$$

这和 L 的边界条件(13)矛盾.

c. 把第一个断言用于多值映像 $x \longmapsto S(x) + L(x) - y$,就推出第二个断言,因为上述映像满足定理 3 的假设(14)和(15).

例 1　考虑 $U = V$ 是有限维空间而 $L = 1$ 的情形. 紧致凸集 X 最简单的例子是 U 的单位球 $B = \{x \in U,$ 使得 $\|x\| \leqslant 1\}$;我们把空间 U 和它的对偶看成一样.

定理 4(Browder)　令 B 是有限维空间 U 的单位球. 假设 S 是把 B 映入 U 的弱上半连续多值映像,其像集是闭凸集. 如果 S 满足边界条件

$$\inf_{\|x\|=1} \delta(S(x), x) \geqslant 0 \qquad (20)$$

则存在 $x \in B$,使得 $O \in S(\overline{x})$.

证　事实上,单位球是紧致凸集,所以只需验证 S 满足边界条件. 但是,若 $\|x\| < 1$,则 $N_B(x) = \{0\}$; 若 $\|x\| = 1$,则 $N_B(x) = \{\lambda x\}_{\lambda > 0}$. 于是,据条件(20)有 $\inf_{\lambda \geqslant 0} \delta(S(x), \lambda x) \geqslant 0$. 因此,定理 3 的假设都满足.

例 2　我们还是考虑 $U = V$ 是有限空间的情形.

定理 5(Altman)　令 B 是有限维空间 U 的单位球. 假设把 B 映入 U 的多值映像 S 是弱上半连续的,其像集是非空闭凸集,且满足

$$\forall \|x\| = 1, \forall u \in S(x)$$
$$\|u\|^2 \geqslant \|u - x\|^2 - \|x\|^2 \qquad (21)$$

则 S 有临界点.

证　事实上，若 $\|x\|$ 是 U 中的欧氏范数，那么对一切 $\|x\|=1$，当 $u\in S(x)$ 时有

$$\langle u,x\rangle=\frac{1}{2}(\|u\|^2+\|x\|^2-\|u-x\|^2)\geqslant 0$$

从而，若 $\|x\|=1$，则 $\delta(S(x),x)\geqslant 0$. 于是定理 5 就从定理 4 推出.

例 3　强制性多值映像的临界点. 当 $X=U=V$ 是有限维空间时，我们将给出临界点存在定理的一个例子. 我们引进下述定义.

定义 3　我们说，把 U 映入 U 的多值映像 S 是半强制性（或强制性）的，如果

$$\lim_{\|x\|\to+\infty}\frac{\delta(S(x),x)}{\|x\|}<0 \quad（或 =+\infty） \quad（22）$$

定理 6　假设 S 是把有限维空间 U 映入自身的半强制性弱上半连续多值映像，其像集是非空闭凸集，则 S 存在临界点.

证　令

$$a=\lim_{\|x\|\to+\infty}\frac{\delta(S(x),x)}{\|x\|}<0$$

取 $\varepsilon=a/2$，于是存在 $A>0$，使得在 $\|x\|\geqslant A$ 时

$$\frac{\delta(S(x),x)}{\|x\|}\geqslant a-\varepsilon=\frac{a}{2}$$

特别地，若 $\|x\|=A$，则 $\delta(S(x),x)\geqslant\dfrac{a}{2}\|x\|=\dfrac{aA}{2}$.

因此，S 在半径为 A 的球 $B(A)$ 上的限制映像将满足定理 4 的假设. 于是存在点 $\overline{x}\in B(A)$，满足方程 $0\in S(\overline{x})$.

S 的扰动（Leray-Schauder 定理）：我们可以用

Poincaré 方法从定理 3 推出 Leray-Schauder 的临界点存在定理. 为此目的, 我们采用属于 Granas 的一个证明.

考虑紧致凸集 X 的边界 $\partial X = X \bigcap C(\text{Int } X)$. (如果 U 是有限维空间而 X 具有非空的内部时, 则 X 和它的边界是不同的.)

定理 7(Leray-Schauder) 令 X 是紧致凸集, 具有非空的内部, S 是把 $X \times [0,1]$ 映入 V 的多值映像, 它是弱上半连续的, 像集是非空闭凸集. 假设 $\lambda = 0$ 时, 多值映像 $x \mapsto S(x,0)$ 关于某个适当的算子 $L \in L(U, V)$ 满足边界条件. 再假设

$$\forall \lambda \in [0,1), \forall x \in \partial X, \text{有 } 0 \notin S(x,\lambda) \quad (23)$$

那么多值映像 $x \mapsto S(x,1)$ 有临界点 $\overline{x} \in X$.

证 我们假设 $x \mapsto S(x,1)$ 在 X 中没有临界点以导致矛盾. 令 $A = \partial X$, 这是 X 的闭子集, 引进子集

$$B = \{x \in X \text{ 使得 } \exists \lambda \in [0,1) \text{ 满足 } 0 \in S(x,\lambda)\}$$

$$(24)$$

集 B 是非空的, 因为它含有 $x \mapsto S(x,0)$ 的临界点. 集 B 是闭的(因为 S 是弱上半连续的), 并且与 A 不相交: 若 $x \in A$ 且 $\lambda \in [0,1)$, 则假设(14)蕴含 $x \notin B$; 若 $x \in A$ 且 $\lambda = 1$, 则 $x \notin B$, 因为我们假定了 $S(\cdot,1)$ 没有临界点.

然后, 我们引进一个连续函数 φ, 把 X 映入 $[0,1]$, 使得在 A 上它等于 0, 在 B 上等于 1. 例如

$$\varphi(x) = \frac{d(x,A)}{d(x,A) + d(x,B)}$$

再引进多值映像 T, 定义为

$$T(x) = S(x,\varphi(x)) \quad (25)$$

于是, T 显然是弱上半连续的, 其像集是非空闭凸集. 这个映像在 A 上与 $x \mapsto S(x,0)$ 重合, 从而满足定理 3 的假设. 因此, 多值映像 T 有临界点 $\bar{x} \in X$, 使得 $0 \in T(\bar{x}) = S(\bar{x}, \varphi(\bar{x}))$. 但是这蕴含 $\bar{x} \in B$, 所以 $\varphi(\bar{x}) = 1$, 因而 $0 \in S(\bar{x}, 1)$. 从而 $S(\cdot, 1)$ 有临界点, 这就是矛盾.

特别地, 我们有下述结果:

定理 8 令 X 是紧致凸子集, 具有非空的内部, R 和 S 是把 X 映入 V 的两个弱上半连续多值映像, 像集都是非空闭凸集. 假设

$$R \ 关于 \ L \in L(U,V) \ 满足边界条件, 以及 \quad (26)$$

$$\forall \mu \geqslant 0, \forall x \in \partial X \ 有 \ 0 \notin R(x) + \mu S(x) \quad (27)$$

于是多值映像 S 有临界点.

证 我们应用前面的定理, 其中 $S(x,t) = (1 - t)R(x) + tS(x)$. 条件 (23) 可以写成: $\forall \mu \geqslant 0, \forall x \in \partial X$ 有 $0 \notin R(x) + \mu S(x)$. 可见 $S = S(\cdot, 1)$ 有临界点.

如果取 $U = V$ 是有限维空间, $x_0 \in \text{Int } X$, 则单值映像 $R(x) = x - x_0$ 关于 $L = 1$ 满足边界条件, 因而我们得到下面的定理:

定理 9 令 x_0 是 U 的紧致凸集 X 的内点, S 是把 X 映入 U 的弱上半连续多值映像, 具有非空闭凸像集. 假设

$$\forall \mu > 0, \forall x \in \partial X \ 有 \ x_0 \notin x + \mu S(x) \quad (28)$$

于是 S 有临界点.

推广 我们可以把充分条件 (15) 换为我们即将叙述的另一些充分条件. 令 f 是 $X \times X$ 映入 R 的函数, 满足下列假设

$$\begin{cases} \text{i. } \forall\, x\,, y \mapsto f(x\,, y) \text{ 是凹函数} \\ \text{ii. } \forall\, y\,, x \mapsto f(x\,, y) \text{ 下半连续} \\ \text{iii. } \forall\, y\,, f(y\,, y) \leqslant 0 \end{cases} \quad (29)$$

令 $x \in X \mapsto L(x) \in L(U,V)$ 是连续单值映像:对于每个 $x \in X$,相应地有一个把 U 映入 V 的连续线性算子.

定理 2(Ky Fan 不等式) 蕴含:对于每个 $p \in V^*$,我们相应地有

$$\sup_y \big[f(x\,, y) - \langle p\,, L(x)(x-y) \rangle \big] \leqslant 0 \quad (30)$$

的一个解 $x \in X$.

如果在定理 3 的证明中把条件(16)定义的函数 φ 换成由

$$\varphi(x\,, y) = f(x\,, y) - \sum_{i=1}^n \beta_i(x) \langle p_i\,, L(x)(x-y) \rangle$$

$$(31)$$

所定义的函数 φ,那么同样可以确定临界点 x 的存在,这时条件(15)换成

$$\begin{cases} \text{存在连续单值映像 } x \in X \mapsto L(x) \in L(U,V) \\ \text{以及满足式(19) 的 } f\,, \text{使得对所有 } p \in V^* \\ \text{以及式(30) 的每个解 } x\,, \text{我们有 } \delta(S(x)\,, p) \geqslant 0 \end{cases}$$

$$(32)$$

定理 10　如果假设式(14)和式(32)满足,则 S 有临界点 $\overline{x}$.

注 1　我们也可以把定理 7 推广到这种情形,办法是把 X 的边界 $A = \partial X$ 换成当 p 通过 B^* 时式(31)的解组成的闭集 A.

49.3　多值映像的不动点定理

考虑 $U=V$ 是 Hilbert 空间（有限维或无限维）,R 是把 X 映入 U 的多值映像,我们将给出 R 有不动点 $\overline{x} \in \mathbf{R}(\overline{x})$ 的充分条件.由于 $\overline{x}$ 是 R 的不动点的充要条件是:$\overline{x}$ 是 $0 \in \overline{x} - R(\overline{x})$（或 $0 \in \mathbf{R}(\overline{x}) - \overline{x}$）的一个解,所以从定理 3 可以推出所要的结果.

定理 11(Kakutani)　令 X 是紧致凸子集,R 是把 X 映入自身的弱上半连续多值映像,其像集是非空闭凸集,于是存在不动点 $\overline{x} \in \mathbf{R}(\overline{x})$.

证　我们把定理 3 应用于多值映像 $S=1-R$,这个映像也是弱上半连续的,其像集是闭凸集.若 x 属于 X 的边界,则 p 属于 X 在 x 处的法锥的充要条件是:对所有 $y \in X$ 有 $\langle p,x \rangle \geqslant \langle p,y \rangle$.特别地,由此推出 $\sup\limits_{y \in \mathbf{R}(x)} \langle p,x-y \rangle \geqslant 0$,因而 $\inf\limits_{p \in Nx(x)} \sup\limits_{y \in \mathbf{R}(x)} \langle p,x-y \rangle \geqslant 0$,可见边界条件满足.

更一般地,只要多值映像 $1-R$（或 $R-1$）关于 $L=1$ 满足边界条件,我们就从定理 3 推出 R 有不动点.

定义 4　我们说,R 是"向内的"("向外的"),如果 $1-R$（或 $R-1$）满足边界条件.

换而言之,R 是"向内的",如果

$$\forall x \in X, \theta^+ (x) = \inf\limits_{p \in Nx(x)} \sup\limits_{y \in \mathbf{R}(x)} \langle p,x-y \rangle \geqslant 0$$

$$(33)$$

R 是"向外的",如果

$$\forall\, x \in X, \theta^{-}(x) = \inf_{p \in Nx(x)} \sup_{y \in R(x)} \langle p, y - x \rangle \geqslant 0$$

$$\tag{34}$$

如果像集 $R(x)$ 是紧致凸集,则引理 1 蕴含: R 是向内映像的充要条件是

$$\forall\, x \in X, R(x) \bigcap (x + Tx(x)) \neq \varnothing \tag{35}$$

R 是向外映像的充要条件是

$$\forall\, x \in X, R(x) \bigcap (x - Tx(x)) \neq \varnothing \tag{36}$$

我们从定理 3 推出下述结果.

定理 12　令 X 是非空紧致凸子集, R 是弱上半连续多值映像,其像集是非空闭凸集,于是:

a. 若 R 是向内映像,则 R 有不动点 $\overline{x} \in X$.

b. 若 R 是向外映像,则 R 有不动点 $\overline{x} \in \mathbf{R}(\overline{x})$,并且对所有的 $y \in X$,都存在 $x \in X$ 满足 $y \in R(x)$.

证　应用定理 3.

a. 如果 R 是向内映像,则 $1 - R$ 有临界点,这个点就是 R 的不动点.

b. 如果 R 是向外映像,则 $R - 1$ 有临界点,这个点就是 R 的不动点. 此外,对于所有的 $y \in X$,多值方程 $y \in x + R(x) - x = R(x)$ 有解.

我们将给出使 R 成为向外映像的一个方便的充分条件. 令

$$\delta_x(p) = \{x \in X \text{ 使得 } \langle p, x \rangle = \delta_x(p)\} \tag{37}$$

(注意, $x \in \partial\delta_x(p)$ 的充要条件是 $p \in Nx(x)$.) 有些作者把子集 $\partial\delta_x(p)$ 称为 X 的支持区. 如果每个支持区在 R 下的像都含于自身,那么 R 是向外映像.

命题 3　令 X 是紧致凸子集, R 是把 X 映入 X 的多值映像,使得

$$\forall\, p \in V^{*}, R(\partial\delta_x(p) \subset \partial\delta_x(p)) \tag{38}$$

那么 R 是向外映像（并且定理 12 的结果成立）.

证　令 $x \in X, p \in Nx(x)$. 于是 $x \in \partial\delta_x(p)$. 从假设（15）可见，存在 $y_0 \in \partial\delta_x(p) \cap R(x)$，因而

$$\langle p, y \rangle = \langle p, x \rangle = \delta_x(p)$$

从而

$$\sup_{y \in \mathbf{R}(x)} \langle p, y - x \rangle \geqslant \langle p, y_0 - x \rangle = 0 \qquad (39)$$

因此，对所有的 $x \in X$ 有 $\theta^-(x) \geqslant 0$，即 R 是向外映像.

注 2　其实，我们可以把假设（15）换成更弱的条件

$$\forall p \in U^*, \forall x \in \partial\delta_x(p) \text{ 有 } R(x) \cap \partial\delta_x(p) \neq \varnothing$$

$$(40)$$

我们也可以利用定理 6 来给出把有限维空间映入自身的多值映像的覆叠性的充分条件.

定理 13　令 R 是把有限维空间 U 映入自身的强制性弱上半连续多值映像，其像集是非空闭凸集. 那么 R 是覆叠映像.

证　我们只需证明：对所有的 $y \in U$，多值映像 $S = R - y$ 是半强制性的. 但是，由于 R 是强制性的，所以 S 显然也是强制性的. 于是，定理 13 就从定理 6 推出.

模糊距离空间中的循环 φ — 压缩映射的不动点定理

50.1　引言和预备知识

1965 年，Zadeh 引入模糊集的概念，并讨论了相关性质. 后来，许多学者讨论和发展了这一概念，并将研究成果应用到许多不同领域，例如数学规划、建模理论、控制论、神经网络、统计学、工程机械、图像处理等. 1984 年，Kaleva 和 Seikkala 引入了模糊距离空间的概念，并且在此类空间中建立了一些不动点定理. 之后许多学者研究了模糊距离空间的性质及该空间中的不动点定理. 特别地，肖建中等人在模糊距离空间中建立了几类非线性压缩映射的不动点定理,并且指出模糊距离空间是作为在实验模拟中有重要应用的概率距离空间的推广.

另外,2003 年,Kirk 等人引入了循环压缩映射的概念,并且给出了几类循环压缩映射的不动点定理. 2015 年,Radenovic 提出了关于 Boyd-Wong 型循环压缩映射不动点的一个公开问题.

内蒙古大学数学科学学院的路宁、贺飞、樊菁菁三位教授于 2018 年在模糊距离空间中建立了两类 Boyd-Wong 型非线性循环压缩映射的不动点定理. 作为推论也得到了 Alber-Guerre Delabriere 型和 Geraghty 型的非线性循环压缩映射的不动点定理. 最后给出两个例子,说明定理的正确性与可靠性.

下面回顾一些基本概念.

定义 1 设函数 $\eta: \mathbf{R}_+ \to [0,1]$,记 η 的 α — 水平集为 $[\eta]_a = \{q \in \mathbf{R} : \eta(q) \geqslant \alpha\}$. 若满足:

(1) 存在 $q_0 \in \mathbf{R}$,使得 $\eta(q_0) = 1$;

(2) 对于任意的 $\alpha \in (0,1]$,$[\eta]_a = [\lambda_a, \rho_a]$ 是 $\mathbf{R}$ 中闭区间,其中 $-\infty < \lambda_a \leqslant \rho_a < +\infty$.

则称 η 是模糊实数.

由所有模糊实数组成的集合记为 $\mathscr{F}$. 若对任意的 $q < 0$,存在 $\eta \in \mathscr{F}$,使得 $\eta(q) = 0$,则称 η 是非负模糊实数. 由所有非负模糊实数组成的集合记为 $\mathscr{F}^+$.

记 $\bar{0}$ 表示满足 $\bar{0}(0) = 1$ 和 $\bar{0}(q) = 0 (q \neq 0)$ 的模糊实数,显然 $\bar{0} \in \mathscr{F}^+$,$\mathbf{R}$ 可以嵌入到 $\mathscr{F}$ 中. 事实上,若 $a \in \mathbf{R}$,定义 $\bar{a}(q) = \bar{0}(q - a)$,则 $\bar{a} \in \mathscr{F}$.

定义 2 设 X 是非空集合,函数 $d: X \times X \to \mathscr{F}^+$,$L, R: [0,1] \times [0,1] \to [0,1]$ 是两个非负对称函数,且

满足 $L(0,0)=0,R(1,1)=1$. 对于任意的 $\alpha\in(0,1]$ 和所有的 $x,y\in X$,记

$$[d(x,y)]_\alpha=[\lambda_\alpha(x,y),\rho_\alpha(x,y)]$$

若满足：

(D1) $d(x,y)=\bar{0}\Leftrightarrow x=y$;

(D2) 对于任意 $x,y\in X,d(x,y)=d(y,x)$;

(D3) 对于任意 $x,y,z\in X$,有：

(D3L) 当 $p\leqslant\lambda_1(x,z),q\leqslant\lambda_1(z,y)$ 且 $p+q\leqslant\lambda_1(x,y)$ 时,满足

$$d(x,y)(p+q)\geqslant L(d(x,z)(p),d(z,y)(q))$$

(D3R) 当 $p\geqslant\lambda_1(x,z),q\geqslant\lambda_1(z,y)$ 且 $p+q\geqslant\lambda_1(x,y)$ 时,满足

$$d(x,y)(p+q)\leqslant R(d(x,z)(p),d(z,y)(q))$$

则称 d 是模糊距离,且称 (X,d,L,R) 为（Kaleva-Seikkala 型）模糊距离空间.

引理 1　$d(x,y)=\bar{0}\Leftrightarrow\rho_t(x,y)=0(t\in(0,1])$.

证明　必要性显然,下证充分性.设 $a\in\mathbf{R}$,当 $a>0$ 时,由于 $\rho_t(x,y)=0(t\in(0,1])$,故 $a>\rho_t(x,y)$,从而 $d(x,y)(a)<t$,由 t 的任意性可得 $d(x,y)(a)=0$.当 $a<0$ 时,由 $d(x,y)\in\mathscr{F}^+$ 可得 $d(x,y)(a)=0$.由定义 1 可知 $d(x,y)(0)=1$,故 $d(x,y)=\bar{0}$.

注 1　由定义 2(D1) 与引理 1 可知,$x=y\Leftrightarrow\rho_t(x,y)=0(t\in(0,1])$.

引理 2　设 (X,d,L,R) 是模糊距离空间,记：

(R1) $R(a,b)\leqslant\max\{a,b\}$;

(R2) 任意 $t\in(0,1]$,存在 $s\in(0,t]$,使得对任意 $r\in(0,t)$,有 $R(s,r)<t$;

(R3) $\lim\limits_{t \to 0^+} R(t,t) = 0.$

则(R1)⇒(R2)⇒(R3).

引理 3　设(X,d,L,R)是模糊距离空间,则下述结论成立:

(1)(R1)⇒ 对任意 $t \in (0,1], x, y, z \in X$,有

$$\rho_t(x,y) \leqslant \rho_t(x,z) + \rho_t(z,y)$$

(2)(R2)⇒ 对任意 $t \in (0,1]$,存在 $s = s(t) \in (0, t]$,使得对任意 $x, y, z \in X$,有

$$\rho_t(x,y) \leqslant \rho_s(x,z) + \rho_t(z,y)$$

(3)(R3)⇒ 对任意 $t \in (0,1]$,存在 $s = s(t) \in (0, t]$,使得对任意 $x, y, z \in X$,有

$$\rho_t(x,y) \leqslant \rho_s(x,z) + \rho_s(z,y)$$

定义 3　设(X,d,L,R)是模糊距离空间,$\{x_n\} \subset X, x \in X$,则:

(1) 称$\{x_n\}$收敛于 x,如果 $\lim\limits_{n \to +\infty} d(x_n,x) = \bar{0}$,即对任意 $t \in (0,1]$,$\lim\limits_{n \to +\infty} \rho_t(x_n,x) = 0$.

(2) 称$\{x_n\}$是 Cauchy 列,如果 $\lim\limits_{n,m \to +\infty} d(x_n,x_m) = \bar{0}$,即对任意的 $\varepsilon > 0$ 和 $t \in (0,1]$,存在 $N = N(\varepsilon,t) \in \mathbf{N}$,当 $n, m \geqslant N$ 时,$\rho_t(x_n,x_m) < \varepsilon$.

(3) 称(X,d,L,R)是完备的,如果 X 中的每个 Cauchy 列都收敛.

引理 4　设(X,d,L,R)是满足(R2)的模糊距离空间,则对于任意的 $t \in (0,1]$,$\rho_t(x,y)$ 在积空间 $X \times X$ 上连续.

设函数 $\varphi : \mathbf{R}_+ \to \mathbf{R}_+$ 满足下列条件:

(1)$\varphi(0) = 0$;

(2)φ 为 $\mathbf{R}_+$ 上的非减函数;

（3）$\lim\limits_{n \to +\infty} \varphi^n(t) = 0 (\forall t > 0)$.

记此类 φ 函数的全体为 Φ_1.

设函数 $\varphi: \mathbf{R}_+ \to \mathbf{R}_+$ 满足下列条件：

（1）$\varphi(0) = 0$；

（2）$\varphi(t) < t (\forall t > 0)$；

（3）$\limsup\limits_{r \to t} \varphi(r) < t (\forall t > 0)$.

记此类 φ 函数的全体为 Φ_2.

引理 5　设函数 $\varphi: \mathbf{R}_+ \to \mathbf{R}_+$，

（1）若 $\varphi \in \Phi_1$，则对任意的 $t > 0, \varphi(t) < t$.

（2）若 $\varphi \in \Phi_2$，则对任意的 $t > 0, \lim\limits_{n \to +\infty} \varphi^n(t) = 0$.

注 2　当 $\varphi \in \Phi_1 \bigcup \Phi_2$ 时，则有 $\varphi(t) < t (t > 0)$ 和 $\varphi(t) \leqslant t (t \geqslant 0)$ 都成立. 上述 Φ_1 和 Φ_2 互不包含，下面给出两个例子加以说明.

例 1　设函数 $\varphi: \mathbf{R}_+ \to \mathbf{R}_+$ 为

$$\varphi(t) = \begin{cases} 0, t \in [0,1] \\ 1, t \in (1, +\infty) \end{cases}$$

由定义可知 $\varphi(0) = 0$ 且 $\varphi(t)$ 非减. 对于任意的 $t > 0$，当 $t \in (0,1]$ 时，$\varphi(t) = 0, \varphi(\varphi(t)) = \varphi(0) = 0$，从而 $\lim\limits_{n \to +\infty} \varphi^n(t) = 0$. 当 $t \in (1, +\infty)$ 时，$\varphi(t) = 1$，$\varphi(\varphi(t)) = \varphi(1) = 0$，可得 $\lim\limits_{n \to +\infty} \varphi^n(t) = 0$. 因此上述定义的函数 $\varphi \in \Phi_1$. 但对于 $t = 1$ 时

$$\limsup\limits_{r \to t} \varphi(r) = \limsup\limits_{r \to 1} \varphi(r) = \lim\limits_{r \to 1+} \varphi(r) = 1$$

与 Φ_2 中 $\varphi(t)$ 的条件 $\limsup\limits_{r \to t} \varphi(r) < t$ 矛盾. 因此 $\Phi_1 \nsubseteq \Phi_2$.

例 2　设函数 $\varphi: \mathbf{R}_+ \to \mathbf{R}_+$ 为

$$\varphi(t) = \begin{cases} \dfrac{1}{2}t, t \in [0,1] \\[2mm] \dfrac{1}{3}, t \in (1, +\infty) \end{cases}$$

由定义可知 $\varphi(0)=0$ 且 $\varphi(t)<t(t>0)$. 对于任意的 $t>0$, 当 $t\neq 1$ 时, 易见函数 $\varphi(t)$ 连续, 故

$$\lim_{r\to t}\sup\varphi(r)=\varphi(t)<t$$

当 $t=1$ 时, $\lim\limits_{r\to 1+}\varphi(r)=\dfrac{1}{3}$, $\lim\limits_{r\to 1-}\varphi(r)=\dfrac{1}{2}$, 故 $\lim\limits_{r\to t}\sup$

$\varphi(r)=\dfrac{1}{2}<1$. 因此, 上述定义的函数 $\varphi\in\Phi_2$. 但 $\varphi\notin$

Φ_1, 因为 $\varphi(1)=\dfrac{1}{2}$, $\varphi(2)=\dfrac{1}{3}$, 则 φ 不为非减函数, 所

以 $\Phi_2\subsetneqq\Phi_1$.

定义 4 设 X 是非空集合, $A_i\subset X(i=1,\cdots,p)$,

$Y=\bigcup\limits_{i=1}^{p}A_i$. 称 $T:Y\to Y$ 是 Y 上的循环映射, 如果满足

$T(A_i)\subset A_{i+1}(i=1,\cdots,p)$, 其中 $A_{p+1}=A_1$.

50.2　主要结果

定义 5 设 (X,d,L,R) 是模糊距离空间, $A_i\subset$

$X(i=1,\cdots,p)$, $Y=\bigcup\limits_{i=1}^{p}A_i$. 设 $T:Y\to Y$ 是 Y 上的循环

映射, 若存在函数 $\varphi:\mathbf{R}_+\to\mathbf{R}_+$, 使得对任意的 $t\in(0,$

$1]$, 对于所有的 $x\in A_i$, $y\in A_{i+1}$, $i-1,\cdots,p$, 且

$A_{p+1}=A_1$, 有

$$\rho_t(Tx,Ty)\leqslant\varphi(\rho_t(x,y)) \tag{1}$$

则称 T 是 X 上的循环 $\varphi-$压缩映射.

首先介绍模糊距离空间中两类 Boyd-Wong 型循

环 $\varphi-$压缩映射的不动点定理.

定理 1 设 (X,d,L,R) 是完备的模糊距离空间

且满足（R2）. 设 $A_i \subset X(i = 1, \cdots, p)$ 是非空闭集，$Y = \bigcup\limits_{i=1}^{p} A_i$. 设 $T: Y \to Y$ 是 X 上的循环 φ － 压缩映射. 若 $\varphi \in \Phi_1$，则 T 在 $\bigcap\limits_{i=1}^{p} A_i$ 中存在唯一的不动点 x^*，且对于任意的 $x_0 \in Y$，Picard 迭代点列 $x_n = Tx_{n-1}(n \in \mathbf{N})$ 收敛于 x^*.

证 设 $x_0 \in Y$，令 $x_n = Tx_{n-1}$. 若存在 $n_0 \in \mathbf{N}$，使得 $x_{n_0} = x_{n_0+1}$，则 x_{n_0} 为不动点. 下设对于任意的 $n \in \mathbf{N}, x_n \neq x_{n+1}$. 以下分六步证明.

第 1 步，证明对于任意的 $t \in (0, 1]$，有

$$\lim_{n \to +\infty} \rho_t(x_n, x_{n+k}) = 0 \quad (k = 1, \cdots, p) \qquad (2)$$

设 $t \in (0, 1]$，由式（1）可得

$$\rho_t(x_n, x_{n+1}) = \rho_t(Tx_{n-1}, Tx_n) \leqslant \varphi(\rho_t(x_{n-1}, x_n))$$

和

$$\rho_t(x_{n-1}, x_n) \leqslant \varphi(\rho_t(x_{n-2}, x_{n-1}))$$

由 φ 的非减性可得

$$0 \leqslant \rho_t(x_n, x_{n+1}) \leqslant \varphi(\rho_t(x_{n-1}, x_n))$$
$$\leqslant \varphi^2(\rho_t(x_{n-2}, x_{n-1})) \leqslant \cdots$$
$$\leqslant \varphi^n(\rho_t(x_0, x_1))$$

故

$$\lim_{n \to +\infty} \rho_t(x_n, x_{n+1}) = 0 \quad (\forall t \in (0, 1])$$

由引理 3(2) 可知，存在 $s = s(t) \in (0, t]$，对于任意的 $k \in \{1, \cdots, p\}$，有

$$\rho_t(x_n, x_{n+k}) \leqslant \rho_s(x_{n+k-1}, x_{n+k}) + \cdots + \rho_s(x_{n+1}, x_{n+2}) + \rho_t(x_n, x_{n+1}) \to 0 \quad (n \to +\infty)$$

因此式（2）成立.

第 2 步，证明对于任意的 $\varepsilon > 0$ 和 $t \in (0, 1]$，存在 $N \in \mathbf{N}$，使得对于所有 $m, n \in \mathbf{N}$，当 $n > m > N$ 且 $n -$

$m \equiv 1 \bmod p$ 时,有

$$\rho_t(x_m, x_n) < \varepsilon$$

采用反证法.假设不然,则存在 $\varepsilon_0 > 0$ 和 $t_0 \in (0, 1]$,使得对任意的 $N \in \mathbf{N}$,存在 $m, n \in \mathbf{N}$,当 $n > m > N$ 且 $n - m \equiv 1 \bmod p$ 时,满足 $\rho_{t_0}(x_m, x_n) \geqslant \varepsilon_0$.

由式(2)可知,存在 $n_0 \in \mathbf{N}$,当 $n > n_0$ 时,有

$$\rho_{t_0}(x_n, x_{n+k}) < \varepsilon_0 \quad (k = 1, \cdots, p)$$

令 $N = n_0$,则存在 $n'_1 > m_1 > N$,满足 $n'_1 - m_1 \equiv 1 \bmod p$,且 $\rho_{t_0}(x_{n'_1}, x_{m_1}) \geqslant \varepsilon_0$. 取 n_1 是使得 $\rho_{t_0}(x_l, x_{m_1}) \geqslant \varepsilon_0 (l \in \{m_1 + p + 1, \cdots, n'_1\})$ 成立的 l 的最小者,则

$$\rho_{t_0}(x_{n_1}, x_{m_1}) \geqslant \varepsilon_0, \rho_{t_0}(x_{n_1-p}, x_{m_1}) < \varepsilon_0$$
$$n_1 - m_1 \equiv 1 \bmod p$$

再令 $N = n_1$,则存在 $n'_2 > m_2 > N$,满足 $n'_2 - m_2 \equiv 1 \bmod p$ 且 $\rho_{t_0}(x_{n'_2}, x_{m_2}) \geqslant \varepsilon_0$. 同理可找到 $n_2 \in \{m_2 + p + 1, \cdots, n'_2\}$,满足

$$\rho_{t_0}(x_{n_2}, x_{m_2}) \geqslant \varepsilon_0, \rho_{t_0}(x_{n_2-p}, x_{m_2}) < \varepsilon_0$$
$$n_2 - m_2 \equiv 1 \bmod p$$

持续上述过程,得到 $\{x_n\}$ 的两个子列 $\{x_{n_k}\}$ 和 $\{x_{m_k}\}$,满足

$$\rho_{t_0}(x_{n_k}, x_{m_k}) \geqslant \varepsilon_0, \rho_{t_0}(x_{n_k-p}, x_{m_k}) < \varepsilon_0$$
$$n_k - m_k \equiv 1 \bmod p$$

由引理3(2)可知存在 $s_0 = s(t_0) \in (0, t_0]$,使得

$$\varepsilon_0 \leqslant \rho_{t_0}(x_{n_k}, x_{m_k}) \leqslant \rho_{t_0}(x_{n_k-p}, x_{m_k}) + \rho_{s_0}(x_{n_k}, x_{n_k-p})$$
$$< \varepsilon_0 + \rho_{s_0}(x_{n_k}, x_{n_k-p})$$

令 $k \to +\infty$,得 $\rho_{t_0}(x_{n_k}, x_{m_k}) \to \varepsilon_0$. 由三角不等式可得

$$\rho_{t_0}(x_{n_k-p+1}, x_{m_k+1}) \leqslant \rho_{t_0}(x_{n_k}, x_{m_k}) +$$

$$\rho_{s_0}(x_{n_k-p+1},x_{n_k})+$$
$$\rho_{s_0}(x_{m_k},x_{m_k+1})$$

和

$$\rho_{t_0}(x_{n_k-p+1},x_{m_k+1}) \geqslant \rho_{t_0}(x_{n_k},x_{m_k})-$$
$$\rho_{s_0}(x_{n_k-p+1},x_{n_k})-$$
$$\rho_{s_0}(x_{m_k},x_{m_k+1})$$

由式（2）可得 $\rho_{t_0}(x_{n_k-p+1},x_{n_k}) \to 0(k \to +\infty)$，$\rho_{s_0}(x_{m_k},x_{m_k+1}) \to 0(k \to +\infty)$，故

$$\rho_{t_0}(x_{n_k-p+1},x_{m_k+1}) \to \varepsilon_0 (k \to +\infty)$$

由式（1）及 φ 的单调性可得

$$\rho_{t_0}(x_{n_k-p+1},x_{m_k+1}) = \rho_{t_0}(Tx_{n_k-p},Tx_{m_k})$$
$$\leqslant \varphi(\rho_{t_0}(x_{n_k-p},x_{m_k})) \leqslant \varphi(\varepsilon_0)$$

在上式中令 $k \to +\infty$，得 $\varepsilon_0 \leqslant \varphi(\varepsilon_0) < \varepsilon_0$，从而矛盾.

第 3 步，证明 $\{x_n\}$ 是 (X,d,L,R) 中的 Cauchy 列.

对于任意的 $\varepsilon > 0$ 和 $t \in (0,1]$，由第 2 步可知，存在 N_1，对于所有的 $n > m > N_1$，且 $n-m \equiv 1\,\mathrm{mod}\,p$，有 $\rho_t(x_m,x_n) < \dfrac{\varepsilon}{p}$ 成立. 另外，由引理 5(2) 可知对上述 t，存在 $s=s(t) \in (0,t]$，使得对于任意的 $x,y,z \in X$，有

$$\rho_t(x,y) \leqslant \rho_s(x,z) + \rho_t(y,z) \qquad （3）$$

由式（2）可得 $\lim\limits_{n \to +\infty}\rho_s(x_n,x_{n+1})=0$，故存在 $N_2 \in \mathbf{N}$，当 $n > N_2$ 时，有 $\rho_s(x_n,x_{n+1}) < \dfrac{\varepsilon}{p}$. 取 $N = \max\{N_1, N_2\}$，则对任意的 $n > m > N$，存在 $r \in \{0,1,2,\cdots,p-1\}$，满足 $n-(m+r) \equiv 1\,\mathrm{mod}\,p$. 此时显然有 $\rho_s(x_{m+r}, x_n) < \dfrac{\varepsilon}{p}$. 再由式（3）可得

$$\rho_t(x_m,x_n) \leqslant \rho_s(x_m,x_{m+1}) + \rho_s(x_{m+1},x_n)$$

$$\leqslant \rho_s(x_m, x_{m+1}) + \rho_s(x_{m+1}, x_{m+2}) +$$
$$\rho_s(x_{m+2}, x_n) \leqslant \cdots$$
$$\leqslant \rho_s(x_m, x_{m+1}) + \rho_s(x_{m+1}, x_{m+2}) + \cdots +$$
$$\rho_s(x_{m+r-1}, x_{m+r}) + \rho_s(x_{m+r}, x_n)$$
$$< \frac{\varepsilon}{p} + \cdots + \frac{\varepsilon}{p} = (r+1)\frac{\varepsilon}{p} \leqslant \varepsilon$$

因此 $\{x_n\}$ 是 Cauchy 列.

第 4 步,证明 T 在 $\bigcap_{i=1}^{p} A_i$ 中存在不动点.

由 (X, d, L, R) 完备,故存在 $x^* \in X$,使得 $\lim\limits_{n \to +\infty} x_n = x^*$. 由 T 的循环性,存在 $\{x_n\}$ 中的子列包含于 $A_i (i \in \{1, \cdots, p\})$. 由于 A_i 是 X 中的闭子集,故 $x^* \in A_i$,从而 $x^* \in \bigcap_{i=1}^{p} A_i$,因此 $\bigcap_{i=1}^{p} A_i \neq \varnothing$. 由引理 4 可知,对于任意的 $t \in (0, 1]$,$\rho_t(x, y)$ 在 $X \times X$ 上连续.再由引理 5 的注以及式 (1) 可得

$$\rho_t(x^*, Tx^*) = \lim_{n \to +\infty} \rho_t(x_n, Tx^*) = \lim_{n \to +\infty} \rho_t(Tx_{n-1}, Tx^*)$$
$$\leqslant \liminf_{n \to +\infty} \varphi(\rho_t(x_{n-1}, x^*))$$
$$\leqslant \lim_{n \to +\infty} \rho_t(x_{n-1}, x^*)$$
$$= 0$$

由引理 1 的注可得 $x^* = Tx^*$. 因此 x^* 是 T 的不动点.

第 5 步,证明 T 在 $\bigcap_{i=1}^{p} A_i$ 中的不动点是唯一的.

若存在 $y^* \in \bigcap_{i=1}^{p} A_i$,满足 $y^* = Ty^*$ 且 $y^* \neq x^*$,则由引理 1 的注可知存在 $t_0 \in (0, 1]$,有 $\rho_{t_0}(x^*, y^*) > 0$.再由引理 5 的注以及式 (1) 可得

$$\rho_{t_0}(x^*, y^*) = \rho_{t_0}(Tx^*, Ty^*) \leqslant \varphi(\rho_{t_0}(x^*, y^*))$$
$$< \rho_{t_0}(x^*, y^*)$$

从而矛盾,故 $x^* = y^*$.因此 x^* 是 T 在 $\bigcap\limits_{i=1}^{p} A_i$ 中的唯一不动点.

第 6 步,证明对于任意的 $x_0 \in Y$,Picard 迭代点列 $x_n = Tx_{n-1}(n \in \mathbf{N})$ 收敛于 x^*.

设 $t \in (0,1]$,由式(1)可得

$$\rho_t(x_n, x^*) = \rho_t(Tx_{n-1}, Tx^*) \leqslant \varphi(\rho_t(x_{n-1}, x^*))$$

和

$$\rho_t(x_{n-1}, x^*) \leqslant \varphi(\rho_t(x_{n-2}, x^*))$$

由 φ 的单调性可得

$$\rho_t(x_n, x^*) \leqslant \varphi(\rho_t(x_{n-1}, x^*)) \leqslant \cdots$$
$$\leqslant \varphi^n(\rho_t(x_0, x^*)) \to 0 \quad (n \to +\infty)$$

因此 $\lim\limits_{n \to +\infty} \rho_t(x_n, x^*) = 0$,即 $x_n \to x^* (n \to +\infty)$.

定理 2　设 (X, d, L, R) 是完备的模糊距离空间且满足(R2).设 $A_i \subset X(i=1,\cdots,p)$ 是非空闭集,$Y = \bigcup\limits_{i=1}^{p} A_i$.设 $T:Y \to Y$ 是 X 上的循环 φ — 压缩映射.若 $\varphi \in \varPhi_2$,则 T 在 $\bigcap\limits_{i=1}^{p} A_i$ 中存在唯一的不动点 x^*,且对于任意的 $x_0 \in Y$,Picard 迭代点列 $x_n = Tx_{n-1}(n \in \mathbf{N})$ 收敛于 x^*.

证　设 $x_0 \in Y$,令 $x_n = Tx_{n-1}$.若存在 $n_0 \in \mathbf{N}$,使得 $x_{n_0} = x_{n_0+1}$,则 x_{n_0} 为不动点.下设对于任意的 $n \in \mathbf{N}, x_n \neq x_{n+1}$.我们分四步证明.

第 1 步,证明对于任意的 $t \in (0,1]$,有

$$\lim_{n \to +\infty} \rho_t(x_n, x_{n+k}) = 0 \quad (k=1,\cdots,p) \tag{4}$$

设 $t \in (0,1]$,由式(1)以及引理 5 的注可得

$$\rho_t(x_n, x_{n+1}) = \rho_t(Tx_{n-1}, Tx_n) \leqslant \varphi(\rho_t(x_{n-1}, x_n))$$
$$\leqslant \rho_t(x_{n-1}, x_n) \tag{5}$$

故 $\{\rho_t(x_n,x_{n+1})\}$ 是非增数列. 设 $\lim\limits_{n\to+\infty}\rho_t(x_n,x_{n+1})=a$,
显然 $a\geqslant0$, 下证 $a=0$. 采用反证法, 设 $a>0$. 由式(5)
易得 $\lim\limits_{n\to+\infty}\varphi(\rho_t(x_{n-1},x_n))=a$, 与

$$\lim_{n\to+\infty}\varphi(\rho_t(x_{n-1},x_n))\leqslant\limsup_{n\to+\infty}\varphi(r)<a$$

矛盾, 从而 $\lim\limits_{n\to+\infty}\rho_t(x_n,x_{n+1})=0$. 由定理 1 的证明类似
可得式(4)成立.

第 2 步, 证明定理 1 中第 2 步的结论.

采用反证法. 类似于定理 1 的第 2 步可得存在
$\varepsilon_0>0$ 和 $t_0\in(0,1]$, 存在 $\{x_n\}$ 的两个子列 $\{x_{n_k}\}$ 和
$\{x_{m_k}\}$, 满足 $\rho_{t_0}(x_{n_k},x_{m_k})\geqslant\varepsilon_0,\rho_{t_0}(x_{n_{k-p}},x_{m_k})<\varepsilon_0$,
$n_k-m_k\equiv1\operatorname{mod}p$ 以及 $\rho_{t_0}(x_{n_k},x_{m_k})\to\varepsilon_0(k\to+\infty)$.
由引理 3(2) 可知存在 $s_0=s(t_0)\in(0,t_0]$, 使得

$$\rho_{t_0}(x_{n_k+1},x_{m_k+1})\leqslant\rho_{t_0}(x_{n_k},x_{m_k})+\rho_{s_0}(x_{n_k+1},x_{n_k})+$$
$$\rho_{s_0}(x_{m_k},x_{m_k+1})$$

和

$$\rho_{t_0}(x_{n_k+1},x_{m_k+1})\geqslant\rho_{t_0}(x_{n_k},x_{m_k})-\rho_{s_0}(x_{n_k+1},x_{n_k})-$$
$$\rho_{s_0}(x_{m_k},x_{m_k+1})$$

由式(4)可得 $\rho_{s_0}(x_{n_k},x_{n_k+1})\to0(k\to+\infty),\rho_{s_0}(x_{m_k},$
$x_{m_k+1})\to0(k\to+\infty)$, 故

$$\rho_{t_0}(x_{n_k+1},x_{m_k+1})\to\varepsilon_0\quad(k\to+\infty)$$

由式(1)可得

$$\rho_{t_0}(x_{n_k+1},x_{m_k+1})=\rho_{t_0}(Tx_{n_k},Tx_{m_k})$$
$$\leqslant\varphi(\rho_{t_0}(x_{n_k},x_{m_k}))$$

令 $k\to+\infty$, 上式两端取上极限可得

$$\varepsilon_0=\limsup_{k\to+\infty}\rho_{t_0}(x_{n_k+1},x_{m_k+1})$$
$$\leqslant\limsup_{k\to+\infty}\varphi(\rho_{t_0}(x_{n_k},x_{m_k}))$$
$$\leqslant\limsup_{r\to\varepsilon_0}\varphi(r)<\varepsilon_0$$

矛盾.

第 3 步,类似于定理 1 的第 3,4,5 步可得,$\{x_n\}$ 是 (X,d,L,R) 中的 Cauchy 列,且 $\{x_n\}$ 的收敛点 x^* 是 T 在 $\bigcap_{i=1}^p A_i$ 中的唯一不动点.

第 4 步,证明 Picard 迭代点列 $x_n = Tx_{n-1}(n \in \mathbf{N})$ 收敛于 x^*.

设 $x_0 \in Y, x_n = Tx_{n-1}$,对于任意的 $t \in (0,1]$,由式(1)以及注 2 可得

$$\rho_t(x_n, x^*) = \rho_t(Tx_{n-1}, Tx^*) \leqslant \varphi(\rho_t(x_{n-1}, x^*))$$
$$\leqslant \rho_t(x_{n-1}, x^*) \tag{6}$$

故 $\{\rho_t(x_n, x^*)\}$ 是非增序列.设 $\lim_{n \to \infty} \rho_t(x_n, x^*) = a$,显然 $a \geqslant 0$,下证 $a = 0$.采用反证法,设 $a > 0$.由式(6)易得 $\lim_{n \to +\infty} \varphi(\rho_t(x_n, x^*)) = a$,与

$$\lim_{n \to +\infty} \varphi(\rho_t(x_n, x^*)) \leqslant \limsup_{r \to a} \varphi(r) < a$$

矛盾.因此 $\lim_{n \to +\infty} \rho_t(x_n, x^*) = 0$,即序列 $\{x_n\}$ 收敛于 x^*.

注 3　由例 1 和例 2 可得定理 1 与定理 2 中的 φ 互不包含,从而定理 1 与定理 2 是两个不同的结论.

由于非循环压缩一定是相应的循环压缩中 $p = 1$ 的情形,故我们有下列推论.

推论 1　设 (X,d,L,R) 是完备的模糊距离空间且满足(R2).设函数 $\varphi \in \Phi_1$.若映射 $T: X \to X$ 满足对于任意的 $t \in (0,1]$ 和所有的 $x, y \in X$,有

$$\rho_t(Tx, Ty) \leqslant \varphi(\rho_t(x, y))$$

则 T 在 X 中存在唯一的不动点 x^*,且对于任意的 $x_0 \in X$,Picard 迭代点列 $x_n = Tx_{n-1}(n \in \mathbf{N})$ 收敛于 x^*.

推论 2 设 (X, d, L, R) 是完备的模糊距离空间且满足 (R2). 设函数 $\varphi \in \Phi_2$. 若映射 $T: X \to X$ 满足对于任意的 $t \in (0, 1]$ 和所有的 $x, y \in X$, 有

$$\rho_t(Tx, Ty) \leqslant \varphi(\rho_t(x, y))$$

则 T 在 X 中存在唯一的不动点 x^*, 且对于任意的 $x_0 \in X$, Picard 迭代点列 $x_n = Tx_{n-1} (n \in \mathbf{N})$ 收敛于 x^*.

注 4 推论 2 实际上是文章 *Fixed point theorems for nonlinear Contractions in Kaleva-Seikkala's type fuzzy metric spaces* 中定理 3.1(a) 的推广形式. 这是因为推论 2 的条件 $\lim\limits_{n \to +\infty} \varphi^n(r) = 0 (r > 0)$ 比其定理 3.1(a) 的条件 $\sum\limits_{n=1}^{+\infty} \varphi^n(r) < +\infty (r > 0)$ 更弱. 推论 3 实际上是文章中定理 3.1(b) 的推广形式. 事实上, 推论 3 中 φ 满足的条件 $\varphi(0) = 0$ 比其定理 2(b) 的条件 $\varphi^{-1}(\{0\}) = \{0\}$ 更弱.

定理 2 可以推导出下列 Alber-Guerre Delabriere 型循环 φ — 压缩映射的不动点定理.

推论 3 设 (X, d, L, R) 是完备的模糊距离空间且满足 (R2). 设非减函数 $\varphi: \mathbf{R}_+ \to \mathbf{R}_+$ 满足 $\varphi^{-1}(\{0\}) = \{0\}$. 设 $A_1, \cdots, A_p$ 是 X 中的非空闭子集, $Y = \bigcup\limits_{i=1}^{p} A_i$. 若映射 $T: Y \to Y$ 满足 $T\{A_i\} \subset A_{i+1} (A_{p+1} = A_1)$, 且对于任意的 $t \in (0, 1]$ 和所有的 $x \in A_i, y \in A_{i+1}$, 有

$$\rho_t(Tx, Ty) \leqslant \rho_t(x, y) - \varphi(\rho_t(x, y)) \qquad (7)$$

则 T 在 $\bigcap\limits_{i=1}^{p} A_i$ 中存在唯一的不动点 x^*, 且对于任意的 $x_0 \in X$, Picard 迭代点列 $x_n = Tx_{n-1} (n \in \mathbf{N})$ 收敛于 x^*.

证 设 $\lambda(t)=t-\varphi(t)(t\geqslant0)$,定义函数 $\alpha(t)$:$\mathbf{R}_+\to\mathbf{R}_+$ 为 $\alpha(t)=\max\{\lambda(t),0\}$.下证 $\alpha(t)\in\Phi_2$.

显然 $\alpha(0)=0$.由于 $\varphi^{-1}(\{0\})$,故 $\varphi(t)>0(t>0)$,从而 $\lambda(t)<t$,进而 $\alpha(t)<t(t>0)$.当 $r\in(\dfrac{t}{2},\dfrac{3}{2}t)$ 时,由 $\varphi(t)$ 的非减性可得 $\lambda(r)=r-\varphi(r)\leqslant r-\varphi(t/2)$,故

$$\limsup_{r\to t}\lambda(t)\leqslant\lim_{r\to t}\left[r-\varphi\left(\dfrac{t}{2}\right)\right]=t-\varphi\left(\dfrac{t}{2}\right)<t$$

由上极限定义可得

$$\limsup_{r\to t}\alpha(r)\leqslant\max\{\limsup_{r\to t}\lambda(r),0\}<t$$

因此 $\alpha(t)\in\Phi_2$.由于 $\alpha(t)\geqslant\lambda(t)(y\geqslant0)$,故由式(7)可得

$$\rho_t(Tx,Ty)\leqslant\lambda(\rho_t(x,y))\leqslant\alpha(\rho_t(x,y))$$

最后由定理 2 可得该推论成立.

注 5 推论 4 即为文章 *Fixed point theorems for nonlinear contractions in Kaleva-Seikkala's type fuzzy metric spaces* 中定理 4.1 的循环形式.

定理 2 还可以推导出下列 Geraghty 型循环 $\varphi-$压缩映射的不动点定理.

推论 4 设 (X,d,L,R) 是完备的模糊距离空间且满足(R2).设函数 $\beta:[0,+\infty)\to[0,1)$,满足条件 $\lim\limits_{n\to+\infty}\beta(t_n)=1\Rightarrow\lim\limits_{n\to+\infty}t_n=0$.设 $A_1,\cdots,A_p$ 是 X 中的非空闭子集,$Y=\bigcup\limits_{i=1}^{p}A_i$.设映射 $T:Y\to Y$ 满足 $T\{A_i\}\subset A_{i+1}(A_{p+1}=A_1)$.若对于任意的 $t\in(0,1]$ 和所有的 $x\in A_i,y\in A_{i+1}$,有

$$\rho_t(Tx,Ty)\leqslant\beta(\rho_t(x,y))\rho_t(x,y)\qquad(8)$$

则 T 在 $\bigcap\limits_{i=1}^{p} A_i$ 中存在唯一的不动点 x^*，且对于任意的 $t > 0$，由于 $\beta(t) < 1$，故 $\alpha(t) < t$. 下证

$$\limsup_{r \to t} \alpha(r) < t \quad (t > 0) \tag{9}$$

采用反证法. 假设不然，则存在 $t_0 > 0$，使得 $\limsup\limits_{r \to t} \alpha(r) \geqslant t_0$，于是存在正数列 $\{r_n\}$ 且 $r_n \to t_0 > 0(n \to +\infty)$，使得 $\lim\limits_{n \to +\infty} \alpha(r_n) \geqslant t_0$. 由于 $\alpha(r_n) < r_n$，故 $\lim\limits_{n \to +\infty} \alpha(r_n) \leqslant t_0$，从而 $\lim\limits_{n \to +\infty} \alpha(r_n) = t_0$. 由此

$$\lim_{n \to +\infty} \beta(r_n) = \lim_{n \to +\infty} \frac{\alpha(r_n)}{r_n} = \frac{t_0}{t_0} = 1$$

再由假设可知 $r_n \to 0$，与 $r_n \to t_0 > 0(n \to +\infty)$ 矛盾. 因此式 (9) 成立，所以 $\alpha(t) \in \Phi_2$. 又由式 (8) 可得

$$\rho_t(Tx, Ty) \leqslant \beta(\rho_t(x, y))\rho_t(x, y) = \alpha(\rho_t(x, y))$$

所以由定理 2 可得该推论成立.

因为距离空间可以看作是特殊的模糊距离空间，所以我们可以将上述结果应用到通常的距离空间. 首先介绍下面的引理：

引理 6 设 (X, D) 是距离空间，$d(x, y)(q) = \overline{D}(x, y)(q) = \overline{0}(q - D(x, y))$，则空间 $(X, d, \min, \max)$ 是模糊距离空间，其中 $\min = \min\{a, b\}$，$\max = \max\{a, b\}$.

由引理 7 可得到 (X, D) 和 $(X, d, \min, \max)$ 是同胚的，且对任意的 $t \in (0, 1]$，$\rho_t(x, y) = D(x, y)$. 因此，由定理 1 和定理 2 可以得到如下结果：

推论 1 设 (X, D) 是完备的距离空间，函数 $\varphi \in \Phi_1$. 设 $A_1, \cdots, A_p$ 是 X 中的非空闭子集，$Y = \bigcup\limits_{i=1}^{p} A_i$. 若映射 $T: Y \to Y$ 满足 $T\{A_i\} \subset A_{i+1}(A_{p+1} = A_1)$，且对于所有的 $x \in A_i, y \in A_{i+1}$，有

$$D(Tx,Ty) \leqslant \varphi(D(x,y))$$

则 T 在 $\bigcap_{i=1}^{p} A_i$ 中存在唯一的不动点 x^*，且对于任意的 $x_0 \in X$，Picard 迭代点列 $x_n = Tx_{n-1}(n \in \mathbf{N})$ 收敛于 x^*.

推论 2　设 (X,D) 是完备的距离空间，函数 $\varphi \in \Phi_2$. 设 $A_1, \cdots, A_p$ 是 X 中的非空闭子集，$Y = \bigcup_{i=1}^{p} A_i$. 若映射 $T:Y \to Y$ 满足 $T\{A_i\} \subset A_{i+1}(A_{p+1} = A_1)$，且对于所有的 $x \in A_i, y \in A_{i+1}$，有

$$D(Tx,Ty) \leqslant \varphi(D(x,y))$$

则 T 在 $\bigcap_{i=1}^{p} A_i$ 中存在唯一的不动点 x^*，且对于任意的 $x_0 \in X$，Picard 迭代点列 $x_n = Tx_{n-1}(n \in \mathbf{N})$ 收敛于 x^*.

最后我们给出两个模糊距离空间中循环压缩映射存在不动点的例子.

例 3　设 $A_1 = \{0\} \cup \{2n-1 : n = 1,2,3,\cdots\}$，$A_2 = \{0\} \cup \{-2n : n = 1,2,3,\cdots\}$. 设 $X = A_1 \cup A_2$，对任意的 $x,y \in X$，设 $D(x,y) = |x-y|$，则 (X,D) 是距离空间. 设 $d(x,y)(q) = \bar{0}(q - D(x,y)) = \begin{cases} 1, q = |x-y| \\ 0, q \neq |x-y| \end{cases}$. 由引理 7 可得空间 $(X,d,\min,\max)$ 是模糊距离空间且满足(R2). 对任意的 $t \in (0,1]$，$\rho_x(x,y) = D(x,y)$，故空间 $(X,d,\min,\max)$ 与 (X,D) 中的收敛列与 Cauchy 列等价. 因此由 (X,D) 完备可得 $(X,d,\min,\max)$ 完备.

设映射 $T:X \to X$ 为

$$T(x) = \begin{cases} -(x-1), x \in A_1 \\ -x-1, x \in A_2 \\ 0, x = 0 \end{cases}$$

则 $T(A_1) \subset A_2$，$T(A_2) \subset A_1$，从而 T 是 X 上的循环映射. 设 $\varphi(r) = \dfrac{r^2}{r+1}$，则 $\varphi(0) = 0$ 且 $\varphi(r) < \dfrac{r^2}{r} = r(r > 0)$. 由 $\varphi(r)$ 连续性可得 $\lim\limits_{s \to r} \sup \varphi(s) = \varphi(r) < r(\forall r > 0)$. 因此 $\varphi \in \Phi_2$. 下证对任意的 $t \in (0,1]$，对于所有的 $x \in A_1, y \in A_2$ 或 $x \in A_2, y \in A_1$，式(1) 成立.

当 $xy \neq 0$ 时，不妨设 $x \in A_1, y \in A_2$，则

$$T(x) = -(x-1), T(y) = -y-1$$
$$| Tx - Ty | = |-(x-1) + y + 1 |$$
$$= | y - x + 2 | = | x - y | - 2$$

当 $x \neq 0, y = 0$ 时，不妨设 $x \in A_1$，则

$$T(x) = -(x-1), T(y) = 0$$
$$| Tx - Ty | = |-(x-1) - 0 |$$
$$= | x - 1 | = | x - y | - 1$$

由于

$$r - \varphi(r) = r - \frac{r^2}{r+1} = \frac{r}{r+1} < 1 \quad (r > 0)$$

故 $\varphi(r) > r - 1$. 从而当 x, y 不全为零时，对任意的 $t \in (0,1]$，则

$$\rho_t(Tx, Ty) = | Tx - Ty |$$
$$\leqslant | x - y | - 1 < \varphi(\rho_t(x,y))$$

当 $x = 0, y = 0$ 时

$$T(x) = 0, T(y) = 0$$
$$| Tx - Ty | = | x - y | = 0$$

故 $\rho_t(Tx, Ty) = | Tx - Ty | = 0 = \varphi(\rho_t(x,y))$. 综上可

618

得式(1) 成立.

因此由定理 2 可得 T 存在唯一的不动点. 事实上, T 有唯一的不动点 $x^* = 0$.

例 4　设 $A_1 = \{(0,0),(0,\frac{1}{2}),(0,\frac{6}{5})\}, A_2 = \{(0,0),(\frac{1}{2},0),(\frac{6}{5},0)\}, A_3 = \{(0,0),(0,-\frac{1}{2}),(0,-\frac{6}{5})\}, A_4 = \{(0,0),(-\frac{1}{2},0),(-\frac{6}{5},0)\}$. 设 $X = \bigcup_{i=1}^{4} A_i$, 对任意的 $x,y \in X$, 设 $D(x,y)$ 为 $\mathbf{R}^2$ 中通常的距离. 由于 X 是 $\mathbf{R}^2$ 中的有限点集, 故 (X,D) 是完备距离空间. 设

$$d(x,y)(q) = \begin{cases} 0, q < 0 \\ 1, q = 0 \\ \dfrac{D(x,y)}{D(x,y)+q}, q > 0 \end{cases}$$

易知 $d(x,y)(q)$ 满足定义 1. 设 $L(a,b) = \min\{a,b\}$, $R(a,b) = \max\{a,b\}$, 易知定义 2 中条件(D1)(D2) 满足, 下证条件(D3) 成立.

对任意的 $x,y,z \in X$, 由 $\lambda_1(x,z) = 0, \lambda_1(z,y) = 0$ 可得, 当 $p < 0$ 或 $q < 0$ 时, $\min\{d(x,z)(p), d(z,y)(q)\} = 0$, 条件(D3L) 成立. 当 $p = q = 0$ 时, $p+q = 0$, 此时 $d(x,y)(p+q) = 1 = \min\{1,1\}$, 仍有条件(D3L) 成立. 下证条件(D3R) 成立. 当 $p \geqslant 0, q \geqslant 0$ 时, $p+q \geqslant 0$. 若 $z = x$ 或 $z = y$, 不妨设 $z = x$, 则

$$\max\{d(x,z)(p), d(z,y)(q)\} \geqslant d(z,y)(q)$$
$$= d(x,y)(q)$$
$$\geqslant d(x,y)(p+q)$$

若 $x = y$, 则

$$p + q = 0 \Rightarrow p = 0$$

$$q = 0 \Rightarrow d(x,y)(p+q) = \max\{d(x,z)(p), d(z,y)(q)\}$$

$$p + q > 0 \Rightarrow d(x,y)(p+q) = 0 \leqslant$$

$$\max\{d(x,z), d(z,y)(q)\}$$

当 x,y,z 两两不重合时,不妨设 $d(x,z)(p) = s$, $d(z,y)(q) = t$ 且 $0 < s \leqslant t$,易知 $p = D(x,z)\dfrac{1-s}{s}$, $q = D(z,y)\dfrac{1-t}{t}$. 此时

$$\max\{d(x,z)(p), d(z,y)(q)\}$$

$$= t = d(x,y)(D(x,y)\frac{1-t}{t})$$

$$\geqslant d(x,y)((D(x,z) + D(z,y))\frac{1-t}{t})$$

$$\geqslant d(x,y)(D(x,z)\frac{1-s}{s} + D(z,y)\frac{1-t}{t})$$

$$= d(x,y)(p+q)$$

综上,条件(D3L) 与(D3R) 均成立.

由于 X 是有限点集且 $\min\{D(x,y): x,y \in X,$ $x \neq y\} = \dfrac{1}{2} > 0$,故对任意的 $t \in (0,1)$, $x \neq y$, $\rho_t(x, y) \geqslant \dfrac{1}{2}\dfrac{1-t}{t} > 0$,从而 $(X, d, \min, \max)$ 中任意 Cauchy 列必收敛. 因此 $(X, d, \min, \max)$ 是完备的模糊距离空间且满足(R2).

设 $T: X \to X$ 为 $(0, \dfrac{6}{5}) \to (\dfrac{1}{2}, 0)$, $(\dfrac{6}{5}, 0) \to (0, -\dfrac{1}{2})$, $(0, -\dfrac{6}{5}) \to (-\dfrac{1}{2}, 0)$, $(-\dfrac{6}{5}, 0) \to (0, \dfrac{1}{2})$, $(0, \pm\dfrac{1}{2}) \to (0, 0)$, $(\pm\dfrac{1}{2}, 0) \to (0, 0)$, $(0, 0) \to (0, 0)$. 易

知 T 是 X 上的循环映射. 设 $\varphi(r) = \dfrac{r^2 + 4r}{2r + 4}$, 则 $\varphi(r) <$

$\dfrac{r^2 + 2r}{r + 4} = r(r > 0)$. 由 $\varphi(r)$ 的连续性可得

$$\limsup_{s \to r} \varphi(s) = \varphi(r) < r \quad (r > 0)$$

故 $\varphi \in \Phi_2$. 下证对任意的 $t \in (0,1]$, 对于所有的 $x \in A_i, y \in A_{i+1}, i = 1, 2, 3, 4$ 且 $A_5 = A_1$, 式 (1) 成立.

由对称性只需验证 $x \in A_1, y \in A_2$ 的情况. 当 $x = (0, \frac{6}{5}), y = (\frac{6}{5}, 0)$ 时, $Tx = (\frac{1}{2}, 0), Ty = (0, -\frac{1}{2})$.

对任意的 $t \in (0,1], \rho_t(x, y) = \dfrac{6}{5}\sqrt{2}\,\dfrac{1-t}{t}, \rho_t(Tx,$

$Ty) = \dfrac{1}{2}\sqrt{2}\,\dfrac{1-t}{t}$, 故

$$\begin{aligned}
\varphi(\rho_t(x, y)) &= \frac{\rho_t(x, y)^2 + 4\rho_t(x, y)}{2\rho_t(x, y) + 4} \\
&= \frac{1}{2}\rho_t(x, y) + \frac{\rho_t(x, y)}{\rho_t(x, y) + 2} \\
&\geqslant \frac{3}{5}\sqrt{2}\,\frac{1-t}{t} > \rho_t(Tx, Ty)
\end{aligned}$$

当 $x = (0, \frac{6}{5}), y = (\frac{1}{2}, 0)$ 或 $x = (0, \frac{1}{2}), y = (\frac{6}{5}, 0)$ 时, 对任意的 $t \in (0,1], \rho_t(x, y) = \dfrac{13}{10} \cdot \dfrac{1-t}{t}, \rho_t(Tx,$

$Ty) = \dfrac{1}{2} \cdot \dfrac{1-t}{t}$, 故

$$\begin{aligned}
\varphi(\rho_t(x, y)) &= \frac{\rho_t(x, y)^2 + 4\rho_t(x, y)}{2\rho_t(x, y) + 4} \\
&\geqslant \frac{13}{20} \cdot \frac{1-t}{t} > \rho_t(Tx, Ty)
\end{aligned}$$

当 $x = (0, \frac{6}{5})$ 且 $y \neq (\frac{6}{5}, 0)$ 时, 易知 $Tx = (0, 0)$,

$Ty(0,0)$,此时显然有式(1)成立.

 综上,由定理 2 可得 T 存在唯一的不动点. 事实上,T 有唯一的不动点 $x^* = (0,0)$.

第九编
不动点定理的应用

不动点定理及其应用

第 51 章

在常微分方程理论中，我们证明过一阶常微分方程

$$\frac{\mathrm{d}y}{\mathrm{d}x} = f(x,y) \qquad (1)$$

解的存在性定理和唯一性定理.

我们先回顾微分方程中解的存在性定理的逐次逼近法,利用距离空间的概念可以把这一证明归结如下:

设 $f(x,y)$ 在矩形

$$R: \mid x - x_0 \mid \leqslant h, \mid y - y_0 \mid \leqslant \lambda$$

中连续,且对 y 满足 Lipschitz 条件

$$\mid f(x,y_1) - f(x,y_2) \mid \leqslant L \mid y_1 - y_2 \mid$$

$$((x,y_1),(x,y_2) \in R)$$

记 $M = \sup\limits_{(x,y) \in R} \mid f(x,y) \mid$;并记 C_R 为

$C[x_0 - h, x_0 + h]$ 中使图像 $(x, \varphi(x)) \in$

R，且 $\varphi(x_0) = y_0$ 的函数 $\varphi(x)$ 全体，那么当 $h < \min\left(\dfrac{\lambda}{M}, \dfrac{1}{L}\right)$ 时，由

$$\psi(x) = y_0 + \int_{x_0}^{r} f(t, \varphi(t)) \mathrm{d}t \qquad (2)$$

所确定的映像，$\psi = F(\varphi)$ 具有性质：

(1) 当 $\varphi \in C_R$ 时，$F(\varphi) \in C_R$；

(2) 当 $\varphi_1, \varphi_2 \in C_R$ 时，$\rho(F(\varphi_1), F(\varphi_2)) \leqslant \alpha \rho(\varphi_1, \varphi_2)$.

(此处 $\alpha = Lh < 1$)

因此令 φ_0 为 C_R 中任一元，由 $\varphi_1 = F(\varphi_0)$，$\varphi_2 = F(\varphi_1)$，…，$\varphi_{n+1} = F(\varphi_n)$ … 所确定的一列元素是 C_R 中的基本序列，由距离空间 C_R 的完备性，知道它有极限点 φ. 这一论断是证明映像 F 的不动点（也就是积分方程 $F(\varphi) = \varphi$ 的解）的存在的关键.

现在我们引入完备距离空间中的"不动点定理"，它概括了许多方程的解的存在性与唯一性定理.

定理 1　设 R 为完备的距离空间，P 是 R 到 R 中的映射（即对任一 $x \in R$ 确定出 $P_x \in R$），如果存在 $0 < \alpha < 1$，对任何 $x', x'' \in R$ 成立着

$$\rho(P(x'), P(x'')) \leqslant \alpha \rho(x', x'')$$

那么，必在 R 中有唯一的点 x^* 使

$$x^* = P(x^*)$$

证　取 x_0 为 R 中任意一点，令 $x_1 = P(x_0)$，…，$x_{n+1} = P(x_n)$，… 得到一个点列 $\{x_n\}$，由于对任一 $n > 0$，有

$$\rho(x_{n+1}, x_n) = \rho(P(x_n), P(x_{n-1})) \leqslant \alpha \cdot \rho(x_n, x_{n-1})$$

得到

$$\rho(x_{n+1}, x_n) \leqslant \alpha \rho(x_n, x_{n-1}) \leqslant \alpha^2 \rho(x_{n-1}, x_{n-2})$$

$$\leqslant \cdots \leqslant \alpha^n \rho(x_1, x_0)$$

因而

$$\rho(x_{n+p}, x_n) \leqslant \rho(x_{n+p}, x_{n+p-1}) + \rho(x_{n+p-1}, x_{n+p-2}) + \cdots +$$
$$\rho(x_{n+1}, x_n)$$
$$\leqslant (\alpha^{n+p-1} + \alpha^{n+p-2} + \cdots + \alpha^n) \rho(x_1, x_0)$$
$$\leqslant \frac{\alpha^n}{1-\alpha} \cdot \rho(x_1, x_0)$$

故 $\{x_n\}$ 为一基本序列，由 R 的完备性，x_n 有一极限点 x^*，再从

$$\rho(P(x^*), x_n) = \rho(P(x^*), P(x_{n-1}))$$
$$\leqslant \alpha \rho(x^*, x_{n-1}) \to 0$$

故 $\{x_n\}$ 也收敛于 $P(x^*)$，但距离空间收敛点列只能收于一点，所以 $x^* = P(x^*)$.

再证不动点是唯一的，设 x' 也是 P 的不动点

$$x' = P(x')$$

那么

$$\rho(x, x') = \rho(P(x), P(x')) \leqslant \alpha \rho(x, x')$$

故 $\rho(x, x') = 0$，即 $x = x'$.

列在举例说明本定理的应用.

定理 2　设 $f(x)$ 为 $a \leqslant s \leqslant b$ 上的连续函数，$K(s,t)$ 为正方形：$a \leqslant s \leqslant b, a \leqslant t \leqslant b$ 上的连续函数，且有常数 M，使

$$\int_a^b | K(s,t) | \, \mathrm{d}t \leqslant M < +\infty \quad (a \leqslant s \leqslant b)$$

那么，当 $| \lambda | < \dfrac{1}{M}$ 时，必有 $\varphi \in C[a,b]$，使

$$\varphi(s) = f(s) + \lambda \int_a^b K(s,t) \varphi(t) \mathrm{d}t \tag{3}$$

证　在 $C[a,b]$ 上定义映射

$$K\varphi(s) = f(s) + \lambda \int_a^b K(s,t)\varphi(t)\,\mathrm{d}t$$

则

$$\rho(K(\varphi'),K(\varphi''))$$

$$= \lambda \cdot \rho\left(\int_a^b K(s,t)\varphi'(t)\,\mathrm{d}t, \int_a^b K(s,t)\varphi''(t)\,\mathrm{d}t\right)$$

$$\leqslant |\lambda| \cdot \int_a^b |K(s,t)| \cdot |\varphi'(t) - \varphi''(t)|\,\mathrm{d}t$$

$$\leqslant |\lambda| \cdot M \cdot \max_{t \in [a,b]} |\varphi'(t) - \varphi''(t)|$$

$$= \alpha\rho(\varphi',\varphi'')$$

但 φ' 及 φ'' 为 $C[a,b]$ 中任意两个点,且 $\alpha = |\lambda| \cdot M <$ 1.于是应用不动点原理,即知积分方程(3)有唯一解.

上面的不动点原理虽然能够解决许多方程的解的存在定理,但是当条件

$$\rho(p(\varphi'),p(\varphi'')) \leqslant \alpha\rho(\varphi',\varphi'') \quad (0 \leqslant \alpha < 1)$$

不满足时,上述的不动点原理就不能用了.我们现在引进不动点原理的拓广.设 A 为 R 到 R 自身的一个映射,以 A^2 表示如下的映射 $x \to A(A(x))$,即经过两次 A 的映射后所成的映射,同样可以定义 A^n.

定理 3 设 R 为完备距离空间,$y = Ax$ 为 R 到 R 的映射,且有一自然数 n 及 $0 \leqslant \alpha < 1$,则

$$\rho(A^n x', A^n x'') \leqslant \alpha\rho(x', x'')$$

对任何的 $x', x'' \in R$ 成立,那么在 R 中必有唯一的点 $x^* \in R$,使

$$x^* = Ax^*$$

证 任取 $x_0 \in R$,作

$$y_1 = A^n x_0, y_2 = A^{2n} x_0, \cdots, y_k = A^{kn} x_0, \cdots$$

那么把映射 A^n 看成某一个映射 P,由定理 1,y_k 收敛于某点 x^*,由于

$$x^* = \lim_{k \to +\infty} P^k x_0 = \lim_{k \to +\infty} A^{kn} x_0$$

得

$$Ax^* = A \lim_{k \to +\infty} A^{kn} x_0 = \lim_{k \to +\infty} A \cdot (A^{kn} x_0)$$
$$= \lim_{k \to +\infty} A^{kn} \cdot Ax_0$$

同理，由于 A^n 的条件

$$\rho(A^{kn} A x_0, A^{kn} x_0) \leqslant \alpha \rho(A^{(k-1)n} \cdot A x_0, A^{(k-1)n} x_0) \leqslant \cdots$$
$$\leqslant \alpha^k \rho(A x_0, x_0)$$

故

$$\lim_{k \to +\infty} \rho(A^{kn} \cdot Ax, A^{kn} x) = 0$$

即

$$Ax^* = x^*$$

作为定理 3 的应用之一，我们引进积分方程

$$\varphi(x) = f(x) + \lambda \int_a^x K(x, y) \varphi(y) \mathrm{d}y$$

这里 λ 为一常数，$f(x)$ 为区间 $[a,b]$ 上的连续函数，$|f(x)| \leqslant N < +\infty$，$K(x,y)$ 为三角形：$[a \leqslant x \leqslant b;\ a \leqslant y \leqslant x]$ 上的连续函数，$|K(x,y)| \leqslant M < +\infty$；这种类型的方程称为伏特拉方程，某些物理问题可以归结为这种类型的积分方程，某些变分问题也可以归结为这种类型的积分方程；特别是近年来，二阶椭圆型偏微分方程的研究中，这种伏特拉型积分方程起着重要作用.

我们利用不动点原理来证明伏特拉方程的解的存在性、唯一性，同时指出求解的方法. 考虑 $C[a,b]$ 到 $C[a,b]$ 的映射：$\varphi \to A\varphi$，即

$$A\varphi(x) = f(x) + \lambda \int_a^x K(x, y) \varphi(y) \mathrm{d}y$$

设 $\varphi_1(x)$ 及 $\varphi_2(x)$ 是 $C[a,b]$ 中任二元素. 那么，记

$$\mu = \max_{a \leqslant x \leqslant b} |\varphi_1(x) - \varphi_2(x)|$$

$$|A\varphi_1(x) - A\varphi_2(x)|$$

$$\leqslant \left| \lambda \int_a^x K(x,y)(\varphi_1(y) - \varphi_2(y)) \mathrm{d}y \right|$$

$$\leqslant |\lambda| \cdot M \cdot \mu(x-a)$$

$$|A^2\varphi_1(x) - A^2\varphi_2(x)|$$

$$\leqslant \left| \lambda \int_a^x K(x,y)(A\varphi_1(y) - A\varphi_2(y)) \mathrm{d}y \right|$$

$$\leqslant |\lambda| \cdot M^2 \cdot \mu \cdot \int_a^x (y-x) \mathrm{d}y$$

$$= |\lambda| M^2 \cdot \mu \cdot \frac{(x-a)^2}{2!}$$

一般地,从

$$|A^n\varphi_1(x) - A^n\varphi_2(x)| \leqslant |\lambda| \cdot M^n \cdot \mu \frac{(x-a)^n}{n!}$$

得到

$$|A^{n+1}\varphi_1(x) - A^{n+1}\varphi_2(x)|$$

$$\leqslant \left| \lambda \int_a^x K(x,y)(A^n\varphi_1(y) - A^n\varphi_2(y)) \mathrm{d}y \right|$$

$$\leqslant \frac{|\lambda| \cdot M \cdot M^n}{n!} \mu \int_a^x (y-a)^n \mathrm{d}y$$

$$= \frac{|\lambda| \cdot M^{n+1} \cdot \mu(x-a)^{n+1}}{(n+1)!}$$

因此,取 n 适当大,使

$$N_n = \frac{\lambda M^n \cdot (b-a)^n}{n!} < 1$$

那么

$$\rho(A^n\varphi_1, A^n\varphi_2) = \max_{x \in [a,b]} [A^n\varphi_1(x) - A^n\varphi_2(x)]$$

$$\leqslant \frac{\lambda M^n (b-a)^n}{n!} \cdot \mu = N_n \rho(\varphi_1, \varphi_2)$$

于是,我们利用定理 3,任意选取 $\varphi_0(x)$,得到

$$\varphi_1(x) = A^n \varphi_0(x)$$
$$\varphi_2 = A^{2n} \varphi_0(x)$$
$$\vdots$$
$$\varphi_n(x) = A^{kn} \varphi_0(x)$$
$$\vdots$$

由定理知此序列均匀收敛于伏特拉方程的解.

不动点原理不仅证明了不动点的存在性和唯一性,同时它还提供了求不动点的方法. 在完备距离空间内,任意选取点 x_0,根据 x_0 作出点列 $\{x_n\}$;由映像条件,此点列为基本点列,再利用空间的完备性,它必有极限 x^*,于是 x^* 即为映像的不动点.

我们要近似地求出不动点 x^*,只要取适当大的 n,用 x_n 代替 x^* 即可. 由于(我们考虑定理 1 的情况)

$$\rho(x_{n+p}, x_n) < \frac{\alpha^n}{1-\alpha} \rho(x_1, x_0)$$

取 $p \to +\infty$ 的极限,即

$$\rho(x^*, x_n) \leqslant \frac{\alpha^n}{1-\alpha} \rho(x_1, x_0)$$

取适当大的 n,使 $\frac{\alpha^n}{1-\alpha} \rho(x_1, x_0)$ 不超过预定的某一个很小的数 $\varepsilon > 0$,那么对这样的 n,就有

$$\rho(x^*, x_n) \leqslant \frac{\alpha^n}{1-\alpha} \rho(x_1, x_0) \leqslant \varepsilon$$

也就是说 ,对这些 n,用 x_n 代替 x^* 的误差 $\rho(x^*, x_n)$ 不超过预定的某一很小的数 $\varepsilon > 0$,这里的估计在近似计算中起着很大的作用.

利用不动点原理,按上法选取 x_0,然后计算一列 x_n,作为不动点 x^* 的各次近似,这一求方程解的方法

称为迭代法或逐次逼近法. 下面我们举出一个例子, 考虑定理 2 中的积分方程来说明迭代法的应用. 令

$$x_0 = \varphi_0(s) \equiv 0$$

按定理的方法, 作 $x_n = \varphi_n(s)$, 即有

$$\varphi_1(s) = f(s)$$

$$\varphi_2(s) = f(s) + \lambda \int_a^b K(s,t) f(t) \, \mathrm{d}t$$

$$\varphi_3(s) = f(s) + \lambda \int_a^b K(s,t) \, \mathrm{d}t +$$

$$\lambda^2 \int_a^b K(s,t) \left(\int_a^b K(t,t_1) f(t_1) \, \mathrm{d}t_1 \right) \mathrm{d}t$$

$$= f(s) + \lambda \int_a^b K(s,t) f(t) \, \mathrm{d}t +$$

$$\lambda^2 \int_a^b K_1(s,t_1) f(t_1) \, \mathrm{d}t_1$$

$$\left(K_1(s,t_1) = \int_a^b K(s,t) K(t,t_1) \, \mathrm{d}t \right)$$

$$\vdots$$

$$\varphi_{n+1}(s) = f(s) + \lambda \int_a^b K(s,t) f(t) \, \mathrm{d}t +$$

$$\lambda^2 \int_a^b K_1(s,t_1) f(t_1) \, \mathrm{d}t_1 + \cdots +$$

$$\lambda^n \int_a^b K_{n-1}(s,t_{n-1}) f(t_{n-1}) \, \mathrm{d}t_{n-1}$$

这里 $K_{n-1}(s,t_{n-1}) = \int_a^b K(s,t_{n-2}) K_{n-2}(t_{n-2},t_{n-1}) \, \mathrm{d}t_{n-2}$.

对给定的正数 $\varepsilon > 0$, 只要取 n, 使

$$\frac{\alpha^n}{1-\alpha} \rho(\varphi_1,\varphi_0) = \frac{[\lambda M(b-a)]^n}{1-\lambda M(b-a)} \max_{s \in [a,b]} |f(s)| < \varepsilon$$

对于积分方程(3), 其第 n 次逼近的误差小于 ε, 即

$$|\varphi_n(s) - \varphi^*(s)| < \varepsilon \quad (a \leqslant s \leqslant b)$$

不动点定理在稳定性理论中的应用

伍炯宇教授在 1980 年从不动点定理的角度,讨论了非线性泛函方程在什么条件下,其解的稳定性可由未被扰运动方程解的稳定性推出,这种方法较之一般用 Bellmam 不等式方法更为精确.

先考虑线性的情形. 我们考虑线性泛函微分方程

$$\dot{x}(t) = L(t, x_t) \tag{1}$$

$$x_\sigma = \phi$$

$$(\sigma, \phi) \in R \times C \quad (C = C([-r, 0], R^n))$$

$L(t, \phi)$ 是线性的,并存在 $n \times n$ 矩阵函数 $\eta(t, \theta)$,它对 $(t, \theta) \in R \times R$ 是可测的,并且已被标准化如下

$$\eta(t, \theta) = \begin{cases} 0, \theta \geqslant 0 \\ \eta(t, -r), \theta \leqslant -r \end{cases}$$

633

在 $\theta \in (-r,0)$ 时，$\eta(t,\theta)$ 对 θ 是左连续的，对每个 $t\eta(t,\theta)$ 在 $[-r,0]$ 上对 θ 是有界变差的，而且存在 $m \in L_1^{loc}((-\infty,+\infty),R)$（在任一紧区间上可积的函数所成的空间）

$$L(t,\phi) = \int_{-t}^{0} \left[d_\theta \eta(t,\theta) \right] \phi(\theta)$$

$$| L(t,\phi) | \leqslant m(t) | \phi |$$

（这里左端是在 R^n 中的范数，右端是在 C 中的范数. 在不引起混淆的情况下都有和 $|\cdot|$ 表示.）对所有的 $t \in (-\infty,+\infty)$ 和 $\phi \in C$ 都成立. 由后一条件，很明显 $\eta(t,\theta)$ 对 θ 在 $[-r,0]$ 上的全变差不大于 $m(t)$. 在这些条件下，可以保证方程(1)的解存在唯一性，此外，在本章中始终设 $\int_t^{t+r} m(t) \mathrm{d}t < m_1$（常数）.

我们主要是研究下面的非线性方程

$$\dot{x}(t) = L(t,x_t) + f(t,x_t) \quad (t \geqslant \sigma) \qquad (2)$$

$$x_\sigma(\sigma,\phi) = \phi$$

这里 $f(t,x_t)$ 对后一变元一般是非线性的，但都假设对其变元连续. $f(t,\phi)$ 对 ϕ 满足 $\mathrm{Lip}(\delta)$ 条件是指：$\forall \phi,\psi \in C$,有

$$| f(t,\phi) - f(t,\psi) | \leqslant \delta | \phi - \psi |$$

其中 δ 随 $|\phi|^2 + |\psi|^2 \to 0$ 而趋于 0.

$U(s,t)$ 满足方程

$$U(t,s) = \begin{cases} \displaystyle\int_s^t L(u,U_u(\cdot s))\mathrm{d}u + I, t \geqslant s \text{ a.e.} \\ 0, s - r \leqslant t < s \end{cases} \qquad (3)$$

或

$$\frac{\partial U(t,s)}{\partial t} = L(t,U_t(\cdot s)) \quad (t \geqslant s) \quad \text{a.e.} \qquad (4)$$

$$U(t,s) = \begin{cases} 0, s-r \leqslant s \\ \boldsymbol{I}, t = s \end{cases}$$

$\boldsymbol{I}$ 是 R^n 中单位矩阵

$$U_t(\cdot s)(\theta) = U(t+\theta,s) \quad (-r \leqslant \theta \leqslant 0)$$

定理 1　(1)方程(1)的平凡解稳定.

(2)存在 $M > 0 \in : \int_\sigma^t |U(t,s)| \, ds \leqslant M, t \geqslant \sigma$

其中 $U(t,s)$ 是式(3)或式(4)的解.

(3) f 对其变元连续且满足 $\mathrm{Lip}(\delta)$ 条件, $f(t,0) = 0$.

则方程(2)的平凡解稳定.

证　在 $C([\sigma-r,+\infty),R^n)$ 中,定义上确是为范数,则构成 Banach 空间.令记

$$\mathscr{A}(\phi,H) = \{\varphi \in C([\sigma-r,+\infty)R^n):\varphi_\sigma = \phi, |\varphi| \leqslant H\}$$

方程(2)的解可以表示成

$$x(\sigma,\phi)(t) = y(\sigma,\phi)(t) + \int_\sigma^t U(t,s)f(s,x_s)ds \quad (t \geqslant \sigma)$$

$$x_\sigma = \phi = y_\sigma$$

其中 $y(\sigma,\phi)(t)$ 是方程(1)过 (σ,ϕ) 的解.

按标准的办法利用压缩映像原理可以证明,在 $H \cdot |\phi|$ 选得适当小的时候,方程(2)过 (σ,ϕ) 的解在 $\mathscr{A}(\phi,H)$ 中.因而 $\forall \varepsilon > 0 \exists \delta > 0 \in : |\phi| < \delta$ 就有

$$|x(\sigma,\phi)(t)| < \varepsilon \quad (\text{对一切 } t \geqslant \sigma \text{ 成立})$$

注 1　定理 1 中的条件(1)可用方程(1)的平凡解一致渐近稳定代替,省去条件(2),条件(3)保留,定理 1 的结论仍然成立.

定理 2　(1)方程(1)的平凡解一致渐近稳定.

(2)方程(2)的解存在唯一.

(3)满足: f 对 ϕ Frechet 可微, $f(t,\phi)$, $D_\phi f(t,\phi)$

连续且 $f(t,0) \equiv 0$. 又 $|D_\phi f(t\phi)|/|\phi|^\alpha \to 0(|\phi| \to 0)$. 这里 α 是正常数.

则方程（2）的平凡解按方程（1）的指数律渐近稳定，即此两个方程的小解趋于零的阶相同.

证 记 $\mathscr{B}_\lambda(\phi,H) = \{\varphi \in C([\sigma-r,+\infty),R^n):\varphi_\alpha = \phi; |\varphi| \leqslant H \cdot |\varphi(t)| \leqslant He^{-\lambda(t+\sigma)}t \leqslant \sigma\}$. 它是 Banach 空间 $C([\sigma-r,+\infty]R^n)$ 中的闭凸集.

定义映像 T 如下

$$z(t) = T\varphi(t)$$

$$= y(\sigma,\phi)(t) + \int_\sigma^t U(t,s)f(s,\varphi_s)\mathrm{d}s \quad (t \geqslant \sigma)$$

$$z_\sigma = \phi$$

显然，$\varphi \in \mathscr{B}_1(\phi,H)$ 时 $z \in C([\sigma-r,+\infty]R^n)$. 现证适当选取 ϕ,H 与 λ 可使 $z \in \mathscr{B}_\lambda(\phi,H)$. 事实上，由

$$|y(\sigma\phi)(t) \leqslant k|\phi(0)|e^{-\beta(t-\sigma)} \leqslant k|\phi|e^{-\beta(t-\alpha)}$$

$$|U(t,s)| \leqslant Ke^{-\beta(t-s)}$$

其中 k,K,β 均为正常数. 又由（3）知

$$|f(s,\varphi_s)| = |f(s,\varphi_s) - f(s,0)| \leqslant k_1|\varphi_s|^{\sigma+1}$$

其中 $k_1 = \sup_{\lambda \in [0,1)}|D_\phi f(t,\lambda\varphi_s)|$. H 充分小时 k_1 充分小，故 $\lambda = \beta$ 时

$$|z(t)| \leqslant k|\phi|e^{-\beta(t-\sigma)} + \int_\sigma^t Kk_1e^{-\beta(t-s)}H^{1+d}e^{-(1+\alpha)\beta(s-r-\sigma)}\mathrm{d}s$$

$$= k|\phi|e^{-\beta(t-\sigma)} + Kk_1H^{1+a}e^{-\beta(t-\sigma)+a\sigma\beta+(1+\alpha)\beta r}\int_\sigma^t e^{-a\beta s}\mathrm{d}s$$

$$\leqslant [k|\phi| + Kk_1H^{1+a}e^{\beta r(1+a)}/\alpha\beta]e^{-\beta(t-\sigma)}$$

$$= [k|\phi|/H + Kk_1H^ae^{\beta r(t+a)}/\alpha\beta]He^{-\beta(t-\sigma)}$$

适当选取 $|\phi|$ 及 H，可使最后这个式子中的方括号的内容小于 1. 即

$$T:\mathscr{B}_\lambda(\phi H) - \mathscr{B}_\lambda(\phi H)$$

现证 T 是压缩的. 设 $\xi, \zeta \in \mathscr{B}_{\beta}(\phi H)$,则

$$| T\xi(t) - T\zeta(t) | = | \int_{\sigma}^{t} U(t,s)[f(s,\xi_s) - f(s,\zeta_s)]\mathrm{d}s |$$

$$\leqslant Kk_1 H^{\alpha} \int_{\sigma}^{t} e^{-\beta(t-s)-\beta\alpha(s-r-\sigma)} | \xi_s - \zeta_s | \mathrm{d}s$$

$\alpha \neq 1$ 时有

$$| T\xi - T\zeta | \leqslant Kk'_1 H^d | \xi - \zeta | / \beta | 1 - \alpha |$$

k'_1 随 H 充分小而充分小,故只要 H 足够小就有

$$k'_1 H^a / \beta | 1 - \alpha | < 1$$

$\alpha = 1$ 时

$$\int_{a}^{t} e^{-\beta(t-s)-\beta k(s-r-\sigma)} \mathrm{d}a = e^{-\beta(t-s(s+\sigma))} (t-\sigma) \leqslant \overline{k}_1$$

$\overline{k}_1$ 是某正常数,·这时可选取充分小的 H 使

$$Kk_1 \overline{k}_1 H^n < 1$$

故 T 是压缩映像. 所以存在 $\varphi \in \mathscr{B}_{\beta}(\phi, H) \in T\varphi = \varphi$.

记 $x(\sigma,\phi)(t) = \varphi(t)$ 则有

$$x(\sigma,\phi)(t) = y(\sigma,\phi)(t) + \int_{a}^{t} U(t,s)f(s,x_s)\mathrm{d}s$$

$$x_a = \phi$$

由条件(2)知,过 (σ,ϕ) 方程 (2) 的解是唯一的,当然就是这个 $x(\sigma,\phi)(t)$·$\mathscr{B}_{\beta}(\phi H)$ 中的元都是按指数律趋于零. 故 $| x(\sigma,\phi)(t) | \leqslant He^{-\beta(t-\beta)}$. 这就是说方程 (2) 的平凡解是按指数律渐近稳定的,而且指数与对应的线性方程 (1) 对应的指数相同.

对中立型方程,应用同样的方法可以得到类似的结果.

现在讨论最简单的自治线性方程的扰动,即讨论方程

$$\frac{\mathrm{d}}{\mathrm{d}t}[Dx_t - G(x_t)] = Lx_t + F(x_t) \tag{5}$$

$$\frac{\mathrm{d}}{\mathrm{d}t}Dx_t = Lx_t \qquad (5')$$

其中 $D: C \to R^n$ 是线性连续的,在 0 是原子的;$L: C \to R^n$ 是线性连续的,$F, G: C \to R^n$ 是连续的并有连续的直到二阶的 Frechet 导数,而且

$$F(0) = G(0) = 0, F_\phi(0) = G_\phi(0) = 0$$

引理 1 若线性方程$(5')$的解 $x = 0$ 是一致渐近稳定的,则它是指数渐近稳定的,又方程

$$DX_t = \mathbf{I} + \int_0^t L(X_s)\mathrm{d}s \quad (t \geqslant 0) \qquad (6)$$

$$X_0(\theta) = \begin{cases} 0, -\gamma \leqslant \theta < 0 \\ \mathbf{I}, \theta = 0 \end{cases}$$

这里 $\boldsymbol{X}$ 是 $n \times n$ 矩阵,$\boldsymbol{I}$ 是单位矩阵,设 $X(t)$ 是方程 (6) 在 R 的紧集上有界变差,右连续的矩阵解,·则满足下列不等式

$$|X(t)| \leqslant Ke^{-at}$$

$$V_{ar[t-1,t]}\boldsymbol{X} \leqslant Ke^{-at}$$

对某正常数 K, a 和一切 $t \geqslant 0$ 成立.

定义 1 设 $C \to R^n$ 连续:$G(\phi)$ 称为是不依赖于 $\phi(0)$ 的 $\Leftrightarrow$ 存在 $\varepsilon \in [-r, 0)$ 使得 $G(\varphi)$ 只依赖于函数 φ 在 $\theta \in [-r, E]$ 的值 $\varphi(\theta).\varphi \in C$ 是任意的.

定理 3 设$(1)D, L: C \to R^n$ 是线性连续的,且方程 $(5')$ 的 0 解是一致渐近稳定的.

$(2)F, G: C \to R^n$ 连续,二阶 Frechet 可微.

$$F(0) = G(0) = 0 \in R^n; F_\phi(0) = G_\phi(0) = 0 \in L(C, R).$$

（3）对任一 $\psi \in C$ 有

$$\lim_{|\phi| \to 0} F_\phi(\psi)/|\psi|^\eta = 0, \lim_{|\phi| \to 0} G_\phi(\psi)/|\phi|^\eta = 0$$

这里 $\eta > 0. G(\psi)$ 不依赖于 $\phi(0)$.

则方程（5）的解 $x=0$ 也是指数渐近稳定的且指数律与方程（5′）相同.

证　考虑映像

$$h:C \to C+\langle X_0\rangle = PC, h(\phi)=\phi-X_0G(\phi) \quad (7)$$

$\langle X_0\rangle$ 是由 $\{X_0\}$ 生成的空间. $PC=\{f:f(t)\in R^n, t\in [-\gamma,0], f(t)$ 在 $[-\gamma,0)$ 一致连续, 在 0 点可能有间断$\}$. 显然, $\forall\psi\in PC$, 则一定可表示为 $\psi=\phi+X_0b$, 其中 $\phi\in C, b\in R^n$. 反之亦然. 如果定义 $|\psi|=\max\{|\phi|,|b|\}$ 则 PC 构成 Banach 空间. 用 $T(t)$, $t\geqslant 0$, 表示方程（5′）所定义的线性变换强连续半群（即解算子）. 定义 $T(t)\psi=T(t)\phi+T(t)X_0b$. 由于 $G(\phi)$ 不依赖于 $\phi(0)$, 故 $h(\phi)$ 是可逆的而且是连续的, 因此是 $\phi=0\in C$ 的邻域和 $\psi=0\in PC$ 的邻域间的同胚. 在此邻域中存在常数 $k_1>0, k_2>0$ 使若 $\psi=h(\phi)$ 则有 $|\psi|\leqslant k_1|\phi|$ 和 $|\phi|\leqslant k_2|\psi|$.

对方程（5）, 其解可由常数变异公式给出

$$x_t-X_0G(x_t)=T(t)[\phi-X_0G(\phi)]+$$

$$\int_\sigma^t T(t-s)X_0F(x_s)\mathrm{d}s-$$

$$\int_0^t [\mathrm{d}_sT(t-s)X_0](x_s) \quad (8)$$

现令　$z_t=x_t-X_0G(x_t)=h(x_t), \psi=h(\phi)$ 则 z_t 满足下面的方程

$$z_t=T(t)\psi+\int_0^t T(t-s)X_0F(h^{-1}(x_s))\mathrm{d}s-$$

$$\int_0^t [T(t-s)X_0]G(h^{-1}(z_s))\mathrm{d}s$$

在 $C([0,+\infty),PC)$ 中引入范数

$$\|\varphi\|=\sup_{t\in[0,+\infty)}|\varphi(t)|_{PC} \quad (\forall\varphi\in C([0,+\infty),PC))$$

则构成 Banach 空间简记之为 C_P. 今在 C_P 中取一闭子集

$$\mathscr{B}_\beta(\psi,H) = \{\xi \in C_P : \xi(0) = \psi \in PC,$$
$$|\xi(t)|_{PC} \leqslant He^{-\beta t}, t \geqslant 0\}$$

由假设知任给 $(0,\phi) \in R \times C$ 都存在方程 (5) 的唯一解 x_t, 此解满足式 (8). 故 $z_t = x_t - X_0, G(x_t)$ 就满足式 (9). 式 (9) 右端定义了一个由 $\mathscr{B}_\beta(\psi,H)$ 到 C_P 的映像 $\overline{T}$, 现在要证明 $\overline{T}$ 是一个 $\mathscr{B}_\beta(\psi,H)$ 到自身的压缩映像. 记 $\xi = \overline{T}u, \forall u \in \mathscr{B}_\beta(\psi,H)$. 于是

$$|\xi(t)| \leqslant |T(t)\psi| + \int_0^t |T(t-s)X_0| \cdot$$
$$|F(h^{-1}(u(s)))| \, ds +$$
$$\int_0^t |d_s T(t-s)X_0| |G(y^{-1}(u(s)))|$$

由前面一段的分析知 $|h^{-1}(u(s))| \leqslant k_2 |u(s)|$. 又用定理条件 (2)(3) 得

$$|\xi(t)| \leqslant |T(t)\psi| + \int_0^t Ke^{-a(t-s)}(C_1 k_2 + C_2 k_2) \cdot$$
$$|u(s)|^{1+\eta} ds$$
$$\leqslant Kk_1 |\phi| e^{-at} + K\bar{k}_2 H^{1+\eta} \int_0^t e^{-a(t-s)} e^{-\beta(1+\eta)} ds$$

在 $\alpha = \beta$ 时

$$|\xi(t)| \leqslant [Kk_1 |\phi| /H + K\bar{k}_2 H^\eta /\alpha\eta] He^{-at}$$

适当选取 H 及 $|\phi|$ 可使上式方括号内小于 1. $\overline{T}$ 是 $\mathscr{B}_a(\psi H)$ 的自身映射.

下面证明 $\overline{T}$ 是压缩的.

设 $u, v \in \mathscr{B}_a(\psi H)$, 则

$$\overline{T}u(t) - \overline{T}v(t)$$

$$= \int_{01}^{t} T(t-s)X_0 \big[F(h^{-1}(u(s))) - F(h^{-1}(v(s))) \big] \mathrm{d}s -$$

$$\int_{0}^{t} \big[d_s T(t-s)X_0 \big] \big[G(h^{-1}(u(s))) - G(h^{-1}(v(s))) \big]$$

现在来计算积分中的差

$$F(h^{-1}(u(s))) - F(h^{-1}(v(s)))$$

及 $G(h^{-1}(u)) - G(h^{-1}(v))$. 有

$$| F(h^{-1}(u)) - F(h^{-1}(v)) |$$

$$\leqslant \sup_{t\in[0,1]} | F_\phi(\phi^*(t)) | | h^{-1}(u) - h^{-1}(v) |$$

这里 $\phi^*(t) = th^{-1}(v) + (1-t)h^{-1}(u), t\in[0,1]$.

因为 $| F_\phi(\psi) | / | \phi |^\eta \to 0 (| \psi | \to 0)$. 故

$$| F_\phi(\phi^*(t)) | \leqslant \varepsilon | \phi^*(t) |^\eta$$

$$\leqslant \varepsilon (| h^{-1}(u) | + | h^{-1}(v) |)^\eta$$

$$\leqslant \varepsilon k_2 (| u | + | v |)^\eta$$

现令 $\phi = h^{-1}(u), \psi = h^{-1}(v)$. 由 h 的定义

$$h(\phi) = u = \phi - X_0 G(\phi)$$

$$h(\psi) = v = \phi - X_0 G(\phi)$$

$$h^{-1}(u) - h^{-1}(v) = \phi - \psi = u - v + X_0(G(\phi) - G(\psi))$$

$$| h^{-1}(u) - h^{-1}(v) |$$

$$\leqslant | u - v | + | G(h^{-1}(u)) - G(h^{-1}(v)) |$$

$$| G(h^{-1}(u)) - G(h^{-1}(v)) |$$

$$\leqslant \sup_{t\in[0,1]} | G_\phi(\phi^*(t)) | | h^{-1}(u) - h^{-1}(v) |$$

$$\leqslant \varepsilon_1 k_2 (| u | + | v |)^\eta | h^{-1}(u) - h^{-1}(v) |$$

故　　　　$| h^{-1}(u) - h^{-1}(v) |$

$$\leqslant | u - v | / [1 - \varepsilon_1 k_2 (| u | + | v |)^\eta]$$

$$\leqslant | u - v | / [1 - C]$$

C 在 $| u |, | v |$ 足够小时可以任意小. 这样

$$\mid F(h^{-1}(u)) - F(h^{-1}(v)) \mid \leqslant \frac{\varepsilon k_2 (\mid u \mid + \mid v \mid)^{\eta}}{1-C} \mid u-v \mid$$

$$\leqslant \delta \mid u-v \mid$$

这里 δ 可以随 $\mid u \mid$，$\mid v \mid$ 充分小而任意小. 对 G 也有类似的结果. 于是

$$\mid \overline{T}u(t) - \overline{T}v(t) \mid \leqslant \int_0^t K e^{-(t-s)} 2\delta \mid u-v \mid \mathrm{d}s$$

$$\leqslant 2K\delta \mid u-v \mid /\alpha$$

取 $\mid u \mid$，$\mid v \mid$ 如此之小，以至于 $2K\delta/\alpha \leqslant e < 1$ 则

$$\mid Tu - Tv \mid \leqslant e \mid u-v \mid$$

这就证明了 $\overline{T}$ 是压缩的，前面又证明了 $\overline{T}$ 是从 $\mathcal{B}_a(\psi H)$ 到自身的映像，故存在不动点 $u \in \mathcal{B}_\beta(\psi H)$ 满足 $\overline{T}u = u$.

由不动点的唯一性知这个 u 就是 z_t. 即 $z_t \in \mathcal{B}_a(\psi H)$，因而 $\mid z_t \mid \leqslant He^{-at}$. 又由 $\mid x_t \mid \leqslant k_1 \mid z_t \mid$. 故 $\mid x_t \mid \leqslant k_1 He^{-at}$，或 $\mid x(0\phi)(t) \mid \leqslant k_1 He^{-at}$. H 可以因 $\mid \phi \mid$ 充分小而充分小，故得定理结论.

扭转映射的不动点与常微分方程的周期解

本章的内容有两个部分. 第一部分, 我们从两个不同的方面对经典的 Poincaré-Birkhoff 不动点定理加以推广. 第二部分, 我们利用第一部分中得到的不动点定理, 研究二阶常微分方程周期解的存在性.

Poincaré 在晚年研究限制性三体问题时, 提出了一个不动点定理. Poincaré 本人没有能够证明这个定理. 在他死后不久, Birkhoff 给出了这个定理的十分巧妙的证明. 现在通常称这个定理为 Poincaré-Birkhoff 定理.

令 (r, θ) 为平面 $\mathbf{R}^2$ 上的一个极坐标系, O 为其极点. 用 A 表示 $\mathbf{R}^2$ 上的一给定圆环域: $R_1 \leqslant r \leqslant R_2 \, (0 < R_1 < R_2)$.

定义 1　一个映射 $T:A \to \mathbf{R}^2 - \{0\}$ 称为"扭转的",如果它可以表示为

$$r^* = f(r,\theta),\ \theta^* = \theta + g(r,\theta) \tag{1}$$

其中 f 和 g 在 A 上连续,对于 θ 是 2π 周期的,并且满足以下的"扭转条件"

$$g(R_1,\theta) \cdot g(R_2,\theta) < 0 \tag{2}$$

这里,(r^*,θ^*) 表示 (r,θ) 在映射 T 下的像点.

Poincaré-Birkhoff 定理　设 T 是环域 A 到自身之上的一个保面积的同胚,它把 A 的两个边界圆均映为自身. 如果 T 是扭转的,则 T 在 A 中至少有两个不动点.

在这个定理中,要求 A 及其两个边界圆在 T 作用下都不变,这是一个很大的限制. 由于这一点,在长时期内这个定理很少得到应用. 直到不久前,Jacobowitz 对这个定理进行了改造. 他在 A 的内边界圆退缩为一点的情形,允许 A 的外边界圆在 T 作用下变动,同时对"扭转"的定义作相应的修改. 这样,他也得到了 T 在 A 内有两个不动点的结果. 中国科学院数学研究所的丁伟岳院士在 Jacobowitz 工作的基础上推广了 Poincaré-Birkhoff 定理. 他的结果(定理 2)允许 A 及其两个边界圆在 T 作用下变动,并且把 Poincaré-Birkhoff 定理作为自己的特例.

在第 2 节中,我们讨论非保面积的扭转映射的不动点. 假定 F 是从 $\overline{D}_2:r \leqslant R_2$ 到 $\mathbf{R}^2$ 中的连续映射. 我们证明(定理 4):如果 F 限制于 A 上是扭转的,则 F 在 $\overline{D}_2$ 中至少有一个不动点.

上述两个结果在第 3 节中被用来研究二阶微分方程

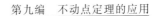

$$x'' + f(t,x) = 0 \qquad\qquad (3)$$

以及

$$x'' + f(t,x,x') = 0 \qquad\qquad (4)$$

的周期解的存在性. 我们的结果(关于方程(3)的)改进了 Jacobowitz 的结果. 由于 Jacobowitz 要求方程(3)具有零解,他的结果不能应用于重要的 Duffing 方程

$$x'' + g(x) = p(t)$$

但我们的结果可以应用于这个方程.

53.1　Poincaré-Birkhoff 定理的一个推广

本节我们将利用 Jacobowitz 改造 Poincaré-Birkhoff 定理所得到的结果. 为了适应本章的需要,我们对这一结果的叙述做了一些非本质的改动.

设 Γ_1 和 Γ_2 是 $\mathbf{R}^2$ 上包围原点 O 的两条简单闭曲线. 令 B_i 表示 Γ_i 所围的有界闭域, $A_i = B_i - \{O\}$, $i = 1, 2$.

定理 1(Jacobowitz)　设 T 是 A_1 到 A_2 上的一个保面积同胚. 又设 T 可以表示为 $r^* = f(r,\theta)$, $\theta^* = \theta + g(r,\theta)$, 其中 f 和 g 在 A_1 上连续,并对 θ 是 2π 周期的. 如果在 Γ_1 上 $g(r,\theta) < 0$, 而 $\lim\limits_{r\to 0} \inf\limits_{\theta} g(r,\theta) > 0$, 则 T 在 A_1 中至少有两个不动点 (r_i,θ_i), $i = 1, 2$, 满足 $g(r_i, \theta_i) = 0$.

以下,仍令 A 表示环域: $R_1 \leqslant r \leqslant R_2 (0 < R_1 < R_2)$. 又令 D_i 表示开圆盘

$$r < R_i \quad (i = 1, 2)$$

我们将证明：

定理 2 设 $T:A \to T(A) \subset \mathbf{R}^2 - \{O\}$ 是一保面积同胚．如果：

（1）T 是扭转的；

（2）存在一个保面积同胚 $T_0:\overline{D}_2 \to \mathbf{R}^2$ 满足 T_0 是 T 的扩张，即限制 $T_0 \mid A = T$，以及 $O \in T_0(D_1)$，则 T 在 A 中至少有两个不动点．

注 1 假定 T 满足 Poincaré-Birkhoff 定理的条件，则我们不难通过具体构造 T 的一个扩张 T_0 来证明 T 满足本定理的条件（2）．

我们通过以下的两个引理来证明定理 2．

引理 1 在定理 2 的条件下，存在 T 的另一扩张 $T_1:\overline{D}_2 \to \mathbf{R}^2$，它也是保面积同胚，而且以原点 O 为不动点．

证 由定理 2 的条件（2），$P = T_0^{-1}(O) \in D_1$．设点 P 与 O 的距离为 $2d < R_1$，并记线段 $\overline{O}_P$ 的中点为 O'．我们取一个以 O' 为极点的极坐标系 (ρ, φ)．利用这个坐标系定义映射 $S_1:\overline{D}_2 \to \overline{D}_2$ 如下

$$\rho^* = \rho, \quad \varphi^* = \varphi + h_1(\rho) \tag{5}$$

其中 h_1 是一个 C^∞ 函数，满足 $h_1(\rho) = \pi$，当 $\rho \leqslant d + \delta$；$h_1(\rho) = 0$，当 $\rho \geqslant d + 2\delta$．这里 δ 是一正数，使得

$$2d + 2\delta < R_1$$

从 S_1 的定义可以看出：（1）$S_1(O) = P = T_0^{-1}(O)$．（2）S_1 在以 O' 为心，$d + 2\delta$ 为半径的包含于 D_1 内的一个圆外是恒同映射，特别在 A 上是恒同的．（3）由式（5）可以直接验证 S_1 是保持面积元 $\rho \mathrm{d}\rho \mathrm{d}\theta$ 的微分同胚．（事实上，我们可直接写出 S_1^{-1} 的表达式：$\rho = \rho^*$，$\varphi = \varphi^* - h_1(\rho^*)$），显然 S_1^{-1} 是 C^∞ 可微的．然后，由于

Jacobi 行列式 $D(\rho^*,\varphi^*)/D(\rho,\varphi) \equiv 1$，我们有 $\rho^* \mathrm{d}\rho^* \mathrm{d}\varphi^* = \rho\mathrm{d}\rho\mathrm{d}\varphi$.）

现定义 $T_1 = T_0 \circ S_1$. 则由以上的 (1)—(3) 我们有：$T_1(O) = T_0(S_1(O)) = O$；$T_1 \mid A = T_0 \mid A = T$；以及 T_1 作为两个保面积同胚的复合，仍是保面积同胚. 引理 1 证毕.

由于 T 是扭转的，根据定义，T 具有一个表示 (1)，并且其中的 $f(r,\theta)$ 和 $g(r,\theta)$ 满足定义的各项条件. 为了确定起见，我们把扭转条件 (2) 特殊化为

$$g(R_1,\theta) > 0, g(R_2,\theta) < 0$$

引理 2　在定理 2 的条件下，存在 T 的一个扩张 $T_2: \overline{D}_2 \to \mathbf{R}^2$，它是保面积同胚，以 O 为不动点，并且它在 $\overline{D}_2 - \{O\}$ 上的限制可以表示为：$r^* = f_2(r,\theta), \theta^* = \theta + g_2(r,\theta)$，其中 f_2 与 g_2 在 $\overline{D}_2 - \{O\}$ 上连续，对 θ 是 2π 周期的，并且在 A 上有 $f_2(r,\theta) = f(r,\theta), g_2(r,\theta) = g(r,\theta)$，而在 $D_1 - \{O\}$ 上有 $g_2(r,\theta) \geqslant a > 0$.

证　令 T_1 为引理 1 给出的 T 的扩张. 由于 O 是 T_1 的不动点，T_1 把 $\overline{D}_2 - \{O\}$ 映入 $\mathbf{R}^2 - \{O\}$. 因而我们可以用极坐标把 T_1 在 $\overline{D}_2 - \{O\}$ 上表示为

$$r^* = f_1(r,\theta), \theta^* = \theta + g_1(r,\theta) \qquad (6)$$

其中 f_1 和 g_1 在 $\overline{D}_2 - \{O\}$ 上连续. 由于 $T_1 \mid A = T$，我们可以取 f_1 和 g_1 使得

$$f_1(r,\theta) = f(r,\theta), g_1(r,\theta) = g(r,\theta) \quad （对 (r,\theta) \in A)$$
$$(7)$$

由极坐标的性质可知：f_1 关于 θ 是 2π 周期的，而 g_1 满足

$$g_1(r,\theta + 2\pi) - g_1(r,\theta) = 2k\pi$$

其中 k 为某个整数. 由于 $g_1(r,\theta)$ 连续, $\overline{D}_2 - \{O\}$ 是连通域, 故 k 是不依赖于 (r,θ) 的常数. 又注意式 (7) 以及 $g(r,\theta)$ 对于 θ 的 2π 周期性, 可推出 $k=0$. 这说明 $g_1(r,\theta)$ 也对 θ 是 2π 周期的.

现注意: $g_1(R_1,\theta) = g(R_1,\theta) > 0$. 利用 g_1 对 θ 的 2π 周期性, 我们推出: 存在 $a > 0$ 和 $\delta > 0$, 使得

$$g_1(r,\theta) \geqslant a, \text{对于 } R_1 - \delta \leqslant r \leqslant R_1 \qquad (8)$$

令 $G(r) = \max_{\theta} |g_1(r,\theta)|$. 易见 $G(r)$ 是 $(0, R_2]$ 上的连续函数. 我们定义一映射 $S_2: \overline{D}_2 \to \overline{D}_2$ 如下

$$r^* = r, \theta^* = \theta + h_2(r) \qquad (9)$$

其中 h_2 是一个 C^∞ 函数, 满足: $h_2(r) \geqslant G(r) + a$ 对 $r \in (0, R_1 - \delta]$, $h_2(r) > 0$ 对 $r \in (R_1 - \delta, R_1)$, $h_2(r) = 0$ 对 $r \in [R_1, R_2]$. 我们容易验证: S_2 是保面积的同胚, 它在 A 上是恒同映射, 以及 $S_2(O) = 0$.

现定义 $T_2 = T_1 \circ S_2$. 由于 T_1 和 S_2 的性质我们看出: T_2 是 $\overline{D}_2$ 上的保面积同胚

$$T_2 \mid A = T_1 \mid A = T, \text{以及 } T_2(O) = 0$$

从式 (6) 和式 (9) 可知, T_2 在 $\overline{D}_2 - \{O\}$ 上可以表示为

$$r^* = f_2(r,\theta) \equiv f_1(r, \theta + h_2(r))$$

$$\theta^* = \theta + g_2(r,\theta) \equiv \theta + h_2(r) + g_1(r, \theta + h_2(r))$$

显然, f_2 与 g_2 连续, 并对 θ 是 2π 周期的. 并且, 由 h_2, f_1 和 g_1 的性质, 我们有: (1) 对于 $R_1 \leqslant r \leqslant R_2$, $h_2(r) = 0$, 故从式 (7) 可知: 在 A 上 $f_2(r,\theta) = f(r,\theta)$, $g_2(r,\theta) = g(r,\theta)$.

(2) 对于 $R_1 - \delta < r < R_1$, $h_2(r) > 0$ 以及 $g_1(r,\theta) \geqslant a$, 因而我们有

$$g_2(r,\theta) = h_2(r) + g_1(r, \theta + h_2(r))$$

$$> g_1(r,\theta + h_2(r)) \geqslant a$$

（3）对于 $0 < r \leqslant R_1 - \delta; h_2(r) \geqslant G(r) + a$，故有

$$g_2(r,\theta) \geqslant G(r) + a + g_1(r,\theta + h_2(r)) \geqslant a$$

由（2）和（3）我们得出：在 $D_1 - \{O\}$ 上 $g_2(r,\theta) \geqslant a$.

由于这样定义的 T_2 满足引理的所有要求，引理 2 得证.

定理 2 的证明　不难验证，引理 2 所给出的 T 的扩张 T_2 在 $\overline{D}_2 - \{O\}$ 上的限制满足 Jacobowitz 定理的所有条件；因此 T_2 在 $\overline{D}_2 - \{O\}$ 中至少有两个不动点 $(r_i,\theta_i), i = 1,2$，满足条件：$g_2(r_i,\theta_i) = 0$. 由于在 $D_1 - \{O\}$ 上 $g_2(r,\theta) \geqslant a > 0$，因此必有 $(r_i,\theta_i) \in A$. 但 $T_2 \mid A = T$，这说明 (r_i,θ_i) 也是 T 的两个不动点.

在应用定理 2 时，我们常常遇到这种情况，即 T 是在整个 $\mathbf{R}^2$ 上定义的保面积同胚. 这时定理 2 的条件（2）变得十分简单. 我们把这一点总结为：

定理 3　设 $T:\mathbf{R}^2 \to \mathbf{R}^2$ 是保面积同胚. 如果 T 在环域 A 上是扭转的，并且

$$O \in T(D_1)$$

则 T 在 A 中至少有两个不动点.

53.2　非保面积的扭转映射的不动点

本节中记号：A, D_1, D_2 的含义与前节相同.

我们容易通过简单的例子说明：在上一节的结果中，如去掉关于映射的保面积性的假设，则这些结果一般不再成立. 但是我们可以证明以下的：

定理 4　设 $F:\overline{D}_2 \to \mathbf{R}^2$ 为一连续映射. 如果 F 在

A 上是扭转的,则 F 在 D_2 中至少有一个不动点.

证 由于 F 在 A 上是扭转的,F 限制在 A 上可以表示为

$$r^* = f(r,\theta), \theta^* = \theta + g(r,\theta)$$

其中 f 和 g 连续,对 θ 是 2π 周期的,并且满足条件

$$g(R_1,\theta) \cdot g(R_2,\theta) < 0 \tag{10}$$

定义集合 $J = \{(r,\theta) \in A \mid g(r,\theta)=0\}$. 由 g 的连续性以及条件(10),易知 J 是 A 的一个非空的闭子集. 又定义

$$\Omega = \{P \in \mathbf{R}^2 \mid \text{存在连接原点 } O \text{ 与 } P \text{ 的连续曲线}$$
$$\alpha, \text{使得 } \alpha \bigcap J = \varnothing\}$$

显然 $D_1 \subset \Omega$,因而 Ω 非空. 又从式(10)可看出,任何连接原点 O 与 D_2 之外一点 P 的连续曲线都将与 J 相交,因此 $\Omega \subset D_2$. 我们还可证明:(1)Ω 是开集,(2)Ω 的边界 $\partial\Omega \subset J$. 由于(1)的证明与(2)的证明相似并更简单,我们只证(2).

假定(2)不成立,因而有一点 $P \in \partial\Omega$,但 $P \notin J$. 对每个正整数 n,令 B_n 为以 P 为圆心,半径为 $1/n$ 的开圆盘. 由于 $P \in \partial\Omega$,对每个 n 可以找到 $P_n \in B_n \bigcap \Omega$. 由 Ω 的定义,存在连接 O 与 P_n 的连续曲线 α_n,使得 α_n 不与 J 相交. 注意,α_n 与线段 $\overline{P_n P}$ 一起构成了一条连接 O 与 P 的连续曲线 β_n. 由于 $P \in \partial\Omega$,Ω 是开集,故 $P \notin \Omega$. 因此曲线 β_n 与 J 必有交点 q_n. 显然 $q_n \in \overline{P_n P} \bigcap J$. 现令 $n \to +\infty$,则 $q_n \to P$. 但 $q_n \in J$,而 J 是闭集,这导致 $P \in J$,与假设矛盾. 这证明了(2).

现假定映射 F 在 J 上没有不动点. 考虑映射 $G(P) \equiv F(P) - P$. 显然方程 $G(P)=0$ 的解对应于 F 的不动点. 我们的假定保证了这个方程在 J 上,因而在

$\partial\Omega$ 上没有解. 因此, Brouwer 度 $\deg(G,\Omega,O)$ 有意义.

令 (x,y) 为通常 $\mathbf{R}^2$ 上的直角坐标系. 我们定义映射 $W(x,y)=(-y,x)$. 令 I 表示 $\mathbf{R}^2$ 上的恒同映射, $\cdot$ 表示 $\mathbf{R}^2$ 上的内积. 我们有

$$I(P)\cdot W(P)=P\cdot W(P)=0 \quad (\forall P\in\mathbf{R}^2)$$

$$(11)$$

又令 $H(t,P)=(1-t)G(P)+tW(P)$ 为一同伦映射. 显然有 $H(0,P)=G(P)$, $H(1,P)=W(P)$. 注意, 对于 $P\in\partial\Omega\subset J$, 由于 J 的定义点 P 与 $F(P)$ 位于从原点出发的同一射线上, 故存在实数 λ, 使得

$$G(P)=F(P)-P=\lambda P$$

从而由式(11)可得

$$G(P)\cdot W(P)=0 \quad (\forall P\in\partial\Omega)$$

利用这一点, 我们有

$$W(P)\cdot H(t,P)=t\mid W(P)\mid^2>0 \quad (t\neq 0,P\in\partial\Omega)$$

这说明: 对于每个 $t\in[0,1]$ 和 $P\in\partial\Omega$, $H(t,P)\neq 0$. 据 Brouwer 度的同伦不变性, 我们得出

$$\deg(G,\Omega,O)=\deg(W,\Omega,O)$$

类似地, 在映射 W 与恒同映射 I 之间构造一个同伦, 再利用式(11), 就推出

$$\deg(W,\Omega,O)=\deg(I,\Omega,O)$$

由于 $O\in\Omega$, $\deg(I,\Omega,O)=1$. 从而有 $\deg(G,\Omega,O)=1$. 这说明存在 $P_0\in\Omega$ 使得 $G(P_0)=F(P_0)-P_0=0$. 显然, P_0 就是 F 的一个不动点.

以上推理说明, F 在 $\overline{\Omega}\subset D_2$ 中至少有一个不动点.

53.3 二阶微分方程的周期解

考虑二阶常微分方程

$$x'' + f(t, x, x') = 0 \qquad (12)$$

我们恒假定 $f : \mathbf{R}^3 \to \mathbf{R}$ 连续,对 t 有周期 $\omega > 0$,并能保证方程(12)对于初值问题的解的唯一性

考虑方程(12)的等价方程组

$$\begin{cases} x' = y \\ y' = -f(t, x, y) \end{cases} \qquad (13)$$

以 $x = \varphi(t, x_0, y_0)$,$y = \psi(t, x_0, y_0)$ 表示式(13)的满足初值 $x(0) = x_0$,$y(0) = y_0$ 的唯一的解. 现假定:

(H) 方程(12)的每一个解都在整个 t 轴上有定义.

在这个假定下,我们可以定义映射 $T_t : \mathbf{R}^1 \times \mathbf{R}^2 \to \mathbf{R}^2$ 为

$$T_t(x, y) = (\varphi(t, x, y), \psi(t, x, y))$$

这个映射连续,并且对每个固定的 t,T_t 是 $\mathbf{R}^2$ 到自身之上的同胚. 熟知:映射 T_ω 即是所谓的 Poincaré 映射,如 (x_0, y_0) 是 T_ω 的不动点,则 $x = \varphi(t, x_0, y_0) = \cdots = \psi(t, x_0, y_0)$ 就是方程组(13)的 ω 周期解.

引理 3 设方程(13)满足(H),则对于任给的 $a \geqslant 0$,存在 $N > 0$,使得对每个 $P \in \mathbf{R}^2$,只要 $|P| > N$ 就有 $|T_t(P)| > a$,$t \in [0, \omega]$.(这里 $|\quad|$ 表示 $\mathbf{R}^2$ 上的欧几里得范数.)

证 假定引理不真,则存在 $P_n \in \mathbf{R}^2$,$t_n \in [0, \omega]$,使得 $|P_n| \to +\infty$,而 $|T_{t_n}(P_n)| \leqslant a$. 通过取收敛的子

序列，我们可以设 $t_n \to t_0 \in [0,\omega]$ 以及 $q_n = T_{t_n}(P_n) \to q_0 (|q_0| \leqslant a)$. 注意，我们有 $P_n = T_{t_n}^{-1}(q_n)$，而 $T_t^{-1}(q)$ 是 $\mathbf{R} \times \mathbf{R}^2 \to \mathbf{R}^2$ 的连续映射. 故令 $n \to +\infty$，即有 $P_n \to T_{t_0}^{-1}(q_0)$. 这与 $|P_n| \to +\infty$ 相矛盾. 证毕.

定理 5　设 (1) 方程 (12) 满足条件 (H)；(2) 任给 $K > 0$，当 $|x| \to +\infty$ 时，$x^{-1} f(t,x,kx)$ 对于 $t \in [0,\omega]$ 和 $k \in [-K,K]$ 一致地趋于 $+\infty$；(3) 存在 $a > 0$ 和 $R_0 > 0$，使得只要 $x^2 + y^2 \geqslant R_0^2$，就有 $y^2 + xf(t,x,y) \geqslant a(x^2 + y^2)$. 则方程 (12) 至少有一个 ω 周期解.

证　由引理 3，存在 $R_1 > 0$，使得对于 $|P| \geqslant R_1$ 的 $P \in \mathbf{R}^2$，有 $|T_t(P)| > 0, t \in [0,\omega]$. 取 $R_2 > R_1$，R_2 的值待定，令 A 表示环域，$R_1 \leqslant r \leqslant R_2$. 我们将证：只要 R_2 取得充分大，映射 T_ω 在 A 上就是扭转的.

对方程组 (13) 作变换：$x = r\cos\theta, y = r\sin\theta$，则关于 r 和 θ 的方程组为

$$\begin{cases} r' = r\sin\theta\cos\theta - \sin\theta f(t,r\cos\theta,r\sin\theta) \\ \theta' = -\sin^2\theta - [\cos^2\theta f(t,r\cos\theta,r\sin\theta)/r\cos\theta] \end{cases}$$

$$(14)$$

令 $r = \bar{r}(t,r_0,\theta_0), \theta = \bar{\theta}(t,r_0,\theta_0)$ 表示式 (14) 的满足初值 $r(0) = r_0, \theta(0) = \theta_0$ 的解. 易见，只要 $r \neq 0$ 和 $\bar{r}(t,r,\theta) \neq 0$，$\bar{r}$ 和 $\bar{\theta}$ 就是 (t,r,θ) 的连续函数. 对于 $r \geqslant R_1$，我们有 $\bar{r}(t,r,\theta) = |T_t(P)| > 0, t \in [0,\omega], P = (r,\theta)$. 因此，$\bar{r}(t,r,\theta)$ 与 $\bar{\theta}(t,r,\theta)$ 在 $[0,\omega] \times [R_1,+\infty] \times \mathbf{R}$ 上连续，并且满足 $\bar{r}(t,r,\theta+2\pi) = \bar{r}(t,r,\theta)$ 和

$$\bar{\theta}(t,r,\theta+2\pi) - \bar{\theta}(t,r,\theta) = 2k\pi$$

其中 k 为一整数. 由于当 $t \in [0,\omega], r \geqslant R_1$ 时，上式左端连续，故 k 是常数. 特别取 $t = 0$，可知 $k = 1$. 利用这点

可以看出：$\bar{\theta}(\omega,r,\theta)-\theta$ 在区域 $r\geqslant R_1$ 上是 (r,θ) 的连续函数，并且对于 θ 是 2π 周期的.

现注意，T_ω 可以用极坐标表示为

$$r^* = \bar{r}(\omega,r,\theta), \theta^* = \theta + [\bar{\theta}(\omega,r,\theta)-\theta+2m\pi]$$

其中 m 为任一整数. 由以上的分析，只要 $r\geqslant R_1,\bar{r}(\omega,r,\theta)$ 和 $\bar{\theta}(\omega,r,\theta)-\theta+2m\pi$ 就是连续的，并对于 θ 是 2π 周期的. 取 m 足够大，使得

$$g(R_1,\theta)\equiv\bar{\theta}(\omega,R_1,\theta)-\theta+2m\pi>0$$

为证 T_ω 在 A 上扭转，我们只需证

$$g(R_2,\theta)=\bar{\theta}(\omega,R_2,\theta)-\theta+2m\pi<0 \qquad (15)$$

由以下的引理 4 可知，只要 R_2 充分大，不等式(15) 必然成立. 从而 T_ω 在 A 上扭转. 于是由定理 4，T_ω 在 D_2 中有一不动点，这个不动点对应于式(13)的一个 ω 周期解.

引理 4　对于任给的正整数 m 存在 $R_2>0$，使得只要 $r\geqslant R_2$，就有

$$\bar{\theta}(\omega,r,\theta)-\theta<-2m\pi$$

证　取充分小的正数 $\sigma<\pi/4$ 和充分大的正数 M，使得

$$\frac{4\sigma}{a}<\frac{\omega}{2m}, \frac{2\pi-4\sigma}{M\sin^2\sigma}<\frac{\omega}{2m} \qquad (16)$$

其中 a 由定理 5 的条件(3)给出. 又由定理 5 的条件(2)知，存在 $M_1>0$，只要

$$|x|\geqslant M_1, |y|\leqslant\cot\sigma\cdot|x| \qquad (17)$$

就有 $x^{-1}f(t,x,y)>M$.

由引理 3，我们可取 R_2 充分大，使得如果 $r\geqslant R_2$，就有

$$\bar{r}(t,r,\theta) \geqslant \max\{R_0,M_1/\sin\sigma\} \quad (t\in[0,\omega])$$
$$(18)$$

其中 R_0 由定理的条件(3)给出.

现考虑任一满足 $r \geqslant R_2$ 的解 $r(t)=\bar{r}(t,r,\theta)$, $\theta(t)=\bar{\theta}(t,r,\theta)$. 由于对 $t\in[0,\omega]$ 有 $r(t)\geqslant R_0$,不难从定理 5 的条件(3)和式(14)的第二个方程推出: $\theta'(t) \leqslant -a, t\in[0,\omega]$. 这说明 $\theta(t)$ 是单调下降的.下面我们对于 $\theta(t)$ 减少 2π 所需的时间作一估计.

假定 $[t_0,t_4]$ 是 $[0,\omega]$ 的一个子区间, $\theta(t_0)-\theta(t_4)=2\pi$. 为简化计算,我们不妨假定 $\theta(t_0)=\dfrac{\pi}{2}-\sigma+2k\pi$,其中 k 为某个整数. 由于 $\theta(t)$ 严格单调下降,可以唯一确定 $t_0 < t_1 < t_2 < t_3 < t_4$,使得

$$\theta(t_1)=-\frac{\pi}{2}+\sigma+2k\pi$$

$$\theta(t_2)=-\frac{\pi}{2}-\sigma+2k\pi$$

$$\theta(t_3)=-\frac{3\pi}{2}+\sigma+2k\pi$$

当 $t\in[t_0,t_1]$ 时,有

$$-\frac{\pi}{2}+\sigma \leqslant \theta(t)-2k\pi \leqslant \frac{\pi}{2}-\sigma$$

因而

$$|x(t)| = |r(t)\cos\theta(t)|$$
$$\geqslant \frac{M_1}{\sin\sigma}\cdot\cos\left(\frac{\pi}{2}-\sigma\right)=M_1$$

以及

$$\left|\frac{y(t)}{x(t)}\right| = |\tan\theta(t)| \leqslant \tan\left(\frac{\pi}{2}-\sigma\right)=\cot\sigma$$

这就是说条件(17)被满足,故有

$$f(t, r(t)\cos\theta(t), r(t)\sin\theta(t))/r(t)\cos\theta(t) > M$$

结合式(14)的第二个方程,就有

$$\theta'(t) < -\sin^2\theta(t) - M\cos^2\theta(t) < -M\sin^2\sigma$$

在$[t_0, t_1]$上积分此不等式,得

$$-\pi + 2\sigma = \theta(t_1) - \theta(t_0) < -M\sin^2\sigma(t_1 - t_0)$$

$$t_1 - t_0 < \frac{\pi - 2\sigma}{M\sin^2\sigma}$$

类似地,可得估计:$t_3 - t_2 < \dfrac{\pi - 2\sigma}{M\sin^2\sigma}$. 又利用$\theta'(t) \leqslant -a$,可得

$$t_2 - t_1 \leqslant \frac{2\sigma}{a} \quad \text{和} \quad t_4 - t_3 \leqslant \frac{2\sigma}{a}$$

把这些不等式相加,并利用式(16),就有$t_4 - t_0 < \dfrac{\omega}{m}$.

这说明在$t \in [0, \omega]$的情形,$\theta(t)$每减少2π所需的时间少于ω/m.

现设$\theta(\omega) - \theta(0) = \overline{\theta}(\omega, r, \theta) - \theta = -2n\pi + \varphi_1$,其中$n$是正整数,$0 \leqslant \varphi_1 < 2\pi$. 由于$\theta(t)$在0到$\omega$的时间内最多减少$n$个$2\pi$,而每减少一个$2\pi$的时间少于$\omega/m$,故有$n \cdot \dfrac{\omega}{m} > \omega$,即$n > m$. 从而有

$$\overline{\theta}(\omega, r, \theta) - \theta = -2n\pi + \varphi_1 \leqslant -2m\pi - 2\pi + \varphi_1$$
$$< -2m\pi$$

(注意n和m为整数,故$n > m \Rightarrow n \geqslant m + 1$.)

引理4证毕.

下面我们考虑方程

$$x'' + f(t, x) = 0 \tag{19}$$

我们假定$f: \mathbf{R}^2 \to \mathbf{R}$连续,对$t$有周期$\omega > 0$,并能保证

方程(19)对于初值问题解的唯一性.

方程(19)是方程(12)的特殊情形.在这种情形下,由于 f 不依赖于 x',方程(19)的 Poincaré 映射 T_ω 是保面积的同胚.这使得我们有可能应用定理3来确定这个方程周期解的存在性.我们将证明:

定理6　设(1)方程(19)的每个解都在整个 t 轴上有定义;(2)当 $|x|\to+\infty$ 时,$x^{-1}f(t,x)$ 对于 $t\in[0,\omega]$ 一致趋于 $+\infty$.则方程(19)有无穷多个 ω 周期解.

证　本定理的条件(1)(2)分别对应于定理5的条件(1)(2).另外,在方程(19)的情形,定理5的条件(3)不难由条件(2)推出.因此我们可以和定理5的证明一样,定义方程(19)的 Poincaré 映射 T_ω,并构造出圆环域 A,使得 T_ω 在 A 上是扭转的.注意在构造 A 的过程中,条件 $O\in T_\omega(D_1)$ 自然地被满足.于是因 T_ω 是 $\mathbf{R}^2$ 上的保面积同胚,定理3保证了 T_ω 在 A 中有两个不动点,它们对应于方程(19)的两个 ω 周期解.又注意到,我们在构造 A 时,R_1 可以取得任意大.因此我们可以在 $\mathbf{R}^2$ 上构造无穷多个互不相交的圆环域,使得 T_ω 在每个环域中至少有两个不动点.显然,这些不动点对应着方程(19)的无穷多个互不相同的 ω 周期解.

从以上的证明还可以看出:如果方程(19)满足定理6的条件,那么它具有振幅任意大的 ω 周期解.

作为定理6的一个应用,我们讨论 Duffing 方程
$$x''+g(x)=P(t) \tag{20}$$
其中 $g(x)$ 和 $P(t)$ 连续,$P(t+\omega)\equiv P(t)$.

推论1　如果方程(20)对于初值问题的解是唯一的,并且

$$\lim_{|x| \to +\infty} g(x)/x = +\infty \qquad (21)$$

那么它具有无穷多个 ω 周期解.

证 由于式(21),方程(20)满足定理 6 的条件(2).还可证方程(20)也满足定理 6 的条件(1).如果不然的话,式(20) 将有一个解 $x(t)$,它存在于某个有限的时间区间 $[t_0, t_1]$ 上,但是 $x^2(t) + [x'(t)]^2$ 在这个区间上无界.(这里我们假定 $t_1 > t_0$.对于 $t_1 < t_0$ 的情形,我们对式(20)作变换 $s = -t$,则可同样证明.)

由式(21)可知,存在 $C > 0$ 使得

$$C + \int_{x(t_0)}^{x} g(\xi) \mathrm{d}\xi \geqslant 0$$

对所有 $x \in \mathbf{R}$ 成立.现令

$$V(t) = \frac{1}{2}[x'(t)]^2 + \int_{x(t_0)}^{x(t)} g(\xi) \mathrm{d}\xi + C \quad (t \in [t_0, t_1))$$

仍由式(21)可知,由于 $x^2(t) + [x'(t)]^2$ 在 $[t_0, t_1)$ 上无界,$V(t)$ 也在此区间上无界.我们有

$$V't) = x'(t)x''(t) + x'(t)g(x(t)) = x'(t)P(t)$$

因而

$$V'(t) \leqslant \frac{1}{2}[x'(t)]^2 + \frac{1}{2}[P(t)]^2$$

令 $b = \max[P(t)]^2$,则有

$$V'(t) \leqslant \frac{1}{2}b + V(t) \quad (t \in [t_0, t_1))$$

利用 Gronwall 不等式,即可知 $V(t)$ 在 $[t_0, t_1)$ 上有界,这与前述矛盾.因此,方程(20)满足定理 6 的条件(1).于是,据定理 6,方程(20) 有无穷多个 ω 周期解.

最后,我们指出:不难利用定理 6 的证明方法来获得二维非自治 Hamilton 系统的周期解的存在定理.考虑 $2n$ 维的 Hamilton 方程组

$$\begin{cases} \dot{x} = -\dfrac{\partial H(t,x,y)}{\partial y} \\ \dot{y} = \dfrac{\partial H(t,x,y)}{\partial x}, (x,y) \in \mathbf{R}^{2n} \end{cases} \tag{22}$$

其中 $H: \mathbf{R}^{2n+1} \to \mathbf{R}^1$ 是 C^1 的 Hamilton 函数. 在 $n=1$ 的情形, 我们有以下的结果:

定理 7　设 $n=1$. 又设方程组(22)对于初值问题的解是唯一的, 并且它的每个解都在整个 t 轴上有定义. 如果

$$\lim_{x^2+y^2 \to +\infty} \frac{x\dfrac{\partial H}{\partial x} + y\dfrac{\partial H}{\partial y}}{x^2 + y^2} = +\infty$$

（对于 $t \in [0,\omega]$ 一致成立）

那么, 式(22)有无穷多个 ω 周期解.

这个定理的证明可以仿照定理 6 的证明作出, 其关键在于应用不动点定理 3. 一个有趣的问题是: 在 $n > 1$ 的情形是否有与这个定理相类似的结果? 对于这个问题, 目前已有了初步的然而是肯定的回答.

多值映像的不动点集的本质连通区及其对博弈论的应用

第 54 章

在文章《多值映像的本质不动点》中，我们曾对多值映像引进本质不动点的概念，并证明了任何映像均可用不动点全为本质不动点的映像来任意逼近.但是，甚至就在空间具有所谓不动点性质时，也并非任何映像均至少有一本质不动点，例如，区间[0,1]到自身的恒同映像就没有任何本质不动点.因此，Kinoshita 曾对单值映像引进不动点集的本质连通区的概念，并证明对于将 Hilbert 立方映入自身的单值连续映像，其不动点集至少有一本质连通区.中国科学院数学研究所的江嘉禾研究员在 1964 年对多值映像引进了不动点集的本质连通区的概念，并证明在 X 是一个赋范线性空间

的紧致凸集时,任何将 X 映入自身的上半连续多值凸映像的不动点集均至少有一个本质连通区.特别地,当被考虑的映像的不动点集全不连通时,它至少有一个本质不动点.此外,我们还要应用上述结果来研究博弈论,即我们将对 n 人非协作博弈引进平衡局势集的本质连通区的概念,并应用上述结果来证明任何博弈的平衡局势集均至少有一个本质连通区.特别地,当博弈的平衡局势集全不连通时,就至少有一个本质平衡局势.

1.令 X 是一个紧致度量空间,其度量为 d. 以 2^X 表示 X 的一切非空紧致子集所成的集合. 对于任何 $\varepsilon > 0$ 和任何 $\mathscr{X} \in 2^X$,令

$U(\varepsilon, \mathscr{X}) = \{x \mid x \in X,$ 存在 $\xi \in K,$ 使得 $d(x, \xi) < \varepsilon\}$

对于任何 $\mathscr{X} \in 2^X$ 和 $\mathscr{Y} \in 2^X$,定义 $\mathscr{X}$ 与 $\mathscr{Y}$ 的距离为

$$\mathscr{D}(\mathscr{X}, \mathscr{Y}) = \inf\{\varepsilon \mid \mathscr{X} \subset U(\varepsilon, \mathscr{Y}), \mathscr{Y} \subset U(\varepsilon, \mathscr{X})\}$$

于是,在这种度量下,2^X 成为一个紧致度量空间.

令 Y 是一个度量空间,度量为 h. 令 $f: Y \to 2^Y$ 是空间 Y 到空间 X 的一个多值映像,即是一个对应关系,使得对任何 $y \in Y, f(y) \in 2^X$ 是 X 的一个非空紧致子集. 我们说,f 在点 $y \in Y$ 处上半连续,如果对任意的 $\varepsilon > 0$,存在 $\delta > 0$,只要 $h(y, \eta) < \delta, \eta \in Y$,则

$$f(\eta) \subset U(\varepsilon, f(y))$$

我们说,f 在点 $y \in Y$ 处下半连续,如果对任意的 $\varepsilon > 0$,存在 $\delta > 0$,只要 $h(y, \eta) < \delta, \eta \in Y$,则

$$f(y) \subset U(\varepsilon, f(\eta))$$

显然可见,f 在点 y 处(关于度量 $\mathscr{D}$)为连续的充要条件是:f 在点 y 处上半连续且下半连续.此外,f 在点 y 处上半连续等价于下列条件

$$y_n \to y, x_n \to x, x_n \in f(y_n) \text{ 蕴含 } x \in f(y)$$

f 在点 y 处下半连续等价于下列条件

$$y_n \to y, x \in f(y), \text{则存在 } x_n \in f(y_n), \text{使 } x_n \to x$$

以 $C(Y, 2^X)$ 表示一切上半连续多值映像 $f: Y \to 2^X$ 所成的集合. 对于任何 $f \in C(Y, 2^X)$ 和任何 $g \in C(Y, 2^X)$, 定义它们的距离为

$$\rho(f, g) = \sup_{y \in Y} \mathscr{D}(f(y), g(y))$$

于是, 在这种度量下, $C(Y, 2^X)$ 成为一个完备度量空间.

令 $f \in C(X, 2^X)$. 所谓 f 的一个不动点 $x \in X$, 乃是指 $x \in f(x)$ 而言. 一般说来, 空间 X 并不具有所谓不动点性质, 即并非任何映像 $f \in C(X, 2^X)$ 均有不动点. 因此我们将考虑至少有一个不动点的一切映像 $f \in C(X, 2^X)$ 所成的子空间 $\tilde{C} \subset C(X, 2^X)$. 容易验证, $\tilde{C}$ 也是一个完备度量空间(见文章《多值映像的本质不动点》).

令 $f \in \tilde{C}$. 以 $F(f)$ 表示 f 的一切不动点所成之集. 由于 f 的上半连续性, $F(f)$ 是 X 的一个非空紧致子集. 因此建立了映像

$$F: \tilde{C} \to 2^X$$

容易验证: $F \in C(\tilde{C}, 2^X)$(见文章《多值映像的本质不动点》).

现在令 $C_0 \subset \tilde{C}$ 是任何一个子空间. 我们说, $x \in F(f)$ 是 f 关于 C_0 的一个本质不动点, 如果对任何 $\varepsilon > 0$, 存在 $\delta > 0$, 只要 $\rho(f, g) < \delta, g \in C_0$, 则 $x \in U(\varepsilon, F(g))$. 我们说, $f \in \tilde{C}$ 是关于 C_0 的一个本质映像, 如果每个 $x \in F(f)$ 都是 f 关于 C_0 的本质不动点. 今后, 在不引起任何误会时, 所谓 f 的本质不动点以及本质

映像将分别指 f 关于 $\widetilde{C}$ 的本质不动点以及关于 $\widetilde{C}$ 的本质映像. 这就是在文章《多值映像的本质不动点》中引进的概念.

引理 1　$f \in C_0$ 是关于 C_0 的本质映像的充要条件是:f 是 $F:C_0 \to 2^X$ 的连续点.

证　必要性. 只需证明 F 在 f 处下半连续即可. 事实上,对于任何 $\varepsilon > 0$,取 $F(f)$ 的有限 $\varepsilon/2$ 网,设为 $\{x_1,\cdots,x_n\}$. 由于 $x_i \in F(f)$ 均为 f 关于 C_0 的本质不动点,所以存在 $\delta > 0$,只要 $\rho(f,g) < \delta, g \in C_0$,则

$$x_i \in U(\varepsilon/2, F(g)) \quad (i=1,\cdots,n)$$

从而

$$F(f) = \bigcup_{i=1}^{n} U(\varepsilon/2, x_i) \subset U(\varepsilon, F(g))$$

充分性. 由于 F 在 f 处下半连续,对于任何 $\varepsilon > 0$,存在 $\delta > 0$,只要 $\rho(f,g) < \delta, g \in C_0$,则

$$F(f) \subset U(\varepsilon, F(g))$$

因此对每个 $x \in F(f)$ 均有 $x \in U(\varepsilon, F(g))$.

定理 1　若 $C_0 \subset \widetilde{C}$ 是一个完备子空间,则映像 $F:C_0 \to 2^X$ 的全体连续点构成 C_0 中一个处处稠密集. 换言之,对于任何 $f \in C_0$ 和任何 $\varepsilon > 0$,存在关于 C_0 的本质映像 $g \in C_0$,使得 $\rho(f,g) < \varepsilon$.

证　对于任何 $\varepsilon > 0$,令

$$N(\varepsilon) = \{f \mid f \in C_0, \text{对任何 } \delta > 0 \text{ 和任何 } \varepsilon' < \varepsilon,$$
$$\text{存在 } g \in C_0, \rho(f,g) < \delta, \text{使得}$$
$$F(f) \not\subset U(\varepsilon', F(g))\}$$

于是,映像 $F:C_0 \to 2^X$ 的全体连续点所成之集可以表示为

$$C_0^* = C_0 - \bigcup_{\varepsilon > 0} N(\varepsilon)$$

显然,若 $\eta < \varepsilon$,则 $N(\varepsilon) \subset N(\eta)$. 因此,若令 $\eta > 0$ 通过一切正有理数,则

$$C_0^* = C_0 - \bigcup_{\eta > 0} N(\eta)$$

由于 C_0 是完备度量空间,所以只需证明任何 $N(\varepsilon)$ 都是 C_0 中无处稠密的闭集即可.

(1)$N(\varepsilon)$ 是闭集. 令 $f \in \overline{N(\varepsilon)}$,我们来证明 $f \in N(\varepsilon)$. 对于任何 $\delta > 0$ 和任何 $\varepsilon' < \varepsilon$,取 ε_1,使 $0 < \varepsilon_1 < \varepsilon - \varepsilon'$. 由于 F 在 f 处上半连续,对于 $\varepsilon_1 > 0$,存在 $\delta_1 > 0$,只要 $\rho(f, g) < \delta_1, g \in C_0$,则 $F(g) \subset U(\varepsilon_1, F(f))$. 可设 $\delta_1 < \delta$,令 $\eta = \delta - \delta_1$. 由于 $f \in \overline{N(\varepsilon)}$,存在 $g \in N(\varepsilon)$,使得 $\rho(f, g) < \delta_1$. 于是存在 $g \in N(\varepsilon)$,使得

$$\rho(f, g) < \delta_1, F(g) \subset U(\varepsilon_1, F(f))$$

既然 $g \in N(\varepsilon)$,按条件有:对于 $\eta > 0$ 和 $\varepsilon'' = \varepsilon_1 + \varepsilon' < \varepsilon$,存在 $h \in C_0, \rho(g, h) < \eta$,使得

$$F(g) \not\subset U(\varepsilon'', F(h))$$

于是,对于 $\delta > 0$ 和 $\varepsilon' < \varepsilon$,存在 $h \in C_0, \rho(f, h) < \delta$,使得

$$F(f) \not\subset U(\varepsilon', F(h))$$

即 $f \in N(\varepsilon)$.

(2)$N(\varepsilon)$ 无处稠密. 由于 $N(\varepsilon)$ 是闭集,只需证明 $N(\varepsilon)$ 不能含有 C_0 的任何非空开集即可. 假若不然,令 $U \subset N(\varepsilon)$ 是 C_0 的一个非空开集. 我们取一系列正实数 $\varepsilon_i (i = 1, 2, \cdots)$ 和 $\eta > 0$ 使得

$$0 < \eta < \cdots < \varepsilon_{i+1} < \varepsilon_i < \cdots < \varepsilon_1 < \varepsilon$$

取 $f_1 \in U$. 设 $f_i \in U$ 已经选出. 由于 F 在 f_i 处的上半连续性,对于 $\varepsilon_i - \varepsilon_{i+1} > 0$,存在 $\delta > 0$,只要 $g \in C_0$, $\rho(f_i, g) < \delta$,则 $F(g) \subset U(\varepsilon_i - \varepsilon_{i+1}, F(f_i))$. 可设 f_i 的 δ 邻域含于 U. 由于 $f_i \in N(\varepsilon)$,所以对于 $\delta > 0$ 和

$\varepsilon_{i+1} < \varepsilon$,存在 $f_{i+1} \in C_0$,$\rho(f_i, f_{i+1}) < \delta$,使得

$$F(f_i) \not\subset U(\varepsilon_{i+1}, F(f_{i+1}))$$

于是我们选出了 $f_{i+1} \in U$,合于

$$F(f_{i+1}) \subset U(\varepsilon_i - \varepsilon_{i+1}, F(f_i))$$

因此,在 $j > i$ 时

$$F(f_i) \not\subset U(\varepsilon_j, F(f_j))$$

事实上,上式在 $j = i+1$ 时成立. 今设在 $j > i$ 为真. 若 $F(f_i) \subset U(\varepsilon_{j+1}, F(f_{j+1}))$,则由 $F(f_{j+1}) \subset U(\varepsilon_j - \varepsilon_{j+1}, F(f_j))$,所以得到 $F(f_i) \subset U(\varepsilon_j, F(f_j))$ 而与归纳假设矛盾. 因此,在 $i \neq j$ 时,我们或者有

$$F(f_i) \not\subset u(\varepsilon_j, F(f_j))$$

或者有

$$F(f_j) \not\subset U(\varepsilon_i, F(f_i))$$

总之,在 $i \neq j$ 时

$$\mathscr{D}(F(f_i), F(f_j)) \geqslant \min\{\varepsilon_i, \varepsilon_j\} > \eta > 0$$

于是序列 $F(f_i) \in 2^X$ 不含任何收敛子序列,这和 2^X 的紧致性矛盾. 证毕.

当 $C_0 = \widetilde{C}$ 时,从定理 1 得到在文章《多值映像的本质不动点》中证明了的结果:

推论 1　对于任何 $f \in \widetilde{C}$ 和任何 $\varepsilon > 0$,存在本质映像 $g \in \widetilde{C}$,使得 $\rho(f, g) < \varepsilon$.

令 $C(X) \subset \widetilde{C}$ 是由至少具有一个不动点的所有单值连续映像 $f: X \to X$ 所成的完备子空间,而 $C_0 = C_0(X) \subset C(X)$ 的任何一个完备子空间,则从定理 1 得到相应于单值映像的结果:

推论 2　若 $C_0(X) \subset C(X)$ 是一个完备子空间,则对任何 $f \in C_0(X)$ 和任何 $\varepsilon > 0$,存在关于 $C_0(X)$ 的本质映像 $g \in C_0(X)$,使得 $\rho(f, g) < \varepsilon$.

这个推论曾用来研究博弈论. 特别地, 在 $C_0(X) = C(X)$ 且空间 X 具有不动点性质时, 这个推论就是 Fort 所给出的结果:

推论 3(Fort) 若空间 X 具有不动点性质, 则对任何 $f \in C(X)$ 和任何 $\varepsilon > 0$, 存在关于 $C(X)$ 的本质映像 $g \in C(X)$, 使得 $\rho(f, g) < \varepsilon$.

2. 今设 $f \in \tilde{C}$. 令 $\mathscr{C}(f)$ 是 $F(f)$ 的一个连通区. 我们说, $\mathscr{C}(f)$ 是 $F(f)$ 关于 C_0 的一个本质连通区, 如果对于任何含有 $\mathscr{C}(f)$ 的开集 U, 存在 $\delta > 0$, 只要 $g \in C_0, \rho(f, g) < \delta$, 则 g 在 U 中至少有一不动点. 显然, 若 $\mathscr{C}(f)$ 含有 f 关于 C_0 的一个本质不动点, 则 $\mathscr{C}(f)$ 就是 $F(f)$ 关于 C_0 的一个本质连通区. 因此, 若 $f \in \tilde{C}$ 是关于 C_0 的一个本质映像, 则 $F(f)$ 的所有连通区都是关于 C_0 的本质连通区. 于是, 从定理 1 得到:

定理 2 若 $C_0 \subset \tilde{C}$ 是一个完备子空间, 则对任何 $f \in C_0$ 和任何 $\varepsilon > 0$, 存在 $g \in C_0$, 使得 $\rho(f, g) < \varepsilon$ 且 $F(g)$ 的所有连通区关于 C_0 都是本质的.

类似地, 我们也有相当于定理 1 的推论 1, 2, 3 的结果.

3. 今设 X 是某个赋范线性空间的一个紧致凸集. 以 $C_0 \subset C(X, 2^X)$ 表示一切凸映像 $f \in C(X, 2^X)$ 所成的子空间, 即对任何 $x \in (X, f(x)$ 是 X 的一个非空紧致凸集. 按照 Glicksberg 不动点定理, 任何 $f \in C_0$ 均至少有一不动点: $C_0 \subset \tilde{C}$. 此外, 容易验证, C_0 也是一个完备子空间.

定理 3 对于任何 $f \in C_0$, $F(f)$ 至少有一个关于 C_0 的本质连通区.

证 设 $F(f)$ 分解为它的连通区之和

$$F(f) = \bigcup_{\alpha} \mathscr{C}_{\alpha}(f)$$

其中,对于任何 $\alpha \neq \beta$, $\mathscr{C}_{\alpha}(f) \cap \mathscr{C}_{\beta}(f) = 0$,并且所有的 $\mathscr{C}_{\alpha}(f)$ 和 $F(f)$ 一样均为紧致集. 我们来证明,至少存在一个 $\mathscr{C}_{\alpha}(f)$ 关于 C_0 是本质的.

事实上,假若不然,任何 $\mathscr{C}_{\alpha}(f)$ 均非 $F(f)$ 关于 C_0 的本质连通区,则对每个 α,存在含有 $\mathscr{C}_{\alpha}(f)$ 的开集 U_{α},合于条件:对任何 $\delta > 0$,存在 $g_{\alpha} \in C_0$, $\rho(f, g_{\alpha}) < \delta$,使得 g_{α} 在 U_{α} 中没有不动点. 可以假定 $F(f) \cap U_{\alpha}$ 都是闭集. 由于 $F(f)$ 的紧致性,可以选取有限多个这样的开集 $U_{\alpha_1}, \cdots, U_{\alpha_m}$,组成 $F(f)$ 的一个覆盖

$$F(f) \subset \bigcup_{i=1}^{m} U_{\alpha_i}$$

令

$$F_1 = F(f) \cap U_{\alpha_1}$$

$$F_i = F(f) \cap U_{\alpha_i} - \bigcup_{j=1}^{i-1} U_{\alpha_j} \quad (i = 2, \cdots, m)$$

适当选取诸 U_{α_i} 后,可以假定 $F_i (i = 1, \cdots, m)$ 均非空集. 于是 $F(f)$ 就被分解为两两互不相交的非空间闭集 F_i 之和

$$F(f) = \bigcup_{i=1}^{m} F_i$$

因此,显然存在 $F(f)$ 的两个开覆盖 $\{W_i\}$ 和 $\{V_i\}$ ($i = 1, \cdots, m$),使得

$$F_i \subset W_i \subset \overline{W}_i \subset V_i \subset U_{\alpha_i} \quad (i = 1, \cdots, m)$$

$$V_i \cap V_j = 0 \quad (i \neq j)$$

由于紧致集 $X - \bigcup_{i=1}^{m} W_i$ 不含 f 的不动点,按照 f 的上半连续性,我们有

$$\inf_{x \in X - \bigcup_{i=1}^{m} W_i} \inf_{y \in f(x)} d(x, y) > 0$$

可见存在正数 $\delta > 0$,使得对一切 $x \in X - \bigcup\limits_{i=1}^{m} W_i$ 和任何 $y \in f(x)$ 有

$$d(x,y) > \delta$$

由于 $V_i \subset U_{a_i}$,所以存在 $g_i \in C_0$,$\rho(f,g_i) < \delta$,使得 g_i 在 V_i 中没有不动点. 我们现在定义一个映像 $g \in C_0$ 如下

$$g(x) = \begin{cases} f(x), x \in X - \bigcup\limits_{i=1}^{m} V_i \\ g_i(x), x \in \overline{W}_i \\ \{\alpha_i(x)y + \beta_i(x)z^i \mid y \in f(x), \\ z^i \in g_i(x), d(y,z^i) \leqslant \delta\}, x \in V_i - \overline{W}_i \end{cases}$$

其中

$$\alpha_i(x) = \frac{a_i(x)}{a_i(x) + b_i(x)}, \beta_i(x) = \frac{b_i(x)}{a_i(x) + b_i(x)}$$

$$a_i(x) = \inf_{\xi \in \overline{W}_i} d(x,\xi), b_i(x) = \inf_{\xi \in X - V_i} d(x,\xi).$$

今证 $g \in C_0$:

(1)对于任何 $x \in X$,$g(x)$ 非空. 只需验证 $x \in V_i - \overline{W}_i$ 时如此即可. 事实上,由于 $\rho(f,g_i) < \delta$,对于任何 $y \in f(x)$,存在 $z^i \in g_i(x)$,使 $d(y,z^i) < \delta$;同时,对任何 $z^i \in g_i(x)$,也存在 $y \in f(x)$,使 $d(y,z^i) < \delta$. 因为 X 是凸集,所以 $\alpha_i(x)y + \beta_i(x)z^i \in X$. 可见 $g(x)$ 非空.

(2)对于任何 $x \in X$,$g(x)$ 是凸集. 只需验证 $x \in V_i - \overline{W}_i$ 时如此即可. 事实上,对于

$$\alpha_i(x)y + \beta_i(x)z^i, y \in f(x), z^i \in g_i(x), d(y,z^i) \leqslant \delta$$

$$\alpha_i(x)\tilde{y} + \beta_i(x)\tilde{z}^i, \tilde{y} \in f(x), \tilde{z}^i \in g_i(x), d(\tilde{y},\tilde{z}^i) \leqslant \delta$$

以及

$$\lambda + \mu = 1 \quad (\lambda \geqslant 0, \mu \geqslant 0)$$

我们有

$$\lambda y + \mu \tilde{y} \in f(x), \lambda z^i + \mu \tilde{z}^i \in g_i(x)$$

$$d(\lambda y + \mu \tilde{y}, \lambda z^i + \mu \tilde{z}^i) \leqslant \lambda d(y, z^i) + \mu d(\tilde{y}, \tilde{z}^i) \leqslant \delta$$

所以

$$\lambda(\alpha_i(x)y + \beta_i(x)z^i) + \mu(\alpha_i(x)\tilde{y} + \beta_i(x)\tilde{z}^i)$$

$$= \alpha_i(x)(\lambda y + \mu \tilde{y}) + \beta_i(x)(\lambda z^i + \mu \tilde{z}^i) \in g(x)$$

（3）对于任何 $x \in X, g$ 在 x 处上半连续. 换言之，我们将证明：

$$\xi_n \in g(x_n), \xi_n \to \xi, x_n \to x \text{ 蕴含 } \xi \in g(x)$$

（由此可见，对于任何 $x \in X, g(x)$ 是紧致的）只需对 $x_n \in V_i - \overline{W}_i$ 的情形来验证即可. 假设

$$\xi_n = \alpha_i(x_n)y_n + \beta_i(x_n)z_n^i, y_n \in f(x_n), z_n^i \in g_i(x_n)$$

$$d(y_n, z_n^i) \leqslant \delta, y_n \to y, z_n^i \to z^i$$

于是 f 和 g_i 的上半连续性蕴含 $y \in f(x)$ 和 $z^i \in g_i(x)$. 此外，显然有 $d(y, z^i) \leqslant \delta$. 因此，在 $x_n \to x \in V_i - \overline{W}_i$ 的情形下，按照 $\alpha_i(x)$ 和 $\beta_i(x)$ 的连续性，我们有 $\xi = \alpha_i(x)y + \beta_i(x)z^i \in g(x)$；在 $x \in \overline{W}_i$ 时，由于 $\alpha_i(x_n) \to 0$ 及 $\beta_i(x_n) \to 1$，我们有 $\xi = z^i \in g_i(x)$；最后，在 $x \in X - \bigcup_{i=1}^{m} V_i$ 时，同理可证 $\xi = y \in f(x)$. 总之，无论如何，我们有 $\xi \in g(x)$，断言（3）证毕.

尽管 $g \in C_0$，但 g 却没有任何不动点. 事实上，任何 $x \in X - \bigcup_{i=1}^{m} V_i$ 和任何 $x \in \overline{W}_i$ 显然均非 g 的不动点. 此外，对于任何 $x \in V_i - \overline{W}_i$，也有 $x \notin g(x)$，即对任何 $\xi \in g(x)$ 有 $d(x, \xi) > 0$. 这是因为

$$\xi = \alpha_i(x)y + \beta_i(x)z^i \quad (y \in f(x), z^i \in g_i(x))$$

669

$$d(y, z^i) \leqslant \delta$$

所以

$$d(x, y) \leqslant d(x, \xi) + d(\xi, y)$$
$$\leqslant d(x, \xi) + d(y, z^i) \leqslant d(x, \xi) + \delta$$

而由于 $x \in X - \bigcup_{i=1}^{m} W_i$，所以 $d(x, y) > \delta$. 由此可见 $d(x, \xi) > 0$.

结果，我们造出了没有任何不动点的映像 $g \in C_0$. 这个矛盾就证明了至少存在 $F(f)$ 关于 C_0 的一个本质连通区. 定理 3 证毕.

今若以 $C(X)$ 表示所有单值连续映像 $f : X \to X$ 所成的空间，显然有 $C(X) \subset C_0$. 于是，从定理 3 推出：

推论 1　对于任何 $f \in C(X)$，$F(f)$ 至少有一个关于 $C(X)$ 的本质连通区.

特别地，在 X 是 Hilbert 立方时，上述推论就是 Kinoshita 的结果.

此外，假设被考虑的映像 f 的不动点集全不连通，即 $F(f)$ 的每个连通区均由唯一一点组成时，从定理 3 得到：

推论 2　对于任何 $f \in C_0$，当 f 的不动点集全不连通时，f 至少有一个关于 C_0 的本质不动点.

事实上，$F(f)$ 的一个连通区是由唯一一点组成且关于 C_0 为本质时，它作为 f 的一个不动点，关于 C_0 也是本质的.

同样，从定理 3 的推论 1 得到：

推论 3　对于任何 $f \in C(X)$，当 f 的不动点集全不连通时，f 至少有一个关于 $C(X)$ 类似于定理 3 的推论 3 的结果.

4. n 人非协作有限博弈的平衡局势集的本质连通

区. 令
$$\Gamma = \langle I, \{S_i\}_{i \in I}, \{H_i\}_{i \in I} \rangle$$
是一个 n 人非协作有限博弈, 其中 $I = \{1, \cdots, n\}$ 表示局中人的集合, S_i 表示局中人"i"的有限纯策略集
$$S_i = \{\pi^i_{\alpha_i} \mid \alpha_i \in M_i = \{1, \cdots, m_i\}\} \quad (i \in I)$$
记 $S = S_1 \times \cdots \times S_n, M = M_1 \times \cdots \times M_n; S$ 将称为 Γ 的纯局势集. 局中人"i"在纯局势 $\pi_a = (\pi^1_{a_1}, \cdots, \pi^n_{a_n}) \in S$ 下的赢得是
$$H_i(\pi^i_a) = a^i_a \quad (i \in I, \alpha = (\alpha_1, \cdots, \alpha_n) \in M)$$
以后, 在这节的全部讨论里, I 和 S_i 均保持固定. 于是博弈 Γ 就由数集 $a = (a^i_a)_{i \in I, a \in M}$ 完全确定. $a = (a^i_a)$ 称为 Γ 的确定集, 而具有确定集 $a = (a^i_a)$ 的博弈有时也记为 Γ_a.

以 $\mathscr{G}$ 表示所有这种博弈的集合. 对于 $\Gamma_2 \in \mathscr{G}, \Gamma_b \in \mathscr{G}$, 定义 Γ_a 和 Γ_b 的距离为
$$D(\Gamma_a, \Gamma_b) = \sum_{\substack{i \in I \\ a \in M}} \mid a^i_a - b^i_a \mid$$
于是, 在这种度量下, $\mathscr{G}$ 成为一个完备度量空间. 令
$$\Gamma^* = \langle I, \{S^*_i\}_{i \in I}, \{H^*_i\}_{i \in I} \rangle$$
是 $\Gamma = \Gamma_a$ 的自然扩充, 其中
$$S^*_i = \left\{ x^i = \sum_{a_i \in M_i} x^i_{a_i} \pi^i_{a_i} \mid x^i_{a_i} \geqslant 0, \sum_{a_i \in M_i} x^i_{a_i} = 1 \right\} \quad (i \in I)$$
是局中人"i"的混合策略集, $S^* = S^*_1 \times \cdots \times S^*_n$ 称为局势空间. 局中人"i"在局势 $x = (x^1, \cdots, x^n) \in S^*$ 下的赢得是
$$H^*_i(x) = H^*_i(x)(x^1, \cdots, x^n)$$
$$= \sum_{a = (a_1, \cdots, a_n) \in M} a^i_a x^1_{a_1} \cdots x^n_{a_n} \quad (i \in I)$$
我们说, 局势 $x = (x^1, \cdots, x^n) \in S^*$ 是 Γ 的一个平

衡局势,如果对每个 $i \in I$,有

$$H_i^*(x) = \sup_{y^i \in S_i^*} H_i^*(x \mid y^i)$$

其中 $(x \mid y^i) = (x^1, \cdots, x^{i-1}, y^i, x^{i+1}, \cdots, x^n)$ 表示在 x 中以 y^i 代 x^i 而得的局势.

为了引进平衡局势集的本质连通区的概念,我们在 S^* 中引进度量如下. 对于任何 $x \in S^*$ 和 $y \in S^*$,定义 x 和 y 的距离为

$$d(x,y) = \sum_{\substack{i \in I \\ a_i \in M_i}} \mid x_{a_i}^i - y_{a_i}^i \mid$$

显然,在这种度量下,S^* 可以视为欧氏空间的一个紧致凸集.

现在以 $C(S^*)$ 表示所有单值连续映像 $f: S^* \rightarrow S^*$ 所成的完备度量空间,其度量定义为

$$\rho(f,g) = \sup_{x \in S^*} d(f(x), g(x)) \quad (f, g \in C(S^*))$$

对于任何博弈 $\Gamma \in \mathcal{G}$,我们定义一个映像 $f_\Gamma \in C(S^*)$ 如下. 设

$$\Gamma = \langle I, \{S_i\}_{i \in I}, \{H_i\}_{i \in I} \rangle$$

对于任何 $x \in S^*, i \in I$ 和 $\beta_i \in M_i$,令

$$\varphi_{\beta_i}^i(x) = \max\{0, H_i^*(x \mid \pi_{\beta_i}^i) - H_i^*(x)\}$$

于是

$$f_\Gamma(x) = \overline{x} = (\overline{x}^1, \cdots, \overline{x}^n) \quad (x \in S^*)$$

其中

$$\overline{x}^i = \frac{x^i + \sum_{\beta_i \in M_i} \varphi_{\beta_i}^i(x) \pi_{\beta_i}^i}{1 + \sum_{\beta_i \in M_i} \varphi_{\beta_i}^i(x)} \quad (i \in I)$$

映像 f_Γ 称为 Γ 的 Nash 映像. 我们有下述结论:

(1) $x \in S^*$ 是 Γ 的一个平衡局势的充要条件是:x

是 f_Γ 的一个不动点.

(2) 令 $h(\Gamma)=f_\Gamma$,则 $h:\mathscr{G}\to C(S^*)$ 是连续的.

现在引进 Γ 的平衡局势集的本质连通区的概念如下.对于 $\Gamma\in\mathscr{G}$,以 $E(\Gamma)$ 表示 Γ 的平衡局势集.我们说,$E(\Gamma)$ 的一个连通区 $\mathscr{G}(\Gamma)$ 是一个本质连通区,如果对于任何含有 $\mathscr{G}(\Gamma)$ 的开集 U,存在 $\delta>0$,使得只要 $\Gamma'\in\mathscr{G}$,$D(\Gamma,\Gamma')<\delta$,则 Γ' 在 U 中至少有一平衡局势.

容易验证,在 $\mathscr{G}(\Gamma)$ 含有 Γ 的一个本质平衡局势时,它就是 $E(\Gamma)$ 的一个本质连通区.此外,若 $E(\Gamma)$ 的一个连通区是本质的且仅由一点组成时,它作为 Γ 的一个平衡局势也是本质的.

定理 4　对于任何 $\Gamma\in\mathscr{G}$,至少存在 $E(\Gamma)$ 的一个本质连通区.

证　按照定理 3 的推论 1 知,$F(f_\Gamma)$ 至少有一个关于 $C(S^*)$ 的本质连通区 $\mathscr{G}(\Gamma)$.由于 $E(\Gamma)=F(f_\Gamma)$,所以 $\mathscr{G}(\Gamma)$ 也是 $E(\Gamma)$ 的连通区.我们来证明 $\mathscr{G}(\Gamma)$ 是 $E(\Gamma)$ 的一个本质连通区.对于任何含有 $\mathscr{G}(\Gamma)$ 的开集 U,存在 $\delta>0$,只要 $g\in C(S^*)$,$\rho(f_\Gamma,g)<\delta$,则 g 在 U 中有一个不动点.由于 $h:\mathscr{G}\to C(S^*)$ 的连续性,存在 $\delta_1>0$,只要 $\Gamma'\in\mathscr{G}$,$D(\Gamma,\Gamma')<\delta_1$,则 $\rho(f_\Gamma,f_{\Gamma'})<\delta$.因而 $f_{\Gamma'}$ 在 U 中有一不动点,即 Γ' 在 U 中有一平衡局势.定理证毕.

从定理 4 推出:

推论 1　对于任何 $\Gamma\in\mathscr{G}$,当 $E(\Gamma)$ 全不连通时,Γ 至少有一本质平衡局势.

5.n 人非协作无限博弈的平衡局势集的本质连通区.令

$$\Gamma=\langle I,\{S_i\}_{i\in I},\{H_i\}_{i\in I}\rangle$$

是单位 n 立方上的一个 n 人非协作连续博弈,其中 $I =$ $\{1,\cdots,n\}$ 表示局中人的集合,每个局中人的无限纯策略集都是单位区间:$S_i = [0,1]\,(i \in I)$,单位 n 立方 $S =$ $S_1 \times \cdots \times S_n$ 称为 Γ 的纯局势空间. 此外,假定对任何 $i \in I$,局中人"i"的赢得

$$H_i(x) = H_i(x_1,\cdots,x_n) \quad (x \in S)$$

是 S 上的连续函数. 以后,在这节的整个讨论里,I 和 S_i 均保持固定,因而博弈 Γ 就由 n 个函数的集合 $\{H_i\}_{i \in I}$ 完全确定;$\{H_i\}_{i \in I}$ 称为 Γ 的确定集,而具有确定集 $\{H_i\}_{i \in I}$ 的博弈有时将记为 Γ_H.

以 $\mathscr{G}$ 表示所有这种博弈的集合. 对任何 $\Gamma_H \in \mathscr{G}$ 和 $\Gamma_G \in \mathscr{G}$,定义 Γ_H 和 Γ_G 的距离为

$$D(\Gamma_H,\Gamma_G) = \sum_{i \in I} \sup_{x \in S} \mid H_i(x) - G_i(x) \mid$$

于是在这种度量下,$\mathscr{G}$ 成为一个完备度量空间.

令

$$\Gamma^* = \langle I, \{S_i^*\}_{i \in I}, \{H_i^*\}_{i \in I} \rangle$$

是 $\Gamma = \Gamma_H \in \mathscr{G}$ 的自然扩充,其中局中人"i"的混合策略集 S_i^* 是 $S_i = [0,1]$ 上所有分布函数的集合,$S^* =$ $S_1^* \times \cdots \times S_n^*$ 称为局势空间. 局中人"i"在局势 $p =$ $(p_1,\cdots,p_n) \in S^*$ 下的赢得是
$$H_i^*(p) = H_i^*(p_1,\cdots,p_n)$$
$$= \underbrace{\int_0^1 \cdots \int_0^1}_{n} H_i(x_1,\cdots,x_n)\mathrm{d}p_1(x_1)\cdots\mathrm{d}p_n(x_n)$$
$$= \int_{(n)} H_i(x)\mathrm{d}p(x) \quad (i \in I)$$

我们说,局势 $p = (p_1,\cdots,p_n) \in S^*$ 是 Γ 的一个平衡局势,如果对每个 $i \in I$,有

$$H_i^*(p) = \sup_{q_i \in S_i^*} H_i^*(p \mid q_i)$$

其中 $(p \mid q_i) = (p_1, \cdots, p_{i-1}, q_i, p_{i+1}, \cdots, p_n)$ 表示在 p 中以 q_i 代 p_i 而得的局势,而

$$H_i^*(p \mid q_i) = H_i^*(p_1, \cdots, q_i, \cdots, p_n)$$
$$= \int_{(n)} H_i(x) \mathrm{d}(p \mid q_i)$$

为了引进平衡局势集的本质连通区的概念,让我们在空间 S^* 中引进一个度量如下. 令 $\mathscr{F}$ 是 $[0,1]$ 上的均匀有界且等度连续的函数族,由下列两种函数组成:

(1) 对于 $[0,1]$ 上的分布函数的任何有限线性组合

$$\lambda_p(\xi) + \cdots + \mu q(\xi), \lambda + \cdots + \mu = 0, \mid \lambda \mid + \cdots + \mid \mu \mid \neq 0$$

有

$$f(\xi) = \frac{1}{\mid \lambda \mid + \cdots + \mid \mu \mid} \int_0^\xi (\lambda p(\xi) + \cdots + \mu q(\xi)) \mathrm{d}\xi \in \mathscr{F}$$

(2) $f(\xi) \equiv 1 \in \mathscr{F}$.

对于任何 $p = (p_1, \cdots, p_n) \in S^*$ 和 $q = (q_1, \cdots, q_n) \in S^*$,定义 p 和 q 之间的距离为

$$d(p, q) = \sum_{i \in I} \sup_{f \in \mathscr{F}} \left| \int_0^1 f \mathrm{d}p_i - \int_0^1 f \mathrm{d}q_i \right|$$

可以证明,在度量 d 下,S^* 成为一个紧致度量空间,并且可以视为一个赋范线性空间 $\tilde{S}^*$ 的一个紧致凸集.

现在以 $C(S^*)$ 表示所有单值连续映像 $f: S^* \to S^*$ 所成的完备度量空间,其度量为

$$\rho(f, g) = \sup_{p \in S^*} d(f(p), g(p)) \quad (f, g \in C(S^*))$$

令 $\Gamma = \Gamma_H \in \mathscr{G}$,定义 Γ 的 Nash 映像 $f_\Gamma: S^* \to S^*$ 如下. 对于任何 $i \in I, \xi_i \in S_i$ 以及 $p \in S^*$,令

$$\varphi_{\xi_i}^i(p) = \max\{0, H_i^*(p \mid I_{\xi_i}^i) - H_i^*(p)\}$$

675

其中 $I_{\xi_i}^i \in S_i^*$ 定义为

$$I_{\xi_i}^i(x_i) = \begin{cases} 0, x_i < \xi_i \\ 1, x_i \geqslant \xi_i \end{cases} \quad (\xi_i > 0)$$

$$I_0^i(x_i) = \begin{cases} 0, x_i = 0 \\ 1, x_i > 0 \end{cases} \quad (\xi_i = 0)$$

于是 $f_\Gamma(p) = \overline{p} = (\overline{p}_1, \cdots, \overline{p}_n) \in S^*$，其中

$$\overline{p}_i(x_i) = \frac{p_i(x_i) + \int_0^{z_i} \varphi_{\xi_i}^i(p)\mathrm{d}\xi_i}{1 + \int_0^1 \varphi_{\xi_i}^i(p)\mathrm{d}\xi_i} \quad (x_i \in S_i)$$

我们有下述结论：

（1）$p \in S^*$ 是 $\Gamma \in \mathscr{G}$ 的一个平衡局势的充要条件是：p 是 f_Γ 的一个不动点.

（2）对于任何 $\Gamma \in \mathscr{G}$，我们有 $f_\Gamma \in C(S^*)$.

（3）对于 $\Gamma \in \mathscr{G}$，令 $h(\Gamma) = f_\Gamma$，则映像 $h: \mathscr{G} \to C(S^*)$ 是连续的.

现在引进平衡局势集的本质连通区的概念如下. 令 $\Gamma \in \mathscr{G}$，以 $E(\Gamma)$ 表示 Γ 的所有平衡局势的集合. 我们说，$E(\Gamma)$ 的一个连通区 $\mathscr{G}(\Gamma)$ 是一个本质连通区，如果对任何含有 $\mathscr{G}(\Gamma)$ 的开集 U，存在 $\delta > 0$，使得只要 $\Gamma' \in \mathscr{G}, D(\Gamma, \Gamma') < \delta$，则 Γ' 在 U 中至少有一平衡局势.

定理 5 对于任何 $\Gamma \in \mathscr{G}$，$E(\Gamma)$ 至少有一个本质连通区.

证 按照定理 3 的推论 1，$F(f_\Gamma)$ 至少有一个关于 $C(S^*)$ 的本质连通区 $\mathscr{G}(\Gamma)$. 由于 $E(\Gamma) = F(f_\Gamma)$，$\mathscr{G}(\Gamma)$ 也就是 $E(\Gamma)$ 的一个连通区. 我们来证明 $\mathscr{G}(\Gamma)$ 是 $E(\Gamma)$ 的一个本质连通区. 事实上，对于任何含有 $\mathscr{G}(\Gamma)$ 的开集 U，存在 $\delta > 0$，只要 $g \in C(S^*), \rho(f_\Gamma, g) < \delta$，

676

则 g 在 U 中至少有一不动点. 由于 $h:\mathscr{G}\to C(S^*)$ 的连续性,存在 $\delta_1>0$,只要 $\Gamma'\in\mathscr{G}$,$D(\Gamma,\Gamma')<\delta_1$,则 $\rho(f_\Gamma,f_{\Gamma'})<\delta$,因而 $f_{\Gamma'}$ 在 U 中至少有一不动点,即 Γ' 在 U 中至少有一平衡局势. 证毕.

最后,从定理 5 推出:

推论 1 对于任何 $\Gamma\in\mathscr{G}$,当 $E(\Gamma)$ 全不连通时,Γ 至少有一本质平衡局势.

事实上,如果 $E(\Gamma)$ 的一个连通区仅由唯一一点组成且为本质时,它作为 Γ 的一个平衡局势也是本质的.

关于微分方程的存在性定理

第 55 章

我们拟对由不动点定理得到存在性定理的一些方法做一概述，并对文献做一介绍. 作为一般的参考文献，有关早期的工作，我们应提到米兰达（Miranda,1955）和 Cronin(1964)，有关近期的工作，应提到 Browder(1973).

55.1　可资利用的方法

本章中，"求解"处处意指证明解的存在. 在求解非线性问题时，不动点方法是最重要的. 有几种方法可把非线性存在性问题归结为（函数空间中一映像的）不动点问题，我们首先给出最有用的方法.

方法 1　Leray-Schauder 的线性化方法（1934）. 设表达式 $D(f,g)$（可按任一方式包含 f 及 g）对 f 是线性的（使我们感兴趣的许多情形中，$D(f,g)$ 将含 f 的导数也可能含 g 的导数）. 又设线性方程

$$D(f,g)=0 \tag{1}$$

在某集 $\mathscr{M}$ 中对每一 g 有唯一的解 $f=Tg$. 则求方程（通常为非线性的）

$$D(f,f)=0 \tag{2}$$

在 $\mathscr{M}$ 中的一解，等价于求映像 T（在 $\mathscr{M}$ 中）的一不动点. 因而一特殊的非线性方程，便能借助于一个更一般的线性方程和一不动点问题来进行研究.

边界条件及可微性条件可包含在集 $\mathscr{M}$ 的定义中. 这样，我们必然得知式（1）具有满足这些条件的唯一解，因而也推出式（2）具有满足相同条件的解.

用此法进行工作，T 必然是"很少的"（即通常必定是一紧映像或一压缩映像）. 这就仿佛意味着式（1）和式（2）必须包含相同的最高阶导数，于是式（1）必须是相当轻度地非线性.

例如，为了解满足条件 $f(0)=0$ 的非线性方程

$$f'(t)+f(t)^2=\sin t \tag{2'}$$

我们可以取 $\mathscr{M}$ 为某一满足 $f(0)=0$ 的函数的集，并使用下列线性方程

$$f'(t)+g(t)^2=\sin t \tag{1'}$$

或

$$f'(t)+g(t)f(t)=\sin t \tag{1''}$$

方法 2　用一积分方程

$$y=J(y) \tag{3}$$

代替微分方程及其边界条件，其解便由映像 $y \rightarrow J(y)$

的不动点给出. 算子 J 通常涉及由某一特殊方法得到的"格林函数". 如果方法 1 中所提到的算子 T 能表示为一积分算子,则式(3)型的方程更为经常地出现. 可是,为了得出把映像表示为积分算子 J 的显式,较之于直接使用方法 1,可能要困难得多. 若我们希望证明 J 给出一个压缩映像,得出 J 的积分公式可能是有用的.

在大多数情况下,把一微分方程化为式(3)的形式将是不容易的.

方法 3   55.3 节中的延拓方法常常结合线性化方法一起使用. 按照这种方法,我们无须求出被映像 U_1(它是我们真正所关心的)映入其自身的集 $\mathcal{M}$(集 $\mathcal{M}$ 通常被更简单的映像 U_0 映入其自身).

方法 4   有时可以求出具有周期初始条件的方程的周期解.

55.2   常微分方程

记 $\dfrac{\mathrm{d}y}{\mathrm{d}t}$ 为 y'. 现研究一常微分方程组,它可以写成如下形式的一阶方程组

$$\begin{cases} y'_1 = f_1(t, y_1, y_2, \cdots, y_n) \\ \qquad\qquad \vdots \\ y'_n = f_n(t, y_1, y_2, \cdots, y_n) \end{cases} \tag{4}$$

或更简单地

$$Y'(t) = F(t, Y(t)) \tag{5}$$

其中

$$Y = (y_1, \cdots, y_n)$$

$$F = (f_1, \cdots, f_n)$$

我们将使用 $\mathbf{R}^n$ 上任一通常的范数,且记 X 的范数为 $\parallel X \parallel$.

我们来寻求式(5)的解使得

$$Y(a) = B \tag{6}$$

其中实数 a 及 $\mathbf{R}^n$ 中的点 B 是已知的.我们将设 F 对 Y 及 t 是连续的,即假定每个 f_r 对 $y_1, \cdots, y_n$ 及 t 是连续的.

使用线性化方法,为了在某一集 $\mathcal{M}$ 中寻求式(5)(6)的解,我们对 $\mathcal{M}$ 中的每一 X,考察满足式(6)的线性方程

$$Y' = F(t, X) \tag{7}$$

的解 $Y = UX$.

在所有与我们有关的情形中,$Y = UX$ 由式(6)(7)所唯一决定,且有

$$UX(t) = B + \int_a^t F(s, X(s)) \mathrm{d}s \tag{8}$$

于是为了求式(5)(6)的解,我们需求由式(5)所给出的映像 U 的不动点.

定理 1(Cauchy-Lipschitz) 令 (a, B) 为 $\mathbf{R}^1 \times \mathbf{R}^n$ 的开子集 S 的一点.假设:

(1)函数 $F(t, X)$ 在 S 中连续;

(2)F 满足下述形式的 Lipschitz 条件:对某实数 K 及 S 中的所有点 (t, X) 及 (t, Y),有

$$\mid F(t, X) - F(t, Y) \mid \leqslant K \mid X - Y \mid$$

则在 a 的某个邻域内存在式(5)(6)的唯一解.

证 我们定义一个集 $\mathcal{M}$,但 $\mathcal{M}$ 中的元素现在为 $\mathbf{R}^1$ 到 $\mathbf{R}^n$ 的函数,其图像在 $\mathbf{R}^1 \times \mathbf{R}^n$ 的子集 $R = \overline{N}(a, d) \times$

$\overline{N}(B, Ld)$ 中. 如前所述,我们知道,由式(8) 所定义的映像 U 是 $\mathcal{M}$ 到 $\mathcal{M}$ 内的压缩映像,且有唯一不动点. 这就给出了式(5)(6) 的解,我们可以断定式(5)(6) 的任一解实际上必定在 $\mathcal{M}$ 中,于是这个解是唯一的.

注 1 (1) 定理 1 的条件(2) 等价于下述论断:每一函数 f_i 关于每个变元 y_j 满足 Lipschitz 条件.

(2) 为了从定理 1 得出一个大范围的结果,我们必须施行解的逐次扩张,Cronin(1964,定理 $\mathbb{I}$.1.7) 证明解可以扩张到 S 的边界. 在 Edwards(爱德华兹,1965) 中给出了 Bieleck(1956) 的方法证明,在 S 是一个无限带 $(a-\delta, a+\delta) \times (-\infty, +\infty)$ 的地方,利用范数

$$N(X) = \sup\{e^{-cK|t-a|} \mid X(t) \mid \mid t \in (a-\delta, a+\delta)\}$$

我们可以求得式(5)(6) 的唯一解在整个 $(a-\delta, a+\delta)$ 上成立. 上式中 c 为任意大于 1 的定数. 借助于这个范数,式(8) 在 $C(a-\delta, a+\delta)$ 中定义一压缩映像 U,这种"大范围"方法仅适用于 Lipschitz 条件在一个无限带内成立的情况,而不适用于像 $y' = y^2$ 这样的方程. Stokes(斯托克斯,1960) 对于 $0 < t < +\infty$ 得出式(5)(6) 的解,这些解属于 $(0, +\infty)$ 上的各种函数空间.

定理 2[Peano(皮亚诺)] 若 $F(t, Y)$ 在 (a, B) 的一邻域内是 t 和 Y 的连续函数,则

$$Y' = F(t, Y), Y(a) = B$$

在 a 的一邻域内至少有一解.

证 我们可以假定当 $|t-a| \leqslant \varepsilon$ 及 $|Y-B| \leqslant \varepsilon$ 时,$|F(t, Y)| \leqslant K$. 选取 δ 使得 $\delta \leqslant \varepsilon$ 且 $\delta K \leqslant \varepsilon$. 令 $\mathcal{S}$ 为定义在 $|t-a| \leqslant \delta$ 上而取值于 $\mathbf{R}^n$ 的连续函数的

空间,我们采用一致范数.设 $\mathscr{M}$ 是 $\mathscr{S}$ 的闭凸子集,它由对一切 t 满足 $|Y(t)-B| \leqslant \delta K$ 的函数 Y 所组成.由式(8) 定义 U,则当 $Y \in \mathscr{M}$ 且 $|t-a| \leqslant \delta$ 时

$$|UY(t)-B| = \left| \int_a^t F(t,Y(t))\mathrm{d}t \right| \leqslant \delta K$$

故 U 映 $\mathscr{M}$ 到 $\mathscr{M}$ 内.当 $Y, Z \in \mathscr{M}$ 且 $\|Y-Z\| \to 0$ 时,由 F 的一致连续性有

$$\|UY-UZ\|$$
$$= \sup_t \left| \int_a^t [F(s,Y(s)) - F(s,Z(s))]\mathrm{d}s \right| \to 0$$

故 U 是连续的.又

$$\|Uy\| \leqslant |B| + \delta K$$

且

$$|UY(s) - UY(t)| \leqslant \left| \int_s^t F(t,Y(t))\mathrm{d}t \right|$$
$$\leqslant K|s-t|$$

于是 $U\mathscr{M}$ 是一致有界且等度连续的函数族,从而 $U\mathscr{M}$ 是准紧的.根据 Schauder 定理,U 有一不动点 Y,这就给出式(5)(6) 的解.

关于解析性的问题可处理如下:

定理 3[Picard(皮卡)] 若在 (a,b) 的一邻域内,$f(t,y)$ 为 t 和 y 的解析函数,则

$$y' = f(t,y), y(a) = b \tag{9}$$

在 a 的一邻域内有唯一解析解.

证 我们可以假定当 $|t-a| \leqslant \varepsilon$ 及 $|y-b| \leqslant \varepsilon$ 时,有 $|f| \leqslant K$ 及 $\left| \dfrac{\partial f}{\partial y} \right| \leqslant L$.现选取

$$\delta \leqslant \min\left\{ \varepsilon, \frac{\varepsilon}{K}, \frac{1}{2L} \right\}$$

设 $\mathscr{M}$ 为这样的函数 y 所成的集,这些 y 当 $|t-a| < \delta$

时是解析的，当 $|t-a|\leqslant\delta$ 时是连续的，且当 $|t-a|\leqslant\delta$ 时满足 $|y-b|\leqslant K\delta$. 显然，$\mathcal{M}$ 按一致范数是完备的. 当其理解积分为复围道积分时，用式（8）定义映像 U，则 U 映 $\mathcal{M}$ 到 $\mathcal{M}$ 内. 于是，对 $\mathcal{M}$ 中的 h 及 g，有

$$\|Uh-Ug\|$$
$$=\sup_z\left|\int_a^z[f(t,h)-f(t,g)]\mathrm{d}t\right|$$
$$\leqslant\sup_z|z-a|L\sup_t|h(t)-g(t)|$$
$$\leqslant\delta L\|h-g\|$$
$$\leqslant\frac{1}{2}\|h-g\|$$

所以压缩映像定理表明 U 在 $\mathcal{M}$ 中有唯一不动点，这是式（9）的唯一解. 任一解 y 在 a 的一邻域内具有复导数，从而 y 在 a 的附近是解析的，于是当取 δ 足够小时，y 在 $\mathcal{M}$ 中是解析的.

若有问题
$$y'=f(t,y,\lambda),y(a)=b$$
则我们可考虑函数 $y(t,\lambda)$ 的空间，并可得出依赖于参数 λ 的解. 若 f 是解析的，则解是解析的；若 f 是连续的且关于 y 满足 Lipschitz 条件，则解是连续的.

55.3　两点边界条件

遵从巴斯（1958）和爱德华兹（1965）所讨论过的一个问题是

$$\frac{\mathrm{d}^2x}{\mathrm{d}t^2}=f\left(t,x,\frac{\mathrm{d}x}{\mathrm{d}t}\right)\quad(0\leqslant t\leqslant T)\qquad(10)$$

及给定的端点条件 $x(0)=a,x(T)=b$. 所作的假定是在 $[0,T] \times R \times R$ 上 f 连续且有界. 其方法是把问题化为一积分方程

$$x(t)=a+\frac{(b-a)t}{T}-$$

$$\int_0^T G(t,s)f(s,x(s),x'(s))\mathrm{d}s \qquad (11)$$

（格林函数 G 由一简单的显式给出）. 考虑 $C^{(1)}$ 到 $C^{(1)}$ 的映像 U, 它映每一 x 成式(11)的右边, 我们需求 U 的一不动点. 据 f 的有界性及 Ux 的表达式, 即得点 Ux 的集是准紧的, 于是由 Schauder 定理知, 存在一不动点. 其详见上述资料.

现在我们指出运用线性化方法, 可以不用格林函数求解此问题. 定义 $C^{(1)}$ 到 $C^{(1)}$ 内的映像 U, 对于 $C^{(1)}$ 中的 $y,Uy=x$ 是下面方程的唯一解

$$x''(t)=f(t,y(t),y'(t))$$

$$x(0)=a$$

$$x(T)=b$$

（恰当选定常数, 两次积分求得 x）. 现在我们来证明在 $C^{(1)}$ 中 $UC^{(1)}$ 是准紧的. 若 $x=Uy$, 则有 $|x''(t)| \leqslant K(\forall t)$. 又因为 $x(0)=a,x(T)=b$, 一个简单的特定的讨论便给出 $|x'(t)|$ 及 $|x(t)|$ 的与 x 无关的界. 有了 x,x' 及 x'' 的这样的界, 便知点 $x=Uy$ 的集在 $C^{(1)}$ 中是准紧的. 一个初等的讨论指出 U 从 $C^{(1)}$ 到 $C^{(1)}$ 是闭的. 于是由下面的引理 1, U 是连续的, 而且由 Schauder 定理, 给出 U 的不动点. U 的这个不动点便是所要求的式(10)的解.

引理 1（"闭图像"定理）　度量空间 $\mathscr{M}$ 到紧度量空间 $\mathscr{N}$ 内的任一闭的单值映像 U 是连续的.

证 若 $x_n \in \mathcal{M}$ 及 $x_n \to y \in \mathcal{M}$,但 $Ux_n \nrightarrow Uy$,不失一般性,则可假定 $Ux_n \to z \in \mathcal{N}$ 且 $z \neq Uy$,于是就会得到 $\langle y,z \rangle$ 在 U 的图像中,这是一个矛盾.

55.4 周期解的存在性

寻求动态问题的周期解的不动点方法曾被 Poincaré(1912) 使用过,关于它的证明及进一步的讨论见 Birkhoff 的文章(1913,1927). 在下列结果中用的是本质上相同的方法.

定理 4 考虑方程
$$X'(t) = F(X,t) \tag{12}$$
(其中的 X 及 F 在 $\mathbf{R}^n$ 中取值). 假定:

(1) 对闭球 B^n 中的每一点 P_0,在 $[0,+\infty)$ 上存在唯一解使得 $X(0) = P_0$;

(2) 若 $X(0) \in B^n$,则对一切 $t > 0$,有 $X(t) \in B^n$;

(3) $X(t)$ 连续地依赖于 $X(0)$;

(4) 作为 t 的函数,F 有周期 $T > 0$.
则方程(12) 有以 T 为周期的解.

证 对 B^n 中每一点 P_0,对于满足 $X(0) = P_0$ 的解 $X(t)$,我们考察点 $P_T = X$ (T). 由 (2)(3) 及 Brouwer 定理知,映像 $P_0 \to P_T$ 有一不动点,比如说 Z. 考虑合于 $P_0 = P_T = Z$ 的解. 显然这个轨道具有周期 T——关于它的一个证明,见 Cronin(1964,$\mathrm{II}.3.2$).

注 2 关于把这一结果应用于某些二阶 Sturm-Liouville 方程的周期解的问题,见 Cronin(1964,$\mathrm{II}.9.16$).

　　Browder(1965,1973)应用一个类似的方法得到了发展方程

$$\frac{\mathrm{d}u}{\mathrm{d}t} + A(t)u = f(t,u) \qquad (13)$$

的周期解.这里,每个 $A(t)$ 都是 Hilbert 空间 $\mathscr{H}$ 中的一个线性算子,$f(t,u)$ 映 $\mathbf{R}^1 \times \mathscr{H}$(的一个子集)到 $\mathscr{H}$ 内,所作的假设在于保证对每一 $s \geqslant 0$ 和每一给定的值 $u(s)$,式(13)在 $[s,+\infty)$ 上具有唯一解.关于线性算子 $A(t)$ 及非线性算子 $f(t,\cdot)$ 的进一步(单调性)的假设,则又保证了映像 $u(s) \rightarrow u(t)$ 在 $t > s$ 时是非扩张的.

　　在 $A(t)$ 及 $f(t,u)$ 作为 t 的函数具有周期 p 的情况下,为了得到周期解,还应做决定性的假设:对某一 $R > 0$,当 $\|u\| = R, t \in [0,p]$ 时

$$\mathrm{Re}(f(t,u),u) < 0$$

这一假设被用来计算 $\dfrac{\mathrm{d}\|u(t)\|^2}{\mathrm{d}t}$,结果得知当 $\|u(t)\| = R$ 时它是负的.这样,已成为半径为 R 的球中的解 $u(t)$ 必将继续保持在此球中.于是,$u(0) \rightarrow u(p)$ 就给出这个球到其自身内的一映像,且它有一不动点.而合于 $u(0) = u(p)$ 的解就是一个具有周期 p 的解.

　　Güssefeldt(1970)用完全不同的方法得到了方程

$$x'(t) = F(x,t) \qquad (14)$$

的周期解.将方程(14)代入积分方程

$$x(t) = \int_0^w G^A(t,s)f(x(s),s)\mathrm{d}s \qquad (15)$$

其所有解都是周期的.通常的不动点方法可用于研究式(15),无需去注意周期性.这样所得到的解就是式(14)所要求的周期解.

微分方程的周期解也曾由"渐近"不动点定理导出,有关参考文献可见 Jones(琼斯,1965).

55.5　偏微分方程:格林函数的应用

我们来研究曾为 Nemyckii(涅梅茨基,1936) 讨论过的一个问题.关于其他的例子,见 Cacciopoli(卡乔波利,1930).

考察有光滑边界 Γ 的平面有界区域 G 及其闭包 $\overline{G} = G \bigcup \Gamma$.记 G 中的点为 P 及 Q.我们欲求解下列问题

$$\nabla^2 f(P) = -h(P, f(P)) \quad (\text{于 } G \text{ 中})$$
$$f = f_0 \quad (\text{在 } \Gamma \text{ 上}) \tag{16}$$

(其中的 ∇^2 是拉普拉斯算子 $\dfrac{\partial^2}{\partial x^2} + \dfrac{\partial^2}{\partial y^2}$,又 f_0 是 Γ 上一给定的连续函数).

若使用线性化方法,则讨论似乎最为清晰.于是对任一 $g \in C(\overline{G})$,我们来考虑线性方程

$$\nabla^2 f(P) = -h(P, g(P)) \quad (\text{于 } G \text{ 中})$$
$$f = f_0 \quad (\text{在 } \Gamma \text{ 上}) \tag{17}$$

引理 2　对在 $\overline{G}$ 中连续的每一函数 g 和在 Γ 上连续的每一函数 f_0,存在方程(17)的唯一解 f,此解由下式明显地给出

$$f(P) = \phi(P) + \iint_G K(P, Q) h(Q, g(Q)) \mathrm{d}Q \tag{18}$$

其中 ϕ 是问题

$$\nabla^2 \phi = 0 \quad (\text{于 } G \text{ 中})$$
$$\phi = f_0 \quad (\text{在 } \Gamma \text{ 上}) \tag{19}$$

688

的解,而 K 为区域 G 的"格林函数".

　　证明概要:因式(17)是线性的,故其解可作为式 (19) 的解 ϕ 及

$$\nabla^2 f = -h(P, g(P)) \quad (\text{于 } G \text{ 中})$$
$$f = 0 \quad (\text{在 } \Gamma \text{ 上}) \qquad (20)$$

的解之和而得出.借助于格林函数 K,式(20)的解由

$$f = \iint_G -K(P, Q) h(Q, g(Q)) \mathrm{d}Q$$

给出.于是式(17)的解便有式(18)的形式.

　　考虑完备度量空间 $\mathcal{M} = C(\overline{G})$.对 $g \in \mathcal{M}$,令 $f = Ug$ 为式(17)的解.引理保证了映像 U 是完全有定义的, 且 $f = Ug$ 由式(18)明显地给出.利用式(18),我们看 出 U 映 $\mathcal{M}$ 到 $\mathcal{M}$ 内,且对 $\mathcal{M}$ 中的 g 及 j 有

$$\| Ug - Uj \|$$
$$= \sup_P \left| \iint_G K(P, Q)(h(Q, g(Q)) - \right.$$
$$h(Q, j(Q))) \mathrm{d}Q \Big|$$
$$\leqslant \sup_P \left| \iint_G K(P, Q) \mathrm{d}Q \right| \cdot$$
$$\sup_Q \left| h(Q, g(Q)) - h(Q, j(Q)) \right|$$

于是,若 h 满足 Lipschitz 条件

$$| h(Q, f) - h(Q, g) | \leqslant \theta | f - g |$$

其中

$$\theta < \left(\sup_P \left| \iint_G K(P, Q) \mathrm{d}Q \right| \right)^{-1} \qquad (21)$$

即函数 h 没有受到 f 的很大影响,则 U 即为一压缩映 像.于是得:

　　定理 5　若条件式(21)被满足,则式(16)有唯一 解.

证 我们已知由式(21)给出的映像 U 是一压缩映像,故有唯一的不动点,此点即为所求的解.

55.6 偏微分方程的线性化方法

考虑具边界 Γ 的平面区域 G,Leray 及 Schauder 对于偏微分方程发展了线性化方法.例如,考察在 Γ 上具边界条件 $\phi(x,y,z)=0$ 的方程

$$a(x,y,z)z_{xx}+b(x,y,z)z_{xy}+c(x,y,z)z_{yy}=0 \tag{22}$$

于 G 中.

对任一函数 w,考虑在 Γ 上满足 $\phi(x,y,z)=0$ 的线性方程

$$a(x,y,w)z_{xx}+b(x,y,w)z_{xy}+c(x,y,w)z_{yy}=0$$

的解 $z=Uw$.

关于 G,Γ,a,b,c 所选定的(连续性、椭圆性等)条件,在于保证 U 被完全定义且是准紧的.由于寻求一函数集 $\mathcal{M}$(它被 U 变换到它自身)时所遇到的困难,导致 Leray 及 Schauder(1934) 去应用延拓理论.后来一些作者,特别是 Nirenberg(1953),终于给出一个闭凸集 $\mathcal{M}$,它被 U 变换到其自身内.于是 Schauder 定理就给出 U 的一不动点,换言之,给出方程(22)的一解.对于形如方程(22)的椭圆型方程,Nirenberg 的方法在 Courant-Hilbert1962,Ⅳ.9)中介绍了.Nirenberg 讨论了更一般的椭圆型方程,其中系数 a,b 及 c 依赖于 x,y,z,z_x 及 z_y.关于进一步的讨论及有关的其他应用,见 Cronin(1964).

55.7　Leray-Schauder 及 Shayever 方法

Leray-Schauder 定理通常按照下述方式来加以应用：对于 $0 \leqslant \lambda \leqslant 1$，我们考察一（非线性）微分方程，比如我们要求 z 在 $(x,y)-$ 平面的一个区域 G 中满足

$$a(x,y,z,\lambda)z_{xx} + b(x,y,z,\lambda)z_{xy} +$$
$$c(x,y,z,\lambda)z_{yy} = 0 \tag{23}$$

在边界 Γ 上满足

$$z = \phi(x,y,\lambda) \tag{24}$$

（系数 a,b,c 也可能包含 z_x 及 z_y，但这并未造成本质上的差异）. 所用方法是以线性方程

$$a(x,y,w,\lambda)z_{xx} + b(x,y,w,\lambda)z_{xy} +$$
$$c(x,y,w,\lambda)z_{yy} = 0 \tag{25}$$

去代替式（23）（若 z_x 及 z_y 出现在系数 a，b，c 中，则代之以 w_x 及 w_y）. 在 a,b,c,y 上所加的条件（诸如连续性、椭圆性）保证了对某一函数集 $\mathscr{M}$ 中的每一 w，及对每一 λ，式（24）（25）具有唯一解 z（但此解可能不在 $\mathscr{M}$ 中）.

现在考虑映像 $U_1: w \rightarrow z. U\lambda$ 的不动点为式（23）和式（24）的解. 我们需要解决的问题是，当 $\lambda = 1$ 时的问题. 我们这样安排对 λ 的相依性，以保证在 $\lambda = 0$ 时给出一个易于解决的问题. 于是 Leray-Schauder 定理即被用以证明在 $\lambda = 1$ 时的问题也有一解. 这一方法首先被 Leray 及 Schauder(1934) 所采用，有关其他的参考文献，见 Leray(1950) 及 Cronin(1964).

Shayever(1955) 注意到了 Leray-Schauder 方法通

常可按下列方式来加以应用:由于问题的系数实际上是我们所希望求解的,故将系数函数 a,b,c 取作与 λ 无关,而边值条件取为

$$z = \lambda \phi(x,y)$$

(这里的 $\phi(x,y)$ 是我们所要求解的问题的边界值函数,这个方法的优点在于当 $\lambda = 0$ 时问题是很容易讨论的.)Shayever 指出:在这一情形,我们有 $U\lambda = \lambda T$(其中的 $T = U_1$),从而在这些应用中 Shayever 定理可用以代替 Leray-Schauder 定理. 有关这一简化能被应用的情形,见 Cronin(1964,Ⅳ.9).

某些非线性微分方程的
周期解的存在性，不动点方法

第

56

章

在研究非自治微分方程的周期解时，某些函数映像中的不动点或不变点的概念被证明是有用的. 这种不动点理论以 Brouwer 的一个著名定理为出发点，它肯定：任一映 $\mathbf{R}^n$ 中的闭球到它自己里面去的连续映像至少有一不动点. 按照 Dunford 与 Schwarz 的证明方法，我们将先建立两个引理.

引理 1 设 $f_1, f_2, \cdots, f_n$ 是 $n+1$ 个变量 $x_0, x_1, \cdots, x_n$ 的 n 个函数，在一开集 $U \subset \mathbf{R}^{n+1}$ 上有一阶及二阶连续偏导数. 我们考虑矩阵 $\mathbf{M} = \left(\dfrac{\partial f_i}{\partial x_j} \right)$ 以及从 $\mathbf{M}$ 中除去第 j 列元素

$$\frac{\partial f_1}{\partial x_j}, \frac{\partial f_2}{\partial x_j}, \cdots, \frac{\partial f_n}{\partial x_j}$$

所得的方阵 $\boldsymbol{M}_j$ 的行列式为 D_j，则有等式

$$\sum_{j=0}^{n}(-1)^j \frac{\partial D_j}{\partial x_j}=0 \tag{1}$$

证 以 $c_{jk}, j \neq k$ 记矩阵 $\boldsymbol{M}_{jk}$ 的行列式，$\boldsymbol{M}_{jk}$ 是由 $\boldsymbol{M}_j$ 中把 $f_1, f_2, \cdots, f_n$ 关于 x_k 的一阶偏导数的那一列元素再对 x_j 求偏导数而得到的. 因此 $\boldsymbol{M}_{jk}$ 的第 l 行的元素是

$$\frac{\partial f_l}{\partial x_0}, \frac{\partial f_l}{\partial x_1}, \cdots, \frac{\partial^2 f_l}{\partial x_k \partial x_j}, \cdots, \frac{\partial f_l}{\partial x_{j-1}}$$
$$\frac{\partial f_l}{\partial x_{j+1}}, \cdots, \frac{\partial f_l}{\partial x_n} \quad (\text{若 } 0 \leqslant k \leqslant j-1) \tag{2}$$

或

$$\frac{\partial f_l}{\partial x_0}, \frac{\partial f_l}{\partial x_1}, \cdots, \frac{\partial f_l}{\partial x_{j-1}}, \cdots, \frac{\partial f_l}{\partial x_{j+1}}, \cdots$$
$$\frac{\partial^2 f_l}{\partial x_k \partial x_j}, \cdots, \frac{\partial f_l}{\partial x_n} \quad (\text{若 } j+1 \leqslant k \leqslant n) \tag{3}$$

我们知道 $\dfrac{\partial D_j}{\partial x_j}=\sum\limits_{k=0, k \neq j}^{n} c_{jk}$，从而有

$$\sum_j (-1)^j \frac{\partial D_j}{\partial x_j}=\sum_{j \neq k}(-1)^j c_{jk}$$

现在比较 c_{jk} 与 c_{kj}. 设 $k<j$，$\boldsymbol{M}_{jk}$ 的第 l 行的元素由式(2)给出，而 $\boldsymbol{M}_{kj}$ 的同一行的元素是

$$\frac{\partial f_l}{\partial x_0}, \frac{\partial f_l}{\partial x_1}, \cdots, \frac{\partial f_l}{\partial x_{k-1}}, \cdots$$
$$\frac{\partial f_l}{\partial x_{k+1}}, \cdots, \frac{\partial^2 f_l}{\partial x_j \partial x_k}, \cdots, \frac{\partial f_l}{\partial x_n}$$

将 $\boldsymbol{M}_{kj}$ 中由二阶偏导数 $\dfrac{\partial^2 f_l}{\partial x_j \partial x_k}=\dfrac{\partial^2 f_l}{\partial x_k \partial x_j}$ 构成的那一

694

列向左平移 $j-k-1$ 次,即见

$$c_{jk} = (-1)^{j-k-1}c_{kj}$$

或

$$(-1)^j c_{jk} = -(-1)^k c_{kj}$$

从而

$$\sum_{j \neq k} (-1)^j c_{jk} = 0$$

引理 2　任一把单位闭球 $\overline{B} \subset \mathbf{R}^n$ 映入它自己里面的,无数次可微的映像 φ 在 $\overline{B}$ 中至少有一个不动点.

证　用反证法.设

$$x - \varphi(x) \neq 0 \quad (\forall x \in \overline{B} = \{x \mid x \in \mathbf{R}^n, \|x\| \leqslant 1\})$$

设实数 $a = a(x)$ 由等式

$$\|x + a \cdot (x - \varphi(x))\| = 1 \quad (x \in \overline{B})$$

定义,或即

$$1 = \|x\|^2 + 2(x, x - \varphi(x)) \cdot a +$$
$$\|x - \varphi(x)\|^2 a^2 \tag{4}$$

(这里我们取欧氏模 $\|x\| = (x_1^2 + \cdots + x_n^2)^{\frac{1}{2}}$ 以及相应的数量积).方程(4)是 a 的二次方程,其判别式为

$$\Delta = (x, x - \varphi(x))^2 +$$
$$(1 - \|x\|^2)\|x - \varphi(x)\|^2$$

因此由 $\|x\| < 1$ 可推出 $\Delta > 0$. 现证此结论在 $\|x\| = 1$ 时仍保持成立.如果不是,则必存在一点 x, $\|x\| = 1$,使 $\Delta = 0$,就是说

$$(x, x - \varphi(x)) = 0 \text{ 或 } 1 = \|x\|^2 = (x, \varphi(x)) \tag{5}$$

但是我们知道 $|(x, \varphi(x))| \leqslant \|x\| \cdot \|\varphi(x)\| \leqslant 1$, 等号仅当 x 与 $\varphi(x)$ 有相同的方向时成立,即仅当存在一实数 λ,使 $\varphi(x) = \lambda x$,从而 $(x, \varphi(x)) = \lambda\|x\|^2 = \lambda$, 于是由式(5)得 $\lambda = 1$.这样,x 便是 φ 的不动点,与假设

矛盾.

因此,我们有 $\Delta > 0, \forall\, x \in \overline{B}$. 不妨把方程(4)的根 $a(x)$ 写成

$$a(x) =$$

$$\frac{(x, \varphi(x) - x) + [(x, x - \varphi(x))^2 + (1 - \|x\|^2)\|x - \varphi(x)\|^2]^{\frac{1}{2}}}{\|x - \varphi(x)\|^2}$$

注意到 $(x, \varphi(x) - x) < 0$, 当 $\|x\| = 1$ 时, 可知 $a(x) = 0$.

现在借下式引进映像

$$f(t, x) = x + t a(x)(x - \varphi(x)) \qquad (6)$$

其中 $t \in \mathbf{R}, x \in \overline{B}$. $f(t, x)$ 是无数次可微的, 且有

$$\frac{\partial f}{\partial t} = a(x) \cdot (x - \varphi(x)) = 0 \qquad (\text{当 } \|x\| = 1 \text{ 时})$$

$$\hspace{10cm}(7)$$

$$f(0, x) = x \qquad (8)$$

$$f(1, x) = x + a(x)(x - \varphi(x)) \text{ 或 } \|f(1, x)\| = 1$$

$$\hspace{10cm}(9)$$

由此可见, $f(1, x)$ 的各支量之间存在一个关系式, 从而函数行列式

$$\det\left(\frac{\partial f_i(1, x)}{\partial x_j}\right) = 0 \qquad (10)$$

另外, 我们又有

$$\det\left(\frac{\partial f_i(0, x)}{\partial x_j}\right) = 1 \qquad (11)$$

现设

$$F(t) = \int_B \det\left(\frac{\partial f_i(t, x)}{\partial x_j}\right) \mathrm{d}x$$

则由式(10) 有 $F(1) = 0$, 又由式(11) 有 $F(0) = k = \mathrm{vol}.B \neq 0$. $F(t)$ 是连续可微的, 且

$$F'(t) = \int_B \frac{\partial}{\partial t} \det\left(\frac{\partial f_i(t,x)}{\partial x_j}\right) \mathrm{d}x$$

重新引用引理 1 中的记法,把 t 看成其中的 x_0,可见

$$F'(t) = \int_B \frac{\partial D_0}{\partial x_0} \mathrm{d}x$$

但由此引理可推得

$$\frac{\partial D_0}{\partial x_0} + \sum_{j=1}^n (-1)^j \frac{\partial D_j}{\partial x_j} = 0$$

因此有

$$F'(t) = -\int_B \left(\sum_{j=1}^n (-1)^j \frac{\partial D_j}{\partial x_j}\right) \mathrm{d}x$$

或是变体积积分为单位球边界上的积分

$$F'(t) = -\sum_{j=1}^n (-1)^j \int_{\partial B} D_j \mathrm{d}\sigma$$

但由式(7)知道各行列式 $D_j, j \neq 0$ 都在 ∂B 上等于零,所以 $F'(t) = 0, \forall t \in [0,1]$. 但是这个结论是和 $F(1) = 0, F(0) = k \neq 0$ 的事实相矛盾的,从而引理得证.

我们已有能力证明:

定理 1(Brouwer)　把单位闭球 $\overline{B} \subset \mathbf{R}^n$ 映到它自己里面的任一连续映像必有一不动点.

证　设 $x \to \varphi(x)$ 是所论的映像. 由于 $\varphi(x)$ 在列紧集 $\overline{B}$ 上连续,故对任一 $\delta > 0$,必存在一个映 $\overline{B}$ 入 $\mathbf{R}^n$ 的无数次可微的映像 $\varphi_\delta(x)$,使 $\|\varphi - \varphi_\delta\| \leqslant \delta$,这里

$$\|\varphi - \varphi_\delta\| = \sup_{x \in B} \|\varphi(x) - \varphi_\delta(x)\|$$

(魏尔斯特拉斯定理). 因此对任一 $x \in \overline{B}$ 有

$$\|\varphi_\delta(x)\| \leqslant \|\varphi(x) - \varphi_\delta(x)\| + \|\varphi(x)\| \leqslant \delta + 1$$

从而 $\varphi_\delta(\overline{B}) \subset (1+\delta)\overline{B}$. 由此可见,$\tilde{\varphi}_\delta = \dfrac{1}{1+\delta}\varphi_\delta$ 是一

个映 $\overline{B}$ 入 $\overline{B}$ 的无数次可微的映像,且有

$$\tilde{\varphi}_\delta(x) - \varphi_\delta(x) = \frac{-\delta}{1+\delta}\varphi_\delta(x)$$

由此推出

$$\| \varphi(x) - \tilde{\varphi}_\delta(x) \| \leqslant 2\delta \quad (\forall\, x \in \overline{B})$$

现设 δ_m 是一个趋于零的无限数列,又 $x_m \in \overline{B}$ 满足 $\tilde{\varphi}_{\delta_m}(x_m) = x_m$. 由引理 2 知,这种 x_m 是存在的. 由于 $\overline{B}$ 为列紧的,不妨设叙列 x_m 收敛于 $x \in \overline{B}$,但

$$\| \varphi(x_m) - x_m \| = \| \varphi(x_m) - \tilde{\varphi}_{\delta_m}(x_m) \| \leqslant 2\delta_m$$

故由 φ 的连续性即得 $\varphi(x) = x$.

56.1　Brouwer 定理的推广

设开集 $G \subset \mathbf{R}^n$ 的闭包 $\overline{G}$ 同胚于单位球 $\{x \mid x \in \mathbf{R}^n, \| x \| \leqslant 1\}$(一个同胚映像就是双方单值,双方连续的映像). 又设 $x \to \varphi$ 是映 $\overline{G}$ 入 $\overline{G}$ 的连续映像,则 $\overline{G}$ 中必存在 φ 的不动点 $x = \varphi(x)$.

设 Γ 是含于 $\mathbf{R}^n$ 中的有界闭凸集,则易见必定存在一整数 $p \leqslant n$ 以及一元素 $\xi \in \Gamma$,使 Γ 包含在 $\xi + \mathbf{R}^p$ 中,且同胚于 $\mathbf{R}^p$ 中的闭单位球. 于是由前段所作的附注可知任一映 Γ 入 Γ 的连续映像必有一不动点.

这一结果可以用一定的方式推广到无限维空间的映像上去. 准确地说,设 X 是一 Banach 空间,即一完备的、赋范的向量空间. 一个子集 $M \subset X$ 称为相对列紧,如果对 M 中的任一无穷序列 x_ν,总可找出一个子序列 x_{ν_k},它按范数收敛于一元素 $x_0 \in X$. 我们知道,M 是

相对列紧的,当且仅当对任一 $\varepsilon > 0$,存在 X 中的有限个元素 $x_1,x_2,\cdots,x_p$,使 M 包含在 p 个球 $\{x \mid x \in X, \parallel x - x_i \parallel \leqslant \varepsilon\}, 1 \leqslant i \leqslant p$ 的和集之中.

称映 Banach 空间 X 的子集 G 入 X 的映像 $\mathscr{C}$ 为全连续,如果 $\mathscr{C}$ 在强拓扑下为连续,且 G 的任一有界子集在 $\mathscr{C}$ 之下的像为 X 中的相对列紧集.

则不难证明:

(1) 若 $\mathscr{C}$ 是映 G 入 X 的全连续映像,又 $\mathscr{C}'$ 是映 $\mathscr{C}G$ 入 X' 的连续映像,则 $\mathscr{C}'\mathscr{C}$ 是映 G 入 X 的全连续映像.

(2) 若 $\mathscr{C}$ 映 G 入 X,且存在无限个映 G 入 X 的全连续映像 $\mathscr{C}_k$ 所成的序列,使 $\lim\limits_{k \to \infty} \sup\limits_{x \in G} \parallel \mathscr{C}x - \mathscr{C}_kx \parallel = 0$,则 $\mathscr{C}$ 亦为全连续.

定理 2(Schauder)　设 Γ 是 Banach 空间 X 的凸有界闭子集,则任一映 Γ 入 Γ 的全连续映像 $\mathscr{C}$ 必有一不动点.

证　因为 $\mathscr{C}\Gamma$ 是相对列紧,故对 $\varepsilon > 0$ 存在有限个元素 $v_1,v_2,\cdots,v_N \in X$,使

$$\mathscr{C}\Gamma \subset \bigcup_{1 \leqslant i \leqslant N} \left\{x \mid x \in X, \parallel x - v_i \parallel \leqslant \frac{\varepsilon}{2}\right\}$$

但是对每一 i,球 $\left\{x \mid x \in X, \parallel x - v_i \parallel \leqslant \frac{\varepsilon}{2}\right\}$ 至少包含 Γ 的一个元素 w_i,否则,它不可能被考虑为 $\mathscr{C}\Gamma$ 的覆盖球的一员.由假设,后者应包含在 Γ 之中,于是可写

$$\mathscr{C}\Gamma \subset \bigcup_{1 \leqslant i \leqslant N} \{x \mid x \in X, \parallel x - w_i \parallel \leqslant \varepsilon\}$$

其中 $w_i \in \Gamma, \forall i$.设

$$w_i(x) = \begin{cases} 2\varepsilon - \parallel x - w_i \parallel, & \text{若} \parallel x - w_i \parallel \leqslant 2\varepsilon \\ 0, & \text{若} \parallel x - w_i \parallel > 2\varepsilon \end{cases}$$

是映 X 入 $\mathbf{R}$ 的连续映像.

对任一 $x \in \mathscr{C}\Gamma$,我们有

$$\sum_{i=1}^{N} w_i(x) \neq 0$$

从而

$$a_i(x) = \frac{w_i(x)}{\displaystyle\sum_{i=1}^{N} w_i(x)}$$

在 $\mathscr{C}\Gamma$ 上为连续.

设 F_ε 是映 $\mathscr{C}\Gamma$ 入 X 的映像,由

$$x \to F_\varepsilon x = \sum_{1}^{N} a_i(x)w_i$$

所定义. 因为 $a_i(x) \geqslant 0, \sum_{i=1}^{N} a_i(x) = 1, x \in \mathscr{C}\Gamma$,又 $w_i \in \Gamma, \Gamma$ 为凸,可见 F_ε 是映 $\mathscr{C}\Gamma$ 入 Γ 的映像,在强拓扑之下为连续. 从而 $F_\varepsilon\mathscr{C}$ 是映 Γ 入 $\Gamma \bigcap E_N$ 的连续映像,这里 E_N 是由 $w_1, w_2, \cdots, w_N$ 产生的有限维线性空间. $F_\varepsilon\mathscr{C}$ 也是映 $\Gamma \bigcap E_N$ 入 $\Gamma \bigcap E_N$ 的连续映像. 由于 $\Gamma \bigcap E_N$ 是凸的有界闭集,故由 Brouwer 定理知道存在 $x_\varepsilon \in \Gamma$,使 $F_\varepsilon\mathscr{C}x_\varepsilon = x_\varepsilon$. 由于 $\mathscr{C}$ 是全连续的,故可找到正数的无穷序列 $\varepsilon_m \to 0, m = 1, 2, \cdots$,使 $\mathscr{C}x_{\varepsilon_m}$ 强收敛于一元素 $\xi \in X$. 因为 $\mathscr{C}x_{\varepsilon_m} \in \Gamma$,且 Γ 是闭的,所以 $\xi \in \Gamma$.

注意 $x_\varepsilon - \mathscr{C}x_\varepsilon = F_\varepsilon\mathscr{C}x_\varepsilon - \mathscr{C}x_\varepsilon$,又由 $a_i(x)$ 的定义知,有

$$\| F_\varepsilon\mathscr{C}x_\varepsilon - \mathscr{C}x_\varepsilon \|$$
$$= \| \sum_{1}^{N} a_i(\mathscr{C}x_\varepsilon) \cdot (w_i - \mathscr{C}x_\varepsilon) \| \leqslant 2\varepsilon$$

由此可见,当 $m \to +\infty$ 时,$x_{\varepsilon_m} - \mathscr{C}x_{\varepsilon_m} \to 0$. 由于 $\lim_{m \to +\infty} \mathscr{C}x_{\varepsilon_m} = \xi$,故有 $\lim_{m \to +\infty} x_{\varepsilon_m} = \xi$,且由连续性得 $\mathscr{C}\xi = \xi$,

因此 $\xi \in \Gamma$ 是 $\mathscr{C}$ 的一个不变元素.

56.2 Carathéodory 定理

我们可以把不动点的概念和 Carathéodory 的存在性定理联系起来. 我们考虑映 $[t_0, t_0 + h] \subset \mathbf{R}$ 入 V^n 的一切连续映像所成的 Banach 空间, 记之为 $C = C([t_0, t_0 + h], V^n)$, 其中的范数由

$$\parallel x \parallel = \sup_{s \in [t_0, t_0 + h]} \parallel x(s) \parallel$$

定义. 在这个空间中, 集 $\Gamma = \{x \mid x \in C, \parallel x - x_0 \parallel \leqslant d\}$ 是凸的有界闭集.

由 $\mathscr{C}x(t) = x_0 + \int_{t_0}^{t} f(x(s), s) \mathrm{d}s$ 定义的映像 $x \rightarrow \mathscr{C}x$ 满足条件 $\mathscr{C}\Gamma \subset \Gamma$. 我们将证明它是连续的. 设 x_m 是 Γ 中无限个元素所成的序列, 使 $x_m \rightarrow x$, 或 $\lim\limits_{m \rightarrow +\infty} \parallel x_m - x \parallel = 0$. 那么对任一 $s \in [t_0, t_0 + h]$ 有 $x_m(s) \rightarrow x(s)$ 在 V^n 中, 且 $f(x_m(s), s) \rightarrow f(x(s), s)$ 对几乎所有的 s. 因为 $\parallel f(x_m(s), s) \parallel$ 以一个可积函数作为优函数, 对于任一整数 m, 由控制收敛定理知道, 对每一 t, 有 $\mathscr{C}x_m(t) \rightarrow \mathscr{C}x(t)$ 在 V^n 中. 另一方面, 映像 $\mathscr{C}x_m(t)$ 为一致有界, 等度连续, 从而应用 Ascoli-Arzela 定理, 即见集 $\{\mathscr{C}x_m\} \subset \Gamma$ 为相对列紧. 由此可导出 $\mathscr{C}x_m \rightarrow \mathscr{C}x$ 在 C 中. 事实上, 若此式不成立, 则必存在无限序列 $m_1, m_2, \cdots, m_k, \cdots$, 使

$$\parallel \mathscr{C}x_{m_k} - \mathscr{C}x \parallel > \varepsilon$$

我们可以从序列 $\mathscr{C}x_{m_k}$ 中取出一个子序列, 为了不增添新的记号, 仍以 $\mathscr{C}x_{m_k}$ 记之, 它收敛于一元素 $\zeta \in \Gamma^k$. 根

据范数的连续性，它应满足不等式$\|\zeta - \mathscr{C}x\| \geqslant \varepsilon$. 但是对于每一 $t \in [t_0, t_0 + h]$，由 $\mathscr{C}x_{m_h} \to \zeta$ 在 C 中可推出 $\mathscr{C}x_{m_k}(t) \to \zeta(t)$ 在 V^n 中，但是我们从前面已经知道 $\mathscr{C}x_{m_k}(t) \to \mathscr{C}x(t)$ 在 V^n 中，故得 $\zeta(t) = \mathscr{C}x(t)$，这和 $\|\zeta - \mathscr{C}x\| \geqslant \varepsilon$ 相矛盾.

最后，由于 Γ 的任一子集在 $\mathscr{C}$ 之下的像是一个一致有界、等度连续的映像集合，因而是相对列紧的. 由此可见，$\mathscr{C}$ 是全连续的，从而根据 Schauder 定理，Γ 中至少存在一点，它在 $\mathscr{C}$ 之下是不变的.

56.3 应用不动点定理研究 微分方程的周期解

设有微分方程

$$\frac{\mathrm{d}x}{\mathrm{d}t} = A(t)x + g(x,t) \tag{12}$$

其中 $x \in V^n$，$A(t)$ 是 $n \times n$ 方阵，$g(x,t)$ 是映 $V^n \times \mathbf{R}$ 入 V^n 的映像. 假设 $A(t), g(x,t)$ 连续，对 t 有周期 T，$g(x,t)$ 对 x 为局部 Lipschitz 连续，且当 $\|x\| \to +\infty$ 时，关于 t 均匀地由

$$\frac{\|g(x,t)\|}{\|x\|} \to 0 \tag{13}$$

下面是 R. Reissig 的结果.

若线性方程

$$\frac{\mathrm{d}x}{\mathrm{d}t} = A(t)x \tag{14}$$

没有周期为 T 的解，则方程(12)至少有一个周期为 T 的周期解.

　　首先我们来证明方程(12)的任一解都可延拓到无限时间区间上去.事实上,由前面的假定知,可找到正数 a,使

$$\| A(t)x + g(x,t) \| \leqslant a \| x \| + a \tag{15}$$
$$(\forall x \in V^n, t \in \mathbf{R})$$

注意 $\sup\limits_{\| x - x_0 \| \leqslant r} \| A(t)x + g(x,t) \| \leqslant 2a \| x_0 \| + 2a$,

其中 $r = \| x_0 \| + 1$.对方程(12)应用存在性定理,可见方程(12)在 $t = t_0$ 时,取值 x_0 的解可定义在区间

$$t_0 \leqslant t \leqslant t_0 + \frac{r}{2a \| x_0 \| + 2a} = t_0 + \frac{1}{2a}$$ 上,又由在时刻

$t_1 = t_0 + \dfrac{1}{2a}$ 可重复取值 $x_1 = x_1(t_1)$ 可知,方程(12)的任一解对一切 t 都有定义.以 $x(t,c)$ 记方程(12)的满足初值条件 $x(0,c) = c$ 的唯一的解.此解对一切 t 有定义,连续地依赖于 c,且满足积分方程

$$x(t,c) = X(t)c +$$
$$\int_0^t X(t)X^{-1}(\tau)g(x(\tau,c),\tau)\mathrm{d}\tau \tag{16}$$

其中 $X(t)$ 表示方程(14)的豫解方阵.

　　为使 $x(t,c)$ 有周期 T,其充要条件是 $x(0,c) = x(T,c)$.由于方程(12)的右边对 t 有周期 T,且保证解的唯一性的条件满足,故由方程(16)可得

$$c = X(T)c + \int_0^T X(T)X^{-1}(\tau)g(x(\tau,c),\tau)\mathrm{d}\tau \tag{17}$$

因为由假设知,方程(14)没有周期为 T 的周期解,故矩阵 $\boldsymbol{I} - X(T)$ 是可逆的,于是上式可改写为

$$c = (\boldsymbol{I} - X(T))^{-1} \cdot$$

$$\int_0^T X(T)X^{-1}(\tau)g(x(\tau,c),\tau)\mathrm{d}\tau = \Theta(c)$$

$$(18)$$

现在问题归结为寻找映 V^n 入 V^n 的连续映像 $c \to \Theta(c)$ 的一个不动点.

另外,对任一 $\varepsilon > 0$,存在 $\alpha > 0$,使

$$\| g(x,t) \| \leqslant \alpha + \varepsilon \| x \| \qquad (\forall x \in V^n, \forall t \in \mathbf{R})$$

$$(19)$$

由方程(16) 以及

$$\| g(x(\tau,c),\tau) \| \leqslant \alpha + \varepsilon \| x(\tau,c) \| \leqslant \alpha + \varepsilon \| x \|$$

可导出如下的估计

$$\| x \| = \sup_{t \in [0,T]} \| x(t,c) \|$$
$$\leqslant K_1 \| c \| + K_2(\alpha + \varepsilon \| x \|)$$

其中

$$K_1 = \sup_{t \in [0,T]} \| X(t) \|$$
$$K_2 = T \sup_{0 \leqslant \tau \leqslant t \leqslant T} \| X(t)X^{-1}(\tau) \|$$

因此我们得到

$$\| x \| \leqslant \frac{K_1 \| c \| + K_2 \alpha}{1 - \varepsilon K_2} \qquad (20)$$

只要取 ε 使满足

$$1 - \varepsilon K_2 > 0 \qquad (21)$$

这样的 ε 我们以后就固定它. 现在假设 $\eta > 0$ 是已给的,那么存在 $\beta > 0$,使

$$\| g(x,t) \| \leqslant \beta + \eta \| x \| \qquad (\forall x \in V^n, \forall t \in \mathbf{R})$$

$$(22)$$

取 $K_3 = \| (\mathbf{I} - X(T))^{-1} \| \cdot K_2$,可由式(18) 与式(20) 导出

$$\| \Theta(c) \| \leqslant K_3 \left(\beta + \eta \frac{K_1 \| c \| + K_2 \alpha}{1 - \varepsilon K_2} \right)$$

这样,对于满足 $\parallel c \parallel \leqslant r_0$ 的 $c \in V^n$,便有

$$\parallel \Theta(c) \parallel \leqslant K_3\beta + \frac{\eta K_2 K_3 \alpha}{1 - \varepsilon K_2} + \frac{\eta K_1 K_3}{1 - \varepsilon K_2}r_0 \leqslant r_0$$

只要 r_0 是适当选取的. 为了这种 r_0 能取到,必须取 η 使得

$$\frac{\eta K_1 K_3}{1 - \varepsilon K_2} < 1$$

这样,$c \to \Theta(c)$ 便是球 $\parallel c \parallel \leqslant r_0$ 到它自己里面的连续映像,于是由 Brouwer 定理即知存在一个不动点.

不动点定理

为了证明解的存在,还有利用不动点定理的方法. 设 I 是包含 x 的初值 a 的区间,对于定义在 I 上的函数 φ,令函数

$$\tilde{\varphi}(x) = b + \int_a^x f(x, \varphi(x)) \mathrm{d}x \quad (1)$$

与之对应,记成 $\tilde{\varphi} = T\varphi$.

最早用不动点定理证明微分方程有解的人是 Birkhoff-Kellog. 其方法是:考虑有限集合的增序列 $\{E_k\}$,使得 $\bigcup E_k$ 在 I 稠密;如果存在 φ_k,在 E_k 上满足 $\tilde{\varphi}_k(x) = \varphi_k(x)$,则利用有限维空间的 Brouwer 不动点定理. 如果从 $\{\varphi_k\}$ 取出收敛子列,则其极限函数满足式(1),所以微分方程有解.

在抽象化尚未充分渗透到分析领域的时代,这是崭新的方法.它的构思是有趣的,不过应用上说不上方便.在属于函数族 $\mathscr{F}$ 的函数 φ 中,像上面那样定义了 $\tilde{\varphi} = T\varphi$ 后,如果有定理能直接断定存在不动点 $\varphi = T\varphi$,那就很方便了.最早考虑这种不动点定理的人是 Schauder.

他把定义了距离(不限于范数)的线性空间中的紧致凸集取作 $\mathscr{F}$,声称把 $\mathscr{F}$ 映入 $\mathscr{F}$ 的连续映射 T 有不动点.但是因为没有假定空间是局部凸的,南云、角谷等人对此提出了疑问,这个定理不假定局部凸是否正确?还未听到什么结果.

Tychonoff 把 Schauder 不动点定理推广至一般的线性拓扑空间,但假定了局部凸.福原和佐藤德意指出,$\mathscr{F}$ 的紧致性假定在应用上未必方便,宁可假设 $\mathscr{F}$ 是凸闭集,$\mathscr{F}$ 中有一个紧致集合含有 $\mathscr{F}$ 对 T 的像.

在有限维的情形,如果 E 是凸集,即使它对 T 的像不含于 E,只要 $I - T$(I 是恒等映射)在 0 点的映射度不为 0,则映射 T 有不动点,对于 Banach 空间中的紧致映射 T,Leray,Schauder 定义了具有同样性质的映射度,并把它用到偏微分方程.南云把映射度的定义推广至局部凸的线性拓扑空间.

在日本,很早就有人认识到应用不动点定理来研究微分方程是有效的,并尝试把不动点定理改成便于使用的形式,为了易于实现这种想法,南云用比较初等的方法定义了映射度,通俗地阐述了它对微分方程的应用.

如果映射不是点与点成对应,而是点与集合成对应,那么满足 $\varphi \in T\varphi$ 的 φ 称为不动点.这自然可以视为把点与点对应的映射定理推广到 T 是半连续紧致映射的情形. 其实, Tychonoff 定理正是在各 $T\varphi$ 是凸集的条件下得到推广的.

还可以用 Hausdorff, Kuratowski 引入的非紧致测度来推广不动点定理. 在有限维空间中有界闭集是紧致集, 因此, 这样的推广无意义. 不过, 倘若在 Banach 空间中研究常微分方程, 就会成为非常有效的手段.

偏序度量空间中的若干不动点定理及其在周期边值问题中的应用

第 58 章

58.1 引　言

近年来，Ran 和 Reurings，Nieto 和 Lopez，Donal O'Regan 和 Adrian Petrusel，T. Gnana Bhaskar 和 V. Lakshmikantham 等人先后在偏序度量空间中建立了不动点定理. 这些不动点定理在线性矩阵方程解的存在性、非线性矩阵方程解的存在性、周期边值问题解的存在性、积分方程解的存在性等领域有着广泛的应用.

重庆大学数学与统计学院的荣祯教授于 2013 年给出了偏序度量空间

中的一个不动点定理，同时我们还将 T. Gnana Bhaskar 和 V. Lakshmikantham 的定理 2.1 的条件"假定存在 $k \in [0,1)$ 使得对任意的 $u \leq x, y \leq v$ 有 $d(F(x,y), F(u,v)) \leq \frac{k}{2}[d(x,u) + d(y,v)]$"减弱为"假定存在 $k \in [0,1), l \in [0,1), k+l < 1$ 使得对任意的 $u \leq x, y \leq v$ 有 $d(F(x,y), F(u,v)) \leq kd(x,u) + ld(y,x)$"，T. Gnana Bhaskar 和 V. Lakshmikantham 的定理 2.2 的条件"假定存在 $k \in [0,1)$ 使得对任意的 $u \leq x, y \leq v$ 有 $d(F(x,y), F(u,v)) \leq \frac{k}{2}[d(x,u) + d(y,v)]$"减弱为"假定存在 $k \in [0,1), l \in [0,1), k+l < 1$ 使得对任意的 $u \leq x, y \leq v$ 有 $d(F(x,y), F(u,v)) \leq kd(x,u) + ld(y,v)$"，T. Gnana Bhaskar 和 V. Lakshmikantham 的定理 2.4 的条件"假定存在 $k \in [0,1)$ 使得对任意的 $u \leq x, y \leq v$ 有 $d(F(x,y), F(u,v)) \leq \frac{k}{2}[d(x,u) + d(y,v)]$"减弱为"假定存在 $k \in [0,1), l \in [0,1), k+l < 1$ 使得对任意的 $u \leq x, y \leq v$ 有 $d(F(x,y), F(u,v)) \leq kd(x,u) + ld(y,v)$"，T. Gnana Bhaskar 和 V. Lakshmikantham 的定理 2.5 的条件"假定存在 $k \in [0,1)$ 使得对任意的 $u \leq x, y \leq v$ 有 $d(F(x,y), F(u,v)) \leq \frac{k}{2}[d(x,u) + d(y,v)]$"减弱为"假定存在 $k \in [0,1), l \in [0,1), k+l < 1$ 使得对任意的 $u \leq x, y \leq v$ 有 $d(F(x,y), F(u,v)) \leq kd(x,u) + ld(y,v)$".

58.3 节利用 58.2 节中刚建立的这些不动点定理，给出了周期边值问题式(5)(6)存在唯一解的一个充

分条件.

58.2　偏序度量空间中的若干不动点定理

首先给出一些概念.

定义 1　设 $(X,\leqslant)$ 是一个偏序集,我们称映射 $F:X\times X\to X$ 具有混合单调性质,如果:

(1) 对任意的 $x_1,x_2\in X,x_1\leqslant x_2,y\in X$ 均有 $F(x_1,y)\leqslant F(x_2,y)$;

(2) 对任意的 $y_1,y_2\in X,y_1\leqslant y_2,x\in X$ 均有 $F(x,y_2)\leqslant F(x,y_1)$.

定义 2　设 X 是一个非空集合,我们称 $(x,y)\in X\times X$ 是映射 $F:X\times X\to X$ 的一个耦合不动点,如果 $F(x,y)=x,F(y,x)=y$.

定理 1　设 $(X,\leqslant)$ 是一个偏序集,d 是 X 上的一个度量且满足 (X,d) 是一个完备的度量空间,$F:X\times X\to X$ 是一个连续映射且具有混合单调性质,假定存在 $k\in[0,1),l\in[0,1),k+l<1$ 使得对任意的 $u\leqslant x,y\leqslant v$ 有 $d(F(x,y),F(u,v))\leqslant kd(x,u)+ld(y,v)$. 如果还存在 $x_0,y_0\in X$ 使得 $x_0\leqslant F(x_0,y_0),F(y_0,x_0)\leqslant y_0$,故存在 $x^*,y^*\in X$ 使得 $F(x^*,y^*)=x^*,F(y^*,x^*)=y^*$.

证　为了讨论的方便,我们记 $x_1=F(x_0,y_0)$,$y_1=F(y_0,x_0),x_2=F(x_1,y_1),y_2=F(y_1,x_1),\cdots$,$x_{n+1}=F(x_n,y_n),y_{n+1}=F(y_n,x_n),\cdots$. 由于映射 F 具有混合单调性质,从而 $x_0\leqslant x_1\leqslant x_2\leqslant\cdots\leqslant x_{n+1}\leqslant\cdots,y_0\geqslant y_1\geqslant y_2\geqslant\cdots\geqslant y_{n+1}\geqslant\cdots$.

容易证明对任意的正整数 n, 有

$$d(x_{n+1}, x_n) \leqslant (k+l)^n [d(x_1, x_0) + d(y_1, y_0)]$$

$$\tag{1}$$

$$d(y_{n+1}, y_n) \leqslant (k+l)^n [d(x_1, x_0) + d(y_1, y_0)]$$

$$\tag{2}$$

我们用数学归纳法证明. 当 $n = 1$ 时

$$\begin{aligned}
d(x_2, x_1) &= d(F(x_1, y_1), F(x_0, y_0)) \\
&\leqslant kd(x_1, x_0) + ld(y_1, y_0) \\
&\leqslant (k+l)[d(x_1, x_0) + d(y_1, y_0)] \\
d(y_2, y_1) &= d(F(y_1, x_1), F(y_0, x_0)) \\
&\leqslant kd(y_0, y_1) + ld(x_0, x_1) \\
&\leqslant (k+l)[d(x_1, x_0) + d(y_1, y_0)]
\end{aligned}$$

此时命题成立.

假设当 $n = m$ 时

$$d(x_{m+1}, x_m) \leqslant (k+l)^m [d(x_1, x_0) + d(y_1, y_0)]$$

$$d(y_{m+1}, y_m) \leqslant (k+l)^m [d(x_1, x_0) + d(y_1, y_0)]$$

下证当 $n = m+1$ 时

$$d(x_{m+2}, x_{m+1}) \leqslant (k+l)^{m+1} [d(x_1, x_0) + d(y_1, y_0)]$$

$$d(y_{m+2}, y_{m+1}) \leqslant (k+l)^{m+1} [d(x_1, x_0) + d(y_1, y_0)]$$

这只需注意到

$$\begin{aligned}
d(x_{m+2}, x_{m+1}) &= d(F(x_{m+1}, y_{m+1}), F(x_m, y_m)) \\
&\leqslant kd(x_{m+1}, x_m) + ld(y_{m+1}, y_m) \\
&\leqslant k(k+l)^m [d(x_1, x_0) + d(y_1, y_0)] + \\
&\quad l(k+l)^m [d(x_1, x_0) + d(y_1, y_0)] \\
&= (k+l)^{m+1} [d(x_1, x_0) + d(y_1, y_0)]
\end{aligned}$$

类似地, 我们可以证明

$$d(y_{m+2}, y_{m+1}) \leqslant (k+l)^{m+1} [d(x_1, x_0) + d(y_1, y_0)]$$

依式 (1) 和式 (2) 知, $\{x_n\}_{n=1}^{+\infty}$ 和 $\{y_n\}_{n=1}^{+\infty}$ 都是 $(X,$

d)中的 Cauchy 列，于是存在 $x^*,y^* \in X$ 使得 $\lim\limits_{n \to +\infty} x_n = x^*$，$\lim\limits_{n \to +\infty} y_n = y^*$，注意到映射 F 是连续的，故

$$x^* = \lim_{n \to \infty} x_{n+1} = \lim_{n \to \infty} F(x_n,y_n) = F(x^*,y^*)$$
$$y^* = \lim_{n \to \infty} y_{n+1} = \lim_{n \to \infty} F(y_n,x_n) = F(y^*,x^*)$$

亦即 $F(x^*,y^*) = x^*$，$F(y^*,x^*) = y^*$.

应用定理 1，我们可以得到以下一个明显的推论.

推论 1　设 $(X,\leq)$ 是一个偏序集，d 是 X 上的一个度量且满足 (X,d) 是一个完备的度量空间，$F:X \times X \to X$ 是一个连续映射且具有混合单调性质，假定存在 $k \in [0,1)$ 使得对任意的 $u \leq x,y \leq v$ 有 $d(F(x,y),F(u,v)) \leq \frac{k}{2}[d(x,u) + d(y,v)]$. 如果还存在 $x_0,y_0 \in X$ 使得 $x_0 \leq F(x_0,y_0)$，$F(y_0,x_0) \leq y_0$，故存在 $x^*,y^* \in X$ 使和是 $F(x^*,y^*) = x^*$，$F(y^*,x^*) = y^*$.

定理 2　设 $(X,\leq)$ 是一个偏序集且具有下述性质：

（1）如果点列 $\{x_n\}_{n=1}^{+\infty}$ 满足 $x_1 \leq x_1 \leq \cdots \leq x_n \leq \cdots$ 且 $\lim\limits_{n \to +\infty} x_n = x$，故 $x_n \leq x(\forall n \in \mathbf{Z}_+)$；

（2）如果点列 $\{y_n\}_{n=1}^{+\infty}$ 满足 $y_1 \geq y_1 \geq \cdots \geq y_n \geq \cdots$ 且 $\lim\limits_{n \to +\infty} y_n = y$，故 $y_n \geq y(\forall n \in \mathbf{Z}_+)$.

又设 d 是 X 上的一个度量且满足 (X,d) 是一个完备的度量空间，$F:X \times X \to X$ 是一个映射且具有混合单调性质，假定存在 $k \in [0,1)$，$l \in [0,1)$，$k+l<1$ 使得对任意的 $u \leq x,y \leq v$ 有 $d(F(x,y),F(u,v)) \leq kd(x,u) + ld(y,v)$. 如果还存在 $x_0,y_0 \in X$ 使得 $x_0 \leq F(x_0,y_0)$，$F(y_0,x_0) \leq y_0$，故存在 $x^*,y^* \in X$ 使得

$F(x^{*},y^{*})=x^{*},F(y^{*},x^{*})=y^{*}.$

证 我们仍记 $x_1=F(x_0,y_0),y_1=F(y_0,x_0),$ $x_2=F(x_1,y_1),y_2=F(y_1,x_1),\cdots,x_{n+1}=F(x_n,y_n),$ $y_{n+1}=F(y_n,x_n),\cdots,$仿照定理 1 的证明过程我们可以证明存在 $x^{*},y^{*}\in X$ 使得

$$\lim_{n\to+\infty}x_n=x^{*},\lim_{n\to+\infty}y_n=y^{*}$$

注意到 $x_1\leq x_2\leq\cdots\leq x_n\leq\cdots,y_1\geq y_2\geq\cdots\geq y_n\geq\cdots,$于是 $x_n\leq x^{*},y_n\geq y^{*}(\forall n\in \mathbf{Z}_+).$又由于 $d(F(x^{*},y^{*}),x_{n+1})=d(F(x^{*},y^{*}),F(x_n,y_n))\leq kd(x^{*},x_n)+ld(y^{*},y_n),$从而 $\lim_{n\to+\infty}x_{n+1}=F(x^{*},y^{*}),$故 $F(x^{*},y^{*})=x^{*}.$同理可证 $F(y^{*},x^{*})=y^{*}.$

应用定理 2,我们可以得到以下一个明显的推论.

推论 1 设 $(X,\leq)$ 是一个偏序集且具有下述性质:

(1) 如果点列 $\{x_n\}_{n=1}^{+\infty}$ 满足 $x_1\leq x_1\leq\cdots\leq x_n\leq\cdots$ 且 $\lim_{n\to+\infty}x_n=x,$故 $x_n\leq x(\forall n\in \mathbf{Z}_+)$;

(2) 如果点列 $\{y_n\}_{n=1}^{+\infty}$ 满足 $y_1\geq y_1\geq\cdots\geq y_n\geq\cdots$ 且 $\lim_{n\to+\infty}y_n=y,$故 $y_n\geq y(\forall n\in \mathbf{Z}_+).$

又设 d 是 X 上的一个度量且满足 (X,d) 是一个完备的度量空间,$F:X\times X\to X$ 是一个映射且具有混合单调性质,假定存在 $k\in[0,1)$ 使得对任意的 $u\leq x,$ $y\leq v$ 有 $d(F(x,y),F(u,v))\leq\dfrac{k}{2}[d(x,u)+ld(y,v)].$如果还存在 $x_0,y_0\in X$ 使得 $x_0\leq F(x_0,y_0),$ $F(y_0,x_0)\leq y_0,$ 故存在 $x^{*},y^{*}\in X$ 使得 $F(x^{*},y^{*})=x^{*},F(y^{*},x^{*})=y^{*}.$

接下来,我们来讨论耦合不动点的唯一性.

为了下文叙述的方便,我们先作一些特殊的申明.

设 $(X, \leq)$ 是一个偏序集,我们现在重新在 $X \times X$ 上定义一个偏序 $\leq_1$ 关系如下:

对任意的 $(x, y), (u, v) \in X \times X, (x, y) \leq_1 (u, v) \Leftrightarrow x \leq u, v \leq y$.

定理 3　设 $(X, \leq)$ 是一个偏序集且 $(X \times X, \leq_1)$ 具有下述性质:

对任意的 $(x, y), (u, v) \in X \times X$,存在 $(z_1, z_2) \in X \times X$ 使得 $(x, y) \leq_1 (z_1, z_2), (u, v) \leq_1 (z_1, z_2)$ 或者 $(z_1, z_2) \leq_1 (x, y), (z_1, z_2) \leq_1 (u, v)$.

又设 d 是 X 上的一个度量且满足 (X, d) 是一个完备的度量空间,$F: X \times X \to X$ 是一个连续映射且具有混合单调性质,假定存在 $k \in [0, 1), l \in [0, 1), k + l < 1$ 使得对任意的 $u \leq x, y \leq v$ 有

$$d(F(x, y), F(u, v)) \leqslant kd(x, u) + ld(y, v)$$

如果还存在 $x_0, y_0 \in X$ 使得

$$x_0 \leq F(x_0, y_0), F(y_0, x_0) \leq y_0$$

故存在唯一的

$$(x^*, y^*) \in X \times X$$

使得

$$F(x^*, y^*) = x^*, F(y^*, x^*) = y^*$$

证　我们只证唯一性.设 $(x^{**}, y^{**}) \in X \times X$ 是映射 F 的另一个耦合不动点,下面我们证明

$$d(x^*, x^{**}) + d(y^*, y^{**}) = 0$$

这里 $x^* = \lim\limits_{n \to +\infty} x_n, y^* = \lim\limits_{n \to +\infty} y_n$,其中点列 $\{x_n\}_{n=1}^{+\infty}$, $\{y_n\}_{n=1}^{+\infty}$ 的构造仍与定理 1 中的点列构造相同.

依定理的条件知,存在 $(z_1, z_2) \in X \times X$ 使得 $(x^*, y^*) \leq_1 (z_1, z_2), (x^{**}, y^{**}) \leq_1 (z_1, z_2)$ 或者 $(z_1, z_2) \leq_1 (x^*, y^*), (z_1, z_2) \leq_1 (x^{**}, y^{**})$.

我们分两种情形来讨论：

情 形 I 当 $(x^*,y^*) \leq_1 (z_1,z_2)$，$(x^{**},y^{**}) \leq_1 (z_1,z_2)$，此时 $(x^*,y^*) \leq_1 (\xi_n,\eta_n)$，$(x^{**},y^{**}) \leq_1 (\xi_n,\eta_n)(\forall n \in \mathbf{Z}_+)$，其中 $\xi_1 = F(z_1,z_2)$，$\eta_1 = F(z_2,z_1)$，$\xi_2 = F(\xi_1,\eta_1)$，$\eta_2 = F(\eta_1,\xi_1)$，$\cdots$，$\xi_{n+1} = F(\xi_n,\eta_n)$，$\eta_{n+1} = F(\eta_n,\xi_n)$，$\cdots$. 我们考虑 $d(x^*,x^{**}) + d(y^*,y^{**})$，容易看出 $d(x^*,x^{**}) + d(y^*,y^{**}) \leqslant d(x^*,\xi_n) + d(y^*,\eta_n) + d(\xi_n,x^{**}) + d(\eta_n,y^{**})$.

容易证明对任意的正整数 n，有

$$d(x^*,\xi_n) + d(y^*,\eta_n)$$
$$\leqslant (k+l)^n[d(x^*,z_1) + d(y^*,z_2)] \quad (3)$$
$$d(x^{**},\xi_n) + d(y^{**},\eta_n)$$
$$\leqslant (k+l)^n[d(x^{**},z_1) + d(y^{**},z_2)] \quad (4)$$

下面我们用数学归纳法证明.

当 $n=1$ 时，有

$$d(x^*,\xi_1) + d(y^*,\eta_1)$$
$$= d(F(x^*,y^*),F(z_1,z_2)) + d(F(y^*,x^*),F(z_2,z_1))$$
$$\leqslant kd(x^*,z_1) + ld(y^*,z_2) + kd(y^*,z_2) + ld(x^*,z_1)$$
$$= (k+l)[d(x^*,z_1) + d(y^*,z_2)]$$

此时命题成立.

假设当 $n=m$ 时

$$d(x^*,\xi_m) + d(y^*,\eta_m)$$
$$\leqslant (k+l)^m[d(x^*,z_1) + d(y^*,z_2)]$$

下证当 $n=m+1$ 时

$$d(x^*,\xi_{m+1}) + d(y^*,\eta_{m+1})$$
$$\leqslant (k+l)^{m+1}[d(x^*,z_1) + d(y^*,z_2)]$$

这只需注意到

$$d(x^*, \xi_{m+1}) + d(y^*, \eta_{m+1})$$
$$= d(F(x^*, y^*), F(\xi_m, \eta_m)) +$$
$$d(F(y^*, x^*), F(\eta_m, \xi_m))$$
$$\leqslant kd(x^*, \xi_m) + ld(y^*, \eta_m) +$$
$$kd(y^*, \eta_m) + ld(x^*, \xi_m)$$
$$= (k+l)[d(x^*, \xi_m) + d(y^*, \eta_m)]$$
$$\leqslant (k+l)^{m+1}[d(x^*, z_1) + d(y^*, z_2)]$$

类似地,我们可以证明

$$d(x^{**}, \xi_n) + d(y^{**}, \eta_n)$$
$$\leqslant (k+l)^n[d(x^{**}, z_1) + d(y^{**}, z_2)]$$

最后依式(3)和式(4)知

$$d(x^*, x^{**}) + d(y^*, y^{**}) = 0$$

情形 II 当 $(z_1, z_2) \leqslant_1 (x^*, y^*), (z_1, z_2) \leqslant_1 (x^{**}, y^{**})$,我们可以类似地证明

$$d(x^*, x^{**}) + d(y^*, y^{**}) = 0$$

应用定理 3,我们可以得到以下一个明显的推论.

推论 1 设 $(X, \leqslant)$ 是一个偏序集且 $(X \times X, \leqslant_1)$ 具有下述性质:

对任意的 $(x, y), (u, v) \in X \times X$,存在 $(z_1, z_2) \in X \times X$ 使得 $(x, y) \leqslant_1 (z_1, z_2), (u, v) \leqslant_1 (z_1, z_2)$ 或者 $(z_1, z_2) \leqslant_1 (x, y), (z_1, z_2) \leqslant_1 (u, v)$.

又设 d 是 X 上的一个度量且满足 (X, d) 是一个完备的度量空间,$F: X \times X \to X$ 是一个连续映射且具有混合单调性质,假定存在 $k \in [0, 1)$ 使得对任意的 $u \leqslant x, y \leqslant v$ 有 $d(F(x, y), F(u, v)) \leqslant \frac{k}{2}[d(x, u) + d(y, v)]$. 如果还存在 $x_0, y_0 \in X$ 使得 $x_0 \leqslant F(x_0, y_0)$, $F(y_0, x_0) \leqslant y_0$,故存在唯一的 $(x^*, y^*) \in X \times X$ 使

得 $F(x^*, y^*) = x^*, F(y^*, x^*) = y^*$.

类似地,我们还有如下的定理.

定理 4　设 $(X, \leq)$ 是一个偏序集且具有下述性质:

(1) 如果点列 $\{x_n\}_{n=1}^{+\infty}$ 满足 $x_1 \leq x_2 \leq \cdots \leq x_n \leq \cdots$ 且 $\lim\limits_{n \to +\infty} x_n = x$,故 $x_n \leq x (\forall n \in \mathbf{Z}_+)$;

(2) 如果点列 $\{y_n\}_{n=1}^{+\infty}$ 满足 $y_1 \geq y_2 \geq \cdots \geq y_n \geq \cdots$ 且 $\lim\limits_{n \to +\infty} y_n = x$,故 $y_n \geq y (\forall n \in \mathbf{Z}_+)$;

又 $(X \times X, \leq_1)$ 具有下述性质:

对任意的 $(x, y), (u, v) \in X \times X$,存在 $(z_1, z_2) \in X \times Y$ 使得 $(x, y) \leq_1 (z_1, z_2), (u, v) \leq_1 (z_1, z_2)$ 或者 $(z_1, z_2) \leq_1 (x, y), (z_1, z_2) \leq_1 (u, v)$.

设 d 是 X 上的一个度量且满足 (X, d) 是一个完备的度量空间,$F: X \times X \to X$ 是一个映射且具有混合单调性质,假定存在 $k \in [0, 1), l \in [0, 1), k+l < 1$ 使得对任意的 $u \leq x, y \leq v$ 有 $d(F(x, y), F(u, v)) \leq kd(x, u) + ld(y, v)$. 如果还存在 $x_0, y_0 \in X$ 使得 $x_0 \leq F(x_0, y_0), F(y_0, x_0) \leq y_0$,故存在唯一的 $(x^*, y^*) \in X \times X$ 使得 $F(x^*, y^*) = x^*, F(y^*, x^*) = y^*$.

定理 4 的证明过程与定理 3 完全类似,为了简便起见,我们略去定理 4 的证明过程.

定理 5　设 $(X, \leq)$ 是一个偏序集且具有下述性质:

对任意的 $x, y \in X$,存在 $z \in X$ 使得 $x \leq z, y \leq z$ 或者 $z \leq x, x \leq y$.

又设 d 是 X 上的一个度量且满足 (X, d) 是一个完备的度量空间,$F: X \times X \to X$ 是一个连续映射且具有混合单调性质,假定存在 $k \in [0, 1), l \in [0, 1), k+l <$

1 使得对任意的 $u \leq x, y \leq v$ 有

$$d(F(x,y),F(u,v)) \leqslant kd(x,u) + ld(y,v)$$

如果还存在 $x_0, y_0 \in X$ 使得

$$x_0 \leq F(x_0,y_0), F(y_0,x_0) \leq y_0$$

故存在 $x^* = y^* \in X$ 使得

$$F(x^*,y^*) = x^*, F(y^*,x^*) = y^*$$

证　我们只证 $d(x^*,y^*) = 0$,这里 $x^* = \lim\limits_{n \to +\infty} x_n$, $y^* = \lim\limits_{n \to +\infty} y_n$,其中点列 $\{x_n\}_{n=1}^{+\infty}$, $\{y_n\}_{n=1}^{+\infty}$ 的构造仍与定理 1 中的点列构造相同.

依定理的条件知,存在 $z^* \in X$ 使得 $x^* \leq z^*$, $y^* \leq z^*$ 或者 $z^* \leq x^*, z^* \leq y^*$.

我们分两种情形来讨论:

情形 Ⅰ　当 $x^* \leq z^*, y^* \leq z^*$ 时.

为了叙述的方便,我们记 $\alpha_1 = F(x^*,z^*), \beta_1 = F(z^*,x^*), \alpha_2 = F(\alpha_1,\beta_1), \beta_2 = F(\beta_1,\alpha_1), \cdots, \alpha_{n+1} = F(\alpha_n,\beta_n), \beta_{n+1} = F(\beta_n,\alpha_n), \cdots$.

由于 $x^* \leq z^*, y^* \leq z^*$,从而 $x^* \geq \alpha_n, y^* \leq \beta_n(\forall n \in \mathbf{Z}_+)$,故 $d(x^*,y^*) \leqslant d(x^*,\alpha_{n+1}) + d(\alpha_{n+1},\beta_{n+1}) + d(\beta_{n+1},y^*) \leqslant kd(x^*,\alpha_n) + ld(y^*,\beta_n) + kd(\alpha_n,\beta_n) + ld(\beta_n,\alpha_n) + kd(\beta_n,y^*) + ld(\alpha_n,x^*) = (k+l)[d(x^*,\alpha_n) + d(y^*,\beta_n) + d(\alpha_n,\beta_n)]$.重复地进行这步放缩过程,我们可以得到 $d(x^*,y^*) \leqslant (k+l)^n[d(x^*,\alpha_1) + d(y^*,\beta_1) + d(\alpha_1,\beta_1)]$,这表明 $d(x^*,y^*) = 0$.

情形 Ⅱ　当 $z^* \leq x^*, z^* \leq y^*$ 时,我们可以类似地证明 $d(x^*,y^*) = 0$.

应用定理 5,我们可以得到以下一个明显的推论.

推论 1　设 $(X, \leq)$ 是一个偏序集且具有下述性

719

质：

对任意的 $x,y \in X$，存在 $z \in X$ 使得 $x \leq z, y \leq z$ 或者 $z \leq x, z \leq y$.

又设 d 是 X 上的一个度量且满足 (X,d) 是一个完备的度量空间，$F: X \times X \to X$ 是一个连续映射且具有混合单调性质，假定存在 $k \in [0,1)$ 使得对任意的 $u \leq x, y \leq v$ 有 $d(F(x,y),F(u,v)) \leq \dfrac{k}{2}[d(x,u)+d(y,v)]$. 如果还存在 $x_0, y_0 \in X$ 使得 $x_0 \leq F(x_0,y_0)$，$F(y_0,x_0) \leq y_0$，故存在 $x^* = y^* \in X$ 使得 $F(x^*,y^*)=x^*, F(y^*,x^*)=y^*$.

类似地，我们还有如下的定理.

定理 6 设 $(X, \leq)$ 是一个偏序集且具有下述性质：

(1) 如果点列 $\{x_n\}_{n=1}^{+\infty}$ 满足 $x_1 \leq x_2 \leq \cdots \leq x_n \leq \cdots$ 且 $\lim\limits_{n \to +\infty} x_n = x$，故 $x_n \leq x (\forall n \in \mathbf{Z}_+)$；

(2) 如果点列 $\{y_n\}_{n=1}^{+\infty}$ 满足 $y_1 \geq y_2 \geq \cdots \geq y_n \geq \cdots$ 且 $\lim\limits_{n \to +\infty} y_n = x$，故 $y_n \geq y (\forall n \in \mathbf{Z}_+)$；

(3) 对任意的 $x,y \in X$，存在 $z \in X$ 使得 $x \leq z$，$y \leq z$ 或者 $z \leq x, z \leq y$.

设 d 是 X 上的一个度量且满足 (X,d) 是一个完备的度量空间，$F: X \times X \to X$ 是一个映射且具有混合单调性质，假定存在 $k \in [0,1), l \in [0,1), k+l < 1$ 使得对任意的 $u \leq x, y \leq v$ 有 $d(F(x,y),F(u,v)) \leq kd(x,u)+ld(y,v)$. 如果还存在 $x_0, y_0 \in X$ 使得 $x_0 \leq F(x_0,y_0), F(y_0,x_0) \leq y_0$，故存在 $x^* = y^* \in X$ 使得 $F(x^*,y^*)=x^*, F(y^*,x^*)=y^*$.

定理 6 的证明过程与定理 5 完全类似，为了简便

起见,我们略去定理 6 的证明过程.

58.3　不动点定理在周期边值问题中的应用

本节我们主要考虑下述周期边值问题:

$$\begin{cases} u'(t) = h(t, u(t)), t \in [0, T] & (5) \\ u(0) = u(T) & (6) \end{cases}$$

其中 $T > 0, h: [0, T] \times R \to R$ 是一个连续映射. 此外还假定存在两个连续映射 $f, g: [0, T] \times R \to R$ 使得 $h(t, x) = f(t, x) + g(t, x), \forall x \in [0, T], \forall x \in R$, 这里 f, g 满足下列条件:

存在 $\lambda_1 > 0, \lambda_2 > 0, \mu_1 > 0, \mu_2 > 0$ 使得对任意的 $x, y \in R, y \leqslant x$ 以及任意的 $t \in [0, T]$ 有

$$0 \leqslant (f(t, x) + \lambda_1 x) - (f(t, y) + \lambda_1 y)$$
$$\leqslant \mu_1 (x - y)$$
$$-\mu_2 (x - y) \leqslant (g(t, x) - \lambda_2 x) - (g(t, y) - \lambda_2 y) \leqslant 0$$

这里

$$\ln\left(\frac{2e - 1}{e}\right) \leqslant (\lambda_2 - \lambda_1) T$$

$$(\lambda_1 + \lambda_2) T \leqslant 1$$

$$\frac{(\mu_1 + \mu_2)(3\lambda_2 - \lambda_1)}{(\lambda_2 + \lambda_1)(\lambda_2 - \lambda_1)} < 1$$

下文中的 $f, g: [0, T] \times R \to R, \lambda_1 > 0, \lambda_2 > 0$, $\mu_1 > 0, \mu_2 > 0$ 均满足上述条件.

我们又记 $C[0, T]$ 为区间 $[0, T]$ 上的实值连续函数全体, $C[0, T]$ 按度量

$$d(u, v) = \sup_{t \in [0, T]} |u(t) - v(t)| \quad (\forall u, v \in C[0, T])$$

$$(7)$$

形成了一个完备的度量空间,另外在 $C[0,T]$ 上定义一个偏序 $\preceq$ 如下:

对任意的 $u,v \in C[0,T]$,有

$$u \preceq v \Leftrightarrow u(t) \quad (\forall t \in [0,T]) \tag{8}$$

下文中我们始终用式(7)规定的 d 作为 $C[0,T]$ 上的度量,用式(8)规定的 $\preceq$ 作为 $C[0,T]$ 上的偏序.

为了给出周期边值问题式(5)(6)存在唯一解的一个充分条件,我们先考虑下述周期系统

$$\begin{cases} u'(t) + \lambda_1 u(t) - \lambda_2 v(t) \\ = f(t,u(t)) + g(t,v(t)) + \\ \quad \lambda_1 u(t) - \lambda_2 v(t), t \in [0,T] \\ v'(t) + \lambda_1 v(t) - \lambda_2 u(t) \\ = f(t,v(t)) + g(t,u(t)) + \\ \quad \lambda_1 v(t) - \lambda_2 u(t), t \in [0,T] \\ u(0) = u(T), v(0) = v(T) \end{cases} \tag{9}$$

容易知道,周期系统式(9)等价于下列积分方程

$$\begin{cases} u(t) = \int_0^T G_1(t,s)\big[f(s,u(s)) + g(s,v(s)) + \\ \quad \lambda_1 u(s) - \lambda_2 v(s)\big] + \\ \quad G_2(t,s)\big[f(s,v(s)) + g(s,u(s)) + \\ \quad \lambda_1 v(s) - \lambda_2 u(s)\big]\mathrm{d}s \\ v(t) = \int_0^T G_1(t,s)\big[f(s,v(s)) + g(s,u(s)) + \\ \quad \lambda_1 u(s) - \lambda_2 v(s)\big] + \\ \quad G_2(t,s)\big[f(s,v(s)) + g(s,u(s)) + \\ \quad \lambda_1 v(s) - \lambda_2 u(s)\big]\mathrm{d}s \end{cases}$$

这里

$$G_1(t,s) = \begin{cases} \dfrac{1}{2}\left[\dfrac{e^{\sigma_1(t-s)}}{1-e^{\sigma_1 T}} + \dfrac{e^{\sigma_2(t-s)}}{1-e^{\sigma_2 T}}\right], 0 \leqslant s < t \leqslant T \\ \dfrac{1}{2}\left[\dfrac{e^{\sigma_1(t+T-s)}}{1-e^{\sigma_1 T}} + \dfrac{e^{\sigma_2(t+T-s)}}{1-e^{\sigma_2 T}}\right], 0 \leqslant t < s \leqslant T \end{cases}$$

$$G_2(t,s) = \begin{cases} \dfrac{1}{2}\left[\dfrac{e^{\sigma_2(t-s)}}{1-e^{\sigma_2 T}} + \dfrac{e^{\sigma_1(t-s)}}{1-e^{\sigma_1 T}}\right], 0 \leqslant s < t \leqslant T \\ \dfrac{1}{2}\left[\dfrac{e^{\sigma_2(t+T-s)}}{1-e^{\sigma_2 T}} + \dfrac{e^{\sigma_1(t+T-s)}}{1-e^{\sigma_1 T}}\right], 0 \leqslant t < s \leqslant T \end{cases}$$

其中 $\sigma_1 = -(\lambda_1 + \lambda_2), \sigma_2 = \lambda_2 - \lambda_1$.

映射 $G_1, G_2：[0,T] \times [0,T] \to R$ 具有以下基本性质：

引理 1　如果

$$\lambda_1 > 0, \lambda_2 > 0, T > 0$$

$$\ln\left(\frac{2e-1}{e}\right) \leqslant (\lambda_2 - \lambda_1)T, (\lambda_1 + \lambda_2)T \leqslant 1$$

故

$$G_1(t,s) \geqslant 0, G_2(t,s) \leqslant 0 \quad (\forall t,s \in [0,T])$$

我们在 $C[0,T] \times C[0,T]$ 上定义一个积分算子 $A：C[0,T] \times C[0,T] \to C[0,T]$ 如下：

对任意的 $u,v \in C[0,T]$，对任意的 $t \in [0,T]$，

$$\begin{aligned} A(u,v)(t) &\triangleq \int_0^T G_1(t,s)\big[f(s,u(s)) + g(s,v(s)) + \\ & \lambda_1 u(s) - \lambda_2 v(s)\big] + \\ & G_2(t,s)\big[f(s,v(s)) + g(s,u(s)) + \\ & \lambda_1 v(s) - \lambda_2 u(s)\big]\mathrm{d}s \end{aligned}$$

如果积分算子 $A：C[0,T] \times C[0,T] \to C[0,T]$ 在 $C[0,T] \times C[0,T]$ 上存在唯一的耦合不动点，故周期系统式（9）存在唯一解.

为了给出周期系统式（9）存在唯一解的一个充分条件，我们引入下述概念.

定义 3　我们称 $(\alpha,\beta) \in C[0,T] \times C[0,T]$ 是周期系统式(9)的一个耦合下、上解,如果

$$\alpha'(t) \leqslant f(t,\alpha(t)) + g(t,\beta(t)) \quad (t \in [0,T])$$
$$\beta'(t) \geqslant f(t,\beta(t)) + g(t,\alpha(t)) \quad (t \in [0,T])$$
$$\alpha(0) \leqslant \alpha(T), \beta(0) \geqslant \beta(T)$$

耦合下、上解具有以下基本性质:

引理 2　设 $(\alpha,\beta) \in C[0,T] \times C[0,T]$ 是周期系统式(9)的一个耦合下、上解,如果

$$\lambda_1(\alpha(T) - \alpha(0)) + \lambda_2(\beta(0) - \beta(T)) \leqslant \frac{\alpha(T) - \alpha(0)}{T}$$

$$\lambda_1(\beta(0) - \beta(T)) + \lambda_2(\alpha(T) - \alpha(0)) \leqslant \frac{\beta(0) - \beta(T)}{T}$$

故 $\alpha \leq A(\alpha,\beta), \beta \geq A(\beta,\alpha)$.

下面我们给出周期系统式(9)存在唯一解的一个充分条件以及周期边值问题式(5)(6)存在唯一解的一个充分条件.

定理 7　设 $(\alpha,\beta) \in C[0,T] \times C[0,T]$ 是周期系统式(9)的一个耦合下、上解,如果

$$\lambda_1(\alpha(T) - \alpha(0)) + \lambda_2(\beta(0) - \beta(T)) \leqslant \frac{\alpha(T) - \alpha(0)}{T}$$

$$\lambda_1(\beta(0) - \beta(T)) + \lambda_2(\alpha(T) - \alpha(0)) \leqslant \frac{\beta(0) - \beta(T)}{T}$$

故周期系统式(9)存在唯一解.

证　我们只需证明积分算子 $A:C[0,T] \times C[0,T] \to C[0,T]$ 在 $C[0,T] \times C[0,T]$ 上存在唯一的耦合不动点.

为证此,我们分三步来证明.

第 1 步　我们证明积分算子 $A:C[0,T] \times C[0,T] \to C[0,T]$ 在 $C[0,T] \times C[0,T]$ 上具有混合单调

性质.

这只需注意到：

（1）对任意的 $u_1,u_2 \in C[0,T]$，$u_1 \leqslant u_2$，$v \in C[0,T]$，由引理 1 知

$$G_1(t,s) \geqslant 0, G_2(t,s) \leqslant 0 \quad (\forall t,s \in [0,T]))$$

从而有

$$
\begin{aligned}
A(u_2,v)(t) &= \int_0^T G_1(t,s)[f(s,u_2(s)) + g(s,v(s)) + \\
&\quad \lambda_1 u_2(s) - \lambda_2 v(s)] + \\
&\quad G_2(t,s)[f(s,v(s)) + g(s,u_2(s)) + \\
&\quad \lambda_1 v(s) - \lambda_2 u_2(s)] \mathrm{d}s \\
&\geqslant \int_0^T G_1(t,s)[f(s,u_1(s)) + g(s,v(s)) + \\
&\quad \lambda_1 u(s) - \lambda_2 v_1(s)] + \\
&\quad G_2(t,s)[f(s,v(s)) + g(s,u_1(s)) + \\
&\quad \lambda_1 v(s) - \lambda_2 u_1(s)] \mathrm{d}s + \\
&= A(u_1,v)(t) \quad (\forall t \in [0,T])
\end{aligned}
$$

故 $A(u_1,v_1) \leqslant A(u_2,v)$.

（2）对任意的 $v_1,v_2 \in C[0,T]$，$v_1 \leqslant v_2$，$u \in C[0,T]$，由引理 1 知

$$G_1(t,s) \geqslant 0, G_2(t,s) \leqslant 0 \quad (\forall t,s \in [0,T])$$

从而有

$$
\begin{aligned}
A(u_2,v_2)(t) &= \int_0^T G_1(t,s)[f(s,u(s)) + g(s,v_2(s)) + \\
&\quad \lambda_1 u(s) - \lambda_2 v_2(s)] + \\
&\quad G_2(t,s)[f(s,v_2(s)) + g(s,u(s)) + \\
&\quad \lambda_1 v_2(s) - \lambda_2 u(s)] \mathrm{d}s \\
&\geqslant \int_0^T G_1(t,s)[f(s,u(s)) + g(s,v_1(s)) +
\end{aligned}
$$

$$\lambda_1 u(s) - \lambda_2 v_1(s)] +$$
$$G_2(t,s)[f(s,v_1(s)) + g(s,u(s)) +$$
$$\lambda_1 v_1(s) - \lambda_2 u(s)]ds +$$
$$= A(u,v_1)(t) \quad (\forall t \in [0,T])$$

故 $A(u,v_2) \leq A(u,v_1)$.

第 2 步　我们证明对任意的 $u_1, u_2, v_1, v_2 \in C[0, T], u_1 \geq u_2, v_1 \leq v_2$ 有

$$d(A(u_1,v_1), A(u_2,v_2))$$
$$\leq \left[\frac{\mu_1}{\lambda_1 + \lambda_2} + \frac{2\mu_2\lambda_2}{(\lambda_2 + \lambda_1)(\lambda_2 - \lambda_1)}\right]d(u_1,u_2) +$$
$$\left[\frac{\mu_2}{\lambda_1 + \lambda_2} + \frac{2\mu_1\lambda_2}{(\lambda_2 + \lambda_1)(\lambda_2 - \lambda_1)}\right]d(v_1,v_2)$$

这是由于对任意的 $u_1, u_2, v_1, v_2 \in C[0,T], u_1 \geq u_2, v_1 \leq v_2$, 则

$$d(A(u_1,v_1), A(u_2,v_2))$$
$$= \sup_{t \in [0,T]} | A(u_1,v_1)(t) - A(u_2,v_2)(t) |$$
$$\leq \sup_{t \in [0,T]} \left| \int_0^T G_1(t,s)[\mu_1(u_1(s) - u_2(s)) + \right.$$
$$\mu_2(v_2(s) - v_1(s))] -$$
$$G_2(t,s)[\mu_1(v_2(s) - v_1(s)) +$$
$$\left. \mu_2(u_1(s) - u_2(s))]ds \right|$$
$$\leq \left(\mu_1 \sup_{t \in [0,T]} \left|\int_0^T G_1(t,s)ds + \right.\right.$$
$$\left.\mu_2 \sup_{t \in [0,T]} \left|\int_0^T - G_2(t,s)ds\right)d(u_1,u_2) + \right.$$
$$\left(\mu_2 \sup_{t \in [0,T]} \left|\int_0^T G_1(t,s)ds + \right.\right.$$
$$\left.\mu_1 \sup_{t \in [0,T]} \left|\int_0^T G_2(t,s)ds\right)d(v_1,v_2)\right.$$

$$\leqslant \left[\frac{\mu_1}{\lambda_1 + \lambda_2} + \frac{2\mu_2\lambda_2}{(\lambda_2 + \lambda_1)(\lambda_2 - \lambda_1)}\right] d(u_1, u_2) +$$

$$\left[\frac{\mu_2}{\lambda_1 + \lambda_2} + \frac{2\mu_1\lambda_2}{(\lambda_2 + \lambda_1)(\lambda_2 - \lambda_1)}\right] d(v_1, v_2)$$

第 3 步　我们证明积分算子 $A: C[0, T] \times C[0, T] \to C[0, T]$ 在 $C[0, T] \times C[0, T]$ 上存在唯一的耦合不动点.

由引理 2 知 $\alpha \leq A(\alpha, \beta)$, $\beta \geq A(\beta, \alpha)$, 注意到 $(C[0, T], \leq)$ 具有下述性质:

(1) 如果点列 $\{u_n\}_{n=1}^{+\infty}$ 满足 $u_1 \leq u_2 \leq \cdots \leq u_n \leq \cdots$ 且 $\lim\limits_{n \to +\infty} u_n = u$, 故 $u_n \leq u (\forall n \in \mathbf{Z}_+)$;

(2) 如果点列 $\{v_n\}_{n=1}^{+\infty}$ 满足 $v_1 \geq v_2 \geq \cdots \geq v_n \geq \cdots$ 且 $\lim\limits_{n \to +\infty} v_n = v$, 故 $v_n \geq v (\forall n \in \mathbf{Z}_+)$.

又 $(C[0, T] \times C[0, T], \leq_1)$ 具有下述性质:

对任意的 $(u_1, v_1), (u_2, v_2) \in C[0, T] \times C[0, T]$, 存在 $(z_1, z_2) \in C[0, T] \times C[0, T]$ 使得

$$(u_1, v_1) \leq_1 (z_1, z_2), (u_2, v_2) \leq_1 (z_1, z_2)$$

或者 $(z_1, z_2) \leq (u_1, v_1), (z_1, z_2) \leq_1 (u_2, v_2)$, 并且

$$\left[\frac{\mu_1}{\lambda_1 + \lambda_2} + \frac{2\mu_2\lambda_2}{(\lambda_2 + \lambda_1)(\lambda_2 - \lambda_1)}\right] +$$

$$\left[\frac{\mu_2}{\lambda_1 + \lambda_2} + \frac{2\mu_1\lambda_2}{(\lambda_2 + \lambda_1)(\lambda_2 - \lambda_1)}\right]$$

$$= \frac{(\mu_1 + \mu_2)(3\lambda_2 - \lambda_1)}{(\lambda_2 + \lambda_1)(\lambda_2 - \lambda_1)} < 1$$

最后由定理 4 知, 积分算子

$$A: C[0, T] \times C[0, T] \to C[0, T]$$

在 $C[0, T] \times C[0, T]$ 上存在唯一的耦合不动点, 亦即周期系统式(9)存在唯一解.

借助定理 6 及定理 7, 我们可以得到下面的定理

8.

定理 8　设 $(\alpha,\beta) \in C[0,T] \times C[0,T]$ 是周期系统式(9)的一个耦合下、上解,如果

$$\lambda_1(\alpha(T)-\alpha(0))+\lambda_2(\beta(0)-\beta(T)) \leqslant \frac{\alpha(T)-\alpha(0)}{T}$$

$$\lambda_1(\beta(0)-\beta(T))+\lambda_2(\alpha(T)-\alpha(0)) \leqslant \frac{\beta(0)-\beta(T)}{T}$$

故周期边值问题式(5)(6)存在唯一解.

编辑手记

本书是一本介绍不动点定理的科普书.不动点定理形形色色数不胜数.在著名数学家丁伟岳教授刚刚去世后发表的纪念文章中介绍的丁先生的第一个重要成果就是所谓 Poincaré-Birkhoff 不动点定理.

做常微分方程研究的学者大多数都知道所谓的庞加莱的最后几何定理,今天,人们常常称其为 Poincaré-Birkhoff 不动点定理.在丁伟岳的数学处女作中,他推广了这个 Poincaré-Birkhoff 不动点定理.北京大学的丁同仁教授深知此不动点定理的重要性,除对其处女作倍加赞赏外,还建议他把 Poincaré-Birkhoff 不动点定理做

进一步的推广和改进. 这样他紧接着写了第二篇关于
"Poincaré-Birkhoff Theorem" 的文章,于 1983 年发表
在美国数学会的会刊上. 最近,两位外国数学家给出例
子说明丁先生在文中所给定的条件不能有本质的改
进,并称丁伟岳院士所给出的定理为 "Ding version of
Poincaré-Birkhoff Theorem".

丁伟岳所给出的定理便于应用,对研究常微分方
程的周期解非常有效,具有基本的重要性. 时至今日,
仍有学者不断引用这篇文章.

本书是以一个数学竞赛试题作引子的. 高层次的
竞赛试题往往是一个庞大数学理论的冰山一角,许多
优秀数学家也是从数学竞赛走上研究之路的.

2014 年 8 月 13 日,在韩国举行的第 27 届国际数学
家大会(ICM14)上,斯坦福大学教授玛利亚姆·米尔
孔哈尼(Maryam Mirzakhani)成为历史上第一位女性
菲尔兹奖得主. 她曾在 1994 年和 1995 年连续两届获
IMO 金牌. 她突出的特点就是对数学感兴趣,爱读书,
喜钻研.

《少年 Pi 的奇幻漂流》的作者加拿大作家扬·马
特尔,从 2007 年 4 月 16 日到 2011 年 2 月 28 日,他每
隔一周就给加拿大总理斯蒂芬·哈珀写信,寄去至少
一部他认为哈珀总理应该阅读的文学作品,并在信中
写上推荐理由. 他总共写了 101 封信,向哈珀总理推荐
了超过 101 部作品.

遗憾的是,他从未收到过哈珀总理的亲自回复,所
以也无从知道,哈珀总理对他推荐的这些书有何看法.
这是全世界最寂寞的书友会,成员只有两个,一个不断

寄书、写推荐信,但"101封去信换来的是7封由别人代笔的程式化的回信以及94场蓄意的缄默 —— 而我心目中的书友连嘀咕都没嘀咕一声".为什么坚持做这样一件看上去徒劳无功的事情?扬·马特尔解释道:"如果某人有权凌驾于我之上,那么,他读不读书或读什么书对我就太重要了,因为从他所选读的书中即可看出他的思想和可能的行为."

中国的大、中学生是中国的未来.他们读什么书也是太重要了.数学作为一切科学的基础,数学书不可不读,开卷有益.

本书的许多定理都存在现实的模型,例如本书中有:

定理 1　若函数 $f(x)$ 在 $[a,b]$ 上连续且满足
$$f([a,b]) \subset [a,b]$$
则 $f(x)$ 在 $[a,b]$ 上至少有一个不动点.

日常生活中我们会有这样的体验:把椅子放在不平的地面上时通常三条腿着地放不稳,但是稍微挪动几次就可以使四条腿着地而放平稳.现在我们把该现象建模为一个数学问题,通过不动点定理来进行解释.

首先进行模型假设:

(1)椅子四条腿长度一样,与地面接触为一点,且四点连线为正方形.

(2)地面高度连续变化.

(3)椅子在任何位置都有三条腿着地.

(4)椅子转动时中心位置不变.

模型建立及求解:

设着地点为 A,B,C,D. 如图1建立坐标系,设 θ 为

731

Fixed point 定理

AC 转后和 x 轴的夹角,显然

$$\theta \in \left[-\frac{\pi}{4}, \frac{\pi}{4}\right]$$

设 $f(\theta)$ 为 A, C 两点与地面距离之和, $g(\theta)$ 为 B, D 两点与地面距离之和.

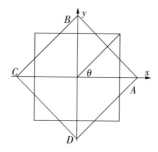

图 1 椅腿位置示意图

由地面平坦假设知 $f(\theta), g(\theta)$ 均连续. 由椅子至少三条腿着地知对任意 θ, 有

$$f(\theta)g(\theta) = 0$$

若在初始位置 $\theta = -\frac{\pi}{4}$ 时, 有

$$g(\theta) = 0, f(\theta) > 0$$

则在 $\theta = \frac{\pi}{4}$ 时必有

$$g(\theta) > 0, f(\theta) = 0$$

数学问题为:

寻找一个 θ_0 使得

$$h(\theta) = f(\theta) - g(\theta) = 0$$

显然

$$h(-\frac{\pi}{4}) > 0 > h(\frac{\pi}{4})$$

由不动点定理知必存在 $\theta_0 \in (-\frac{\pi}{4}, \frac{\pi}{4})$，使得

$$h(\theta_0) = f(\theta_0) - g(\theta_0) = 0$$

即

$$f(\theta_0) = g(\theta_0)$$

　　中科院数学研究所的王友德研究员曾在一项报告中讲道："据我所知，现存的关于 Brouwer 不动点定理的证明都或多或少用到一些拓扑知识与拓扑概念，或微分形式等几何拓扑知识，如我们可以去看看国际著名数学家米尔诺(J. W. Milnor)在他的名著《从微分观点看拓扑》中所给出的精彩证明(也可参见米尔诺的文章 Analytic proofs of the'hairy ball theorem'and the Brouwer fixed point theorem. Monthly, 1978, 85:521-524). 这里要介绍的是我大学时代的老师、已故著名数学家张鸣镛先生所给出的一个证明. 这个证明非常自然而初等，我们只需用到数学分析与线性代数知识. 此外，他给出的这个证明的基本精神直截了当，回归问题的本源，所以令人印象非常深刻和富有启迪性. 1984 年，他教给我这个证明，直到今天我仍然记忆犹新，也就不足为怪了."

　　我们简单地回忆一下关于此不动点的历史. 1886 年，Poincaré 证明了一个等价于"Brouwer 不动点定理"的结果. 1904 年，博尔就三维的情形给出了与当今人们所表述完全一样的 Brouwer 不动点定理，然而一般情形的 Brouwer 不动点定理由 Jacques Hadamard

在 1910 年证明. Brouwer 在 1912 年给出了一个具有新的内涵的证明,同时也引入了众所周知的以其名字命名的"Brouwer 度"的概念. 应该说我们在下面给的这个证明还是留下了 Brouwer 当时所给出的证明的影子或印记.

值得一提的是,Hirsch 在文章 *A proof of the nonretractibility of a cell onto its boundary*(发表在 Proc. Amer. Math. Soc. ,1963,14:364-365)中给出的一个基于相对单纯体逼近定理的曾一度被人们认为是"既短而又精致"的证明. 可是时隔三十多年后,Kapil D. Joshi 指出其证明是有严重错误的,其改正的方法是使用 E. C. Zeeman 在文章 *Proc. Cambridge Philos. Soc.*(1964,60:39-43)中所证明的改正的相对单纯体逼近定理. 欲知详情,可参看 Joshi 的题为 *Mistake in Hirsch's Proof of the Brouwer Fixed Point Theorem* 的文章,发表在 *Proceeding of the American Mathematical Society*(2000,128(5):1523-1525).

定理 2　设 $B^n = \{x \in \mathbf{R}^n \mid |x| \leqslant 1\}$ 是 $\mathbf{R}^n$ 中的闭单位球,$\phi: B^n \to B^n$ 是 B^n 上的任意连续映射,则 ϕ 必有不动点,i. e. ,$\exists x_0 \in B^n$,使得 $\phi(x_0) = x_0$.

证　根据魏尔斯特拉斯逼近定理,欧氏空间中紧集上的连续函数可以用多项式来逼近,从而 ϕ 可以看作一列无限可微分的变换 ϕ^k 的一致极限. 假定每个 ϕ^k 均有不动点 y_k,使得 $\phi^k(y_k) = y_k$,那么 $\{y_k, k \in \mathbf{N}\}$ 有子列收敛于一点 y,使得 $\phi(y) = y$,所以我们可以假设 ϕ 是无穷光滑的.

利用反证法,假设存在光滑映射 $\phi:B^n \to B^n$ 没有不动点,即对 $\forall x \in B^n$,都有 $\phi(x) \neq x$.考虑以实数 λ 为变量的一元二次方程

$$| x + \lambda(x - \phi(x)) |^2 = 1 \qquad (1)$$

方程(1) 整理后可得

$$| x - \phi(x) |^2 \lambda^2 + 2\langle x, x - \phi(x) \rangle \lambda + | x |^2 - 1 = 0$$

不难验证其判别式

$$\Delta = 4 | \langle x, x - \phi(x) \rangle |^2 - 4(| x |^2 - 1) | x - \phi(x) |^2 \geqslant 0$$

因此,方程(1) 有实根

$$\lambda = \frac{-2\langle x, x - \phi(x) \rangle \pm \sqrt{\Delta}}{2 | x - \phi(x) |^2}$$

取其非负根,记之为 $a(x)$,则

$$a(x) = \frac{\sqrt{\Delta} - 2\langle x, x - \phi(x) \rangle}{2 | x - \phi(x) |^2}$$

可得 $a(x)$ 是 B^n 上的光滑函数.实际上,容易验证,当 $x \in S^{n-1}$ 即 $| x | = 1$ 时,有

$$a(x) \equiv 0$$

而当 $x \in B^n = \{y \in \mathbf{R}^n \mid | y | < 1\}$ 时,有

$$a(x) > 0$$

构造函数

$$f(x, t) = x + ta(x)(x - \phi(x))$$

其中 $x \in B^n, t \in [0, 1] \subset \mathbf{R}$,则 $f(x, t):B^n \times [0, 1] \to B^n$ 是 $B^n \times [0, 1]$ 上的光滑映射,令 $D_x f(x, t)$ 表示 $f(x, t)$ 关于 x 的 Jacobi 行列式,即

$$D_x f(x,t) = \det\left(\frac{\partial f_i}{\partial x_j}\right)$$

其中

$$f_i(x,t) = x_i + ta(x)(x_i - \phi_i(x))$$

由定义可知，$f(x,0) = x$ 是 B^n 上的恒等映射，因此 $D_x f(x,0) = 1$. 若记

$$I(t) = \int_{B^n} D_x f(x,t) \mathrm{d}x$$

则

$$I(0) = \int_{B^n} D_x f(x,0) \mathrm{d}x$$

$$= \int_{B^n} 1 \mathrm{d}x = \mu(B^n) > 0$$

对于 $t=1$，由 $|x+a(x)(x-\phi(x))| = 1$ 可知，$|f(x,1)| \equiv 1$，因此

$$\sum_{i=1}^{n} (f_i(x,1))^2 = 1$$

从而有

$$\sum_{i=1}^{n} f_i(x,1) \frac{\partial f_i}{\partial x_j}(x,1) \equiv 1 \quad (\forall j = 1,\cdots,n, x \in B^n)$$

即

$$f(x,1) \cdot \left(\frac{\partial f(x,1)}{\partial x_1}, \frac{\partial f(x,1)}{\partial x_2}, \cdots, \frac{\partial f(x,1)}{\partial x_n}\right) \equiv 0$$

因为 $|f(x,1)| \equiv 1$，故由

$$\mathrm{rank}\left(\frac{\partial f(x,1)}{\partial x_1}, \frac{\partial f(x,1)}{\partial x_2}, \cdots, \frac{\partial f(x,1)}{\partial x_n}\right) < n$$

可知 $D_x f(x,1) = 0$，$\forall x \in B^n$，即 $I(1) = 0$.

对 $I(t)$ 关于 t 求导数可得

$$I'(t) = \frac{\mathrm{d}I(t)}{\mathrm{d}t} = \int_{B^n} \frac{\partial}{\partial t} D_x f(x,t) \mathrm{d}x \qquad (2)$$

可以证明 $I'(t) \equiv 0$. 实际上, 若记 $\boldsymbol{F}_i (i=1,2,\cdots,n)$ 为是按如下方式构成的 n 阶方阵

$$\boldsymbol{F}_i = \left(\frac{\partial f}{\partial x_1}, \cdots, \frac{\partial f}{\partial x_{i-1}}, \frac{\partial f}{\partial t}, \frac{\partial f}{\partial x_{i+1}}, \cdots, \frac{\partial f}{\partial x_n} \right)$$

则由行列式的性质容易得到

$$\sum_{i=1}^{n} \frac{\partial}{\partial x_i} \det \boldsymbol{F}_i - \frac{\partial}{\partial t} D_x f(x,t) = 0$$

即

$$\frac{\partial}{\partial t} D_x f(x,t) = \sum_{i=1}^{n} \frac{\partial}{\partial x_i} \det \boldsymbol{F}_i$$

同时, 由 $f(x,t)$ 的定义可知

$$\det \boldsymbol{F}_i =$$

$$a(x) \det \left(\frac{\partial f}{\partial x_1}, \cdots, \frac{\partial f}{\partial x_{i-1}}, (x-\phi(x)), \frac{\partial f}{\partial x_{i+1}}, \cdots, \frac{\partial f}{\partial x_n} \right)$$

根据前面的结果, 由 $a(x) |_{S^{n-1}} \equiv 0$ 便有

$$\det \boldsymbol{F}_i \equiv 0, \forall x \in S^{n-1}$$

这样, 结合式(2) 便可以得到

$$I'(t) = \int_{B^n} \sum_{i=1}^{n} \frac{\partial}{\partial x_i} \det \boldsymbol{F}_i \mathrm{d}x$$

$$= \sum_{i=1}^{n} \int_{B^n} \frac{\partial}{\partial x_i} \det \boldsymbol{F}_i \mathrm{d}x$$

$$= \sum_{i=1}^{n} \int_{S^{n-1}} \det \boldsymbol{F}_i \left(\frac{\partial}{\partial x_i}, \boldsymbol{v} \right) \mathrm{d}x \equiv 0$$

其中, $\boldsymbol{v}$ 是 B^n 在单位球面 S^{n-1} 上的单位外法向量. 由此, $I(t)$ 是一个常数. 而由前述结果有 $I(0) = \mu(B^n) > 0$ 同时 $I(1) = 0$, 矛盾! 故假设不成立, 定理得证.

我们回过头来重新审视上面的证明. 由于我们利用光滑变换来逼近连续变换, 故可以通过微积分来绕

开许多烦琐而细碎的讨论，这是后人所做的改良．然而，Brouwer 的方法仍然留有印记．如果定义

$$h(x) = x + a(x)(x - \phi(x))$$

那么 $h(x)$ 就是从 $\phi(x)$ 向 x 发出射线一直射到单位球面上得到的影子．如果 $\phi(x) \neq x$，那么这条射线唯一存在，影子 $h(x)$ 也是一个完全定义好的函数，即由 x 完全确定，所以 $h(x)$ 是一个将单位闭球变成单位球面并且保持单位球面上每点均不变的变换．容易想象，这样的连续变换 $h(x)$ 一定不会存在，撕裂必定发生，也就是说矛盾出现．用这样的直观几何想法，从一个变换 $\phi(x)$ 找出另外一个有助于人们认识到问题之关键所在的变换 $h(x)$ 是 Brouwer 创始的技巧．

以一维的情形尤为直观：此时 $\phi : [-1,1] \to [-1,1]$，若无不动点，则我们总可以找到一个连续函数 $a(x)$ 使得 $h(x) = x + a(x)(x - \phi(x))$ 将此闭区间映到其两个端点，并保持两端不动．明显地，这与 $h(x)$ 是一个连续函数矛盾．

哈尔滨工业大学以航天著称，对于航天系统来说，不动点定理在平台式惯性导航系统中也有应用．

加速度计的一阶线性模型可以表示为

$$F_0 = f_0 + k_b x_b$$

其中 F_0 为加速度计的输出值，f_0 为零偏，k_b 为刻度，x_b 为加速度计测量到的加速度与重力加速度之比．

加速度计的标定就是确定其中的零偏值和刻度系数，其中零偏值是一个未知量，在标定前需要设定一个预装值，然后多次使用标定方法来修订零偏值使其逐渐收敛到真实值．

X 轴水平加速度计的标定过程可抽象为形式

$$X_c = f(X_i)$$

其中 X_i 表示 X 轴水平加速度计的预装值，X_c 表示 X 轴水平加速度计的零偏标定值，f 表示水平加速度计的标定方法. 标定过程即迭代过程，将第 $n-1$ 次的标定结果作为第 n 次标定的预装值. 如果 f 满足压缩映射的条件，则迭代最后能达到其不动点，即其标定值的准确值.

在第 27 届国际数学家大会上出现了一个有意思的场景. 给玛利亚姆·米尔扎哈尼颁奖的是韩国历史上首位女总统；而负责挑选菲尔兹奖的国际数学联盟 (IMU) 的现任主席也是一位女士 —— 美国杜克大学数学教授英格丽·多贝西 (Ingrid Daubechies). 比利时人多贝西原是学物理出身，由于对图像压缩和信号处理的小波变换的研究而享誉数学界. 三位女强人站在菲尔兹奖授奖仪式的中心也将是值得纪念的历史镜头.

图像压缩和信号处理是我们享受现代科技成果所不可缺少的理论支撑，而数学在其中扮演了重要角色. 不动点定理也出人意料地渗透其中起到核心的作用.

在目标匹配与识别、图像配准等领域往往需要从图像中提取不受平移、度量缩放、旋转等坐标线性变换影响的几何不变特征. 图像之间坐标的线性变换，从数学角度可以理解为数据集之间的映射，不变特征的提取从理论上可归结为寻找对造成几何形变的映射具有不变性的空间. 根据压缩映射的不动点理论，如果造成形变的映射是压缩映射，则一定存在不动点，此不动点

739

可作为核函数提取不变特征.

基于压缩映射原理提取不变特征的基本框架是：

对于一幅图像

$$s(x,y) \in L^2[a,b][c,d]$$

用单参数变换 $g(\tau)$ 表示图像之间的变换

$$s'(x,y) = g(\tau) \circ s(x,y)$$

提取不变特征就是从 $s(x,y)$ 和 $s'(x,y)$ 中提取不受 $g(\tau)$ 形式及参数变化影响的相同特征. 首先在 L^2 中提取 $s(x,y)$ 和 $s'(x,y)$ 的特征, 然后再根据特征不变的约束条件寻找核函数应满足的条件.

设核函数的集合为

$$\Phi \subset L^2[R \times R]$$

$$\Phi = \{\varphi_1(x,y), \cdots, \varphi_n(x,y)\}$$

设变换后图像的特征为

$$F' = \langle g(\tau) \circ s_n(x,y), \Phi \rangle$$

由 L^2 空间的性质知

$$F' = \langle s_n(x,y), g^*(\tau) \circ \Phi \rangle$$

其中 $g^*(\tau)$ 为 $g(\tau)$ 的共轭算子. 那么, 若

$$g^*(\tau) \circ \varphi_i(x,y) = \varphi_i(x,y) \qquad (3)$$

则有

$$F = F'$$

此时利用 Φ 从变换前后图像中提取的特征完全相同, 就得到了图像的不变特征. 核函数对变换具有不变性, 这正是希望得到的结论.

式 (3) 称为约束条件, 若 $g^*(\tau)$ 为压缩映射, 则一定能找到其对应的不动点使成立

$$\varphi(x,y)=g^{*}(\tau)\circ\varphi(x,y)$$

根据压缩映射原理，$g^{*}(\tau)$ 为压缩映射应满足

$$d(g^{*}(\tau)\circ\varphi_{i}(x,y),g^{*}(\tau)\circ\varphi_{j}(x,y))$$

$$<\tau d(\varphi_{i}(x,y),\varphi_{j}(x,y))$$

其中 $0<\tau<1$，而 d 表示 L^{2} 空间中两点间的距离.

对于任意单参数变换，可构造一个新坐标系，使该变换在新坐标系下具有压缩变换的性质，然后在新坐标系求得不动点，最后进行坐标反变换到原始坐标系下，以不动点的原像作为核函数提取特征，来完成图像的处理.

本书适合于爱数学的人阅读，适合于爱纸书的人收藏. 博尔赫斯曾说过一段广为流传的话，即"显微镜、望远镜是人的眼睛的延伸，犁和剑是手臂的延伸，而书籍是记忆和想象的延伸."艾柯在此基础上有所发挥，他将记忆分为动物记忆、矿物记忆（如碑石、建筑、电脑）和以书为代表的植物记忆三种. 而书的优胜之处在于，除了承载记忆，还具有物的属性，这使得爱书与藏书都不可避免地带有恋物的色彩. 艾柯进而细心地区分了"藏书癖"与"爱书癖"的区别 —— 前者多有主题，且侧重收藏的整体性，而后者泛爱，希望收藏永远没有完结. 在一个电子书咄咄逼人的时代，艾柯毫不掩饰对纸质书的拳拳之情，几乎是大声疾呼："我们需要拯救的不仅仅是鲸鱼、地中海僧海豹和马西干棕熊，还包括书籍."

在艾柯的笔下，书不仅仅是承载记忆之物，而且本身就是一个生命体. 他栩栩如生地写出了一本电子书梦想成为一本纸质书的焦灼独白,而对于纸质书而言,一本书只能活在一种文本里,未尝不是又一种痛苦.在一篇名为"书的未来"的演讲中,艾柯预言纸质书永远不会消失,但在另一篇小说(《碎布瘟疫》)里,他又想象着 2080 年一场碎布瘟疫袭击了所有文明世界图书馆,使无数珍本都化为白色尘埃.对于爱书者来说,无论何时,书的生死都是一个惊心动魄的故事.

这种故事天天都在上演,你参与了吗?

刘培杰

2022 年 7 月 28 日

于哈工大